教育部高等学校电工电子基础课程教学指导分委员会推荐教材
浙江省普通本科高校“十四五”重点教材
国家级一流本科课程教材
国家级一流本科专业建设点立项教材
新工科电工电子基础课程一流精品教材

模拟电子电路基础

（第2版）

◎ 刘圆圆　主编

◎ 游　彬　顾梅园　吕帅帅　于海滨　编

◎ 胡飞跃　主审

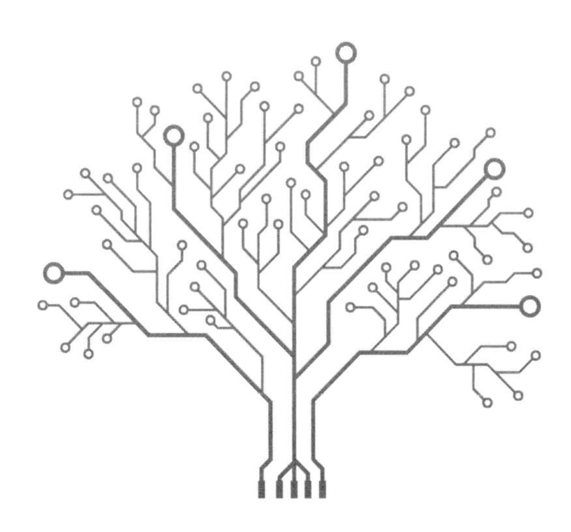

電子工業出版社

Publishing House of Electronics Industry

北京 · BEIJING

内 容 简 介

本书根据教育部高等学校电工电子基础课程教学指导分委员会课程教学基本要求编写而成。全书共 10 章，主要内容包括导论、晶体二极管、场效应管、双极型晶体管、电压型集成运算放大器单元电路、输出级与功率放大器、负反馈放大器及其稳定性分析、集成运算放大器的典型应用、标准信号发生器、直流稳压电源和集成稳压器等。本书配套微课视频、思维导图、教学辅助扩展资源、电子课件、习题参考答案、仿真程序实例代码、课前学习指南、课程授课计划等。

本书可作为高等学校电子、集成电路、电气、通信等专业相关课程的教材，也可供相关行业领域的工程技术人员和科技工作者学习参考。

图书在版编目（CIP）数据

模拟电子电路基础 / 刘圆圆主编. —2 版. —北京：电子工业出版社，2024.1

ISBN 978-7-121-47318-0

Ⅰ. ①模… Ⅱ. ①刘… Ⅲ. ①模拟电路－高等学校－教材 Ⅳ. ①TN710

中国国家版本馆 CIP 数据核字（2024）第 031139 号

责任编辑：王羽佳　　特约编辑：武瑞敏
印　　刷：河北鑫兆源印刷有限公司
装　　订：河北鑫兆源印刷有限公司
出版发行：电子工业出版社
　　　　　北京市海淀区万寿路 173 信箱　邮编　100036
开　　本：787×1092　1/16　印张：19　字数：547.2 千字
版　　次：2013 年 9 月第 1 版
　　　　　2024 年 1 月第 2 版
印　　次：2025 年 1 月第 2 次印刷
定　　价：69.90 元

凡所购买电子工业出版社的图书，如有缺损问题，请向购买书店调换。若书店售缺，请与本社发行部联系，联系及邮购电话：（010）88254888，88258888。

质量投诉请发邮件至 zlts@phei.com.cn，盗版侵权举报请发邮件至 dbqq@phei.com.cn。

本书咨询联系方式：（010）88254535，wyj@phei.com.cn。

前　言

电子技术是21世纪发展最为迅速的领域之一，与现代信息社会密切相关，模拟电子技术是其中一个重要的分支。我们根据教育部高等学校电工电子基础课程教学指导分委员会课程教学基本要求，结合自身的教学经验编写了本书。本书的编写注重基础性和先进性相结合、理论知识和工程应用相结合，内容由浅入深，简明扼要。对于复杂工程问题均有详细推导，力求概念清楚、论述严密、易学易懂。

本书系统地介绍模拟电子电路的基本知识、基本理论、常用集成器件及应用，主要内容包括：导论、晶体二极管、场效应管、双极型晶体管、电压型集成运算放大器单元电路、输出级与功率放大器、负反馈放大器及其稳定性分析、集成运算放大器的典型应用、标准信号发生器、直流稳压电源和集成稳压器等。本书适合48～64学时的课程教学，可以根据教学对象和学时等具体情况对书中的内容进行删减和组合，也可以进行适当扩展。

为适应教学模式、教学方法和教学技术的改革，本书配套丰富的教学辅助资源。扫描书中二维码可在线学习微课视频、思维导图、教学辅助扩展资源等；登录华信教育资源网（http://www.hxedu.com.cn）可注册下载电子课件、习题参考答案、仿真程序实例、课前学习指南、课程授课计划等。请扫描以下二维码获取本书常用变量符号表及先导电路网络理论介绍。

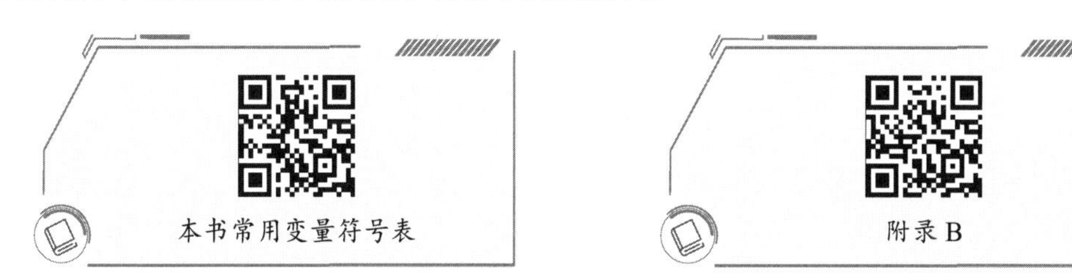

本书是杭州电子科技大学电子信息工程等国家一流专业建设的成果之一，也是教育部高等学校电工电子基础课程教学指导分委员会推荐教材，汇集了杭州电子科技大学模拟电子电路课程组全体教师的工作成果和智慧。同时，本书是首批国家线上线下混合式一流课程的支撑教材，该课程的线上课程“模拟电子电路”为第二批国家线上一流课程，在中国大学MOOC网站已完整运行11期，选课人数近3万人。

本次修订在2013年胡飞跃老师主持编写的第1版基础上进行，其中刘圆圆编写了第1、2、5、8章，并负责全书的统稿与校对工作；游彬编写了第3、4章；顾梅园编写了第7章及部分附录；于海滨编写了第6、10章；吕帅帅编写了第9章、部分附录，修订了习题，并参与了全书校对工作。

虽已在教学工作中辛勤耕耘了十余年，但由于编者水平有限，书中仍可能存在许多不足之处，恳请同行专家和读者批评指正。

编　者

于杭州电子科技大学

目　　录

第 1 章　导　论

人们在观察和研究自然界的过程中需要采集各种各样的信息，如宇宙中的各类电磁波信息、海洋环流包含的水文信息、地震时地震波蕴含的地球内部信息，以及日常生活中的声音、图像、温度、湿度、气压、植被等信息。在研究过程中，这些信息需要转化为大量能够描述各种自然现象的信息参数。通过人类发明的各种电子传感器，自然界中的这些信息可以转换为电信号，因此电信号作为信息传输的载体，从被采集的那一刻起，将在由各类电子电路构成的电子系统中进行处理、利用、传输、存储或显示。

我们所处的世界日渐“数字化”，计算机、数字电视、数字相机、数字音响等，似乎已经看不到模拟系统与电路模块的存在；然而在自然环境中处处充满了各类连续的模拟信号，它们想进入各类数字系统，就必须经过模拟电路这类桥梁，同时在供电和无线通信等领域中，模拟系统具有不可取代的地位。在未来，数字技术和模拟技术的交互融合依然是电子技术发展的主流方向。

模拟电子电路是处理模拟信号的电子电路，是一般电子系统的重要组成部分。在开始模拟电子电路的旅程之前，先来了解 3 个定义：信号、电子系统和信号表示，由此来说明模拟电子电路的重要性。

1. 信号

信号可定义为任何携带信息的物理量。信号的表现形式是多样的，在本书中所讨论的信号是电信号，即电压信号和电流信号，电子传感器可以将各类物理信息转换为电信号。

图 1.1 所示为常见的几种信号波形。由于携带的信息不同，波形也各不相同。电信号的分类也有很多种方式，其中一种就是将信号分成由连续变化量表示的模拟信号和由时间、幅值均离散的数字信号。图 1.1（a）～（c）所示的信号均为模拟信号，它们在幅度和时间上都是连续函数；图 1.1（d）所示的信号为数字信号，它在幅度和时间上都是离散函数。

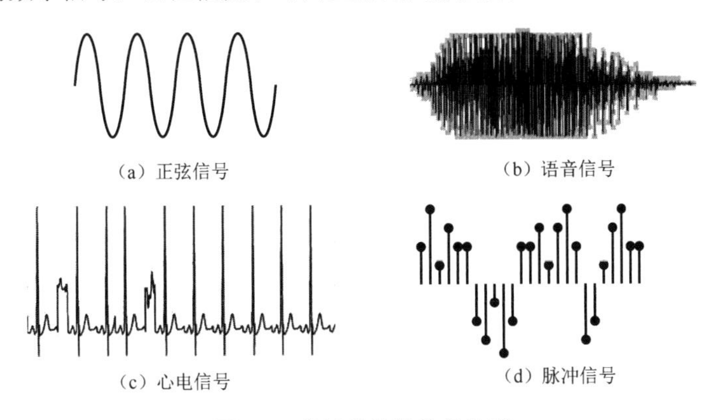

图 1.1　常见的几种信号波形

自然界的信息是模拟的，很多电子传感器的输出通常也是模拟信号，但为了方便信号的存储、处理和传输，电子系统常常将模拟信号转换为数字信号。如图 1.2 所示，将模拟信号转换为数字信号需经过采样和量化两个过程（具体实施过程大家可参考“数字电路”和“信号与系统”等相关课程），这个过程称为 A/D 转换；通常在最后的应用中，数字信号通过低通滤波转换回模拟信号，这个过程称为 D/A 转换。例如，数字音频信号必须转换为模拟音频信号，才能最终由扬声器播放。模拟信号是模拟电子电路的处理对象，数字信号是数字电路的处理对象。本课程的研究对象是模拟电子电路，显然模拟信号是我们的处理对象。

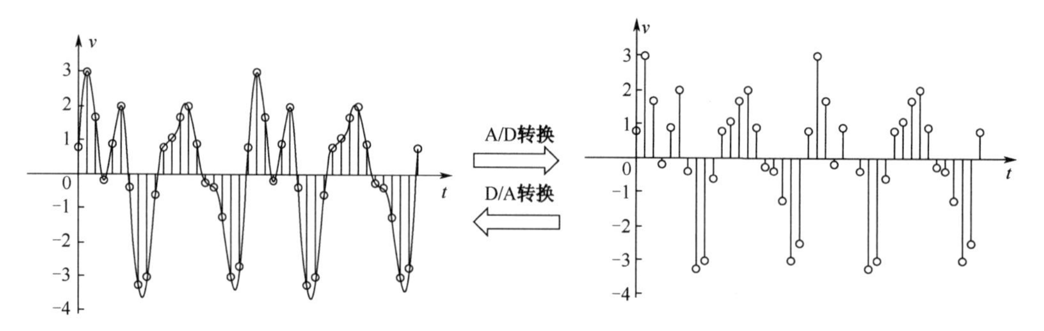

图 1.2　模拟信号和数字信号的相互转换

2. 电子系统

电子系统有很多种描述定义。一般来说，将多个具有一定功能的单元模块电路相互连接，组成规模较大、能够完成特定功能的电路整体称为电子系统。图 1.3 所示为电子系统的一般结构框图，主要包括信号输入、预处理、模数转换、信号处理、信号输出等基本部分。

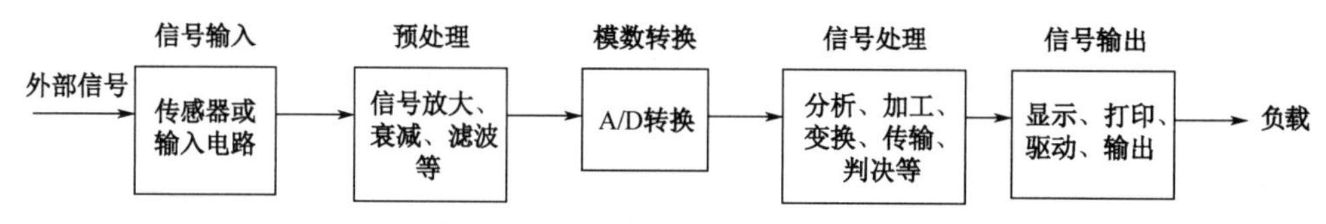

图 1.3　电子系统的一般结构框图

图 1.4 给出了一个智能家居模拟简图。从图 1.4 中可以明确看到，模拟电路单元是现实世界与数字主控单元之间不可或缺的接口，同时 A/D 转换器设计也是模拟电路设计中的难点之一。由于从传感器出来的信号往往非常微弱，且伴随着噪声及其他干扰，因此预处理是模拟电路重要的应用和研究方向。预处理主要解决信号放大、衰减、滤波等问题，即通常所说的信号调理，经预处理后的信号，在幅度和其他方面都比较适合做进一步的分析或数字化处理。

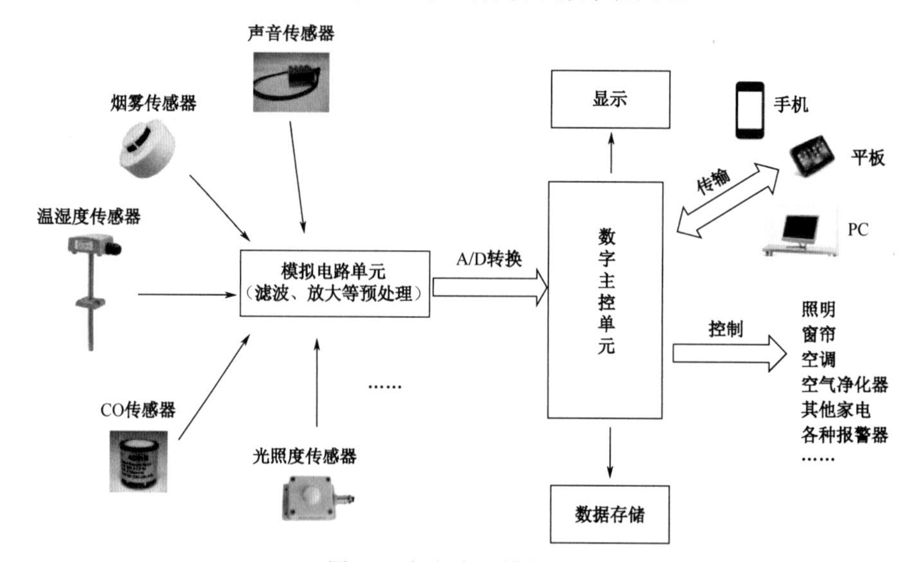

图 1.4　智能家居模拟简图

近年来，由于集成电路工艺的不断发展，摩尔定律似乎已到极限，硬件数字化在很长一段时间占据研发的主流方向。随着新型半导体器件材料和结构的不断提出、物联网的崛起、深度学习的热潮等都对硬件设备和计算能力提出了更高要求，模拟电路设计特别是集成模拟电路设计，迎来了新的发展格局。

3. 信号的时域和频域表示

要实现电路设计，首先必须了解处理对象——电信号，并正确地理解和描述信号特征。到现在为止，我们接触到的信号都是随时间变化的，因此自然会将时间作为一个独立的变量。以时间为变量的信号称为时域信号，我们常用示波器来观察时域波形。如果以频率为独立变量的信号，则称为频域信号。频域信号更清晰地描述了信号在各频率分量上的幅度大小，为后续电路的频谱设计提供了更明确的依据。通常我们用频谱仪来观察信号频谱。

以方波为例来看这两种信号表示的不同，其数学表达式为

$$v(t)=\begin{cases}1, & nT \leqslant t<(n+\frac{1}{2})T \\ -1, & (n+\frac{1}{2})T \leqslant t<(n+1)T\end{cases} \tag{1.1}$$

利用傅里叶级数，还可以表示为

$$v(t)=\frac{4}{\pi}(\sin\omega_0 t+\frac{1}{3}\sin 3\omega_0 t+\frac{1}{5}\sin 5\omega_0 t+\cdots) \tag{1.2}$$

方波的波形和频谱如图 1.5 所示。图 1.5（a）所示为方波的时域表示，从图中可以看出的信息包括信号的幅值和周期；图 1.5（b）所示为方波的频域表示，从图中可以看出的信息包括基波、3 次谐波、5 次谐波、7 次谐波、9 次谐波对应的幅度和角频率。通常可以根据信号的时域信息来判断是否需要进行放大等后续信号处理，也可以根据信号的频域信息来设计后续的滤波等电路，因此要设计好电路，首先要了解信号的相关信息及其表示。这部分内容请参见“信号与系统”课程相关章节。

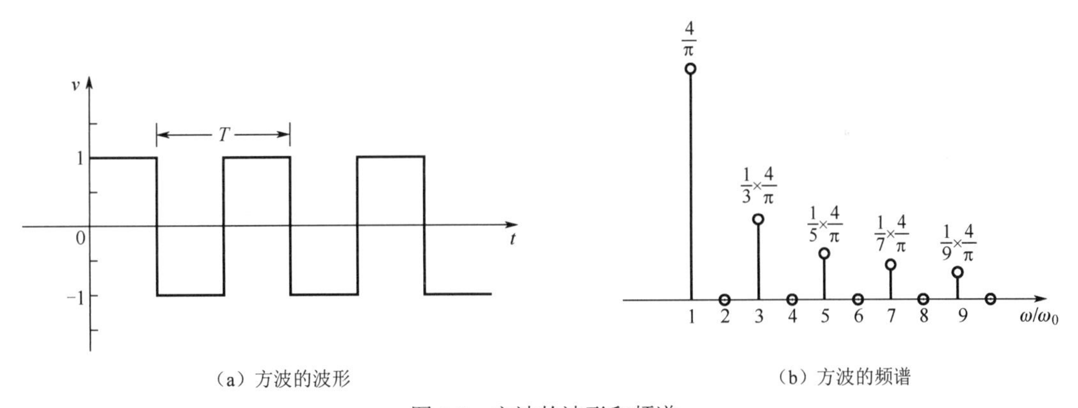

（a）方波的波形　　（b）方波的频谱

图 1.5　方波的波形和频谱

通过分析信号在时域和频域上的不同特征，工程设计人员可根据这些信号特征选择合适的功能电路模块，对信号进行各种处理。因此，了解信号的频谱信息，有助于顺利进行电路设计和分析。

4. 信号的书写规则及工程估算

除了信号的时域和频域表示，信号还有直流量、交流量和瞬时量等表示形式，我们在这里约定电流与电压的书写表示方式如下。

直流量：采用大写字母、大写下标，如 I_{D}、V_{DS}。

交流量：采用小写字母、小写下标，如 i_{d}、v_{ds}。

瞬时量：采用小写字母、大写下标，如 i_{D}、v_{DS}。

时域交流有效值及频域向量：采用大写字母、小写下标，如 I_{d}、V_{ds}。

这些电量表示上的区别在书写和阅读时要特别注意。

另外，本书内容侧重实际工程应用，因此在电路分析和设计中要注意“估计计算”，要特别注

意分析电路模型成立的条件，器件的工作状态及条件，进行合理的模型替代和电路化简；对于电量计算应遵循“仪器可测”原则，计算工程中尽量用整数或有限位小数来表示。如果无特殊要求，一般保留 2～3 位小数即可，不要使用分式或保留根号等结果。在最终的计算结果中，如果无特殊精度要求，一般计算误差在±10%以内都算合理近似。

5. 本书的结构安排

模拟电子电路实际讨论的是如何将“非线性电路进行线性化建模”的问题，在线性电路的框架下展开对电路的分析与设计。因此，本书会包括大量的电路建模和有条件分析内容，希望读者在阅读过程中注意这些模型及其使用条件。

我们将主要内容分为 4 个部分，具体如下。

第 2～4 章介绍半导体器件及其构成的分立电路，包括晶体二极管、场效应管及双极型晶体管，重点讨论由场效应管和双极型晶体管构成的分立放大器分析与设计方法。

第 5 章与第 6 章重点讨论电压型集成运算放大器结构及其单元电路，强调集成电路的分析与设计方法，同时结合第一部分中分立元件构成的放大器介绍，讨论频率响应在放大器参数分析中的应用。

第 7 章与第 8 章主要介绍负反馈技术在放大器中的应用，并以此为基础，介绍集成运算放大器线性电路的分析与设计；讨论集成运算放大器非线性应用电路，将其与线性应用电路对比。

第 9 章与第 10 章主要介绍两类模拟电路与系统，分别为标准信号发生器和直流稳压电源，并以此为例讨论模拟电路系统设计的基本方法。

习　题

1.1　请尝试查阅相关资料，了解电子学的发展历程。

1.2　在日常生活中，还有哪些应用模拟技术的常见电子系统？

第 2 章　晶体二极管

晶体二极管（Crystal Diode），简称二极管（Diode），是半导体电子器件中的一种两端器件。随着半导体材料和工艺技术的发展，利用不同的半导体材料、掺杂分布、几何结构可研制出结构种类繁多、功能用途各异的多种晶体二极管。

普通二极管的主要特性是单向导电性，即只往一个方向传送电流，也称为整流特性，这也是该器件在应用中最常用的工作方式。显然，它具有非线性的电流-电压关系，分析时需要使用者根据工作条件区分不同的工作状态，并为其建立相应的线性模型，以方便借助线性电路的分析方法进行电路分析。因此，如何对非线性器件进行合理的线性化建模，使之能以我们已知的电学知识来分析和设计功能性电路，将是本章及本课程最重要的任务之一。

本章首先从二极管的端口伏安关系出发，介绍二极管的基本特性——单向导电性，并讨论在不同输入条件下的器件线性建模及对应分析方法；其次结合实际伏安曲线介绍器件参数及电路分析方法，并以常见应用电路为例进行分析与设计研究；再次深入器件内部，介绍半导体物理相关的基础知识，以及构成半导体器件的基本单元——PN 结及其特性；最后介绍部分特殊二极管。

学习目标

1. 能够根据外部工作条件，选择合适的电路模型（理想二极管、恒压降、折线模型等）解决普通二极管（单向导电性）电路分析问题。

2. 能够熟练应用二极管的伏安特性（或曲线）进行工作状态（导通、截止和击穿）分析。

3. 能够分析和辨识二极管应用电路，并能够根据要求设计和选择参数及电路结构。

4. 能够应用半导体物理知识解释二极管的基本特性（正向导通、反向截止、反向击穿、电容和温度效应等）。

2.1　二极管基本特性——单向导电性

2.1.1　由电子产品供电引出的整流需求

各种电子产品都配有供电使用的电源适配器，通过适配器上的铭牌可以看到大部分产品采用直流电压供电，电压大小从几伏特到几十伏特，但从电插座引出的是交流电，电压有效值为 220V。显然，这里需要多重转换才能保证用电器的正常工作。

图 2.1 给出了交流信号到直流信号转换方案示意图。第一步，需要的降压处理通过变压器就可以实现，这里并未画出这部分框图。如前所述，消费类电子产品大多采用直流电压供电，因此需要将交流电压 $v_1(t)$转换为直流电压 $v_2(t)$或 $v_2'(t)$。若直接对 $v_1(t)$做低通滤波处理，则由周期信号的特性可知，输出信号为 0 或依然是原信号，无法实现需要的信号转换。因此这里需要添加一步称为整流的处理，将双极性电压信号 $v_1(t)$先转化为单极性电压信号 $v_3(t)$或 $v_3'(t)$，再通过滤波转换为直流电压信号 $v_2(t)$或 $v_2'(t)$，从而满足电子产品供电需求。

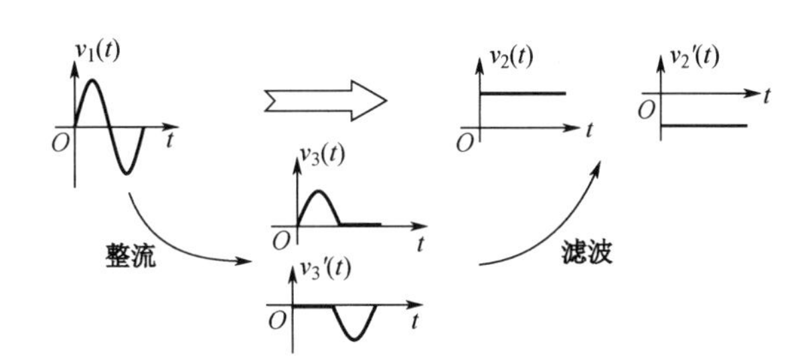

图 2.1　交流信号到直流信号转换方案示意图

由此可知，整流的作用是将双极性的信号转换为单极性的信号。换而言之，这就像一个带有选择性的开关，只让满足条件的信号部分通过，而不满足条件的信号部分将被置零。这种功能特性称为单向导电性，是目前我们熟知的电阻、电感、电容等元器件无法实现的功能。因此，需要引入新的电子元器件，这就是本章将介绍的二极管。

2.1.2　二极管端口伏安关系

我们引入“黑盒”分析思想，暂时不考虑二极管内部的物理结构，先从外部连接方面来认识一下二极管的端口，如图 2.2（a）所示。与电阻相似，该器件为一个二端子器件，但有正负极之分，正极也称为阳极，负极也称为阴极；规定二极管上正向导通电压降①v_D以阳极为正，阴极为负，二极管导通时其上通过的正向导通电流 i_D 正方向为从阳极流向阴极。为画图方便，图 2.2（b）中给出了二极管电路符号 VD，其中间箭头和竖线部分隐含有单向导电的意义。

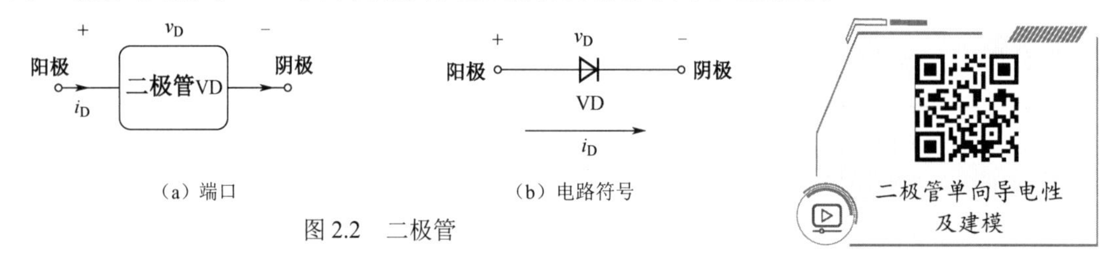

（a）端口　　（b）电路符号

图 2.2　二极管

1．理想二极管模型

要实现图 2.1 所示的整流功能，可采用图 2.3（a）所示的二极管应用电路，此时二极管的伏安关系显然应满足图 2.3（b）所示的曲线，该曲线也被称为理想二极管的伏安特性曲线，也就是我们最希望该器件表现出来的端口特性，后面会看到它与实际二极管特性有一定的差距。注意，图 2.3（b）中横轴为电压，纵轴为电流，它是我们用来描述半导体器件端口电压和电流关系的基本工具。由该曲线图可知，二极管是一个非线性器件。在“电路分析”课程中学到的电路处理方法主要是针对线性电路的，因此为了得到如同左边电路中的信号输入和输出关系，还需要对这个理想二极管器件进行进一步的线性化建模。

对于满足图 2.3（b）伏安关系曲线的二极管称为理想二极管。当外加电压信号为负，使得二极管两端压差 v_D 小于 0 时，器件相当于开路，其上通过的电流 $i_D = 0$，称此时的二极管状态为截止状态，等效电路模型如图 2.4（a）所示；而当外加电压信号为正，二极管中有较大电流 i_D 通过时，器件相当于短路，二极管两端压降 $v_D = 0$，称此时的二极管状态为导通状态，等效线性电路模型如图 2.4（b）所示。因此，二极管的单向导电性也常被表述为“正向导通，反向截止”。理想二极管的电路符号如图 2.4（c）所示，记为 VD_V（Virtual Diode），注意它与实际二极管器件是有区别的。

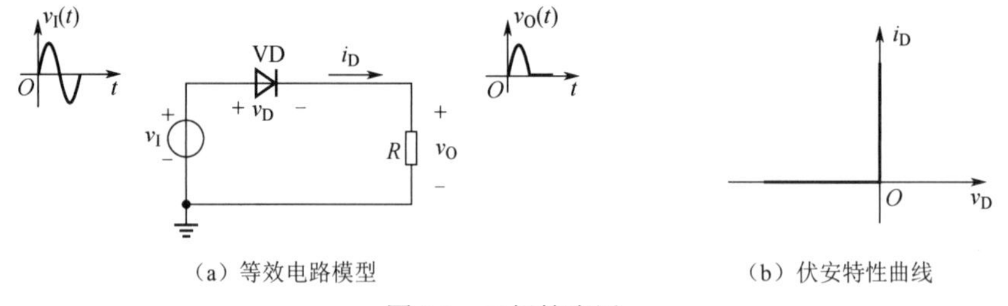

（a）等效电路模型　　（b）伏安特性曲线

图 2.3　二极管应用

图 2.5（a）所示为利用理想二极管替代图 2.3（a）中的二极管应用，注意此时我们已经开启了模型替代过程，只不过这里的理想二极管依然是非线性模型，需要进一步分析其外部端口特性，得

① 电压降是指两个被测电路节点间的电位差，其方向一般从高电位指向低电位。这种表述提供了电路分析和计算时需要用到的参考方向。

到其工作状态，再进行相应的线性化等效。若输入信号为正弦波，在信号的正半周，二极管上的电压降 v_D 显然大于 0，则理想二极管应该处于正向导通状态，等效电路如图 2.5（b）所示，二极管用短路模型替代了，整个电路为线性电路；而在信号的负半周，二极管用开路模型替代，如图 2.5（c）所示。整个电路输入与输出信号的关系可以用式(2.1)来说明，输入和输出波形如图 2.6 所示。显然，通过二极管器件处理后，我们去掉了输入信号中的负极性部分，因此实现了对输入信号的整流功能。

$$v_O = \begin{cases} v_I, & v_I > 0 \\ 0, & v_I \leqslant 0 \end{cases} \tag{2.1}$$

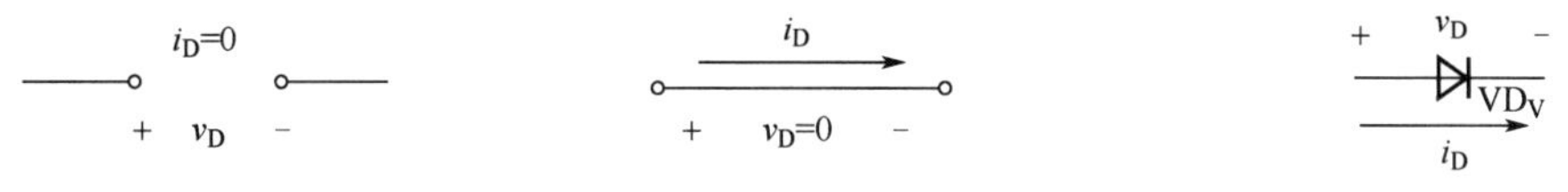

i_D=0
+ v_D −
i_D
+ v_D=0 −
+ v_D −
VD_V
i_D

（a）截止状态时的开路模型　（b）导通状态时的短路模型　（c）理想二极管的电路符号

图 2.4　理想二极管的等效线性电路模型

VD_V
i_D
+ v_D −
v_I
R
v_O
u_I

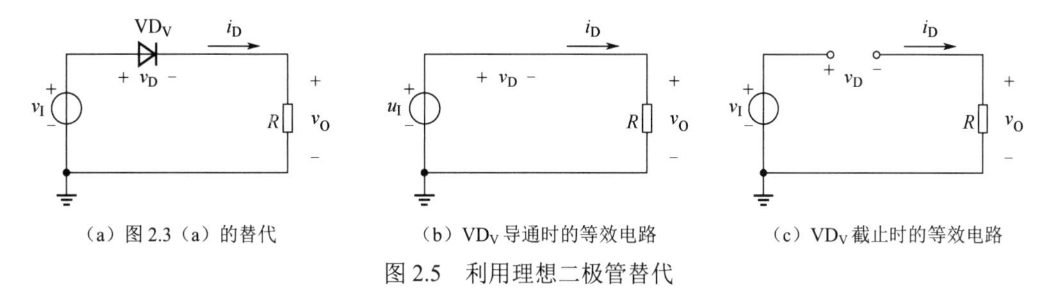

（a）图 2.3（a）的替代　（b）VD_V 导通时的等效电路　（c）VD_V 截止时的等效电路

图 2.5　利用理想二极管替代

例 2.1　电路如图 2.7（a）所示，试判断图中二极管 VD_{V1} 和 VD_{V2} 的工作状态，并求解 V_O 的值。

$v_I(t)$
O
t
$v_O(t)$

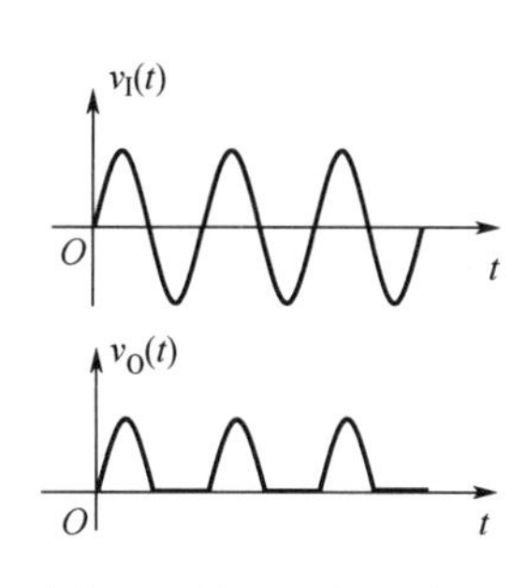

图 2.6　输入和输出波形

解：我们借用该例题来介绍这类电路的一般解法，在后面会给出小结。

注意到图中的二极管为理想二极管，假设图 2.7(a)中 VD_{V1} 和 VD_{V2} 均为截止状态，如果假设成立，那么电路可改画为如图 2.7（b）所示的假设等效电路，且两个二极管的管压降 V_{D1} 和 V_{D2} 应均小于 0。然而，由图 2.7（b）可知，在二极管呈现开路的条件下，两个二极管端口电压降分别为

$$V_{D1} = 0 - 8 = -8\ \text{V}$$
$$V_{D2} = 12 - 8 = 4\ \text{V}$$

显然，$V_{D1}<0$，$V_{D2}>0$，原假设不成立。根据以上两式可再次假设 VD_{V1} 截止，VD_{V2} 导通，电路改画为图 2.7（c）。根据图 2.7（c），再次验证可得

$$V_{D2} = 0$$
$$V_{D1} = 0 - 12 = -12\ \text{V}$$

由以上讨论可知，第二次假设成立，VD_{V1} 截止，VD_{V2} 导通，图 2.7（c）所示即为原电路的线性化等效电路，且由图 2.7（c）可得 $V_O = 12\text{V}$。

例 2.2　将图 2.7（a）中电压源由 8V 改为−8V，如图 2.8 所示，重新完成电路分析及计算。

解：假设图 2.8（a）中 VD_{V1} 和 VD_{V2} 均为截止状态，如果假设成立，那么电路可改画为如图 2.8（b）所示的假设等效电路，且 V_{D1} 和 V_{D2} 应均小于 0。然而，从图 2.8（b）中可得

$$V_{D1} = 0 - (-8) = 8\ \text{V}$$

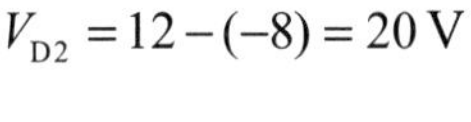

$$V_{D2} = 12 - (-8) = 20\ \text{V}$$

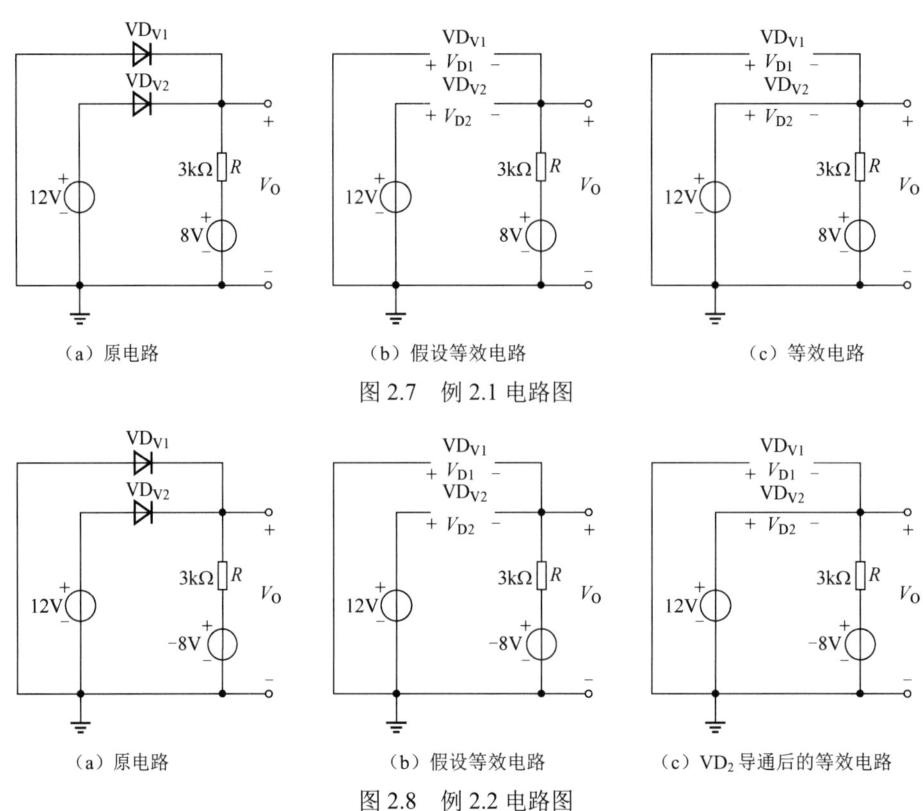

图 2.7　例 2.1 电路图

图 2.8　例 2.2 电路图

显然，$V_{D1}>0$，$V_{D2}>0$，原假设不成立，但根据以上两式可知 V_{D1} 和 V_{D2} 均大于 0，则 VD_{V1} 和 VD_{V2} 均满足正向导通条件，但 $V_{D2}> V_{D1}$，因此 VD_{V2} 将会比 VD_{V1} 先导通，我们将 VD_{V2} 用短导线模型替代，依然假设 VD_{V1} 截止，电路改画为图 2.8（c）。根据图 2.8（c），再来验证可得

$$V_{D1} = 0 - 12 = -12\ \text{V}$$

可见，在 VD_{V2} 已经导通的情况下，VD_{V1} 将不再导通，而处于截止状态，图 2.8（c）所示电路即为该电路正常工作时的等效电路，即在这样的供电条件下，VD_{V1} 截止，VD_{V2} 导通，而电压 $V_O = 12\text{V}$。

显然，利用理想二极管模型可对含有多个二极管的电路中各二极管的工作状态进行分析和判断。总结例 2.1 和例 2.2 的解题过程，我们可对如何分析电路中二极管的工作状态的基本步骤做一个简单的小结。

①假设电路中所有二极管均处于截止状态，用图 2.4（a）中的等效开路模型替代电路中的每个二极管后，计算每个原二极管替代后阳极到阴极的电压差，记为 V_{Di}，其中 i=1, 2，…，n，n 为电路中二极管的个数。

②若所有 V_{Di} 均小于 0，则假设成立，分析结束。

③若其中只有一个 V_{Dj} 大于 0，其他均小于 0，则假设不成立，重新假设该二极管 VD_{Vj} 导通，用图 2.4（b）中的等效短路模型替代 VD_{Vj}，其余二极管均假设为截止，并用图 2.4（a）中的等效开路模型替代。

④再次计算除二极管 VD_{Vj} 之外的其他二极管阳极到阴极的电位差，重复步骤②、③，直至所有二极管状态均判断完成。

⑤在分析过程中，若出现两个及以上二极管的电压差均大于 0 的情况，则比较大小，压差最大的二极管将“优先导通”，用图 2.4（b）中的等效电路模型替代 VD_{Vj}，并假设其他二极管均截止，重复步骤①～⑤，直至所有二极管状态均判断完成。

2. 恒压降模型

回到图 2.3（a）所示电路，我们把输入信号源换成电池组，也就是直流源 V_{DC}，如图 2.9 所示。此时，二极管 VD 应该处于正向导通状态，电路中有正向导通电流通过。如果用一个电压表测量电路中二极管阳极到阴极的电位差，就会发现其正向导通电压 V_D 并不为 0，大概有零点几伏特的示数。如果输入信号 V_{DC} 足够大，如十几伏特或几十伏特，就可以近似认为 V_D 约等于 0，前面的理想二极管模型依然可用于电路分析。但如果 V_{DC} 只有几伏特，如一节普通干电池的电压才 1.5V，那么二极管上这零点几伏特的电压降就不能忽略不计了，显然理想二极管模型已不适合该应用场景的条件。然而，这个器件的基本特性还是单向导电，那么在这种低电压激励时，理想二极管模型就需要修正，因此我们引入更接近实际二极管工作特性的恒压降模型，如图 2.10 所示。

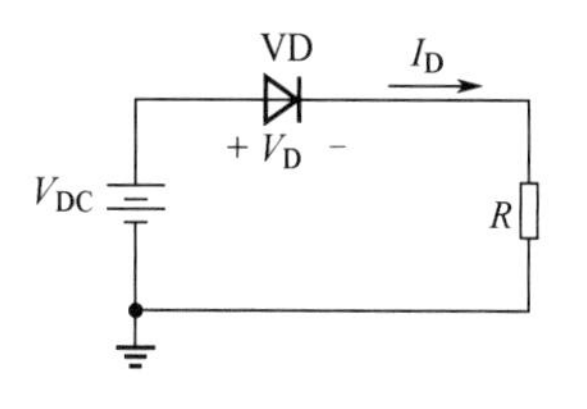

图 2.9　采用直流激励的图 2.3（a）电路

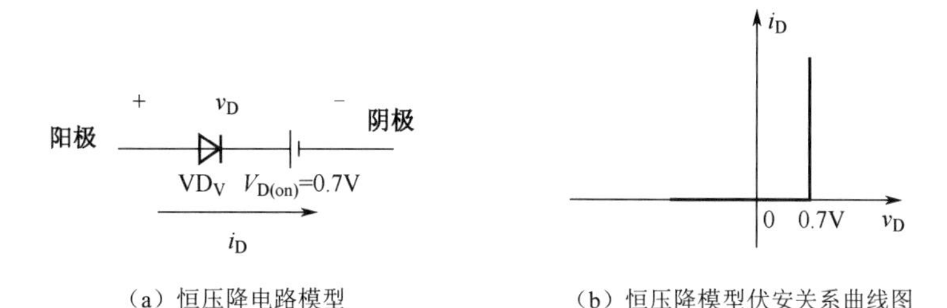

（a）恒压降电路模型　　（b）恒压降模型伏安关系曲线图

图 2.10　恒压降模型

由图 2.10（a）可知，在电路等效实现上，恒压降模型的设计是在理想二极管 VD_V 基础上串接了一个大小为 $V_{D(on)} = 0.7V$ 的电压源，用于模拟二极管的正向导通管压降；从图 2.10（b）中可以看出，当外加电压大于 0.7V 时，模型中的理想二极管会立即导通，此时模型中的理想二极管可用短导线替代，实际二极管两端电压 v_D=0.7V，电流 i_D 直线上升；而外加电压小于 0.7V 时，理想二极管则会进入反向截止状态，此时理想二极管可用开路模型替代，i_D=0，电压 v_D 则与外电压保持一致，即图 2.10（a）可以根据不同的外部条件等效为图 2.11 所示的线性等效电路模型。

（a）截止状态时的开路模型　　（b）导通状态时的电压源模型

图 2.11　二极管恒压降模型的线性等效电路模型

由以上分析可知，恒压降模型的使用方法与理想二极管类似，只是多考虑一个等效电源。

这里要特别说明以下两个问题。

①在实际工程分析中，到底什么时候可以对二极管内部等效管压降进行忽略处理？也就是后面我们会经常提到的两个变量大小什么时候会满足“远大于”或“远小于”的关系？这里的处理原则来源于工程实践中的经验总结，严格来说，两个变量的大小相差 10 倍及以上时，就可以进行相应的忽略处理。

②二极管正向导通电压 $V_{D(on)}$的取值实际上由制造二极管的材料和工艺等因素决定，一般来说，硅材料制造的二极管导通电压为 0.5～0.8V，因此在计算时常用 $V_{D(on)} = 0.7V$ 来代入模型计算；而锗材料二极管导通电压为 0.2～0.3V，因此在计算时常用 $V_{D(on)} = 0.3V$ 来代入模型计算。半导体材料众多，如对计算精度要求较高，还需要根据器件型号查阅相应的器件手册，以确定具体正向导通

电压值。目前大部分半导体器件采用的都是硅材料，因此在快速估算且没有二极管其他更多信息时，往往直接用 $V_{D(on)} = 0.7V$ 来参与分析计算，这种分析思路在工程中是应用得最多的。

例 2.3　二极管电路如图 2.12（a）所示，要求采用恒压降模型分析，设二极管的 $V_{D(on)} = 0.7V$，输入信号为 $v_i = 5\sin\omega t(V)$，试画出输出电压 v_o 的波形。

解： 图 2.12（b）为图 2.12（a）中二极管采用恒压降模型替代后的等效电路，其中虚线矩形框内即为二极管的恒压降模型。设电路最低点为零参考电位，且假设图中理想二极管 VD_V 截止，则其正负极两端的电压降为

$$v_D = v_+ - v_- = v_i - V_{D(on)} - V_R = v_i - 3$$

若 $v_D > 0$，即 $v_i > 3V$，则 VD_V 将处于导通状态，这时 VD_V 应该用短路模型替代，因此 $v_o = 2.3 + 0.7 = 3V$；若 $v_D \leqslant 0$，即 $v_i \leqslant 3V$，则 VD_V 将处于截止状态，这时图 2.12（b）中的 VD_V 应该用开路模型替代，则 $v_o = v_i$。因此，可以根据 v_i 的波形得到 v_o 的波形，如图 2.13 所示。由图 2.13 可知，该电路将 v_i 大于 3V 的部分削平后再输出，因此称为上限幅电路。

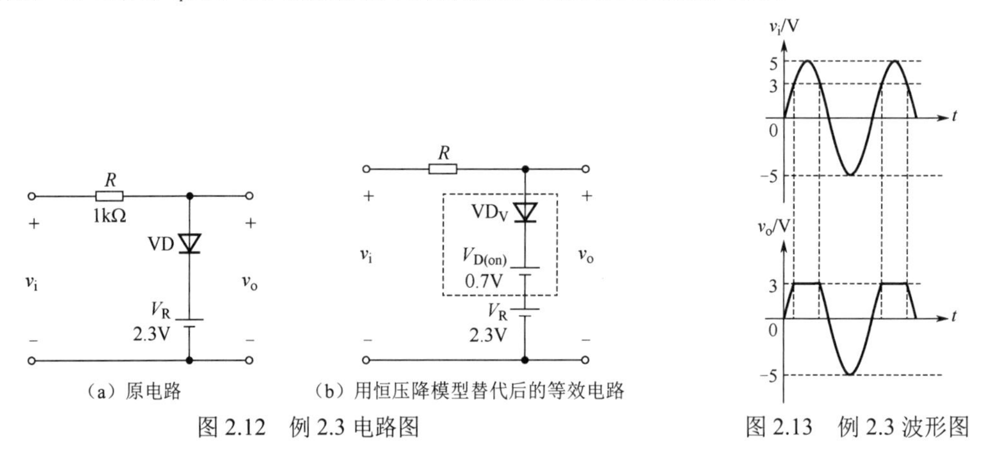

图 2.12　例 2.3 电路图　　　　图 2.13　例 2.3 波形图

从例 2.3 的分析过程可以看到，恒压降模型的应用与理想二极管类似，因此分析这类电路时步骤方法也是相似的，只不过在判断导通与否时，二极管的管压降不再是与 0 作比较，而是与 $V_{D(on)}$ 作比较。

3．折线模型

在正向导通状态，二极管上有电压降，也有电流通过，根据欧姆定律，我们很容易想到，这个元件应该有一个等效电阻，事实上也确实如此。因此，我们在恒压降模型的基础上进一步修正，可以得到更接近真实情况的折线模型。其等效电路模型及伏安特性曲线如图 2.14 所示。

由图 2.14 可知，折线模型在应用时需要知道两个参数值：一个是刚刚正向导通所需要的电压 V_D，模型中用一个等效电压源来描述；另一个是正向导通时二极管等效电阻 r_D，单向导电性依然由理想二极管来实现。注意，这里的电压源 V_D 没有指定为 0.7V，这是因为根据材料和生产工艺的不同，r_D 大小会有差异，而它会分走一部分电压，其伏安特性曲线如图 2.14（b）所示。显然，它更加精确地描述了二极管的基本特性。需要说明的是，这里 r_D 电阻的阻值非常小，往往只有几欧姆，甚至更低。因此，在一般电路分析中，恒压降模型的使用会更加普遍，但如果对电路参数精确度要求比较高时，折线模型显然更合适。

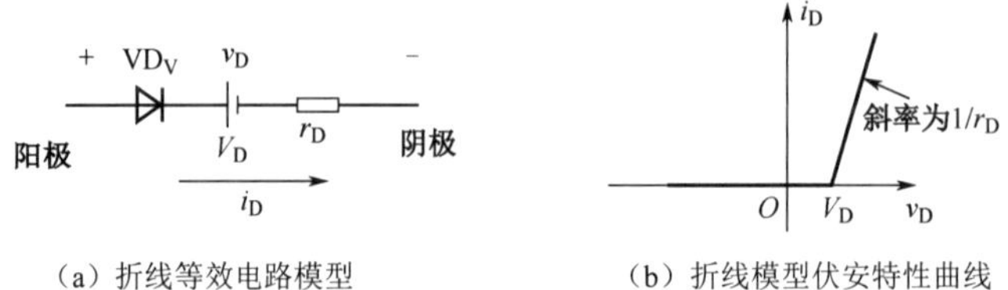

图 2.14　折线模型

例 2.4　二极管电路如图 2.15 所示。若采用折线模型分析，设二极管的 $V_D = 0.5V$，$r_D = 5\Omega$，输入信号为 $v_i = 5\sin\omega t V$，试画出输出电压 v_o 的波形。

解： 图 2.15（b）为图 2.15（a）中的二极管分别用折线模型替代后的等效电路，同时假设电路最低点为零参考电位。

假设 VD_{V1}、VD_{V2} 截止，则可以得到 VD_{V1} 正负极两端的电压降为

$$v_{D1} = v_+ - v_- = v_i - V_D - V_R = v_i - 3$$

若 $v_{D1} > 0$，即 $v_i > 3V$，则 VD_{V1} 将处于导通状态，这时图 2.15（b）中的 VD_{V1} 应该用短路模型替代；若 $v_{D1} \leqslant 0$，即 $v_i \leqslant 3V$，则 VD_{V1} 将处于截止状态，这时图 2.15（b）中的 VD_{V1} 应该用开路模型替代。

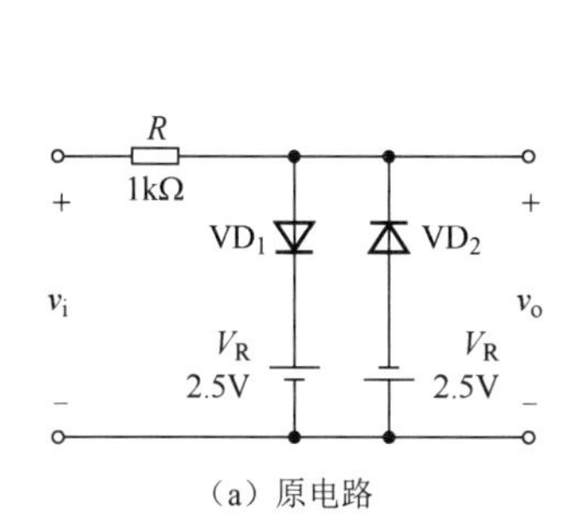

（a）原电路

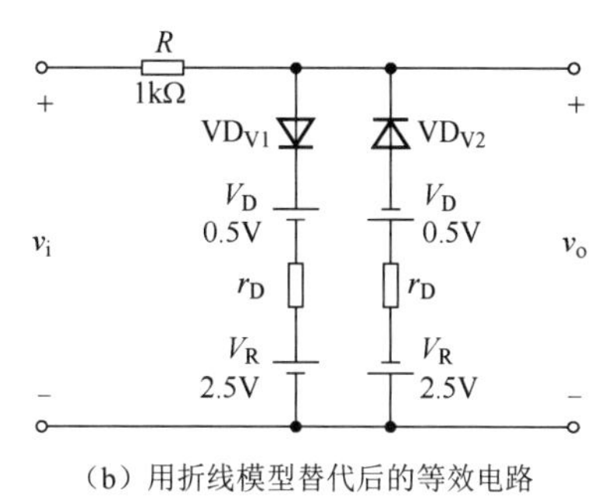

（b）用折线模型替代后的等效电路

图 2.15　例 2.4 电路图

同理，可以得到 VD_{V2} 正负极两端的电压降为

$$v_{D2} = v_+ - v_- = -V_D - V_R - v_i = -3 - v_i$$

若 $v_{D2} > 0$，即 $v_i < -3V$，则 VD_{V2} 将处于导通状态，这时图 2.15（b）中的 VD_{V2} 应该用短路模型替代；若 $v_{D2} \leqslant 0$，即 $v_i \geqslant -3V$，则 VD_{V2} 将处于截止状态，这时图 2.15（b）中的 VD_{V2} 应该用开路模型替代。

综上所述，可以得到当 $v_i < -3V$ 时，VD_{V1} 截止，VD_{V2} 导通；当 $-3V \leqslant v_i \leqslant 3V$ 时，VD_{V1}、VD_{V2} 截止；当 $v_i > 3V$ 时，VD_{V1} 导通，VD_{V2} 截止。因此，在不同的输入信号条件下，输出状态也应该是不同的。注意到 $r_D \ll R$，因此可以得到

当 $v_i < -3V$ 时，$v_o = -V_R + \dfrac{v_i + V_D + V_R}{R + r_D} \times r_D - V_D \approx -3V$。

当 $-3V \leqslant v_i \leqslant 3V$ 时，$v_o = v_i$。

当 $v_i > 3V$ 时，$v_o = V_R + \dfrac{v_i - V_D - V_R}{R + r_D} \times r_D + V_D \approx 3V$。

因此，可以根据 v_i 的波形得到 v_o 的波形，如图 2.16 所示。该电路将 v_o 大于 3V、v_o 小于−3V 的部分削平后再输出，因此称为双向限幅电路。

从例 2.4 的分析过程可以看到，在正向导通时二极管的等效电阻是非常小的，此时二极管内的工作电流在毫安（mA）数量级，往往需要千欧（kΩ）级的电阻来做限流保护电阻，因此在分析过程中如果对数据精度没有太高的要求，这个等效电阻 r_D 往往可以忽略不计。同时，折线模型在使用时需要根据二极管型号获取 V_D 和 r_D 参数，因此在快速估算中使用不是特别方便。

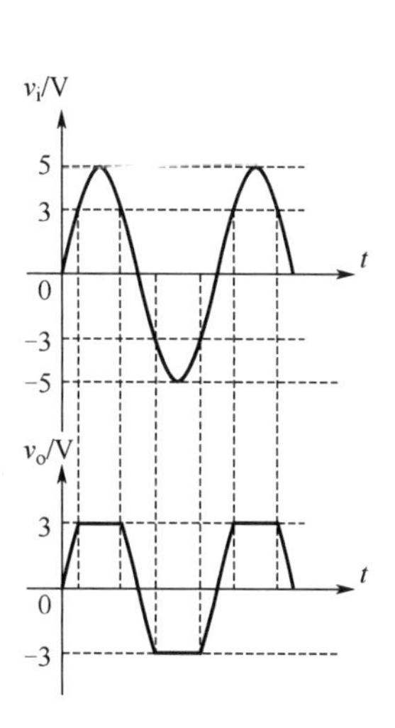

图 2.16　例 2.4 波形图

2.2 二极管伏安特性及其参数

2.2.1 二极管伏安特性曲线图

在实际工程实践中，工程师往往通过晶体管特性测试仪来观察各种晶体管（包括二极管、场效应管和三极管等）的伏安特性关系。所谓伏安特性关系，是指加在电气设备或元器件两端的电压与通过电流之间的关系。工程技术人员常用纵坐标表示通过的电流，横坐标表示测试端口两端的电压，以此画出的 *I-V* 图，被称为伏安特性曲线图。该图常用来研究设备或元器件的等效电阻变化规律，是分析电路时常用的图形工具之一。

电子元器件品种繁多，每个元器件都有对应的元器件型号，根据元器件型号，我们很容易查到对应的器件手册，从而分析判断是否能满足设计要求。不同型号的二极管，其伏安特性曲线略有差异，但基本走势是一致的。图2.17所示为某硅二极管的伏安特性曲线。为了更清楚地分析特征，我们对该图进行了缩放处理。

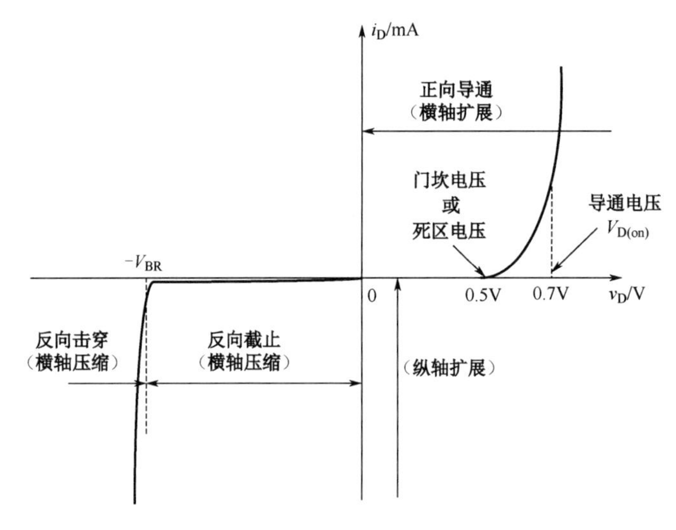

图2.17　某硅二极管的伏安特性曲线

1．正向导通特性

图2.17的右上部分展示了该二极管正向导通时的情况，因为横轴上的关键参数数值很小，为了显示，我们在这部分横轴上做了扩展处理。

由图2.17可知，当外加的正向电压极小时，二极管电流几乎为0。也就是说，此时二极管仍然是截止的，只有当正向电压增大到约0.5V时，二极管内才开始有正向电流通过，将该电压称为门坎电压或死区电压。此后，二极管正式进入导通状态，且随着正向电压的增大，二极管内通过的电流迅速增大。当正向电压增大到约0.7V时，正向电流已经比较大了，将该电压称为二极管导通电压 $V_{D(on)}$。导通电压值在硅二极管的电路计算中视作常数使用，不同型号二极管偏差不会太大，而锗二极管的导通电压约为0.3V。当外加正向电压大于导通电压之后，正向电流增速明显。

为了保证电路安全工作，二极管工作电流不可能任其无限增大，因此必须在电路中串接限流电阻来限制电流。这里要注意一下横、纵轴的单位，横轴单位为V，纵轴单位为mA，这说明对于普通二极管，正向导通时能安全通过的电流是毫安级。因此，在前面讨论的电路中电阻 R 不仅承担取出信号的作用，还承担限流作用，保护二极管不会因为电流过大而烧毁，所以电路中一般会采用千欧级电阻来限流。

2．反向截止特性

图2.17的左下部分表示二极管外加反向电压时的情况，这里被分为了两个部分，由一个关键

参数——反向击穿电压 V_{BR} 作分界。当反向电压值小于$-V_{BR}$时，随着反向电压数值的增大，二极管内通过的反向电流值也随之略有增大，但仍然接近于 0，该电流值是非常微弱的，其取值一般为10^{-15}～10^{-13}A，因此这部分曲线在展示时纵轴上做了扩展处理。

由于普通二极管一般被当作开关来使用，因此 V_{BR} 往往高达几百伏特，甚至上千伏特。

3．描述单向导电性的数学方程

由半导体物理知识可以得到，描述二极管单向导电性的数学方程，也称为二极管整流特性的数学模型，即描述二极管电流-电压关系的指数方程。

$$i_D = I_s(e^{v_D/nV_T} - 1) \tag{2.2}$$

式中，i_D 和 v_D 分别为从二极管阳极流向阴极的瞬时电流和从二极管阳极到阴极的瞬时电压差；I_s 为二极管反向工作时饱和电流，也称为反向比例电流，其取值一般为 10^{-15}～10^{-13}A，非常微弱，在工程实践中可视作近似为 0；常数 n 是一个处于 1 和 2 之间的值，该值取决于制造二极管的材料和物理结构，一般来说，除非特别说明，我们假定 n=1；V_T 称为热电压，为一个常数，可以用式(2.3)来表示。

$$V_T = \frac{kT}{q} \tag{2.3}$$

式中，k 为玻耳兹曼常数，其值为 1.38×10^{-23}J/K；T 为热力学温度（单位为 K）；q 为电荷量，其值为 1.60×10^{-19}C。在室温（T=300K）时，V_T 的值约为 25mV，如果不做特别说明，在后续的计算中都以 25mV 作为热电压 V_T 的取值。

由式(2.2)可知，当 $v_D > 0$ 且 $v_D \gg V_T$ 时，$i_D \approx I_s e^{v_D/nV_T}$，通过二极管的电流和电压近似服从指数关系，即电流 i_D 随 v_D 的增大快速增大；当 $v_D < 0$ 且 $|v_D| \gg V_T$ 时，$i_D \approx -I_s$，电流几乎为 0。显然，该方程能够描述二极管的单向导电性。

4．反向击穿特性

图 2.17 左下方描绘的是二极管的反向击穿特性，这部分特性不属于单向导电性范畴。观察曲线可以发现，当二极管上反向电压数值继续增大至反向击穿电压后，二极管中会出现迅速增大的反向电流（电流方向与正向导通时的电流方向相反），此时二极管两端的电压却几乎不变，因此这种反向击穿特性也被称为二极管的“反向稳压”特性，这一典型特性可被应用设计具有稳压作用的稳压二极管，我们将在后续章节介绍其建模及应用。对于目前大多数稳压二极管，V_{BR} 的数值在几伏特到几十伏特的范围内。

5．伏安特性曲线小结

由实际二极管的伏安特性曲线可知，二极管的工作状态或工作区实际上有 3 种，分别是正向导通、反向截止和反向击穿。当二极管外加电压范围不同时，可使得二极管工作在不同状态或工作区。目前市面上大部分二极管是用作电子开关的，也就是说，主要利用的是前两个工作区，即二极管的基本工作特性——单向导电性，这类二极管也常被称为整流二极管；但特殊二极管——稳压二极管则常常应用其第三种工作特性反向击穿特性。

2.2.2 二极管主要参数及数据手册

在电路设计过程中，我们可以通过查询相关器件的器件手册来进行器件选择。数据手册一般由器件生产厂商提供，包含器件基本信息、使用参数、性能指标、封装信息及应用实例等相关技术信息。下面来看看其中部分常用的二极管参数说明。

1．最大平均整流电流 $I_{F(AV)}$

最大平均整流电流 $I_{F(AV)}$是指二极管长期工作时允许通过的最大正向平均电流。它与二极管的尺寸、制造材料及散热条件有关。在实际应用时，工作电流应小于 $I_{F(AV)}$；否则可能导致结温过高而烧毁器件。

2．最高反向工作电压 V_{RM}

最高反向工作电压 V_{RM} 是指二极管在反向偏置时，为保证截止工作状态所允许施加的最大反向电压。在实际应用时，当反向电压增加到击穿电压 V_{BR} 时，二极管可能被击穿损坏，因而 V_{RM} 通常取为（1/2～2/3）V_{BR}。

3．反向电流 I_R

反向电流 I_R 是指二极管未被反向击穿时的反向电流。理论上，$I_R = I_s$，但考虑表面漏电等因素，实际上 I_R 稍大一些。I_R 越小，表明二极管的单向导电性能越好。另外，I_R 与温度密切相关，使用时应特别注意温度条件。

4．最高工作频率 f_M

最高工作频率 f_M 是指二极管在正常工作时，允许通过的交流信号最高频率。在实际应用时，不要超过该数值，否则二极管的单向导电性将显著退化。f_M 的大小主要由二极管的电容效应来决定。

当然其他参数还有很多，在使用时要根据器件型号详查数据手册，大家可以到手册查询网站上查到市场上流通的几乎所有器件的数据手册。

2.3 含二极管电路的电路分析方法

二极管虽然种类繁多，但结构特点和技术特征基本相似，因此在应用中的分析方法也基本相似。我们在“电路分析”课程中学习了很多针对线性电路的分析方法，但从图 2.17 中可以看出，二极管的伏安关系具有明显的非线性，因外部工作条件不同，主要有 3 种工作模式：导通、截止和击穿。因此，对二极管应用电路的分析，首先需要对二极管的外接电压激励或电流激励条件进行分析，确定其处于哪种工作模式下；然后对不同的工作模式分别进行线性化建模；最后根据对应的线性模型，采用合适的线性方法来解决电路应用问题。

因此，针对二极管电路的分析属于“非线性器件的线性建模分析”范畴。从目前的应用来看，大多数二极管应用需要设定的工作模式是单向导电，也就是导通和截止模式，第三种击穿工作模式则主要应用在基准源和稳压器设计中。在模型建立时也分两大类进行，其中单向导电模型在使用时再继续分类建模。

在第 1 章中提到，电路中瞬时量信号包括直流量和交流量两部分，直流量用来确保电子器件工作在特定的工作模式下，交流量用来传递信息。因此，对于二极管应用电路的分析，也会面对同样的问题。根据叠加原理，电路分析分为两个部分：一是针对直流量进行的直流分析；二是针对交流量进行的交流分析。通过接下来二极管建模的讨论，大家会更明确地看到同一个器件对信号交直流的作用是不同的。

2.3.1 单向导电模式下的大信号分析方法（含直流分析）

所谓大信号，对于器件端口电压信号而言，一般指伏特级电压。假设我们要分析的电路如图 2.3（a）所示，需要分析求解二极管的工作状态和信息的传递情况，而通常描述状态的参数是二极管两端电压 v_D 和通过二极管的电流 i_D，它们是伏安特性曲线上某个点的横、纵坐标，不同的外电路使得二极管工作状态不同，因此对应的坐标点在伏安特性曲线上上下移动。

1．基于数学模型及迭代分析法

迭代法是反复运用假设—检验—再假设—再检验来确定方程解的方法。我们以采用直流信号源进行激励的图 2.9 为例来进行演示，可以得到

$$I_D = I_s(e^{V_D/nV_T} - 1) \tag{2.4}$$

又由 KVL 定理可得

$$V_{DC} = I_D R + V_D \tag{2.5}$$

式(2.5)也可以写为

$$I_D = \frac{V_{DC}}{R} - \frac{V_D}{R} \tag{2.6}$$

联立求解式(2.4)和式(2.6)可得

$$V_{DC} = I_s R(e^{V_D/nV_T} - 1) + V_D \tag{2.7}$$

式(2.7)中虽然只包含一个未知数 V_D，但它是一个超越方程，因此不能直接求解，只能用迭代法来求解方程。

例 2.5 假设 V_{DC}=3V，R=1kΩ，I_s=10^{-14}A，器件方程中 n=1，则求解图 2.9 中二极管的两端电压和电流。

解：由式(2.7)可得

$$3 = 10^{-14} \times (1\times1000)(e^{V_D/0.025} - 1) + V_D$$

假设取 V_D=0.7V，采用二分法进行迭代，过程如下。

第 1 次迭代：式(2.7)右边等于 15.163V，显然左右不等，且右边偏大，故再取 V_D=0.6V。

第 2 次迭代：式(2.7)右边等于 0.865V，显然左右不等，且右边偏小，故再取 V_D=0.65V。

第 3 次迭代：式(2.7)右边等于 2.607V，显然左右不等，且右边偏小，故再取 V_D=0.675V。

第 4 次迭代：式(2.7)右边等于 5.995V，显然左右不等，且右边偏大，故再取 V_D=0.6625V。

……

第 8 次迭代：式(2.7)右边等于 3.016V，左右两边基本相等，误差小于 10%，迭代结束。此时 V_D=0.655V。

再由式(2.6)可得，I_D=2.345mA。

从例 2.5 的解题过程中可以看到，如果用手工计算来进行这样的迭代，计算非常烦琐，因此数学模型和迭代法求解往往利用计算机程序来实现。

另外，例 2.5 中二极管处于正向导通状态，如果我们令 V_{DC} = −3V，那么二极管将处于反向偏置状态，利用同样的迭代方法进行计算，结果为 V_D = −3V，I_D = 0。显然，式(2.2)很好地描述了二极管的单向导电特性。同时，在本例中我们采用直流电压源激励，因此整个分析过程都属于直流分析范畴，但式(2.2)对瞬时信号量依然是成立的，所以该方法也适用于瞬时信号分析。

2. 基于伏安特性曲线的图解法

图解法是利用二极管伏安特性曲线和负载线来确定直流工作点的分析方法，下面依然综合图 2.9 中的电路来介绍该方法的使用。

电路中除直流电压源之外，只有一个线性元件（电阻 R）和一个非线性元件（二极管 VD）。显然，若 V_{DC}<0，则 I_D=0，V_D=V_{DC}；但当 V_{DC}>0 时，则需要将表征电阻 R 伏安关系的式(2.6)画在伏安特性曲线的坐标系中，可以看到两条线交于一点，则该点的横纵坐标值就是我们要求解的 V_D 和 I_D 值，具体过程如图 2.18 所示，这个交点我们就称为直流工作点，也称为静态工作点（Quiescent Operation Point）。因此，在图中记为 Q 点。注意，我们把式(2.6)描述的直线称为电路的直流负载线，这个称呼是历史上研究放大器设计时提出的，在后面章节还会见到。显然，Q 点落在哪个区域，二极管就会工作在哪个工作模式，如图 2.18 所示 Q 点落在正向导通区域中，因此二极管工作在导通模式。

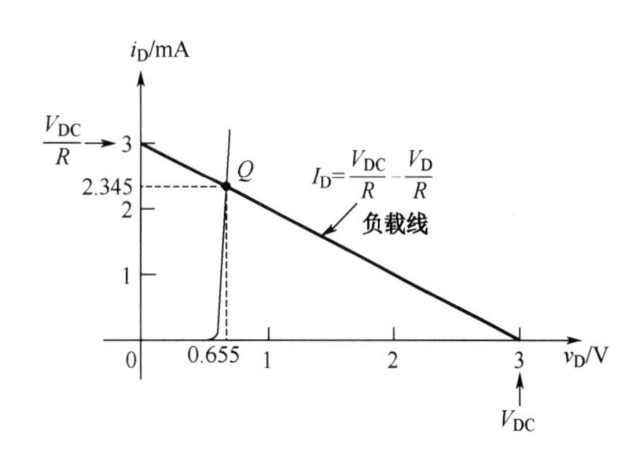

图 2.18 图 2.9 所示应用电路图解分析

从上述分析过程中也能看出，直流负载线由电阻 R 引入，二极管引入正向导通区域的伏安特性曲线，由于电路的激励是一个恒定的直流信号，两条曲线的交点坐标就是此时二极管上的电压和电流。若在直流激励信号的基础上叠加一个交流激励信号，则负载线将随交流变化而在平面上移动，其与二极管伏安特性曲线的交点也会随之改变。这种方法虽然可以求得比较精确的结果，使用起来却很麻烦，但对于电路中非线性器件的响应分析非常形象生动，故有助于设计者对器件的工作状态进行正确的判断。

3. 工程应用中的快速分析方法

为了在工程分析中迅速得到较为准确的数值解，2.1.2 节介绍的三类电路模型是最方便的分析工具。其中，理想二极管模型是基础，但它与实际二极管相差最大，多用于二极管工作状态（导通或截止）判断；折线模型最接近实际，但模型结构最复杂，且因为二极管使用场景中往往串有千欧级电阻，所以其中等效电阻 r_D 作用不大。因此，在快速工程估算中，应用最广泛的还是“恒压降”模型。同时，这三类模型依然是非线性模型，它们各自都需要根据不同工作状态进一步进行线性化建模，在 2.1.2 节中已给出相应的范例，因此不再赘述。

2.3.2 正向导通模式下的交流小信号分析方法

2.3.1 节中详细介绍了几种在单向导电模式下二极管器件的等效电路模型，以及在大信号激励下电路的分析方法，但在很多传感器应用中，采集到的信号往往是在毫伏级及以下的交流信号，我们称为小信号或微弱信号。这类信号的幅值大小远远小于普通二极管的死区电压，因此根本不能使二极管进入正向导通状态，也就无法将携带的信息向后级传递。那么，在这种工程应用条件下，该如何进行信号传输呢？解决方案是：直流偏置技术结合正向导通条件下二极管交流小信号模型。

1. 直流偏置技术

刚刚提到仅有微弱信号是无法让二极管导通的，因此要传递此类信号必须首先采用直流电源提供合适的工作电压或电流，使得二极管工作在正向导通状态，再送入交流小信号，即可向后级传递交流信息，这种技术被称为直流偏置技术。换而言之，直流偏置技术设置合适的静态工作点——Q 点，使得非线性器件工作在指定工作状态下，为有用信号的传递创造工作路径。与电阻等“无源器件”不同，二极管需要由直流电压偏置后才能工作在指定工作状态，因此我们也称二极管为有源器件。在后续出现的 MOS 和 BJT 器件，也是有源器件。

2. 二极管交流小信号模型

前面已经提到二极管是非线性元件，然而在直流工作点附近，二极管对交流小信号的响应变化是很小的，因此可以将二极管的伏安特性曲线在工作点附近近似看作直线，这样非线性的二极管就可以近似用线性的电阻来代替了，这就是二极管小信号模型的建模思路。可由图 2.19 所示的电路原理图及伏安特性曲线图，来推导二极管交流小信号模型。

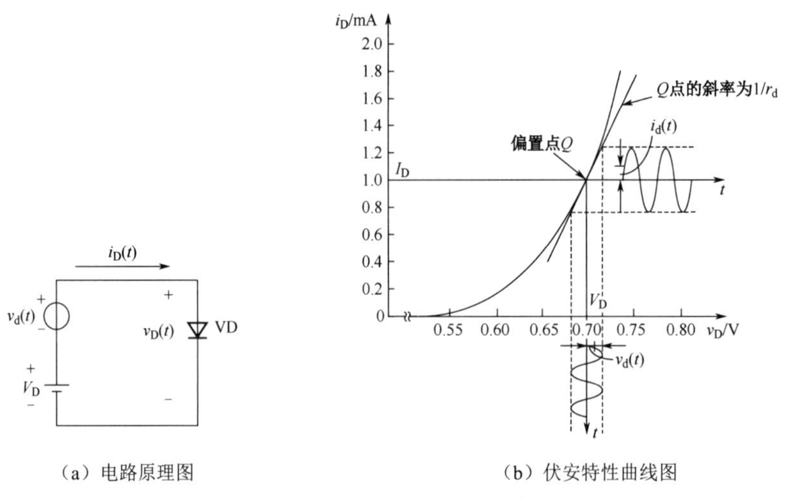

（a）电路原理图 （b）伏安特性曲线图

图 2.19 二极管交流小信号模型

考虑激励信号的瞬时表达式为

$$v_{\mathrm{D}}=V_{\mathrm{D}}+v_{\mathrm{d}} \tag{2.8}$$

该信号正好为二极管管压降，在图 2.19（b）的正下方画出了其波形图。其中，V_{D} 为直流分量，一般为大信号，在图 2.19（b）上对应为 Q 点的横坐标；v_{d} 为交流分量，即需要传递的交流小信号。由表征二极管伏安关系的数学方程可得，此时二极管上流过的瞬时电流为

$$i_{\mathrm{D}}=I_{\mathrm{s}}(\mathrm{e}^{v_{\mathrm{D}}/nV_{T}}-1)\approx I_{\mathrm{s}}\mathrm{e}^{v_{\mathrm{D}}/nV_{T}}=I_{\mathrm{s}}\mathrm{e}^{(V_{\mathrm{D}}+v_{\mathrm{d}})/nV_{\mathrm{T}}} \tag{2.9}$$

将式(2.9)的指数部分重新整理后，得到如下表达式。

$$i_{\mathrm{D}}=I_{\mathrm{s}}\mathrm{e}^{V_{\mathrm{D}}/nV_{\mathrm{T}}}\mathrm{e}^{v_{\mathrm{d}}/nV_{\mathrm{T}}}=I_{\mathrm{D}}\mathrm{e}^{v_{\mathrm{d}}/nV_{\mathrm{T}}} \tag{2.10}$$

式中，$I_{\mathrm{D}}=I_{\mathrm{s}}\mathrm{e}^{V_{\mathrm{D}}/nV_{\mathrm{T}}}$，为瞬时电流中的直流分量，在图 2.19（b）上对应为 Q 点的纵坐标。对式(2.10)在 $i_{\mathrm{D}}=I_{\mathrm{D}}$ 处进行泰勒级数展开，可以得到

$$i_{\mathrm{D}}=I_{\mathrm{D}}+i_{\mathrm{d}}=I_{\mathrm{D}}+\frac{v_{\mathrm{d}}}{nV_{\mathrm{T}}}I_{\mathrm{D}}+(\frac{v_{\mathrm{d}}}{nV_{\mathrm{T}}})^{2}\frac{1}{2!}I_{\mathrm{D}}+\cdots \tag{2.11}$$

即 i_{D} 中的交流分量 i_{d} 可以表示为

$$i_{\mathrm{d}}=\frac{v_{\mathrm{d}}}{nV_{\mathrm{T}}}I_{\mathrm{D}}+(\frac{v_{\mathrm{d}}}{nV_{\mathrm{T}}})^{2}\frac{1}{2!}I_{\mathrm{D}}+\cdots \tag{2.12}$$

从式(2.12)中可以看到，交流电流信号表达式中包括交流电压信号的一次项、二次项及其他省略的高次项。若要得到线性化模型，则要求等式右边中二次项及高次项远远小于一次项即可。

若小信号 v_{d} 的幅度足够小，使得 $\left|(\frac{v_{\mathrm{d}}}{nV_{\mathrm{T}}})^{2}\frac{1}{2!}\right|\ll\left|\frac{v_{\mathrm{d}}}{nV_{\mathrm{T}}}\right|$，即

$$|v_{\mathrm{d}}|\ll 2nV_{\mathrm{T}} \tag{2.13}$$

则式(2.11)中的瞬时电流表达式可近似为

$$i_{\mathrm{D}}\approx I_{\mathrm{D}}+\frac{v_{\mathrm{d}}}{nV_{\mathrm{T}}}I_{\mathrm{D}}=I_{\mathrm{D}}+i_{\mathrm{d}} \tag{2.14}$$

故交流电流分量可表示为

$$i_{\mathrm{d}}=\frac{I_{\mathrm{D}}}{nV_{\mathrm{T}}}v_{\mathrm{d}} \tag{2.15}$$

因此可知，在静态工作点 $i_{\mathrm{D}}=I_{\mathrm{D}}$ 处，二极管的端口伏安关系可等效为交流电阻 r_{d}，其定义式为

$$r_{\mathrm{d}}=\frac{v_{\mathrm{d}}}{i_{\mathrm{d}}}=\frac{nV_{\mathrm{T}}}{I_{\mathrm{D}}} \tag{2.16}$$

式(2.13)被称为二极管的小信号工作条件，式(2.16)定义的等效电阻被称为二极管交流小信号电阻或增量电阻。可见，在小信号条件下，二极管交流等效电阻的大小是由直流偏置的工作点参数大小确定的。一般工程上“远大于”或“远小于”关系都要求待比较的两个信号量相差 10 倍及以上，因此当信号变化在毫伏级时，二极管小信号条件成立。很多资料上给出的小信号条件更为严格，要求 $|v_{\mathrm{d}}|\ll nV_{\mathrm{T}}$。

图 2.20 给出了二极管交流小信号低频电路模型和高频电路模型。由于二极管的结电容 C_{j} 数值很小，一般在皮法（pF）级，因此在信号工作频率较低时结电容可视作开路，只有在较高频率时其容抗才起作用。

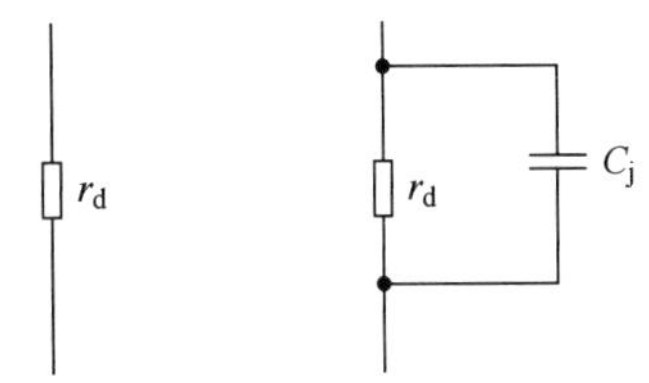

（a）低频模型　（b）高频模型

图 2.20　二极管交流小信号低频电路模型和高频电路模型

例 2.6　二极管电路如图 2.21（a）所示。假设 V_{DC}=5V，R=4.3kΩ，二极管参数为 $V_{\mathrm{D\,(on)}}=0.7\mathrm{V}$，$n$=1，输入交流信号 $v_{\mathrm{i}}=0.1\sin\omega t\ \mathrm{V}$，求电路中输出信号 v_{o} 的表达式。

分析：图 2.21（a）所示电路包含两个信号源，一个是

直流电压源 V_{DC}，另一个是交流信号源 v_i。由叠加原理可知，输出信号 v_o 显然会包含这两个信号的电路响应。因此，对这类电路的分析方法也是显而易见的，首先进行直流分析，此时令交流信号源为0，保留直流信号能通过的所有电路元件，得到的电路称为直流通路，并在此电路中求得直流输出信号 V_o；然后进行交流分析，令直流信号源为0，保留交流信号能通过的所有电路元件，得到的电路称为交流通路，并在此电路中求得交流输出信号 v_o；最后由叠加原理求得最终的输出信号 v_o。

解： 图2.21（b）和图2.21（c）分别是图2.21（a）所示电路的直流通路和交流通路，因此我们的分析过程也分为两步。

（1）直流分析

令 v_i=0，由图2.21（b）可知，电路中二极管肯定处于正向导通状态，采用恒压降模型对二极管进行替代，可得二极管直流静态电流为

$$I_D = \frac{V_{DC} - V_{D(on)}}{R} = \frac{5-0.7}{4.3} = 1\text{mA}$$

因此输出电压的直流分量为

$$V_o = I_D R = 1\text{mA} \times 4.3\text{k}\Omega = 4.3\text{V}$$

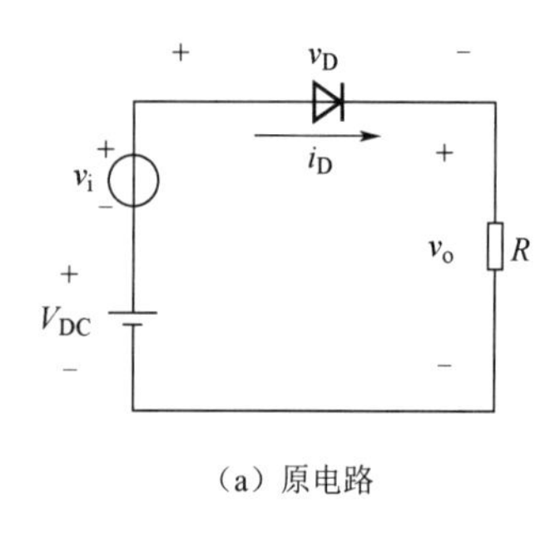

（a）原电路

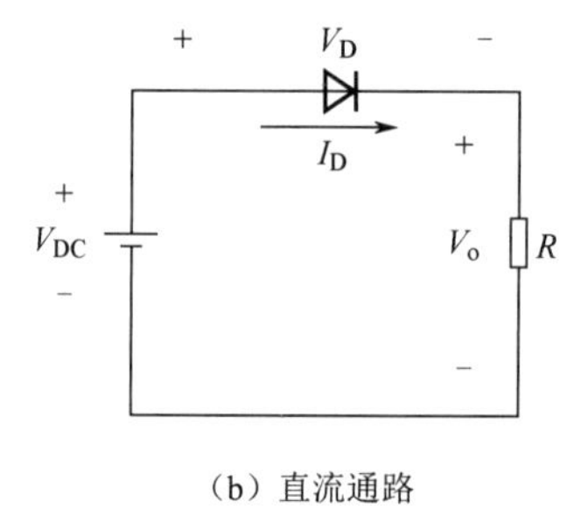

（b）直流通路

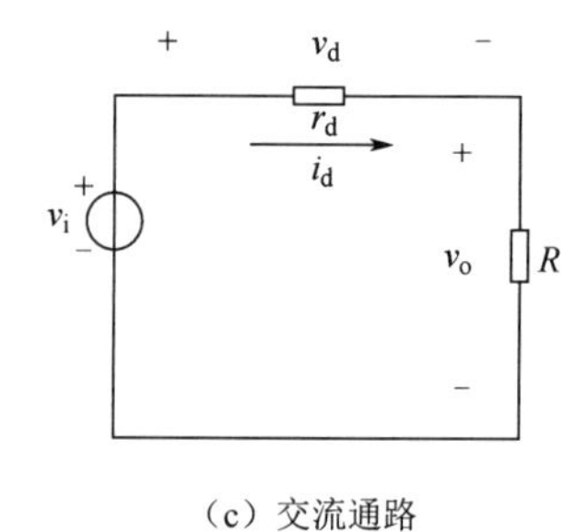

（c）交流通路

图2.21　例2.6电路图

（2）交流分析

令 V_{DC}=0，因为 $v_i = 0.1\sin\omega t\text{V}$，$R$=4.3kΩ，可采用交流小信号模型对二极管进行替代，由式（2.16）可得二极管小信号电阻为

$$r_d = \frac{nV_T}{I_D} = \frac{25\text{mV}}{1\text{mA}} = 25\Omega$$

则可得到图2.21（c）所示的电路形式，其中二极管的交流电流为

$$i_d = \frac{v_i}{R + r_d} = \frac{0.1\sin\omega t}{4.3+0.025} = 23.12\sin\omega t\mu\text{A}$$

因此输出电压的交流分量为

$$v_o = i_d R = 0.0994\sin\omega t\text{V}$$

综上可得，输出电压为

$$v_O = V_O + v_o = 4.3 + 0.0994\sin\omega t\text{V}$$

由例2.6可得，电路分析可分为直流分析和交流分析两步进行，且各自采用对应的独立等效线性电路模型来进行分析。

2.3.3　击穿状态下的二极管建模——齐纳二极管

二极管在击穿区域具有非常陡峭的伏安特性曲线和几乎不变的管压降，这表明工作在击穿区域的二极管可以设计成稳压器。设计者制作了一些特殊的二极管，使其专门工作在击穿区，这种二极管称为击穿二极管、稳压二极管或者齐纳二极管。图2.22给出了齐纳二极管的电路符号。图中所标的管压降正方向为二极管反向击穿时阴极到阳极的电压降，电流方向也以从阴极流向阳极的方

向为正方向，这里与普通二极管的规定不同，分析时应多加注意。市场上常见的齐纳二极管的反向击穿电压为 1.8～200V，在制造时是通过精细地控制半导体材料的掺杂浓度来设置其击穿电压的，我们将在最后一节进行解释，其最重要的应用是用作参考电压和小电流应用时的稳压器。

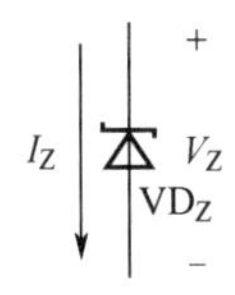

图 2.22　齐纳二极管的电路符号

图 2.23（a）给出了齐纳二极管反向击穿区伏安特性曲线，这里有 3 个关键坐标点要注意。

第一个点是$(-V_{ZK}, -I_{ZK})$，该点是二极管由截止工作状态进入击穿工作状态的拐点，也就是击穿临界点。二极管在截止区时，随着反向电压的增大，反向电流始终保持非常小，二极管呈现近似开路状态；直到曲线到达拐点处，开始出现击穿效应，随后反向电流急剧增大，等效电阻明显变得很小，两端电压基本保持不变。因此，要保证二极管被可靠击穿，其击穿电流值不能小于 I_{ZK}。

第二个点对应的电流是$-I_{ZM}$，其电流值是二极管在反向击穿状态下能够保证安全工作所允许的最大电流值。因此，二极管的工作电流也不能超过这个点的电流，否则二极管会过热损坏；另外当反向电流大小在 I_{ZK}～I_{ZM} 内变化时，其端口电压基本保持恒定。

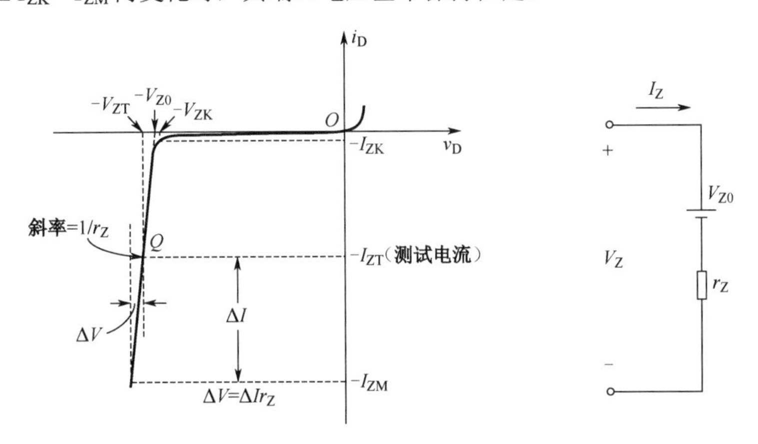

（a）齐纳二极管反向击穿区伏安特性曲线　　（b）齐纳二极管击穿区等效电路模型

图 2.23　二极管反向击穿区建模

第三个点是数据手册中给出的额定测试点 $Q(-V_{ZT}, -I_{ZT})$，一般我们也建议参照该点参数，选定合适的限流电阻进行电路设计，因为这是厂家经过反复测试给出的参考工作点，电路稳定性和安全性都能得到保证。

在图 2.23（a）中，在额定测试点 Q 处对伏安特性曲线作一条切线，其延长线与横轴相交于$-V_{Z0}$，且切线斜率记为$1/r_Z$，由此可以得到齐纳二极管的等效电路模型，如图 2.23（b）所示。

下面来看看相关参数。r_Z 是在几乎呈线性的伏安特性曲线上，过测试点 Q 所作切线的斜率倒数，是齐纳二极管在测试点 Q 的增量电阻，也可以称其为齐纳二极管的动态电阻。其定义式为

$$r_Z = \frac{\Delta V}{\Delta I} \tag{2.17}$$

显然，r_Z 值越小，电流变化时齐纳二极管两端的电压就越稳定，因此在稳压器设计中其稳压性能就越理想。一般来说，r_Z 的值在几欧姆到几十欧姆的范围内。从图 2.23（a）中可以看出，在很宽的电流变化范围之内，r_Z 很小且基本保持不变；但是在拐点附近，r_Z 的值会大大增加。因此，一般设计中应避免使齐纳二极管工作在低电流区域。

齐纳二极管的两端电压 V_Z 在几伏特到数百伏特范围内，除此之外，器件手册还会标明器件能够安全工作的最大额定功率（$P_{Zmax}=I_{ZM}V_Z$）等。

图 2.23（b）所示的等效电路可以用以下方程来描述。

$$V_Z = V_{Z0} + r_Z I_Z \tag{2.18}$$

式中，V_{Z0} 为斜率 $1/r_Z$ 的切线与横轴的交点，尽管 V_{Z0} 和拐点电压 V_{ZK} 有些不同，但实际上它们的值几乎相等。式(2.18)适用于 $I_Z>I_{ZK}$ 的情况，显然，$V_Z>V_{Z0}$。

齐纳二极管的重要应用就是构建稳压电路，典型电路如图 2.24（a）所示，假设输入电压范围为(V_{Imin}，V_{Imax})，负载电流范围为(I_{Omin}，I_{Omax})。电阻 R 称为限流电阻，其功能主要是降低输入和输出间的电压差，同时提供负载所需的电流，并保证二极管可靠击穿，安全工作。

图 2.24（b）是利用齐纳二极管击穿区等效电路模型替代齐纳二极管后的电路。由叠加原理可以推得，输出电压 V_O 是 V_I、V_{Z0} 和 I_O 的函数，其分析过程省略，结果如下。

$$\begin{cases} V_O = V_I \dfrac{r_Z \parallel R_L}{R + r_Z \parallel R_L} + V_{Z0} \dfrac{R \parallel R_L}{R \parallel R_L + r_Z} \\ V_O = I_O R_L \Rightarrow R_L = V_O / I_O \end{cases}$$

所以

$$V_O = V_I \frac{r_Z}{R + r_Z} + V_{Z0} \frac{R}{R + r_Z} - I_O (r_Z \parallel R) \tag{2.19}$$

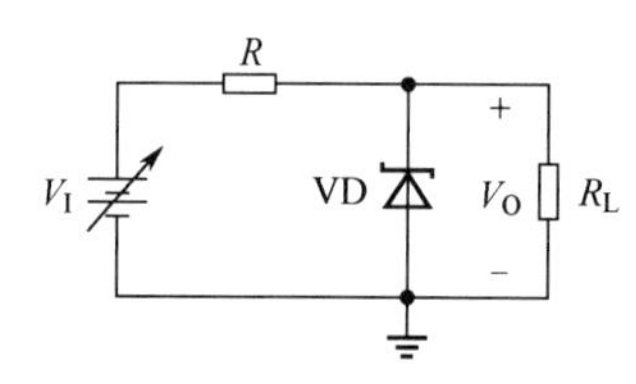

（a）基于齐纳二极管的稳压器

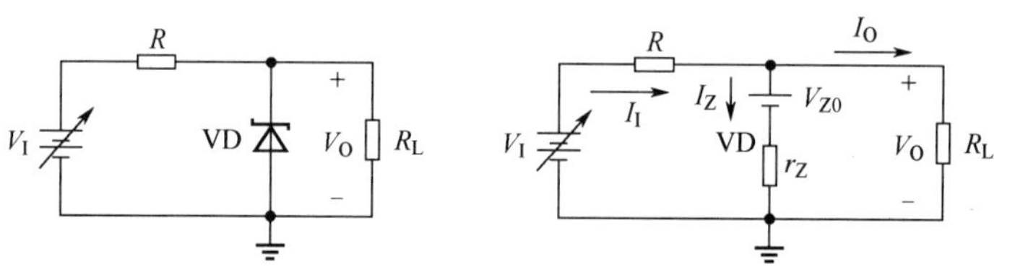

（b）用击穿区等效模型进行替换后的电路

图 2.24　齐纳二极管构建稳压电路

例 2.7　稳压电路如图 2.24 所示，假设输入电压范围为(10V，30V)，负载电流范围为(0，10mA)，R=1kΩ，齐纳二极管 V_{Z0} = 6V、r_Z=10Ω，求解 V_O 的最大值、最小值及变动的百分比。

解： 由式(2.19)可知，当 V_I=10V，I_O = 10mA 时，V_O 最小，即

$$V_{O\min} = 10 \times \frac{10}{1000+10} + 6 \times \frac{1000}{1000+10} - 0.01 \times (10 \parallel 1000) = 5.941\text{V}$$

当 V_I=30V，I_O = 0mA 时，V_O 最大，即

$$V_{O\max} = 30 \times \frac{10}{1000+10} + 6 \times \frac{1000}{1000+10} = 6.238\text{V}$$

输出电压变动的百分比为

$$\frac{V_{O\max} - V_{O\min}}{(V_{O\max} + V_{O\min})/2} \times 100\% = 4.88\%$$

由此结果可以得出结论，当输入信号和负载电流变化均较大时，该电路的输出电压变化很小，因此该电路具有稳压功能。

2.4　常见二极管应用电路

前面介绍了二极管的基本特性、参数、工作状态及建模，现在我们来看看二极管的一些应用电路。人们根据二极管在不同外加电压条件下体现出的不同特性，制造了各种类型的二极管，因此应用场合也各有不同。

2.4.1　限幅电路

利用普通二极管的单向导电性或齐纳二极管的击穿特性可以设计限幅电路，用于消除信号中大于或小于某一特定值的部分。根据消除信号位置不同，限幅电路可分为上限幅电路、下限幅电路

和双向限幅电路。图 2.25 所示为几种限幅电路的传输特性曲线。其中，图 2.25（a）的输出下端未截平，上端截平，称为上限幅电路；图 2.25（b）的输出上端未截平，下端截平，称为下限幅电路；图 2.25（c）的输出上下都截平，因此称为双向限幅电路。在例 2.3 和例 2.4 中分别给出了利用普通二极管的单向导电性，进行上限幅电路和双向限幅电路的设计，大家可以再去查看分析。这两个电路中二极管都不能进入击穿区域工作，否则限幅特性将发生变化。

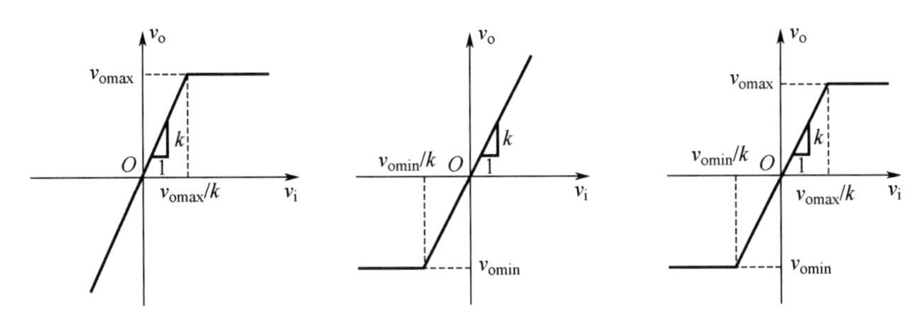

（a）上限幅传输特性曲线　（b）下限幅传输特性曲线　（c）双向限幅传输特性曲线

图 2.25　几种限幅电路的传输特性曲线

例 2.8　电路如图 2.26（a）所示，稳压对管参数为 $V_{D(on)} = 0.7V$，$V_Z = 7.3V$，$r_Z = 0$，设输入信号 $v_i = 15\sin\omega t V$，求电路的输入输出关系表达式。

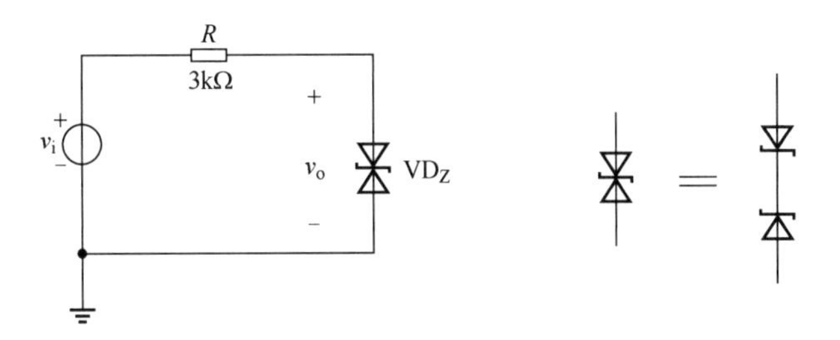

（a）基于齐纳二极管的限幅电路　（b）稳压对管的电路符号及等效图

图 2.26　例 2.8 电路图

分析：图 2.26（a）中的元件 VD$_Z$ 为稳压对管，它实际是两个齐纳二极管反向对接构成的元件，在输入电压足够大的情况下，两个晶体管一个导通、一个击穿；若是输入电压不够大，不足以使得其中一个晶体管击穿，则必有一个晶体管工作在截止区，因此整个稳压对管也将呈现开路状态。

解： 根据输入信号大小的不同，电路工作状态分为 3 种情况，其等效电路分别如图 2.27 所示。

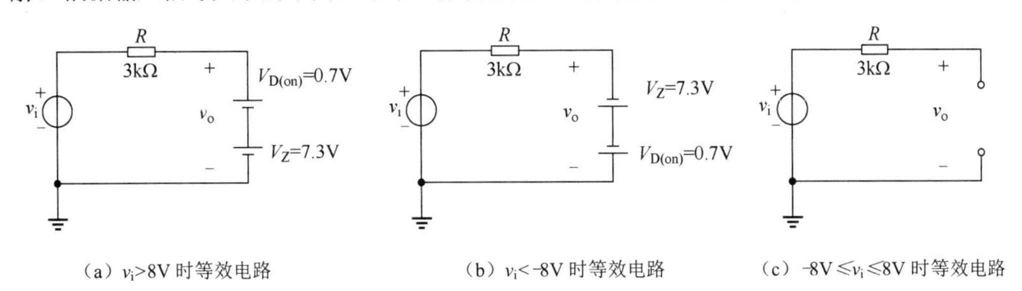

（a）v_i>8V 时等效电路　（b）v_i<−8V 时等效电路　（c）−8V ≤ v_i ≤ 8V 时等效电路

图 2.27　例 2.8 在不同输入条件下的等效电路

根据已知二极管的相关参数，当二极管导通时，用恒压降的短路模型进行替代；当二极管击穿时，用齐纳二极管等效模型替代；当二极管截止时，用开路模型进行替代。因此可以得到如下输入和输出的关系。

$$v_o = \begin{cases} 8\text{V}, & v_i > 8\text{V} \\ v_i, & -8\text{V} \leqslant v_i \leqslant 8\text{V} \\ -8\text{V}, & v_i < -8\text{V} \end{cases}$$

该电路的输入/输出传输特性曲线及输入/输出波形如图 2.28 所示。

在例 2.8 的解题过程中，还注意到因为输入是随时间变化的交流信号，所以电路中齐纳二极管的工作状态会根据输入条件不同，在导通、截止及击穿之间切换。也就是说，齐纳二极管其实与普通二极管具有相似的特性，只不过其击穿电压比较低，一般是几伏特到几十伏特；而普通二极管为了避免工作在击穿区，其击穿电压非常高，一般会在几百伏特到几千伏特。

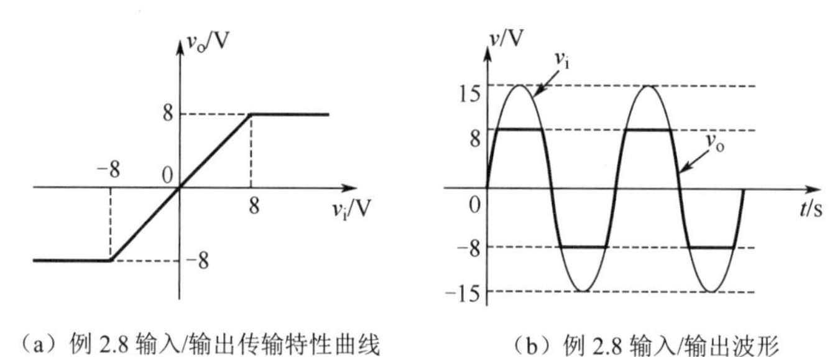

（a）例 2.8 输入/输出传输特性曲线　　（b）例 2.8 输入/输出波形

图 2.28　例 2.8 输入和输出的关系

2.4.2　逻辑电路

1．逻辑或运算

首先来分析一下图 2.29（a）所示的电路，输入信号为数字逻辑信号，规定高电平为接近电源电压 5V 的信号，低电平为接近 0V 的信号，则该电路有以下 4 种工作情况。

① $V_1=V_2=0$，则电路没有激励信号，两个二极管均截止，$V_o=0$，即输出低电平。

② $V_1=5\text{V}$，$V_2=0$，则 VD_1 导通，VD_2 截止，$V_o=V_1-0.7=4.3\text{V}$，即输出高电平。

③ $V_1=0$，$V_2=5\text{V}$，则 VD_1 截止，VD_2 导通，$V_o=V_2-0.7=4.3\text{V}$，即输出高电平。

④ $V_1=V_2=5\text{V}$，则两个二极管均导通，$V_o=4.3\text{V}$，即输出高电平。

从以上分析可以看到，只要有一个或两个信号输入为高电平 1(5V)，则相对应的二极管就会导通，此时 V_o 输出高电平；只有两个信号都输入低电平 0(0V)，两个二极管均截止，此时 V_o 才输出低电平。因此，该电路的功能是实现逻辑或运算，即 $V_o = V_1 + V_2$。

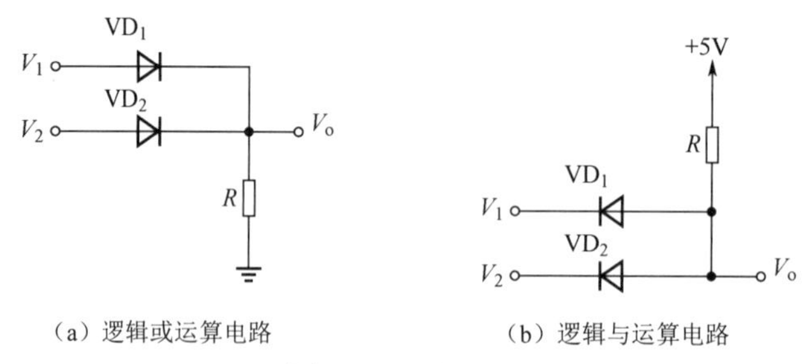

（a）逻辑或运算电路　　（b）逻辑与运算电路

图 2.29　逻辑电路

2．逻辑与运算

再来分析一下图 2.29（b）所示的电路，注意一下这里+5V 的电路供电符号表示方法，“↑”表示此处有直流电压源供电，电压的大小和极性由旁边的数字及符号给出。输入信号为数字逻辑信号，同样规定高电平为接近电源电压 5V 的信号，低电平为接近 0V 的信号，则该电路也有 4 种工作情况。

① $V_1=V_2=0$，则两个二极管均导通，$V_o= V_1+0.7\text{V}=0.7\text{V}$，即输出低电平。

② V_1=5V，V_2=0，则 VD_1 截止，VD_2 导通，$V_o=V_2+0.7=0.7V$，即输出低电平。

③ V_1=0，V_2=5V，则 VD_1 导通，VD_2 截止，$V_o=V_1+0.7=0.7V$，即输出低电平。

④ $V_1=V_2$=5V，则两个二极管均截止，V_o=5V，即输出高电平。

从以上分析可以看到，只要有一个或两个信号输入为低电平 0，则相对应的二极管就会导通，此时 V_o 输出低电平；只有两个信号都输入高电平 1(5V)，两个二极管均截止，此时 V_o 才输出高电平。因此，该电路的功能是实现逻辑与运算，即 $V_o=V_1\cdot V_2$。

2.4.3　稳压电路

在 2.3.3 节中介绍齐纳二极管时，简单介绍了稳压电路的应用，这是二极管在击穿区工作时的重要应用，本节继续讨论一下电路的设计问题。

稳压电路如图 2.30 所示。假设已知输入电压范围为($V_{\rm Imin}$，$V_{\rm Imax}$)，负载电流 $I_{\rm O}$ 的取值范围为 ($I_{\rm Omin}$，$I_{\rm Omax}$)，齐纳二极管的击穿电压 $V_{\rm Z}$，由图可得到 $I_{\rm Z}$ 的表达式为

$$I_{\rm Z}=\frac{V_{\rm I}-V_{\rm Z}}{R}-I_{\rm O}\tag{2.20}$$

其中，$I_{\rm O}=V_{\rm Z}/R_{\rm L}$。

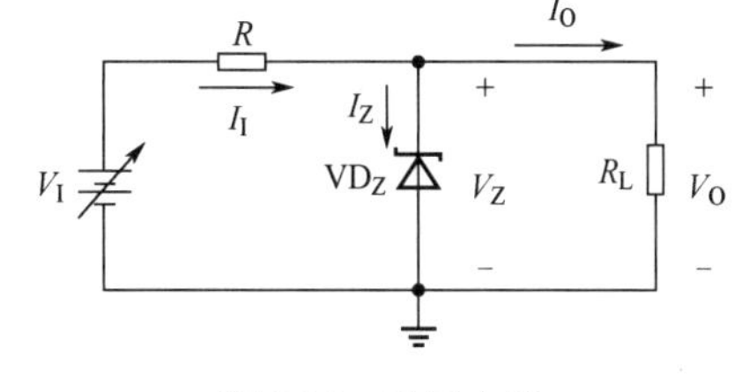

图 2.30　稳压电路

若要使电路正常工作，则齐纳二极管必须工作在击穿区。二极管电流 $I_{\rm Z}$ 取值范围就在 $I_{\rm ZK}$ 和 $I_{\rm ZM}$ 之间，并且消耗在齐纳二极管上的功率不能超过其额定功率，即

$$\frac{V_{\rm Imin}-V_{\rm Z}}{R}-I_{\rm O\,max}>I_{\rm ZK}\tag{2.21}$$

和

$$\frac{V_{\rm Imax}-V_{\rm Z}}{R}-I_{\rm O\,min}<I_{\rm ZM}\tag{2.22}$$

整理可得限流电阻 R 的取值为

$$R<\frac{V_{\rm Imin}-V_{\rm Z}}{I_{\rm ZK}+I_{\rm O\,max}}\tag{2.23}$$

和

$$R>\frac{V_{\rm Imax}-V_{\rm Z}}{I_{\rm ZM}+I_{\rm O\,min}}\tag{2.24}$$

显然，同时满足式(2.23)和式(2.24)的电阻值就是限流电阻 R 的取值。一般假设齐纳二极管电流最小值为最大值的 1/10，即 $I_{\rm ZK}=0.1I_{\rm ZM}$，有些严格设计可能要求 $I_{\rm ZK}$ 是 $I_{\rm ZM}$ 的 20%～30%。

例 2.9　要求设计一个稳压器为车载收音机提供 9V 电压，输入信号来自车载电池，电压变化范围为 11.5～13.5V，要求车载收音机中电流变化范围为 0（关断）～60mA（满音量）。

解： 等效电路如图 2.31 所示。假设稳压管参数 $I_{\rm ZK}=0.1I_{\rm ZM}$，则根据式(2.23)和式(2.24)可得

$$R<\frac{11.5-9}{0.1I_{\rm ZM}+60}=\frac{2.5}{0.1I_{\rm ZM}+60}$$

和

$$R>\frac{13.5-9}{I_{\rm ZM}}=\frac{4.5}{I_{\rm ZM}}$$

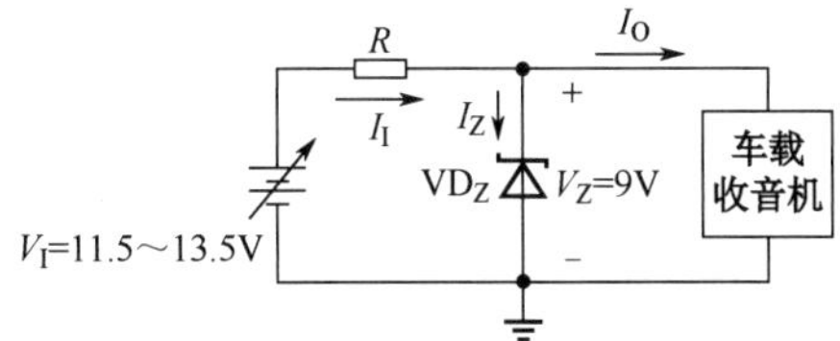

令两式相等，可得的 $I_{\rm ZM}$ 最小值为 $I_{\rm ZM}$=131.7mA

稳压管消耗功率的最低值为

$$P_{\rm Zmax}=I_{\rm ZM}V_{\rm Z}=131.7{\rm m}\times 9=1.185{\rm W}$$

对应的限流电阻大小为 $R=4.5/I_{\rm ZM}=34.2\Omega$

在选择参数时，应根据现有元器件参数，对上述结果进行调整。

图 2.31　例 2.9 电路图

2.4.4 整流电路

二极管整流器是电源电子设备中直流电源的一个重要构件，直流稳压电源框图如图 2.32 所示，主要包括电源变压器、整流器、滤波器和稳压器等环节。图 2.32 下方给出了每个环节的输入、输出信号波形示意图。可以看到，整流器是一个可以把交流转换成脉动直流的电子电路，主要利用的是二极管单向导电性。整流器根据输出波形可以分为半波整流和全波整流，各自又有多种实现方式，下面介绍几类常用的整流电路。

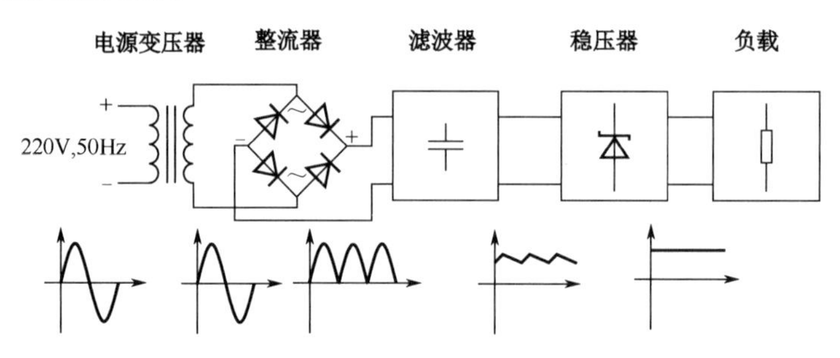

图 2.32 直流稳压电源框图

1．半波整流电路

图 2.33（a）给出了半波整流电路，先来分析一下电路功能。该电路中的变压器将输入的高压市电 v_1 转换为较低的电压 v_2。在 $v_2 \leqslant V_{D(on)}$时，二极管 VD 截止，此时输出负载上无电流通过，因此输出电压 v_o 等于 0；而在 $v_2 > V_{D(on)}$时，二极管 VD 正向导通，此时输出电压为

$$v_o = v_2 - V_{D(on)} \tag{2.25}$$

图 2.33（b）给出了该电路的传输特性曲线，当 $v_2 > V_{D(on)}$时曲线的斜率为 1。

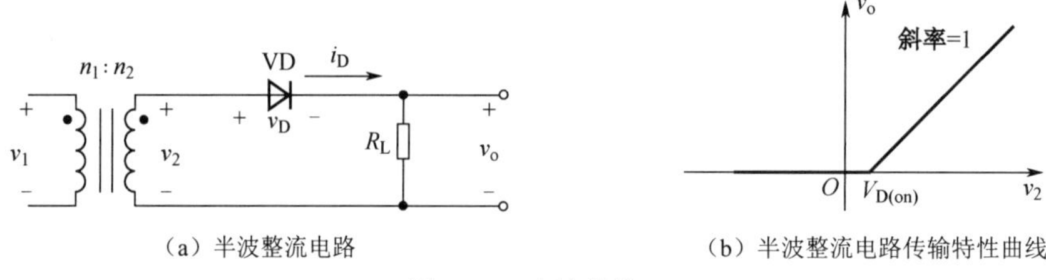

（a）半波整流电路　　（b）半波整流电路传输特性曲线

图 2.33 半波整流

下面来讨论半波整流电路中二极管的选择。

假设 $v_2 = \sqrt{2}V_2 \sin\omega t\mathrm{V}$，图 2.34 给出了半波整流电路波形图。由图 2.33 即可得出

$$v_o = \begin{cases} \sqrt{2}V_2 \sin\omega t - V_{D(on)}, & v_2 > V_{D(on)} \\ 0, & v_2 \leqslant V_{D(on)} \end{cases} \tag{2.26}$$

图 2.34（c）给出了二极管 VD 上的电压变化情况。由图 2.34 可知，该二极管不能工作在反向击穿区，否则整流功能将被破坏，因此二极管必须在反向偏置时能承受大小与 v_2 峰值相等的电压值。我们引入最大峰值反向电压（Peak Inverse Voltage，PIV），用其来衡量二极管能承受的反向电压的大小，显然该电路中

$$\mathrm{PIV} = v_{2,\mathrm{peak}} = \sqrt{2}V_2 \tag{2.27}$$

一般在选择二极管时，会留下一定的余量，所以一般选择击穿电压为(1.5～2)PIV 的二极管。

另外，由图 2.33（a）可知，正向导通时二极管 VD 中通过的电流为

$$i_D = \frac{v_o}{R_L} \tag{2.28}$$

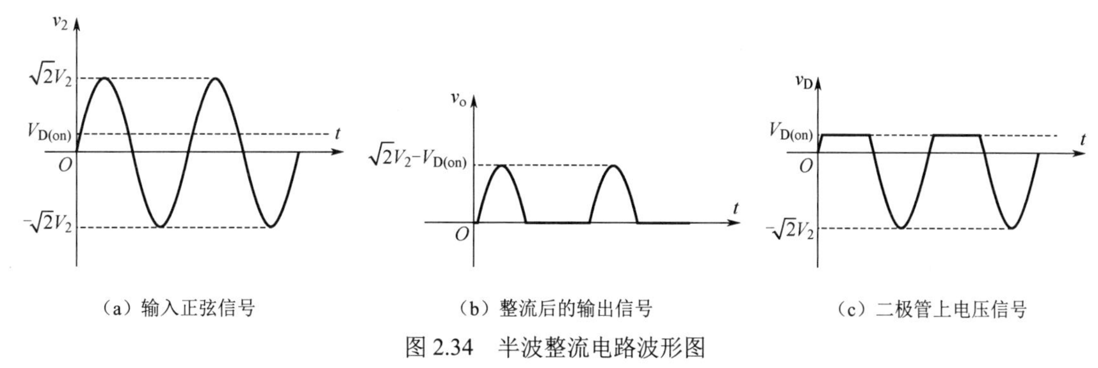

（a）输入正弦信号　　（b）整流后的输出信号　　（c）二极管上电压信号

图 2.34　半波整流电路波形图

又因为一般情况下 V_2 足够大，所以忽略 $V_{D(on)}$，可求得输出电压均值为

$$V_{O(avg)}=\frac{1}{2\pi}\int_0^{2\pi}v_o\mathrm{d}\omega t\approx\frac{1}{2\pi}\int_0^{\pi}\sqrt{2}V_2\sin\omega t\mathrm{d}\omega t=\frac{\sqrt{2}}{\pi}V_2=0.45V_2 \tag{2.29}$$

故二极管电流的平均值为

$$I_{D(avg)}=\frac{V_{O(avg)}}{R_L}=\frac{0.45V_2}{R_L} \tag{2.30}$$

显然，在选择二极管时，$I_{D(avg)}$应小于二极管所能允许的最大平均整流电流 $I_{F(AV)}$，这样才能保证电路安全工作，在选择二极管时，也会留下一定的余量，所以一般选择 $I_{F(AV)}$为(1.5～2) $I_{D(avg)}$的二极管。

从图 2.34（b）中也可以看出，半波整流电路“浪费”了信号的负半周，只向负载传递了不到半个周期的信号能量，这是该电路最大的缺点。

2．全波整流电路

由于半波整流有明显的能源浪费，因此将其改进成全波整流。图 2.35（a）所示为全波整流电路。其变压器次级线圈带一个中心抽头，且能输出两个一模一样的信号 v_2。由图 2.35（a）可知，在 v_2 的正半周，VD_1 导通，VD_2 截止，电流从次级线圈上方的 v_2 正端流出，经过负载 R_L，再流回中心抽头，即上方 v_2 的负端，电流流向如实线箭头所示；在 v_2 的负半周，VD_2 导通，VD_1 截止，电流从次级线圈下方的 v_2 负端流出，经过负载 R_L，再流回中心抽头，即下方 v_2 的正端，电流流向如虚线箭头所示。可以看出，在 v_2 工作的正负半周内，负载上的电流方向保持一致。全波整流电路的传输特性如图 2.35（b）所示。

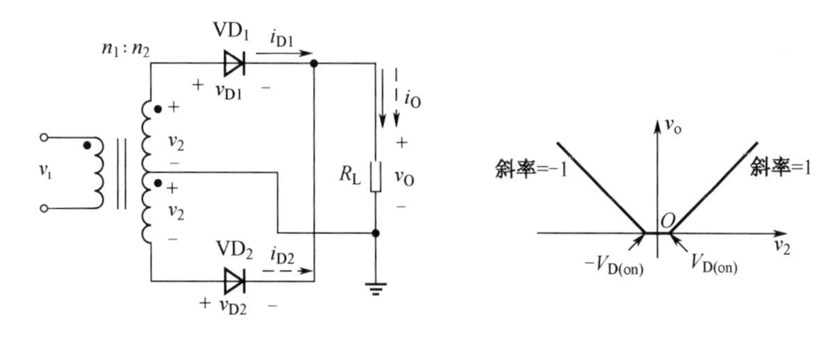

（a）全波整流电路　　（b）全波整流电路的传输特性

图 2.35　全波整流电路及其传输特性

下面来讨论全波整流电路中二极管的选择。

假设 $v_2=\sqrt{2}V_2\sin\omega t\mathrm{V}$，图 2.36 给出了全波整流电路的波形图。由图 2.35 可得

$$v_o=\begin{cases}\sqrt{2}V_2\sin\omega t-V_{D(on)}, & v_2>V_{D(on)}\\ -\sqrt{2}V_2\sin\omega t-V_{D(on)}, & v_2\leqslant -V_{D(on)}\end{cases} \tag{2.31}$$

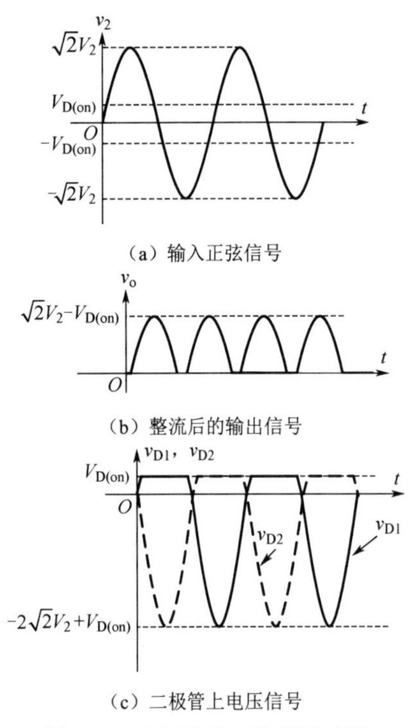

图 2.36 全波整流电路的波形图

图 2.36（c）给出了二极管 VD_1 和 VD_2 上的电压变化情况。因为该二极管不能工作在反向击穿区，显然该电路中单个二极管能承受的最大峰值反向电压为

$$\mathrm{PIV} = v_{o,peak} - (-v_{2,peak}) = 2\sqrt{2}V_2 - V_{D(on)} \tag{2.32}$$

同样在选择二极管时会选取击穿电压为(1.5～2)PIV 的二极管。

在 V_2 足够大，且忽略 $V_{D(on)}$的条件下，可求得全部整流电路的输出电压均值为

$$\begin{aligned} V_{O(avg)} &= \frac{1}{2\pi}\int_0^{2\pi} v_o \mathrm{d}\omega t \approx \frac{2}{2\pi}\int_0^{\pi}\sqrt{2}V_2 \sin\omega t \mathrm{d}\omega t \\ &= \frac{2\sqrt{2}}{\pi}V_2 = 0.9V_2 \end{aligned} \tag{2.33}$$

故单个二极管电流的平均值为

$$I_{D(avg)} = \frac{1}{2}\frac{V_{O(avg)}}{R_L} = \frac{0.45V_2}{R_L} \tag{2.34}$$

因此，在选择二极管时，也会选择 $I_{F(AV)}$为(1.5～2) $I_{D(avg)}$的二极管。

3. 全波整流的另一种实现方式——桥式整流电路

图 2.35（a）所示的全波整流电路虽然能实现电路功能，但是对第一级变压器要求较高，因此设计人员提出了用二极管构成整流桥替代部分变压器的解决方案，不仅降低了变压器的设计难度，而且使得整个电路的成本大大降低。桥式整流电路及其传输特性如图 2.37 所示。

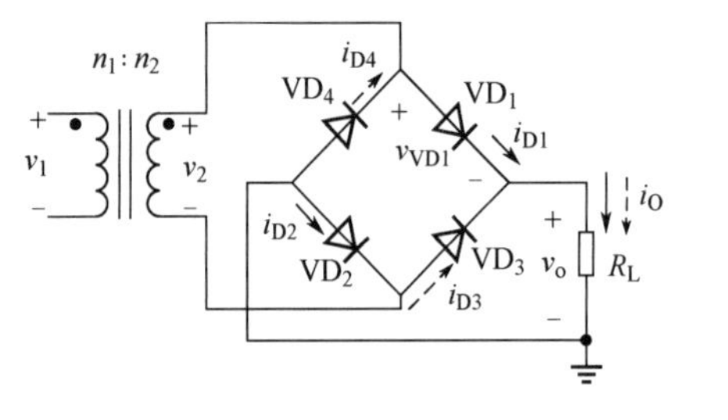

（a）桥式整流电路

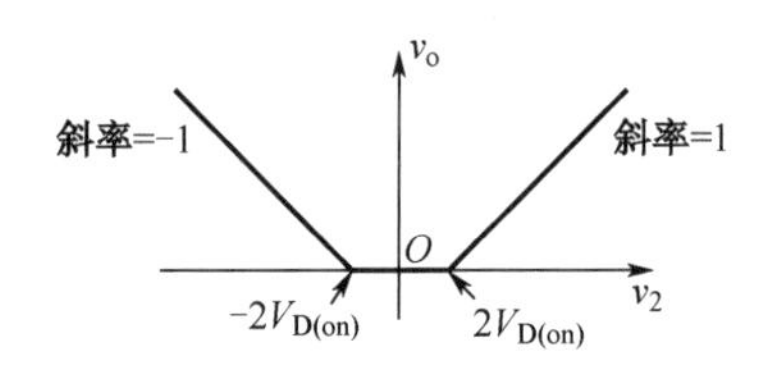

（b）桥式整流电路的传输特性

图 2.37 桥式整流电路及其传输特性

在 v_2 的正半周，VD_1、VD_2 导通，VD_3、VD_4 截止，电流从 v_2 正端流出，依次经过 VD_1、负载 R_L 和 VD_2，再流回 v_2 的负端，电流流向如实线箭头所示；在 v_2 的负半周，VD_3、VD_4 导通，VD_1、VD_2 截止，电流从 v_2 负端流出，依次经过 VD_3、负载 R_L 和 VD_4，再流回 v_2 的正端，电流流向如虚线箭头所示。可以看出，在 v_2 工作的正负半周内，负载上的电流方向保持一致。

假设 $v_2 = \sqrt{2}V_2 \sin\omega t\mathrm{V}$，因为工作过程中 4 个二极管两两轮流工作，所以可得输出电压为

$$v_o = \begin{cases} \sqrt{2}V_2 \sin\omega t - 2V_{D(on)}, & v_2 > 2V_{D(on)} \\ -\sqrt{2}V_2 \sin\omega t - 2V_{D(on)}, & v_2 \leqslant -2V_{D(on)} \end{cases} \tag{2.35}$$

桥式整流电路的波形如图 2.38 所示。如图 2.38（c）所示，因为二极管不能工作在反向击穿区，所以该电路中单个二极管能承受的最大峰值反向电压为

$$\mathrm{PIV} = v_{o,peak} - (-V_{D(on)}) = \sqrt{2}V_2 - V_{D(on)} \tag{2.36}$$

同样，在选择二极管时，会选取击穿电压为(1.5～2)PIV 的二极管。

在 V_2 足够大，且忽略 $V_{D(on)}$ 的条件下，可求得全部整流电路的输出电压均值为

$$V_{O(avg)}=\frac{1}{2\pi}\int_0^{2\pi}v_o d\omega t\approx\frac{2}{2\pi}\int_0^{\pi}\sqrt{2}V_2\sin\omega t d\omega t=\frac{2\sqrt{2}}{\pi}V_2\approx 0.9V_2 \tag{2.37}$$

故单个二极管电流的平均值为

$$I_{D(avg)}=\frac{1}{2}\frac{V_{O(avg)}}{R_L}=\frac{0.45V_2}{R_L} \tag{2.38}$$

因此，在选择二极管时，也会选择 $I_{F(AV)}$ 为(1.5～2) $I_{VD(avg)}$ 的二极管。

综上所述，桥式整流电路不仅降低了变压器设计难度，而且在二极管选择上也提出了较小的 PIV 要求，使器件选择更为方便。

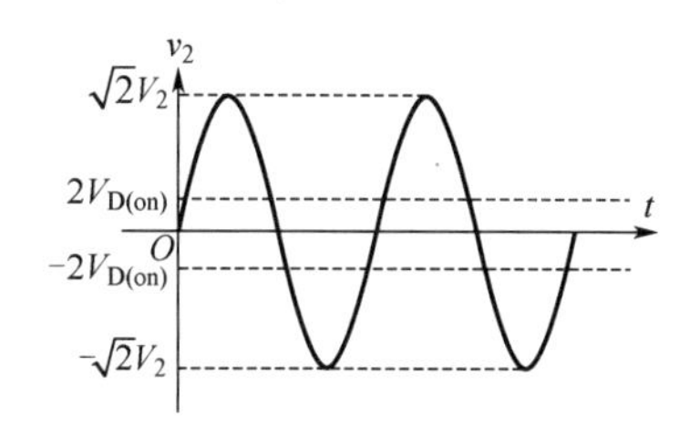

（a）输入正弦信号

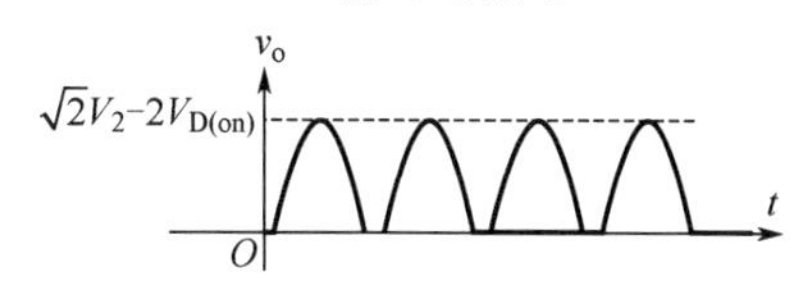

（b）整流后的输出信号

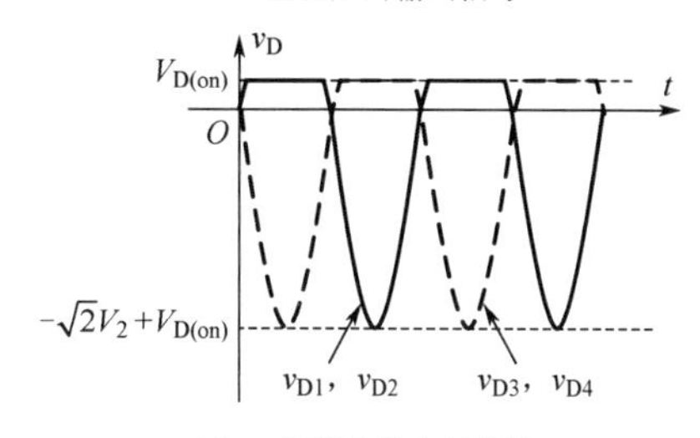

（c）二极管上的电压信号

图 2.38　桥式整流电路的波形

例 2.10　已知某整流电路输出电压的平均值 $V_{O(avg)}$=12V，负载 R_L=120Ω，忽略 $V_{D(on)}$，则

（1）若采用图 2.33（a）所示的半波整流电路，二极管该如何选择？

（2）若采用图 2.35（a）所示的全波整流电路，二极管该如何选择？

（3）若采用图 2.37（a）所示的桥式整流电路，二极管该如何选择？

解：（1）若采用图 2.33（a）所示的半波整流电路，由式(2.29)可得，此时变压器次级线圈输出的信号有效值为

$$V_2=\frac{V_{O(avg)}}{0.45}=\frac{12}{0.45}\approx 26.67\text{V}$$

由式(2.27)可得，电路中二极管所能承受的最大峰值反向电压为

$$\text{PIV}=\sqrt{2}V_2=37.71\text{V}$$

由式(2.30)可得，二极管电流的平均值为

$$I_{D(avg)}=\frac{0.45V_2}{R_L}=100\text{mA}$$

所以二极管相关参数必须满足以下关系。

$$I_{F(AV)}>I_{D(avg)}=100\text{mA}$$

$$V_{BR}>\text{PIV}=37.71\text{V}$$

一般上述两个参数在选择时都会留有 1.5～2 倍的余量。

（2）若采用图 2.35（a）所示的全波整流电路，由式(2.33)可得，此时变压器次级线圈输出的信号有效值为

$$V_2=\frac{V_{O(avg)}}{0.9}=\frac{12}{0.9}\approx 13.33\text{V}$$

由式(2.32)可得，电路中二极管所能承受的最大峰值反向电压为

$$\text{PIV}=2\sqrt{2}V_2=37.7\text{V}$$

由式(2.34)可得，二极管电流的平均值为

$$I_{D(avg)}=\frac{0.45V_2}{R_L}=50\text{mA}$$

所以，二极管相关参数必须满足以下关系。

$$I_{F(AV)} > I_{D(avg)} = 50mA$$

$$V_{BR} > PIV = 37V$$

一般上述两个参数在选择时都会留有1.5～2倍的余量。

（3）若采用图2.37（a）所示的桥式整流电路，由式(2.37)可得，此时变压器次级线圈输出的信号有效值为

$$V_2 = \frac{V_{O(avg)}}{0.9} = \frac{12}{0.9} \approx 13.33V$$

由式(2.36)可得，电路中二极管所能承受的最大峰值反向电压为

$$PIV = \sqrt{2}V_2 = 18.85V$$

由式(2.38)可得，二极管电流的平均值为

$$I_{D(avg)} = \frac{0.45V_2}{R_L} = 50mA$$

所以，二极管相关参数必须满足以下关系

$$I_{F(AV)} > I_{D(avg)} = 50mA$$

$$V_{BR} > PIV = 18.85V$$

一般上述两个参数在选择时都会留有1.5～2倍的余量。

由例2.10的分析过程可知，如果需要同样的输出结果，采用桥式整流电路设计时对二极管参数要求最低，而且在直流稳压电源这样的场景中，其能源利用率也是比较高的，因此在目前这种线性电源实现方案中，我们首选的整流结构就是桥式整流器。现在市场上可以直接购买到4个二极管已经按要求接好的这种“桥堆”模块，为工程师提供了方便。

2.5 半导体器件物理基础

在学习过二极管器件的端口特性、建模及其应用后，本节要打开“黑盒”，深入到器件物理结构层面，来看看这类半导体器件是如何实现的。

物质存在的形式有很多类型，根据导电能力的不同可以分为导体、半导体和绝缘体。与导体材料和绝缘体材料相比，半导体材料是最晚出现的。直到20世纪30年代，当材料的提纯技术改进以后，半导体的存在才真正被学术界认可。半导体的电阻率介于导体和绝缘体之间，通常具有负温度系数，室温时电阻率为10^{-5}～$10^{7}\Omega \cdot m$，温度升高时电阻率则减小。

用于制造电子元器件的半导体材料也有很多种，按化学成分可分为两大类：元素半导体和化合物半导体。其中，最常用的3种半导体分别是锗、硅和砷化镓。硅材料由于其原材料丰富，生产工艺成熟，且具有相对较稳定的温度敏感性等特点，是目前应用最广的半导体材料。因此，后续的介绍也以硅材料为主要对象。

2.5.1 本征半导体和杂质半导体

1. 本征半导体

先来看看本征半导体的概念。本征半导体是纯净、无杂质且无晶格缺陷的半导体。在生产过程中，其纯净度要求非常高，杂质含量要求在十亿分之一及以下，否则就无法进行后续的生产环节。

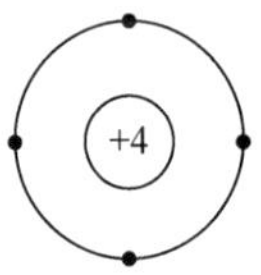

图2.39 硅和锗的原子结构简化模型

下面采用原子结构简化模型来描述晶格内的原子。在早期电子器件中，用得最多的材料是硅（Si）和锗（Ge），其原子结构简化模型如图2.39所示。在其最外层的轨道上有4个电子，

它们被称为价电子。我们把这样具有 4 个价电子的元素称为四价元素，由于原子呈电中性，因此中间层的电子和原子核一起用+4 价的正离子表示。

硅和锗的二维晶格结构如图 2.40 所示，在一个纯净的硅或锗晶体中，一个原子的 4 个价电子与相邻原子的 4 个价电子构成 4 个共价键。当温度为 T=0，且无任何外界能量输送时，这样的共价键是稳定的。显然这样的条件非常苛刻。

当有光能、磁能或热能效应出现时，价电子有可能吸取足够多的能量，挣脱共价键的束缚而成为带一个单位负电荷的粒子，我们称为自由电子。这个自由电子可以在晶格内自由移动，而在原来的共价键中留下一个空位，使得晶格内固定不动的原子成为带一个单位正电荷的正离子。正离子对周围共价键中的价电子具有吸引作用，因此很可能把其他共价键中的价电子吸引过来，填补这个空位。也就是说，这个空位移动到其他原子上，使得这个丢失价电子的原子成为带一个单位正电荷的正离子，原来的正离子则变为电中性。因此，从表面上看，晶格中出现了从一个原子到另一个原子的正电荷移动现象。为了简化描述这种正电荷移动现象，我们把空位也假想为一个带单位正电荷的粒子，将它称为空穴，认为它同自由电子一样能在晶格内自由移动。

共价键断开后形成自由电子-空穴对如图 2.41 所示，把自由电子和空穴统称为半导体晶格内的载流子。因从外界获得能量而产生自由电子-空穴对的现象，称为本征激发。过于复杂的解释大家需要去学习一下“半导体物理”课程，仅对本书而言，大家只需知道本征激发主要与温度有关，温度越高，本征激发越强，晶体内的载流子数目越多。

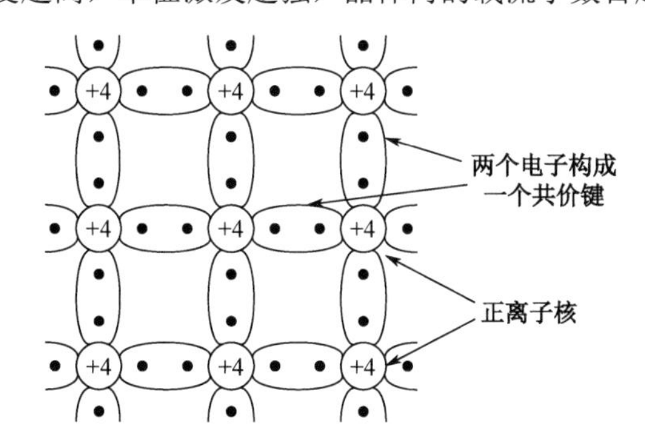

图 2.40　硅和锗的二维晶格结构

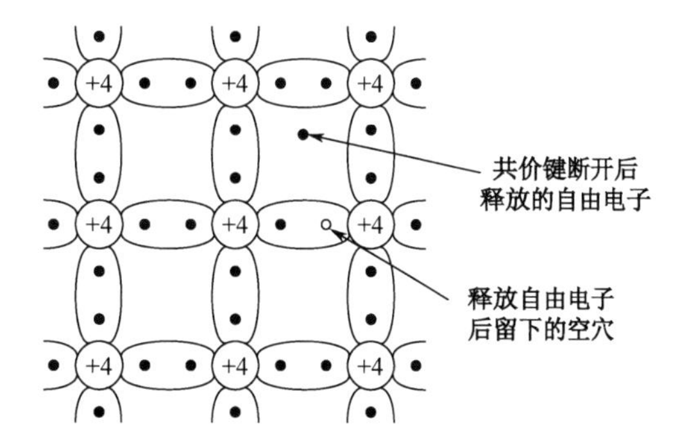

图 2.41　共价键断开后形成自由电子-空穴对

另外，自由电子在晶格内自由移动的同时，很容易被正离子捕获，从而填补空穴，重新形成共价键，因此自由电子-空穴对又会成对消失，这种现象称为本征复合。可以看到，自由电子和空穴成对产生，也成对消失，在一定温度下，晶体内会存在一个动态平衡，晶体整体呈电中性。

本征半导体中出现了可以自由移动的带电粒子，也就具备了导电能力，而这种能力的强弱显然也与带电粒子的数目有关。本征激发越强，那么本征半导体内的带电粒子也就越多，半导体的导电能力也就越强。我们用本征浓度 n_i 来衡量本征激发的强度，即单位体积内载流子的数目，半导体物理中给出了与其相关的计算公式如下

$$n_i^2 = BT^3 e^{-E_G/kT} \tag{2.39}$$

式中，B 为与材料相关的参数，E_G 为能带隙能量（禁带宽度）的参数，k 为玻耳兹曼常量，T 为热力学温度。

当半导体材料处于没有任何外界作用的状态下，即无外电压和光照等条件时，半导体内的载流子浓度与温度相关，且大小是一定的，此时的半导体材料处于热平衡状态。

需要说明的是，在室温条件下（T=300K）硅材料的本征浓度 n_i 为每立方厘米1.5×10^{10} 个载流子，而硅晶体每立方厘米大约有 5×10^{22} 个原子，因此在室温时只有十亿分之一的原子被电离。也就是说，此时半导体的导电能力非常弱，即本征半导体是无法实现电信号传输的。

2．载流子的运动方式及形成的电流

由本征半导体的介绍可知，半导体中有两种载流子：空穴和自由电子。当 $T>0$，载流子做热运动时，各向机会均等，不形成电流，但在一定条件下会形成有规律的定向运动。在硅晶体中，载流子的运动方式有两种：扩散运动和漂移运动。

（1）扩散运动和扩散电流

当半导体内载流子浓度分布不均匀时，就会产生一种扩散力，这种扩散力将使载流子浓度分布朝着趋向均匀的方向去改变。载流子受扩散力作用所做的运动称为扩散运动。载流子扩散运动所形成的电流称为扩散电流。显然，载流子浓度分布越不均匀，扩散力就越强，形成的扩散电流就越大，即扩散电流与载流子浓度的梯度成正比。

（2）漂移运动和漂移电流

载流子在电场力作用下所做的运动称为漂移运动。载流子漂移运动所形成的电流称为漂移电流。显然，电场越强，漂移电流越大，即漂移电流与电场强度成正比。

3．杂质半导体

前面提到过本征半导体的导电能力极弱，若在本征半导体中有控制地加入微量特定杂质，使得半导体内可移动的载流子浓度大大提升，则其导电性能可以得到很大提高，这个过程称为掺杂。掺杂后的半导体称为杂质半导体。

在杂质半导体中，自由电子和空穴这两种载流子的浓度不再相等，而是某一种载流子（自由电子或空穴）浓度远大于另一种载流子浓度。我们把浓度大的载流子称为多数载流子，简称多子；把浓度小的载流子称为少数载流子，简称少子。其中，多数载流子为自由电子的半导体材料称为N型半导体，多数载流子为空穴的材料称为P型半导体。

（1）N型半导体

首先来看看N型半导体，此时掺入的杂质为五价元素，常用的有磷元素等。其中，掺入的杂质数量相对于硅原子的数量而言还是非常少的。杂质原子与周围的硅原子会形成4个共价键，多出的一个电子就成为晶格内的自由电子，因此掺杂后晶格内自由电子浓度会大大升高。掺入的杂质原子因释放出一个电子，而被称为施主杂质，杂质原子本身固定在晶格内不能移动，成为带一个单位正电荷的正离子。N型半导体结构图如图2.42所示。

显然，在N型半导体中，自由电子浓度远远超过空穴浓度，因此自由电子为多子，空穴为少子。此时，载流子中负电荷浓度远远超过正电荷浓度，但施主杂质离子本身也带有正电荷，因此半导体始终保持电中性。假设N型半导体中杂质元素的掺杂浓度为 N_D，即带正电荷的杂质离子浓度也为 N_D，空穴浓度为 p_{n0}（来自本征激发），自由电子浓度为 n_{n0}，则根据在热平衡状态下半导体依然保持电中性的特性，可以得到

$$N_D + p_{n0} = n_{n0} \tag{2.40}$$

少子是由本征激发产生的，因此其浓度主要由温度决定；而多子浓度则由掺入的杂质浓度决定。在室温条件下，本征激发是非常微弱的，N型半导体中自由电子浓度远远大于空穴浓度，因此有

$$N_D \approx n_{n0} \tag{2.41}$$

由半导体物理的一个结论可知，在热平衡状态下自由电子和空穴浓度的乘积保持不变，即

$$n_{n0} p_{n0} = n_i^2 \tag{2.42}$$

因此本征激发产生的少子（空穴）浓度可估算为

$$p_{n0} \approx \frac{n_i^2}{N_D} \tag{2.43}$$

因为本征浓度 n_i 是温度的函数，可以推得少子浓度也是温度的函数，而多子浓度几乎与温度无关，只与掺杂浓度有关。

（2）P 型半导体

我们再来看看 P 型半导体，掺入的微量杂质为三价元素，常用的有硼元素等。杂质原子与周围的硅原子也会形成 4 个共价键，因此会多出一个空穴，从而大大提高半导体内空穴的浓度。掺入的杂质因为多捕获 1 个电子而形成 4 个共价键，所以被称为受主杂质。杂质原子本身固定在晶格内，成为带一个单位负电荷的负离子，如图 2.43 所示。

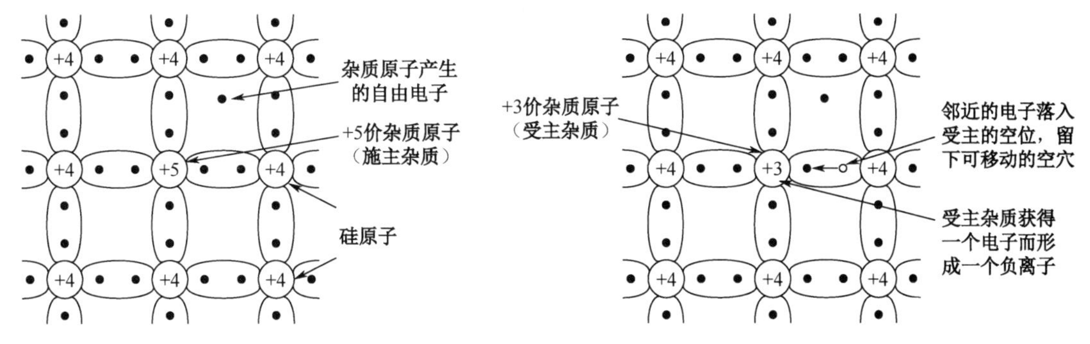

图 2.42　N 型半导体结构图　　图 2.43　P 型半导体结构图

在 P 型半导体中，空穴浓度远远超过自由电子浓度，因此将空穴称为多子，将自由电子称为少子。此时，载流子中正电荷浓度远远超过负电荷浓度，受主杂质离子本身也带有负电荷，因此半导体始终保持电中性。

同样，假设 P 型半导体中杂质原子的浓度为 N_A，即带负电荷的杂质离子浓度也为 N_A，空穴浓度为 p_{p0}，自由电子浓度为 n_{p0}（来自本征激发），则根据在热平衡状态下半导体依然保持电中性可得

$$N_A + n_{p0} = p_{p0} \tag{2.44}$$

由于空穴绝大部分来自杂质原子，因此其浓度远远超过本征激发产生的电子浓度，故有

$$N_A \approx p_{p0} \tag{2.45}$$

同理，热激发产生的少子（自由电子）浓度可估算为

$$n_{p0} \approx \frac{n_i^2}{N_A} \tag{2.46}$$

同样，少子浓度主要由温度决定，而多子浓度则由掺入的杂质浓度决定。

2.5.2　PN 结及其特性

1. PN 结的形成

在一块本征半导体两边分别掺入不同类型的杂质，使得本征半导体一侧形成 N 型半导体，另一侧形成 P 型半导体，那么在两种类型半导体的交界处会形成 PN 结。PN 结可以用来制作二极管，它也是所有固态半导体器件的工作基础。下面简单讲述一下 PN 结的形成过程，如图 2.44 所示。

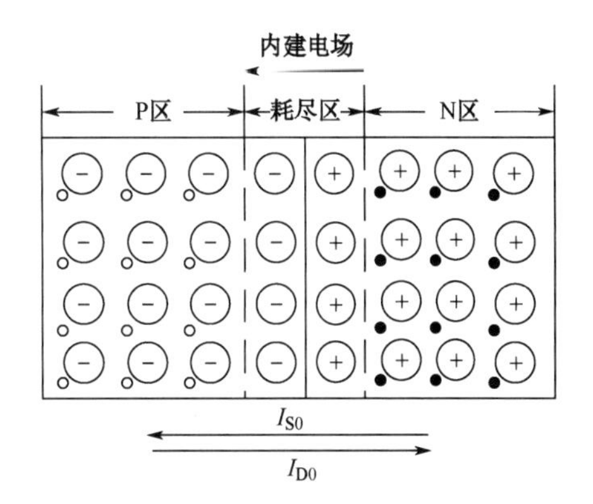

图 2.44　PN 结的形成

（1）多子扩散，形成扩散电流 I_{D0}

首先 N 型半导体中有大量自由电子和少量本征激发产生的空穴，P 型半导体中有大量空穴和少量本征激发产生的自由电子，因此在两种半导体的交界面两边存在多子的浓度梯度，这就会引起两种半导体中的多数载流子从浓度高的区域向浓度低的区域产生对向的扩散运动，即 N 区的多子（自由电子）向 P 区扩散，形成由 P 区流向 N 区的电流；同时 P 区的多子（空穴）向 N 区扩散，形成由 P 区流向 N 区的电流，从而共同组成扩散电流 I_{D0}，电流方向由 P 区到 N 区。

（2）内建电场，形成耗尽区（空间电荷区、势垒区）

从P区越过交界处扩散到N区的空穴，在交界处边缘很快与N区的部分多子（自由电子）复合而消失。该复合过程导致一些自由电子从边界处的N区中消失，而边界处的带正电的杂质离子因为被固定在晶格中而不能移动，所以N区在靠近边界处的地方出现一个特别区域。在这个区域中，自由电子几乎被耗尽，只包含固定在晶格中不能移动的正离子。类似的现象在P区靠近边界处的边缘区域也会出现，只不过在这个区域中耗尽的是空穴，包含固定在晶格中不能移动的是负离子。

也就是说，多子的扩散运动使得N区一侧由于失去自由电子而留下了不能移动的杂质正离子，P区一侧由于失去空穴而留下了不能移动的杂质负离子，这样在交界面两边就出现了由不能移动的杂质离子构成的空间电荷区，由于空间电荷区中的载流子已经复合掉，或者说消耗殆尽，因此空间电荷区又称为耗尽层或耗尽区。

随着多子扩散运动的进行，交界面两边留下的杂质离子电荷量增多，空间电荷区宽度逐渐加宽，同时在空间电荷区内部，由正负离子建立了一个内建电场，其方向由N区指向P区。可以看到，这个内建电场的方向与多子扩散运动的方向是相反的，即内建电场的出现将减缓多子的扩散。换而言之，多子要通过空间电荷区继续扩散，需要耗费更多能量翻越空间电荷区这个“壁垒”，因此空间电荷区也称为势垒区。

（3）少子漂移，形成漂移电流I_{S0}

一旦出现内建电场，半导体中的少数载流子就会在电场的作用下开始产生漂移运动，即N区的少子（空穴）沿电场方向从N区漂移到P区，P区的少子（自由电子）逆电场方向从P区漂移到N区，两者形成的电流方向一致，共同组成漂移电流I_{S0}，电流方向由N区流向P区，也就是说与扩散电流I_{D0}的方向正好相反；随着电场的逐渐增强，漂移电流I_{S0}会越来越大。同时从N区漂移到P区的空穴填补了原来交界面上P区失去的空穴，从P区漂移到N区的自由电子填补了原来交界面上N区所失去的自由电子，因此漂移运动的结果使得空间电荷区变窄。

（4）PN结形成，达到动态平衡

显然，内建电场削弱扩散运动，增强漂移运动，当多子的扩散运动和少子的漂移运动引起的电流大小相等时，空间电荷区内达到动态平衡，此时$I_{D0}=I_{S0}$，空间电荷区宽度不再变化，PN结形成。

PN结的内建电场在空间电荷区产生的压降，被称为内建电位差或势垒电压V_0。在不施加外部电压的情况下，可以得到V_0可表示为

$$V_0 = V_T \ln\frac{N_A N_D}{n_i^2} \tag{2.47}$$

式中，N_A为P型半导体掺杂浓度；N_D为N型半导体掺杂浓度；n_i为对应温度下的本征浓度；V_T为前面介绍过的热电压，如果不做特别说明，在后续的计算中都以25mV作为热电压V_T的取值。因此，PN结两端的电压V_0取决于掺杂浓度和温度。对于硅材料制成的PN结来说，室温时V_0为0.5～0.8V，这就是二极管导通电压$V_{VD(on)}$取0.7V的由来。

显然，空间电荷区由边界分别向P区和N区延展，并且两边存在相等数量、极性相反的电荷。一般情况下，P区和N区的掺杂浓度不同，因此两侧耗尽区的宽度也不一样。耗尽区向掺杂浓度较低的一侧延伸得更远，以保证两边电荷量相等，所以耗尽区两侧的宽度与两侧掺杂浓度成反比。我们将P区掺杂浓度高于N区的PN结称为P^+N结，将N区掺杂浓度高于P区的PN结称为PN^+结。

2．PN结的基本特性

分别从一个PN结的P区和N区引出两根金属电极，再加上器件外壳封装，就构成一个半导体二极管，其中从P区引出的电极为阳极或正（+）极，从N区引出的电极为阴极或负（-）极。二极管内部构成如图2.45所示。在外加电压的条件下，PN结呈现出的基本特性是单向导电性，即正向导通，反向截止，而反向击穿特性是PN结需要考虑的第三种特殊工作状态。

（1）正向导通特性——外加正向电压

如图 2.46 所示，PN 结外加正向电压偏置。所谓偏置，是指给半导体器件外加固定直流电源的工作条件。正向偏置，简称正偏，外接电压源的正极接到 PN 结的 P 区，负极接到 N 区，此时外加电场与内建电场方向相反，因此外电压克服势垒电压，内建电场削弱，空间电荷区变窄，增强多子扩散，削弱少子漂移，且多子浓度更高，故回路中 I_{D0} 将远远超过 I_{S0}。从器件外部来看，PN 结有一个较大的正向电流通过，整个 PN 结呈现一个较小的电阻特性，此时称为 PN 结处于正向导通状态，有时候也称为正偏状态。

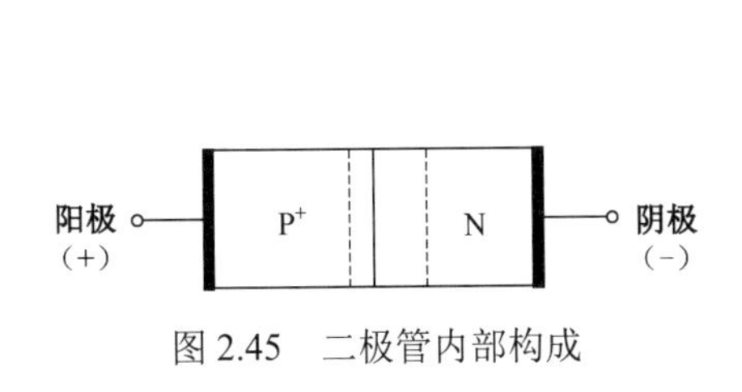

图 2.45　二极管内部构成

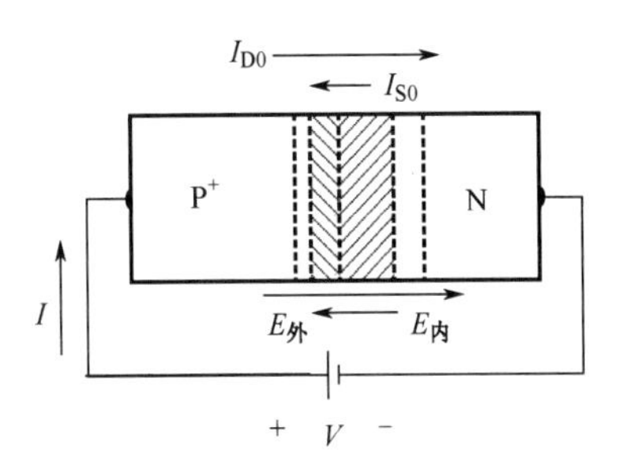

图 2.46　PN 结外加正向偏置（正偏）

（2）反向截止特性——外加反向电压

如图 2.47 所示，PN 结外加反向电压偏置。反向偏置，简称反偏，此时外加电压源的正极接到 PN 结的 N 区，负极接到 PN 结的 P 区，外加电压引起的电场与内建电场方向相同，因此内建电场增强，空间电荷区变宽，削弱多子扩散，增强少子漂移。当反偏电压较大时，多子运动很容易被完全抑制，故电路回路中形成一个基本由少子运动产生、从 N 区流向 P 区的反向电流；又因为少子主要来自本征激发，其浓度很低，所以反向电流数值非常小，几乎为 0。同时在一定温度下本征激发产生的少子数量有限，因此当反向电压超过一定数值后，反向电流不再随外加反向电压增大而增大，此时的电流又被称为反向饱和电流为 I_s。又因为该电流大小除与掺杂浓度有关之外，还与 PN 结横截面积成正比，因此也被称为反向比例电流。此时整个 PN 结呈现一个较大的电阻特性，电路近似开路，称为 PN 结处于反向截止状态，有时候也称为反偏状态。

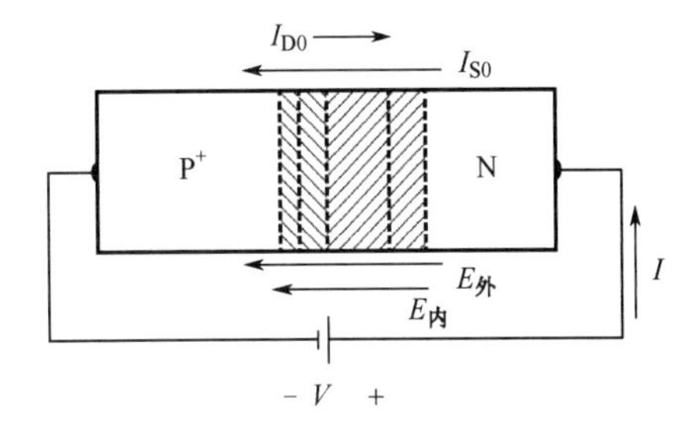

图 2.47　PN 结外加反向偏置（反偏）

以上是对 PN 结（其实也是二极管）基本特性展开的定性讨论。因此，在很多应用场合中将二极管视作电子开关，在不同极性的偏置电压作用下，实现信号的单向传输。

（3）反向击穿特性——外加反向电压过大

PN 结在反偏工作电压不是太大时，会处于截止状态，但是当反偏电压数值增大到一个特定值并继续增大时，反向电流会突然增加，且在电流迅速增大的过程中，PN 结两端电压差几乎不变，这种现象称为反向击穿。当发生击穿时，所需的反偏电压 V_{BR} 称为反向击穿电压。引起击穿现象出现的机理又分为两种，分别对应雪崩击穿和齐纳击穿。

雪崩击穿一般发生在掺杂浓度相对较低的 PN 结中，对应的反向击穿电压 V_{BR} 大小约在 7V 以上。由于外加反偏电场增加，自由电子和空穴容易获得足够大的能量，加速运动，不断与晶体原子发生碰撞，大量破坏共价键，从而释放出更多的自由电子和空穴，这种现象称为碰撞电离。而新获得的自由电子和空穴又会再次被外电场加速，引发新的碰撞，产生更多的自由电子和空穴，形成雪崩效应。因此，在这样的反偏外电场作用下，PN 结就会出现迅速增大的反向电流，此时电流方向是从阴极流向阳极。

齐纳击穿一般发生在掺杂浓度相对较高的 PN 结中，此时对应的反向击穿电压 V_{BR} 大小约在 5V 以下。这类 PN 结很薄，因此空间电荷区承受了强大的外加电场，共价键中束缚的电子被直接拉出来，引发共价键断裂，瞬时产生大量电子-空穴对，这种现象称为场致激发。同样，在外电场作用下出现迅速增大的反向电流，此时电流方向也是从阴极流向阳极。

反向击穿也称为电击穿，在采取一定安全措施的前提下，如在电路中串加限流电阻，击穿过程是可逆的，也就是说，当撤去外电场时，PN 结恢复原来状态。但如果没有安全措施，那么不管在正偏还是反偏条件下，PN 结还会出现一种“热击穿”。它是由于 PN 结中通过过大电流导致器件发热严重引发的击穿，这种击穿是毁灭性的，也是不可逆的，最终的结果就是器件直接烧毁。因此，在 PN 结工作时一定要限制电流大小。另外，击穿电压 V_{BR} 处于 5～7V 范围内，则两种击穿现象可能同时发生。显然，在器件使用中，热击穿是一定要避免的，而电击穿则是可以加以利用的。

3．PN 结的电容特性

PN 结在外加电压时会引起半导体内电荷量的变化，从而产生电容效应，这点在高频时尤其突出，我们在高频小信号模型中看到的电容就由此产生。根据产生原因的不同可分为势垒电容和扩散电容。

（1）势垒电容 C_B

随着外加电压的变化，空间电荷区宽度也将变化，因此会引起空间电荷区内电荷量的变化，这种电荷量变化的过程与普通电容在外加电压作用下进行充放电的过程相似，从而显示出等效电容效应，这种电容效应称为势垒电容，记为 C_B，其值一般从几皮法到几十皮法。

从电路实测来看，势垒电容与 PN 结等效电阻并联，反向偏置时结电阻很大，尽管势垒电容很小，但它的等效容抗很大，因此其作用是不能忽视的，特别是在高频时影响更大；而正向偏置时结电阻很小，其电容效应的影响相对来说比较小，所以势垒电容 C_B 在反向偏置时显得更加重要。

（2）扩散电容 C_D

当外加电压变化时，除了空间电荷区内的电荷量会发生改变，空间电荷区外的中性区（P 区和 N 区）内存储的非平衡少子数量也会发生变化。所谓非平衡少子，是指通过扩散运动过来的载流子。例如，N 区的电子通过空间电荷区后到达 P 区，就成为 P 区的非平衡少子；反之亦然。

当外加正向电压增大时，中性区内靠近空间电荷区边界处的非平衡少子浓度相应增大，为维持电中性，中性区内多子浓度也会相应增大。这种电荷量随外电压变化而引起的电容效应，相当于为 PN 结并联了一个电容。由于它是由载流子扩散引起的，因此称为扩散电容，记为 C_D，其值一般从几十皮法到几千皮法，且与掺杂浓度有关。显然，在外加反向电压时，因扩散运动受到抑制，这种电容效应并不明显。所以扩散电容 C_D 在正向偏置时显得更加重要。

（3）PN 结电容

由于势垒电容 C_B 和扩散电容 C_D 均并接在 PN 结上，因此 PN 结的总电容 C_j 为两者之和，即

$$C_j = C_B + C_D \tag{2.48}$$

综上可知，在高频应用时必须考虑结电容的影响，且等效电容与 PN 结的体电阻等效并联。

4．二极管的温度特性

由 PN 结电流-电压方程式(2.2)可知，PN 结电流 i_D 的大小与 V_T 和 I_s 有关，而 V_T 和 I_s 均为温度的函数，所以 PN 结的伏安特性必然与温度有关。实验结果表明，在以下几个方面影响显著。

①正向导通。在同一正向电流条件下，温度每升高 1℃，PN 结 $V_{VD(on)}$减小 2～2.5mV。当温度进一步升高时，本征激发更强，少子浓度进一步增加。在极端情况下，本征激发过强，使得杂质半导体变得和本征半导体相似，PN 结也就不存在了。因此，为保证 PN 结正常工作，需要有一个最高工作温度限制。

②反向截止。温度每升高 10℃，反向饱和电流 I_s 大约增加 1 倍。

③反向击穿。雪崩击穿电压随温度升高而增大，具有正温度系数；齐纳击穿电压随温度升高而降低，具有负温度系数。

总之，二极管是一种温度敏感元件，温度对二极管的工作状态、稳定性和安全性都提出了明确要求，在电路设计中要充分考虑功耗和散热问题，不仅是节能问题，更是安全问题。从另一个方

面来说，由于受温度影响，二极管的电压、电流或其他参数会发生波动，这种波动是有规律的，因此可以利用这些波动参数进行温度测量和控制方面的应用。

关于温度特性的详细解释，大家有兴趣可以参考《半导体物理》的相关章节，本书不再详细展开。

本章小结

二极管的伏安关系是非线性的，因此对含有二极管的电路进行分析时，要根据外部条件，选择合适的模型及方法，将非线性电路转换为等效的线性电路。对非线性器件分段进行线性建模，是我们解决这类电路分析问题的基本方法。

二极管由一个 PN 结构成，其工作状态包括导通、截止和击穿，大部分普通二极管主要工作在前两个状态，即单向导电状态；齐纳二极管工作在击穿状态。

单向导电模式下的大信号建模工具包括数学模型、伏安特性曲线、理想二极管、恒压降模型和折线模型等，各自对应的适用范围和分析方法各有不同；正向导通模式下的交流小信号模型主要用来确定交流电压和电流之间的关系，使用时必须满足小信号条件；击穿模式下的齐纳二极管模型主要用在稳压电路的设计中。

各类应用电路及功能分析是这一部分的重点之一。

最后介绍了用于制作电子器件的半导体材料，介绍了本征半导体、杂质半导体、半导体内载流子，以及 PN 结的结构和基本特性等基本概念，这些基础知识将帮助理解本课程大部分内容。

习　　题

2.1　假设题图 2.1 所示电路中的二极管为理想的，$v_i = 8\sin\omega t$ V，试画出输出电压 v_o 的波形。

2.2　假设题图 2.2 中的二极管为理想的，求所标明的电流值 I 和电压值 V。

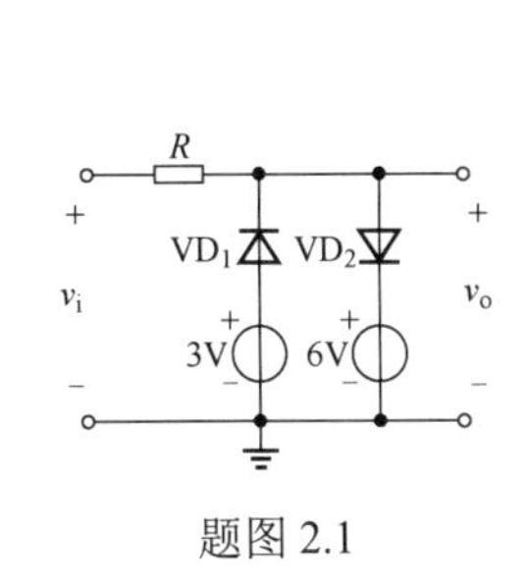

题图 2.1

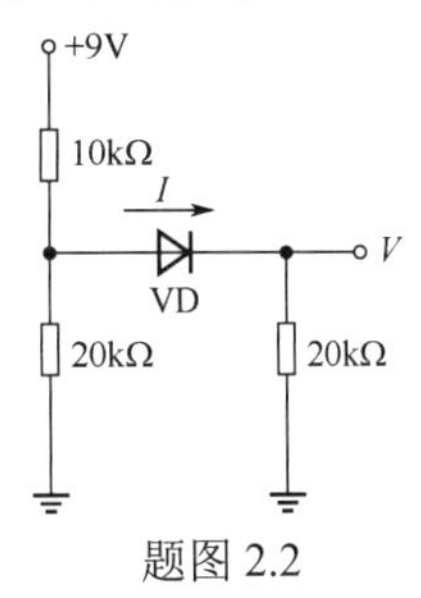

题图 2.2

2.3　假设题图 2.3 中的二极管为理想的，求所标明的电压值。

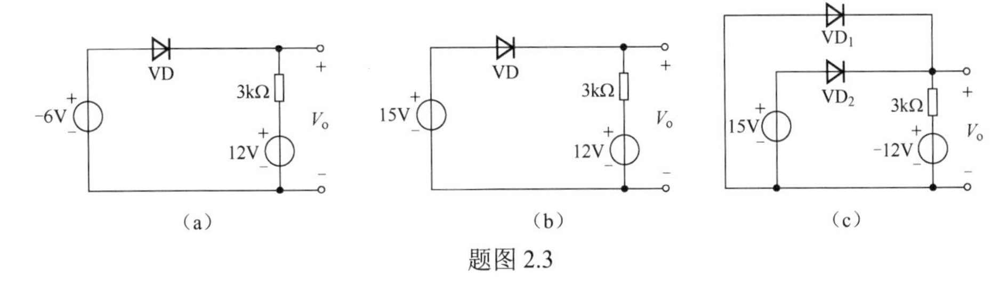

题图 2.3

2.4　对于题图 2.4 所示的电路采用理想二极管，求所标明的电压值和电流值。

2.5　假设题图 2.5 所示电路中的二极管为理想的，使用戴维南定理来简化电路，并求所标明的电压值和电流值。

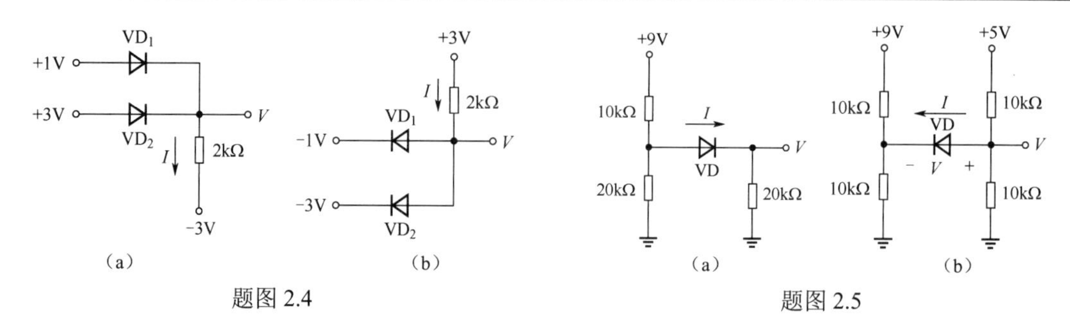

题图 2.4　　题图 2.5

2.6　如题图 2.6 所示，求所标明的电压值和电流值，其中二极管要求用恒压降模型替代，即 $V_{D(on)}$=0.7V。

2.7　电路如题图 2.7 所示，（1）v_+=5V，利用恒压降模型求电路的 I_D 和 v_D；（2）在室温条件下，v_+ 有 Δv_+ 的变化，利用二极管的小信号模型求 v_o 的变化范围。

2.8　电路如题图 2.8 所示。已知 R=1kΩ，要求使用二极管折线模型分析，假设 V_D=0.65V，r_D=20Ω，求输出电压 v_o 对 v_i 的函数。画出当 $0 \leqslant v_i \leqslant 10\text{V}$ 时 v_o 对 v_i 的传输特性。当 $v_i = 10\sin(\omega t)$ 时，画出 v_o 的波形并标明数值。

2.9　一个二极管应用在一个由恒流源 I 供电的电路中，如果在二极管边上再并联一个相同的二极管，那么对该二极管的正向电压有什么影响？假设 n=1。

2.10　一个二极管的 n=1，并且当电流为 1mA 时，其正向电压降为 0.7V。那么当它工作在 0.5V 时，其电流值为多少？

2.11　电路如题图 2.9 所示。该电路的功能是什么？假设输入正弦波的有效值为 120V，并假设二极管为理想的。选择合适的 R 值，使得二极管的峰值电流不超过 50mA，求二极管两端最大的反向电压。

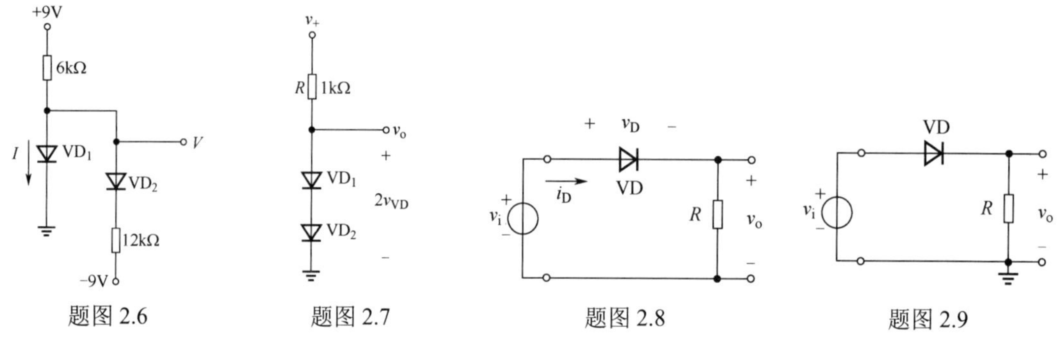

题图 2.6　　题图 2.7　　题图 2.8　　题图 2.9

2.12　电路如题图 2.10 所示。假设二极管的 $V_{D(on)} = 0.7\text{V}$。（1）请问该电路具有什么功能？（2）当 $v_i = 6\sin\omega t\text{V}$ 时，利用恒压降模型分析电路，画出输出电压 v_o 的波形。

2.13　电路如题图 2.11 所示。齐纳二极管的 $V_Z = 8\text{V}$，设 $v_i = 15\sin\omega t\text{V}$，试画出 v_o 的波形。

2.14　稳压电路如题图 2.12 所示。若 v_i=10V，R=100Ω，齐纳二极管的 V_Z=5V、I_{ZK}=5mA、I_{Zmax}=50mA，问：

（1）负载 R_L 的变化范围是多少？

（2）稳压电路的最大输出功率 P_{OM} 是多少？

（3）齐纳二极管的最大耗散功率 P_{ZM} 和限流电阻 R 上的耗散功率 P_{RM} 是多少？

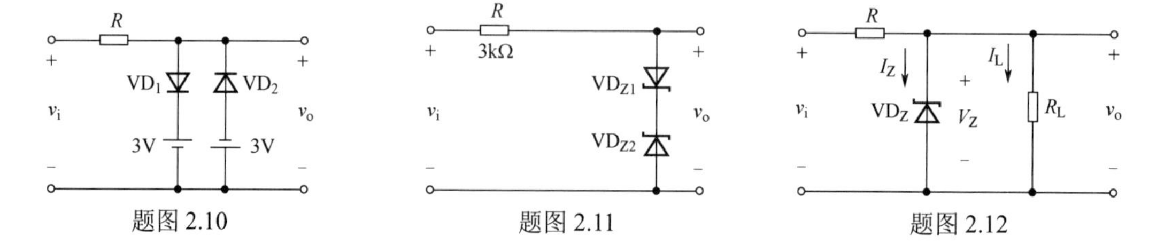

题图 2.10　　题图 2.11　　题图 2.12

第 3 章　场效应管

放大器是模拟电子电路设计中必不可少的电路模块之一，也是本书的核心内容，放大器的核心器件通常由三端器件构成。因为三端器件可用其中两个端子之间的电流控制流过第三个端子的电流，可以用来实现受控源、放大器和开关等电路。

场效应管（Field Effect Transistor，FET）是目前集成电路中应用最广泛的三端器件，也是在放大电路和逻辑电路中必备的电子器件。场效应管是利用电场效应来控制电流的有源器件，由于它仅靠杂质半导体中的单极性多数载流子导电，因此又称为单极性晶体管。

场效应管根据结构的不同，可分为结型场效应管（Junction FET，JFET）和金属-氧化物-半导体场效应管（Metal-Oxide Semiconductor FET，MOSFET）两种类型。目前 MOSFET 由于良好的性能，已得到了广泛使用，相比较而言，JFET 目前应用则少得多。

场效应管除了具有体积小、质量小和寿命长等半导体器件的特点，还具有输入阻抗高、噪声系数低、热稳定性好、抗辐射能力强和制造工艺简单等优点。目前已可只用 MOSFET 实现数字电路和模拟电路，这些特性使得场效应管具有更强的集成性，也成为超大规模集成电路的基础。

本章主要介绍放大器的一些基本概念，并从各类 FET 的结构、工作原理、基本特性、建模入手，介绍以 FET 为核心放大器件的分立放大电路设计与分析。本章的重点内容为放大器的基本参数、MOSFET 的工作原理、基本特性、小信号等效参数模型，以及共源、共漏、共栅等场效应管基本组态放大电路的分析和设计方法。

学习目标

1. 能够根据电路符号和伏安特性曲线，识别 FET 器件的类型，区分工作状态，对应不同工作条件选择不同的模型。
2. 能够根据 CS 放大器传输特性曲线，估算交流放大输入、输出信号范围，设计合理的直流偏置点。
3. 能够根据电路拓扑结构，识别 3 种 FET 放大器组态，完成交直流分析，并根据放大器性能参数评估放大器性能。
4. 能够根据设计要求，合理选择放大器组态，完成放大器设计。

3.1　放大器基本概念及模型

放大器是模拟电路中最重要、最基本的电路单元。放大器不仅具有独立实现信号不失真放大的功能，而且是其他模拟电路（如振荡器、滤波器、稳压器、调制解调器）的基础和基本组成部分。本书绝大部分内容都围绕放大器展开，包括放大器的组成、设计与实现、放大器的各种应用等。因此，本节主要介绍以下几个概念：放大器的定义及传输特性曲线、放大器的基本参数（增益、输入/输出电阻、带宽）、放大器的分类及建模。

3.1.1　放大器的定义及传输特性曲线

放大器（Amplifier），也称为放大电路。放大器在电路中的通用符号如图 3.1（a）所示。可见，一般放大器有一个输入端和一个输出端。如图 3.1（b）所示，如果在输入端送入一个信号 x_i，那么在输出端应该可以得到一个幅值放大的信号 x_o。注意，这里并没有特别指明是电压信号还是电流信号，这个与放大器的类型有关。通过对输入输出波形的观察，可以发现，该电路模块将信号进行了不失真的线性放大。因此，可以由此给出定义：如果一个系统的输入信号与输出信号之间满足线性关系，那么该系统可称为放大器或线性放大器，其中 A 称为放大器的增益或放大倍数。其定义为

$$A = \frac{x_o}{x_i} \tag{3.1}$$

由式(3.1)可以画出描述放大器理想情况下输入和输出关系的传输特性曲线，如图 3.2 所示。一般传输特性曲线图的横轴为输入信号，纵轴为输出信号，信号可以为电压或电流，后续我们会多次给出各种电路的传输特性曲线图。图 3.2 中两幅图的区别仅在于增益 A 的正负极性，直线的斜率即为放大器增益 A 的大小。然而，实际放大器的传输特性与理想情况有较大的不同。下面以电压放大器为例来说明。

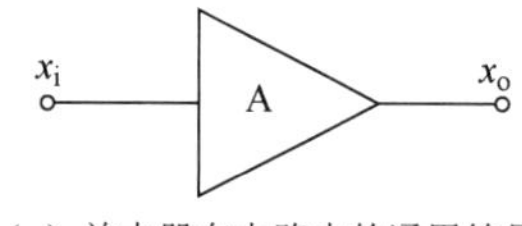

（a）放大器在电路中的通用符号

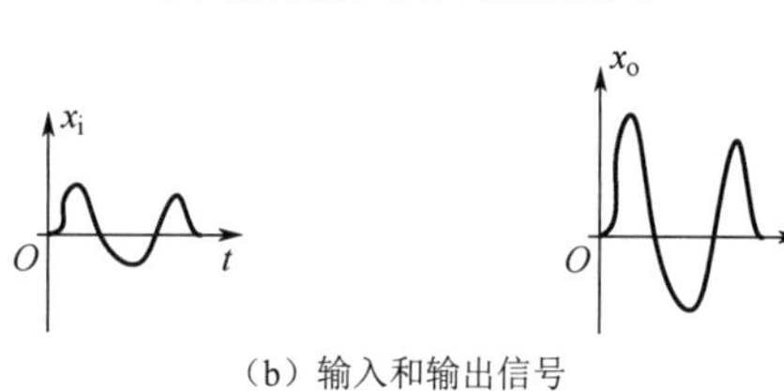

（b）输入和输出信号

图 3.1　放大器在电路中的通用符号

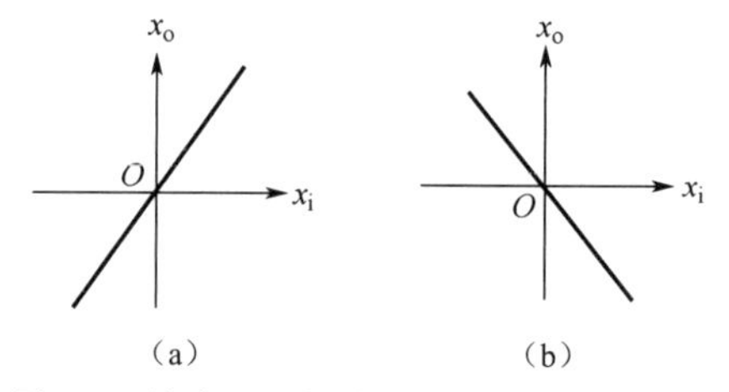

（a）　（b）

图 3.2　放大器理想情况下的传输特性曲线

放大器本质上是一种换能器，工作时需要有直流电源提供电能。换句话说，放大器实际上有两种输入端：一种是前面提到的信号输入端，用于接收携带有用信息的信号，该信号可以是交流信号，也可以是直流信号，最终该信号被放大处理后向后级电路或负载传递；另一种是直流电源供电端，用于提供电路工作时必需的电能，并保证电路合理的工作状态（这点马上就会给出解释），其提供的信号能量除放大器自身消耗掉一部分之外，全都转换成有用信号的能量向后级输出，因此直流供电是放大器能正常工作的基本保证。图 3.3 给出了一类电压放大器的工作连接图。

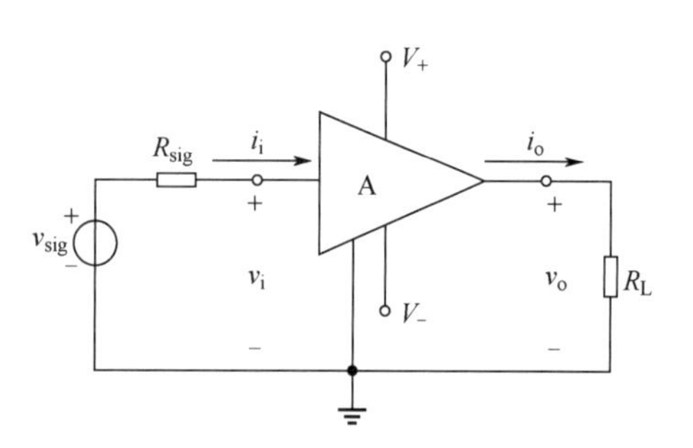

图 3.3　电压放大器的工作连接图

电压放大器是目前应用最广泛的一类放大器的统称，其特点是输入信号和输出信号均为电压信号，即放大器的激励信号源是电压源，负载上得到的信号为电压信号。放大器的供电方式有双电源供电和单电源供电两种，在本书中除有特别说明的情况之外，一般默认采用双电源供电。放大器的输入和输出部分之间存在一个公用端，这个公用端作为一个参考点，称为地或零电位点。v_{sig} 和 R_{sig} 分别为输入信号源及其内阻，R_L 为放大器的负载，v_i 为放大器的输入电压，i_i 为放大器的输入电流，v_o 为放大器送到负载上的输出电压，i_o 为放大器送到负载上的输出电流，这些定义是后续放大器参数定义的基础。

因为受到放大器直流供电电压源的大小限制，放大器的输出电压不可能保持随输入信号的增大，输出信号向无穷大方向的线性增大，所以输出信号增大到一定程度就会达到饱和。放大器实际情况下的传输特性曲线如图 3.4 所示。也就是说，输入信号即使继续增大，输出信号也不会被线性放大，而是被限制在一定大小的输出电压上，此时放大器失去了线性放大的能力；反之，在输出信号达到受限的饱和之前，放大器还是可以实现线性放大的，可以看到，为了保证这种线性放大能力，放大器的输入信号大小也将受到限制，这两根虚线画出的横轴范围可以称为放大器的信号输入范围。

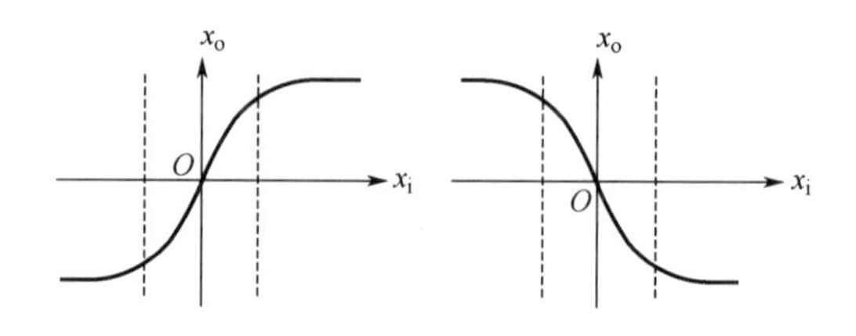

图 3.4　放大器实际情况下的传输特性曲线

3.1.2　放大器的主要参数及建模

放大器的主要参数是衡量放大器性能优劣的依据，并决定了放大器的应用场合。因此，首先来了解一下最基本的 4 个参数定义，它们分别是增益、输入电阻、输出电阻和带宽。需要说明的是，本书讨论暂不考虑放大器内部的具体结构，而是将放大器看作一个完整的、独立的单元模块，通过分析输入、输出信号的关系，来获取相应的参数。

1. 增益

式(3.1)给出了放大器增益的一般定义式，我们由此给出更详细的分类定义。根据输入和输出信号对应的电量不同，可以给出 4 种增益定义，分别对应 4 种基本放大器类型。

①电压增益：输入信号是电压，输出信号也是电压，因此增益单位为 V/V，对应的放大器类型称为电压放大器。其定义式为

$$A_{\mathrm{v}} = v_{\mathrm{o}} / v_{\mathrm{i}} \tag{3.2}$$

②电流增益：输入信号和输出信号均为电流，因此增益单位为 A/A，对应的放大器类型被称为电流放大器。其定义式为

$$A_{\mathrm{i}} = i_{\mathrm{o}} / i_{\mathrm{i}} \tag{3.3}$$

③互阻增益：输入信号为电流，输出信号为电压，因此增益单位为 V/A 或 Ω，对应的放大器类型被称为互阻放大器。其定义式为

$$A_{\mathrm{r}} = v_{\mathrm{o}} / i_{\mathrm{i}} \tag{3.4}$$

④互导增益：输入信号为电压，输出信号为电流，因此增益单位为 A/V 或 S，对应放大器类型为互导放大器。其定义式为

$$A_{\mathrm{g}} = i_{\mathrm{o}} / v_{\mathrm{i}} \tag{3.5}$$

下面介绍一种工程实践中最常用的增益表示方式——分贝表示，分别给出电压增益、电流增益和功率增益的定义式为

$$A_{\mathrm{v}}(\mathrm{dB}) = 20\lg|A_{\mathrm{v}}| \tag{3.6}$$

$$A_{\mathrm{i}}(\mathrm{dB}) = 20\lg|A_{\mathrm{i}}| \tag{3.7}$$

$$A_{\mathrm{p}}(\mathrm{dB}) = 10\lg A_{\mathrm{p}} \tag{3.8}$$

功率增益比值通常是非常大的，在早期电话通信系统的开发中，工程师就用分贝值来描述大的增益或衰减。分贝(dB)被定义为功率增益对数的 10 倍，则相对的电压增益和电流增益的分贝表示，被定义为相应增益对数的 20 倍。注意，这里的对数均是以 10 为底的。在后续讨论中，我们会发现这种表示方式会带来计算上的种种方便。

例 3.1　某放大器用±3V 的电源供电，当输入峰值为 0.2V 的正弦波时，可获得峰值为 1.0mA 的输入电流，并在 100Ω 负载上产生峰值为 2.2V 的正弦波，每个电源提供的平均电流为 20mA。电路图如图 3.5 所示。求用分贝表示的电压增益、电流增益和功率增益。

解： 由题意可得

电压增益为 $A_{\mathrm{v}} = \dfrac{v_{\mathrm{o}}}{v_{\mathrm{i}}} = \dfrac{2.2}{0.2} = 11\mathrm{V/V}$，其分贝表示为 $A_{\mathrm{v}}\mathrm{dB} = 20\lg 11 = 20.8\mathrm{dB}$

电流增益为 $A_{\mathrm{i}} = \dfrac{i_{\mathrm{o}}}{i_{\mathrm{i}}} = \dfrac{v_{\mathrm{o}} / R_{\mathrm{L}}}{i_{\mathrm{i}}} = \dfrac{2.2/100}{1\mathrm{mA}} = 22\mathrm{A/A}$

其分贝表示为 $A_{\mathrm{i}}\mathrm{dB} = 20\lg 22 = 26.8\mathrm{dB}$

功率增益为

$$A_{\mathrm{p}} = \frac{P_{\mathrm{o}}}{P_{\mathrm{i}}} = \frac{(v_{\mathrm{o}}/\sqrt{2})^2 / R_{\mathrm{L}}}{(v_{\mathrm{i}}/\sqrt{2})\times(i_{\mathrm{i}}/\sqrt{2})} = 242\mathrm{W/W}$$

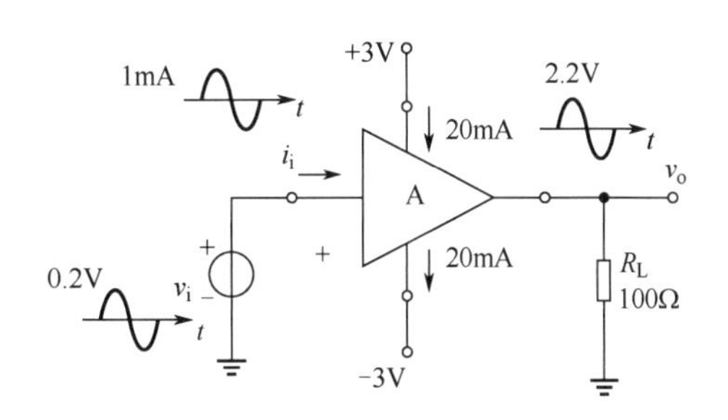

图 3.5　例 3.1 电路图

其分贝增益为 $A_{\mathrm{p}}\mathrm{dB} = 10\lg 242 = 23.8\mathrm{dB}$

2．输入电阻及源电压增益

以电压放大器为例来讨论这两个参数的定义，其他放大器的相关参数可以此类推。输入电阻测试电路如图 3.6 所示。

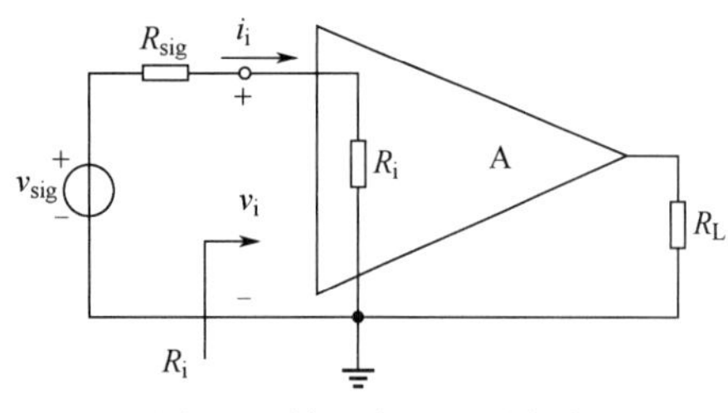

图 3.6 输入电阻测试电路

假设放大器的输入端外加了一个电压信号源，信号部分大小为 v_{sig}，信号源内阻为 R_{sig}，在放大器的输入端上会得到相应的输入电压 v_{i} 和输入电流 i_{i}，则从输入端口向放大器内部视入的等效电阻，称为放大器的输入电阻。其定义式为

$$R_{\mathrm{i}} = \frac{v_{\mathrm{i}}}{i_{\mathrm{i}}} \tag{3.9}$$

由图 3.6 可知，此时的放大器可以看作是电压信号源的负载，负载大小就是这里的 R_{i}，它的大小代表了放大器从信号源取得信号的能力。

为了进一步说明输入电阻的作用，引入电压放大器的源电压增益参数。其定义式为

$$A_{\mathrm{vs}} = \frac{v_{\mathrm{o}}}{v_{\mathrm{sig}}} \tag{3.10}$$

由图 3.6 可知，输入信号 v_{i} 由输入电阻 R_{i} 从信号源 v_{sig} 中分压得到，即

$$v_{\mathrm{i}} = \frac{R_{\mathrm{i}}}{R_{\mathrm{i}} + R_{\mathrm{sig}}} v_{\mathrm{sig}} \tag{3.11}$$

因此，从式(3.2)、式(3.10)和式(3.11)中可以得到，源电压增益 A_{vs} 与电压增益 A_{v} 之间的转换关系为

$$A_{\mathrm{vs}} = \frac{v_{\mathrm{i}}}{v_{\mathrm{sig}}} \frac{v_{\mathrm{o}}}{v_{\mathrm{i}}} = \frac{R_{\mathrm{i}}}{R_{\mathrm{i}} + R_{\mathrm{sig}}} A_{\mathrm{v}} \tag{3.12}$$

可见，在放大器的输入端接入信号源后，整个放大器的源电压增益 A_{vs} 将比放大器的增益 A_{v} 小，这显然是受到了信号源内阻分压的影响。如果希望待处理的信号 v_{sig} 全都送入放大器进行处理，那么在选择或设计放大器时，应尽可能使 $R_{\mathrm{i}} >> R_{\mathrm{sig}}$，即可使得 $v_{\mathrm{i}} \approx v_{\mathrm{sig}}$，从而得到 $A_{\mathrm{vs}} \approx A_{\mathrm{v}}$。

以上是对电压放大器的讨论。若是其他类型的放大器，输入部分的等效都可以用同样的测试方法得到相同的结论，不论是电压源作为激励，还是电流源作为激励，在输入端都会产生相应的输入电压和输入电流，因此都可以根据式(3.9)实现放大器输入部分的建模。

3．输出电阻及开路电压增益

与输入电阻一样，输出电阻可以看作从放大器输出端口看进去得到的等效电阻。图 3.7 给出了电压放大器输出电阻的测试电路。特别需要注意的是，求解从输出端口视入的等效电阻时，被测试电路应是无源网络，因此令待处理信号源 v_{sig}=0，但保留信号源内阻；同时在电路的输出端口用测试信号源 v_{t} 取代原来的负载电阻，产生的测试电流为 i_{t}，则测试源电压和电流之比即为放大器的输出电阻。由此得出输出电阻的定义式为

$$R_{\mathrm{o}} = \left.\frac{v_{\mathrm{t}}}{i_{\mathrm{t}}}\right|_{\substack{v_{\mathrm{sig}}=0 \\ R_{\mathrm{L}} \to \infty}} \tag{3.13}$$

为了进一步说明输出电阻的作用，引入放大器的“开路电压增益”。其定义式为

$$A_{\mathrm{vo}} = \left.\frac{v_{\mathrm{ot}}}{v_{\mathrm{i}}}\right|_{R_{\mathrm{L}} \to \infty} \tag{3.14}$$

式中，v_{ot} 为负载开路时的输出电压，同时给出电压放大器的完整模型，如图 3.8 所示。

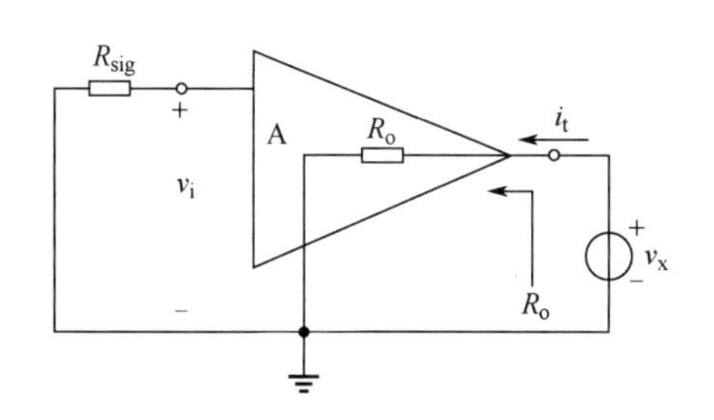

图 3.7　输出电阻测试电路

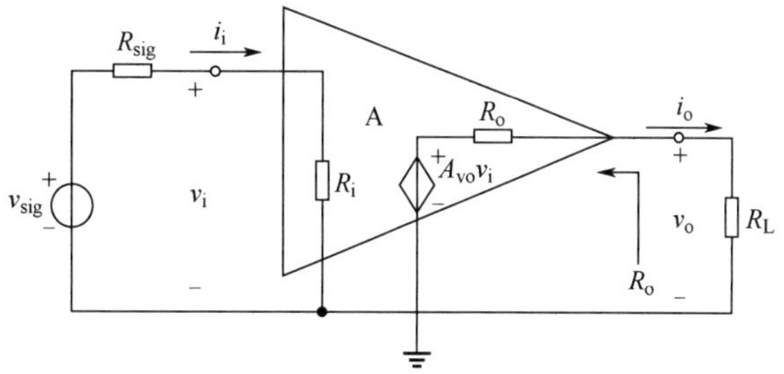

图 3.8　电压放大器建模

由图 3.8 可知，整个放大器对负载而言，等效为一个电压信号源，受控电压源由放大器的输入电压 v_i 控制其大小，在输出部分起到信号源的作用，输出电阻则视作该信号源的内阻。显然经放大器处理后得到的输出信号并没有全部送到负载上，而是通过输出电阻和负载分压后送出的，即

$$v_o = A_{vo} v_i \frac{R_L}{R_L + R_o} \tag{3.15}$$

显然，当 $R_L \to \infty$时，有

$$v_o = v_{ot} = A_{vo} v_i \tag{3.16}$$

则由式(3.2)、式(3.14)～式(3.16)可得，开路电压增益 A_{vo} 和电压增益 A_v 之间的转换关系为

$$A_v = \frac{v_o}{v_i} = \frac{v_o}{v_{ot}} \frac{v_{ot}}{v_i} = \frac{R_L}{R_L + R_o} A_{vo} \tag{3.17}$$

可见，放大器输出端接入负载 R_L 后，放大器的电压增益 A_v 比开路电压增益 A_{vo} 要小，因此输出电阻 R_o 的大小反映了放大器向后级负载传输信号的能力。故在选择或设计放大器时，应尽可能减小 R_o 的数值，使得 $R_o \ll R_L$，从而得到 $v_o \approx v_{ot}$，$A_v \approx A_{vo}$。

例 3.2　某电压放大器参数为 A_{vo} =100V/V，R_i =100kΩ，R_o =10kΩ，若给放大器输入端送入 v_{sig} =10mV、R_{sig} =10kΩ 的电压信号，在输出端接上 R_L =100kΩ 负载，求电路的电压增益、源电压增益以及输出电压。

解： 由题意和式(3.17)可得，电压增益为

$$A_v = \frac{v_o}{v_i} = \frac{R_L}{R_L + R_o} A_{vo} = \frac{100}{100+10} \times 100 = 90.9\text{V/V}$$

由式(3.12)可得，源电压增益为

$$A_{vs} = \frac{v_o}{v_{sig}} = \frac{R_i}{R_i + R_{sig}} A_v = \frac{100}{100+10} \times 90.9 = 82.64\text{V/V}$$

所以

$$v_o = A_{vs} v_{sig} = 82.64 \times 0.01 = 0.83\text{V}$$

由以上数据可知，电路的开路电压增益最大，电压增益次之，源电压增益最小。前者显然只与电路结构有关，而电压增益与负载大小有关，源电压增益与负载、信号源内阻都有关。因此我们常常把开路电压增益称为放大器的固有增益，它与输入电阻、输出电阻一样，是放大器本身的固有参数，一旦电路结构设计完成，这 3 个参数就可以用来描述该电路结构的基本特性。换句话说，电路设计者，往往不能对输入信号源和负载有太多的限制，若要设计一个合适的放大器，就需要在对工作条件进行具体分析后，再要对放大器的 3 个固有参数进行合理设计。

4．放大器电路模型

根据放大器输入和输出电量的不同，放大器可分为 4 类，分别是电压放大器、电流放大器、互导放大器和互阻放大器。

（1）电压放大器

由电压放大器增益、输入/输出电阻的定义过程，已经得到电压放大器的等效电路模型，如

图3.9所示。电压放大器实际上可以看作一个二端口网络，输入部分由放大器的输入电阻等效描述，注意此时该电路能够接收处理的是电压信号，因此外接电源一般是戴维南形式的电压源。为了尽可能多地从信号源中取出信号，电压放大器的理想输入电阻应该趋向无穷大。同时，电压放大器的输出信号也是电压信号，因此输出部分的建模采用戴维南形式的受控电压源结构，同样为了尽可能多地将信号送到后级，电压放大器的理想输出电阻应该趋向于零。

（2）电流放大器

图3.10给出了电流放大器的等效电路模型。由于电流放大器的输入信号和输出信号均为电流信号，因此电路的激励信号源应采用诺顿形式的电流源，并且为了尽可能多地从电流源中取出待处理信号，对应的理想输入电阻应该趋向于零。电路输出部分的内部建模同样采用诺顿形式的受控电流源结构，为了尽可能多地送出信号，理想输出电阻要趋向于无穷大。其中，受控电流源的大小受到输入电流 i_{i} 的控制，受控电流源的控制系数为该放大器的短路电流增益。其定义式为

$$A_{\mathrm{is}} = \left.\frac{i_{\mathrm{os}}}{i_{\mathrm{i}}}\right|_{R_{\mathrm{L}} \to 0} \tag{3.18}$$

式中，i_{os} 为负载短路时电路的输出电流。

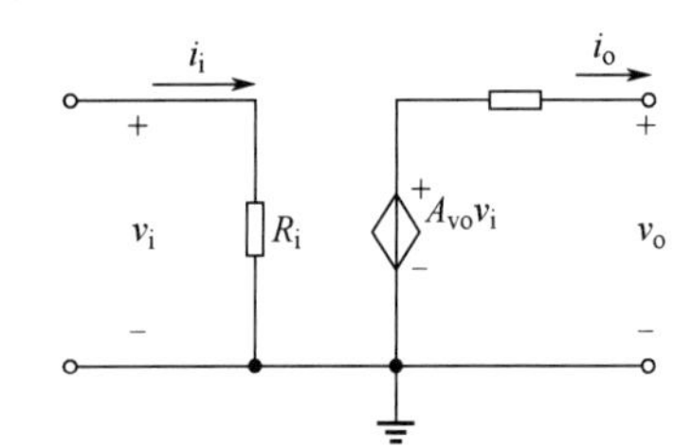

图3.9 电压放大器的等效电路模型

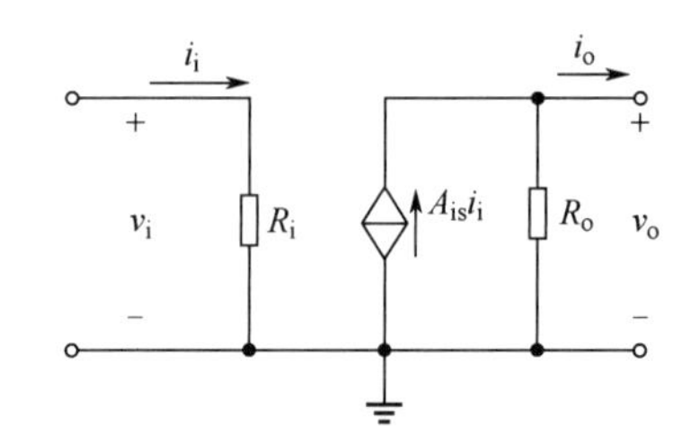

图3.10 电流放大器的等效电路模型

（3）互导放大器

图3.11给出了互导放大器的等效电路模型。互导放大器的输入信号为电压信号，因此需要引入戴维南形式的电压源作为激励，对应的理想输入电阻应该趋向于无穷大。互导放大器的输出信号为电流信号，因此输出部分的建模采用诺顿形式的受控电流源结构，其理想输出电阻应该趋向于无穷大。其中，受控电压源的大小受到输入电压 v_{i} 的控制，受控电流源的控制系数为该放大器的短路互导增益。其定义式为

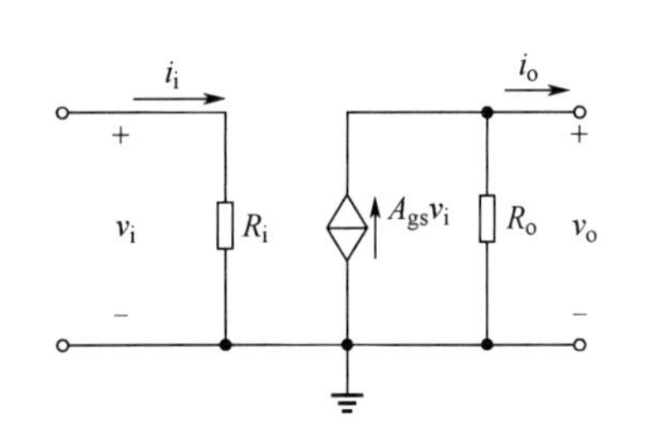

图3.11 互导放大器的等效电路模型

$$A_{\mathrm{gs}} = \left.\frac{i_{\mathrm{os}}}{v_{\mathrm{i}}}\right|_{R_{\mathrm{L}} \to 0} \tag{3.19}$$

式中，i_{os} 为负载短路时电路的输出电流。

（4）互阻放大器

图3.12给出了互阻放大器的等效电路模型。互阻放大器的输入信号为电流信号，因此需要引入诺顿形式的电流源作为激励，对应的理想输入电阻应该趋向于零。互阻放大器的输出信号为电压信号，因此输出部分建模采用戴维南形式的受控电压源结构，其理想输出电阻也应该趋向于零。其中，受控电压源的大小受到输入电流 i_{i} 的控制，受控电压源的控制系数为该放大器的开路互阻增益。其定义式为

$$A_{\mathrm{ro}} = \left.\frac{v_{\mathrm{ot}}}{i_{\mathrm{i}}}\right|_{R_{\mathrm{L}} \to \infty} \tag{3.20}$$

式中，v_{ot} 为负载开路时电路的输出电压。

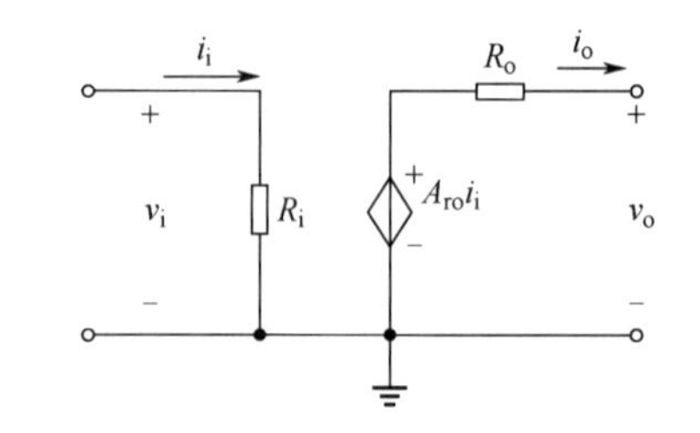

图3.12 互阻放大器的等效电路模型

3.1.3 放大器带宽

在实际电路中，除电阻之外，还有许多电抗元件，如电路的分布电容、杂散电容、器件的极间电容和分布电感等。不同电抗元件对频率呈现不同的阻抗特性，这必然会导致放大器的增益也是频率的函数，即增益为一个“复数”。

$$A(\mathrm{j}\omega)=\frac{V_{\mathrm{o}}(\mathrm{j}\omega)}{V_{\mathrm{i}}(\mathrm{j}\omega)}=|A(\omega)|\,\mathrm{e}^{\mathrm{j}\varphi_{\mathrm{A}}(\omega)} \tag{3.21}$$

其中，$|A(\omega)|$和角频率 ω 的关系曲线称为幅频特性，相移 $\varphi_{\mathrm{A}}(\omega)$ 和角频率ω的关系曲线称为相频特性，它们统称为放大器的频率响应曲线。一般工程上习惯用分贝（dB）来表示增益函数的幅度，因此得到 $20\lg|A(\omega)|$ 与频率的关系曲线。

图 3.13 所示为某放大器的幅频特性示意图。图中 $f=\omega/2\pi$，单位为 Hz。可以看到，放大器的幅频特性在一定宽度的频率范围内，增益几乎是固定不变的，这个频率范围称为“中频区”。而当频率很高或很低时，增益会逐渐减小，分别称为“高频区”和“低频区”。若中频增益为 A_0，则随着频率的升高或降低，增益会下降，当增益下降到 $A_0/\sqrt{2}$ 时，对应的频率分别为上限截止频率 f_{H} 和下限截止频率 f_{L} 。换而言之，一个放大器要能进行线性放大，它对输入信号的要求不仅体现在幅值大小上，还有频率范围上。只有信号频率处在 f_{L} 到 f_{H} 之间的信号，才能被该放大器进行线性放大。

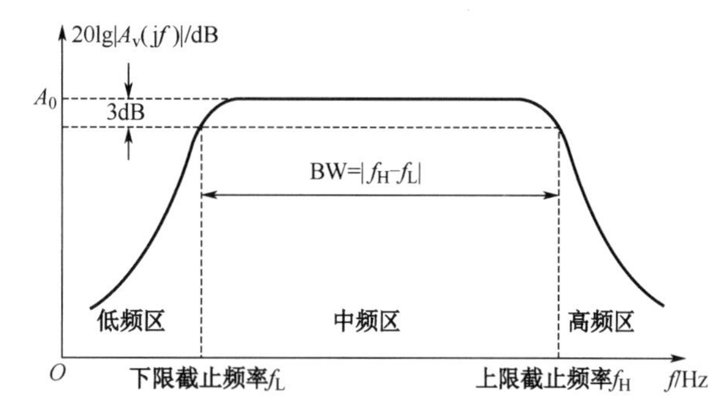

图 3.13　某放大器的幅频特性示意图

若增益采用分贝（dB）来表示，则有

$$20\lg\left|\frac{A_0}{\sqrt{2}}\right|=20\lg|A_0|-20\lg\sqrt{2}=20\lg|A_0|\,\mathrm{dB}-3\mathrm{dB} \tag{3.22}$$

即由中频增益 A_0 减小 3dB 所对应的信号频率分别为上限截止频率 f_{H} 和下限截止频率 f_{L} 。

描述放大器频率响应的关键参数——带宽(BandWidth，BW)的定义为

$$\mathrm{BW}=|f_{\mathrm{H}}-f_{\mathrm{L}}| \tag{3.23}$$

可以看到，要确定放大器的带宽，还是要先确定上限截止频率 f_{H} 和下限截止频率 f_{L} ，因此如何分析放大器的频率响应是首要解决的问题。

3.2 MOSFET 结构及工作原理

场效应管是放大电路的核心器件之一，其中 MOSFET（金属-氧化物-半导体场效应管）是目前使用最广泛的场效应管，简称 MOS。沟道，是指场效应管器件内部载流子导电的通路，故也称为导电沟道。按照导电沟道中导电载流子的极性，还可以分为 N 沟道 MOS 管和 P 沟道 MOS 管。若沟道内导电的载流子为自由电子，则称为 N 沟道；若导电的载流子为空穴，则称为 P 沟道。根据导电沟道的形成机理不同，MOS 管又可以分为增强型和耗尽型两种。器件生产后其内部没有导电沟道的为增强型，而生产后其内部已有导电沟道的为耗尽型。因此，MOS 总体上可以分为 4 类：N 沟道增强型场效应管（NEMOSFET）、N 沟道耗尽型场效应管（NDMOSFET）、P 沟道增强型场效应管（PEMOSFET）以及 P 沟道耗尽型场效应管（PDMOSFET）。这 4 类 MOS 的工作原理相同，只是在结构和特性上有所区别。本节将以 N 沟道增强型场效应管为主来介绍 MOS 的工作原理和性能特点。

3.2.1 N 沟道增强型场效应管器件结构

图 3.14 所示为 N 沟道增强型场效应管的物理结构。在 P 型衬底上创建两个重掺杂的 N 型区，分别称为源区和漏区，在两个区上分别覆上金属膜，引出电极，则分别称为源极（Source）和漏极

（Drain）。在源区与漏区间的P型半导体表面上覆盖薄薄一层氧化层——二氧化硅（SiO_2），并在氧化层上沉积一层金属，这样就形成了栅极（Gate）。另外，在P型衬底的另一面也覆上了金属膜，并引出电极，则为衬底极（Body）。因此，NEMOSFET在物理结构上共引出4个端子：栅极（G）、源极（S）、漏极（D）和衬底极（B）。NEMOSFET本质上是个四端口器件。

从NEMOSFET的物理结构上来看，源区和漏区没有区别，在实际NEMOSFET的使用中，两个极也是可以互换使用的。源区和漏区之间的区域就是形成沟道的区域，因为这里介绍的是增强型场效应管，所以在没有加电时，NEMOSFET的沟道还没有形成。源区和漏区之间的距离L也称为沟道长度，是用来表征半导体器件尺寸的重要参数，L的典型值为20nm～1μm。另外，沟道宽度记作W，W的典型值为30nm～100μm。CMOS制造工艺所能达到的L的最小值，更是代表了制造工艺的发展水平。

N沟道增强型场效应管的物理结构如图3.14所示，可以看出，金属-氧化物-半导体场效应管的名称直接来自栅极结构，这种场效应管还有另一个名称——绝缘栅型场效应管（IGFET），也来自栅极结构，表示栅极与衬底极由于氧化层而绝缘的结构。

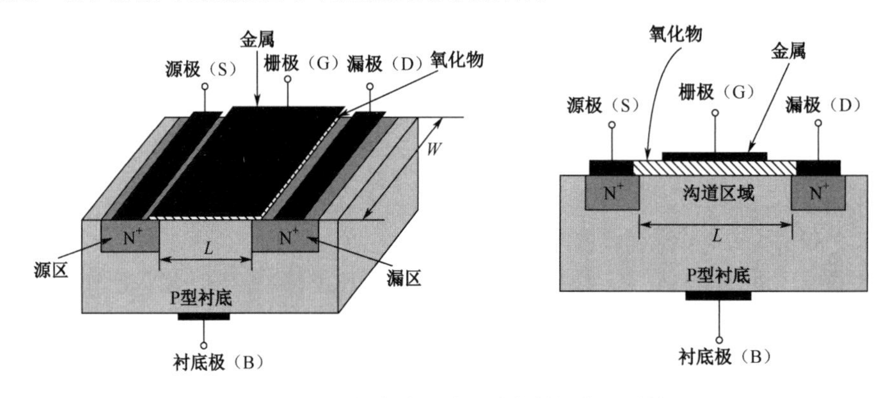

图3.14　N沟道增强型场效应管的物理结构

从NEMOSFET结构可以看出，漏区和源区将分别与衬底之间形成PN结。在正常工作时，需要保证这两个PN结反偏，因此使用时通常将源极与衬底极相连，并且使之连接到电路的最低电位（对于NEMOSFET器件来说），这种连接方式可保证两个PN结反偏，这也是NEMOSFET常见的处理方式。这样连接后，可认为衬底极对场效应管的工作没有影响，NEMOSFET作为三端器件来使用，即栅极、源极和漏极3个端口，但这样处理后源极和漏极就不能再互换使用。

NEMOSFET 工作原理
动画演示

3.2.2　N沟道增强型场效应管的工作原理

通常N沟道增强型场效应管在工作时，为了保证源区和漏区的两个PN结反偏，将源极与衬底极连接在一起，即$v_{SB}=0$，并接在整个电路的最低电位，此时将场效应管作为三端器件考虑。在一些特殊情况下，当源极与衬底极有电位差时，需要考虑由衬底引起的衬底效应，这在后面章节会单独说明。以下讨论若没有特别指出，都默认$v_{SB}=0$。

1．截止区与沟道的产生

当栅极上没有加偏置电压，即$v_{GS}=0$时，源区和漏区分别与衬底之间形成两个PN结，这两个PN结阻止了漏、源极之间电流的产生。$v_{GS}=0$时的N沟道增强型场效应管如图3.15所示。

下面讨论导电沟道的形成，如图3.16所示。假设$v_{DS}=0$，一个简单的实现方法就是将源极和漏极都接地；同时在栅极上加正电压v_{GS}，由于栅极和衬底之间的结构与平板电容器结构类似，因此在SiO_2绝缘层中产生自上而下、指向衬底的电场，这个电场将排斥衬底表面的空穴（多子），同时将两个N^+区中的自由电子（多子）和衬底中的自由电子（少子）吸向衬底表面，并与衬底表面的空穴（多子）相遇复合而消失。随着 v_{GS} 逐渐增大，栅极下面的衬底表面会积聚越来越多的自由电子，当自由电子数量达到一定时，栅极下面的衬底表面自由电子浓度会超过空穴浓度，从而形成了一个“新的 N 区”，它连接源区和漏区。如果此时在源极和漏极之间加上一个正电压 v_{DS}，那么自由电子就会沿着新的 N 区定向地从源区向漏区移动，从而形成电流，把该电流称为漏极电流，记为 i_D。鉴于这个 N 区是因为电场作用由 P 型半导体转换而来的，所以将它称为反型层。由于这个反型层的形成沟通了源区和漏区之间的电流通路，且这个反型层是由带负电荷的电子形成的，因此这个反型层也称为 N 沟道或电子型沟道。

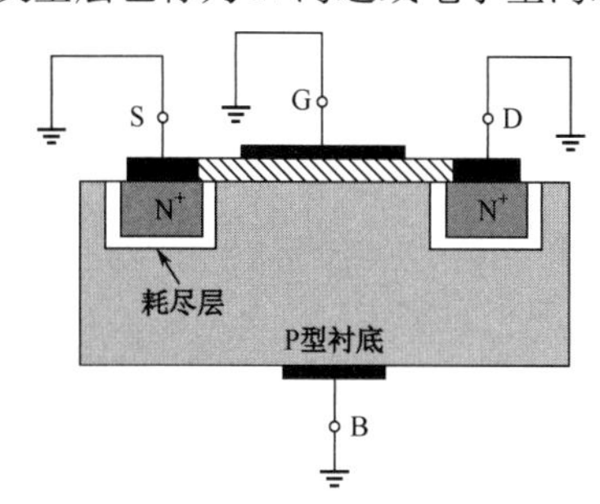

图 3.15　$v_{GS}=0$ 时的 N 沟道增强型场效应管

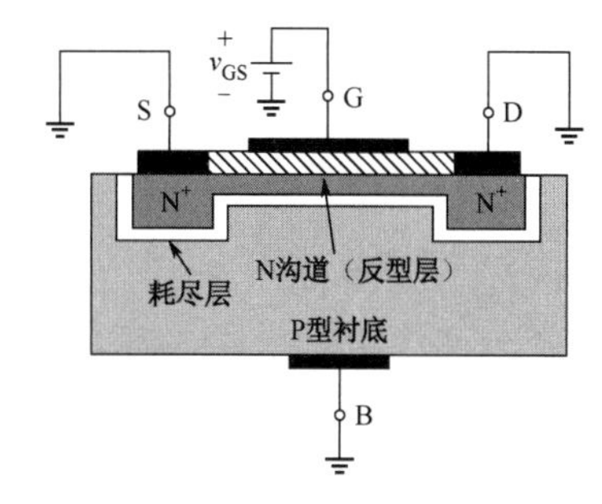

图 3.16　导电沟道形成：在栅极施加正电压的 N 沟道增强型场效应管

将能够在沟道区域积聚足够数量的自由电子，且刚刚开始形成导电沟道时所对应的 v_{GS} 电压值称为开启电压，记为 V_t。对于 N 沟道增强型场效应管，V_t 值取决于场效应管的工艺参数，SiO_2 绝缘层越薄，两个 N^+ 区的掺杂浓度越高，衬底掺杂浓度越低，V_t 就越小。V_t 的典型值为 0.5～1.0V。

显然，当 $v_{GS}<V_t$ 时，器件内没有沟道产生，我们称器件处于截止状态，相应的工作区称为截止区。$v_{GS}>V_t$ 后，如果继续增大 v_{GS}，聚集过来的自由电子会越来越多，空穴会越来越少，那么沟道的深度越来越大，但由于 $v_{DS}=0$，使得 v_{GS} 和 v_{GD} 相等，即从左至右整个沟道上电位处处相等，因此沟道内没有电流产生。

2. 变阻区的形成——施加一个小的正电压 v_{DS}

如图 3.17 所示，当 $v_{GS}\geqslant V_t$ 时，沟道形成后，在源极和漏极之间施加一个正电压 v_{DS}，会使得 N 沟道的自由电子产生定向移动，从而形成漏极电流 i_D。该电流由自由电子传导，电流方向在沟道内由漏区指向源区。考虑 v_{DS} 较小的情况（50mV 左右），漏极电流 i_D 的大小主要取决于沟道中的自由电子密度 Q_n，而自由电子密度 Q_n 的大小由 v_{GS} 决定：

$$Q_n = C_{ox}\left(v_{GS}-V_t\right) \tag{3.24}$$

式中，C_{ox} 为单位面积栅电容值：

$$C_{ox}=\frac{K_{ox}\varepsilon_0}{t_{ox}} \tag{3.25}$$

式中，K_{ox} 为栅和沟道之间绝缘层 SiO_2 的相对介电常数（近似为 3.9）；t_{ox} 为栅下薄氧化层厚度；ε_0 为真空介电常数。因此，$(v_{GS}-V_t)$ 越大，沟道中的自由电子浓度就越大，沟道的导电能力也就越强，在 v_{DS} 作用下的漏极电流也就相应越大。通常将 $(v_{GS}-V_t)$ 称为过驱动电压，或过栅电压，用 v_{OV} 表示。电流 i_D 与 v_{OV} 成正比，并且也与电压 v_{DS} 成正比。

图 3.18 所示为不同大小的 v_{GS} 条件下 i_D 与 v_{DS} 的关系曲线。从图 3.18 中可以看出，在 v_{DS} 较小的情况下，i_D 与 v_{DS} 呈线性关系，与 MOSFET 如同一个线性电阻，阻值为斜率的倒数。它的阻值受 v_{GS} 控制，当 $v_{GS}\leqslant V_t$ 时，沟道未形成，无法产生电流，因此电阻无穷大。当 $v_{GS}>V_t$ 时，电阻值开始随 v_{GS} 增大而减小。因此，在 v_{DS} 较小时，MOSFET 的工作区域称为变阻区。

值得注意的是，当 $v_{GS}<V_t$ 时，并不是完全没有电流流过，实际上，当 v_{GS} 的值小于 V_t 但接近

于 V_t 时，存在一个小的漏极电流，该区域称为亚阈区。在亚阈区，漏极电流与 v_{GS} 之间呈指数关系。

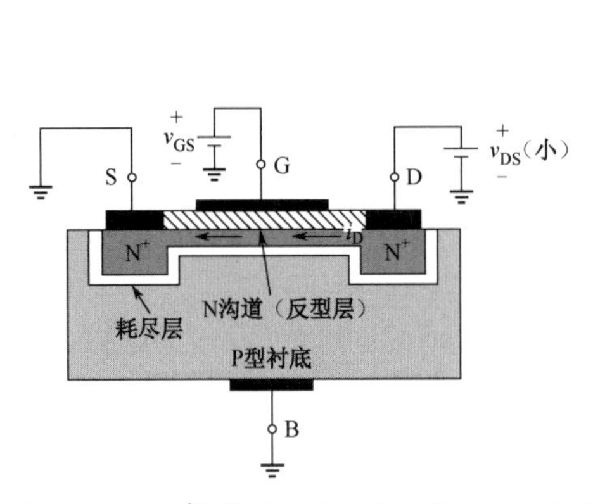

图 3.17　$v_{GS} \geqslant V_t$ 且具有一个小的 v_{DS} 电压的 N 沟道增强型场效应管

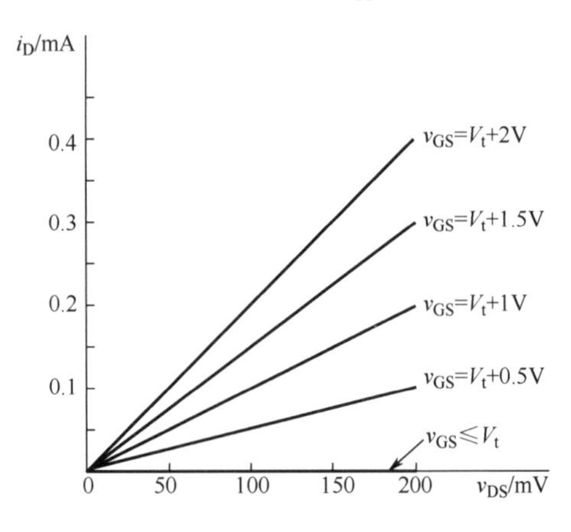

图 3.18　不同大小的 v_{GS} 下 i_D 与 v_{DS} 的关系曲线

3．饱和区的形成——v_{DS} 大于 $(v_{GS}-V_t)$

考虑 $v_{GS} \geqslant V_t$ 的情况，由于 v_{DS} 为正值，形成自漏极到源极方向的电场，因此栅极到沟道上的各点之间的电压将沿着沟道变化。近源极端的电压最大为 v_{GS}，相应的沟道最深；越向漏极靠近，电压越小，沟道越浅，直到漏极端，电压最小，因此漏极端相应的沟道最浅。漏极端控制电压为

$$v_{GD}=v_{GS}-v_{DS} \tag{3.26}$$

由此看出，在 v_{DS} 增大的作用下，导电沟道的深度是不均匀的，呈锥形变化，如图 3.19 所示。

当 v_{GS} 一定，而 v_{DS} 持续增大时，则相应的 v_{GD} 减小，近漏极端的沟道深度进一步减小，直至 $v_{GD}=V_t$，即 $v_{GS}-v_{DS}=V_t$。此时必有

$$v_{DS}=v_{GS}-V_t \tag{3.27}$$

此时，近漏极端的反型层消失，沟道夹断，这种夹断称为预夹断，如图 3.20 所示。

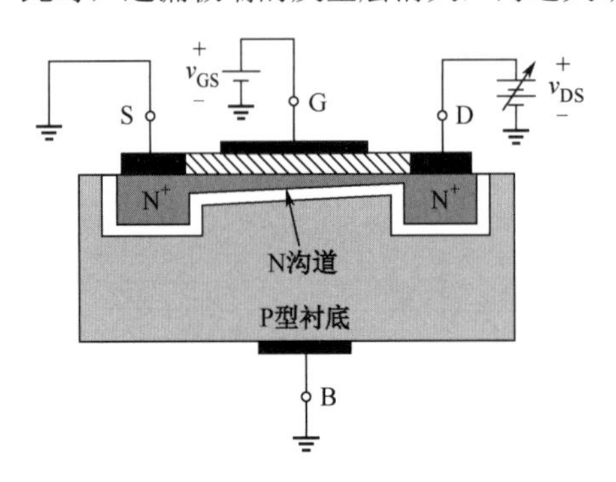

图 3.19　v_{DS} 增大，导电沟道变呈锥形变化

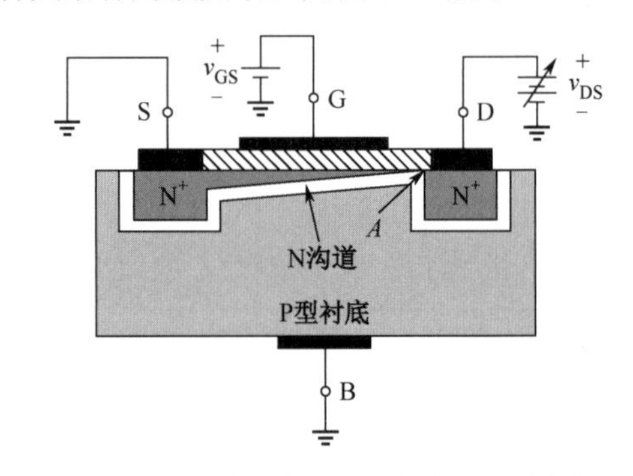

图 3.20　持续增大 v_{DS}，沟道出现预夹断

在夹断点 A 出现后继续增大 v_{DS}，由于栅极对夹断点 A 的反偏电压 v_{GA} 恒为 V_t，且夹断点到源极的电压 $v_{AS}=v_{AG}+v_{GS}$，也就是恒为 $v_{GS}-V_t$。因此，漏极多余的电压 $v_{DA}=v_{DS}-(v_{GS}-V_t)$ 便全部加在漏极 D 与夹断点 A 之间的夹断区上，相应产生自漏极指向夹断点的电场。这个电场将自源区到达夹断点的电子拉进漏区，形成漏极电流 i_D，因此一旦夹断点形成，电流 i_D 将几乎不再随 v_{DS} 的变化而变化，此时的电流 i_D 几乎只与 v_{GS} 的大小有关，故夹断点形成后的这一工作区域被称为饱和区，即饱和区的工作条件是 $v_{GS} \geqslant V_t$，且 $v_{DS} \geqslant (v_{GS}-V_t)$。

在某个固定 v_{GS}，且 $v_{GS} \geqslant V_t$ 的情况下，随着 v_{DS} 的增大，电流 i_D 的变化情况，如图 3.21 所示。从图 3.21 中可以看出，当 $v_{DS}<(v_{GS}-V_t)$ 时，场效应管处于变阻区，电流 i_D 随 v_{DS} 的变化近似呈线性变化；而当 $v_{DS}>(v_{GS}-V_t)$ 时，器件进入饱和区，特点是电流 i_D 几乎不再随 v_{DS} 的增大而变化，而

近似为一个恒定值。

4．沟道长度调制效应

前面提到，当场效应管进入饱和区后，电流 i_D 几乎不再随 v_{DS} 发生变化，实际上这个结论是基于夹断点形成后再增大 v_{DS}，夹断点的位置也不发生变化，也就是沟道长度不变的前提下。但实际情况是如果继续增大 v_{DS}，夹断点会略向源区移动，导致夹断点到源区之间的沟道长度略有减小，如图 3.22 所示。相应的沟道电阻也略有减小，从而有更多的自由电子自源极漂移到夹断点，使得 i_D 略有增大，如图 3.21 中虚线所示，这种现象称为沟道长度调制效应，也称为厄尔利效应。一般情况下，在饱和区由 v_{DS} 变化引起的 i_D 变化相比较于 v_{GS} 对 i_D 的控制影响力是第二位的，只有在沟道很短的器件中，这种效应才会显得比较明显。

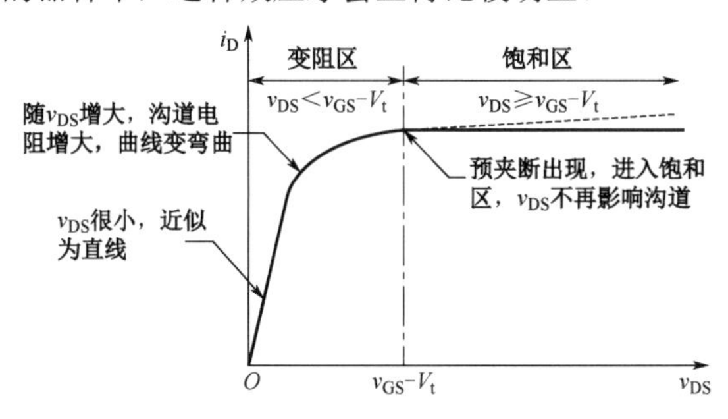

图 3.21　$v_{GS}\geq V_t$，且固定时，i_D 随 v_{DS} 的变化

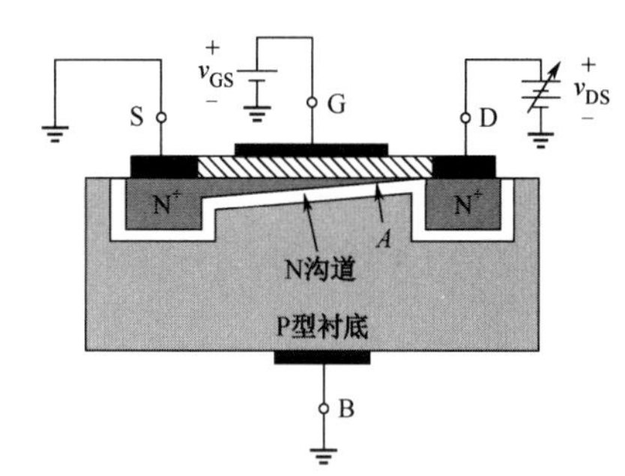

图 3.22　沟道长度调制效应

3.3　MOSFET 特性及建模分析

根据 MOSFET 的工作原理可知，MOSFET 根据外加偏置电压的不同，i_D-v_{DS} 伏安曲线上可分为截止区、变阻区和饱和区，在每个工作区域都具有不同的电特性。本节将分别介绍 MOSFET 在不同工作区的工作特性，并介绍 MOSFET 在不同工作区的大信号电路模型，利用电路模型，进而深入理解 MOSFET 在每个工作区中的工作特性。

3.3.1　N 沟道增强型场效应管特性

1．电路符号

图 3.23 所示为 N 沟道增强型场效应管的电路符号。其中图 3.23（a）所示为国内教材常用电路符号，器件上的箭头代表了 NEMOSFET 中电子自衬底向栅极运动的方向，形成 N 沟道，虚线代表了增强型，表示在未加电之前沟道没有形成，在后面章节可以看到，此系列耗尽型电路符号这里为一条实线。图 3.23（b）所示为国外教材及器件手册上常用电路符号，器件上的箭头代表沟道中的电流方向由漏极流向源极，在这个符号中，不用虚线实线表示沟道，而是用实线的粗细表示沟道，这里同样代表增强型，即未加电前沟道未形成。后面会讲到耗尽型场效应管，可以明显看到漏极和源极间有较粗线段连接。图 3.23（a）和（b）右边的电路符号表示此时源极与衬底极已短接。

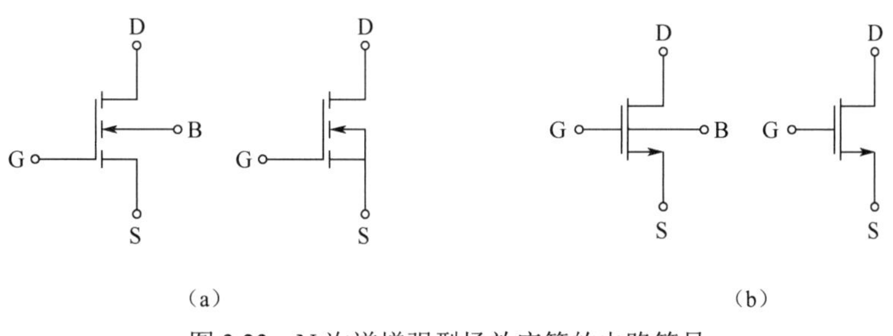

图 3.23　N 沟道增强型场效应管的电路符号

2. 伏安特性

在 NEMOSFET 中，输入栅极电流是平板电容器的充放电电流，静态时其值近似为零，所以通常不研究场效应管的输入特性，而是讨论输出特性和转移特性。其数学表达式为

$$i_{\mathrm{D}}=f_1(v_{\mathrm{DS}})\big|_{v_{\mathrm{GS}}=常数} \tag{3.28}$$

$$i_{\mathrm{D}}=f_2(v_{\mathrm{GS}})\big|_{v_{\mathrm{DS}}=常数} \tag{3.29}$$

根据上面的讨论，图 3.24（a）所示为共源连接的 N 沟道增强型场效应管（关于共源的连接方式，将会在后续章节介绍），偏置电压为 v_{GS} 和 v_{DS}，电流方向如图所示。通过选取不同的偏置电压 v_{GS} 和 v_{DS}，分别测试漏极电流 i_{D}，可得到图 3.24（b）所示 N 沟道增强型场效应管的输出特性曲线。根据场效应管的工作原理及图 3.24（b），可以将 N 沟道增强型场效应管的输出特性曲线分为 3 个不同的工作区域：截止区、变阻区和饱和区。如果拟用 NEMOSFET 作为放大器，就需使 NEMOSFET 工作在饱和区；如果 NEMOSFET 作为开关使用，就需要使 NEMOSFET 工作在截止区和变阻区，在特性曲线中对应的这 3 个工作区与前面工作原理中的 3 个工作区是一致的。下面分区域介绍 N 沟道增强型场效应管的工作特性。

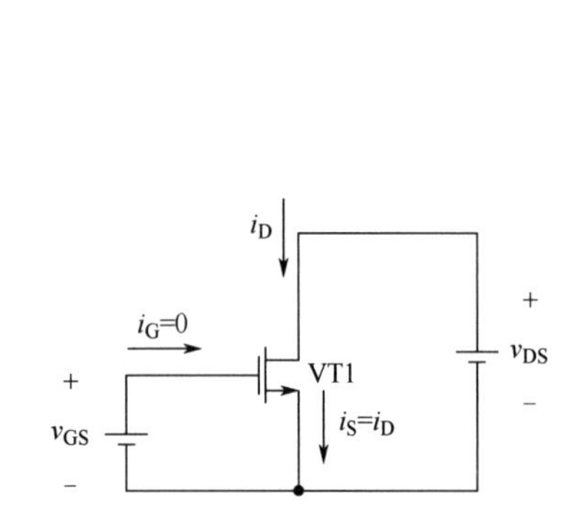

（a）加上 v_{GS} 与 v_{DS} 后的场效应管电路图

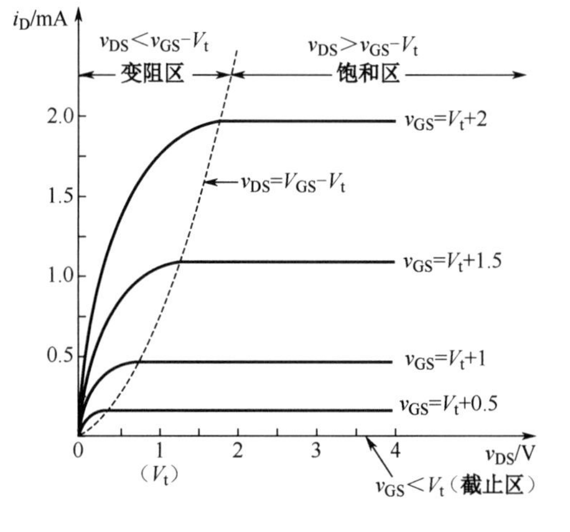

（b）N 沟道增强型场效应管的输出特性曲线

图 3.24 N 沟道增强型场效应管的电路图及其输出特性曲线

（1）截止区

根据 NEMOSFET 的工作原理，当场效应管沟道未产生时，漏极电流 i_{D} 为零，认为场效应管截止。如图 3.24（b）所示，漏极电流为零及以下区域称为截止区。截止区的条件为 $v_{\mathrm{GS}}<V_{\mathrm{t}}$。

（2）变阻区

工作在变阻区的场效应管类似于一个可变的电阻器，通过调节偏置电压可以调节电阻器的阻值。根据 NEMOSFET 的工作原理，变阻区是在沟道形成后，即 $v_{\mathrm{GS}}\geqslant V_{\mathrm{t}}$ 条件下，保持足够小的 v_{DS}，使沟道保持连续的区域，此时在漏端未产生夹断点，即 $v_{\mathrm{DS}}<(v_{\mathrm{GS}}-V_{\mathrm{t}})$，也就是说，当 v_{GS} 大于 V_{t}，并且漏源电压低于过驱动电压 V_{OV} 时，N 沟道增强型场效应管工作在变阻区。从图 3.24（b）中虚线左边区域可以看到，在靠近原点区域，曲线近似于一段直线，随 v_{GS} 的变化，场效应管的等效电阻发生变化，图中显示直线的斜率发生变化，对于一个给定的 v_{GS}，电流 i_{D} 与 v_{DS} 的关系呈近似的线性变化。理论和实验证明，在变阻区中，场效应管电流和电压之间的关系式为

$$i_{\mathrm{D}}=k_{\mathrm{n}}'\frac{W}{L}\left[\left(v_{\mathrm{GS}}-V_{\mathrm{t}}\right)v_{\mathrm{DS}}-\frac{1}{2}v_{\mathrm{DS}}^2\right] \tag{3.30}$$

式中，L 为沟道长度；W 为沟道宽度；$k_n'=\mu_{\mathrm{n}}C_{\mathrm{ox}}$，由 N 沟道增强型场效应管的制造工艺决定，量纲为 $\mathrm{A/V^2}$，其中 μ_{n} 为自由电子迁移率。

在变阻区，v_{DS}很小，v_{DS}的二次方项可忽略，式(3.30)简化为

$$i_D \approx k_n' \frac{W}{L}(v_{GS}-V_t)v_{DS} \tag{3.31}$$

式(3.31)表明，在变阻区，当v_{GS}一定时，i_D和v_{DS}之间呈线性关系，即 NEMOSFET 呈线性电阻特性，改变v_{GS}则可改变这一线性电阻的阻值。

（3）饱和区

当 NEMOSFET 工作在饱和区时，意味着 NEMOSFET 的沟道在漏端产生了预夹断，此时漏极电流主要受到v_{GS}的影响，而与v_{DS}基本无关。这一区域是 NEMOSFET 作为放大器时的工作区域。在这一区域中，场效应管的输出电流受到输入电压控制，而与输出电压无关，这是场效应管非常重要的一个特性。根据 NEMOSFET 的工作原理，场效应管工作在饱和区的条件，首先是要产生沟道，即$v_{GS} \geqslant V_t$；其次是在漏端产生预夹断，即$v_{DS} \geqslant (v_{GS}-V_t)$。当$v_{GS}$大于$V_t$，并且漏源电压高于$V_{OV}$时，N 沟道增强型场效应管工作在饱和区。如图 3.24（b）中虚线右边区域所示，在饱和区，NEMOSFET 所呈现的特性是一组平行线，可以看到，这组平行线的参变量是v_{GS}，v_{GS}越大，对应的漏极电流i_D越大，但改变v_{DS}并不会影响i_D。这意味着在饱和区，漏极电流i_D并不受到漏源电压的影响，而是受栅源电压控制的，这一特性表示了场效应管工作在饱和区的特性类似于压控电流源的特性。

图 3.24（b）中虚线为变阻区和饱和区的分界线，方程为

$$v_{DS} = v_{GS} - V_t \tag{3.32}$$

理想场效应管饱和区的电流-电压方程为

$$i_D = \frac{1}{2}k_n' \frac{W}{L}(v_{GS}-V_t)^2 \tag{3.33}$$

从式(3.33)中可以看出，在饱和区时，漏极电流与漏源电压v_{DS}无关，而由栅源电压v_{GS}决定，漏极电流与栅源电压呈平方律关系。图 3.25 所示为 NEMOSFET 工作在饱和区时的输出电流i_D与输入电压v_{GS}之间的关系，因此也称为 NEEMOSFET 的转移特性曲线。

根据场效应管在饱和区的特性，可用图 3.26 所示的等效电路来表示，用一个理想受控电流源来表示工作在饱和区的场效应管，理想受控电流源的输出电流为场效应管的漏极电流i_D，此电流受到输入电压v_{GS}的控制。因为 NEEMOSFET 的结构特性，输入电流i_G为零，该电路也称为场效应管饱和区大信号等效电路模型。

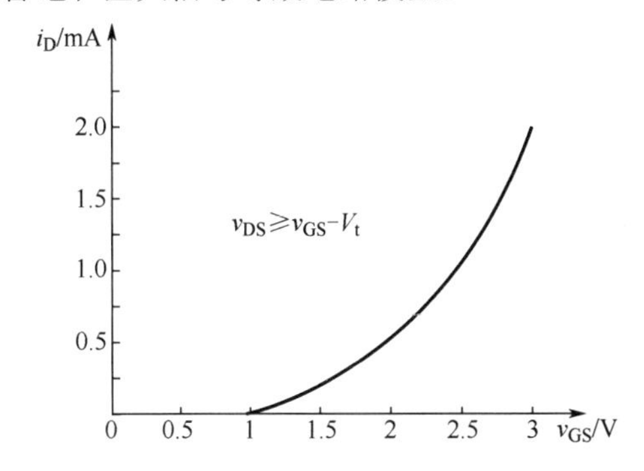

图 3.25　NEEMOSFET 的转移特性曲线

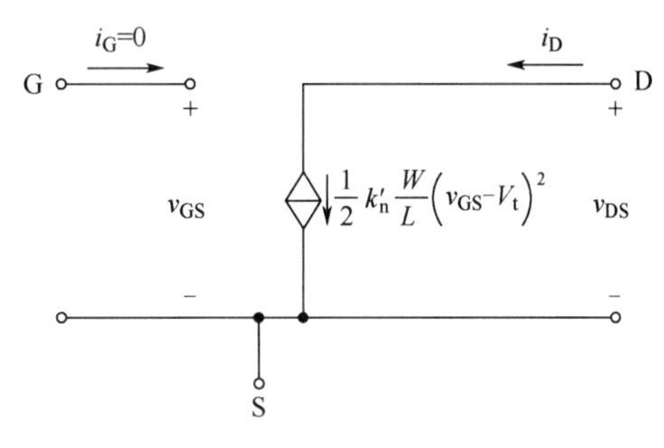

图 3.26　场效应管饱和区大信号等效电路模型

对于实际的场效应管，考虑到沟道长度调制效应时饱和区中v_{DS}对i_D的影响（图 3.27），修正式(3.33)，引入厄尔利电压V_A，则有

$$i_D = \frac{1}{2}k_n' \frac{W}{L}(v_{GS}-V_t)^2\left(1+\frac{v_{DS}}{V_A}\right) = \frac{1}{2}k_n' \frac{W}{L}(v_{GS}-V_t)^2(1+\lambda v_{DS}) \tag{3.34}$$

在式(3.34)中，厄尔利电压V_A并不是一个实际存在的电压值，而是一个工艺参数，用来表征场效应管饱和区中曲线的上翘程度，也就是沟道长度调制效应的大小，量纲为 V；$\lambda = 1/V_A$称为沟道

长度调制系数，其值与沟道长度 L 有关。L 越小，相应的 λ 就越大，即沟道长度调制效应越明显，表现为输出特性曲线上翘得更厉害。

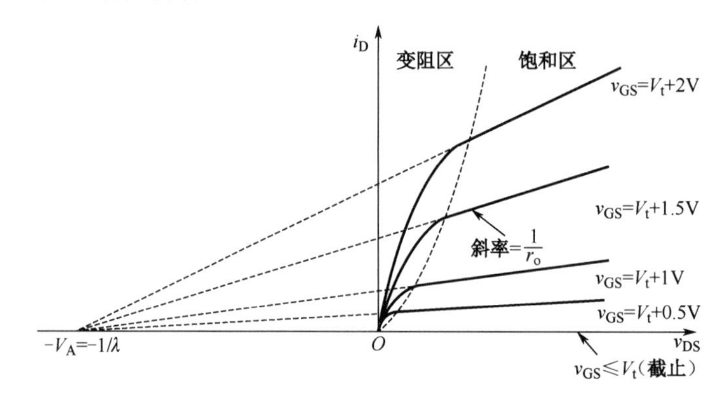

图 3.27　考虑沟道长度调制效应时饱和区中 v_{DS} 对 i_D 的影响

由于沟道长度调制效应的存在，场效应管在饱和区的输出特性已不再是理想的受控电流源特性，而是一个有一定输出电阻的受控电流源，因此场效应管饱和区的大信号模型也要做相应的修正（图 3.28），理想受控电流源并联了一个电阻 r_o，称为器件的输出电阻。输出电阻用来表征场效应管输出电流 i_D 受输出电压 v_{DS} 的影响情况。

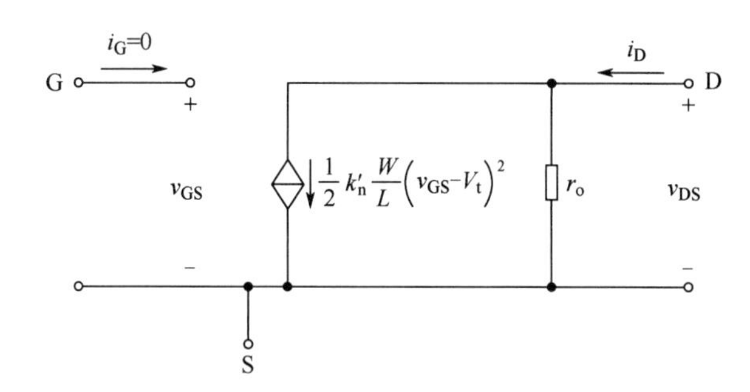

图 3.28　考虑沟道长度调制效应的场效应管饱和区的大信号等效电路模型

根据式(3.34)，当考虑沟道长度调制效应时，漏极电流 i_D 与漏极电压 v_{DS} 相关。因此，对于给定的 v_{GS}，Δv_{DS} 将使漏极电流产生一个相应的变化（Δi_D）。定义输出电阻 r_o 为

$$r_o=\left[\frac{\partial i_D}{\partial v_{DS}}\right]^{-1}_{v_{GS}\text{为常数}} \tag{3.35}$$

由式(3.34)可得

$$r_o=\left[\lambda\frac{1}{2}k'_n\frac{W}{L}(v_{GS}-V_t)^2\right]^{-1}$$

或

$$r_o=\frac{V_A}{I_D}=\frac{1}{\lambda I_D} \tag{3.36}$$

式中，I_D 为不考虑沟道长度调制效应时的漏极电流，即 $I_D=\frac{1}{2}k'_n\frac{W}{L}(V_{GS}-V_t)^2$。

3.3.2　其他类型 MOSFET 特性

N 沟道增强型场效应管（NEMOSFET）、N 沟道耗尽型场效应管（NDMOSFET）、P 沟道增强型场效应管（PEMOSFET）以及 P 沟道耗尽型场效应管（PDMOSFET）这 4 类 MOS 管的工作原理相同，只是由于结构的不同，在特性上有所区别。

1. P 沟道增强型场效应管

P 沟道增强型场效应管的结构、符号及特性曲线如图 3.29 所示。与 N 沟道增强型场效应管相反，P 沟道增强型场效应管是在 N 型衬底上创建两个重掺杂的 P 区，分别称为源区和漏区。同样，为了保证两个 PN 结反偏，P 沟道增强型场效应管所有外加电压极性、电流方向与 N 沟道增强型场效应管皆相反，因此在电路符号中所有的箭头与 N 沟道增强型场效应管相反。输出特性曲线和转移特性曲线均与 N 沟道增强型场效应管呈以原点对称，开启电压 V_t 为负，形成沟道的条件为 $v_{GS} \leqslant V_t$。

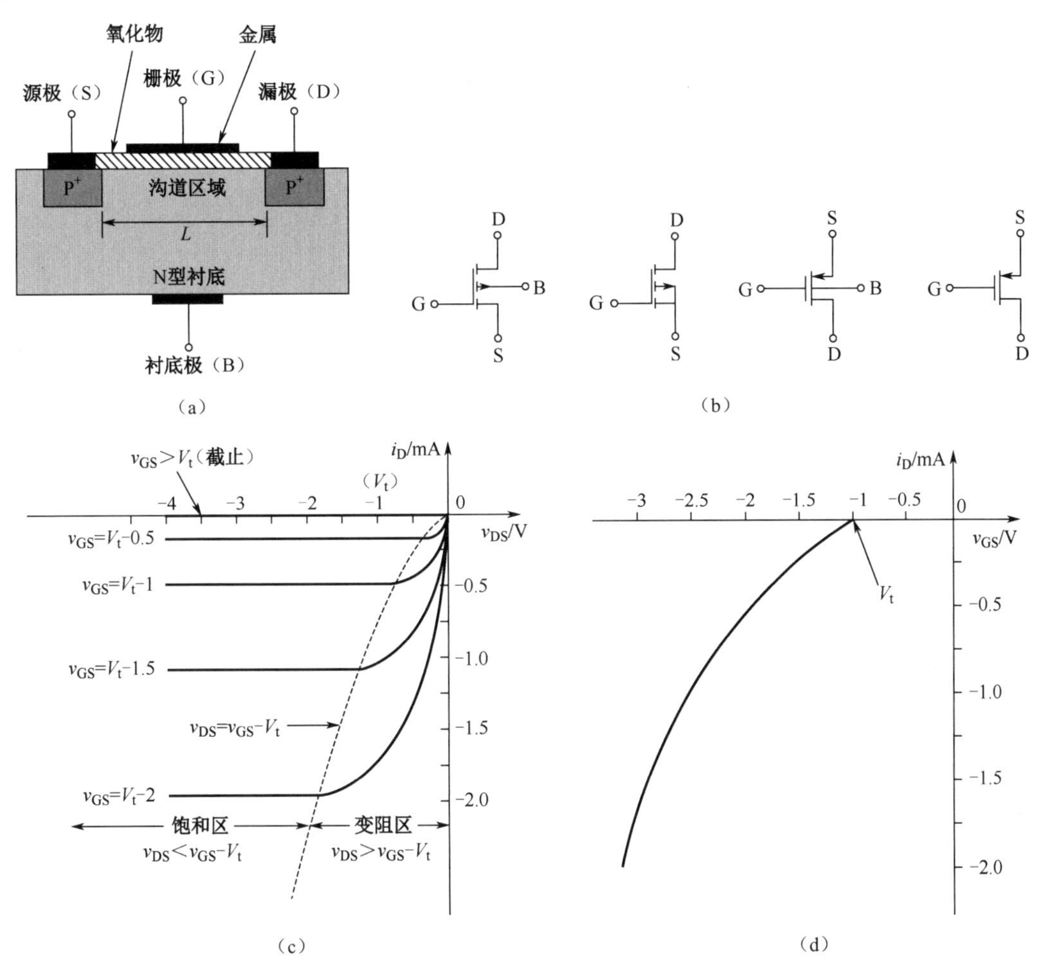

图 3.29 P 沟道增强型场效应管的结构、符号及特性曲线

2. 耗尽型场效应管

耗尽型场效应管与增强型场效应管的主要区别在于沟道是否提前做好，增强型场效应管需要外加电压形成沟道，而耗尽型场效应管的沟道在加工器件时已提前加工好，可以通过外加电压关闭沟道或加深沟道。耗尽型场效应管也分为 N 沟道和 P 沟道两类，N 沟道耗尽型场效应管的结构、符号及特性曲线如图 3.30 所示。P 沟道耗尽型场效应管的结构、符号及特性曲线如图 3.31 所示。比较图 3.30 和图 3.31 中可以看到，耗尽型场效应管由于沟道在场效应管加工时已提前加工好，因此在漏极和源极之间为实线或粗线。

对于耗尽型场效应管，v_{GS} 依然可以通过控制沟道的深度，从而控制 i_D 的大小。在 N 沟道耗尽型场效应管中，当 v_{GS} 减小为一定的负值时，导电沟道消失，称为沟道夹断，此时负的 v_{GS} 称为夹断电压，也用 V_t 表示。因此，对于耗尽型场效应管来说，可以通过加正的 v_{GS} 电压使得沟道深度进一步增加，也可加负的v_{GS}使得沟道深度减小，直到截止。

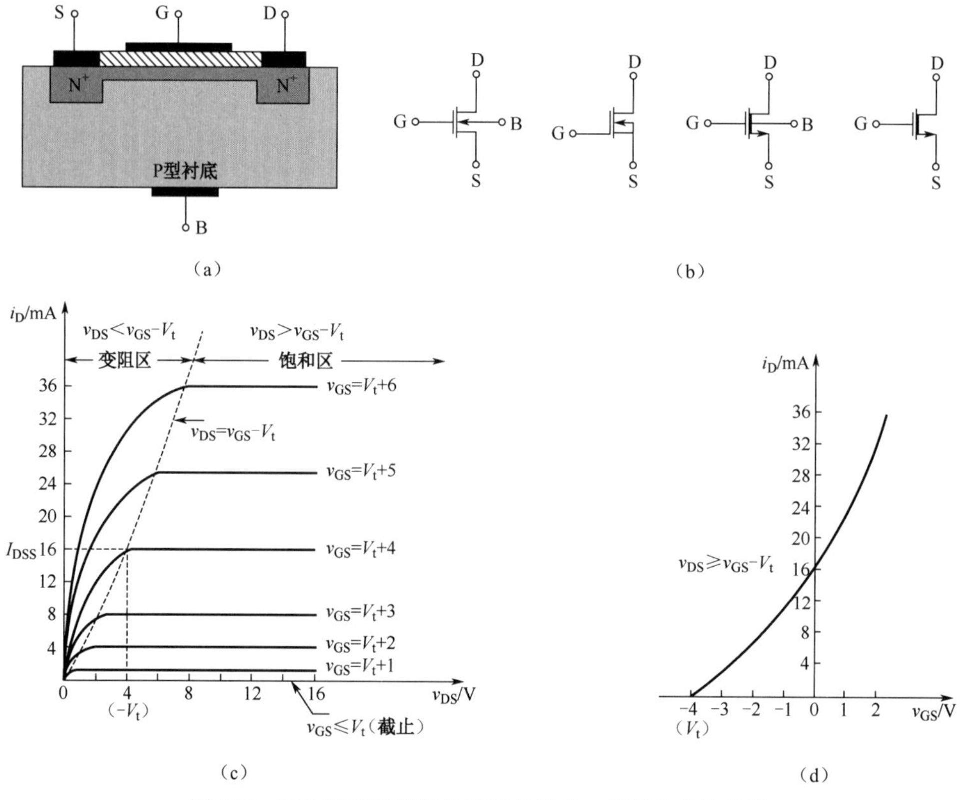

图3.30　N沟道耗尽型场效应管的结构、符号及特性曲线

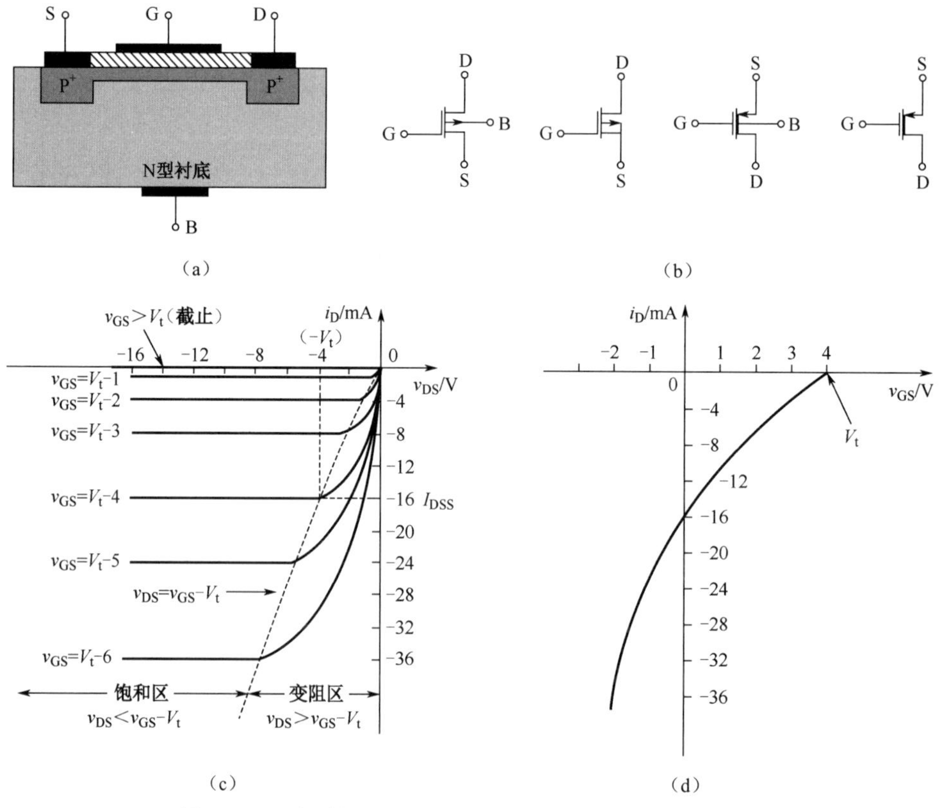

图3.31　P沟道耗尽型场效应管的结构、符号及特性曲线

对于 P 沟道耗尽型场效应管，同样存在夹断电压，只是电压、电流方向与 N 沟道耗尽型场效应管相反，这里不再赘述。表 3.1 所示为不同类型 MOSFET 电流和电压的关系。

表 3.1　不同类型 MOSFET 电流和电压的关系

NMOS		PMOS	
变阻区	$i_D = k'_n \frac{W}{L}\left[(v_{GS}-V_t)v_{DS}-\frac{1}{2}v_{DS}^2\right]$	变阻区	$i_D = k'_p \frac{W}{L}\left[(v_{SG}+V_t)v_{SD}-\frac{1}{2}v_{DS}^2\right]$
饱和区	$i_D = \frac{1}{2}k'_n \frac{W}{L}(v_{GS}-V_t)^2$	饱和区	$i_D = \frac{1}{2}k'_p \frac{W}{L}(v_{SG}+V_t)^2$
分界线	$v_{DS} = v_{GS}-V_t$	分界线	$v_{SD} = v_{SG}+V_t$
增强型	$V_t > 0$	增强型	$V_t < 0$
耗尽型	$V_t < 0$	耗尽型	$V_t > 0$

3．互补 MOS 场效应管或 CMOS

CMOS 集成电路截面图如图 3.32 所示，通过在同一个衬底上建立一个 N 沟道和一个 P 沟道，构造出十分有效的器件结构，这样的配置方式称为互补 MOS 场效应管（或 CMOS）。CMOS 因为具有相对较高的输入阻抗、极快的切换速度和低功耗等特性，所以成为目前 IC 技术中最广泛使用的工艺技术，既适用于数字电路，又适用于模拟电路。

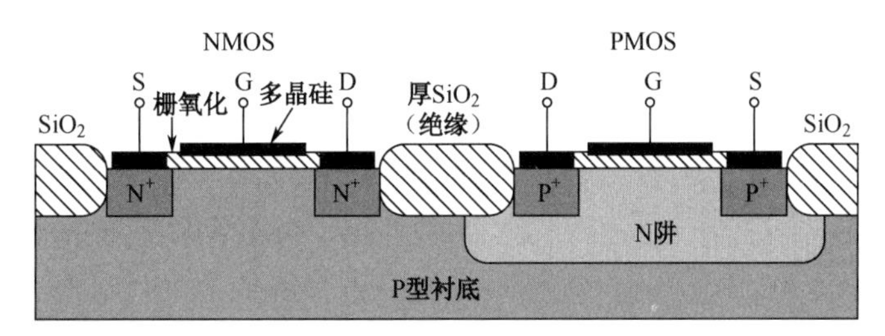

图 3.32　CMOS 集成电路截面图

3.3.3　衬底效应

在许多应用中，源极(S)和衬底极(B)相连接，使得衬底和沟道之间的 PN 结是固定的零偏置（截止）。在这种情况下，衬底并不对电路的工作产生影响，它的存在可以忽略。但是在集成电路中，衬底经常被许多 MOS 晶体管公用，为了保证所有衬底到沟道的 PN 结截止，在 NMOS 电路中，衬底通常连接到电路的最低电位上，而在 PMOS 电路中，衬底连接到最高电位上，这样在源极和衬底极之间就有反向偏置电压，该电压会对器件的工作产生影响。

对于 N 沟道场效应管来说，在负值衬底电压 v_{BS} 的作用下，P 型硅衬底中的空间电荷区将向衬底底部扩展，空间电荷区中的负离子数增多。但由于 v_{GS} 不变，即栅极上的正电荷量不变，因此反型层中的自由电子数量必然减小，从而引起沟道电阻增大，i_D 减小。因此，v_{BS} 与 v_{GS} 一样，也具有对 i_D 的控制作用，通常又称衬底极为背栅极，不过它的控制作用远小于 v_{GS}。衬底效应通常又称为背栅效应。

3.3.4　场效应管门电路的实现

场效应管的用途非常广泛，可用于开关电路、实现数字逻辑电路、用作小信号放大器等。

图 3.33 所示为场效应管的输出特性及对应大信号传输特性。由图 3.33 可知，当场效应管工作在变阻区和截止区，即图中的 A 点和 C 点时，可用于实现数字逻辑电路，场效应管工作在 Q 点时，可实现放大电路。

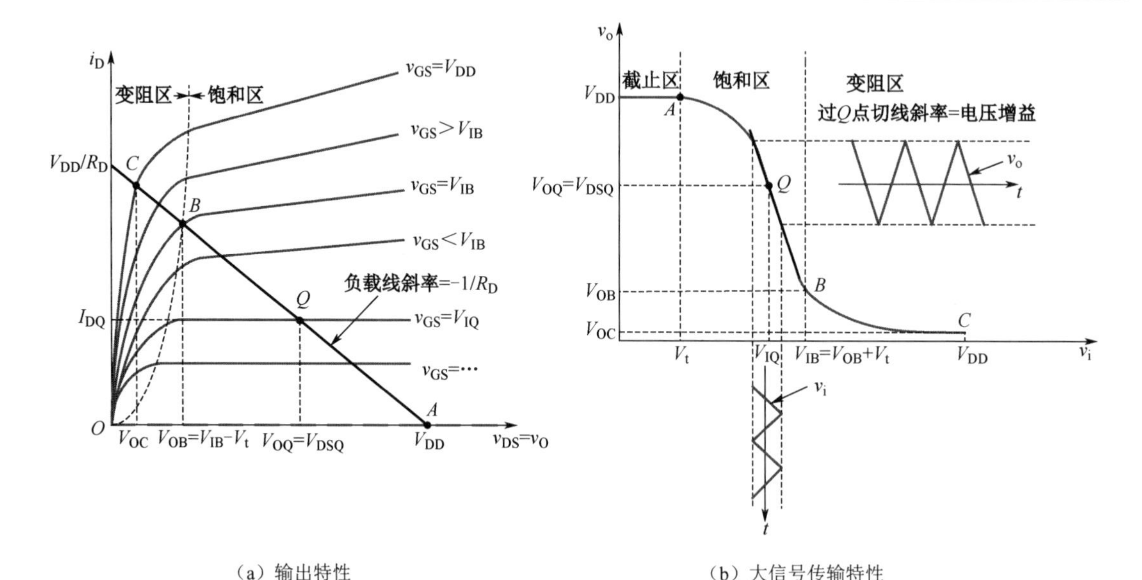

（a）输出特性　　　　（b）大信号传输特性

图 3.33　场效应管的输出特性及对应大信号传输特性

开关电路及数字逻辑电路是数字电路的基础，在这里简单介绍一下 NMOS 的数字逻辑门电路。

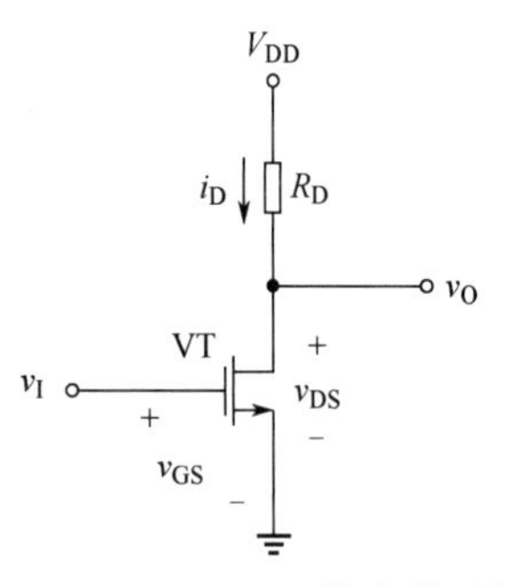

图 3.34　NEMOSFET 构成的反相器

1. NMOS 反相器

图 3.34 所示为 NEMOSFET 构成的反相器。当 $v_I<V_t$ 时，场效应管工作在截止区，$i_D=0$，R_D 上压降为零，输出电压 $v_O=V_{DD}$。同时，由于漏极电流为零，场效应管不消耗功率。

由图 3.33（b）可知，当 $v_I>V_t$ 时，晶体管导通，在导通初始，因为 $v_{DS}>(v_{GS}-V_t)$，晶体管偏置在饱和区；但随着输入电压的增大，v_{DS} 逐渐减小，晶体管最终进入变阻区。当 $v_I=V_{DD}$ 时，晶体管处于变阻区，v_O 达到最小值，接近于零，漏极电流达到最大值。

2. NMOS 或非门

NMOS 或非门如图 3.35 所示，将两个场效应管并联可以得到或非门。如果两个输入均为零，两个场效应管 VT_1 和 VT_2 均处于截止状态，$v_O=V_{DD}=5V$。当 $v_A=5V$、$v_B=0V$，场效应管 VT_1 导通，进入变阻区，而 VT_2 依旧截止，v_O 达到最小值，接近于零。反过来，当 $v_A=0$、$v_B=5V$ 时，场效应管 VT_1 截止，而 VT_2 导通，进入变阻区，v_O 依然达到最小值，接近于零。当 $v_A=5V$，$v_B=5$ 时，场效应管 VT_1 和 VT_2 均导通，进入变阻区，v_O 依然达到最小值，接近于零。或非门真值表如表 3.2 所示。

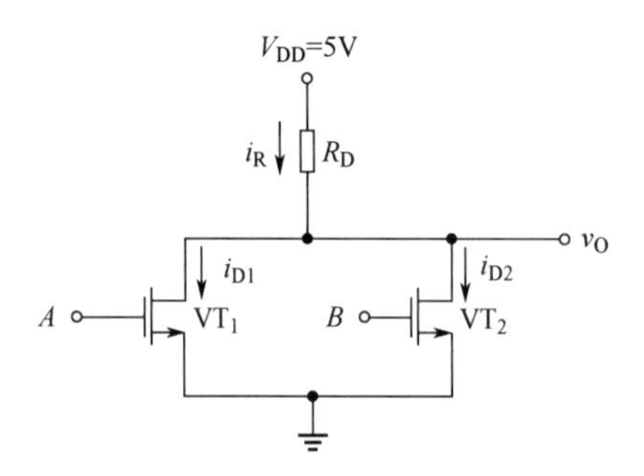

图 3.35　NMOS 或非门

表 3.2　或非门真值表

v_A/V	v_B/V	v_O/V
0	0	高
5	0	低
0	5	低
5	5	低

3. NMOS 与非门

NMOS 与非门如图 3.36 所示，将两个场效应管串联可以得到与非门。如果两个输入均为零，两个场效应管 VT_1 和 VT_2 均处于截止状态，$v_O = V_{DD} = 5V$。当 $v_A = 5V$、$v_B = 0$ 时，场效应管 VT_2 依旧截止，$v_O = V_{DD} = 5V$。反过来，当 $v_A = 0$、$v_B = 5V$ 时，场效应管 VT_1 截止，$v_O = V_{DD} = 5V$。只有当 $v_A = 5V$、$v_B = 5V$ 时，场效应管 VT_1 和 VT_2 均导通，进入变阻区，v_O 达到最小值，接近于零。与非门真值表如表 3.3 所示。

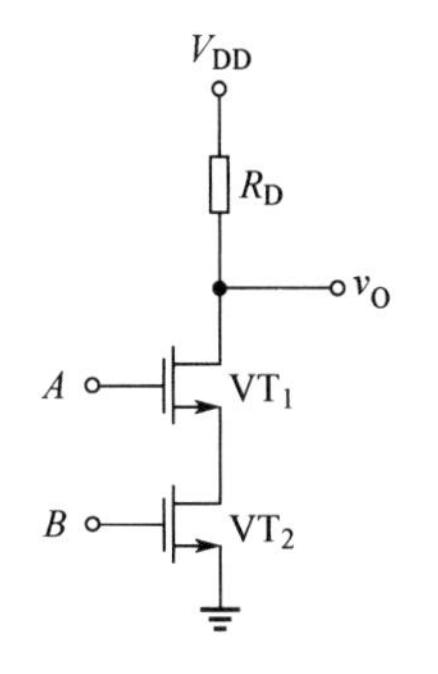

图 3.36　NMOS 与非门

表 3.3　与非门真值表

v_A /V	v_B /V	v_O /V
0	0	高
5	0	高
0	5	高
5	5	低

值得注意的是，由于在集成电路中大电阻比较难以制造，又会占用较大的芯片面积，也会限制电路的电流和功率损耗，因此可以将 MOS 场效应管用作负载器件代替电阻，具体内容将会在第 5 章介绍，这里给出用场应管代替大电阻的几种门电路，有源负载门电路如图 3.37 所示。

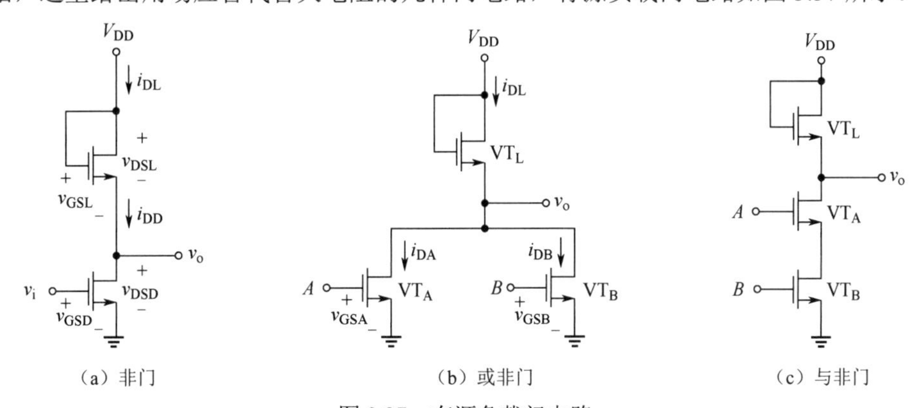

图 3.37　有源负载门电路

3.3.5　CMOS 数字逻辑电路

在 20 世纪 70 年代早期，大规模和超大规模集成电路（如早期的微处理器）中使用的都是 NMOS 晶体管，但随着半导体工艺的发展，日前 CMOS 工艺已在模拟和数字集成电路中完全取代了 NMOS 工艺。下面简单介绍 CMOS 数字逻辑电路的实现。

对于任何数字集成电路技术，基本的电路单元就是逻辑反相器。图 3.38 所示为 CMOS 反相器及电路符号。它使用两个物理参数匹配的增强型场效应管：一个 N 沟道晶体管 VT_2 和一个 P 沟道晶体管 VT_1。每个器件的源极和衬底极连在一起，因此不存在衬底效应。门限电压 V_{tn} 和 V_{tp} 在幅度上是一致的，即 $|V_{tn}| = |V_{tp}|$。当 $v_i = 0$ 时，VT_2 工作在截止区，此时 $v_o = V_{DD}$。当 $v_i = V_{DD}$ 时，而 VT_1 工作在截止区，此时 $v_o = 0$。图 3.39 所示为 CMOS 反相器的等效电路及传输特性曲线。

图 3.40 所示为二输入或非门的 CMOS 逻辑门：$Y = \overline{A+B} = \overline{A}\,\overline{B}$。从图 3.40 中可以看到，只有当 A 和 B 同时为低电平时，VT_2 和 VT_4 均截止；而 VT_1 和 VT_3 在变阻区，输出为高电平；其余输入情况，输出均为低电平。

图 3.41 所示为二输入与非门的 CMOS 逻辑门：$Y = \overline{AB} = \overline{A} + \overline{B}$。从图 3.41 看到，只有当 A 和

B 同时为高电平时，VT_1 和 VT_3 均截止，输出为低电平；其余输入情况，输出均为高电平。

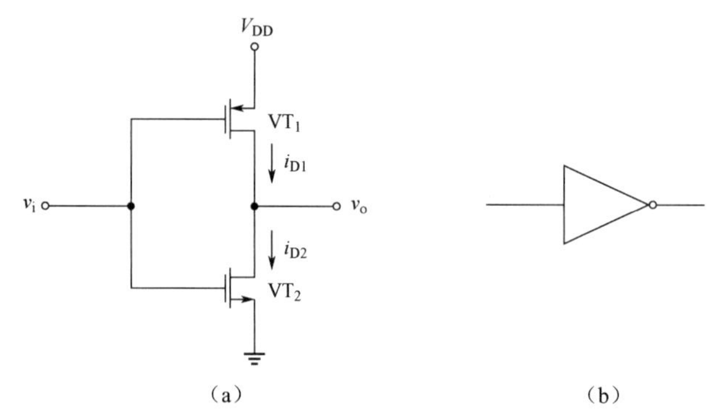

图 3.38　CMOS 反相器及电路符号

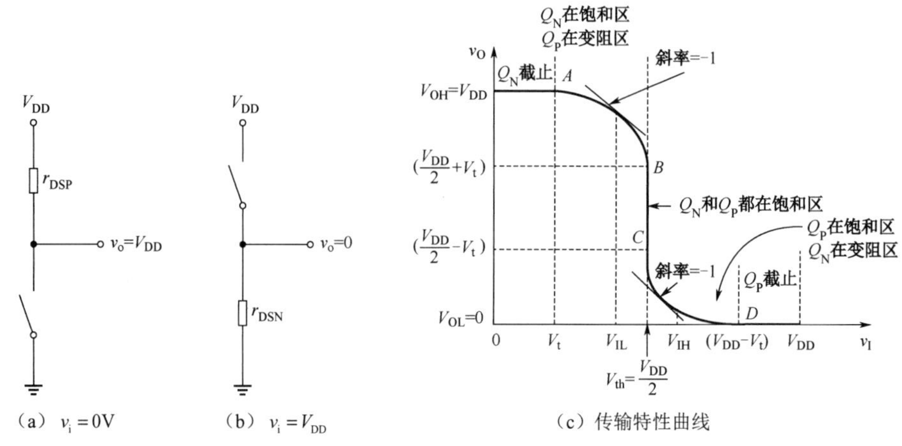

图 3.39　CMOS 反相器的等效电路及传输特性曲线

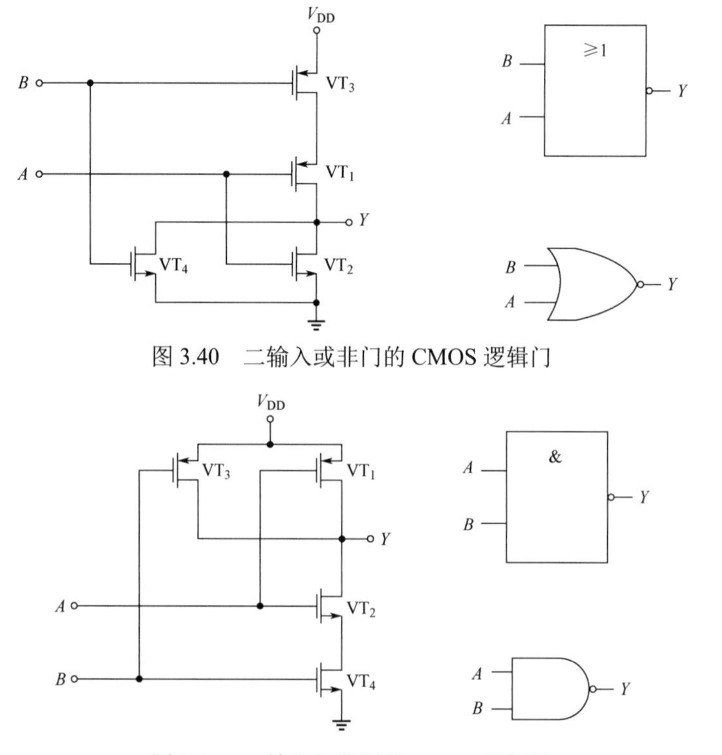

图 3.40　二输入或非门的 CMOS 逻辑门

图 3.41　二输入与非门的 CMOS 逻辑门

3.3.6　场效应管的分析方法基础

1．直流分析与交流分析

通常实际的放大电路既有直流电源提供电路直流电，也有交流的输入信号，携带需要放大的信息。图 3.42 所示为一种常用的实际放大电路。电路采用电容耦合方式，输入信号 v_{sig} 通过隔直流电容 C_{C1} 耦合到场效应管的栅极，输出信号通过隔直流电容 C_{C2} 从漏极耦合到负载电阻 R_L，如果是多级放大器级联，R_L 也可为后级电路的输入电阻。电容 C_{C1}、C_{C2} 的取值与放大器中交流信号的频率有关，可合理取值使得这些电容在信号工作频率上呈现短路特性。直流电压源 V_{DD} 通过偏置电阻 R_{G1}、R_{G2} 和 R_D 分别加在场效应管的栅极和漏极，由于电容 C_{C1}、C_{C2} 的存在，使得直流电流并不会流向交流信号源和负载电阻。

在分析类似图 3.42 所示的实际放大电路时，要先进行直流分析，得到需要的直流工作点电压和电流，进而得到与直流工作点相关的场效应管小信号等效参数，进行交流小信号分析，最后分析得到放大器的交流性能。直流分析在放大器的直流通路上完成，而交流分析在放大器的交流通路上完成。放大器的直流通路和交流通路分别是指放大器的直流电流和交流电流流通的途径。通常在画电路的直流通路和交流通路时，对电路中器件的处理遵循以下原则。

①直流通路：所有电容开路，电感短路，独立的交流电压源短路，独立的交流电流源开路，但保留交流信号源内阻。

②交流通路：隔直流电容和旁路电容短路，扼流圈等大电感开路，独立的直流电压源短路，独立的直流电流源开路，但保留直流信号源内阻。

根据以上原则，可得到图 3.42 所示实际放大电路的直流通路和交流通路，如图 3.43 所示。

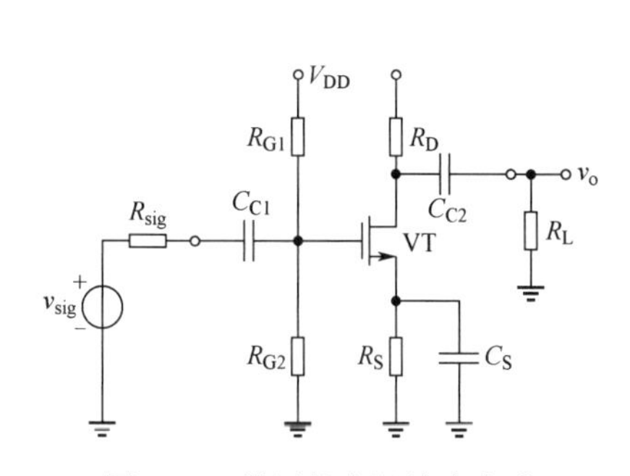

图 3.42　常用的实际放大电路

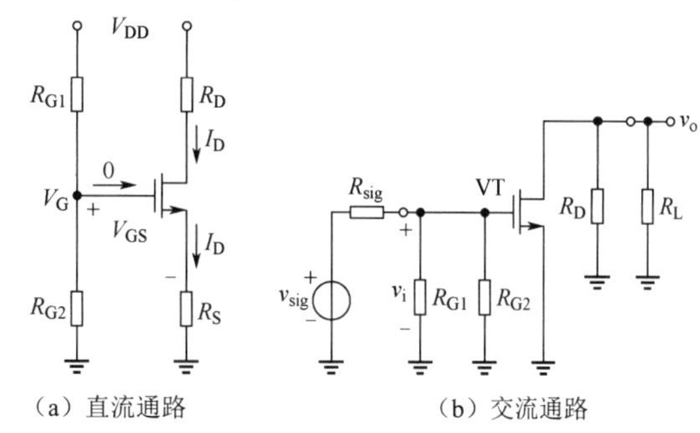

（a）直流通路　（b）交流通路

图 3.43　直流通路和交流通路

一个实际放大器的组成是否合理，也可通过判断其直流通路和交流通路是否合理来得出结论。

2．设置合理的直流偏置点

偏置是一种为电路设置固定直流电流和电压的广义称谓。对于场效应管放大电路来说，该直流电流和电压形成了特性曲线上的一个点，用于界定是否具备放大信号能力的工作区，这个点又称为直流工作点或静态工作点（Q 点）。

根据场效应管的不同应用，需要选择不同的工作点，如果场效应管用作开关，就需要将工作点选取在变阻区和截止区；如果是设计放大电路，就应将工作点选取在饱和区。

场效应管正常工作时还需要外围电路配合，因此工作点将由场效应管与外围电路共同确定。图 3.44（a）所示为一个最简单的场效应管共源放大器电路。由图 3.44（a）可知，外围电

路方程为$V_{DS}=V_{DD}-R_DI_D$，即

$$I_D=\frac{V_{DD}}{R_D}-\frac{1}{R_D}V_{DS} \tag{3.37}$$

将依式(3.37)画出的直线与场效应管的输出特性曲线画在一张图上，如图3.44（b）所示。可以看出，式(3.37)所示的直线与V_{DS}轴相交于V_{DD}，且斜率$-1/R_D$，这条直线称为负载线。从图3.44（b）中可以看出，A点的工作电流I_D为零，即场效应管工作在截止区。C点的工作电压V_{DS}接近零，但电流很大，场效应管工作在变阻区。A点和C点结合使用，可使场效应管工作在开关状态。

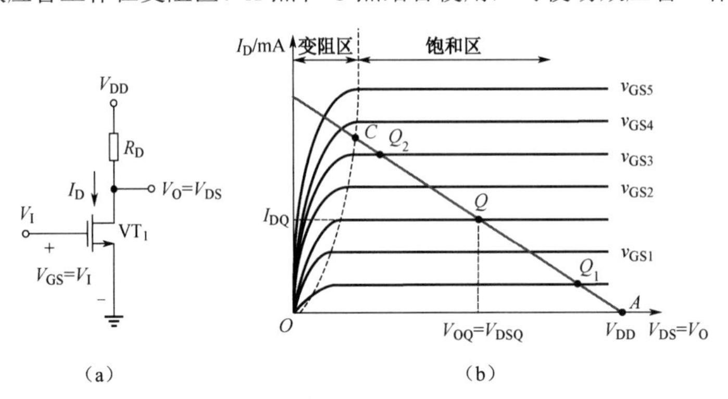

图3.44 共源放大器电路及图解特性

这里主要介绍当场效应管用作放大器时，如何在饱和区选择合适的工作点。

当场效应管用于放大电路时，要求工作在饱和区。因为场效应管的输出特性曲线是一族曲线，所以负载线与输出特性曲线会有多个交点，如图3.44（b）所示的Q_1、Q、Q_2 3点均在饱和区，Q_2位置较高，意味着这个点的V_{GS}、I_D较大，但V_{DS}较小，离变阻区较近；Q_1位置较低，意味着这个点的V_{GS}、I_D较小，但V_{DS}较大，离截止区较近；Q点基本位于饱和区的中间位置，离变阻区和截止区都有差不多相同的距离。如图3.45（a）所示，选择Q点作为场效应管的静态工作点，当有一个小的信号输入时，可以得到一个波形一致，且幅值较大的输出信号，说明信号得到了不失真放大，Q点是比较合适的静态工作点。选择Q点可以保证输出信号随输入信号的大小和幅度的变化，而不会进入变阻区和截止区而发生失真。Q_1点离截止区太近，如图3.45（b）所示，输出信号的正信号摆幅没有足够的空间，导致输出信号失真，这种失真称为截止（削顶）失真。同样，如图3.45（c）所示，如果场效应管工作在Q_2点，当输入信号稍大时，输出信号的负信号摆幅将会进入变阻区，从而发生饱和（削底）失真现象。因此，当场效应管用作小信号放大器时，在满足一定的增益的条件下工作点要尽可能地选在靠近饱和区中间的位置，以保证输出信号有最大交流摆幅。

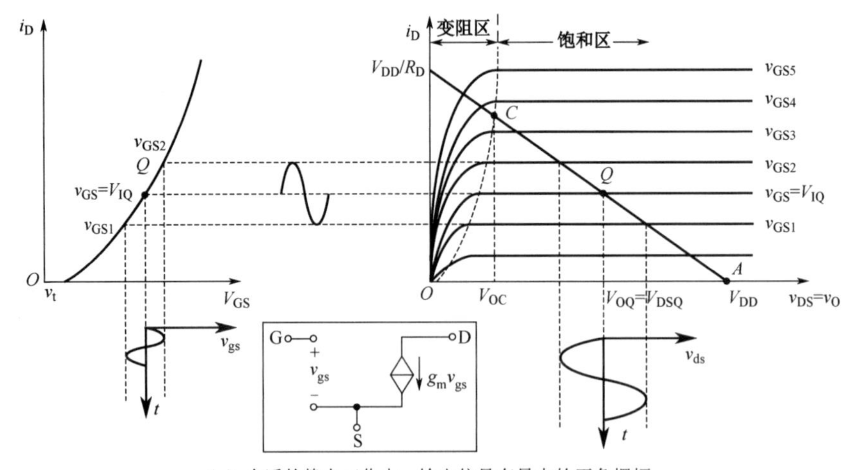

（a）合适的静态工作点，输出信号有最大的正负摆幅

图3.45 静态工作点选择与波形失真示意图

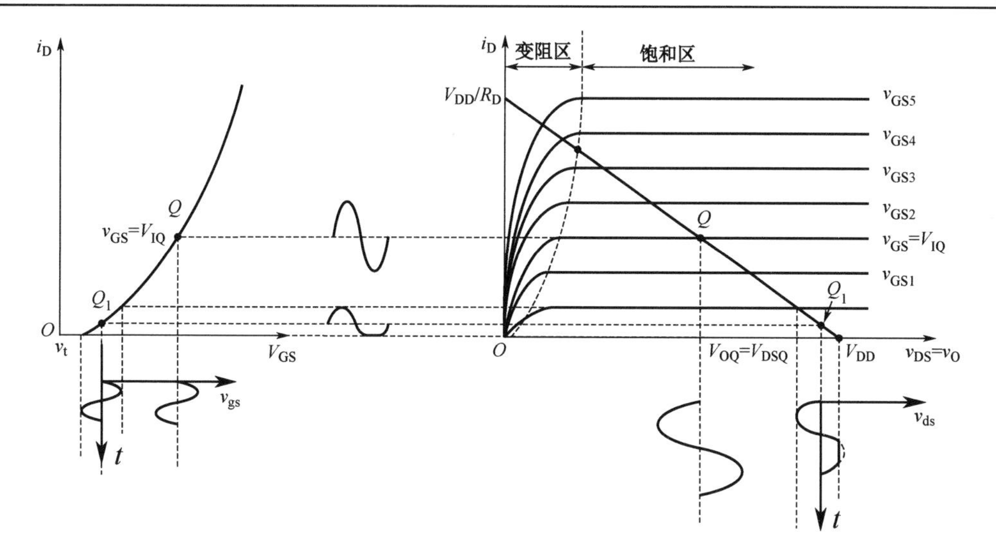

（b）静态工作点偏低，输出信号没有足够的正向摆幅

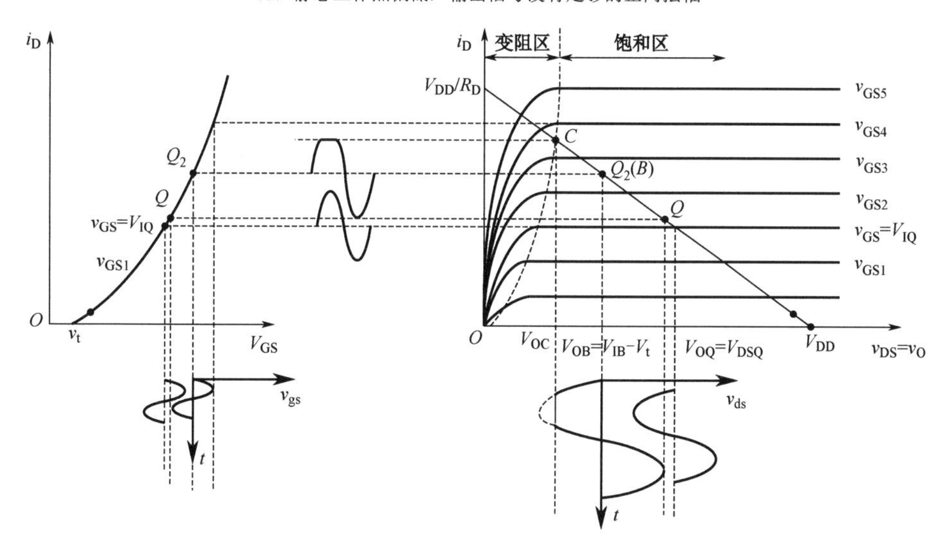

（c）静态工作点偏高，输出信号没有足够负向摆幅

图 3.45　静态工作点选择与波形失真示意图（续）

以上工作点的选择是针对小信号放大器而言的，对于功率放大器却并不如此，这将在以后章节介绍。

前面讨论选取合适的静态工作点是在外围电路不变的情况下，根据场效应管的输出特性曲线确定静态工作点。实际上，当场效应管 v_{GS} 确定后，从图 3.46 中可以看出，负载线在确定静态工作点的位置中非常重要。也就是说，对于一个确定的 v_{GS}，需要通过设计漏极电阻 R_D 来设置场效应管静态工作点位置。如果 R_D 选取过大，R_D 上的压降增加，导致 v_{DS} 过小，如图 3.46 中 Q_2 点所示，v_{DS} 的负信号幅度由于接近变阻区而被严重限幅（没有足够的负摆幅空间）。如果 R_D 选取过小，R_D 上的压降过小，导致 v_{DS} 值很接近 V_{DD}，如图 3.46 中 Q_1

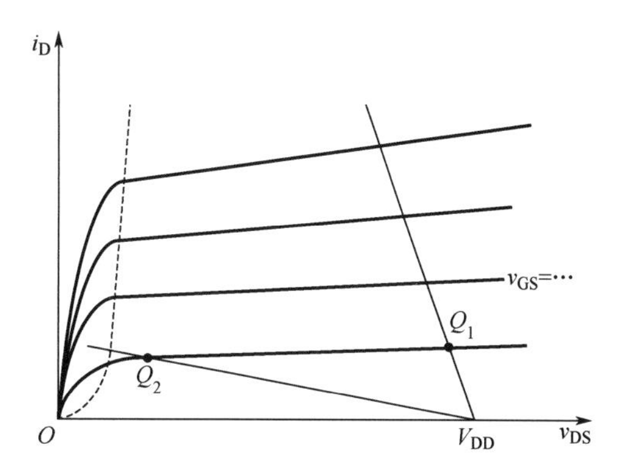

图 3.46　负载线与静态工作点的关系

点所示，v_{DS}的正信号幅度被严重限幅（没有足够的正摆幅空间）。因此，在设计MOS放大电路时，要折中设计R_D，使得场效应管的输出可以获得最大的正负交流摆幅。

温度也是影响偏置点的重要因素，在选择场效应管的偏置电路时，还要考虑由温度变化引起的偏置点位置改变。因为温度的改变会导致一些器件参数发生改变，对于场效应管来说，温度增加，漏极电流会减小，因而改变了最初设置的工作点，所以在设计偏置电路时要考虑电路的稳定性，即温度变化时工作点变化的大小，一般要求电路的稳定性越高越好。

3．场效应管的低频小信号模型

场效应管的直流分析主要是保证场效应管工作在合适的工作区域，有合适的静态工作点，可以通过外围电路和场效应管相应区域的电流电压方程求解。场效应管的小信号交流分析，目前主要采用等效线性模型的方法进行近似分析。所谓等效线性模型，是指在一定条件下，提取场效应管的主要工作特性，用符合这一主要工作特性的、更易求解的线性电路代替非线性的场效应管，从而简化场效应管的电路分析，将非线性分析转化为线性分析的方法。

下面主要介绍场效应管在饱和区的交流小信号模型。因为场效应管最主要的特性是输入电压控制输出电流的特性，所以交流小信号模型主要描述的是栅-源极所加电压v_{gs}对漏-源极电流i_d的控制。

考虑场效应管输入信号的总瞬时量为$v_{GS}=V_{GS}+v_{gs}$，它产生一个总瞬时漏极电流为

$$\begin{aligned} i_D &= \frac{1}{2}k_n'\frac{W}{L}(V_{GS}+v_{gs}-V_t)^2 \\ &= \frac{1}{2}k_n'\frac{W}{L}(V_{GS}-V_t)^2 + k_n'\frac{W}{L}(V_{GS}-V_t)v_{gs} + \frac{1}{2}k_n'\frac{W}{L}v_{gs}^2 \end{aligned} \tag{3.38}$$

在式(3.38)中，等式右边第一项是由直流电压V_{GS}产生的直流电流I_D，第二项是和交流输入信号v_{gs}成正比的电流分量；第三项是与交流输入信号v_{gs}的平方成正比的电流分量。第三项表示了输出信号的非线性失真，是不希望得到的项。因此，在输出信号中要使得第三项尽可能小，这也就要求输入信号v_{gs}要足够小，使得$\left|\frac{1}{2}k_n'\frac{W}{L}v_{gs}^2\right| << \left|k_n'\frac{W}{L}(V_{GS}-V_t)v_{gs}\right|$，可以得到

$$|v_{gs}| << |2(V_{GS}-V_t)| \tag{3.39}$$

式(3.39)被称为场效应管的小信号工作条件。如果输入信号满足该条件，那么可以忽略式(3.38)中的最后一项，因此输出的总瞬时电流可表示为

$$i_D = I_D + i_d \tag{3.40}$$

由式(3.38)可知，交流漏极电流为$i_d = k_n'\frac{W}{L}(V_{GS}-V_t)v_{gs}$。

将输入电压与输出电流关联起来的参数称为场效应管的跨导g_m，其定义为

$$g_m = \frac{i_d}{v_{gs}} = k_n'\frac{W}{L}(V_{GS}-V_t) = \sqrt{2k_n'\frac{W}{L}I_D} = \frac{2I_D}{V_{OV}} \tag{3.41}$$

考虑如图3.47所示的场效应管的转移特性曲线，跨导g_m实际上是在工作点处曲线切线的斜率，因此也可以定义为

$$g_m = \left.\frac{\partial i_D}{\partial v_{GS}}\right|_{v_{GS}=V_{GS}} \tag{3.42}$$

式(3.42)是跨导g_m的正式定义。

从式(3.41)中可以看到，g_m与场效应管的工艺参数k_n'及$\frac{W}{L}$成正比，因此为了得到较大的跨导，在设计器件时可以考虑设计短而宽的沟道。对于已给定的场效应管，g_m与直流偏置电流的平方根成正比。

从场效应管的工作特性可以看出，场效应管在饱和区相当于一个压控电流源，它在栅、源之

间输入信号 v_{gs}，在漏极输出电流 $g_m v_{gs}$。由于场效应管的结构特性，栅极上没有电流，即栅极的输入电阻非常高，在理想情况下为无穷大。如果不考虑沟道长度调制效应，即输出电流只与输入电压 v_{gs} 有关，而与输出电压 v_{ds} 无关，就意味着该受控源的输出电阻也为无穷大，可得到忽略沟道长度调制效应的场效应管小信号模型，如图 3.48 所示。

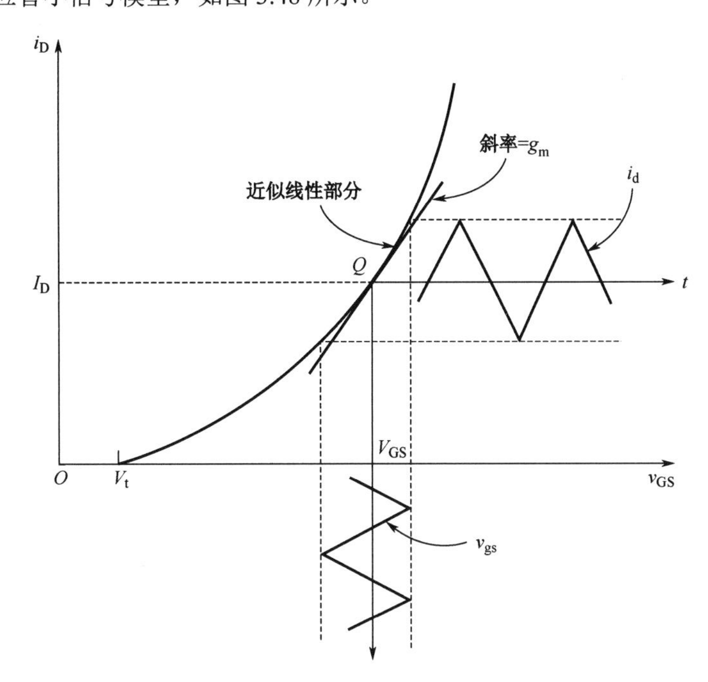

图 3.47　场效应管的转移特性曲线

当需要考虑沟道长度调制效应时，即输出电流在受输入电压 v_{gs} 控制的同时受输出电压 v_{ds} 的影响，则需要考虑输出电阻 r_o，考虑沟道长度调制效应时的场效应管小信号模型如图 3.49 所示。

$$r_o = \left[\frac{\partial i_D}{\partial v_{DS}}\right]^{-1}\Bigg|_{v_{GS}=V_{GS}} = \frac{V_A}{I_D} = \frac{1}{\lambda I_D} \tag{3.43}$$

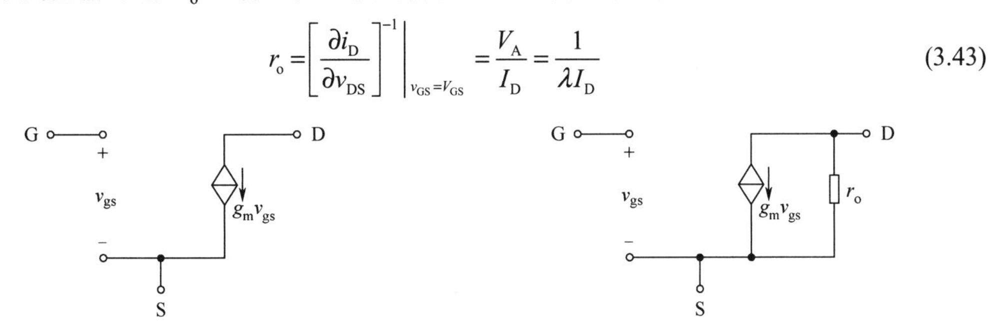

图 3.48　场效应管小信号模型（忽略沟道长度调制效应）

图 3.49　场效应管小信号模型（考虑沟道长度调制效应）

该模型也称为混合 π 小信号模型。需要注意的是，小信号模型参数 g_m 和 r_o 均与场效应管的直流偏置点相关。场效应管选择不同的直流偏置点，就会对应不同的小信号模型参数，因此场效应管放大电路的直流分析是交流分析的基础与前提。

3.4　MOSFET 放大器直流偏置电路

无论是用场效应管设计一个放大电路，还是分析场效应管的放大电路，首先要做的工作都是设计或分析场效应管的直流偏置电路，确定场效应管的直流工作点。

3.4.1 各种常用偏置电路

1．固定偏置电压的偏置电路

最简单的偏置是直接设定固定的偏置电压，如图 3.50 所示。这类偏置电路直接将 V_{GS} 固定，从而提供所需要的 I_D。其优点是电路实现简单，缺点是电路稳定性和一致性较差，考虑电流 I_D 与 V_{GS} 的关系，$I_D=\frac{1}{2}k_n'\frac{W}{L}(V_{GS}-V_t)^2$。

首先当温度发生变化时，由于 k_n' 随温度的增加而明显减小，因此电流 I_D 将会随温度的增加而减小，又由于 V_{GS} 是固定值，因此这种偏置电路的工作点将随温度的变化而变化。其次，即使对于同一批场效应管器件来说，V_t、k_n' 和 W/L 差别也是比较大的，因此即使型号、类型一样的场效应管，采用同样固定的偏置电压 V_{GS} 却会得到不同的工作点，所以电路的一致性较差，特别是对于分立器件电路更是如此。固定偏置电压的偏置电路导致较大电流的变化如图 3.51 所示。因此，这种简单的固定偏置电路在实际应用中一般不予采用。

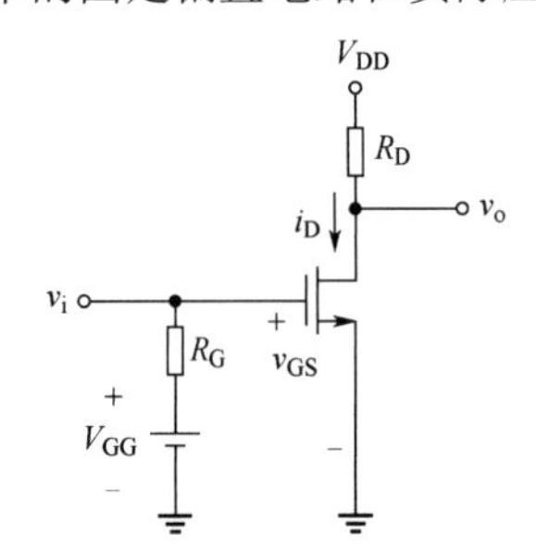

图 3.50 固定偏置电压的偏置电路

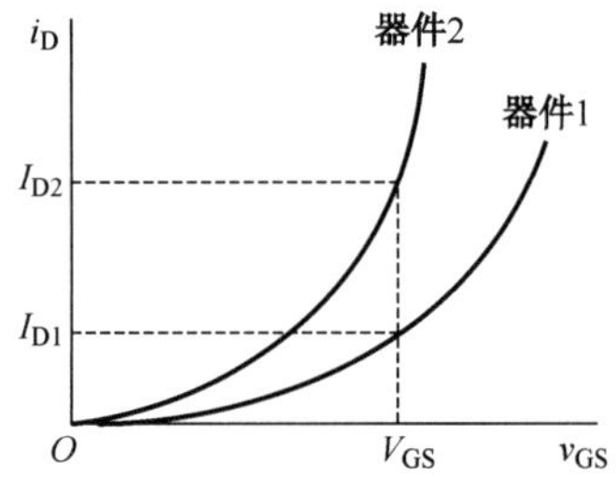

图 3.51 固定偏置电压的偏置电路导致较大电流的变化

2．分压式偏置电路

对于分立器件的电路设计，分压式偏置电路是实际中应用较多的偏置电路。图 3.52 所示为单电源供电的分压式偏置电路。

由图 3.52 可知
$$V_G=V_{GS}+R_SI_D$$

考虑到场效应管栅极电流 $I_G=0$，则电压 V_G 由电源电压 V_{DD} 与电阻 R_{G1}、R_{G2} 决定，即

$$V_G=V_{DD}\frac{R_{G2}}{R_{G1}+R_{G2}}$$

常认为电源电压 V_{DD} 和偏置电阻 R_{G1}、R_{G2} 都具有较高的温度稳定性，因此 V_G 是一个固定的电压值，且通常 V_G 远大于 V_{GS}，则 I_D 主要由 R_S 确定。即使 V_G 不是远大于 V_{GS}，由于电阻 R_S 具有负反馈作用，也可以稳定偏置电流 I_D。考虑由于温度变化或某种原因导致 I_D 增加，且 V_G 是固定电压，则 V_{GS} 会减小，而 V_{GS} 减小又会引起 I_D 减小，因此分压式偏置电路可提供较稳定的静态工作点。

在设计单电源供电的分压式偏置电路时，通常选用较高的偏置电阻 R_{G1}、R_{G2}，一般在兆欧姆级，这样可提高整个电路的输入电阻，具体 R_{G1}、R_{G2} 的比例则由电压 V_G 确定。另外，在确定 R_S 和 R_D 时，可考虑使 R_D、V_{DS} 和 R_S 两端的压降均为电源电压 V_{DD} 的 1/3，从而确定 R_S 和 R_D 的值。

图 3.53 也是一种分压式偏置电路的实现方式，这种分压式偏置电路在场效应管的栅极串联一个兆欧姆级电阻 R_{G1}，可提高场效应管的输入电阻，则 R_{G2}、R_{G3} 可以不用选取兆欧姆（MΩ）级电阻。这种电路结构可减少电路中的兆欧姆级电阻数量。

除了单电源供电的分压式偏置电路，还有双电源供电的分压式偏置电路，如图 3.54 所示。类似于单电源供电的分压式偏置电路，由图 3.54 可知，V_G=0V，为一固定值。由于电阻 R_S 的负反馈作用，也可以稳定偏置电流 I_D。

3．恒流源偏置电路

分压式偏置电路通常用在分立器件设计的电路中，因为要采用较大的电阻，这种偏置电路并不太适用于集成电路设计。在集成电路设计中，通常采用的偏置电路为恒流源偏置，如图 3.55 所示。在源极用恒流源直接提供场效应管的漏极偏置电流 I_D。具体恒流源电路在第 5 章将会有介绍。

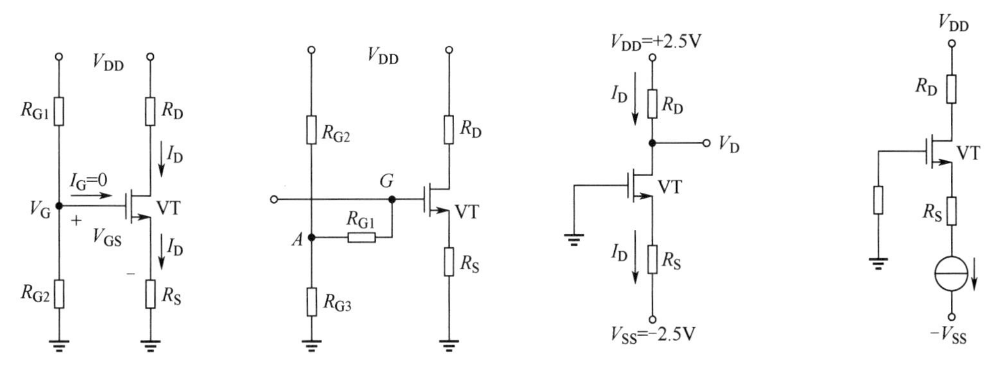

图 3.52 单电源供电的分压式偏置电路　图 3.53 分压式偏置电路（另一种实现方式）　图 3.54 双电源供电的分压式偏置电路　图 3.55 恒流源偏置电路

3.4.2 直流偏置电路的分析与设计

直流电路分析实际上就是分析一个实际电路的直流通路。对于放大电路来说，就是分析电路的直流工作点，通常的分析步骤如下。

①假设该晶体管工作在饱和区，因此 I_D 满足饱和区 I_D-V_{GS} 的方程式，即

$$I_D=\frac{1}{2}k_n'\frac{W}{L}\ (V_{GS}-V_t)^2$$

②根据偏置分析方法，写出电压环路方程。

③比较上面的两个方程式解答这些方程。

④通常 V_{GS} 有两种解答，往往只有一种满足饱和工作的条件。

⑤判断 V_{DS}。

- 如果 $V_{DS} \geqslant V_{GS}-V_t$，假设是正确的。
- 如果 $V_{DS} \leqslant V_{GS}-V_t$，假设不正确，要用变阻区的方程式去解决问题。

例 3.3 分析图 3.56 所示电路的静态工作点，已知 $R_{G1}=R_{G2}=10\text{M}\Omega$，$R_D=R_S=6\text{k}\Omega$，$V_{DD}=+10\text{V}$，其中 V_t=1V，$k_n'(W/L)=1\text{mA}/\text{V}^2$。

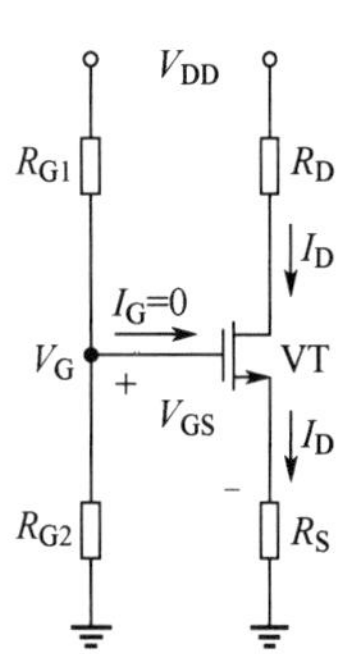

图 3.56 例 3.3 电路图

解： 因为栅极电流为 0，则可得栅极电压为

$$V_G=V_{DD}\frac{R_{G2}}{R_{G2}+R_{G1}}=10\times\frac{10}{10+10}=+5\text{V}$$

假设场效应管工作在饱和区，则

$$I_D=\frac{1}{2}k_n'\frac{W}{L}\left(V_{GS}-V_t\right)^2$$

其中，$V_{GS}=V_G-V_S=5-6I_D$，代入上式可得

$$3V_{GS}^2-5V_{GS}-2=0$$

解得 $V_{GS1}=2\text{V}$，$V_{GS2}=-0.33\text{V}$。由于器件要工作在饱和区，因此必有 $V_{GS}>V_t=1\text{V}$，所以舍去不符合条件的解，可得 $V_{GS}=2\text{V}$，相应的 $I_D=0.5\text{mA}$，$V_S=0.5\times6=+3\text{V}$，$V_D=10-6\times0.5=+7\text{V}$。

因为 $V_D>V_G-V_t$，所以假设成立，该电路的静态工作点为 $I_D=0.5\text{mA}$，$V_{DS}=+4\text{V}$。

这类题目求解时有一个小技巧，先求 V_{GS}，再求 I_D 会简化计算过程，因为 V_{GS} 必须大于 V_t 才能工作在饱和区，可以根据这个条件，选择合理解进行 I_D 的求解。另外，从电量数量级来说，V_{GS} 是伏特级，I_D 是毫安级，中间靠千欧级电阻转换，因此先求 V_{GS}，即使有估算误差，除以千欧级电阻后，可以降低计算误差大小，结果会比较准确；但如果反过来做，就会扩大计算误差。

例 3.4　分析图 3.57 所示电路的静态工作点，已知场效应管的 $k_n'(W/L)=0.2\text{mA/V}^2$，$V_t=1\text{V}$，$R_D=10\text{k}\Omega$，$V_{DD}=+10\text{V}$。

解：由图 3.57 可知，该场效应管工作在饱和区，则

$$V_{GS}=V_{DS}=V_{DD}-I_DR_D$$

$$I_D=\frac{1}{2}k_n'\frac{W}{L}(V_{GS}-V_t)^2$$

两个方程联立求解，可得 $V_{GS1}=3.54\text{V}$，$V_{GS2}=-2.54\text{V}$（舍去），则相应的 $I_D=0.646\text{mA}$。

综上，工作点参数为 $I_D=0.646\text{mA}$，$V_{GS}=V_{DS}=3.54\text{V}$。

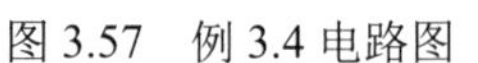
图 3.57　例 3.4 电路图

例 3.5　设计图 3.58 所示电路中电阻取值，使晶体管工作在 $I_D=0.4\text{mA}$，$V_D=0.5\text{V}$。该 NMOS 晶体管的 $V_t=1\text{V}$，$k_n'=100\mu\text{A/V}^2$，$L=1\mu\text{m}$，$W=32\mu\text{m}$，$\lambda=0$（或 $V_A=\infty$）。

解：由已知可得

$$V_{GD}=0-0.5=-0.5\text{V}<V_t=1\text{V}$$

因为
$$I_D=\frac{1}{2}k_n'\frac{W}{L}(V_{GS}-V_t)^2$$

所以
$$0.4\text{mA}=\frac{1}{2}\times100\mu\text{A/V}^2\times\frac{32\mu\text{m}}{1\mu\text{m}}(V_{GS}-1)^2$$

$V_{GS}=1.5\text{V}$ 或 $V_{GS}=0.5\text{V}$（舍去）

所以 NMOS 晶体管工作在饱和区

$$V_S=V_G-V_{GS}=0-1.5\text{V}=-1.5\text{V}$$

$$R_S=\frac{V_S-V_{SS}}{I_D}=\frac{-1.5\text{V}-(-2.5\text{V})}{0.4\text{mA}}=2.5\text{k}\Omega$$

$$R_D=\frac{V_{DD}-V_D}{I_D}=\frac{2.5\text{V}-0.5\text{V}}{0.4\text{mA}}=5\text{k}\Omega$$

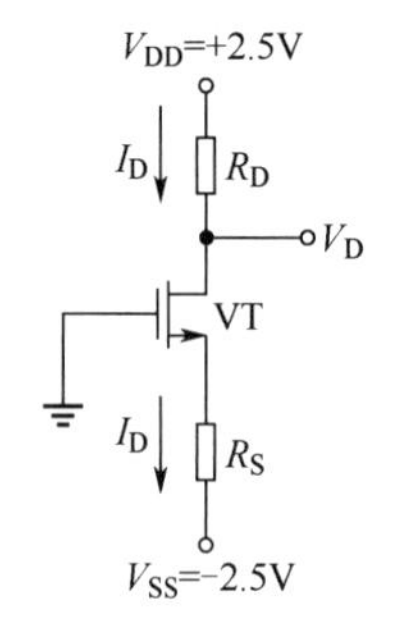

图 3.58　例 3.5 电路图

例 3.6　设计图 3.59 所示的电路，使晶体管工作在饱和区，且 $I_D=0.32\text{mA}$，$V_D=3\text{V}$。假设该增强型 PMOS 晶体管的 $V_t=-1\text{V}$，$k_p'(W/L)=1\text{mA/V}^2$，$\lambda=0$。

解：因为晶体管工作在饱和区，所以

$$I_D=\frac{1}{2}k_p'\frac{W}{L}(V_{GS}-V_t)^2$$

$$0.32\text{mA}=\frac{1}{2}\times1\text{mA/V}^2\times(V_{GS}+1)^2$$

$$V_{GS}=-1.8\text{V} \text{ 或 } V_{GS}=-0.2\text{V}\text{（舍去）}$$

又因为
$$V_G=V_{GS}+V_S=-1.8+5=3.2\text{V}$$

可得
$$V_G=V_{SS}\times\frac{R_{G2}}{R_{G1}+R_{G2}}=5\times\frac{R_{G2}}{R_{G1}+R_{G2}}=3.2\text{V}$$

R_G 通常很大，取 $R_{G1}=1.8\text{M}\Omega$、$R_{G2}=3.2\text{M}\Omega$

$R_D=V_D/I_D=3\text{V}/0.32\text{mA}=9.375\text{k}\Omega$

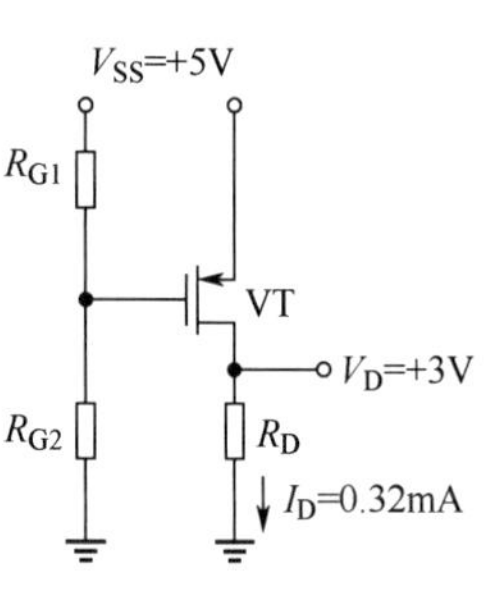

图 3.59　例 3.6 电路图

3.5　场效应管放大电路分析

放大电路（又称为放大器）是基本的电子电路，在广播、通信和测量等方面有广泛应用。根据电路结构的不同，放大器可分为直接耦合放大器和间接耦合放大器；根据放大器级数的多少，放大器又可分为单级放大器和多级放大器。在单级场效应管放大器中，根据场效应管输入和输出端的连接方式，又可分为共源放大器、共栅放大器和共漏放大器。

一个场效应管放大器应包括以下几部分：输入信号源（电压源或电流源）、场效应管、输入/输出耦合电路、负载，以及直流电源和相应的偏置电路，如图 3.60 所示。直流电源和相应的偏置电路为场效应管提供静态工作点，以保证场效应管工作在饱和区。输入信号源是待放大的输入信号，输入耦合电路将输入信号耦合到放大器上，输出耦合电路将放大后的信号耦合到负载。在输入信号作用下，通过场效应管的控制作用，在负载上得到所需的输出信号。

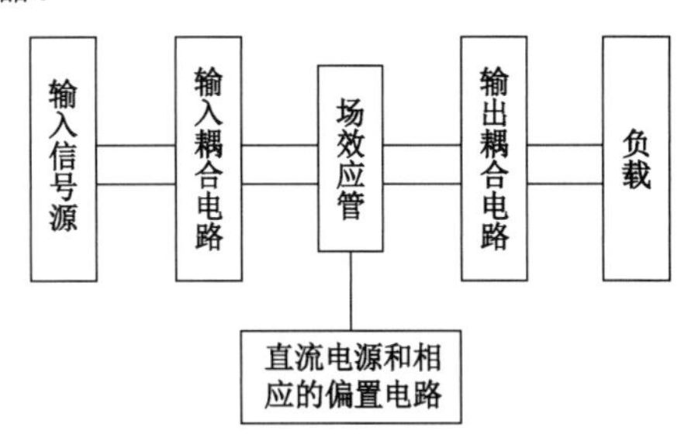

图 3.60　场效应管放大器的基本组成

场效应管放大电路的分析方法通常是采用直流通路与交流通路分别分析的方法。直流通路主要是分析电路的直流工作点，方法在 3.4 节已经介绍。本节主要介绍交流通路的分析方法，本节的分析方法适用于小信号的线性放大器，对于功率放大器则有其他分析方法，将会在第 6 章介绍。

3.5.1　放大电路的性能指标

放大电路主要用于放大电信号，其性能对前、后级电路均有影响。在放大电路设计时，需要考虑的主要性能指标有增益、输入和输出电阻、频率响应和非线性失真。

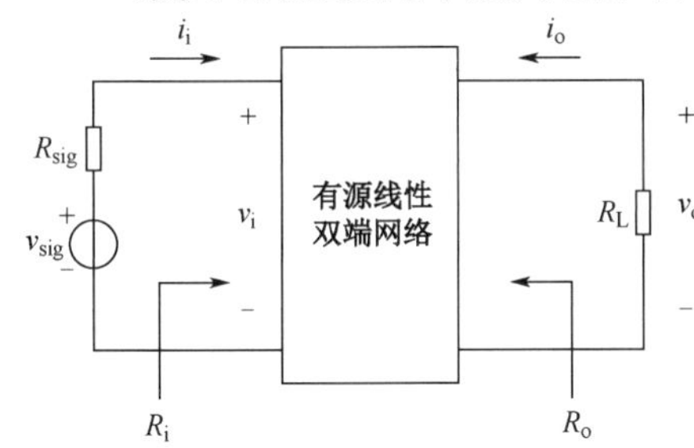

图 3.61　有源线性双端网络

场效应管以及后面讲到的三极管，在中频小信号工作时，均可看作是有源线性双端网络，因此各种小信号放大电路均可统一表示为图 3.61 所示的有源线性双端网络。输入信号源可以是电压源，也可以是电流源，两者可互相转换。其中，v_{sig} 和 i_{sig} 代表信号源电压和电流，R_{sig} 代表信号源内阻，v_i 和 i_i 代表实际放大器输入端口信号的电压和电流，v_o 和 i_o 为放大器输出端口信号的电压和电流。

3.5.2　放大器的 3 种组态

在用场效应管构成放大电路时，通过场效应管 3 个不同的电极分别作为输入、输出端子，可形成场效应管放大电路的 3 种组态。通常栅极和源极都可作为放大电路的输入端，漏极和源极都可作为放大电路的输出端。如图 3.62 所示，根据输入、输出端口公用极的名称，可分别称为共源极、共漏极和共栅极 3 种基本组态放大器。

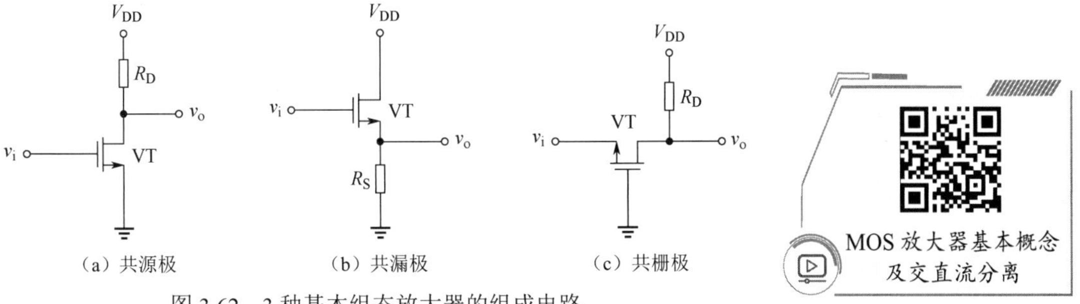

（a）共源极　（b）共漏极　（c）共栅极

图 3.62　3 种基本组态放大器的组成电路

各种实际的放大器都是在这 3 种基本组态上演变而来的，因此掌握 3 种基本组态放大器的基本性能分析是研究各种实际放大器的基础。

3.5.3 共源放大器

共源（CS）放大器是使用最广泛的 MOSFET 放大器电路。图 3.63（a）所示为实际的共源放大器电路，可以看到，为了不干扰直流偏置电流和电压，电压源 v_{sig} 提供的待放大信号通过电容 C_{C1} 被耦合到栅极，电容 C_{C1} 称为耦合电容，同样，输出端由电容 C_{C2} 将输出信号耦合到负载端。另外，C_S 为旁路电容，是一个较大的电容，通常在微法级，同样在感兴趣的信号频段上，该电容阻抗很小，理想情况下为零（短路）。

根据前面讲到的直流分析与交流分析分离的原则，对这一电路的分析需先分解为直流通路和交流通路，再分别进行分析。直流通路分析前面已讲过，这里不再重复，并且通过直流分析可以获得该电路的直流工作点（I_{DQ}、V_{GSQ}、V_{DSQ}），进而获得交流分析需要的参数 g_m 和 r_o。下面主要针对交流小信号进行分析，图 3.63（b）和图 3.63（c）所示分别为相应的交流通路及代入图 3.49 所示场效应管小信号等效模型形成的交流等效电路。其电压增益为

$$A_v = \frac{v_o}{v_i} = \frac{-g_m v_{gs}\left(r_o \parallel R_D \parallel R_L\right)}{v_{gs}} = -g_m\left(r_o \parallel R_D \parallel R_L\right) \tag{3.44}$$

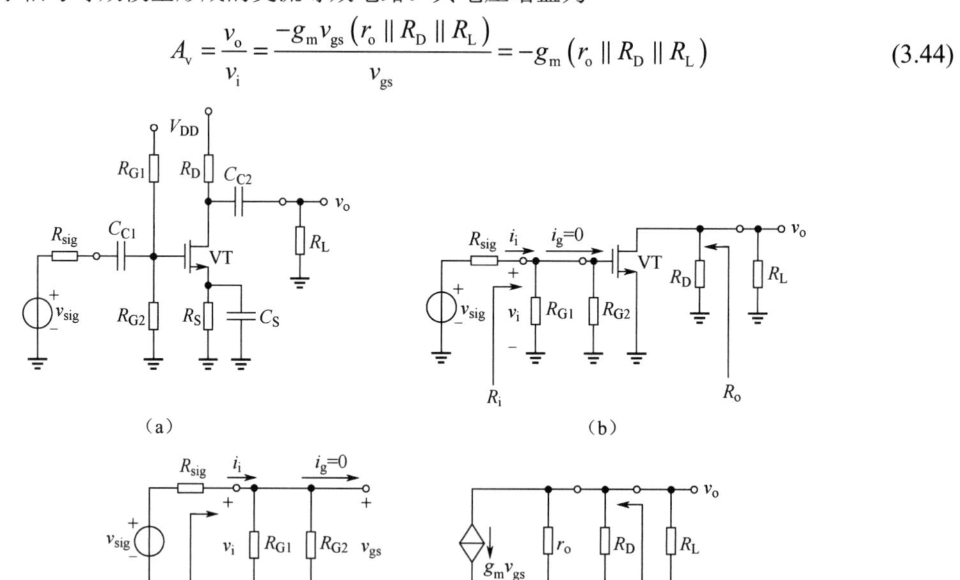

图 3.63 实际的共源放大器电路

考虑到场效应管栅极的输入电流为零，输入电阻为

$$R_i = \frac{v_i}{i_i} = R_{G1} \parallel R_{G2} = R_G \tag{3.45}$$

如果不考虑偏置电阻，那么输入阻抗 $R_i \to \infty$，这也是由场效应管栅极特性决定的，因此通常选择偏置电阻时会选择较大的电阻，R_{G1}、R_{G2} 通常选择兆欧姆数量级。考虑从信号源到负载的源电

压增益为

$$A_{vs}=\frac{R_i}{R_i+R_{sig}}A_v=-\frac{R_G}{R_G+R_{sig}}g_m\left(r_o \parallel R_D \parallel R_L\right) \tag{3.46}$$

可以看到，在设计电压放大器时，在相同的电压增益条件下，较高的输入电阻可获得较高的源电压增益，源电压增益是设计电路时实际需要的增益。

根据输出电阻的定义，将图 3.63（c）修改为求输出电阻的等效电路，如图 3.64 所示。

由图 3.64 所示的求共源放大器输出电阻的等效电路可得

$$R_o=\left.\frac{v_t}{i_t}\right|_{\substack{v_{sig}=0\\R_L=\infty}}=r_o \parallel R_D \tag{3.47}$$

从以上分析可以看出，共源放大器是一个反相放大器，具有非常高的输入电阻、适中的电压增益及相当高的输出电阻。

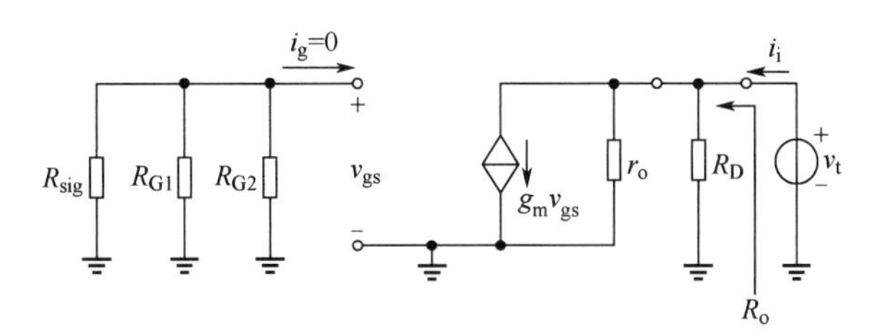

图 3.64　求共源放大器输出电阻的等效电路

例 3.7　图 3.65 所示电路中 FET 的 $V_t=1\text{V}$，静态时 $I_D=0.64\text{mA}$，设 $k_n'(W/L)=0.5\text{mA/V}^2$。求：（1）源极电阻 R_S 应选多大？（2）电压放大倍数 A_v、输入电阻 R_i、输出电阻 R_o。

解：（1）$V_G=18\times\dfrac{100}{200+100}=6\text{V}$

$$I_D=\frac{1}{2}k_n'\frac{W}{L}\left(V_{GS}-V_t\right)^2 \Rightarrow V_{GS}=2.6\text{V}$$

$$V_S=V_G-V_{GS}=3.4\text{V}$$

$$R_S=\frac{V_S}{I_{DQ}}=5.31\text{k}\Omega$$

（2）$g_m=\dfrac{2I_D}{V_{OV}}=0.8\text{mS}$，忽略厄尔利效应

$$A_v=\frac{v_o}{v_i}=-g_m\left(R_D \parallel R_L\right)=-4.8\text{V/V}$$

$$R_i=\frac{v_i}{i_i}=R_G+(100\text{k}\Omega \parallel 200\text{k}\Omega)\approx 10\text{M}\Omega$$

$$R_o\approx R_D=10\text{k}\Omega$$

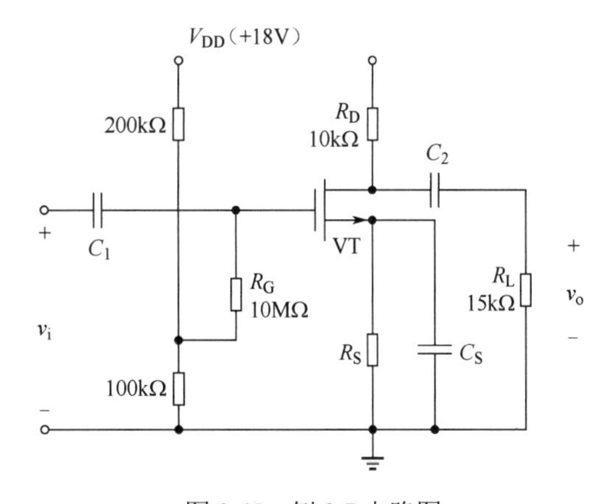

图 3.65　例 3.7 电路图

3.5.4　源极接电阻的共源放大器

在共源放大器的源极接入一个电阻 R_S 能改进放大器的性能，如图 3.66（a）所示电路采用电流源 I 提供直流偏置。

考虑到 r_o 对分立器件放大器的影响较小 ($r_o >> R_D$，$r_o >> R_L$)，可考虑忽略 r_o，得到等效电路如图 3.66（b）所示。采用类似共源放大器的分析方法，分析图 3.66（b）所示电路可得

$$R_i = \frac{v_i}{i_i} = R_G \tag{3.48}$$

$$R_o = \left.\frac{v_t}{i_t}\right|_{\substack{v_{sig}=0 \\ R_L=\infty}} = R_D \tag{3.49}$$

源极接电阻的 CS 放大器交流参数分析

当加了源极电阻 R_S 后，$v_i = v_{gs} + g_m v_{gs} R_S$，即 $v_{gs} = \dfrac{v_i}{1+g_m R_S}$，即通过选择合适的 R_S 可控制放大器件实际输入信号 v_{gs} 的大小，这样可确保 v_{gs} 不会变得太大而引起不需要的非线性失真。另外，在第 7 章将会讲到，源极电阻 R_S 在放大电路中引入了负反馈机制，可扩展放大器的带宽，改善放大器的稳定性，但所有这些性能的改善是以牺牲电压增益为代价的。源极接电阻的共源放大器的电压增益和源电压增益为

$$A_v = \frac{v_o}{v_i} = \frac{-g_m v_{gs}\left(R_D \parallel R_L\right)}{v_{gs} + g_m v_{gs} R_S} = -\frac{g_m\left(R_D \parallel R_L\right)}{1+g_m R_S} \tag{3.50}$$

$$A_{vs} = \frac{R_i}{R_i + R_{sig}} A_v = -\frac{R_G}{R_G + R_{sig}} \frac{g_m\left(R_D \parallel R_L\right)}{1+g_m R_S} \tag{3.51}$$

将式(3.50)、式(3.51)与式(3.44)、式(3.46)对比，可以看出，R_S 将导致增益减小至 $1/(1+g_m R_S)$。

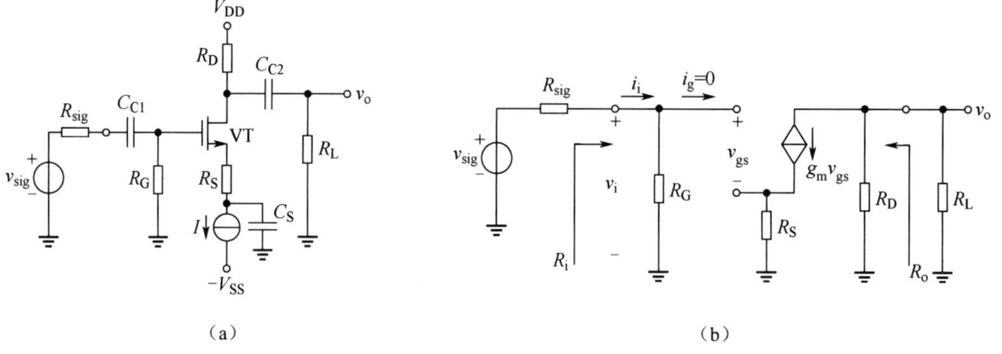

图 3.66 源极带电阻的共源放大器

例 3.8 已知电路参数如图 3.67 所示，FET 工作点的互导 $g_m = 1\text{mS}$，设 $r_o >> R_D$。（1）画出电路的小信号等效电路；（2）求电压增益 A_v；（3）求放大器的输入电阻 R_i。

解：（1）小信号等效电路如图 3.68 所示。

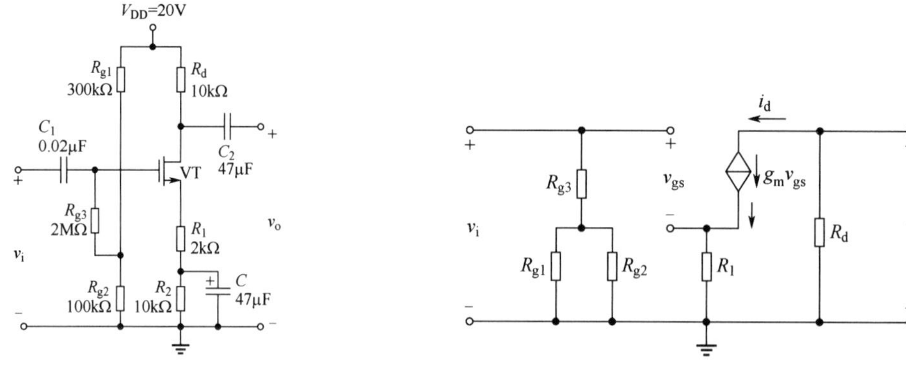

图 3.67 例 3.8 电路图

图 3.68 图 3.67 所示电路的小信号等效电路

（2）

$$A_v = \frac{v_o}{v_i} = -\frac{g_m R_d}{1+g_m R_1} \approx -3.3\text{V/V}$$

（3）

$$R_i = R_{g3} + (R_{g1} \parallel R_{g2}) = 2075\text{k}\Omega = 2.075\text{M}\Omega$$

3.5.5　共栅放大器

将场效应管栅极接地，从源极输入，漏极输出可得到一个共栅(CG)放大器，如图 3.69（a）所示，采用恒流源提供直流偏置。忽略 r_o 的影响，小信号等效电路如图 3.69（b）所示。

$$R_i = \frac{v_i}{i_i} = \frac{-v_{gs}}{-g_m v_{gs}} = \frac{1}{g_m} \tag{3.52}$$

$$R_o = \left.\frac{v_t}{i_t}\right|_{\substack{v_{sig}=0 \\ R_L=\infty}} = R_D \tag{3.53}$$

$$A_v = \frac{v_o}{v_i} = \frac{-g_m v_{gs}\left(R_D \parallel R_L\right)}{-v_{gs}} = g_m\left(R_D \parallel R_L\right) \tag{3.54}$$

$$A_{vs} = \frac{R_i}{R_i + R_{sig}} A_v = \frac{g_m\left(R_D \parallel R_L\right)}{1 + g_m R_{sig}} \tag{3.55}$$

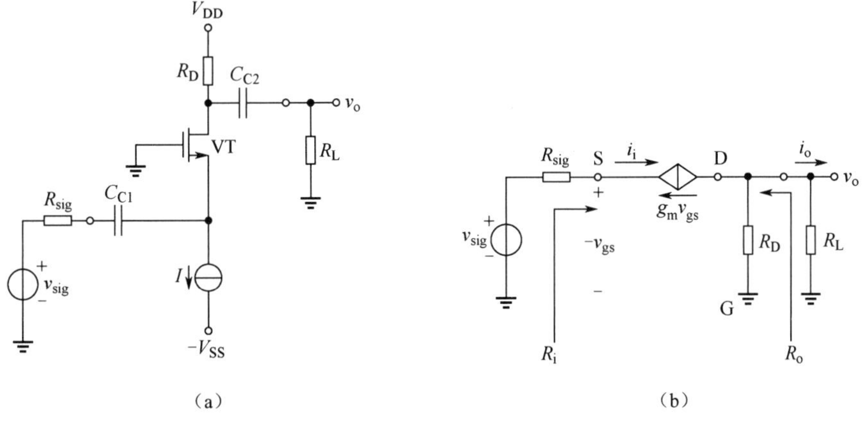

图 3.69　共栅放大器

共栅放大器的输入电阻较低（欧姆数量级），远低于共源放大器的输入电阻。因此，尽管共栅放大器的电压增益与共源放大器基本一致，但由于输入电阻很小，使得信号在耦合到共栅放大器输入端时可能会造成较大的信号强度丢失，因此共栅放大器的源电压增益远小于共源放大器。

由于共栅放大器输入电阻比较低，输出电阻比较高，具有很好的电流放大器的特点，因此一般不单独作为电压放大器使用；但如果是电流源激励的放大器，可考虑采用。假设电路用电流源激励，可得

$$i_o = -g_m v_{gs}\frac{R_D}{R_D + R_L} = g_m v_i \frac{R_D}{R_D + R_L}$$

$$i_i = \frac{v_i}{1/g_m} = g_m v_i$$

$$A_i = \frac{i_o}{i_i} = \frac{R_D}{R_D + R_L} \tag{3.56}$$

考虑短路电流增益，即当 $R_L \to 0$ 时，则 $A_{is} \to 1$。可得源电流增益表达式为

$$A_{is} = \frac{i_o}{i_i}\frac{i_i}{i_{sig}} = A_i \frac{R_{sig}}{R_{sig} + \dfrac{1}{g_m}} \tag{3.57}$$

通常在电流激励情况下，$R_{sig} >> \frac{1}{g_m}$，则 $A_{is} \approx A_i \to 1$。

从以上分析可以看到，共栅放大器的电流增益接近于 1，且由于共栅放大器具有较小的输入电阻和较大的输出电阻，因此常被作为电流跟随器使用。

与共源放大器相比，共栅放大器还具有较好的高频特性。另外，在一些超高频应用中，较低的输入阻抗也可能成为一个优点，因为在这些应用中输入信号是连接到传输线的，而传输线的特性阻抗较低，可以与共栅放大器取得更好的匹配。

将共栅放大器的性能与共源放大器的性能进行比较，可以得到以下结论。

①共栅放大器是同相放大器。

②共栅放大器的输入电阻较低，输出电阻较高。

③共栅放大器的源电压增益是共源放大器的 $1/(1+g_mR_{sig})$，这是由共栅放大器较小的输入电阻决定的。

④共栅放大器可作为电流跟随器。

⑤共栅放大器具有较好的高频特性。

例 3.9　对于图 3.70 所示的共栅极电路，$g_m = 2\text{mA/V}$。

（1）确定 A_v 和 A_{vs}。

（2）R_L 变为 2.2kΩ，计算 A_v 和 A_{vs}，并说明 R_L 的变化对电压增益有什么影响。

（3）R_{sig} 变为 0.5kΩ（R_L 为 4.7kΩ），计算 A_v 和 A_{vs}，说明 R_{sig} 的变化对电压增益有什么影响。

解：（1）等效电路如图 3.71 所示。

$$A_v = \frac{v_o}{v_i} = \frac{-g_m v_{gs}\left(R_D \parallel R_L\right)}{-v_{gs}} = g_m\left(R_D \parallel R_L\right) = 3.88\text{V/V}$$

$$R_i = \frac{v_i}{i_i} = \frac{1}{g_m} \parallel R_S = 0.35\text{k}\Omega$$

$$A_{vs} = \frac{R_i}{R_i + R_{sig}} A_v = \frac{0.35}{0.35+1} \times 3.88 \approx 1.01\text{V/V}$$

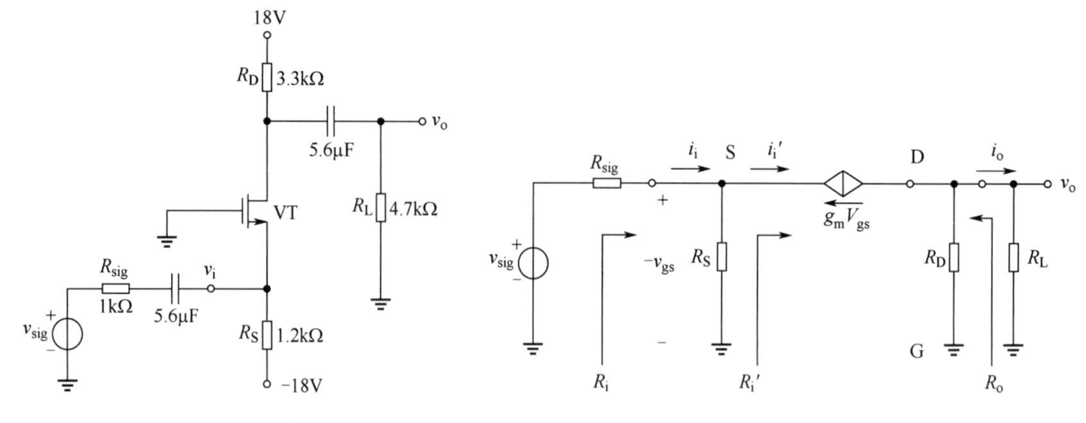

图 3.70　例 3.9 电路图　　　　图 3.71　图 3.70 所示电路的小信号等效电路

（2）当 R_L 变为 2.2kΩ时，$A_v = \frac{v_o}{v_i} = \frac{-g_m v_{gs}\left(R_D \parallel R_L\right)}{-v_{gs}} = g_m\left(R_D \parallel R_L\right) = 1.52\text{V/V}$

$$A_{vs} = \frac{R_i}{R_i + R_{sig}} A_v = \frac{0.35}{0.35+1} \times 1.52 \approx 0.39\text{V/V}$$

若 R_L 减小，则 A_v 和 A_{vs} 均减小；反之亦然。

（3）当 R_{sig} 变为 0.5kΩ（R_L 为 4.7kΩ）时，

$$A_v = \frac{v_o}{v_i} = \frac{-g_m v_{gs}\left(R_D \parallel R_L\right)}{-v_{gs}} = g_m\left(R_D \parallel R_L\right) = 3.88\text{V/V}$$

$$A_{vs} = \frac{R_i}{R_i + R_{sig}} A_v = \frac{0.35}{0.35 + 0.5} \times 3.88 \approx 1.6\text{V/V}$$

若 R_{sig} 变减小，则 A_v 不变，A_{vs} 增加；反之亦然。

3.5.6　共漏放大器或源极跟随器

对场效应管采用栅极输入信号，源极输出信号，并将漏极作为公共的信号地，可以形成共漏（CD）放大器，如图 3.72（a）所示。图 3.72（b）所示为交流小信号等效电路。分析可得

$$R_i = \frac{v_i}{i_i} = R_G \tag{3.58}$$

$$A_v = \frac{v_o}{v_i} = \frac{g_m v_{gs}\left(r_o \parallel R_L\right)}{v_{gs} + g_m v_{gs}\left(r_o \parallel R_L\right)} = \frac{r_o \parallel R_L}{r_o \parallel R_L + \dfrac{1}{g_m}} \tag{3.59}$$

$$A_{vs} = \frac{R_i}{R_i + R_{sig}} A_v = \frac{R_G}{R_G + R_{sig}} \frac{r_o \parallel R_L}{r_o \parallel R_L + \dfrac{1}{g_m}} \tag{3.60}$$

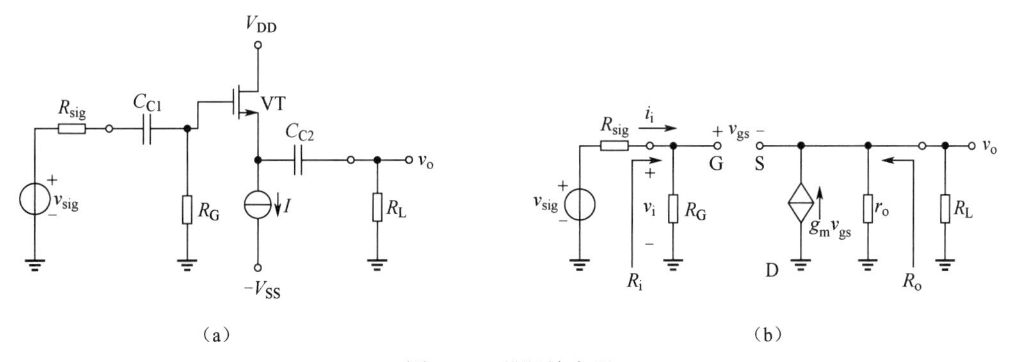

图 3.72　共漏放大器

通常 $R_G >> R_{sig}$，$r_o >> R_L$，$R_L >> \dfrac{1}{g_m}$，则共漏放大器的电压增益和源电压增益接近于 1。

考虑共漏放大器的输出电阻，根据输出电阻的定义改画电路，如图 3.73 所示。

$$R_o' = \frac{v_t}{i_t'}\bigg|_{\substack{v_{sig}=0 \\ R_L=\infty}} = \frac{-v_{gs}}{-g_m v_{gs}} = \frac{1}{g_m},\ R_o = r_o \parallel \frac{1}{g_m} \approx \frac{1}{g_m} \tag{3.61}$$

可以看出，共漏放大器具有较低的输出阻抗。

从以上分析可以看出，共漏放大器具有非常高的输入电阻，相当低的输出电阻和小于 1 但接近于 1 的电压增益，通常将这样的放大器称为单位增益的电压缓冲放大器，也称为电压跟随器或源极跟随器。它可将高内阻信号源的信号接到一个非常小的负载上，也可作为多极放大器的输出级使用，使整个放大器具有较低的输出电阻。

例 3.10　电路图如图 3.74 所示。其中 $R = 0.75\text{k}\Omega$，$R_{g1} = R_{g2} = 240\text{k}\Omega$，$R_{sig} = 4\text{k}\Omega$。MOS 的 $g_m = 11.3\text{mS}$，$r_o = 50\text{k}\Omega$。试求源极跟随器的源电压增益 A_{vs}、输入电阻 R_i 和输出电阻 R_o。

解：

$$R_i = R_{g1} \parallel R_{g2} = 120\text{k}\Omega$$

$$A_{vs}=\frac{v_o}{v_{sig}}=\frac{R\parallel r_o}{\frac{1}{g_m}+R\parallel r_o}\times\frac{R_i}{R_i+R_{sig}}\approx 0.86\text{V/V}$$

$$R_o=R\parallel r_o\parallel\frac{1}{g_m}\approx 0.08\text{k}\Omega=80\Omega$$

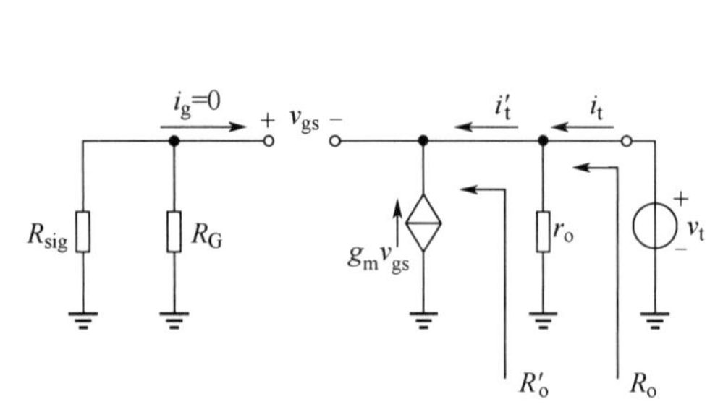

图 3.73　求解共漏放大器的输出电阻

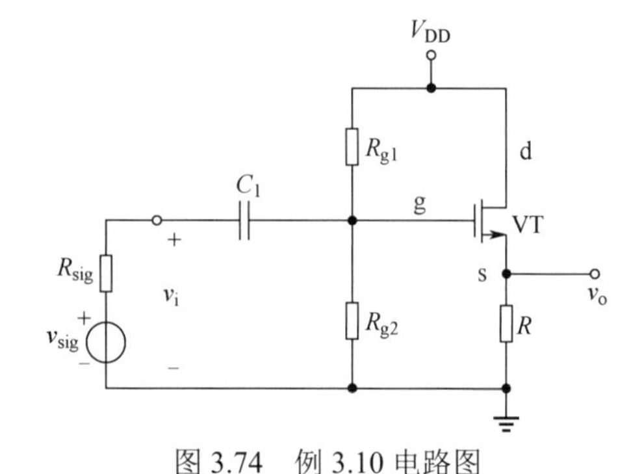

图 3.74　例 3.10 电路图

3.5.7　3 种组态放大器的比较

3 种组态放大器各有优缺点，结论如下。

①共源组态最适合得到大增益，根据增益大小的要求，可采用单级、两级或三级共源放大器级联。通常在组合放大器中，共源放大器适用于中间级放大。

②在源极上接电阻可改善共源放大器的性能，但这是以牺牲增益为代价的。

③由于较低的输入电阻特性，共栅放大器通常不用作电压放大器，而是作为电流跟随器使用，但其良好的高频特性使得共栅放大器在某些特定的高频应用中可用作电压放大器。

④共漏放大器通常作为电压跟随器使用，它把高内阻的源连接到低电阻负载，并可作为多级放大器的输入级、输出级，以及中间缓冲级。

本章小结

扩展阅读

结型场效应管简介

随着 CMOS 工艺日趋成熟，MOS 器件已经是目前市场上应用最广泛的半导体器件，特别是 NEMOSFET，其优良的半导体特性使得其在模拟和数字领域都有着卓越的表现。

MOS 器件的重要应用之一是用于模拟放大器设计，其设计的评估标准依赖于放大器的基本参数，包括增益、输入/输出电阻和带宽等，不同类型的放大器设计应尽可能地接近理想放大器设计要求。不同类型的放大器除了可以由其性能参数来描述，还可以用不同的电路模型来描述。

MOS 器件全称为金属-氧化物-半导体器件，其导电沟道依靠 v_{GS} 产生并控制深度，v_{DS} 引起电流 i_D，其工作状态依靠这两个电压不同的大小值来控制，主要工作区包括截止区、饱和区和变阻区，不同工作区对应的数学模型和电路模型均不同，使用时应根据需要选择。

MOS 用于放大器应用时，应保证工作在饱和区，因此需要从交、直流两方面来进行相关电路设计。直流电路设计保证 MOS 的直流工作点设置在饱和区的中间位置，以获取较大的交流摆幅；交流电路方面利用小信号模型分析方法进行分析，侧重放大器基本参数。本章主要包括增益、输入/输出电阻设计，在第 5 章会介绍带宽方面的设计。

MOS 放大器有 3 种基本组态，主要由交流信号的输入/输出端子决定，包括共源、共栅和共漏。其中共源放大器是应用最普遍的放大结构；共栅放大器主要特性为电流跟随，在第 5 章会看到该组态具有极高的带宽；共漏放大器主要特性为电压跟随，因此常被应用于阻抗变换环节。

习　题

3.1　某电压放大器的输入电阻为 10kΩ，输出电阻为 200Ω，增益为 1000V/V。它被连接在内阻为 100kΩ、开路电压为 10mV 的信号源和 100Ω 负载之间，则

（1）输出电压为多少？

（2）从源到负载的电压增益为多少？

（3）从放大器输入端到负载的电压增益为多少？

3.2　某电流放大器有 R_i=1kΩ，R_o=10kΩ，A_{is}=100A/A，它被连接在电阻为 100kΩ 的 100mV 信号源和 1kΩ 负载之间。整个放大电路的电流增益、电压增益和功率增益分别为多少？

3.3　如题图 3.1 所示，某互导放大器的 R_i=2kΩ、A_{gs} =40mA/V、R_o=20kΩ，它由电阻为 2kΩ 的电压源激励，并接有 1kΩ 的电阻负载，求实际得到的电压增益。

3.4　如题图 3.2 所示，某互阻放大器由内阻为 R_{sig} 的电流信号源 i_{sig} 激励，输出端接 R_L 的负载电阻。证明下式给出的总增益：

$$\frac{v_o}{i_{sig}}=A_{ro}\frac{R_{sig}}{R_{sig}+R_i}\frac{R_L}{R_o+R_L}$$

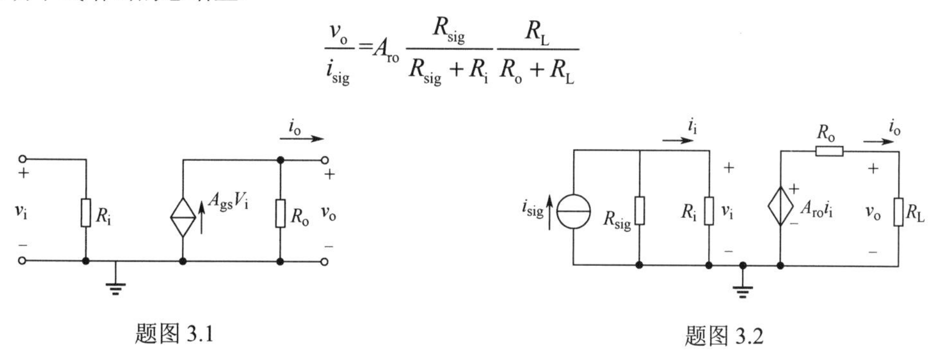

题图 3.1　　　　题图 3.2

3.5　如题图 3.3 所示，设计者可以利用输入电阻为 10kΩ、输出电阻为 1kΩ、开路电压增益为 10 的电压放大器进行电路设计。信号源的内阻为 10kΩ，提供 RMS 值为 10mV 的信号。现在要求至少能够向 1kΩ 的负载提供 RMS 值为 2V 的信号，需要多少级放大器？实际得到的输出电压为多少？

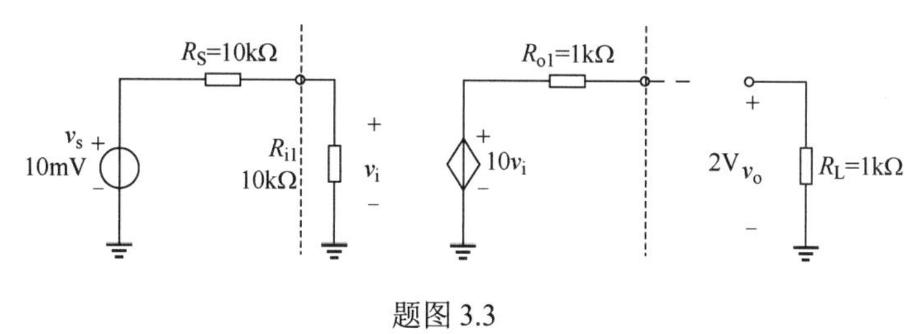

题图 3.3

3.6　简述耗尽型和增强型场效应管结构的区别；对于适当的电压偏置（V_{DS}<0V，V_{GS}<V_t），画出 P 沟道增强型场效应管，简要说明沟道、电流方向和产生的耗尽区，并简述工作原理。

3.7　考虑一个 N 沟道增强型场效应管，其 $k_n' = 50\mu A/V^2$，$V_t = 1V$，以及 $W/L = 10$。求下列情况下的漏极电流。

（1）$V_{GS} = 5V$ 且 $V_{DS} = 1V$。

（2）$V_{GS} = 2V$ 且 $V_{DS} = 1.2V$。

（3）$V_{GS} = 0.5V$ 且 $V_{DS} = 0.2V$。

（4）$V_{GS} = V_{DS} = 5V$。

3.8　N 沟道增强型场效应管，已知 $V_T = 1.2V$，$k_n' = 80\mu A/V^2$，$L = 1.25\mu m$，当晶体管偏置在

饱和区时，$V_{GS}=5V$，$I_D=1.25mA$，求沟道宽度 W。

3.9 题图3.4所示的NMOS和PMOS晶体管有 $V_{tn}=-V_{tp}=1V$，$k_n'(W_n/L_n)=k_p'(W_p/L_p)=1mA/V^2$。假设两个器件的 $\lambda=0$，求当 $V_I=0$、+2.5V及−2.5V时的漏极电流 i_{DN} 和 i_{DP} 以及电压 V_o。

3.10 在题图3.5所示电路中，晶体管 VT_1 和 VT_2 有 $V_t=1V$，工艺互导参数 $k_n'=100\mu A/V^2$。假定 $\lambda=0$，求下列情况下 V_1、V_2 和 V_3 的值。

（1）$(W/L)_1=(W/L)_2=20$。

（2）$(W/L)_1=1.5(W/L)_2=20$。

3.11 电路如题图3.6所示。已知晶体管的开启电压为 $V_t=2V$，器件工作在饱和模式时 I_D=1mA，为维持器件工作在饱和模式，试求电阻 R 的变化范围。

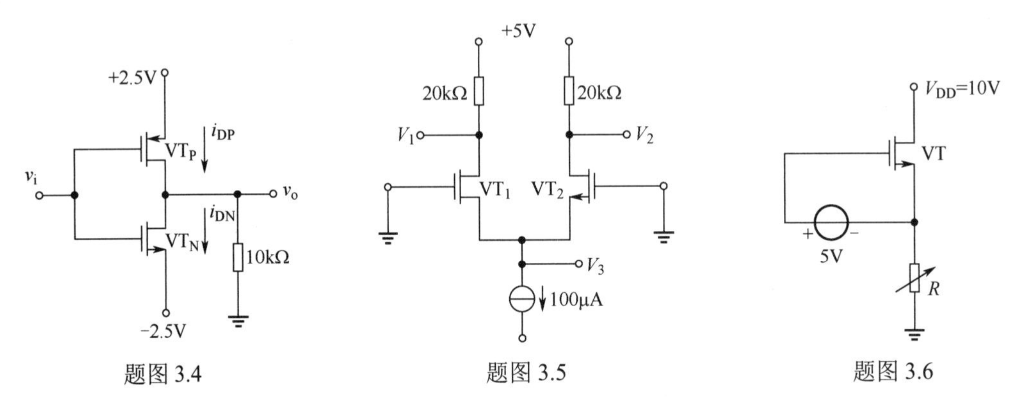

题图3.4 题图3.5 题图3.6

3.12 电路如题图3.7所示。假设 $R_{g1}=90k\Omega$，$R_{g2}=60k\Omega$，$R_d=30k\Omega$，$V_{DD}=5V$，$V_t=1V$，$k_n'\dfrac{W}{2L}=0.1mA/V^2$。试计算电路的栅源电压 V_{GS} 和漏源电压 V_{DS}。

3.13 电路如题图3.8所示。已知 $V_{DD}=30V$，$R_{G1}=R_{G2}=1M\Omega$，$R_D=10k\Omega$，晶体管的 $V_t=3V$，且当 $V_{GS}=5V$ 时，$I_D=0.8mA$。试求晶体管的 V_{GS}、I_D、V_{DS}。

3.14 如题图3.9所示电路，晶体管参数为 $V_t=-1V$，$k_p'\dfrac{W}{2L}=0.25mA/V^2$，计算 V_{SG}、I_D、V_{SD}。

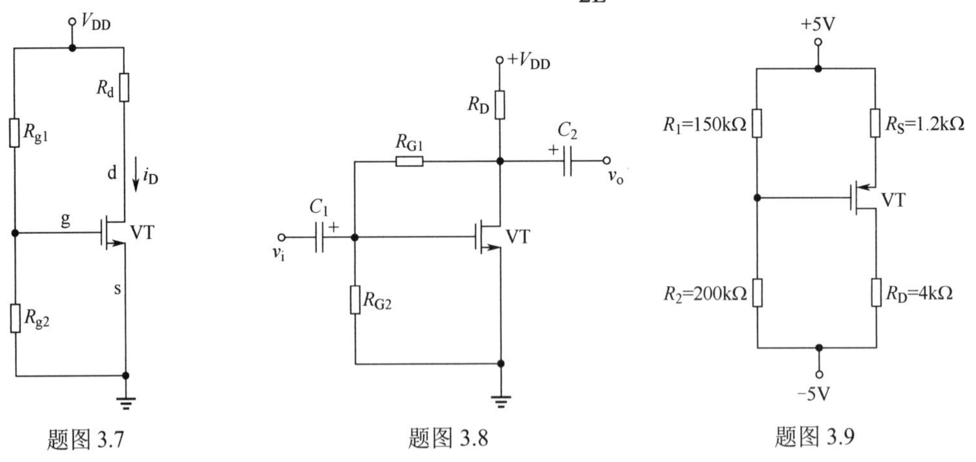

题图3.7 题图3.8 题图3.9

3.15 如题图3.10所示电路，晶体管参数为 $V_t=0.6V$，$k_n'\dfrac{W}{2L}=200\mu A/V^2$，求 V_S、V_D。

3.16 （设计题）如题图3.11所示电路，VT_1 的电流 I_{D1}=80μA。（1）求所需要 R 值和直流电压 V_D。假设NMOS晶体管的 V_t=0.6V，k_n'=200μA/V²，L=0.8μm，W=4μm，λ=0。（2）假设 V_D 加在 VT_2 的栅极，且 VT_1 和 VT_2 相同，求 VT_2 的漏极电流和电压。

3.17　（设计题）电路如题图 3.12 所示。假设 MOS 管得参数为 $V_t = 1\text{V}$，$k_n'\dfrac{W}{2L} = 500\mu\text{A/V}^2$。电路参数为 $V_{DD} = 5\text{V}$，$-V_{SS} = -5\text{V}$，$R_d = 10\text{k}\Omega$，$R = 0.5\text{k}\Omega$，$I_D = 0.5\text{mA}$。若流过 R_{g1}、R_{g2} 的电流是 I_D 的 $1/10$，试确定 R_{g1}、R_{g2} 的值。

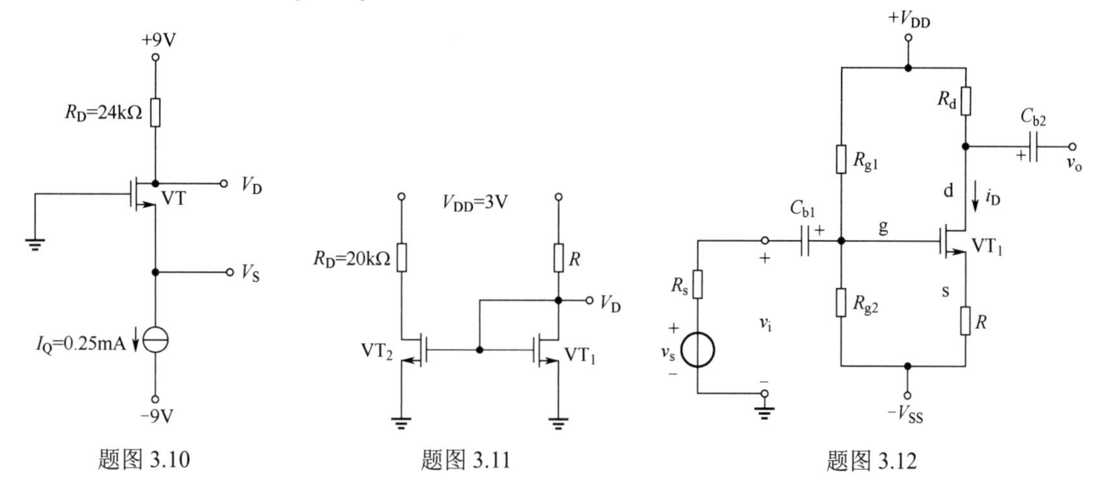

题图 3.10　　题图 3.11　　题图 3.12

3.18　（设计题）电路如题图 3.13 所示。已知 $V_{DD} = 12\text{V}$，$V_{SS} = 10\text{V}$，在 $V_{GS} = 5\text{V}$ 时的 $I_D = 2.25\text{mA}$，在 $V_{GS} = 3\text{V}$ 时的 $I_D = 0.25\text{mA}$。现要求该电路中 FET 的 $V_{DQ} = 2.4\text{V}$，$I_{DQ} = 0.64\text{mA}$，试求：

（1）晶体管的 $k_n'\dfrac{W}{2L}$ 和 V_t 的值。

（2）R_d 和 R_S 的值应各取多大？

3.19　在题图 3.14 所示的电路中，NMOS 晶体管有 $V_t = 0.9\text{V}$，$V_A = 50\text{V}$，并且工作在 $V_D = 2\text{V}$。电压增益 v_o / v_i 为多少？如果 I 增加到 1mA，V_D 和增益将变为多少？

3.20　场效应管放大器如题图 3.15 所示。假设 $k_n'(W/L)$=0.5mA/V^2，$V_t = 2\text{V}$。

（1）计算静态工作点 Q。

（2）求 A_v、A_{vs}、R_i 和 R_o。

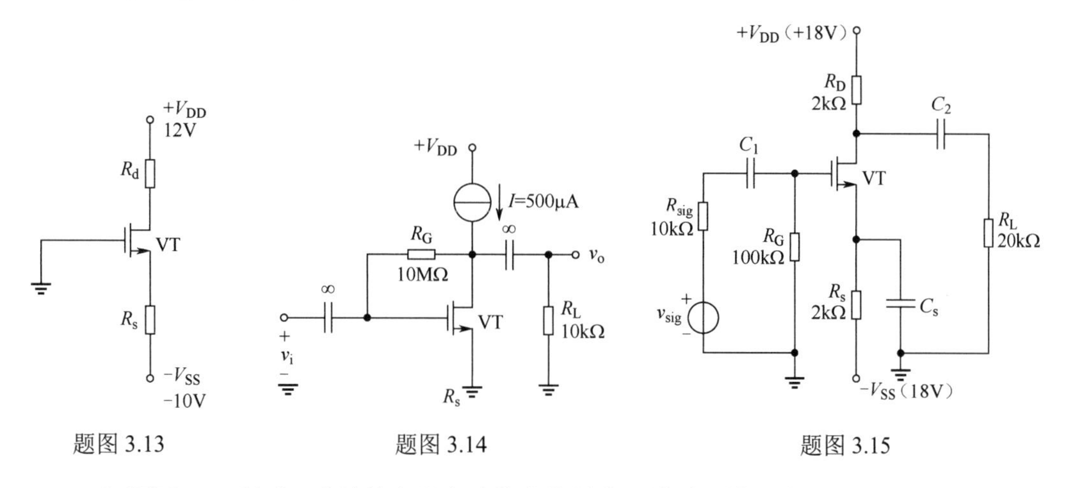

题图 3.13　　题图 3.14　　题图 3.15

3.21　如题图 3.16 所示，求该放大器电路的小信号电压增益、输入电阻和最大允许输入信号。该晶体管有 V_t=1.5V，$k_n'(W/L)$=0.25mA/V^2，V_A=50A。假定耦合电容足够大使得在所关注的信号频率上相当于短路。

3.22　电路如题图 3.17 所示。$V_{DD} = 18\text{V}$，所用场效应管为 N 沟道耗尽型，其跨导 $g_m = 2\text{mA/V}$。

电路参数 $R_{G1}=2.2\text{M}\Omega$，$R_{G2}=51\text{M}\Omega$，$R_G=10\text{M}\Omega$，$R_S=2\text{k}\Omega$，$R_D=33\text{k}\Omega$。试求：

（1）电压增益 A_V；

（2）若接上负载电阻 $R_L=100\text{k}\Omega$，求电压放大倍数；

（3）输入/输出电阻；

（4）若源极电阻的旁路电容 C_S 开路，接负载时的电压增益下降到原来的百分之几？

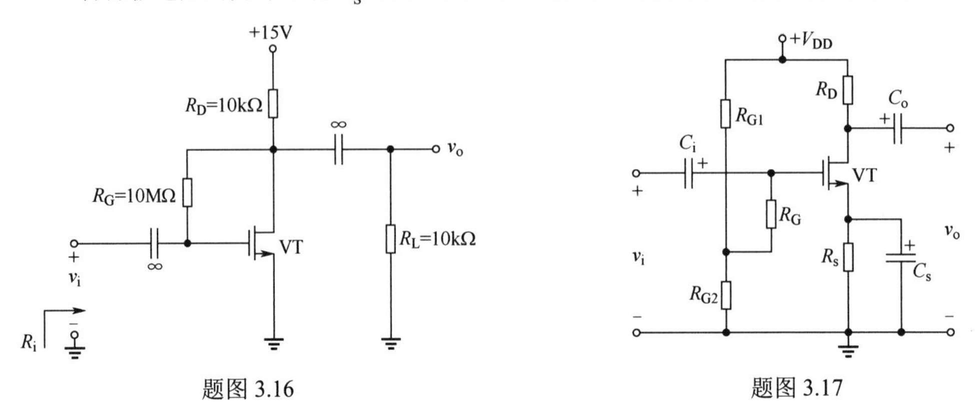

题图 3.16　　　　题图 3.17

3.23 （设计题）题图 3.18 中 MOSFET 有 $V_t=1\text{V}$，$k_n^{'}(W/L)=1\text{mA/V}^2$。

（1）求 R_D、R_S、R_G 的值是 $I_D=0.5\text{mA}$，当漏级最大的信号幅度为±2V 时，求最大可能的 R_D 值，栅极输入电阻为15MΩ。

（2）若 $V_A=40\text{V}$，求 v_o/v_{sig}。

3.24 （设计题）如题图 3.19 所示，已知静态工作点为 $I_{DQ}=1\text{mA}$，$V_{DSQ}=10\text{V}$，$V_T=2\text{V}$，$R_L=20\text{k}\Omega$，$A_v=-10\text{V/V}$，$R_i=200\text{k}\Omega$。假设 $\lambda=0$，设计该电路的所有电阻取值。

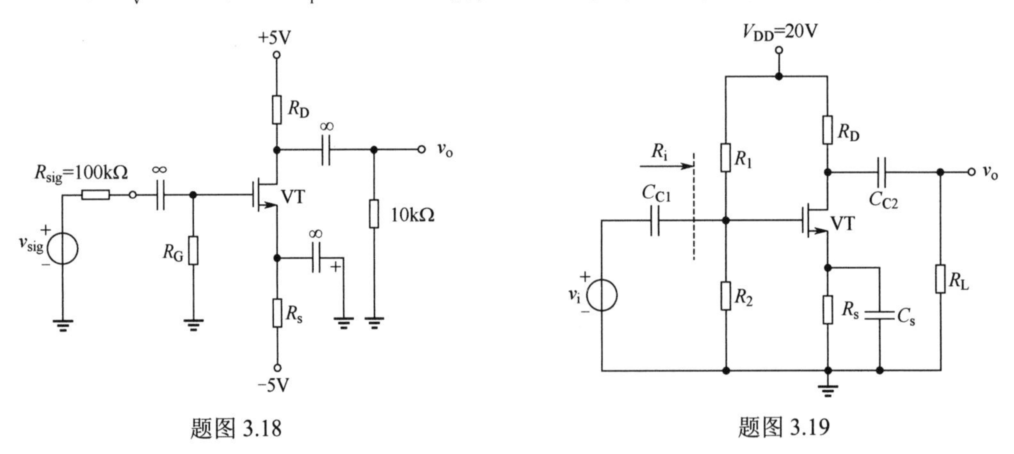

题图 3.18　　　　题图 3.19

3.25 （设计题）如题图 3.20 所示，已知静态工作点为 $I_{DQ}=6\text{mA}$，$V_{GSQ}=2.8\text{V}$，$V_{DSQ}=10\text{V}$，$g_m=2.2\text{mA/V}$，$R_L=1\text{k}\Omega$，$A_v=-1\text{V/V}$，$R_i=100\text{k}\Omega$。假设 $\lambda=0$，设计该电路的电阻，以及确定场效应管的参数 V_t 和 $k_n^{'}\dfrac{W}{L}$。

3.26 题图 3.21 所示电路中的 MOSFET 有 $V_t=1\text{V}$, $k_n'(W/L)=0.8\text{mA/V}^2$, $V_A=40\text{V}$, $R_G=10\text{M}\Omega$，$R_S=35\text{k}\Omega$，$R_D=35\text{k}\Omega$。

（1）求静态工作点 I_{DQ}、V_{GSQ}。

（2）求偏置点的 g_m 和 r_o 值。

（3）如果节点 Z 接地，节点 X 接到内阻为 500kΩ的信号源，节点 Y 接到 40kΩ的负载电阻，求从信号源到负载的电压增益、R_i、R_o。

（4）如果节点 Y 接地，求 Z 开路时从 X 到 Z 的电压增益。该源极跟随器的输出电阻为多少？

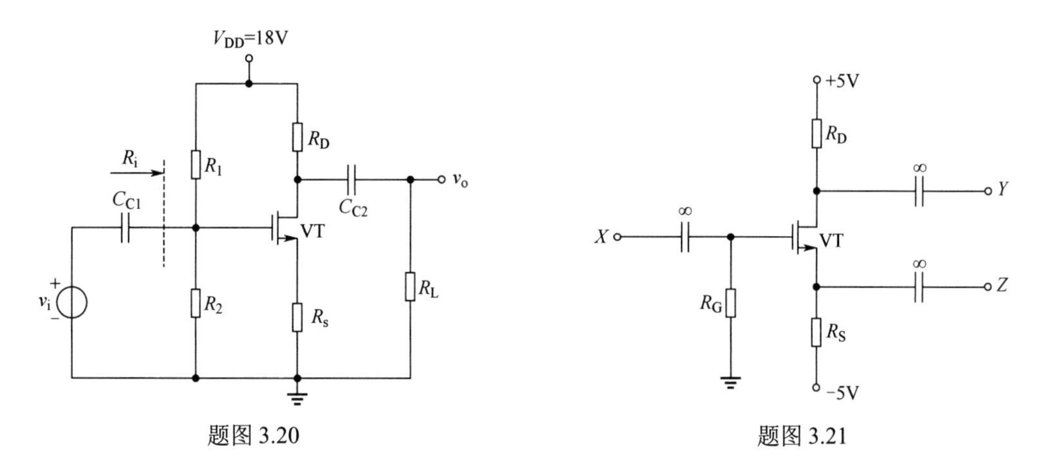

题图 3.20　　　　题图 3.21

3.27 （设计题）在题图 3.22 所示的放大电路中，已知晶体管参数 $V_t = 0.4\text{V}$，$k_n' \dfrac{W}{2L} = 0.5\text{mA/V}^2$，且假设 $\lambda = 0$。电路参数 $V_{DD} = 3\text{V}$，$R_i = 300\text{k}\Omega$。

（1）设计电路使得静态工作点为 $I_{DQ} = 0.25\text{mA}$，$V_{DSQ} = 1.5\text{V}$。

（2）求放大电路的电压增益及输出电阻。

3.28 用欧姆表的两个测试棒分别连接 JFET 的漏极和源极，测得阻值为 R_1，然后将红棒（接负电压）同时与栅极相连，发现欧姆表上阻值仍近似为 R_1，再将黑棒（接正电压）同时与栅极相连，得欧姆表上阻值为 R_2，且 $R_2 >> R_1$，试确定该场效应管为 N 沟道还是 P 沟道。

3.29 对于题图 3.23 所示的固定偏置电路，求：

（1）确定 I_{DQ} 和 V_{GSQ}；

（2）求 V_S、V_D、V_G 的值。

3.30 对于题图 3.24 所示的分压偏置电路，求：

（1）I_D；

（2）V_S 和 V_{DS}；

（3）V_G 和 V_{GS}。

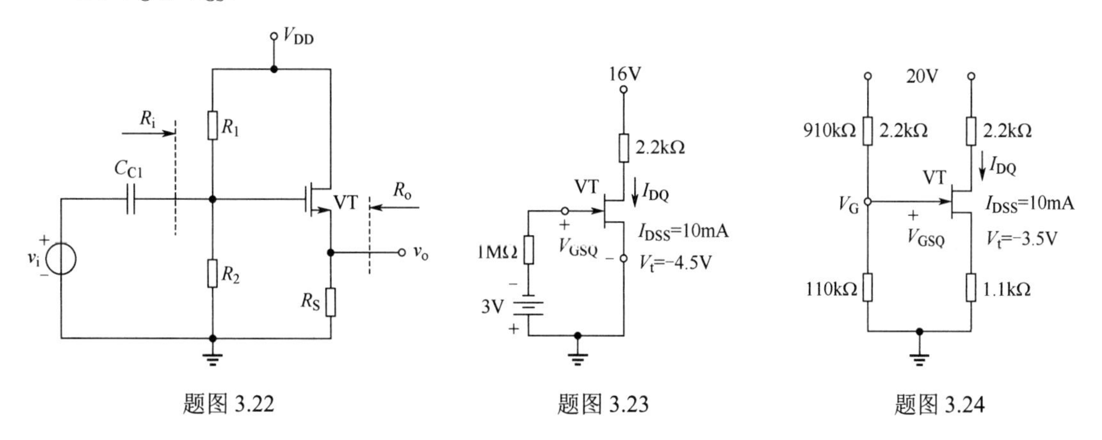

题图 3.22　　　　题图 3.23　　　　题图 3.24

第4章 双极型晶体管

双极型晶体管（Bipolar Junction Transistor，BJT）又称为晶体三极管，简称三极管，是另一种半导体三端口器件。因为三极管正常工作时，内部有两种载流子同时参与导电，双极型晶体管由此得名。

1947年12月23日下午，Walter H. Brattain 和 John Bardeen 在贝尔电话实验室演示了第一只晶体管的放大作用，从此，电子产业迎来了一个全新的发展时代。晶体管的诞生开创了固体电路的新纪元，在近几十年内，双极型晶体管是分立元件电路和集成电路设计中的首选器件。虽然目前 MOSFET 器件已成为应用最广泛的电子器件，但 BJT 在分立元件电路中，特别是在超高频电路中，仍然有很多应用。在集成电路中，双极型晶体管可以与 MOSFET 结合起来创建一种新的集成电路技术，称为 BiMOS 或 BiCMOS 技术，这种技术结合了 MOSFET 的高输入阻抗、低功耗的优点，以及双极型晶体管的超高频性能、大电流驱动能力的优点，获得了广泛应用。

本章首先介绍 BJT 的物理结构和工作原理；然后给出晶体三极管的伏安特性及工作模型；最后给出晶体三极管电路的直流和交流分析。本章的重点内容为晶体三极管结构及工作原理、工作特性、小信号等效模型、共射、共基、共集放大电路的分析与设计等。

学习目标

1. 能够根据电路符号和伏安特性曲线，识别 BJT 器件类型，区分工作状态，对应不同工作条件选择不同的模型。
2. 能够根据 CE 放大器的传输特性曲线，估算交流放大输入、输出信号范围，设计合理的直流偏置点。
3. 能够根据电路拓扑结构，识别3种 BJT 放大器组态，完成交直流分析，并根据放大器性能参数评估放大器性能。
4. 能够根据设计要求，合理选择放大器组态，完成放大器设计。

4.1 晶体三极管的器件结构及工作原理

晶体三极管由3层独立的杂质半导体形成，3层杂质半导体共形成两个 PN 结，每个 PN 结都有两种工作模式，即正偏或反偏。因此，两个 PN 结共有4种偏置模式的组合，形成晶体三极管的4种工作模式。

4.1.1 器件结构

晶体三极管是由两个靠得很近且背对背排列的 PN 结构成的，根据排列方式的不同，晶体三极管可分为 NPN 和 PNP 两种类型。三极管的简化结构如图4.1所示。三极管的3个半导体区域按从左到右的顺序分别称为发射区、基区和集电区，每个区的电极引出线分别称为发射极（E）、基极（B）和集电极（C），这3个半导体区域形成两个 PN 结，分别称为发射结（EBJ）和集电结（CBJ）。

三极管的实际结构要比图4.1复杂得多，如图4.2所示为一个典型的 NPN 型三极管截面图。从图4.2中可以看出，晶体三极管并不是对称结构的，这种非对称体现在发射区和集电区并不相同，各区的掺杂浓度也各不相同。例如，典型的发射区、基区、集电区的掺杂浓度分别为 10^{19}cm^{-3}、10^{17}cm^{-3}、10^{15}cm^{-3}。因此，即使有两个区均为 N 型半导体或均为 P 型半导体，这两个区也不能交换，否则会影响三极管的正常工作。

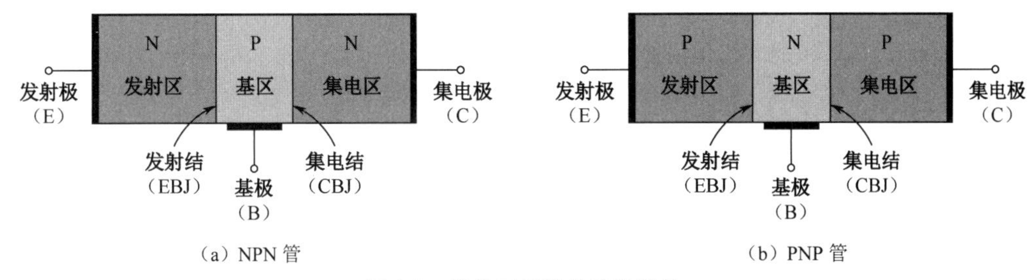

图 4.1　晶体三极管的简化结构

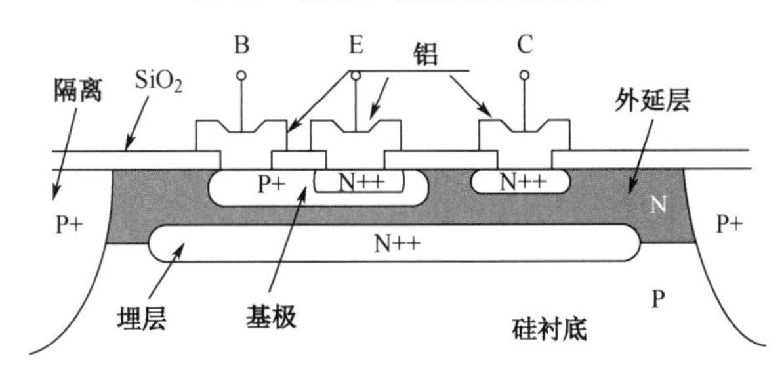

图 4.2　典型的 NPN 型晶体三极管截面图

图 4.1 所示的简化结构尽管非常简单，但对理解晶体三极管的工作原理还是非常有帮助的，在本章后续的介绍中，仍然会采用简化结构来介绍晶体三极管的工作原理和基本性能。

当晶体三极管发射结正偏，集电结反偏时，晶体三极管工作在放大模式。在这一模式下，三极管的集电极电流和发射极电流主要受发射结上正偏电压的控制，而几乎不受集电结上反偏电压的控制，这种作用称为“正向受控”，是实现放大器的基础。

两个 PN 结均加正偏电压，则三极管工作在饱和模式；两个 PN 结均加反偏电压，则三极管工作在截止模式；这两种模式呈现受控开关特性，是实现开关电路的基础。当发射结反偏、集电结正偏时，称为反向放大模式，但放大能力极弱，这一模式基本没有应用。

4.1.2　放大模式下 NPN 晶体三极管的工作原理

下面以 NPN 晶体三极管为例，介绍放大模式下晶体三极管的工作原理，PNP 三极管的放大工作原理与之相同。晶体管工作在放大模式时，发射结正偏，集电结反偏。使用两个外部电源对发射结加正偏电压，集电结加反偏电压，以满足放大模式的电压偏置要求。NPN 晶体三极管需满足以下工艺条件。

①发射区需高掺杂，保证能发射足够多的自由电子。

②基区很薄，以减小基区中非平衡少子（自由电子）在向集电结扩散过程中复合的可能性，保证绝大部分非平衡少子都能到达集电结边界处。

③集电结面积远大于发射结面积，保证扩散到集电结边界处的非平衡少子全部漂移到集电区，形成受控的集电极电流。

工作在放大模式时三极管的工作过程如下。

图 4.3 所示为放大模式下理想 NPN 三极管电流的示意图，由于发射结正偏，发射区中的自由电子通过发射结进入到基区，同时基区很薄且掺杂浓度较低，因此只有很少量的自由电子会被基区中的空穴复合，大量电子会穿越基区，到达集电结边界。同时集电结反偏，自由电子在集电结反偏电压的作用下，穿过集电结，进入集电区，形成集电极电流。从这一工作过程可以看出，集电极电流的大小主要由发射区发射自由电子的数量决定，而与集电结电压无关。

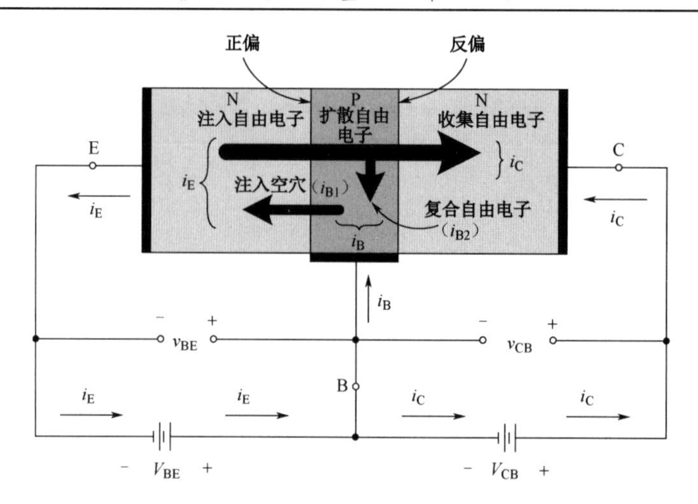

图 4.3 放大模式下理想 NPN 三极管电流示意图

（1）发射极电流

因为发射结正偏，所以根据 PN 结的电流电压方程可知，流过发射结的电流是发射结电压的指数函数，如式(4.1)所示。

$$i_{\mathrm{E}}=I_{\mathrm{EO}}\left[\mathrm{e}^{v_{\mathrm{BE}}/V_{\mathrm{T}}}-1\right] \tag{4.1}$$

通常 $v_{\mathrm{BE}}\gg V_{\mathrm{T}}$，$\mathrm{e}^{v_{\mathrm{BE}}/V_{\mathrm{T}}}\gg 1$，则式(4.1)可近似写为

$$i_{\mathrm{E}}=I_{\mathrm{EO}}\left[\mathrm{e}^{v_{\mathrm{BE}}/V_{\mathrm{T}}}-1\right]\cong I_{\mathrm{EO}}\mathrm{e}^{v_{\mathrm{BE}}/V_{\mathrm{T}}} \tag{4.2}$$

式中，I_{EO} 为发射结电参数，与发射结面积成正比，典型值为 10^{-15}～10^{-12}A。

进一步分析发射结电流，可以看到，通过发射结的正向电流由两部分组成：一是发射区中自由电子通过发射结源源不断地注入到基区而形成的自由电子电流 i_{En}；二是基区中多了空穴通过发射结注入到发射区而形成的空穴电流 i_{Ep}。因此，发射区除了要向基区注入自由电子，还要复合由基区注入过来的所有非平衡空穴，而外电路电源 V_{BE} 则向发射区补充自由电子，因此自发射极流出的电流 i_{E} 是通过发射结的自由电子电流和空穴电流之和。

$$i_{\mathrm{E}}=i_{\mathrm{En}}+i_{\mathrm{Ep}} \tag{4.3}$$

晶体三极管制造工艺要求发射区为高掺杂，基区为低掺杂，因此 i_{En} 通常要远远大于 i_{Ep}，发射极电流主要由 i_{En} 构成。如图 4.3 所示，i_{E} 的方向从发射极流出，主要由自由电子电流组成。

（2）集电极电流

发射区注入到基区的自由电子，除了少部分被基区中的多子空穴复合掉，绝大部分都到达集电结边界。由于集电结加反偏电压，集电极电位高于基极电位，这些自由电子将被扫过集电结进入集电区，它们被收集形成集电极电流。因此，集电极电流与到达集电结边界的自由电子数量有关，而不受集电结反向偏置电压大小的影响。每单位时间到达集电结自由电子的数量与发射区注入到基区的自由电子数量成正比，而发射区注入到基区的自由电子形成的电流与 $\mathrm{e}^{v_{\mathrm{BE}}/V_{\mathrm{T}}}$ 成正比，则集电极电流也与 $\mathrm{e}^{v_{\mathrm{BE}}/V_{\mathrm{T}}}$ 成正比。因此，集电极电流受另外两个电极之间的电压 v_{BE} 控制，此时，三极管类似一个恒流源输出，如式(4.4)所示。

$$i_{\mathrm{C}}=I_{\mathrm{S}}\mathrm{e}^{v_{\mathrm{BE}}/V_{\mathrm{T}}} \tag{4.4}$$

由前面分析可知，集电极电流比发射极电流稍小一点。发射极电流与集电极电流关系记为 $i_{\mathrm{C}}=\alpha i_{\mathrm{E}}$，因此也可以得到 $I_{\mathrm{S}}=\alpha I_{\mathrm{EO}}$，其中 α 称为共基极电流传输系数。

进一步分析，集电极电流的主要组成部分是由基区出发到达集电结边界的自由电子形成的自由电子电流 i_{Cn1}，除此之外，还有集电结反偏时两边少子形成的空穴电流 i_{Cp} 和自由电子电流 i_{Cn2}，这两个电流共同构成了反向饱和电流。

$$I_C = I_{Cn1} + I_{Cn2} + I_{Cp} = I_{Cn1} + I_{CBO} \tag{4.5}$$

其中

$$I_{CBO} = I_{Cn2} + I_{Cp} \tag{4.6}$$

是集电结本身的反向饱和电流，由基极流出并通过外电路流入集电极。

集电极电流的大小与集电结电压 V_{CB} 几乎无关，只要集电极相对于基极电位为正，到达基区集电结一边的自由电子就会被扫进集电区，并形成集电极电流。

（3）基极电流

基极电流由两部分组成。由于发射结正偏，基区的多子空穴通过发射结流入发射区形成电流 i_{B1}，这一电流也与发射结电压的指数函数成正比；另一个电流是发射区发射到基区的自由电子与基区的空穴复合形成的复合电流 i_{B2}，这一电流与发射区注入到基区的自由电子数量成正比，因此也与发射结电压的指数函数成正比。总的基极电流 i_B 由 i_{B1} 和 i_{B2} 电流共同构成，因此也与发射极电压的指数函数成正比，如式(4.7)所示。

$$i_B = I_{BO} e^{v_{BE}/V_T} \tag{4.7}$$

由于三极管的发射区掺杂浓度远高于基区，基区多子空穴的数量远少于发射区自由电子的数量，因此 i_{B1} 远远小于发射极电流；同样，由于基区很薄，基区的空穴复合自由电子的数量也非常少，i_{B2} 远远小于发射极电流，因此晶体管的基极电流要比发射极电流和集电极电流小很多。

在三极管中，集电极电流和基极电流都与发射结电压的指数函数成比例，这就意味着集电极电流与基极电流呈线性关系，因此可得

$$\frac{i_C}{i_B} = \beta \tag{4.8}$$

或

$$I_B = I_{BO} e^{v_{BE}/V_T} = \frac{i_C}{\beta} = \frac{I_S}{\beta} e^{v_{BE}/V_T} \tag{4.9}$$

其中，β 是三极管的重要参数，被称为共发射极电流增益。在理想情况下，β 被认为是一常数，通常为 50～300。

β 与三极管的工艺密切相关，通常情况下我们认为 β 是一个常数，但实际情况是 β 只是在一定条件下是常数，在条件发生变化时，β 也会发生改变。

下面介绍晶体三极管电流方程。如图 4.3 所示，如果将三极管看作一个节点，根据基尔霍夫电流定律可得

$$i_E = i_C + i_B \tag{4.10}$$

若三极管工作在放大模式，根据前面讨论，则有

$$i_C = \beta i_B \tag{4.11}$$

将式(4.11)代入式(4.10)，可以得到如下发射极电流与基极电流的关系

$$i_E = (1+\beta) i_B \tag{4.12}$$

由式(4.11)求得 i_B，并代入式(4.10)可以得到，集电极电流与发射极电流的关系为

$$i_C = \left(\frac{\beta}{1+\beta}\right) i_E \tag{4.13}$$

即

$$i_C = \alpha i_E \tag{4.14}$$

其中

$$\alpha = \frac{\beta}{1+\beta} \tag{4.15}$$

被称为共基极电流传输系数。α 通常是一个小于 1，但非常接近于 1 的数。当 $\beta = 100$ 时，

$\alpha = 0.99$。

由式(4.15)也可得到 $\beta = \dfrac{\alpha}{1-\alpha}$。

NPN 三极管工作模式总结为：当发射结正偏，集电结反偏时，晶体管工作在放大模式。在这一工作模式下，集电极电流主要由发射结电压控制，而与集电结本身的电压几乎无关，集电极呈现理想电流源特性，集电极电流是发射极电流的 α 倍，是基极电流的 β 倍。若 $\beta >> 1$，则 $\alpha \cong 1$，$i_C \cong i_E$。

在中除了 3 个电极的工作电流，还有两个寄生电流，分别为 I_{CBO} 和 I_{CEO}。其中 I_{CEO} 为集电极与发射极间的反向饱和电流或穿透电流，$I_{CEO} = (1+\beta)I_{CBO}$。在三极管正常放大工作时，寄生电流越小越好。

从三极管电流方程可以看到，集电极电流 i_C 仅与发射结电压 v_{BE} 有关，而与集电结电压 v_{CB} 无关，但在晶体管的实际工作中，当 v_{BE} 值一定时，增大 v_{CB} 将增大集电结的反向偏置电压，同时会导致集电结耗尽区宽度增大，结果是基区的实际宽度减小，因而由发射区注入的非平衡少子自由电子在向集电结扩散过程中与基区中多子空穴复合的机会减小，从而使得 i_B 减小，而 i_C 略有增大。由于 $v_{CB} = v_{CE} - v_{BE}$，且 v_{BE} 值在 0.7V 左右，因此 v_{CB} 的变化与 v_{CE} 一致，我们更习惯以 v_{CE} 的变化来代替描述 v_{CB} 的变化对电流的影响，故通常将 v_{CE} 引起基区实际宽度变化而导致电流变化的效应称为基区宽度调制效应。

4.1.3 放大模式下 PNP 晶体三极管的工作原理

PNP 三极管的工作原理与 NPN 三极管相同，PNP 三极管工作在放大模式时同样要求发射结正偏，集电结反偏，但由于半导体类型不同，加在 PNP 三极管上的电压及形成的电流方向均与 NPN 型三极管相反。放大模式下 PNP 三极管电流示意图如图 4.4 所示。

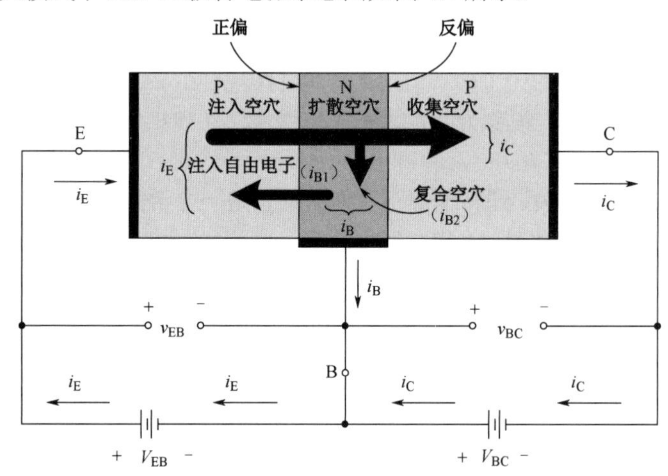

图 4.4 放大模式下 PNP 三极管电流示意图

因为发射结正偏，所以发射极电流与电压的指数函数成正比，即

$$i_E \cong I_{EO} e^{v_{EB}/V_T} \tag{4.16}$$

式中，v_{EB} 为发射结正偏电压，因为发射区是 P 型半导体，而基区是 N 型半导体，所以发射区要接正电压，基区接负电压，与 NPN 型半导体正好相反。在正偏电压的作用下，发射区的多子空穴被注入到基区；由于基区很薄，且掺杂浓度低，因此这些空穴大部分都会到达集电结边界；当集电结反偏时，在电场作用下，空穴进入集电区，形成集电极电流。和 NPN 三极管一样，集电极电流的大小与发射区发射的空穴数量有关，而与集电结电压无关，则集电极电流为

$$i_C = \alpha i_E = I_S e^{v_{EB}/V_T} \tag{4.17}$$

式中，α 为 PNP 三极管的共基极电流传输系数。

同样，PNP 三极管的基极电流由两部分组成：一部分是基区的多子自由电子在发射结正偏电压的作用下流向发射区形成的电流 i_{B1}；另一部分是发射区发射到基区的空穴与基区的自由电子复合形成的复合电流 i_{B2}。总的基极电流 i_B 由 i_{B1} 和 i_{B2} 电流共同构成，如式(4.18)所示。

$$i_B = I_{BO}e^{v_{EB}/V_T} = \frac{i_C}{\beta} = \frac{I_S}{\beta}e^{v_{EB}/V_T} \tag{4.18}$$

式中，β 为 PNP 三极管的共发射极电流增益。

可以看到，PNP 三极管的电流方程与 NPN 三极管非常类似，工作在放大模式的两类三极管电流方程的总结对比如表 4.1 所示。

表 4.1 工作在放大模式的两类三极管电流方程

NPN	PNP
$i_C = I_S e^{v_{BE}/V_T}$ $i_E = \frac{I_S}{\alpha}e^{v_{BE}/V_T}$ $i_B = \frac{I_S}{\beta}e^{v_{BE}/V_T}$	$i_C = I_S e^{v_{EB}/V_T}$ $i_E = \frac{I_S}{\alpha}e^{v_{EB}/V_T}$ $i_B = \frac{I_S}{\beta}e^{v_{EB}/V_T}$
所有晶体管	
$i_E = i_C + i_B$ $i_E = (1+\beta)i_B$ $\alpha = \frac{\beta}{1+\beta}$	$i_C = \beta i_B$ $i_C = \left(\frac{\beta}{1+\beta}\right)i_E = \alpha i_E$ $\beta = \frac{\alpha}{1-\alpha}$

4.2 晶体三极管的特性及建模分析

4.2.1 晶体三极管的电路符号

图 4.5 所示为晶体三极管的电路符号，器件的极性（NPN 或 PNP）由发射极上的箭头方向来指明。箭头指向发射极中电流正常流动的方向，也是发射结的正偏方向。

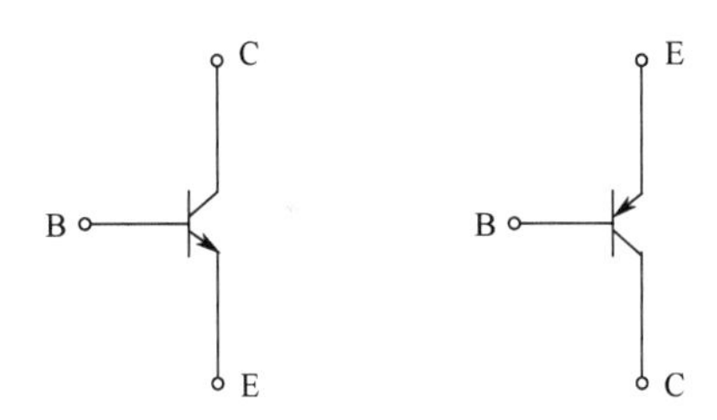

图 4.5 晶体三极管的电路符号

4.2.2 晶体三极管的伏安特性

晶体三极管为三端器件，当作为二端口网络时，必定有一个电极作为输入端和输出端的公共端，连接方式则以公共端命名，因此有共发射极、共基极和共集电极 3 种连接方式，如图 4.6 所示。在这 3 种连接方式中，每个端口均有两个变量（端电压和端电流），总共有 4 个端变量。因而要在平面坐标上表示晶体三极管的伏安特性，就必须采用两组曲线族，一般采用输入特性曲线族和输出特性曲线族。以应用最广泛的共发射极连接方式为例，相应的输入特性曲线族和输出特性曲线族分别为

$$i_B = f_1(v_{BE})\big|_{v_{CE}=常数} \tag{4.19}$$

$$i_C = f_2(v_{CE})\big|_{i_B=常数} \tag{4.20}$$

在某些应用中，还需要其他形式的特性曲线。例如，以 v_{BE} 为参变量的输出特性曲线，以 v_{CE} 为参变量的 i_C 随 v_{BE} 变化的转移特性曲线族等，这些曲线均可以从上述形式的输入/输出特性曲线族转化得到。

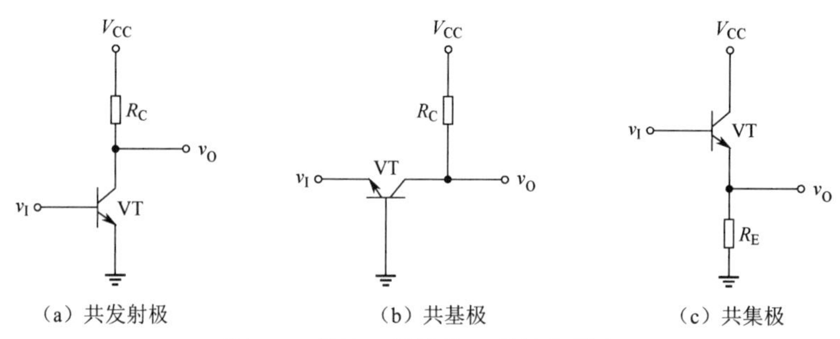

图 4.6　晶体三极管的 3 种基本组态

1．输入特性曲线族

测试某 NPN 晶体三极管输入特性曲线族如图 4.7 所示。从图 4.7 中可以看出，曲线形状与二极管的伏安特性曲线类似，但基极电流很小，电流单位为μA。另外，它与 v_{CE} 有关，当 v_{CE} 在 0～0.3V 范围内变化时，i_B 变化较大，此时晶体三极管工作在饱和模式，v_{CE} 越小，饱和越深，i_B 就越大，导致曲线移动增大。当 $v_{CE}=0.3\text{V}$ 时，由于发射结正偏，发射结电压 $v_{BE}\cong 0.7\text{V}$，此时可以得到集电结电压 $v_{BC}\cong 0.4\text{V}$，集电结刚达到 PN 结的开启电压左右。如果 v_{CE} 再增加，集电结将会反偏，晶体三极管进入放大区，因此将 0.3V 作为饱和区与放大区的分界线。当 v_{CE} 大于 0.3V 时，晶体三极管工作在放大模式，理想情况下电流 i_B 应不随 v_{CE} 变化，但基区宽度调制效应的存在使得当 v_{CE} 增大时，i_B 略有减小。显然，相对于 i_B 随 v_{BE} 的变化来说，v_{CE} 通过基区宽度调制效应引起的 i_B 变化是第二位的。因此，在工程分析时，三极管工作在放大模式下，可以不考虑这种影响，近似认为输入特性曲线是一条不随 v_{CE} 变化而移动的曲线。

2．输出特性曲线族

图 4.8 所示为测试得到的某 NPN 型三极管输出特性曲线族。输出特性曲线族可分为 4 个区域：饱和区、放大区、截止区和击穿区。

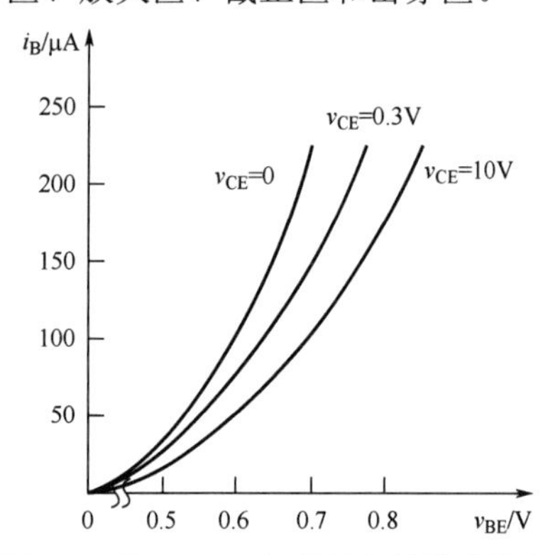

图 4.7　某 NPN 三极管输入特性曲线族

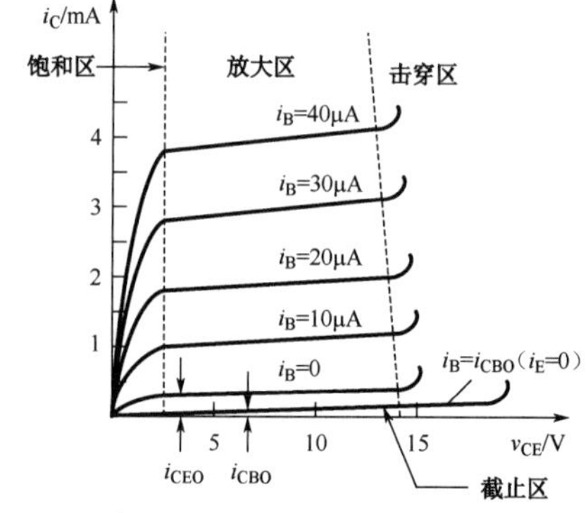

图 4.8　测试得到的某 NPN 型三极管输出特性曲线族

（1）饱和区

饱和区对应的是晶体三极管的饱和工作模式，三极管在这个区域工作时发射结和集电结都处于正偏导通状态。如前所述，饱和区与放大区的分界线 v_{CE} 约为 0.3V，当 $v_{CE}\leqslant 0.3\text{V}$ 时，晶体三极管工作在饱和区，在这个区域内 i_C 与 i_B 之间不再满足电流传输方程（$i_C<\beta i_B$），并且，当晶体三极管工作在饱和区时，近似认为晶体三极管集电极电压为 0.3V，即称三极管饱和压降为 $V_{CE(sat)}=0.3\text{V}$。晶体三极管饱和区的大信号等效模型如图 4.9 所示。

（2）放大区

放大区对应的是晶体三极管的放大工作模式，三极管在这个区域工作时发射结正偏导通，集电结反偏截止。当 $v_{CE}>0.3\text{V}$ 时，三极管进入放大区（图 4.8），对于理想的三极管来说，在这个区域中，输出特性曲线族是一组近似间隔均匀、平行的直线。v_{CE} 在一定范围内增加，i_C 几乎不变；

但当 i_B 增加时，i_C 成比例地增大，$i_C=\beta i_B$，体现了输入电流 i_B 对输出电流 i_C 的控制作用。图 4.10 所示为理想晶体管放大区的大信号等效模型。

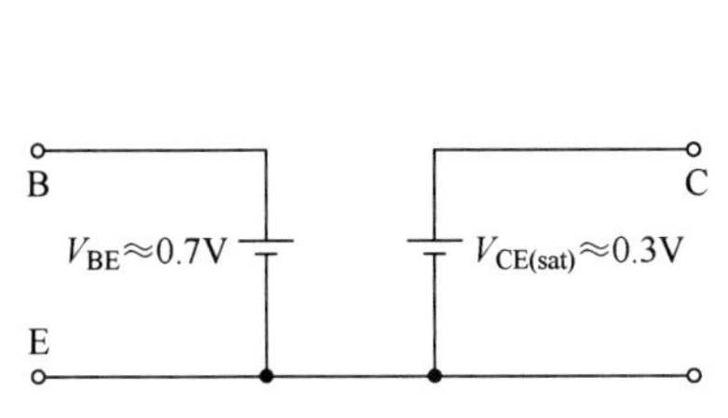

图 4.9　晶体三极管饱和区的大信号等效模型

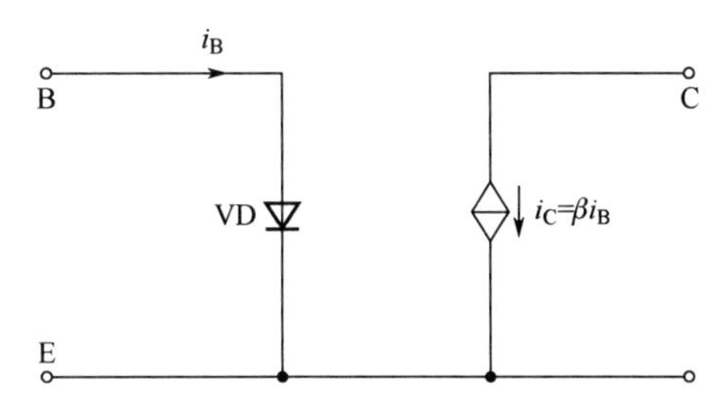

图 4.10　理想晶体三极管放大区的大信号等效模型

实际上，三极管工作在放大区时的一组平行线并不是完全平行于横坐标，而是微微有点上翘，有限输出阻抗共发射极三极管电流电压特性如图 4.11 所示，这里以发射结的正偏电压 v_{BE} 为参数。从图 4.11 中可以看到，当 v_{BE} 一定时，随着 v_{CE} 进一步增大，i_C 并不是完全不变的，而是略有增加的，因此放大区中这组平行线是稍有上翘的，沿这组上翘的曲线作反向延长线，将会在负电压轴上相交于 $v_{CE}=-V_A$ 点，电压 V_A 为一个正电压值，被称为厄尔利电压，通常范围为 50V<V_A<300V。对于 PNP 三极管来说，存在同样的效应，只是横坐标为 v_{EC}。

引起这组曲线上翘的原因是基区宽度调制效应，也称为厄尔利效应。基区宽度调制效应带来的影响是使得三极管集电极的输出不是一个理想电流源的输出，而是一个有一定输出电阻的电流源输出，也就意味着集电极的输出电阻不再是无限大，而是一个有限值。定义集电极输出电阻为

$$r_o=\left(\frac{\partial i_C}{\partial v_{CE}}\right)^{-1}\Bigg|_{v_{BE}=\text{const}} \tag{4.21}$$

考虑厄尔利电压的影响，可修正 i_C 电流方程为

$$i_C=I_S e^{v_{BE}/V_T}\left(1+\frac{v_{CE}}{V_A}\right) \tag{4.22}$$

由式(4.21)和式(4.22)可得

$$r_o=\frac{V_A}{I_C} \tag{4.23}$$

式中，I_C 为忽略厄尔利效应后的集电极电流。

考虑输出电阻的晶体管放大区大信号等效模型如图 4.12 所示。

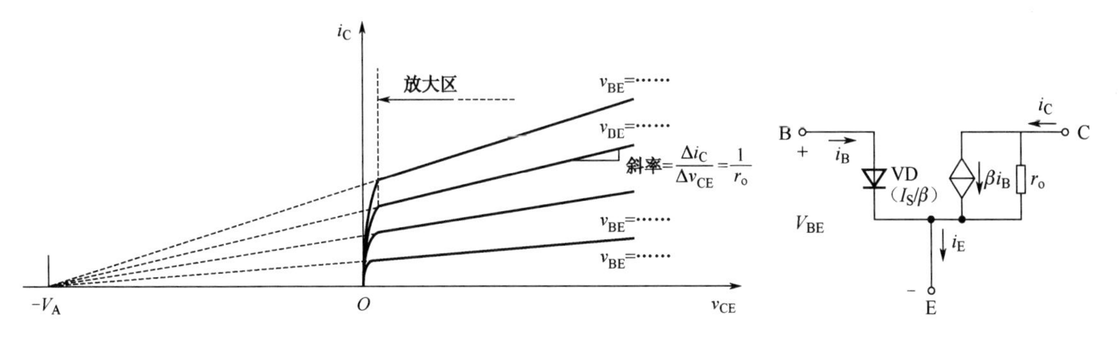

图 4.11　有限输出阻抗共发射极三极管电流电压特性

图 4.12　考虑输出电阻的三极管放大区大信号等效模型

（3）截止区

发射极电流 $i_E=0$ 以下的区域称为截止区，当 $i_E=0$ 时，$i_C=I_{CBO}$，$i_B=-I_{CBO}$。但通常在工程上也将基极电流 $i_B=0$ 以下的区域称为截止区。在截止区，三极管的发射结和集电结均反偏。

（4）击穿区

随着 v_{CE} 持续增大，加在集电结上的反偏电压 v_{CB} 相应增大。当 v_{CE} 增大到一定值时，集电结发生反向击穿，造成电流 i_C 剧增，形成击穿区。

3．晶体三极管的主要参数

（1）直流电流放大系数

三极管电流放大系数有直流 $(\overline{\alpha},\overline{\beta})$ 和交流 (α,β) 两种，共基和共射直流电流放大系数 $\overline{\alpha}$ 和 $\overline{\beta}$ 分别定义为

$$\overline{\alpha}=\frac{I_C-I_{CBO}}{I_E}\approx\frac{I_C}{I_E} \tag{4.24}$$

$$\overline{\beta}=\frac{I_C-I_{CEO}}{I_B}\approx\frac{I_C}{I_B} \tag{4.25}$$

共基和共射交流电流放大系数 α 和 β 分别定义为

$$\alpha=\left.\frac{\Delta i_C}{\Delta i_E}\right|_Q \tag{4.26}$$

$$\beta=\left.\frac{\Delta i_C}{\Delta i_B}\right|_Q \tag{4.27}$$

由式(4.24)～式(4.27)可知，$\overline{\alpha}$ 和 $\overline{\beta}$ 反映静态（直流）电流之比，α 和 β 反映静态工作点 Q 上动态（交流）电流之比。在三极管输出特性曲线间距基本相等并忽略 I_{CBO} 和 I_{CEO} 时，两者数值近似相等。因此，在工程上，通常不区分交流和直流，都用 α 和 β 表示。

（2）极间反向电流

①反向饱和电流 I_{CBO}。I_{CBO} 表示发射极开路时，集电极和基极间的反向饱和电流，其大小取决于温度和少数载流子的浓度。通常 I_{CBO} 很小，对于硅管来说，其值为 10^{-16}～10^{-9}A，一般可忽略。

②穿透电流 I_{CEO}。I_{CEO} 表示基极开路时由集电极直通到发射极的电流。$I_{CEO}=(1+\beta)I_{CBO}$，I_{CEO} 远大于 I_{CBO}，但在常温下 I_{CBO} 很小，因而 I_{CEO} 仍然是一个小值，一般可忽略不计。

（3）极限参数

①集电极最大允许电流 I_{CM}。I_{CM} 是指三极管集电极允许的最大电流。当 i_C 超过 I_{CM} 时，β 明显下降。

②集电极最大允许功耗 P_{CM}。P_{CM} 表示在集电结最高工作温度的限制下，三极管所能承受的最大集电结耗散功率。为保证三极管安全工作，P_C 必须小于或等于 P_{CM}。

③反向击穿电压 $V_{(BR)CEO}$。$V_{(BR)CEO}$ 表示基极开路时集电极与发射极间的反向击穿电压。

在共发射极输出特性曲线上，由极限参数 I_{CM}、$V_{(BR)CEO}$、P_{CM} 所限定的区域通常称为安全工作区，如图 4.13 所示。为了确保三极管安全工作，使用时不能超出这个区域。

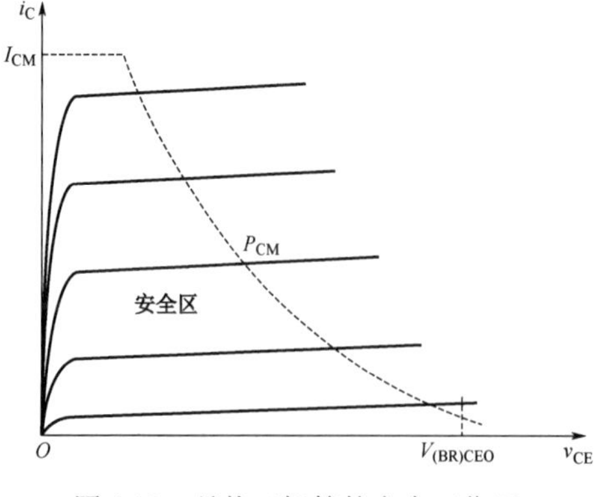

图 4.13 晶体三极管的安全工作区

4.2.3　晶体三极管电路的分析方法基础

1. 直流分析与交流信号分析分离

通常，实际的放大电路中既有直流电源提供电路直流电，也有交流的输入信号携带需要放大的信息。图 4.14 所示为常用的实际放大电路。

和场效应管电路一样，在分析实际三极管放大电路时，要先进行直流分析，得到需要的直流工作电压和电流，进而得到与直流工作点相关的晶体管小信号等效参数，再进行交流小信号电路分析。直流分析在放大电路的直流通路上完成，而交流分析则在放大电路的交流通路上完成。放大电路的直流通路和交流通路分别是指放大电路的直流电流和交流电流的流通途径。通常，画电路的直流通路和交流通路时对电路中器件的处理遵循以下原则。

①直流通路：所有电容开路，电感短路，独立的交流电压源短路，独立的交流电流源开路，但保留信号源内阻。

②交流通路：隔直流电容和旁路电容短路，扼流圈等大电感开路，独立的直流电压源短路，独立的直流电流源开路，但保留信号源内阻。

根据以上原则，可得到图 4.15 所示的直流通路和交流通路。

一个实际放大电路的组成是否合理，也可通过判断其直流通路和交流通路是否合理来得到结论。

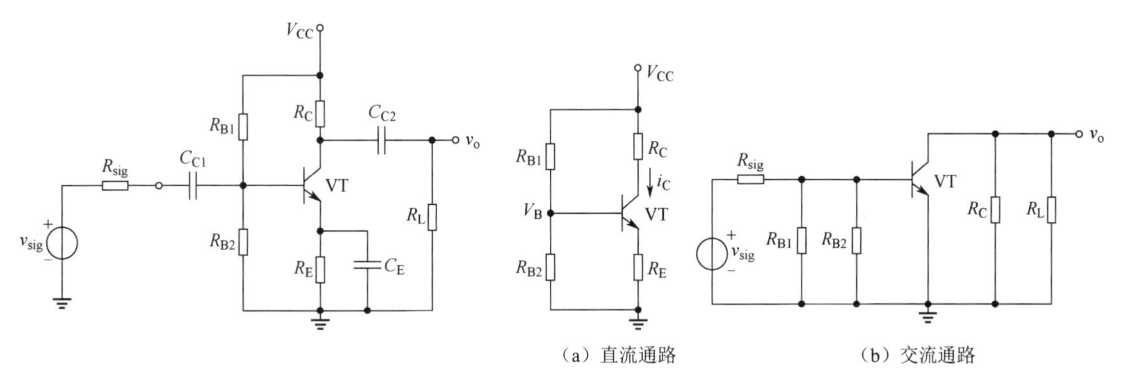

图 4.14　常用的实际放大电路

图 4.15　直流通路和交流通路

2. 设置合理的直流偏置点

与场效应管一样，晶体三极管在工作时也需要设置合适的偏置点，根据晶体三极管的不同应用，需要选择不同的工作点。若用作开关，则需要将工作点选取在饱和区和截止区；若是设计放大电路，则应将工作点选取在放大区。

图 4.16 所示为一个最基本的共发射极晶体三极管放大电路，图 4.17 所示为三极管共发射极放大电路的输入/输出传输特性曲线。从图 4.17 中可以看到，在增益无明确要求的条件下，三极管作为放大器时静态工作点应尽可能选取在放大模式的中间位置，以保证放大的输出信号有足够大的动态范围。

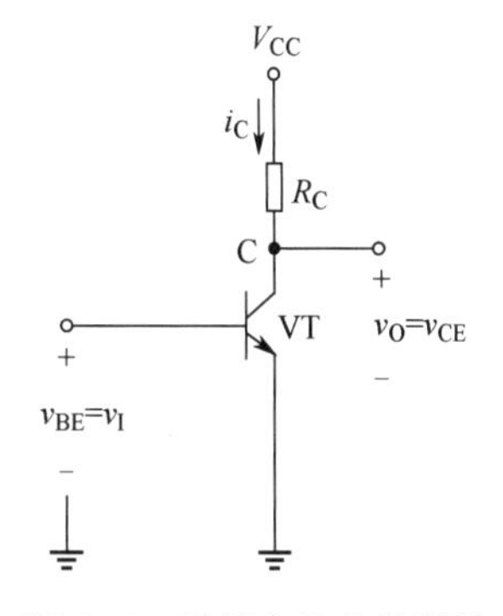

图 4.16　最基本的共发射极晶体三极管放大电路

图 4.18 所示为晶体三极管放大电路的输出特性曲线。根据第 3 章及前面的分析可以得出，对于小信号放大器来说，静态工作点尽可能地选取在输出特性曲线的中间位置，该位置正好对应图 4.17 中传输特性曲线放大模式

的中间位置。

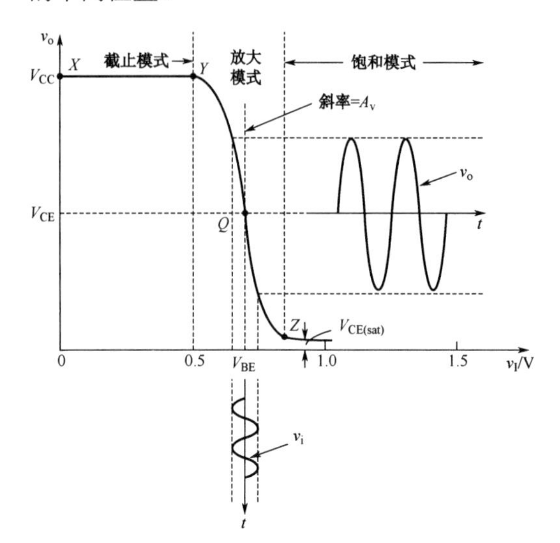

图 4.17　晶体三极管共发射极放大电路的输入-输出传输特性曲线

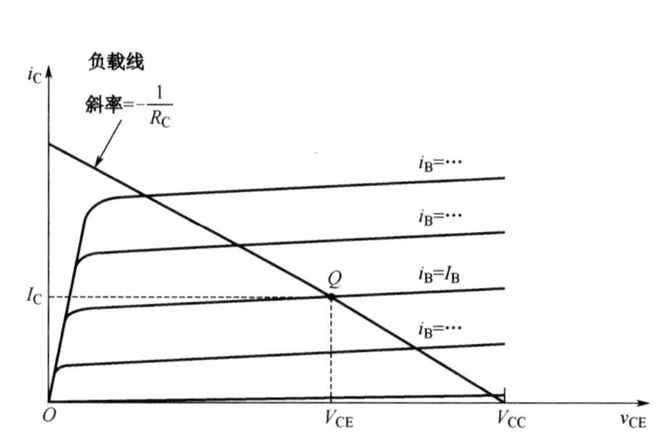

图 4.18　晶体三极管放大电路的输出特性曲线

三极管正常工作时需要外围电路配合，因此工作点将由三极管与外围电路共同确定。由图 4.16 可知，外围电路方程为$V_{CE}=V_{CC}-R_C I_C$，即

$$I_C=\frac{V_{CC}}{R_C}-\frac{1}{R_C}V_{CE} \tag{4.28}$$

将式(4.28)所示直线与三极管的特性曲线作在一张图上，如图 4.18 所示。可以看出，式(4.28)所示直线与 v_{CE} 轴相交于 V_{CC}，且斜率为$-\frac{1}{R_C}$，这条直线称为负载线。从图 4.18 中可以看出，负载线在确定静态工作点位置中非常重要，也就是说，对一个确定的三极管及确定的基极电流 I_B，需要通过选择集电极电阻 R_C 来设计晶体管的静态工作点。如果 R_C 选取过大，R_C 上的压降增加，导致 v_{CE} 减小，如图 4.19 负载线 B 所示，v_{CE} 的负信号幅度由于接近饱和区而被严重限幅（没有足够的负摆幅空间）；如果 R_C 选取过小，R_C 上的压降过小，导致 v_{CE} 值很接近 V_{CC}，如图 4.19 负载线 A 所示，v_{CE} 的正信号幅度被严重限幅（没有足够的正摆幅空间）。因此，在设计三极管放大电路时，要折中选择 R_C，使得三极管输出可以获得最大的正负交流摆幅。

以上工作点的选择是针对小信号放大器而言的，对于功率放大器而言并不是如此，这将在第 6 章介绍。

3. 放大模式下晶体三极管的小信号等效模型

为了更方便地分析晶体三极管放大电路，可用已知的电路模型代替晶体三极管，也就是根据晶体管的主要工作特性，建立三极管的小信号等效模型，这一模型称为混合 π 型模型。将三极管看作一个二端口网络，如图 4.20 所示。

当晶体三极管工作在放大模式时，由于发射结是一个正偏的 PN 结，输入特性曲线如图 4.21 所示。对于一个确定的静态工作点 I_{BQ}，当输入信号足够小时，输入特性曲线在 Q 点处的斜率可以看作一个常数。根据坐标系，可以得到这个斜率是一个电导单位，则定义这个斜率的倒数为 r_π，则有

$$v_{be}=i_b r_\pi \tag{4.29}$$

其中，$1/r_\pi$ 为输入特性曲线过静态工作点处切线的斜率，则有

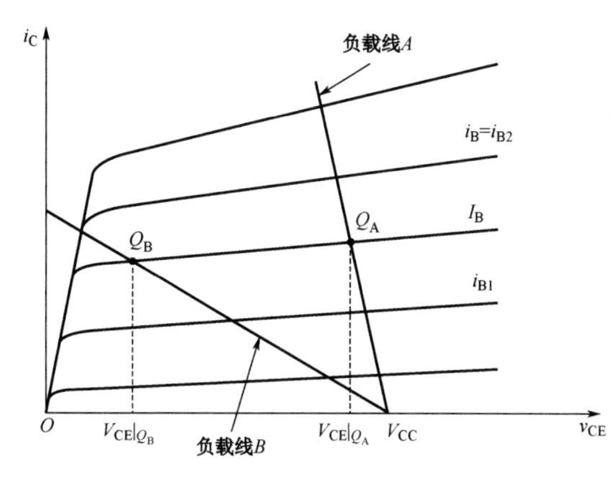

图 4.19 负载线对偏置点位置的影响

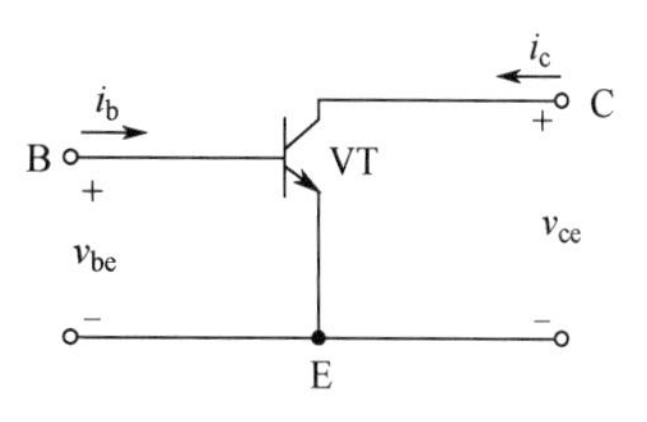

图 4.20 小信号 BJT 二端口网络

$$\frac{1}{r_\pi}=\frac{\partial i_B}{\partial v_{BE}}\bigg|_Q=\frac{\partial}{\partial v_{BE}}\left[\frac{I_S}{\beta}e^{\frac{v_{BE}}{V_T}}\right]\bigg|_Q=\frac{I_{BQ}}{V_T} \tag{4.30}$$

因此，可以推导出

$$r_\pi=\frac{v_{be}}{i_b}=\frac{V_T}{I_{BQ}}=\frac{\beta V_T}{I_{CQ}} \tag{4.31}$$

式中，r_π 为当信号由基极输入时，基极与发射极之间的等效输入电阻，称为基极输入电阻，其值与三极管的静态工作点位置有关。式(4.31)中，V_T 为热电压，室温 300K 时 V_T 取 $25mV$。同理当信号由发射极输入时，可定义发射极输入电阻 r_e 为

$$r_e=\frac{V_T}{I_{EQ}}=\frac{V_T}{(1+\beta)I_{BQ}}=\frac{r_\pi}{(1+\beta)} \tag{4.32}$$

根据三极管的工作原理及特性分析的讨论，可以知道三极管集电极输出类似一个电流源的输出。图 4.22 所示为三极管转移特性曲线。从图 4.22 中可以看出，在静态工作点 Q 处，考虑非常小的输入信号，则可以用 Q 点处切线近似，则有

$$i_c=\frac{\partial i_c}{\partial v_{BE}}\bigg|_Q\cdot v_{be}=g_m v_{be} \tag{4.33}$$

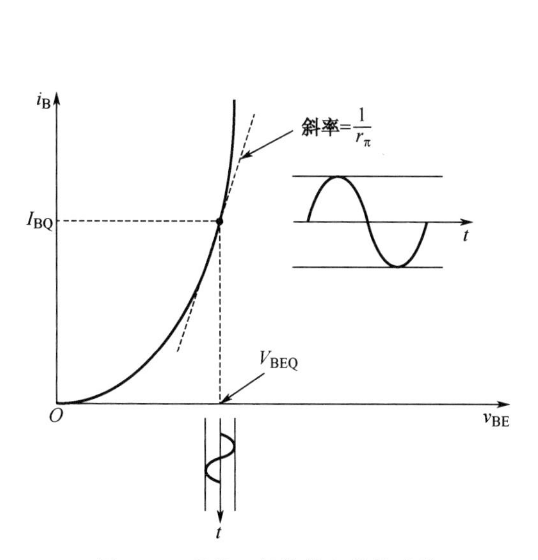

图 4.21 晶体三极管输入特性曲线

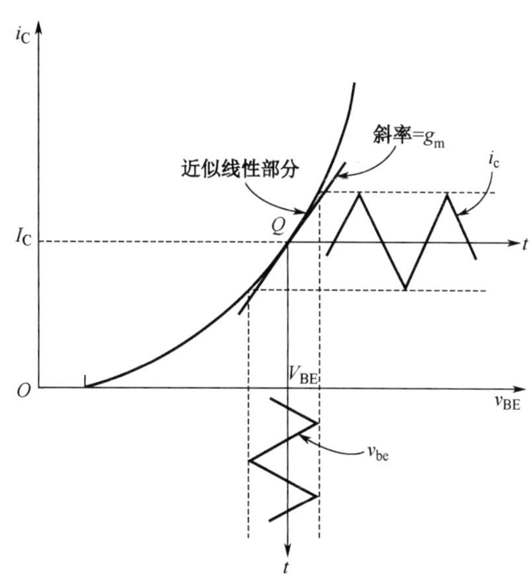

图 4.22 晶体三极管转移特性曲线

将式(4.4)代入式(4.33)可得

$$\left.\frac{\partial i_{\mathrm{c}}}{\partial v_{\mathrm{BE}}}\right|_{Q}=\frac{1}{V_{\mathrm{T}}} I_{\mathrm{S}}\, \mathrm{e}^{\frac{v_{\mathrm{BE}}}{V_{\mathrm{T}}}}\bigg|_{Q}=\frac{I_{\mathrm{CQ}}}{V_{\mathrm{T}}} \tag{4.34}$$

则定义晶体管跨导为

$$g_{\mathrm{m}}=\frac{I_{\mathrm{CQ}}}{V_{\mathrm{T}}} \tag{4.35}$$

晶体三极管小信号跨导是静态工作点的函数，根据跨导的定义可以得到晶体三极管的小信号等效模型——混合 π 型模型，如图 4.23 所示。

图 4.23（a）中的受控电流源表示了发射结电压 v_{be} 对于集电极电流 i_{c} 的控制。在晶体管中，除了输入电压可以控制输出电流，输入电流还可以控制输出电流，根据前面分析的三极管特性，对于小信号而言，i_{c} 和 i_{b} 之间同样满足线性关系。

$$i_{\mathrm{c}}=\beta i_{\mathrm{b}} \tag{4.36}$$

式(4.36)表示输出电流 i_{c} 受控于输入电流 i_{b}，因此可得到小信号等效模型的另一种表示形式，如图 4.23（b）所示。

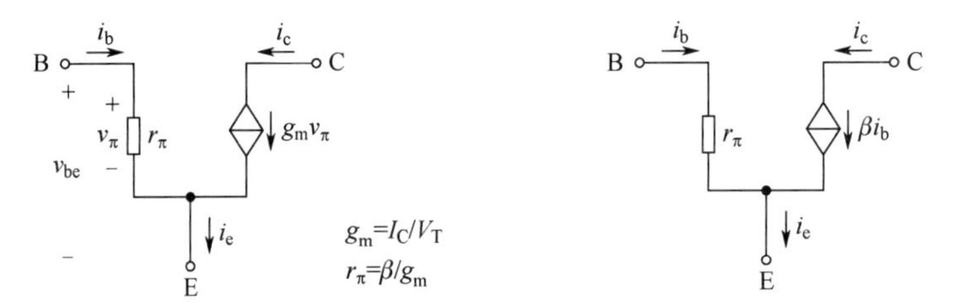

（a）压控电流源形式　　（b）流控电流源形式

图 4.23　混合 π 型模型

进一步分析跨导 g_{m}，可以得到

$$g_{\mathrm{m}}=\frac{I_{\mathrm{CQ}}}{V_{\mathrm{T}}}=\frac{\alpha I_{\mathrm{EQ}}}{V_{\mathrm{T}}}=\frac{\alpha}{r_{\mathrm{e}}}=\frac{\beta}{(1+\beta) r_{\mathrm{e}}}=\frac{\beta}{r_{\pi}} \tag{4.37}$$

当需要考虑基区宽度调制效应时，则要考虑输出电阻 r_{o}，$r_{\mathrm{o}}=\left.\left(\frac{\partial i_{\mathrm{C}}}{\partial V_{\mathrm{CE}}}\right)^{-1}\right|_{Q}=\frac{V_{\mathrm{A}}}{I_{\mathrm{CQ}}}$。考虑基区宽度调制效应时的晶体三极管小信号模型如图 4.24 所示，该模型也称为混合 π 小信号模型。

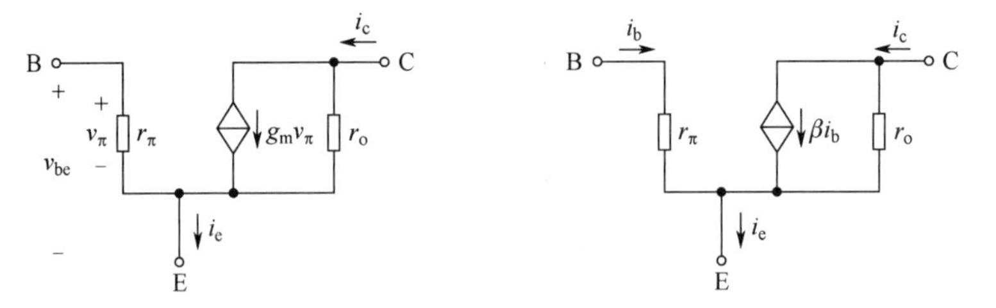

（a）压控电流源形式　　（b）流控电流源形式

图 4.24　晶体三极管小信号模型（考虑基区宽度调制效应）

需要注意的是，小信号模型参数 r_{π}、g_{m} 和 r_{o} 均与晶体三极管的直流偏置点相关。选择不同的直流偏置，就会对应不同的小信号模型参数，因此放大电路的直流分析是交流分析的基础。

在图 4.23 和图 4.24 中，发射结用基极输入电阻 r_{π} 等效，因此发射结电压 v_{be} 与基极发射极电阻 r_{π} 上的电压 v_{π} 始终相同，在本书中的晶体管混合 π 小信号模型中不再区分 v_{π} 和 v_{be}，统一用 v_{π} 表示。但需要注意的是，晶体管还有其他的小信号模型，当三极管的发射结等效电路除了基极-发射极电

阻 r_π，还有其他等效元件时，v_{be} 和 v_π 则不再相等。

4.3　晶体三极管的直流偏置电路

和场效应管放大电路一样，分析或设计一个晶体三极管放大电路，首先要做的是分析或设计晶体三极管直流偏置电路，静态工作点位置将会直接影响晶体三极管的交流特性。

4.3.1　各种常用偏置电路

1. 分压式偏置电路

晶体三极管偏置电路最常用的是分压式偏置电路。图 4.25 所示为单电源供电分压式偏置电路。由于电阻 R_E 的负反馈作用，分压式偏置电路能够有效稳定静态工作点。当温度升高引起 I_C 增大时，I_E 及其在 R_E 上产生的压降 V_E 相应增大，结果加到发射结上的电压 $V_{BE}=(V_B-V_E)$ 减小，导致 I_B 减小，从而阻止了 I_C 的增大；反之亦然。

可见，要提高这种自动调节作用，首先必须选取较大的 R_E，使其上的压降更有效地控制 V_{BE}。然而，从电源电压利用率来看，R_E 不宜取值过大，否则 V_{CC} 实际加到晶体管上的压降 V_{CEQ} 就会减小。工程上一般取 $V_E=0.2V_{CC}$ 或 $V_E=\frac{1}{3}V_{CC}$。其次，R_{B1} 和 R_{B2} 的取值不宜过大，只要使通过它们的电流 I_1 远大于 I_B 即可。这样，就可近似认为 V_B 就是 V_{CC} 在 R_{B2} 上的分压值，与 I_B 的大小无关。工程上，一般取 $I_1=(5\sim10)I_B$。

当双电源供电时，可采用图 4.26 所示的双电源供电分压式偏置电路，设计方法与单电源供电分压式偏置电路类似。

2. 恒流源偏置电路

由于分压式偏置电路需要用到较大的电阻，因此不适用于集成电路设计。在集成电路设计中，通常采用的偏置电路为恒流源偏置电路，如图 4.27 所示。在发射极用恒流源直接提供三极管的发射极电流 I_E，即为三极管提供偏置电流。具体恒流源电路实现将会在第 5 章展开介绍。

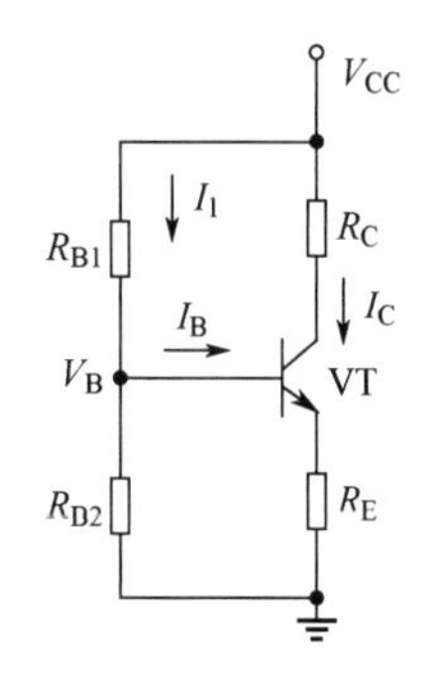

图 4.25　单电源供电分压式偏置电路

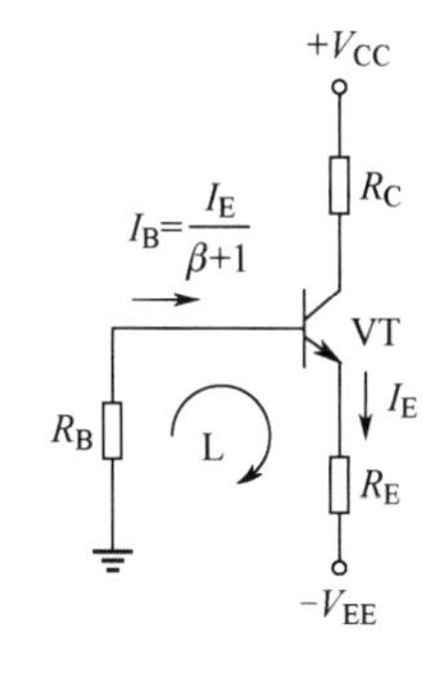

图 4.26　双电源供电分压式偏置电路

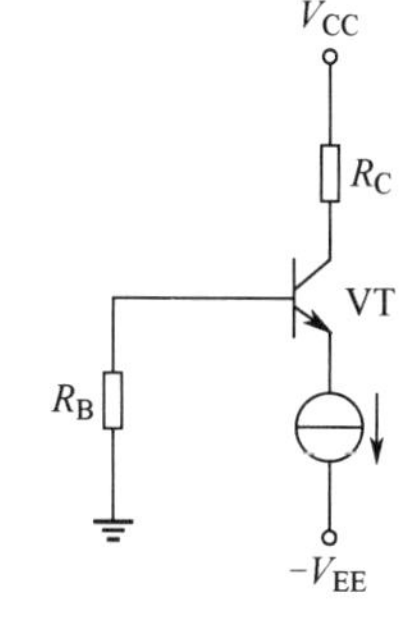

图 4.27　恒流源偏置电路

4.3.2　晶体三极管直流电路分析

直流电路分析实际上就是分析一个实际电路的直流通路，对于放大电路来说，就是分析电路的直流工作点。通常的分析步骤如下。

①采用固定的电压压降模型，若 EBJ 正偏，则假设电压 $V_{BE}\approx0.7\text{V}$，不考虑准确的电压值；若 EBJ 反偏，则认为 BJT 截止工作。

②假设三极管工作在放大区，根据 I_B、I_C 和 I_E 的关系，结合电路结构来求解 V_{CE} 或 V_{CB}。

③检查 V_{CE}：若 V_{CE}>0.3V，假设成立，三极管工作在放大区；若 V_{CE}<0.3V，假设不成立，则三极管工作在饱和区，因此要重新假设 $V_{CE}=V_{CE(sat)}=0.3\text{V}$ 来求 I_C。

例 4.1 分析图 4.28（a）所示电路的静态工作点，已知 $\beta=100$。

解： 采用戴维南定理简化基极回路，简化后电路如图 4.28（b）所示。其中

$$V_{BB}=15\times\frac{R_{B2}}{R_{B1}+R_{B2}}=5\text{V}$$

$$R_{BB}=R_{B1}\parallel R_{B2}=33.3\text{k}\Omega$$

写出回路方程为

$$V_{BB}=I_BR_{BB}+V_{BE}+I_ER_E$$

假设 BJT 工作在放大区，则

$$I_E=(1+\beta)I_B$$

$$I_E=\frac{V_{BB}-V_{BE}}{R_E+R_{BB}/(1+\beta)}=1.29\text{mA}$$

$$I_B=12.8\mu\text{A}$$

$$V_B=V_{BE}+I_ER_E=4.57\text{V}$$

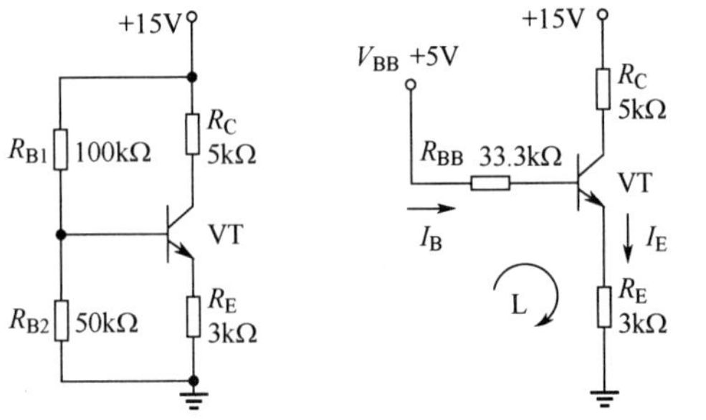

（a） （b）

图 4.28 例 4.1 电路图

$$I_C=\alpha I_E=1.28\text{mA}$$

$$V_C=V_{CC}-I_CR_C=8.6\text{V}$$

$$V_{CE}=V_C-I_ER_E=4.73\text{V}>0.3\text{V}$$

假设成立，该电路静态电流为 $I_C=1.28\text{mA}$。

对于分压式偏置电路，假设 BJT 工作在放大区，若 $R_{BB}<<(1+\beta)R_E$，则可认为分压电流远大于基极电流，此时可忽略基极电流，对放大器的静态工作点进行估算。R_{BB} 小于 $(1+\beta)R_E$ 10 倍以上时，估算的误差在 10%以内。

例 4.2 分析图 4.29 所示电路的静态工作点，已知 $\beta=75$。

解： 假设晶体三极管工作在放大模式，输入回路利用基尔霍夫环路方程，则有

$$V_B=I_BR_B+V_{BE}+I_ER_E$$

所以 $I_E=\dfrac{V_B-V_{BE}}{R_E+R_B/(1+\beta)}=5.71\text{mA}$，$I_C=\dfrac{\beta}{1+\beta}I_E=5.63\text{mA}$

$V_{CE}=V_{CC}-I_CR_C-I_ER_E=6.32\text{V}>0.3\text{V}$，故假设成立。

该电路的静态工作点为 $I_C=5.63\text{mA}$。

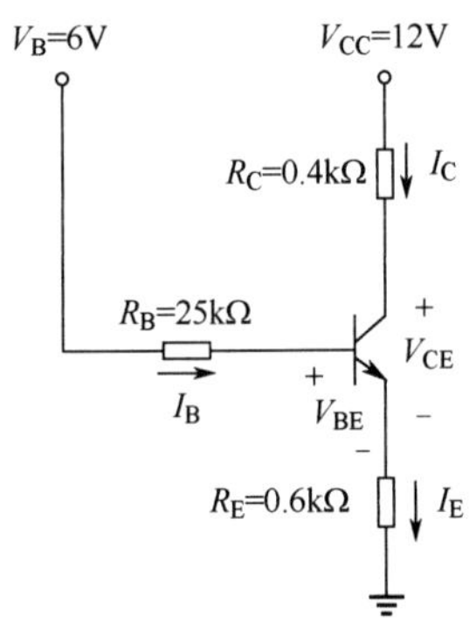

图 4.29 例 4.2 电路图

例 4.3 设计图 4.30 所示电路，使得 $I_E=0.5\text{mA}$，$V_{EC}=4.0\text{V}$，已知 $\beta=120$，$V_{EB}=0.7\text{V}$。

解： 根据已知条件 $V_{EC}=4.0\text{V}$ 可知，晶体三极管工作在放大区。根据基尔霍夫环路方程，可以得到

$$V^+=I_ER_E+V_{EB}+(\frac{I_E}{1+\beta})R_B$$

即

$$5=0.5\times R_E+0.7+\frac{0.5}{121}\times10$$

可以得到 $R_E=8.52\text{k}\Omega$，则

$$I_C=\frac{\beta}{1+\beta}I_E=0.496\text{mA}$$

根据三极管发射极和集电极的环路写出环路方程为 $V^+=I_ER_E+V_{EC}+I_CR_C+V^-$，可得 $R_C=$ 3.51kΩ。

例 4.4 设计图 4.31 所示的 PNP 晶体三极管电路，使得 $V_{EC}=2.5V$，已知 $V_{EB}=0.7V$，$\beta=60$。

解： $V_{EC}=2.5V$ 表明该三极管工作在放大区。写出 C-E 回路的环路方程为

$$V^+=I_E R_E+V_{EC}$$

可以得到 $I_E=1.25mA$，则集电极电流为

$$I_C=\frac{\beta}{1+\beta}I_{EQ}=1.23mA$$

基极电流为 $I_B=I_E-I_C=20\mu A$，再根据 E-B 回路的环路方程，则有 $V^+=I_E R_E+V_{EB}+I_B R_B+V_{BB}$，可以得到 $R_B=185k\Omega$。

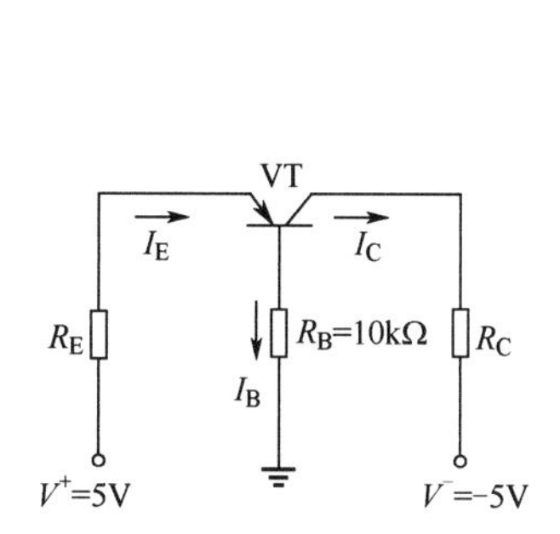

图 4.30　例 4.3 电路图

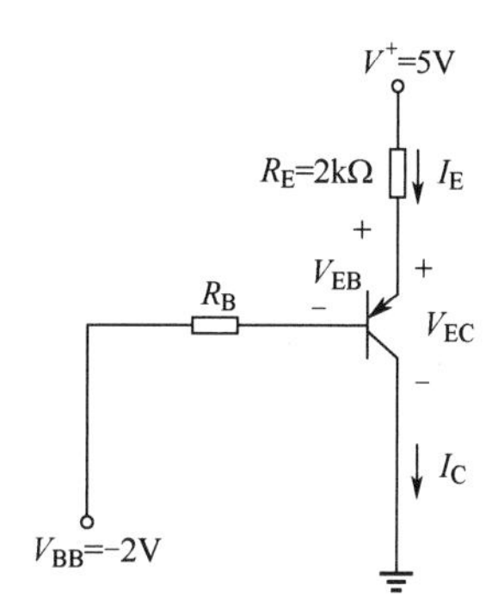

图 4.31　例 4.4 电路图

在实际电路设计中，没有 $185k\Omega$ 的标准电阻，因此通常会选择接近的阻值 $180k\Omega$。同时考虑到常用标准电阻的误差在 5%，则集电极电流写为

$$I_C=\beta\times\frac{V^+-V_{EB}-V_{BB}}{R_B+(1+\beta)R_E}=60\times\frac{6.3}{R_B+61R_E}$$

$$V_{EC}=V^+-\frac{1+\beta}{\beta}I_C R_E=5-\frac{61}{60}\times I_C R_E$$

5%电阻 R_E 的极限值为 $2k\Omega\times(1-5\%)=1.9k\Omega$，$2k\Omega\times(1+5\%)=2.1k\Omega$。

5%电阻 R_B 的极限值为 $180k\Omega\times(1-5\%)=171k\Omega$，$180k\Omega\times(1+5\%)=189k\Omega$。

根据电阻 R_E、R_B 的极限值，可得电路的静态工作点的范围，如表 4.2 所示。

将电阻极值情况下的负载线和静态工作点用图形表示，如图 4.32 所示。

表 4.2　电阻极值情况下静态工作点范围

R_B	R_E = 1.9kΩ	R_E = 2.1kΩ
171kΩ	$I_C=1.32mA$	$I_C=1.26mA$
171kΩ	$V_{EC}=2.45V$	$V_{EC}=2.31V$
189kΩ	$I_C=1.24mA$	$I_C=1.19mA$
189kΩ	$V_{EC}=2.60V$	$V_{EC}=2.46V$

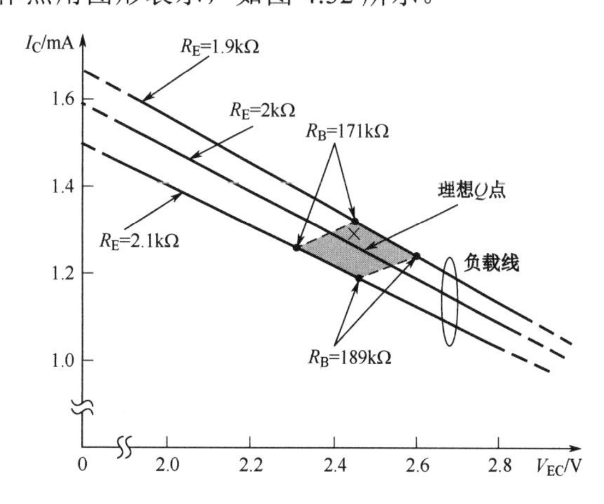

图 4.32　例 4.4 电阻极值情况下负载线及静态工作点范围

从这个例子可以看出，静态工作点是由一系列指标确定的，因为电阻的误差，实际设计的静态工作点是在一定范围内变化的。

4.4 晶体三极管放大电路分析

晶体三极管放大电路与场效应管放大电路一样，采用直流通路与交流通路分别分析的方法。根据前面部分讲到，三极管根据连接方式的不同，分为共射、共基和共集 3 种组态。本节将分别介绍晶体管在这 3 种组态连接方式下的交流特性。

CE 放大器

4.4.1 共射放大电路分析

共射（CE）放大器是使用最广泛的晶体三极管放大电路。图 4.33（a）所示为一个实际的共射放大电路。从图 4.33（a）中可以看出，为了不干扰直流偏置电流和电压，电压源 v_{sig} 通过耦合电容 C_{C1} 被耦合到基极，电容 C_{C1} 为耦合电容；同样，输出端由电容 C_{C2} 将输出信号耦合到负载端；C_E 为旁路电容，是一个较大的电容，通常为微法级，在工作频段中阻抗很小，理想情况下为零（短路）。

根据前面讲到的直流分析与交流信号分析分离的原则，将这一电路先分解为直流通路和交流通路，分别进行分析。通过直流分析获得该电路的直流工作点（I_{CQ}），从而获得交流分析需要的参数 g_m、r_π、r_o。下面主要讨论交流小信号分析，图 4.33（b）、（c）所示分别为相应的交流通路及晶体管交流等效电路。从图 4.33（c）中可以看出，输入电阻 R_i 是 $R_B = R_{B1} \parallel R_{B2}$ 和基极输入电阻 R_{ib} 的并联。

$$R_i = \frac{v_i}{i_i} = R_B \parallel R_{ib} = R_B \parallel r_\pi \tag{4.38}$$

通常选择 $R_B >> r_\pi$，则 $R_i \approx r_\pi$。

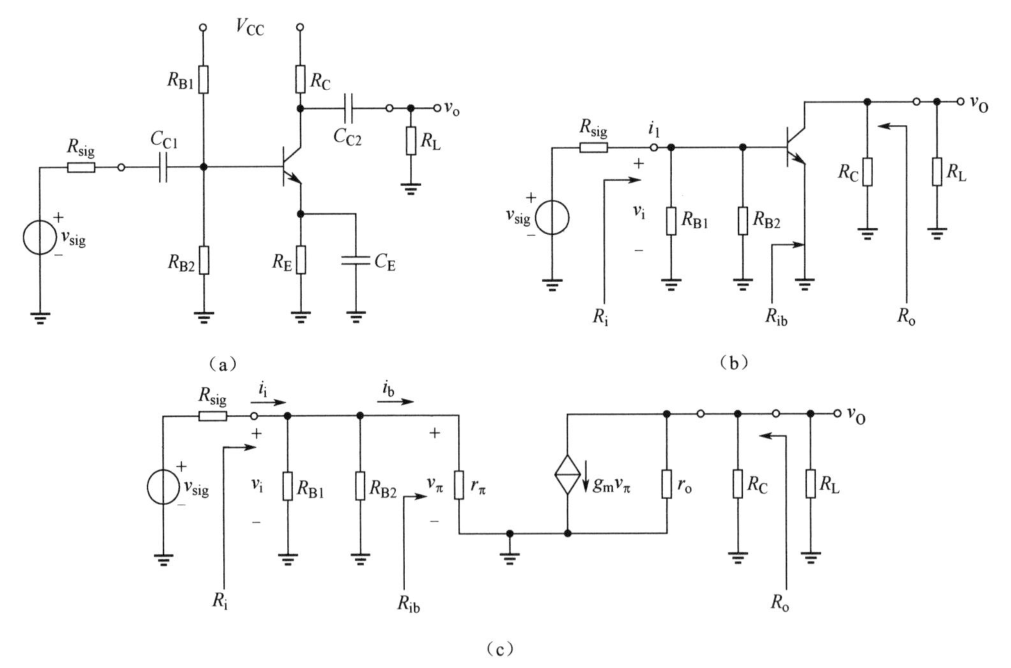

图 4.33　共射放大电路

由此可以看出，r_π 通常是一个几千欧姆的电阻，因此共射放大电路的输入电阻一般为几千欧姆。

由图 4.33（c）可得电压增益为

$$A_v = \frac{v_o}{v_i} = \frac{-g_m v_\pi (r_o \parallel R_C \parallel R_L)}{v_\pi} = -g_m (r_o \parallel R_C \parallel R_L) \tag{4.39}$$

考虑从信号源到负载的源电压增益为

$$A_{vs}=\frac{R_i}{R_i+R_{sig}}A_v=-\frac{(R_B\parallel r_\pi)}{(R_B\parallel r_\pi)+R_{sig}}g_m(r_o\parallel R_C\parallel R_L) \tag{4.40}$$

当 $R_B \gg r_\pi$ 时，式(4.40)可简化为

$$A_{vs}\approx-\frac{\beta(r_o\parallel R_C\parallel R_L)}{r_\pi+R_{sig}} \tag{4.41}$$

从式(4.41)可以看到，如果 $R_{sig} \gg r_\pi$，总增益与 β 密切相关，考虑到不同三极管的 β 值变化很大，因此这不是一个理想特性。若 $R_{sig} \ll r_\pi$，则总电压增益简化为

$$A_{vs}\approx-g_m(r_o\parallel R_C\parallel R_L) \tag{4.42}$$

综上所述，当共射放大电路基极偏置电阻远大于 r_π，且信号源内阻远小于 r_π 时，源电压增益近似等于共射放大电路的电压增益 A_v，而与 β 值无关。通常，共射放大电路可以实现几百倍的电压增益。

根据输出电阻的定义，可画出求输出电阻的电路，如图 4.34 所示。

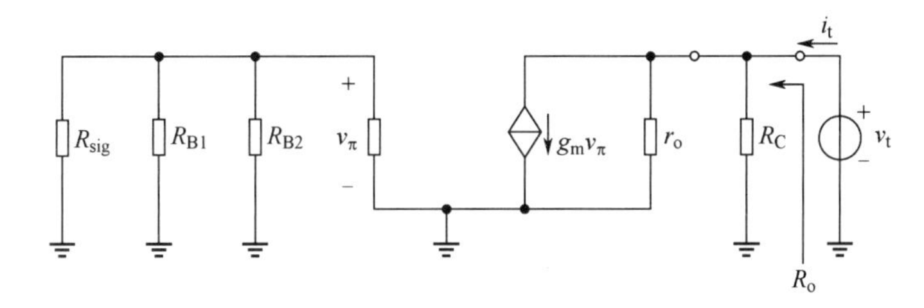

图 4.34　求共射放大器输出电阻的等效电路

由图 4.34 可得，由于输入信号短路，则发射结电压 v_π 为零，受控电流源开路，因此有

$$R_o=\frac{v_t}{i_t}\bigg|_{\substack{v_{sig}=0\\R_L=\infty}}=r_o\parallel R_C \tag{4.43}$$

从以上分析可以看出，共射放大器是一个反相放大器，具有适中的输入电阻、较高的电压增益及相当高的输出电阻。

例 4.5　共射放大电路如图 4.35 所示。已知 $\beta=100,\ V_A=100\text{V}$，该放大电路的静态工作点电流为 $I_C=0.95\text{mA}$，试求放大电路的源电压增益、输入电阻及输出电阻。

解： 画出放大电路的交流小信号等效电路，如图 4.36 所示，已知静态工作点的电流，首先求三极管交流小信号模型参数。

$$r_\pi=\frac{V_T\beta}{I_C}=2.63\text{k}\Omega$$

$$g_m=\frac{I_C}{V_T}=38\text{mA/V}$$

$$r_o=\frac{V_A}{I_C}=105\text{k}\Omega$$

由图 4.36 可以得到 $v_o=-(g_m v_\pi)(r_o\parallel R_C)$

$$v_\pi=\left(\frac{R_1\parallel R_2\parallel r_\pi}{R_1\parallel R_2\parallel r_\pi+R_{sig}}\right)v_{sig}$$

则有

$$A_{vs}=\frac{v_o}{v_{sig}}=-g_m\left(\frac{R_1\parallel R_2\parallel r_\pi}{R_1\parallel R_2\parallel r_\pi+R_{sig}}\right)(r_o\parallel R_C)=-169.32\text{V/V}$$

$$R_i = R_1 \parallel R_2 \parallel r_\pi = 1.82\text{k}\Omega$$

$$R_o = r_o \parallel R_C = 5.68\text{k}\Omega$$

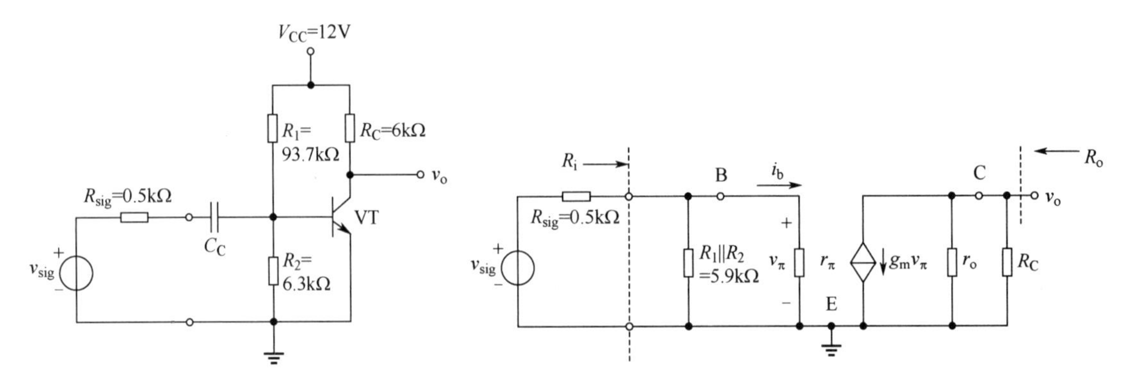

图 4.35　例 4.5 共射放大电路　　　　图 4.36　例 4.5 交流小信号等效电路

4.4.2 发射极接电阻的共射放大器

与场效应管放大电路相似，在晶体三极管发射极接入一个电阻 R_E，利用负反馈作用，将会使放大器的性能得到很大改善，如图 4.37（a）所示。在设计共射放大器电路时，可通过合理选用这个电阻满足放大器的性能指标。

考虑到分立器件电路中，三极管 $r_o \gg R_C \parallel R_L$，故可忽略 r_o，得到交流小信号等效电路如图 4.37（b）所示。可以看出，输入电阻 R_i 是 R_B 和基极输入电阻 R_{ib} 的并联等效。

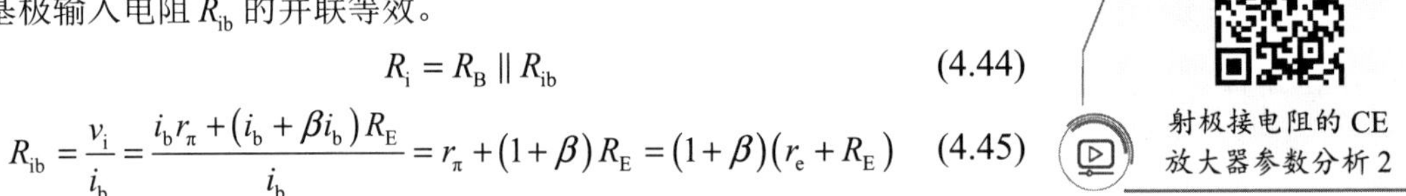

$$R_i = R_B \parallel R_{ib} \tag{4.44}$$

$$R_{ib} = \frac{v_i}{i_b} = \frac{i_b r_\pi + (i_b + \beta i_b) R_E}{i_b} = r_\pi + (1+\beta) R_E = (1+\beta)(r_e + R_E) \tag{4.45}$$

射极接电阻的 CE 放大器参数分析 1

射极接电阻的 CE 放大器参数分析 2

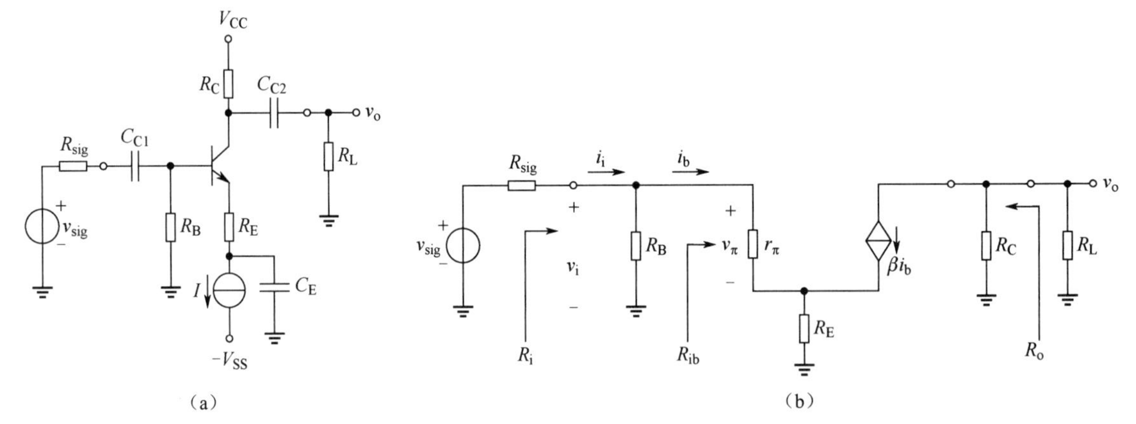

（a）　　　　　　　　　　（b）

图 4.37　发射极接电阻的共射放大器

发射极接电阻的共射放大器从基极看进去的电阻是发射极总电阻的 $(1+\beta)$ 倍，因此发射极接电阻 R_E 可以大大增加 R_{ib}。设基本共射放大器对应的电阻为 $R_{ib}' = r_\pi = (1+\beta) r_e$，则两类电路的比例关系为

$$\frac{R_{ib}}{R_{ib}'} = \frac{(1+\beta)(r_e + R_E)}{(1+\beta) r_e} = 1 + \frac{R_E}{r_e} \approx 1 + g_m R_E \tag{4.46}$$

因此，电路设计者可以通过改变电阻 R_E 的值来控制 R_{ib} 的大小，并由此控制输入电阻的大小。当然，为了使这个控制更有效，R_B 必须远大于 R_{ib}，即 R_{ib} 必须是输入电阻的决定因素。

由图 4.38（b）可以得到电压增益 A_v 为

$$A_\mathrm{v}=\frac{v_\mathrm{o}}{v_\mathrm{i}}=-\frac{\beta i_\mathrm{b}\left(R_\mathrm{C}\parallel R_\mathrm{L}\right)}{i_\mathrm{b}r_\pi+(1+\beta)i_\mathrm{b}R_\mathrm{E}}=-\frac{\beta\left(R_\mathrm{C}\parallel R_\mathrm{L}\right)}{r_\pi+(1+\beta)R_\mathrm{E}}\approx-\frac{g_\mathrm{m}\left(R_\mathrm{C}\parallel R_\mathrm{L}\right)}{1+g_\mathrm{m}R_\mathrm{E}} \tag{4.47}$$

开路电压增益为

$$A_\mathrm{vo}=-\frac{\beta R_\mathrm{C}}{r_\pi+(1+\beta)R_\mathrm{E}}=-\frac{g_\mathrm{m}R_\mathrm{C}}{1+g_\mathrm{m}R_\mathrm{E}} \tag{4.48}$$

因此，R_E 电阻使电压增益减小到 $1/\left(1+g_\mathrm{m}R_\mathrm{E}\right)$，$1+g_\mathrm{m}R_\mathrm{E}$ 这也是 R_ib 增加的倍数，因此在设计电路时需合理选择 R_E，以达到输入电阻和增益的平衡。

输出电阻也可由图 4.38（b）得到

$$R_\mathrm{o}=\left.\frac{v_\mathrm{t}}{i_\mathrm{t}}\right|_{\substack{v_\mathrm{sig}=0\\R_\mathrm{L}=\infty}}=R_\mathrm{C} \tag{4.49}$$

源电压增益为

$$A_\mathrm{vs}=\frac{R_\mathrm{i}}{R_\mathrm{i}+R_\mathrm{sig}}A_\mathrm{v}=-\frac{R_\mathrm{i}}{R_\mathrm{i}+R_\mathrm{sig}}\frac{\beta\left(R_\mathrm{C}\parallel R_\mathrm{L}\right)}{r_\pi+(1+\beta)R_\mathrm{E}}=-\frac{R_\mathrm{i}}{R_\mathrm{i}+R_\mathrm{sig}}\frac{g_\mathrm{m}\left(R_\mathrm{C}\parallel R_\mathrm{L}\right)}{1+g_\mathrm{m}R_\mathrm{E}} \tag{4.50}$$

用 $R_\mathrm{B}\parallel R_\mathrm{ib}$ 替代 R_i，并假设 $R_\mathrm{B}\gg R_\mathrm{ib}$，可得

$$A_\mathrm{vs}=\frac{R_\mathrm{i}}{R_\mathrm{i}+R_\mathrm{sig}}A_\mathrm{v}=-\frac{r_\pi+(1+\beta)R_\mathrm{E}}{r_\pi+(1+\beta)R_\mathrm{E}+R_\mathrm{sig}}\frac{\beta\left(R_\mathrm{C}\parallel R_\mathrm{L}\right)}{r_\pi+(1+\beta)R_\mathrm{E}}=-\frac{\beta\left(R_\mathrm{C}\parallel R_\mathrm{L}\right)}{R_\mathrm{sig}+r_\pi+(1+\beta)R_\mathrm{E}} \tag{4.51}$$

与基本共射放大器相比，分母中多了一项 $(1+\beta)R_\mathrm{E}$，因此增益小于基本共射放大器的增益，但是该增益对 β 值的敏感度降低了，这对提高电路的稳定性是有帮助的。

当终端开路，$R_i\gg R_\mathrm{sig}$ 且 $(1+\beta)R_\mathrm{E}\gg r_\pi$ 时

$$A_\mathrm{vs}\cong A_\mathrm{vo}\cong-\frac{\beta R_\mathrm{C}}{(1+\beta)R_\mathrm{E}}\cong-\frac{R_\mathrm{C}}{R_\mathrm{E}} \tag{4.52}$$

另外，当加了发射极电阻 R_E 后，可以使得放大器能处理更大的输入信号而不会发生非线性失真。这是因为基极上的输入信号 v_i 只有一部分出现在基极和发射极之间，而另一部分在电阻 R_E 上。

$$\frac{v_\pi}{v_\mathrm{i}}=\frac{i_\mathrm{b}r_\pi}{i_\mathrm{b}r_\pi+(1+\beta)i_\mathrm{b}R_\mathrm{E}}\approx\frac{1}{1+g_\mathrm{m}R_\mathrm{E}} \tag{4.53}$$

因此，当从输入信号中分到三极管发射结上的信号 v_π 相同时，该电路的输入信号范围可以比基本共射放大器的大 $\left(1+g_\mathrm{m}R_\mathrm{E}\right)$ 倍。

例 4.6　发射极接电阻的共射放大电路如图 4.38 所示。已知 $\beta=100$，该放大电路的静态工作点电流为 $I_\mathrm{C}=2.16\mathrm{mA}$，忽略基区宽度调制效应，试求放大电路的源电压增益、输入电阻及输出电阻。

解： 画出放大电路的交流小信号等效电路，如图 4.39 所示。已知静态工作点的电流，首先求晶体管交流小信号模型参数。

$$r_\pi=\frac{V_\mathrm{T}\beta}{I_\mathrm{C}}=1.16\mathrm{k\Omega}$$

$$g_\mathrm{m}=\frac{I_\mathrm{C}}{V_\mathrm{T}}=86.4\mathrm{mA/V}$$

$$R_\mathrm{ib}=r_\pi+(1+\beta)R_\mathrm{E}=41.6\mathrm{k\Omega}$$

$$R_\mathrm{i}=R_1\parallel R_2\parallel R_\mathrm{ib}=8.06\mathrm{k\Omega}$$

$$A_\mathrm{v}=-\frac{\beta R_\mathrm{C}}{r_\pi+(1+\beta)R_\mathrm{E}}=-4.807\mathrm{V/V}$$

$$A_\mathrm{vs}=\frac{R_\mathrm{i}}{R_\mathrm{i}+R_\mathrm{sig}}A_\mathrm{v}=-4.53\mathrm{V/V}$$

$$R_o = R_C = 2\text{k}\Omega$$

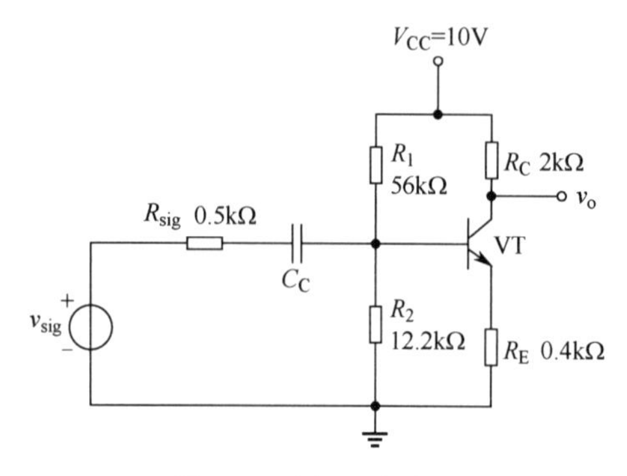

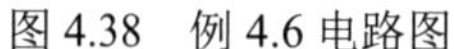
图 4.38 例 4.6 电路图

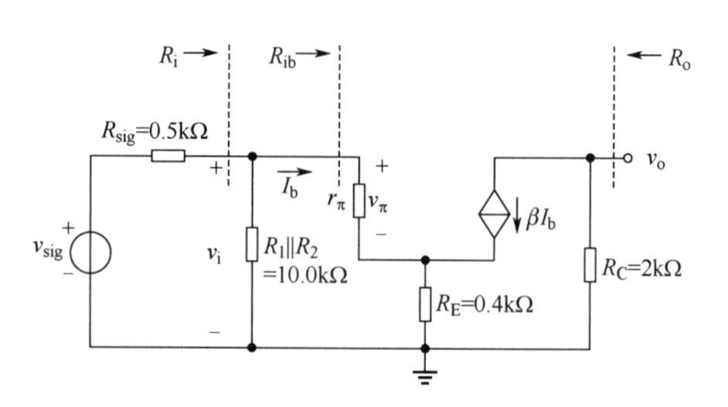

图 4.39 例 4.6 共射放大电路的交流小信号等效电路

4.4.3 共基放大器

将三极管基极接地，信号由发射极输入，集电极输出，就可得到一个共基（CB）放大器，如图 4.40（a）所示，采用恒流源形成直流偏置。忽略 r_o 的影响，小信号等效电路如图 4.40（b）所示。由图 4.40（b）可得共基放大器的各项参数为

$$R_i = \frac{v_i}{i_i} = \frac{-i_b r_\pi}{-(1+\beta)i_b} = \frac{r_\pi}{1+\beta} = r_e \tag{4.54}$$

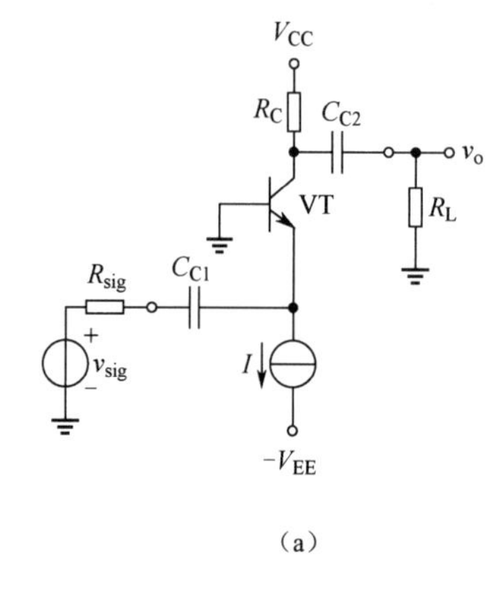

（a）

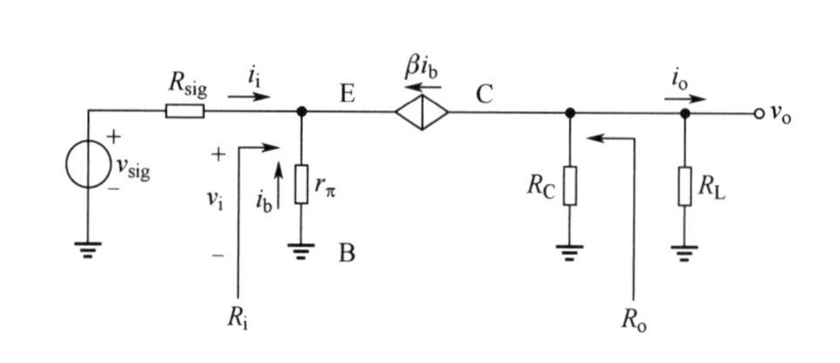

（b）

图 4.40 共基放大器

$$R_o = \left.\frac{v_t}{i_t}\right|_{\substack{v_{sig}=0 \\ R_L=\infty}} = R_C \tag{4.55}$$

$$A_v = \frac{v_o}{v_i} = \frac{-\beta i_b\left(R_C \parallel R_L\right)}{-i_b r_\pi} = g_m\left(R_C \parallel R_L\right) \tag{4.56}$$

$$A_{vs} = \frac{R_i}{R_i + R_{sig}} A_v = \frac{r_e}{R_{sig} + r_e} g_m\left(R_C \parallel R_L\right) \tag{4.57}$$

共基放大器的输入电阻较低，远低于共射放大器的输入电阻。因此，尽管共基放大器的电压增益与共射放大器基本一致，但由于输入电阻很小，使得信号耦合到共基放大器输入端时，可能会造成较大的信号强度丢失，因此共基放大器的源电压增益远小于共射放大器。

由于共基放大器输入电阻比较低，输出电阻比较高，具有很好的电流放大器特点，因此一般不单独作为电压放大器使用；但如果是电流源激励的放大器，可考虑采用。假设电路用电流源激励，

可得

$$i_o = -\beta i_b \frac{R_C}{R_C + R_L} \tag{4.58}$$

$$i_i = -(1+\beta) i_b \tag{4.59}$$

$$A_i = \frac{i_o}{i_i} = \frac{\beta}{1+\beta} \frac{R_C}{R_C + R_L} = \alpha \frac{R_C}{R_C + R_L} \tag{4.60}$$

考虑短路电流增益，即 $R_L \to 0$ 时，则 $A_{is} \to \alpha$。

源电流增益为

$$A_{is} = \frac{i_o}{i_i} \frac{i_i}{i_{sig}} = A_i \frac{R_{sig}}{R_{sig} + r_e} \tag{4.61}$$

通常 $R_{sig} >> r_e$，则 $A_{is} \approx A_i \to \alpha$。

从以上分析可以看到，共基放大器的电流增益接近于 1，由于共基放大器具有较小的输入电阻和较大的输出电阻，因此常被作为电流跟随器使用。

与共射放大器相比，共基放大器还具有较好的高频特性。另外，在一些超高频应用中，较低的输入阻抗也可能成为一个优点，因为在这些应用中输入信号是连接到传输线的，而传输线的特性阻抗较低，可以与共基放大器取得更好的匹配。

例 4.7　考虑图 4.41 所示的共基放大器，$R_L = 10\text{k}\Omega$，$R_C = 10\text{k}\Omega$，$V_{CC} = V_{EE} = 10\text{V}$，$R_{sig} = 100\Omega$。为了使发射极的输入电阻等于源电阻（100Ω），则 I 必须为多少？从源到负载的电压增益为多少？已知$\beta = 100$。

解：

$$r_e = \frac{V_T}{I_E} = 100\Omega \Rightarrow I_E = 0.25\text{mA}$$

$$g_m = \frac{\beta}{(1+\beta) r_e} = 9.9\text{mS}$$

$$A_v = \frac{v_o}{v_i} = g_m (R_C \parallel R_L) = 49.5\text{V/V}$$

$$A_{vs} = \frac{R_i}{R_i + R_{sig}} A_v = \frac{r_e}{R_{sig} + r_e} g_m (R_C \parallel R_L) = 24.75\text{V/V}$$

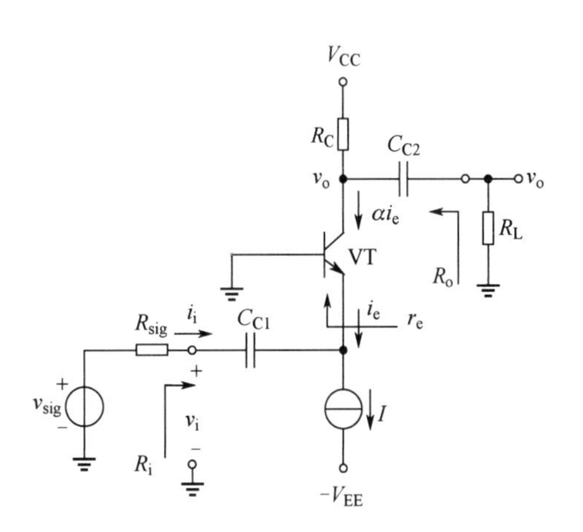

图 4.41　例 4.7 电路图

4.4.4　共集放大器或射极跟随器

对晶体三极管采用信号从基极输入，从发射极输出，并将集电极作为公共的信号地，可以构成共集（CC）放大器，如图 4.42（a）所示，图 4.32（b）所示为交流小信号等效电路。

从图 4.43（b）中可以看出，输入电阻 R_i 是 R_B 和基极输入电阻 R_{ib} 的并联等效，即

$$R_i = R_B \parallel R_{ib} \tag{4.62}$$

$$\begin{aligned} R_{ib} \equiv \frac{v_i}{i_b} &= \frac{i_b r_\pi + (i_b + \beta i_b)(r_o \parallel R_L)}{i_b} = r_\pi + (1+\beta)(r_o \parallel R_L) \\ &= (1+\beta)\left[r_e + (r_o \parallel R_L)\right] \end{aligned} \tag{4.63}$$

从式(4.63)中可以看出，r_e 极小，射极跟随器相当于将 $R_L \parallel r_o$ 提高了 $(1+\beta)$ 倍，从式(4.62)中可以看出，为了完全获得增大 R_{ib} 后的效果，R_B 必须尽可能大。如果可能，可将信号源直接连接到基极。

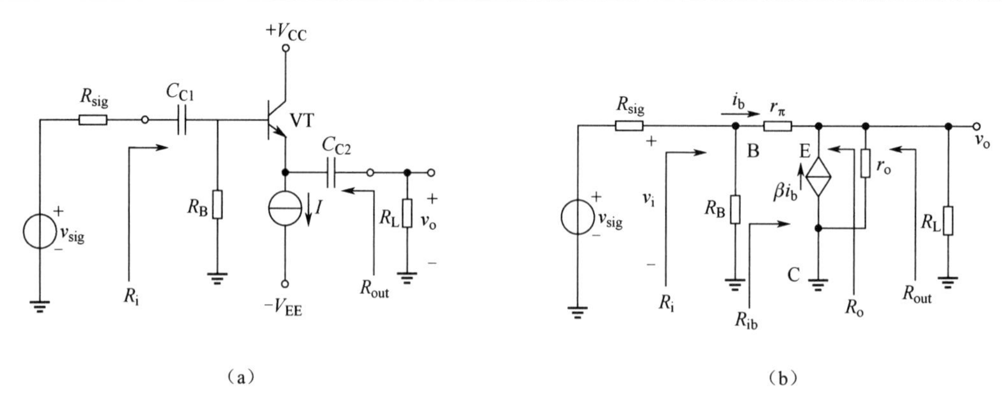

图 4.42 共集放大器及其交流小信号等效电路

$$A_v=\frac{v_o}{v_i}=\frac{(1+\beta)i_b(r_o \parallel R_L)}{i_b r_\pi+(1+\beta)i_b(r_o \parallel R_L)}=\frac{(1+\beta)(r_o \parallel R_L)}{r_\pi+(1+\beta)(r_o \parallel R_L)}\approx 1(<1) \tag{4.64}$$

$$A_{vs}=\frac{R_B \parallel R_{ib}}{R_B \parallel R_{ib}+R_{sig}}\frac{(1+\beta)(r_o \parallel R_L)}{(1+\beta)(r_e+r_o \parallel R_L)} \tag{4.65}$$

通常$\left(R_B \parallel R_{ib}\right)\gg R_{sig}$，$r_o \gg R_L$，$R_L \gg r_e$，则放大器的电压增益和总电压增益都接近 1。考虑共集放大器的输出电阻，根据输出电阻的定义改画电路，如图 4.43 所示。

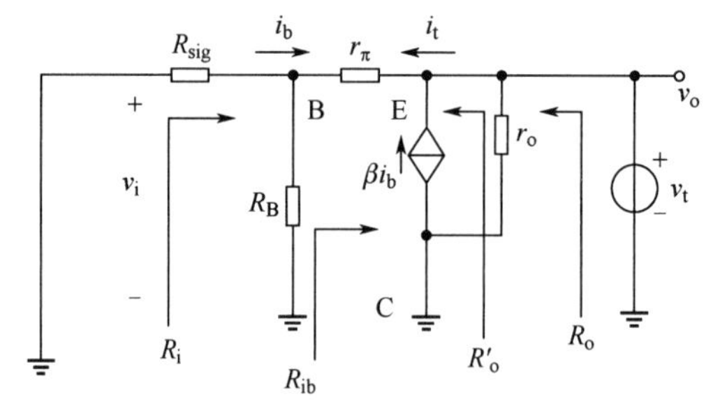

图 4.43 求输出电阻的电路

$$R_o=R'_o \parallel r_o \tag{4.66}$$

$$R'_o=\frac{v_t}{i_t}=\frac{-i_b r_\pi-i_b\left(R_{sig} \parallel R_B\right)}{-\left(i_b+\beta i_b\right)}=\frac{r_\pi+R_{sig} \parallel R_B}{1+\beta} \tag{4.67}$$

可以看出，共集放大器具有较低的输出电阻。

从以上分析可以看出，共集放大器具有非常高的输入电阻、相当低的输出电阻和小于 1 但接近于 1 的电压增益，通常将这样的放大器称为具有单位增益的电压缓冲放大器，也称为电压跟随器或射极跟随器，它可将高内阻信号源的信号接到一个非常小的负载上，也可作为多级放大器的输出级，使整个放大器具有较低的输出电阻。

例 4.8 （1）设计图 4.44 所示的共射放大器，要求该放大器能将麦克风的 12mV 正弦波信号放大至 0.4V（空载输出电压），设麦克风的输出电阻为 0.5kΩ。采用的三极管参数为β=100，发射极电流$I_E=0.2\text{mA}$，$V_{CE}=4\text{V}$。（2）考虑当负载电阻从$R_L=4\text{k}\Omega$变为$R_L=20\text{k}\Omega$时，共射放大器的输出电压将会如何变化？（3）请在前面设计的共射放大器后设计如图 4.45 所示的射极跟随器，已知晶体管参数为β= 100，$V_A=80\text{V}$，使得当负载电阻从$R_L=4\text{k}\Omega$变为$R_L=20\text{k}\Omega$时，输出信号的变化不超过 5%。

解：（1）由题目要求可得

$$\left|A_{vs}\right|=\frac{0.4\text{V}}{12\text{mV}}\approx 33.3\text{V/V}$$

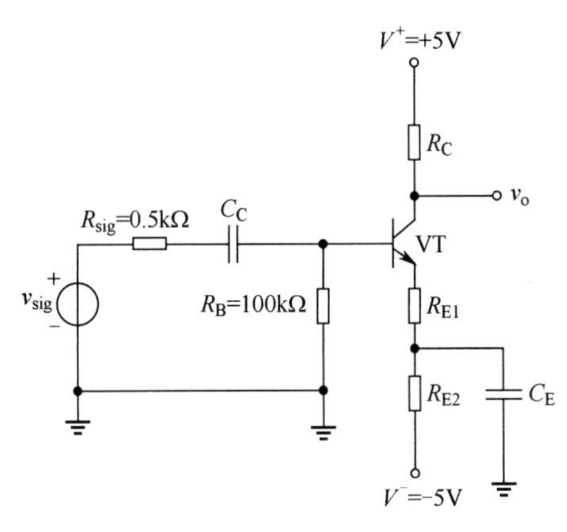

图 4.44　例 4.8 共射放大器

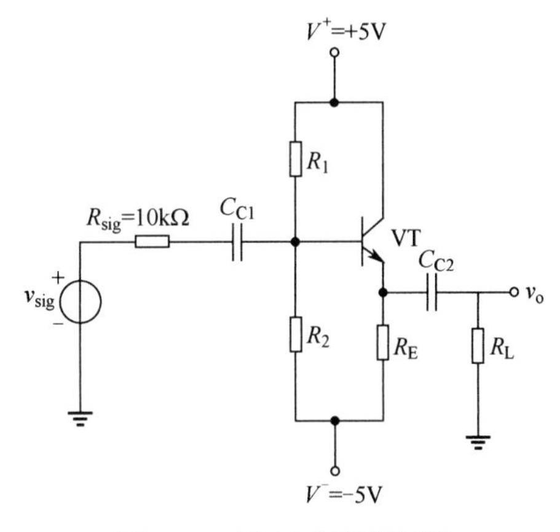

图 4.45　例 4.8 射极跟随器

由式(4.52)可知，放大器的近似源电压增益为$\left|A_{vs}\right| \approx \dfrac{R_C}{R_{E1}}$。

根据式(4.52)近似条件可知，$\dfrac{R_C}{R_{E1}}$应略大于A_{vs}，同时为计算方便，取$\dfrac{R_C}{R_{E1}} = 40$。

由图 4.44 所示电路的直流通路可得，基极-发射极环路方程为

$$5 = I_B R_B + V_{BE} + I_E\left(R_{E1} + R_{E2}\right)$$

可得

$$R_{E1} + R_{E2} = 20.5\text{k}\Omega$$

由$\beta = 100$，$I_E \approx I_C$可得集电极-发射极环路方程为

$$5 + 5 = I_C R_C + V_{CE} + I_E\left(R_{E1} + R_{E2}\right)$$

可得

$$R_C = 9.5\text{k}\Omega$$

则

$$R_{E1} = \frac{R_C}{40} = 0.238\text{k}\Omega\text{，}\quad R_{E2} = 20.3\text{k}\Omega$$

根据标准电阻值，可选$R_{E1} = 240\Omega$，$R_{E2} = 20\text{k}\Omega$，$R_C = 10\text{k}\Omega$。

（2）当图 4.44 接入$R_L = 4\text{k}\Omega$电阻时，$\left|A_{vs}\right| \approx \dfrac{R_C \parallel R_L}{R_{E1}} = 11.9\text{V/V}$，当输入 12mV 电压的正弦信号时，输出电压为$v_o = 12\text{mV} \times 11.9 \approx 0.142\text{V}$

当接入$R_L = 20\text{k}\Omega$电阻时，$\left|A_{vs}\right| \cong \dfrac{R_C \parallel R_L}{R_{E1}} = 27.7\text{V/V}$，当输入 12mV 电压的正弦信号时，输出电压为$v_o = 12\text{mV} \times 27.7 \approx 0.332\text{V}$。

可以看出，由于共射放大电路的输出电阻$R_o = R_C = 10\text{k}\Omega$，因此当负载变化较大时，输出电压幅度变化很大。为了稳定输出电压，通常的方法是在共射放大器后接射极跟随器，如图 4.45 所示。

（3）将放大电路进行戴维南等效，可得到如图 4.46 所示的等效电路。可以得到

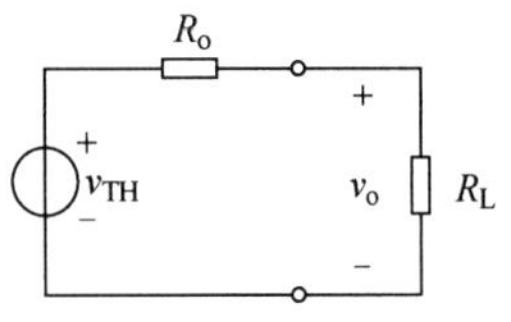

图 4.46　例 4.8 电路图

$$v_o = \left(\frac{R_L}{R_L + R_O}\right) \cdot v_{TH}$$

式中，v_{TH}为放大器输出的理想电压。为了达到当负载电阻在一定范围内变化，输出电压变化少于 5%的要求，应该使R_o的值小于或等于负载电阻最小值的 5%，在这里取$R_o = 200\Omega$。

如图 4.46 所示，考虑到前级共射放大器的输出电阻，因此$R_{sig} = 10\text{k}\Omega$，则

$$R_o = \left(\frac{r_\pi + R_1 \parallel R_2 \parallel R_{sig}}{1 + \beta}\right) \parallel R_E \parallel r_o$$

考虑到$1+\beta$，上式第一项远远小于$R_E \parallel r_o$，且设$R_1 \parallel R_2 \parallel R_{sig} \cong R_{sig}$，则有

$$R_o \cong \frac{r_\pi + R_{sig}}{1+\beta}$$

对于$R_o = 200\Omega$，可得$r_\pi = 10.2\text{k}\Omega$，则

$$I_C = \frac{\beta V_T}{r_\pi} = 0.245\text{mA} \cong I_E$$

假设$V_{CE} = 5\text{V}$，则

$$R_E = \frac{V^+ - V_{CEQ} - V^-}{I_E} = 20.4\text{k}\Omega$$

取基极电阻为

$$R_{BB} = 0.1\times(1+\beta)R_E = 206\text{k}\Omega$$

基极电流为$I_B = \dfrac{V_{BB} - V_{BE} - V^-}{R_{BB} + (1+\beta)R_E}$，其中$V_{BB} = 10\times\left(\dfrac{R_2}{R_1+R_2}\right) - 5 = 10\dfrac{1}{R_1}R_{BB} - 5$。

则有$\dfrac{0.245}{100} = \dfrac{\dfrac{1}{R_1}\times 206\times 10 - 5 - 0.7 - (-5)}{206 + 101\times 20.4}$，可得$R_1 = 329\text{k}\Omega,\ R_2 = 551\text{k}\Omega$。

4.4.5 3种组态放大器的比较

3种组态连接的放大器各有优缺点，根据3种放大器的特性可以得到以下结论。

①共射组态最适合得到大增益，根据增益大小的要求，可采用单级、两级或三级共射放大器级联。通常在组合放大器中，共射放大器适用于中间级。

②在发射极上接电阻可改善共射放大器的性能，但这是以牺牲增益为代价的。

③共基放大器由于其较低的输入电阻，通常不用作电压放大器，而是作为电流跟随器使用，其良好的高频特性使得共基放大器在某些特定的高频应用中，与其他放大器类型一起组成组合电压放大器。

④共集放大器通常作为电压跟随器使用，它可把高内阻的信号源连接到低电阻负载，并作为多级放大器的输出级。

本章小结

晶体三极管是最早出现的具有放大功能的半导体器件，虽然目前市场占有率已远不如MOS器件，但凭借其优良的高频特性以及强大的驱动能力，在射频通信、高频功率放大器等领域中依然占据重要地位。

BJT器件最早就是为了能进行信号放大而设计的器件，其“正向受控”作用是其工艺设计的目标，双PN结控制提供了多种工作状态的可能，其主要工作状态包括饱和、放大和截止，尽量避免工作在击穿区。使用时需要根据两个PN结的不同工作条件，选择合适的模型和相应的数学方程来分析电路。

BJT有很多方面与MOS器件非常相似，都可以用于模拟和数字电路设计。如果要用作放大器，就需要通过偏置技术使其工作在放大区的中间位置，保证获取较大的交流摆幅；交流分析与设计基于小信号模型，侧重放大器增益、输入输出电阻等参数，带宽参数同样放到第5章综合介绍。

BJT放大器同样有共射、共基和共集3组基本状态，呈现出不同的放大器特征。由于同等条件下BJT的互导参数极高，因此共射放大器具有极高的放大能力，而共基放大器和共集放大器各自具有电流与电压跟随特性，兼具良好的高频特性，因此应用场合各有不同。

习　题

4.1　测得某放大电路中 BJT 的 3 个电极 A、B、C 的对地电位分别为$V_A = -9V$、$V_B = -6V$、$V_C = -6.2V$，试分析 A、B、C 中哪个是基极 b、发射极 e、集电极 c，并说明此 BJT 是 NPN 型晶体管还是 PNP 型晶体管。

4.2　某放大电路中 BJT 3 个电极 A、B、C 的电流如题图 4.1 所示，用万用表直流电流挡测得$I_A = -2mA$，$I_B = -0.04mA$，$I_C = +2.04mA$，试分析 A、B、C 中哪个是基极 b、发射极 e、集电极 c，并说明此管是 NPN 管还是 PNP 管，它的β是多少？

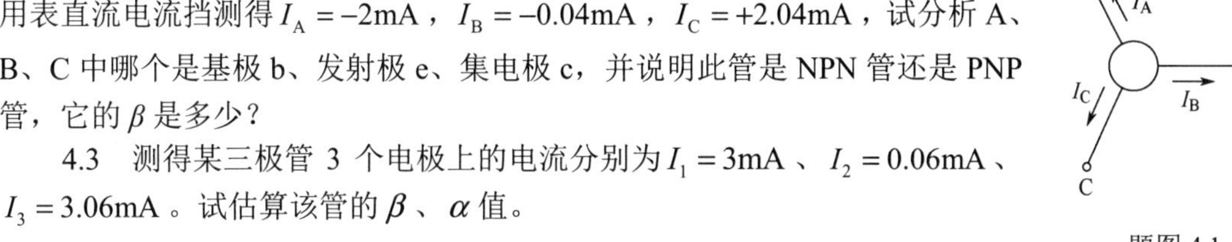

题图 4.1

4.3　测得某三极管 3 个电极上的电流分别为$I_1 = 3mA$、$I_2 = 0.06mA$、$I_3 = 3.06mA$。试估算该管的β、α值。

4.4　在 NPN 型三极管中，发射结加正偏，集电结加反偏。已知$I_S \approx 4.5 \times 10^{-15}A$，$\bar{\alpha}=0.98$，$I_{CBO}$忽略不计。试求当$V_{BE} = 0.65V$、0.7V、0.75V 时，$I_E$、$I_C$和$I_B$的值，并分析比较。

4.5　某 BJT 的极限参数$I_{CM} = 100mA$，$P_{CM} = 150mW$，$V_{(BR)CEO} = 30V$，若它的工作电压$V_{CE} = 10V$，则工作电流I_C不得超过多大？若工作电流$I_C = 1mA$，则工作电压的极限值应为多少？

4.6　电路如题图 4.2 所示。设 BJT 的$\beta = 80$，$V_{BE} = 0.6V$，I_{CEO}、V_{CES}可忽略不计，试分析当开关 S 分别接通 A、B、C 3 个位置时，BJT 各工作在其输出特性曲线的哪个区域，并求出相应的集电极电流I_C。

4.7　电路如题图 4.3 所示。三极管的$\beta = 50$，$|V_{BE}| = 0.2V$，饱和管压降$|V_{CE(sat)}| = 0.1V$；稳压管的稳定电压$V_D = 5V$，正向导通电压$V_D = 0.5V$。试问：当$v_I = 0V$时，v_O是多少？；当$v_I = -5V$时，v_O是多少？

4.8　试分析题图 4.4 所示各电路对正弦交流信号有无放大作用，并简述理由（设各电容的容抗可忽略）。

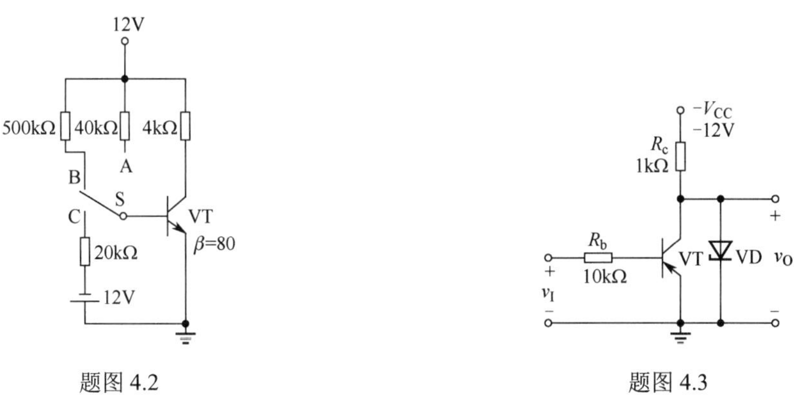

题图 4.2　　　　题图 4.3

4.9　设计题图 4.5 所示放大器的偏置电路，使得电流$I_E = 2mA$，电源$V_{CC} = +15V$。三极管的β额定值为 100，已知$V_{CE} = 5V$。

4.10　对于题图 4.6 所示的电路，当$V_{CC} = V_{EE} = 10V$，$I = 1mA$，$\beta = 100$，$R_B = 100k\Omega$，$R_C = 7.5k\Omega$时，求基极、集电极和发射极的直流电压。

4.11　放大电路如题图 4.7 所示。已知该电路的静态工作点位于输出特性曲线的Q点处。

（1）确定R_c和R_b的值（设V_{BEQ}＝0.7V）。

（2）为了把静态工作点Q移到Q_1点，应调整哪些电阻？调为多大？若静态工作点移到Q_2点，又应如何调整？

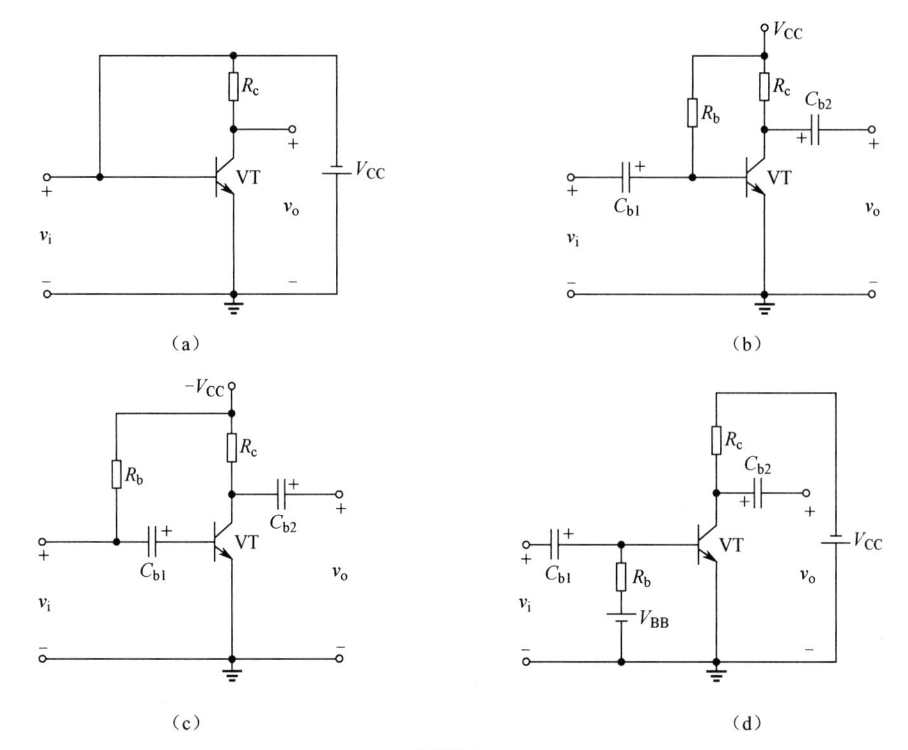

题图 4.4

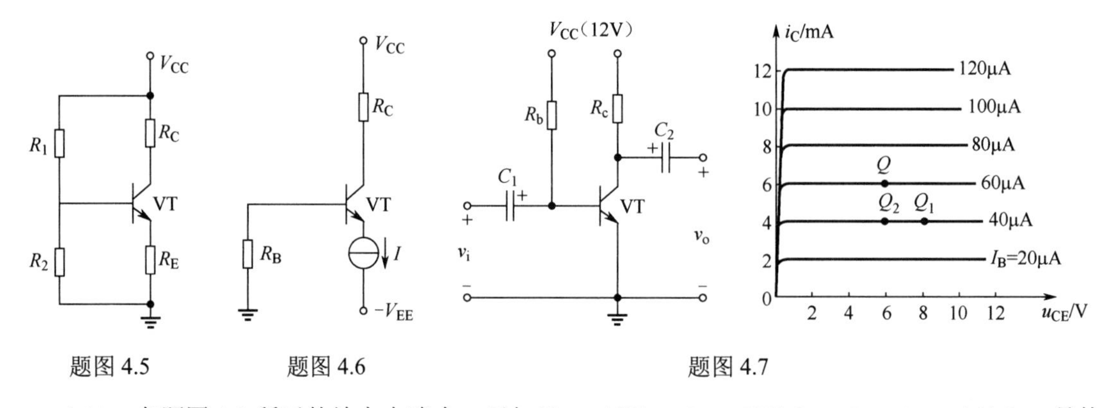

题图 4.5　　题图 4.6　　题图 4.7

4.12　在题图 4.8 所示的放大电路中，已知 $V_{CC}=12V$，$R_B=500k\Omega$，$R_C=R_L=6.8k\Omega$，晶体管 $\beta=50$，$V_{BEQ}=0.6V$。

（1）计算静态工作点。

（2）若要求 $I_{CQ}=0.5mA$，$V_{CEQ}=6V$，求所需 R_B 的值和 R_C 的值。

4.13　在题图 4.9 所示电路中，已知晶体管的 $\beta=200$，$V_{BE}=-0.7V$，$I_{CBO}\approx 0$。

（1）试求 I_B、I_C、V_{CE}；

（2）若电路中元件分别做如下变化，试指出晶体管的工作模式。

① R_{B2}=2kΩ；② R_{B1}=15kΩ；③ R_E=100Ω。

4.14　三极管电路如题图 4.10 所示。已知 $\beta=100$，$V_{BE}=-0.7V$。

（1）估算直流工作点 I_{CQ}、V_{CEQ}。

（2）若偏置电阻 R_{B1}、R_{B2} 分别开路，试分别估算集电极电位 V_C 值，并说明各自的工作状态。

（3）若 R_{B2} 开路时，要求 $I_{CQ}=2mA$，试确定 R_{B1} 的取值。

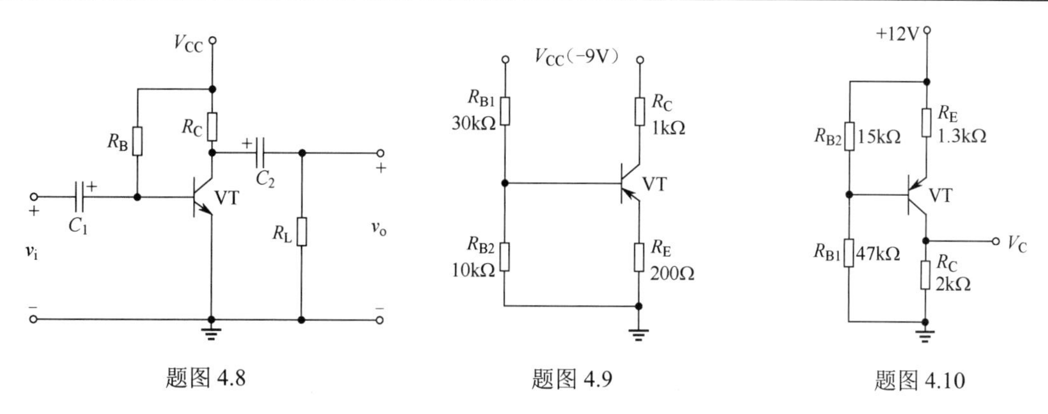

题图 4.8　　　题图 4.9　　　题图 4.10

4.15　电压负反馈型偏置电路如题图 4.11 所示。若晶体管 β、V_{BE} 已知。

（1）试导出计算工作点的表达式；

（2）简述稳定工作点的原理。

4.16　单管放大电路如题图 4.12 所示。已知 BJT 的电流放大系数 $\beta = 50$。

（1）估算 Q 点。

（2）画出小信号等效电路。

（3）估算 BJT 的输入电阻 r_π。

（4）如果输出端接入 4kΩ 的电阻负载，计算 $A_v = v_o / v_i$ 及 $A_{vs} = v_o / v_{sig}$。

4.17　（设计题）放大电路如题图 4.13 所示。已知 $V_{CC} = 12\text{V}$，BJT 的 $\beta = 20$。若要求 $A_v \geqslant 100$，$I_{CQ} = 1\text{mA}$，试确定 R_b、R_c 的值，并计算 V_{CEQ}，设 $R_L = \infty$。

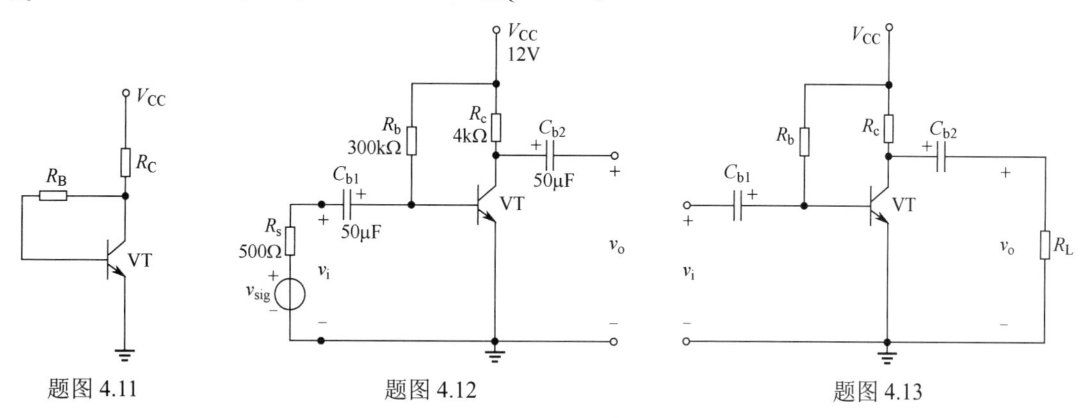

题图 4.11　　　题图 4.12　　　题图 4.13

4.18　电路如题图 4.14 所示，晶体管 $\beta = 100$。

（1）求电路的 Q 点。

（2）画出小信号等效电路，并计算 A_v、R_i、R_o。

（3）设 $v_{sig} = 10\text{mV}$（有效值），问 v_i 为多少？ v_o 为多少？若 C_3 开路，则 v_i 为多少？ v_o 为多少？

4.19　（设计题）如题图 4.15 所示，$\beta = 100$，V_{BE}=0.7V，电路中电容在交流时的影响可以忽略不计。

（1）要求 $I_C = 3\text{mA}$，V_{CC} 在 R_C、V_{CE} 和 R_E 之间平分，电压分压器上的电流 I_1=10I_B，求 R_{B1}、R_{B2}、R_C 和 R_E 的值。

（2）$|V_A| = 100\text{V}$，求解 r_π、g_m 和 r_o，画出小信号等效电路。

（3）$R_L = 1\text{k}\Omega$，求该电路的 A_v、R_i 和 R_o。

4.20　（设计题）设计共射放大器，其输出通过电容耦合至负载电阻 $R_L = 10\text{k}\Omega$。最小的电压增益为 $|A_v| = 50$。电路直流电压为 ±5V，每个电压源可以提供最大 0.5mA 的电流。三极管参数为 $\beta = 120$，$V_A = \infty$。

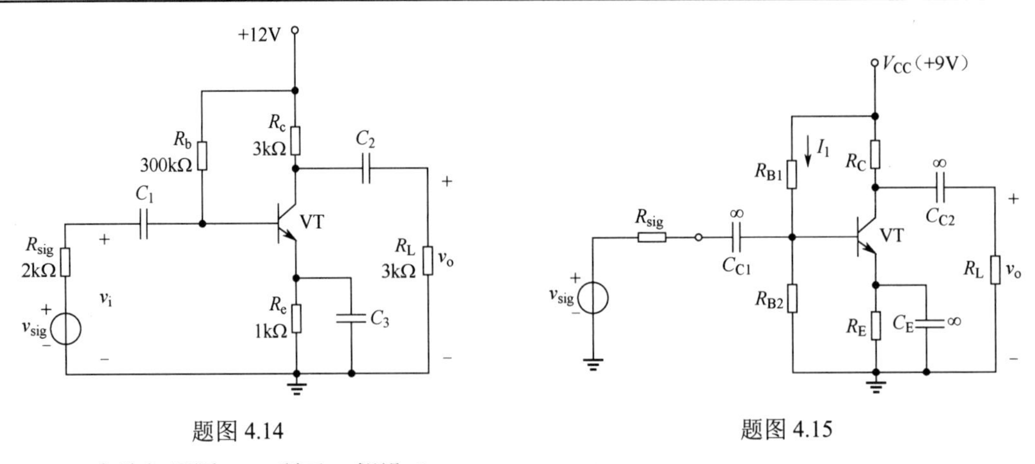

题图 4.14 题图 4.15

4.21　电路如题图4.16所示，假设$\beta=100$，$V_{BE}=0.7V$。

（1）估算Q点。

（2）求电压增益A_v、输入电阻R_i和输出电阻R_o。

4.22　对于题图4.17所示电路，求输入电阻R_i和源电压增益v_o/v_{sig}。假设信号源提供小信号v_{sig}，且$\beta=100$。

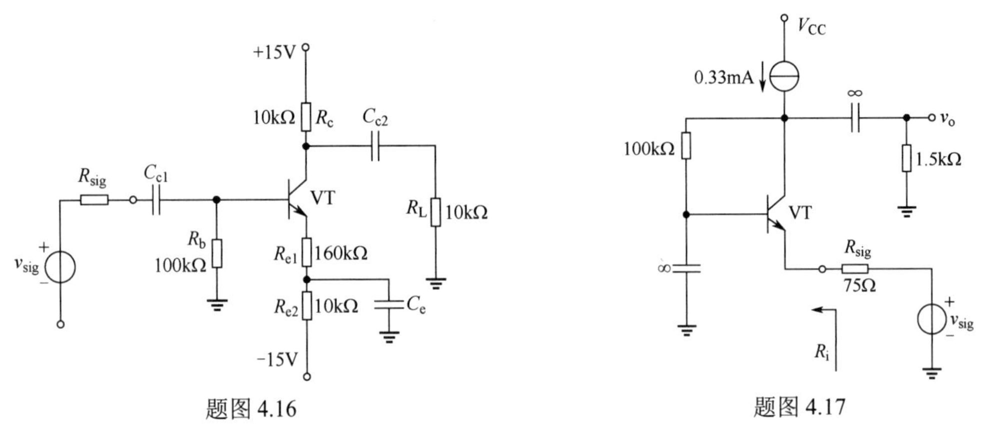

题图 4.16 题图 4.17

4.23　射极跟随器如题图4.18所示。已知晶体管r_π=1.5kΩ，$\beta=49$。

（1）画出交流小信号等效电路。

（2）计算A_v、R_i、R_o。

4.24　电路如题图4.19所示。已知$V_{CC}=12V$，$R_b=300k\Omega$，$R_{c1}=3k\Omega$，$R_{c2}=1.5k\Omega$，$R_{e1}=0.5k\Omega$，$R_{e2}=1.5k\Omega$，三极管的电路放大系数$\beta_1=\beta_2=60$，电路中的电容足够大。计算电流的静态工作点，输出信号分别从集电极输出及从发射极输出的两级放大电路的电压放大倍数。

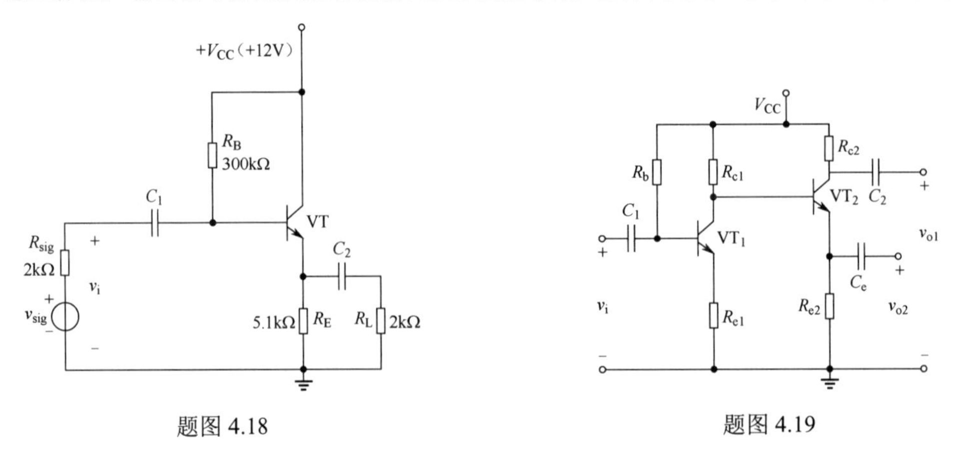

题图 4.18 题图 4.19

第 5 章　电压型集成运算放大器单元电路

前两章讲到的各种晶体管放大器是采用独立的晶体管、电阻、电容等元件，依靠导线或印刷线路连接组成的电路，这类电路通常被称为分立元件电路，相对应的概念是集成电路。在百度百科中，集成电路被定义为一种微型电子器件或部件，即采用一定的工艺，把一个电路中所需的晶体管、电阻、电容和电感等元件及布线互连在一起，制作在一小块或几小块半导体晶片或介质基片上，然后封装在一个管壳内，成为具有特定功能的微型结构。由于集成工艺技术将所有元件在结构上组成了一个整体，使电子元件向着微小型化、低功耗、智能化和高可靠性方面迈进了一大步。一般来说，集成电路主要分为模拟集成电路、数字集成电路和混合信号集成电路三大类。本章的重点是模拟集成电路，特别是集成运算放大器。

学习目标

1. 能够说明集成电路的基本特征，能从系统角度分析集成运算放大器的结构。
2. 能够分析和设计用于偏置级的电流源电路，注意电流导向技术在芯片设计中的作用。
3. 能够分析和设计用于输入级的差分放大器，掌握差模分析和共模分析的方法，理解其“放大差模，抑制共模”的基本功能应用，特别是集成电路中广泛使用的有源负载差分放大器的性能分析。
4. 能够根据不同放大器的基本组态，分析和设计用于中间级的组合放大器，能根据不同的需求选择合适的组合单元。
5. 能够分析和设计在集成电路中广泛应用的有源负载放大器，深入理解 CMOS 技术的优良特性。
6. 能够应用米勒定理和开路时间常数法等方法分析各级放大器的上限截止频率及其高频响应。

5.1　集成运算放大器设计特征

集成运算放大器在电路设计与实现上具有许多与分立元件电路不同的特点。

因为微小型化的要求，芯片面积决定了设计中不能使用参数值大甚至中等大的电阻，也不能使用太小的电阻，一般几百欧姆到几千欧姆最合适，但可以使用恒流源的输出管替代大电阻，称为有源负载。另外，大电容必须避免使用，除非作为集成电路芯片以外的组成部分，即使这样，这类电容也应该越少越好，否则芯片引脚和制作成本将增加；但数值很小的电容很容易实现。

集成电路中为了集成更多元件，减小元件尺寸已经成为一种趋势，因此供电电压不会太高，低压工作可以减少功率损耗，但对电路设计人员提出了更大的挑战。在设计 MOS 集成电路时，尽量只使用 MOS 管来实现电路尽可能多的功能，如代替电阻、电容等；集成 MOS 放大器实现中基本采用两种不同极性的 MOSFET，即 CMOS 技术；然而双极型集成电路仍然提供了许多优点，如高增益、能提供较大的输出电流、在恶劣环境下的较高可靠性等；它和 CMOS 电路的结合可带来创新的成果，称为 BiMOS 或 BiCMOS 技术，但同时意味着设计和生产成本的上升。

集成电路放大器一般都是高增益放大器，多级放大器之间采用直接耦合方式级联，这样可以避免使用大的耦合电容，带宽低频可达直流，即可以直接处理直流信号；在设计中尽可能地用有源器件替代无源器件，同时常常利用对称结构来改善电路性能。图 5.1 给出了一般电压型集成运算放大器的内部结构框图。可以看到，内部包含了多级放大结构，输入级采用了对共模噪声有抑制作用、对待处理的差模信号有放大作用的差分放大器结构；为了获得高增益，中间级采用了多级放大器或组合放大器结构，承担起进一步放大的作用；而输出级为了驱动负载而采用了功率放大器结构；整个芯片为了保证有良好的一致性和低漂移性能，又采用了统一的直流偏置设计，一般会采用电流源偏置结构。

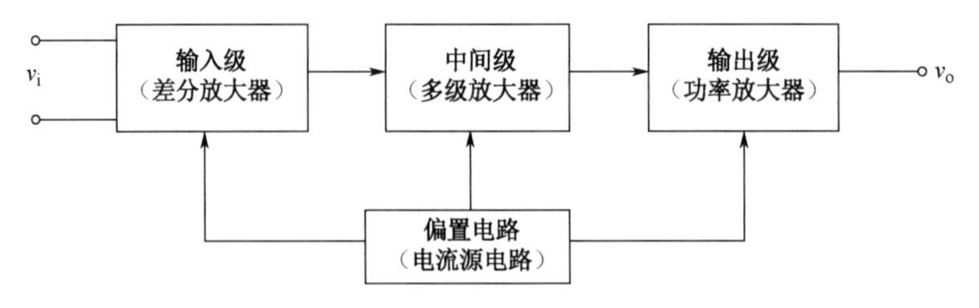

图 5.1　一般电压型集成运算放大器的内部结构框图

本章会围绕这些基本的单元电路一一展开介绍。在每个单元电路的设计与实现中，MOS 和 BJT 电路将对应出现，这不仅仅是为了在一定程度上便于介绍，更重要的是让我们能够将这两种类型的电路作一个比较。因此，请读者在学习本章之前，对第 3 章和第 4 章中介绍的这两种器件及其基本组态电路进行详细的回顾，而且在学习过程中注意两者在电路设计与分析上的异同点。

5.2　电流源电路及其应用——集成放大器偏置设计

在第 3 章和第 4 章中，主要讨论了由电阻网络构成的偏置电路结构，这类结构主要应用在分立元件电路中。因为在集成电路生产中，电阻大小是由芯片面积决定的，这样就注定在集成电路中不可能实现较大数值的电阻设计。另外，这类偏置电路往往也需要隔直电容和旁路电容来保证各级放大器直流工作点的可靠性，而在集成电路中微法级的电容也是很难实现的。因此，在集成电路的偏置设计中首选方案是采用电流源偏置结构，其特点是稳定性好，电流精度高；而且以基本电流源为基础设计的多级电流导向电路，还能通过公用参考支路、分别输出电流的方式对各级放大器进行单独偏置，从而大大节约芯片使用面积，故在集成电路中被广泛使用。

本节主要介绍几类典型的电流源电路，注意我们会同时给出采用 MOS 和 BJT 器件的电路设计，读者要注意它们的异同点。一般来说，如果一颗芯片中绝大部分器件都采用的是 MOS 工艺，那么偏置电路也会采用 MOS 工艺，以保证电路参数的一致性，甚至常常会看到芯片内部电路图中全是 MOS 的电路结构。对于 BJT 器件构成的集成电路芯片，也是一样的处理方式。

电流源的两个基本参数是电流源输出电流 I_o 和电流源输出电阻 R_o，它们描述了一个电流源电路性能的优劣程度。对于一个性能良好的电流源来说，I_o 的稳定性非常高，几乎是恒流输出，因此也将电流源电路称为恒流源电路；同时，输出电阻 R_o 非常高，这样能大大提高电流源电路驱动负载的能力。因此，我们讨论的重点也放在这两个参数的分析与设计上。

5.2.1　基本单元——镜像电流源

1. MOS 镜像电流源

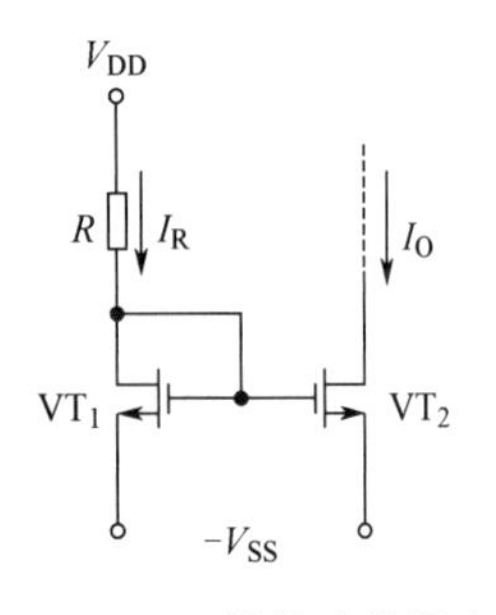

图 5.2　MOS 镜像电流源电路

镜像电流源也称为电流镜（Current Mirror），是由两个晶体管构成的最简单的电流源结构。由 MOS 器件为核心的镜像电流源电路，如图 5.2 所示。

图 5.2 给出了一个简单的 MOSFET 电流源电路模块。注意，该模块是大规模集成电路的一部分，并不是完整电路。首先来看看电路的结构特点，电路中有两个 NEMOSFET，一般情况下，两管的工艺相同，物理参数一致或匹配，且一般采用对称设计，供电的 $V_{DD}=V_{SS}$。其中，V_{DD}、电阻 R、VT_1 和 $-V_{SS}$ 共同组成参考支路，确定电路中参考电流 I_R 的大小。

$$I_{\mathrm{R}}=\frac{V_{\mathrm{DD}}-V_{\mathrm{GS1}}-(-V_{\mathrm{SS}})}{R} \tag{5.1}$$

VT_1 也被称为电路的参考管，注意到其漏极与栅极短接，$V_{G1}=V_{D1}$，因此 VT_1 工作在饱和区。若忽略沟道长度调制效应，可以得到 VT_1 中的电流电压方程为

$$I_{\mathrm{D1}}=\frac{1}{2}\mu_{\mathrm{n}}C_{\mathrm{ox}}\left(\frac{W}{L}\right)_1(V_{\mathrm{GS1}}-V_{\mathrm{t}})^2 \tag{5.2}$$

又因为栅极电流为 0，所以 $I_R=I_{D1}$，故由式(5.1)和式(5.2)联立可得参考电流 I_R 的值。

再来看一下 VT_2，将其称为电流源的输出管，因为电流源电流是由 VT_2 的漏极输出的。前面提到这只是集成电路的一部分，外电路必须保证 VT_2 也工作在饱和区，则可得 VT_2 输出电流表达式为

$$I_{\mathrm{O}}=I_{\mathrm{D2}}=\frac{1}{2}\mu_{\mathrm{n}}C_{\mathrm{ox}}\left(\frac{W}{L}\right)_2(V_{\mathrm{GS2}}-V_{\mathrm{t}})^2 \tag{5.3}$$

由图 5.2 可知，两管的栅极短接，源极等电位，即两管 V_{GS} 也相同，因此可得到输出电流 I_O 与参考电流 I_R 的关系为

$$I_{\mathrm{O}}=\frac{(W/L)_2}{(W/L)_1}I_{\mathrm{R}} \tag{5.4}$$

可见，在器件匹配的条件下，由于两管的特殊结构连接，两个 MOS 管电流之间的关系，或者电流源输出电流和参考电流之间的关系，可以用两个晶体管的沟道宽长比来表示，我们将这个比值称为电流传输比或电流传输系数。特别是对于两个器件物理参数完全一致的晶体管，更可以进一步得到

$$I_{\mathrm{O}}=I_{\mathrm{R}} \tag{5.5}$$

即电路在输出端直接复制了参考电流，因此将该电路称为镜像电流源。但需要说明的是，这个名称在器件具有任何尺寸比例时都适用。另外，有时候我们也把由两个不同沟道宽长比的 MOS 管构成的电流源称为 MOS 比例电流源。

尽管到目前为止一直忽略沟长效应的影响，实际上它与电流源的输出电阻或输出电流的稳定性密切相关。尤其在集成电路中，由于普遍采用短沟道器件，因此沟长效应非常明显。

电流源输出电阻分析图如图 5.3 所示。图 5.3（a）给出了一个用电流源偏置的单管放大器直流通路。图中 VT_1 和 VT_2 构成电流源，VT_3 为放大器。考虑沟长效应，电流源中电流传输比表示为

$$\frac{i_{\mathrm{O}}}{I_{\mathrm{R}}}=\frac{(W/L)_2}{(W/L)_1}\frac{(1+\lambda v_{\mathrm{DS2}})}{(1+\lambda v_{\mathrm{DS1}})}=\frac{(W/L)_2}{(W/L)_1}\frac{(1+v_{\mathrm{DS2}}/V_{\mathrm{A}})}{(1+v_{\mathrm{DS1}}/V_{\mathrm{A}})} \tag{5.6}$$

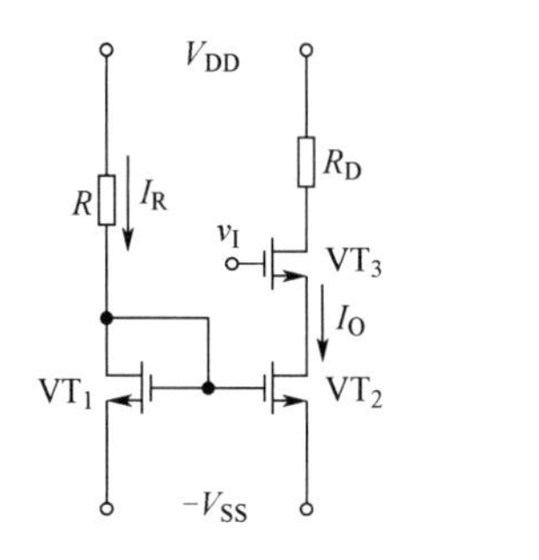

（a）用电流源偏置的单管放大器直流通路

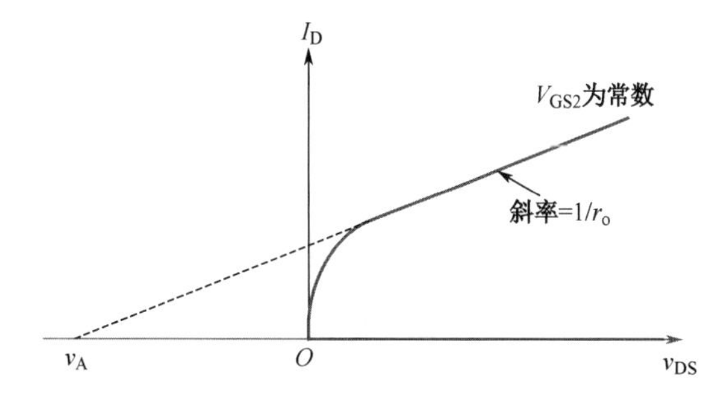

（b）V_{GS2} 为常数的 VT_2 输出特性曲线

图 5.3　电流源输出电阻分析图

因为器件参数及参考支路已定，所以 I_R 的大小确定，显然 $V_{DS1}=V_{GS1}=V_{GS2}$ 为常数，而 v_{DS2} 的大小会随着 v_I 的变化而变化。因此，由式(5.6)可以得到 i_O 对 v_{DS2} 的微分为

$$\frac{\partial i_{\mathrm{O}}}{\partial v_{\mathrm{DS2}}}=\frac{(W/L)_2}{(W/L)_1}\times\frac{1}{V_{\mathrm{A}}}\frac{I_{\mathrm{R}}}{(1+V_{\mathrm{DS1}}/V_{\mathrm{A}})} \tag{5.7}$$

又因为在一般情况下，V_{DS1}远远小于V_A，所以式(5.7)可改写为

$$\frac{\partial i_O}{\partial v_{DS2}} \approx \frac{I_O}{V_A} = \frac{1}{r_{o2}} \tag{5.8}$$

式中，r_{o2}为VT_2从漏极视入的等效输出电阻。也就是说，电流源的输出电阻大小由VT_2的输出电阻决定，即电流源具有有限大小的输出电阻，表达式为

$$R_o = r_{o2} = \frac{V_A}{I_O} \tag{5.9}$$

以上讨论基于VT_1和VT_2都工作在饱和区，但VT_2能否工作在饱和区是有条件的，即要求

$$v_{DS2} \geqslant v_{GS2} - V_t \tag{5.10}$$

因此，在电路设计中要时刻注意保证式(5.10)始终成立。

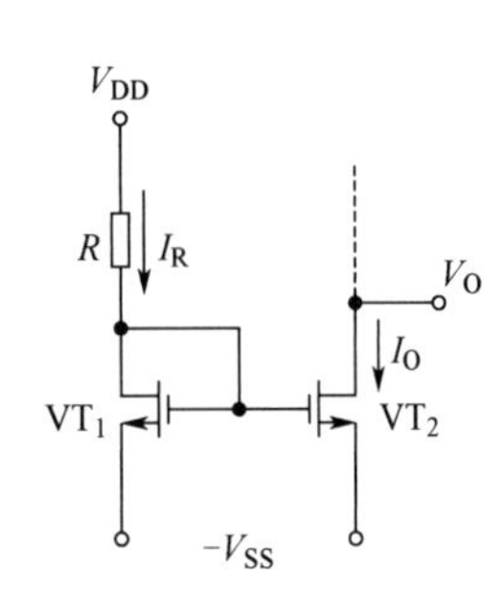

图 5.4　例 5.1 电路

例 5.1　电流源电路如图 5.4 所示，$V_{DD}=V_{SS}=5V$，$R=2k\Omega$，两个 MOS 管器件参数一致，$k'_n(W/L)=50\mu A/V^2$，$V_t=1V$，$V_A=25V$。（1）求该电路的输出电流I_O和输出电阻R_o；（2）该电路若要正常工作，则V_O应满足什么条件？（3）若V_O由 2V 变化到 5V，则输出电流变化百分比为多少？

解：（1）由图 5.4 和式(5.1)、式(5.2)可得

$$I_R = \frac{5 - V_{GS1} - (-5)}{2\times10^3}$$

$$I_R = I_{D1} = \frac{1}{2}\times50\times10^{-6}\times(V_{GS1}-1)^2$$

可得$V_{GS1}=7.73V$（舍去−25.73V），$I_R=1.135mA$。

又因为两管器件参数一致，所以$I_O=I_R=1.135mA$。

由式(5.9)可得$R_o = V_A/I_O = 22.026k\Omega$。

（2）电路若要正常工作，则两管都必须工作在饱和区，显然VT_1肯定工作在饱和区，则VT_2也要工作在饱和区。因此输出电压V_O必须满足

$$V_O - (-V_{SS}) \geqslant V_{GS2} - V_t$$

即

$$V_O \geqslant V_{GS2} - V_t - V_{SS} = V_{GS1} - V_t - V_{SS} = 1.73V$$

（3）由式(5.8)可得

$$\Delta I_O = \frac{1}{R_o}\times\Delta V_{DS2} = \frac{1}{R_o}\times\{[5-(-V_{SS})]-[2-(-V_{SS})]\} = \frac{1}{R_o}\times3 = 0.1362mA$$

所以

$$\frac{\Delta I_O}{I_O} = \frac{0.1362}{1.135} = 0.12 = 12\%$$

由例 5.1 的分析过程可知，只要电路正常工作，即使输出电压有较大波动，输出电流的波动还是基本能接受的，但显然如果输出电阻能够再大一些，那么输出电流的稳定性将会更好。

例 5.2　电路结构与图 5.4 相同，$V_{DD}=V_{SS}=5V$，两个 MOS 管器件参数匹配，$\left(\frac{W}{L}\right)_1 = 2\left(\frac{W}{L}\right)_2 = 10$，$k'_n=50\mu A/V^2$，$V_t=1V$，$V_A=\infty$，若要求$I_O=2mA$，则电阻$R$应如何选择？

解：因为两个 MOS 管器件参数匹配，$\left(\frac{W}{L}\right)_1 = 2\left(\frac{W}{L}\right)_2$，且$I_O=2mA$，所以由式(5.4)可得

$$I_R = \frac{\left(\frac{W}{L}\right)_1}{\left(\frac{W}{L}\right)_2} I_O = 2I_O = 4mA = I_{D1}$$

又因为$I_{D1} = \frac{1}{2}k'_n\left(\frac{W}{L}\right)_1(V_{GS1}-V_t)^2$，可得$V_{GS1}=5V$（舍去−3V），所以由式(5.1)可得

$$R = \frac{V_{\mathrm{DD}} - V_{\mathrm{GS1}} - (-V_{\mathrm{SS}})}{I_{\mathrm{R}}} = 1.25\mathrm{k}\Omega$$

2．BJT 镜像电流源

图 5.5 给出了基于 BJT 器件的镜像电流源结构。它与图 5.2 的结构基本一致，就是把核心器件换成了 BJT。同样，V_{CC}、V_{EE}、电阻 R 以及 VT_1 一起构成了电流源的参考支路，所以参考电流 I_{R} 可得

$$I_{\mathrm{R}} = \frac{V_{\mathrm{CC}} - V_{\mathrm{BE1}} - (-V_{\mathrm{EE}})}{R} \tag{5.11}$$

又由于 V_{BE1} 一般取 0.7V，因此由电源和电阻参数可以基本确定参考电流的值。

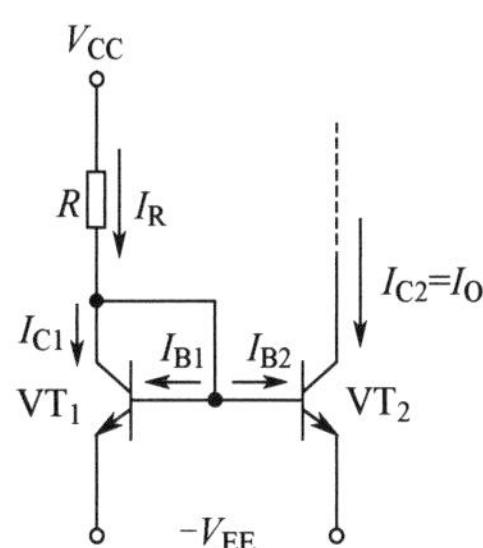

图 5.5　基于 BJT 器件的镜像电流源结构

由图 5.5 可知，VT_1 的基极和集电极短接，因此 $V_{\mathrm{CE1}}=V_{\mathrm{BE1}}$，所以 VT_1 必然工作在放大区，又因为两管基极短接，发射极等电位，所以两管 V_{BE} 相等。假设 VT_2 也工作在放大区，忽略基区宽度调制效应，则两管集电极电流关系式为

$$I_{\mathrm{C1}} = I_{\mathrm{S1}}\mathrm{e}^{V_{\mathrm{BE}}/V_{\mathrm{T}}} \tag{5.12}$$

$$I_{\mathrm{O}} = I_{\mathrm{C2}} = I_{\mathrm{S2}}\mathrm{e}^{V_{\mathrm{BE}}/V_{\mathrm{T}}} \tag{5.13}$$

然而，BJT 和 MOS 最大的不同就在于，其基极电流并没有小到可以忽略不计的地步，由图 5.5 可知，I_{R} 应该是等于 I_{C1} 再加上两管基极电流。

$$I_{\mathrm{R}} = I_{\mathrm{C1}} + I_{\mathrm{B1}} + I_{\mathrm{B2}} \tag{5.14}$$

假设 VT_1 和 VT_2 完全一致，则由式(5.12)和式(5.13)可知，$I_{\mathrm{C1}}=I_{\mathrm{C2}}$，$I_{\mathrm{B1}}=I_{\mathrm{B2}}$。将以上结论代入式(5.14)，则电流 I_{R} 可以表示为

$$\begin{aligned} I_{\mathrm{R}} &= I_{\mathrm{C1}} + 2I_{\mathrm{B1}} = I_{\mathrm{C1}} + 2(I_{\mathrm{C1}}/\beta) \\ &= \left(1+\frac{2}{\beta}\right)I_{\mathrm{C1}} = \left(1+\frac{2}{\beta}\right)I_{\mathrm{C2}} = \left(1+\frac{2}{\beta}\right)I_{\mathrm{O}} \end{aligned} \tag{5.15}$$

最终得到 I_{O} 和 I_{R} 的关系式为

$$\frac{I_{\mathrm{O}}}{I_{\mathrm{R}}} = \frac{1}{1+\dfrac{2}{\beta}} \tag{5.16}$$

观察式(5.16)可知，与 MOS 镜像电流源不同，BJT 镜像电流源的输出电流 I_{O} 和参考支路的参考电流 I_{R} 之间不是严格的镜像关系，且其比例大小与 β 有关，显然若这个 β 足够大，则

$$I_{\mathrm{O}} \approx I_{\mathrm{R}} \tag{5.17}$$

与 MOS 镜像电流源一样，在集成电路中基区宽度调制效应也对电流 I_{O} 有明显的影响，其求解方法与 MOS 一样，电流源输出电阻的大小同样由输出管的输出电阻来确定。

$$R_{\mathrm{o}} = r_{\mathrm{o2}} = \frac{V_{\mathrm{A}}}{I_{\mathrm{O}}} \tag{5.18}$$

另外，在 MOS 镜像电流源电路中只要控制好两个晶体管的沟道宽长比，即可实现输出电流与参考电流之间的比例控制，在 BJT 镜像电流源电路中也有类似的处理方法。如果电路中 β 足够大，即可忽略两管基极的电流，从而可以通过控制两个晶体管的发射结面积之比来控制电流源输出电流的比例，关系式为

$$\frac{I_{\mathrm{O}}}{I_{\mathrm{R}}} = \frac{I_{\mathrm{S2}}}{I_{\mathrm{S1}}} = \frac{A_{\mathrm{E2}}}{A_{\mathrm{E1}}} = m \tag{5.19}$$

式中，I_{S} 为 BJT 发射结反向饱和电流；A_{E} 为 BJT 发射结面积；m 为 BJT 镜像电流源的电流传输比。

若考虑 β 参数的影响，实际电流传输比可改写为

$$\frac{I_O}{I_R}=\frac{m}{1+\frac{m+1}{\beta}} \tag{5.20}$$

与 MOS 镜像电流源一样，BJT 镜像电流源要能够正常工作，VT_2 必须工作在放大区，因此在电路设计中必须满足

$$v_{CE2} \geqslant V_{CE(sat)} \approx 0.3V \tag{5.21}$$

从以上分析可知，与 MOS 镜像电流源相比，BJT 镜像电流源具有类似的基本特性，但除输出电阻的问题之外，其电流传输比精度的问题比 MOS 要复杂得多，这也是后面改进型电路特别要注重的地方。

例 5.3　BJT 镜像电流源电路如图 5.6 所示。$V_{CC}=V_{EE}=10V$，$R=19.3k\Omega$，两个 BJT 器件参数一致，$V_{BE}=0.7V$，$\beta=100$，$V_A=50V$。（1）求该电路的输出电流 I_O 和输出电阻 R_o；（2）该电路若要正常工作，则 V_O 应满足什么条件？（3）若 V_O 由−9V 变化到 9V，则输出电流变化百分比为多少？

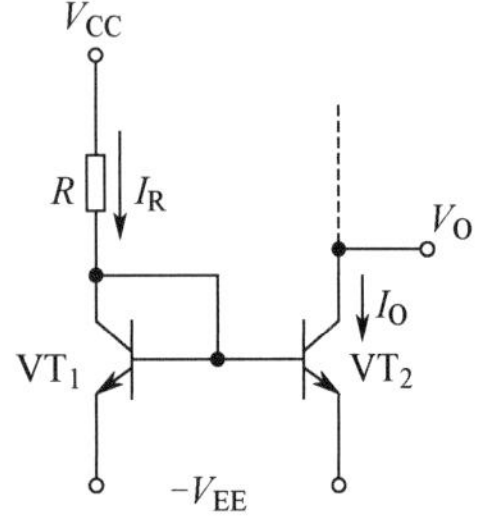

图 5.6　BJT 镜像电流源电路

解：（1）由式(5.11)可得参考电流为

$$I_R=\frac{V_{CC}-V_{BE1}-(-V_{EE})}{R}=\frac{10-0.7-(-10)}{19.3}=1mA$$

由式(5.16)可得输出电流为

$$I_O=\frac{I_R}{1+\frac{2}{\beta}}=0.98mA$$

由式(5.18)可得输出电阻为

$$R_o=r_{o2}=\frac{V_A}{I_O}=51.02k\Omega$$

（2）若电路要正常工作，则有

$$V_O-(-V_{EE})\geqslant V_{CE(sat)}=0.3V$$

即 $V_O \geqslant -9.7V$。

（3）由题意可得

$$\Delta I_O=\frac{1}{R_o}\times \Delta v_{CE2}=\frac{1}{R_o}\times\{[9-(-V_{EE})]-[-9-(-V_{EE})]\}=\frac{1}{R_o}\times(9+9)=0.36mA$$

所以

$$\frac{dI_O}{I_O}=\frac{0.36}{0.98}\approx 36.73\%$$

由该例题结论可知，在输出电压几乎是满幅波动时，输出电流变化也只有 36.73%，说明该电路输出电流具有一定的稳定性，但由于输出电阻偏低，这样的电流波动对电流源来说还是非常大的，因此需要对该电路的输出电阻进行改进。同时由于 β 的影响，该电路的输出电流与参考电流也有一定差距，因此也需要对电流传输比的精度进行改进。

通过对 MOS 和 BJT 镜像电流源的分析，可以发现以下结论。

①镜像电流源结构简单，且对称性好，非常适合集成工艺制作。

②两类镜像电流源的输出电阻等于输出管的等效输出电阻，因此电阻偏小，输出电流稳定性较差。

③相对于 MOS 镜像电流源而言，BJT 镜像电流源的电流传输比精度也对输出电流精度有较明显的影响。

鉴于以上原因，我们会在后续章节有针对性地介绍一些改进型电流源设计。

5.2.2 基于电流导向技术的多级电流源电路

在集成电路放大器中往往包含多个级联的放大器，若给每级放大器分别来设计偏置电路，将造成设计复杂度的上升和芯片面积的浪费。因此，在设计时，设计人员把一个恒定的参考直流电流在一个地方生成，然后将其复制到芯片上其他多个地方，分别为各级放大器提供偏置，在复制过程中通过对电流传输比的控制来改变各级偏置电流的大小，这种技术称为电流导向技术，由此可在芯片上实现一个多级电流源电路。采用这种方式设计的偏置电路，由于参考电流来源于同一个参考支路，因此各级放大器的工作点一致性可以做得非常好，从而有利于提高整个芯片的参数一致性。

1. MOS 多级电流源电路

图 5.7 所示为基于电流导向技术的 MOS 多级电流源电路。这里我们看到了 CMOS 技术的应用。图中 VT_1、VT_2 和 VT_3 为 NEMOS，VT_4 和 VT_5 是 PEMOS，其中 VT_1、V_{DD}、$-V_{SS}$ 和电阻 R 构成整个偏置结构的参考支路，并决定了参考电流 I_R 的大小；VT_2 和 VT_3 的栅极与 VT_1 的栅极相连，源极也都连到$-V_{SS}$，因此 VT_2 和 VT_3 起到输出管的作用，将参考电流 I_R 从 VT_1 中复制输出。若外电路能保证所有的 MOS 管都工作在饱和区，则 I_2 和 I_R 的关系、I_3 和 I_R 的关系分别为

$$I_2 = \frac{(W/L)_2}{(W/L)_1} I_R \tag{5.22}$$

$$I_3 = \frac{(W/L)_3}{(W/L)_1} I_R \tag{5.23}$$

VT_4 和 VT_5 又构成了一对镜像电流源结构，然而 VT_4 的电流来自 VT_3，没有另设参考支路，因此可以得到 I_5 和 I_R 的关系为

$$I_5 = \frac{(W/L)_5}{(W/L)_4} I_4 = \frac{(W/L)_5}{(W/L)_4} \frac{(W/L)_3}{(W/L)_1} I_R \tag{5.24}$$

可见，设计思路遵循了在一个地方生成参考电流，然后被复制到芯片其他多个地方的想法。

例 5.4　电路如图 5.7 所示，$V_{DD}=V_{SS}=5V$，电阻 $R=1.25k\Omega$，MOS 管器件参数匹配，$(W/L)_1 = 10$，$(W/L)_1 = 2(W/L)_2 =2.5(W/L)_3$，$(W/L)_4 =0.5(W/L)_5$，$k'_n = k'_p = 50\mu A/V^2$，$|V_t|=1V$，$V_A=\infty$，求电路中所有标识出的电流大小。

解： 由图 5.7 可知，$I_R = \frac{1}{2}k'_n\left(\frac{W}{L}\right)_1 (V_{GS1}-V_t)^2$，且 $I_R = \frac{V_{DD}-V_{GS1}-(-V_{SS})}{R}$，联立可得

$V_{GS1}=5V$(舍去$-3V$)，$I_R=4mA$，则有

$I_2 = \frac{(W/L)_2}{(W/L)_1} I_R = 0.5 I_R = 2mA$，$I_3 = \frac{(W/L)_3}{(W/L)_1} I_R = 0.4 I_R = 1.6mA$

又因为 $I_3 = I_4 = 1.6mA$，所以 $I_5 = \frac{(W/L)_5}{(W/L)_4} I_4 = 2I_4 = 3.2mA$

2. BJT 多级电流源电路

图 5.8 所示为基于电流导向技术的 BJT 多级电流源电路，也采用了类似的对称设计。图中 VT_1、VT_3、VT_5 均为 NPN 管，VT_2、VT_4、VT_6 均为 PNP 管，其中 V_{CC}、VT_2、电阻 R、VT_1 和$-V_{EE}$ 构成整个偏置电路的参考支路；VT_3 和 VT_5 的基极与 VT_1 的基极相连，其发射极均与$-V_{EE}$ 相连，因此 VT_3 和 VT_5 作为电流源的输出管，从 VT_1 复制电流输出；VT_4 和 VT_6 的基极与 VT_2 的基极相连，其发射极均与 V_{CC} 相连，因此 VT_4 和 VT_6 也作为输出管，从 VT_2 复制电流输出。

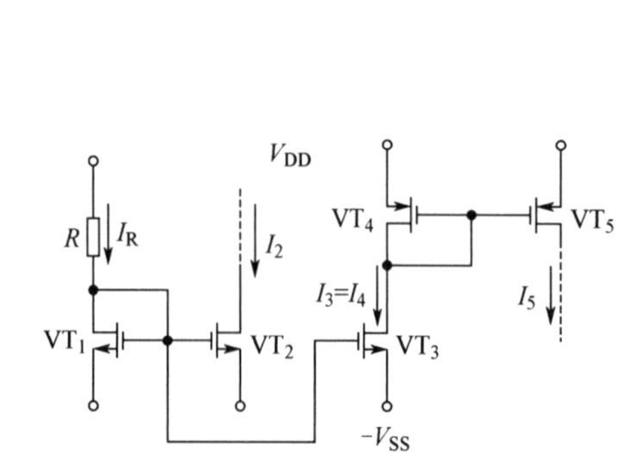

图 5.7 基于电流导向技术的 MOS 多级电流源电路

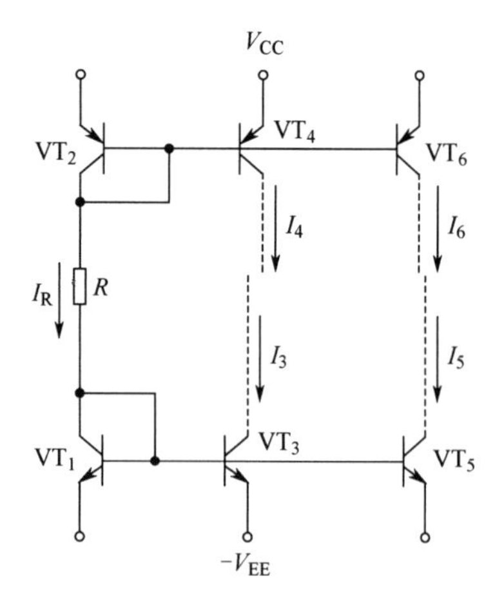

图 5.8 基于电流导向技术的 BJT 多级电流源电路

若外电路保证所有晶体管工作在放大区，晶体管参数一致，且 β 足够大，则各管输出电流大小均为 I_R，其中 I_R 的表达式为

$$I_R = \frac{V_{CC} + V_{EE} - V_{EB2} - V_{BE1}}{R} \tag{5.25}$$

*5.2.3 改进型电流源电路

在 5.2.1 节的最后，我们提到镜像电流源的输出电阻大小对输出电流的稳定性，或者说电流源的带负载能力有着极大的影响；同时 BJT 电流源的电流传输比精度对输出电流的控制能力也有较大影响。因此，在集成电路的设计中，提高输出电阻和 BJT 电流源的电流传输比精度，是进行电流源改进设计的主要研究方向。

5.3 差分放大器——输入级放大器设计

差分放大器又称为差动放大器或差分对，简称差放，是模拟电路的基本功能模块，被广泛应用于集成运算放大器中并用作输入级，同时由 BJT 构成的差分放大器结构是高速数字逻辑电路 家族的基础，称为射极耦合逻辑（Emitter Couple Logic，ECL）。

以 CS 放大器为例来看看放大器应用中的噪声问题。在输入级放大器中，本来送入小信号，应该有一个放大的反相信号不失真输出。然而，若有一些噪声或干扰通过电源等路径输入，加入电路传输，就必然会出现在电路的输出信号中，从而引起放大器输出失真，显然不符合放大器输出不失真的基本要求。那么有没有办法去掉这种噪声干扰呢？我们的前辈工程师们提出了一种巧妙的解决方法。

如图 5.9 所示，两个电路结构一模一样的 CS 电路，在公用直流电源 V_{DD} 处出现噪声干扰，在各自输出端产生了一模一样的噪声信号，即两个输出信号中的直流部分和噪声部分均一模一样。若此时 VT_1 和 VT_2 的输入信号大小相等，极性相反，产生的输出信号也必然大小相等，极性相反，这样就得到了如图 5.9 所示的两个带噪声输出信号。如果我们向后级电路输出不是单个放大器的输出信号，而是这两个输出信号的差值，那么会得到两倍大小的纯交流信号，且不含噪声响应。可见，这种成对的、对称的放大器结构可以有效地抑制电路中的噪声输入，同时具有更大的交流输出摆幅。

因此，在集成运算放大器的第一级——输入级中，我们普遍采用了这种对称的“放大器对”结构，目的就是希望在第一级电路中尽可能摒弃绝大部分噪声对信号传输的影响，减小后级放大器对噪声抑制的设计压力；同时，集成电路制造工艺为这种对称结构的实现提供了有利保障。另外，相对于单端输入电路，差分结构虽然使用了几乎双倍的元器件数量（在芯片上实现大量的元器件排布，对集成电路生产来说几乎不增加多少成本），但是避免了像设计分立元件放大器那样，在偏置和级联中使用耦合电容和旁路电容，从而避免了大电容的使用，更有利于在集成电路中实现。

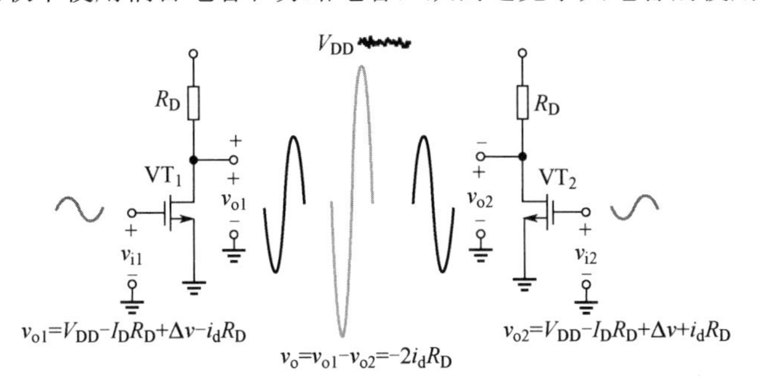

图 5.9　单级放大器去噪声解决方案

5.3.1　差分放大器的相关概念

在正式介绍差分对电路之前，我们先来介绍与其相关的基本概念。图 5.10 给出了一个典型的以 MOS 器件为核心的电阻型负载差分放大器。它采用了左右严格对称的结构；同时为了保证两管能始终工作在合适的工作点上，采用了双电源供电的恒流源偏置设计。两个电阻 R_D 分别是两个 MOS 管的漏极电阻，将 MOS 管输出的电流信号转换为输出端上的电压信号，因此也将这种结构称为电阻型负载 MOS 差分放大器。

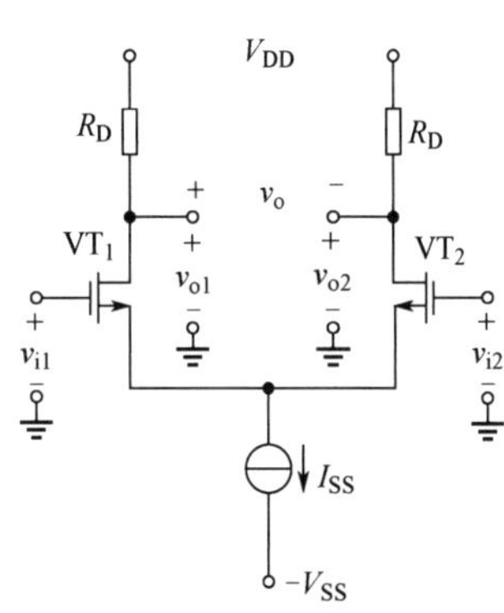

图 5.10　电阻型负载 MOS 差分放大器

差分放大器的基本功能一般被概括为“放大差模信号，抑制共模信号”，因此首先介绍这两类信号的定义，以及它们与输入信号 v_{i1}、v_{i2}，输出信号 v_o、v_{o1} 和 v_{o2} 之间的关系。

1．差模信号、共模信号及信号等效

与前几章介绍的单级放大器不同，差分放大器有两个信号输入端。假设差分放大器的任意一对输入信号为 v_{i1} 和 v_{i2}，则该电路的差模信号被定义为

$$v_{id}=v_{i1}-v_{i2} \tag{5.26}$$

其共模信号被定义为

$$v_{icm}=\frac{(v_{i1}+v_{i2})}{2} \tag{5.27}$$

由式(5.26)和式(5.27)可进一步推得，任意一对输入信号 v_{i1} 和 v_{i2} 都可以用其差模信号和共模信号的代数和来表示。

$$v_{i1}=v_{icm}+\frac{v_{id}}{2} \tag{5.28}$$

$$v_{i2}=v_{icm}-\frac{v_{id}}{2} \tag{5.29}$$

式(5.28)和式(5.29)说明，如果站在差分放大器内部分别向两个输入端口外看去，将分别看到两个端口各包含一对大小相等、极性相反的差模信号分量，以及一对大小相等、极性相同的共模信号分量。输入任意信号的任意一对输入信号的差模信号和共模信号等效表示如图 5.11 所示。

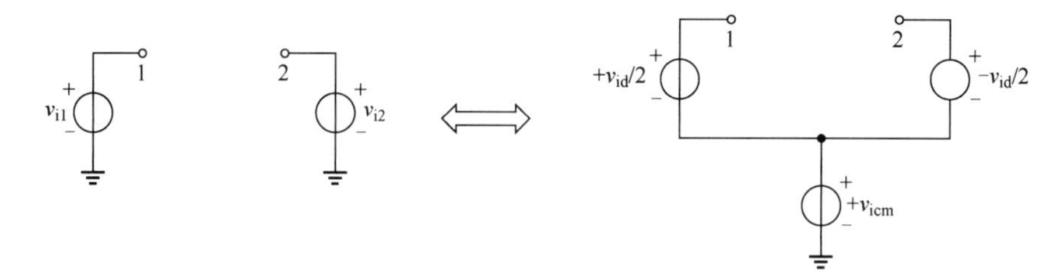

图 5.11 任意一对输入信号的差模信号和共模信号等效表示

以上介绍的是相对于输入信号的差模信号和共模信号的定义，实际上这套定义对于差分放大器的输出信号同样成立。

例 5.5 某差分放大器分别用下面 4 组信号输入，分别求其输入信号的差模信号和共模信号：（1）v_{i1}=20mV，v_{i2}=10mV；（2）v_{i1}=10mV，v_{i2}=−10mV；（3）v_{i1}=110mV，v_{i2}=100mV；（4）v_{i1}=20+5sin(ωt)mV，v_{i2}=20−5sin(ωt)mV。

解： 根据式(5.26)、式(5.27)可对这 4 组信号进行求解。

（1）$v_{id} = v_{i1} - v_{i2} = 20 - 10 = 10\text{mV}$，$v_{icm} = (v_{i1} + v_{i2})/2 = (20 + 10)/2 = 15\text{mV}$

（2）$v_{id} = v_{i1} - v_{i2} = 10 - (-10) = 20\text{mV}$，$v_{icm} = (v_{i1} + v_{i2})/2 = [10 + (-10)]/2 = 0$。

可见，在本例题中差分放大器的输入信号中只有差模分量，没有共模分量。

（3）$v_{id} = v_{i1} - v_{i2} = 110 - 100 = 10\text{mV}$

$v_{icm} = (v_{i1} + v_{i2})/2 = (110 + 100)/2 = 105\text{mV}$

在本例题中尽管共模信号增大了很多，但差模信号依然比较小，这样的信号如果没有事先处理过，通过整个信号处理环节后，容易淹没在噪声（共模信号）中，后续提取难度很大。

（4）$v_{id} = v_{i1} - v_{i2} = 20 + 5\sin(\omega t) - [20 - 5\sin(\omega t)] = 10\sin(\omega t)\text{mV}$

$v_{icm} = (v_{i1} + v_{i2})/2 = [20 + 5\sin(\omega t) + 20 - 5\sin(\omega t)]/2 = 20\text{mV}$

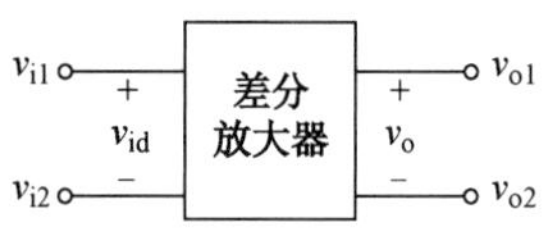

图 5.12 差分放大器示意图

2．差分放大器的输入方式和输出方式

图 5.12 给出了差分放大器示意图。它有两个输入端和两个输出端。

（1）两个输入端都可以接入任意信号

若 v_{i1} 和 v_{i2} 均不为 0，则输入方式称为双端输入或差分输入；若 v_{i1} 或 v_{i2} 中有一个大小为 0，则输入方式称为单端输入。

（2）两个输出端也可以进行输出方式的选择

若负载接到 v_{o1} 和 v_{o2} 端口之间，则输出方式称为双端输出或差分输出；若负载接到 v_{o1} 或 v_{o2} 与“地”之间，则输出方式称为单端输出。

所以差分放大器有 4 种输入−输出方式组合，分别为双端输入−双端输出、双端输入−单端输出、单端输入−双端输出、单端输入−单端输出。

需要注意的是，从图 5.11 中可以看到，单端输入时也可以将其等效为双端输入方式，这种思路为后续的差分放大器分析提供了方便，因此将电路分析的重点放到分析双端输入时的情况。

注意，这里给出的输出信号之间的关系定义为

$$v_o = v_{o1} - v_{o2} \tag{5.30}$$

3．差分放大器的相关参数定义

从实际应用角度，来谈一下差模信号和共模信号的物理意义。

我们经常使用运算放大器这类放大器来处理来自自然界的有用信号，这类信号往往信号幅值小，且伴随着各种噪声或干扰。我们把差分放大器放在运算放大器的第一级，主要就是为了在进入信号处理环节之前，尽量提取出较为干净的有用信号，因此一般将有用信号以差模信号的形式送入放大器；而集成电路芯片的各个引脚，所处外界条件都是一致的，如温度、湿度、声音、电磁干

扰等，因此进入引脚的噪声和干扰信号大小相同、极性也相同。也就是说，在进入放大器时，是以共模信号的形式送入的。所以作为第一级的差分放大器，除了承担一定的放大任务，最重要的任务就是以抑制共模信号的形式去除有用信号中的噪声和干扰，降低后级放大器抗干扰设计的压力和成本。

因此，对于差分放大器来说，真正处理的信号不是 v_{i1} 和 v_{i2}，而是差模信号 v_{id} 和共模信号 v_{icm}，所以我们给出差分放大器的相关参数定义如下。

双端输出时差模增益为

$$A_{vd} = \frac{v_{od}}{v_{id}} \tag{5.31}$$

双端输出时共模增益为

$$A_{vcm} = \frac{v_{ocm}}{v_{icm}} \tag{5.32}$$

电路的实际输出应该是差模输出和共模输出的叠加，即

$$v_o = v_{od} + v_{ocm} = A_{vd} v_{id} + A_{vcm} v_{icm} \tag{5.33}$$

显然，这个结论是满足叠加原理的，后续的电路分析也是基于叠加原理而展开的。在理想情况下，差分放大器的共模增益 A_{vcm}=0，即 v_{ocm}=0。故式(5.33)可表示为

$$v_o = v_{od} = A_{vd} v_{id} = A_{vd}\left(v_{i1} - v_{i2}\right) \tag{5.34}$$

这就是差分放大器的定义式，即差分放大器的基本功能为放大差模信号、抑制共模信号。

如果采用单端输出方式，差模增益有两个，分别为

$$A_{vd1} = \frac{v_{od1}}{v_{id}} \tag{5.35}$$

$$A_{vd2} = \frac{v_{od2}}{v_{id}} \tag{5.36}$$

单端输出时共模增益的表达式应为

$$A_{vcm1} = \frac{v_{ocm1}}{v_{icm}} \tag{5.37}$$

$$A_{vcm2} = \frac{v_{ocm2}}{v_{icm}} \tag{5.38}$$

由式(5.35)～式(5.38)可知，当输出方式不同时，不同的输出端口位置使得增益的定义式不同。

最后给出差分放大器的特有参数——共模抑制比（Common Mode Rejection Ratio，CMRR），这是衡量差分放大器性能优劣的重要指标。在双端输出条件下，其定义式为

$$\text{CMRR} = \left|\frac{A_{vd}}{A_{vcm}}\right| \tag{5.39}$$

显然，在理想情况下，双端输出的 CMRR→∞。

在单端输出条件下，其定义式为

$$\text{CMRR} = \left|\frac{A_{vd1}}{A_{vcm1}}\right| = \left|\frac{A_{vd2}}{A_{vcm2}}\right| \tag{5.40}$$

在一般情况下，共模增益都会被设计为远远小于 1 的系数，因此共模抑制比（CMRR）数值极高，在大多数情况下，会在器件手册中以分贝的形式给出，计算方法与电压增益的分贝计算一致。

在接下来的差分放大器电路分析中，将会根据这里给出的定义式对电路性能进行分析计算。

例 5.6　图 5.10 所示的差分放大器的差模增益 A_{vd}=100V/V，共模增益 A_{vcm}=0.005V/V，假设输入信号 v_{i1}=20mV，v_{i2}=10mV，求该放大器的输出电压 v_o。

解： 由题意可得

$$v_{id}=v_{i1}-v_{i2}=20-10=10\text{mV}\ ,\quad v_{icm}=(v_{i1}+v_{i2})/2=(20+10)/2=15\text{mV}$$

所以

$$\begin{aligned}v_o&=v_{od}+v_{ocm}=A_{vd}v_{id}+A_{vcm}v_{icm}\\&=100\times10+0.005\times15=1000.075\text{mV}\approx1\text{V}\end{aligned}$$

可见，最后的输出结果中几乎看不到共模信号的影响，说明差分放大器有抑制共模信号的作用。

5.3.2　MOS 差分放大器工作原理及差模传输特性

下面再来回顾一下电阻型负载 MOS 差分放大器的基本结构，如图 5.13 所示。该电路在结构上要求左右严格对称。它包含 VT_1 和 VT_2 两个完全一致的晶体管，我们有时也把它们称为差分对管。它们的源极连接在一起，并且通过一个电压源 $-V_{SS}$ 和恒流源 I_{SS} 提供直流偏置，注意这里画出了恒流源的内阻 R_{SS}，理想情况下趋于无穷大。一般该恒流源也是由 MOS 晶体管电路来实现的，前面已经介绍过相关电路结构。VT_1 和 VT_2 的漏极通过 R_D 连接到正电源 V_{DD} 上。对于差分放大器而言，这两个电阻并非完全必要，后面会介绍在许多应用中使用的是由晶体管构成的有源负载，不过我们现在采用简单的电阻负载来说明差分放大器的工作原理。无论采用哪种负载，都要避免使 MOS 工作在饱和区之外。差分对管 VT_1 和 VT_2 的栅极分别作为电路的两个输入端口，而两管的漏极分别作为电路的两个单端输出端口，若要实现双端输出，则从两个漏极之间取出输出信号即可。

1. 直流工作点分析

与单级放大器一样，在进行放大器交流分析之前，首先要确定电路的直流工作点，因此画出该电路的直流通路，如图 5.14 所示。由于 VT_1 和 VT_2 的参数完全一致，且栅极直流电压 $V_{G1}=V_{G2}=0$，源极短接，两边电路一模一样，因此两管的直流工作点必定也一模一样，从而可得

$$I_{D1}=I_{D2}=I_{SS}/2 \tag{5.41}$$

若已知晶体管物理参数和电阻大小，则由晶体管必须工作在饱和区的条件，可以求得两管的 V_{GS} 和 V_{DS}，它们必然也是对应相等的。

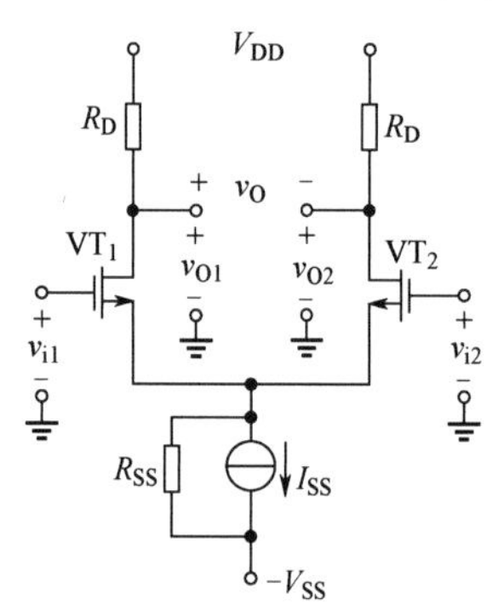

图 5.13　MOS 差分放大器

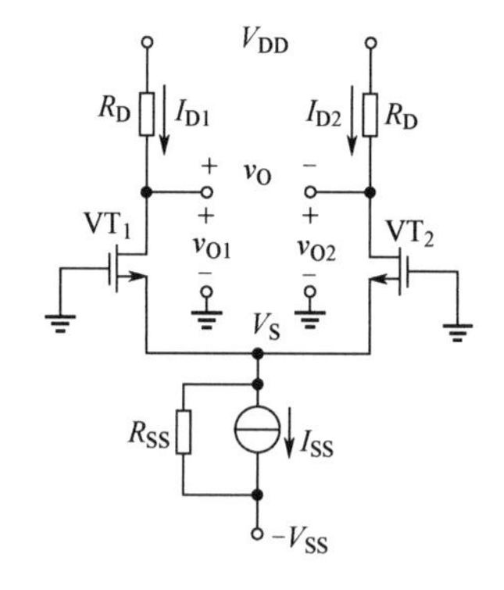

图 5.14　MOS 差分放大器的直流通路

例 5.7　差分放大器电路如图 5.13 所示。已知 MOS 器件参数为 $k_n'(W/L)=1\text{mA/V}^2$，$V_t=1\text{V}$，$R_D=8\text{k}\Omega$，$V_{DD}=V_{SS}=5\text{V}$，$I_{SS}=1\text{mA}$，$R_{SS}\to\infty$，求该电路中 VT_1 和 VT_2 的直流工作点参数。

解： 由图 5.13 可知，每个 MOS 管的直流参数都是一模一样的，所以

$$I_D=I_{SS}/2=0.5(\text{mA})$$

由饱和区电流电压关系方程 $I_D=\dfrac{1}{2}k_n'\left(\dfrac{W}{L}\right)(V_{GS}-V_t)^2$ 可得 $V_{GS}=2\text{V}$（舍去 0）。

又因为 $V_G=0$，所以 $V_S=-2\text{V}$。

同时因为 $V_D=V_{DD}-I_DR_D=1\text{V}$，所以 $V_{DS}=V_D-V_S=3\text{V}$。

综上可得，MOS 器件的直流工作点参数为 $I_D=0.5\text{mA}$、$V_{GS}=2\text{V}$、$V_{DS}=3\text{V}$。显然，两管均

工作在饱和区。

2. 交流性能的定性分析

（1）共模性能

先来看看共模电压输入下的工作特性。所谓共模输入，是将两个栅极上接了一对大小相等、极性相同的信号。也就是说，两个端口实际上是接在同一个电压源 v_{icm} 上，如图 5.15 所示。此时共模分量为

$$v_{icm}=v_{i1}=v_{i2}=(v_{i1}+v_{i2})/2 \tag{5.42}$$

同时差模分量为

$$v_{id}=v_{i1}-v_{i2}=0 \tag{5.43}$$

显然，此时电路只有共模分量输入，无差模分量输入，因此在输出端也只会得到共模分量的响应输出。

MOS 差分放大器共模输入电路如图 5.15 所示。由于在两个输入端同时输入同样大小的共模信号，因此在两管的漏极上会产生同样大小的交流电流。注意，R_{SS} 为恒流源 I_{SS} 的内阻，则两个 MOS 的漏极瞬时电压也必然相等，双端输出时就完全不会有共模分量的响应输出。也就是说，该电路能够抑制共模输入信号向后级的传递。已知电路噪声和干扰往往以共模的形式分别进入这两边电路，因此差分对能很好地抑制这些噪声和干扰，保证有用信号的不失真传输。

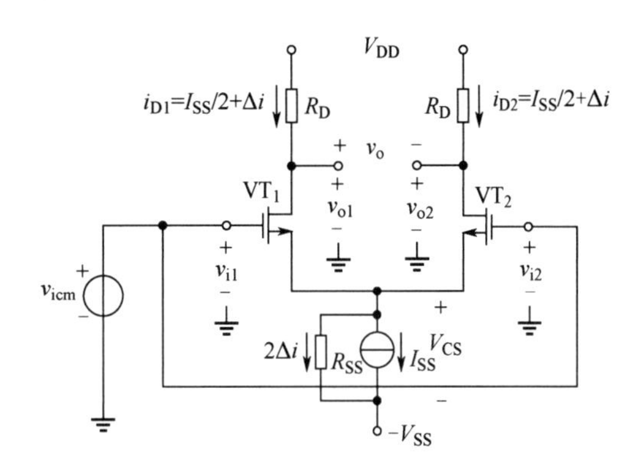

图 5.15　MOS 差分放大器共模输入电路

此外也要注意到，改变输入共模电压的大小，将会改变栅极电压的大小，从而影响两管源极电压的大小，因而有可能使得电路中的 MOS 管不再工作在饱和区，从而失去放大性能。因此，差分对有一个重要的指标就是它的共模输入范围，其上限由 VT_1 和 VT_2 能否工作在饱和区决定，即要求每个晶体管必须满足

$$v_{GD}=v_G-V_D\leqslant V_t\Rightarrow v_G\leqslant V_t+V_D=V_t+V_{DD}-\frac{I_{SS}}{2}R_D \tag{5.44}$$

式中，V_t 为 MOS 管开启电压。因此，共模输入范围的上限表达式为

$$v_{icm\max}=v_{G\max}=V_t+V_{DD}-\frac{I_{SS}}{2}R_D \tag{5.45}$$

那么共模输入范围的下限是由恒流源 I_{SS} 正常工作所需要的电压决定的。假设电流源 I_{SS} 正常工作所需要的电压最小为 V_{CS}，则共模输入范围的下限表达式为

$$v_{icm\min}=-V_{SS}+V_{CS}+V_{GS} \tag{5.46}$$

式中，V_{GS} 为差分对管的栅源电压。

（2）差模性能

再来看看差模输入条件下电路的工作特性。所谓差模输入，是将两个栅极上接了一对大小相等、极性相反的信号。MOS 差分放大器输入连接如图 5.16 所示。输入信号的差模分量为

$$v_{id}=v_{i1}-v_{i2} \tag{5.47}$$

此时共模分量为

$$v_{icm}=\frac{(v_{i1}+v_{i2})}{2}=0 \tag{5.48}$$

可见，在输入端电路只有差模分量输入，无共模分量输入，因此在输出端也只会得到差模分量的响应输出。

在图 5.16 所示输入条件下，在两管的漏极上会产生大小相同、极性相反的交流电流，注意此

时恒流源内阻 R_{SS} 上交流电流为 0，则两个 MOS 的漏极瞬时电压表示为

$$v_{O1} = V_{DD} - \frac{I_{SS}}{2}R_D - \Delta i R_D \tag{5.49}$$

$$v_{O2} = V_{DD} - \frac{I_{SS}}{2}R_D + \Delta i R_D \tag{5.50}$$

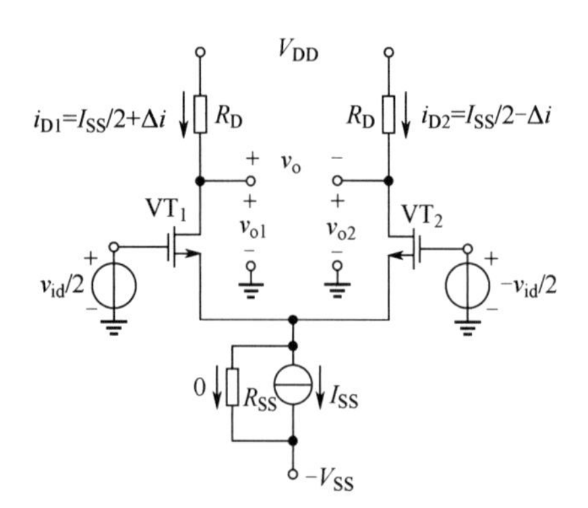

图 5.16 MOS 差分放大器差模输入连接

那么双端输出时仅有纯差模交流响应输出，即

$$v_o = v_{o1} - v_{o2} = -2\Delta i R_D \tag{5.51}$$

只要将有用信号以纯差模信号形式输入，就可以无干扰地传输有用差模信号。

下面来讨论一下差模输入信号的输入范围。随着差模输入信号的变化，两个晶体管上的电流变化应该是一增一减，由于两管栅源之间的电压大小相等、极性相反，因此由差模输入引起的漏极电流变化量也应该是大小相等、极性相反。故电流在两管的源极汇合，并流入恒流源时，产生的交流电流变化量正好抵消。也就是说，两管的电流之和始终等于 I_{SS}。假设 v_{id} 的变化使得 $v_{i1} = v_{id}$，I_{SS} 全部流入 VT_1；同时 $v_{i2} = 0$，VT_2 刚好关闭，即电流=0，$v_{GS2} = V_t$，则有

$$v_{GS1} = V_t + \sqrt{2I_{SS} / k_n^{'}(\frac{W}{L})} = V_t + \sqrt{2}V_{OV} \tag{5.52}$$

$$v_S = v_{G2} - v_{GS_2} = v_{i2} - V_t \tag{5.53}$$

其中，V_{OV} 为 VT_1 或 VT_2 在漏极电流为 $I_{SS}/2$ 时的过驱动电压，则可得差模输入范围的上限值为

$$v_{id\max} = v_{G1} = v_{GS1} + v_S = \sqrt{2}V_{OV} \tag{5.54}$$

同理，可求得 $v_{id\min} = -\sqrt{2}V_{OV}$，所以差模输入信号的输入范围为

$$-\sqrt{2}V_{OV} \leqslant v_{id} \leqslant \sqrt{2}V_{OV} \tag{5.55}$$

例 5.8 差分放大器电路如图 5.13 所示，已知 MOS 器件参数为 $k_n'(W/L) = 1\text{mA/V}^2$，$V_t = 1\text{V}$，$R_D = 8\text{k}\Omega$，$V_{DD} = V_{SS} = 5\text{V}$，$I_{SS} = 1\text{mA}$，$R_{SS} \to \infty$，且电流源正常工作要求的最低电压为 $V_{CS} = 3\text{V}$，若 v_{i1}=3+0.005sin(ωt) V，v_{i2}=3−0.005sin(ωt) V，问该组信号是否能被正常放大？

解：由例 5.7 可得，该题中 MOS 器件的直流工作点参数为 $I_D = 0.5\text{mA}$，$V_{GS} = 2\text{V}$，$V_{DS} = 3\text{V}$。

因为 v_{i1}=3+0.005sin(ωt) V，v_{i2}=3−0.005sin(ωt) V，所以

$$v_{id} = v_{i1} - v_{i2} = 10\sin(\omega t)\text{mV}, \quad v_{icm} = (v_{i1} + v_{i2})/2 = 3\text{V}$$

又因为该电路差模信号的输入范围为 $-\sqrt{2}V_{OV} \leqslant v_{id} \leqslant \sqrt{2}V_{OV}$，即 $-1.414\text{V} \leqslant v_{id} \leqslant 1.414\text{V}$ 而该电路共模输入的上限值为 $v_{icm\max} = V_t + V_{DD} - \frac{I_{SS}}{2}R_D$=2V。

共模输入的下限值为 $v_{icm\min} = -V_{SS} + V_{CS} + V_{GS}$=0V

因此，可以看到差模信号满足输入条件，但共模信号明显不满足，故该组信号不能通过该电路正常放大。

*3．MOS 差分放大器的大信号差模传输特性曲线

我们先来讨论 MOS 差分放大器的大信号差模传输特性。根据图 5.15 给出一个简单的推导过程，假定两个晶体管完全匹配，且始终工作在饱和区，同时忽略沟长调制效应和衬底效应，列出两管的电流-电压方程分别为

$$i_{D1} = \frac{1}{2}k_n'\frac{W}{L}(v_{GS1} - V_t)^2 \tag{5.56}$$

$$i_{D2}=\frac{1}{2}k_n'\frac{W}{L}(v_{GS2}-V_t)^2 \tag{5.57}$$

对式(5.56)和式(5.57)两边分别开方，可以得到

$$\sqrt{i_{D1}}=\sqrt{\frac{1}{2}k_n'\frac{W}{L}}(v_{GS1}-V_t) \tag{5.58}$$

$$\sqrt{i_{D2}}=\sqrt{\frac{1}{2}k_n'\frac{W}{L}}(v_{GS2}-V_t) \tag{5.59}$$

又因为 $v_{GS1}-v_{GS2}=v_{id}$，所以将式(5.58)和式(5.59)相减可以得到

$$\sqrt{i_{D1}}-\sqrt{i_{D2}}=\sqrt{\frac{1}{2}k_n'\frac{W}{L}}v_{id} \tag{5.60}$$

再将式(5.60)两边平方，并结合 $i_{D1}+i_{D2}=I_{SS}$，可以得到

$$2\sqrt{i_{D1}i_{D2}}=I_{SS}-\frac{1}{2}k_n'\frac{W}{L}v_{id}^2 \tag{5.61}$$

将 $i_{D1}+i_{D2}=I_{SS}$ 代入式(5.61)求解，可以得到 i_{D1} 和 v_{id} 之间的关系为

$$i_{D1}=\frac{I_{SS}}{2}+\sqrt{k_n'\frac{W}{L}I_{SS}}\left(\frac{v_{id}}{2}\right)\sqrt{1-\frac{(v_{id}/2)^2}{I_{SS}/k_n'\frac{W}{L}}} \tag{5.62}$$

同理，也可以得到 i_{D2} 和 v_{id} 之间的关系为

$$i_{D2}=\frac{I_{SS}}{2}-\sqrt{k_n'\frac{W}{L}I_{SS}}\left(\frac{v_{id}}{2}\right)\sqrt{1-\frac{(v_{id}/2)^2}{I_{SS}/k_n'\frac{W}{L}}} \tag{5.63}$$

若 $v_{id}=0$，则两管正好平分 I_{SS}，得到

$$\frac{I_{SS}}{2}=\frac{1}{2}k_n'\frac{W}{L}(V_{GS}-V_t)^2=\frac{1}{2}k_n'\frac{W}{L}V_{OV}^2\Rightarrow k_n'\frac{W}{L}=\frac{I_{SS}}{V_{OV}^2} \tag{5.64}$$

将式(5.64)代入式(5.62)和式(5.63)，整理后可以得到两管电流的另一种表达式为

$$i_{D1}=\frac{I_{SS}}{2}+\left(\frac{I_{SS}}{V_{OV}}\right)\left(\frac{v_{id}}{2}\right)\sqrt{1-\left(\frac{v_{id}/2}{V_{OV}}\right)^2} \tag{5.65}$$

$$i_{D2}=\frac{I_{SS}}{2}-\left(\frac{I_{SS}}{V_{OV}}\right)\left(\frac{v_{id}}{2}\right)\sqrt{1-\left(\frac{v_{id}/2}{V_{OV}}\right)^2} \tag{5.66}$$

由式(5.65)和式(5.66)可知，i_D 和 v_{id} 之间是非线性关系。既然差分对可作线性放大器使用，方程必然有一段线性工作范围，分析式(5.65)和式(5.66)可以得到，当$|v_{id}/2|\ll V_{OV}$时，电流电压方程可近似线性表示为

$$i_{D1}=\frac{I_{SS}}{2}+\left(\frac{I_{SS}}{V_{OV}}\right)\left(\frac{v_{id}}{2}\right) \tag{5.67}$$

$$i_{D2}=\frac{I_{SS}}{2}-\left(\frac{I_{SS}}{V_{OV}}\right)\left(\frac{v_{id}}{2}\right) \tag{5.68}$$

可见，i_{D1} 增加部分正好就是 i_{D2} 中减小部分，这里的电流变化量与差模输入电压 v_{id} 成正比，即 MOS 差分对的小信号线性输入范围为

$$|v_{id}|\ll 2V_{OV} \tag{5.69}$$

图 5.17 所示为MOS 差分放大器差模传输特性的归一化曲线。分析式(5.67)和式(5.68)，就会发现其中的因子 I_{SS}/V_{OV} 就是 VT_1 和 VT_2 的 g_m，因为它们的偏置电流均为 $I_{SS}/2$。v_{id} 被平分给了两个晶体管，分别导致一个晶体管电流增加，一个晶体管电流减小。

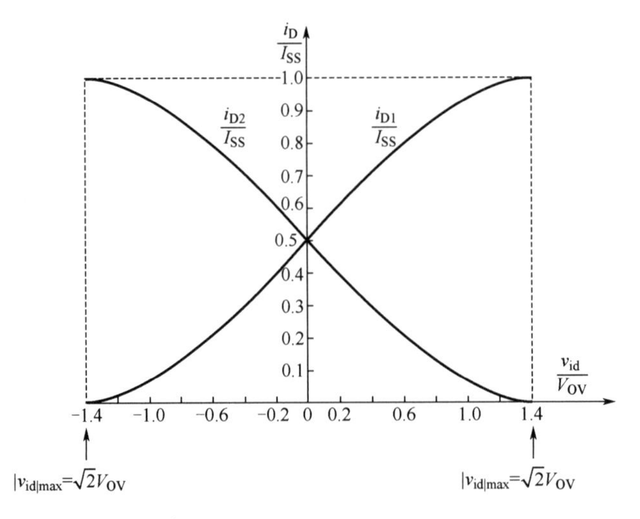

图 5.17　MOS 差分放大器差模传输特性的归一化曲线

同时，注意到如果假设 I_{SS} 不变，减小器件的 W/L 可增加两管的 V_{OV}，从而扩展差分放大器的线性输入范围。不同 V_{OV} 对差分放大器差模传输特性曲线的影响如图 5.18 所示。但这是以牺牲 gm 为代价的，也就是牺牲了放大器的增益，因此在电路设计时需要在 V_{OV} 和 gm 之间进行合理的折中选择。

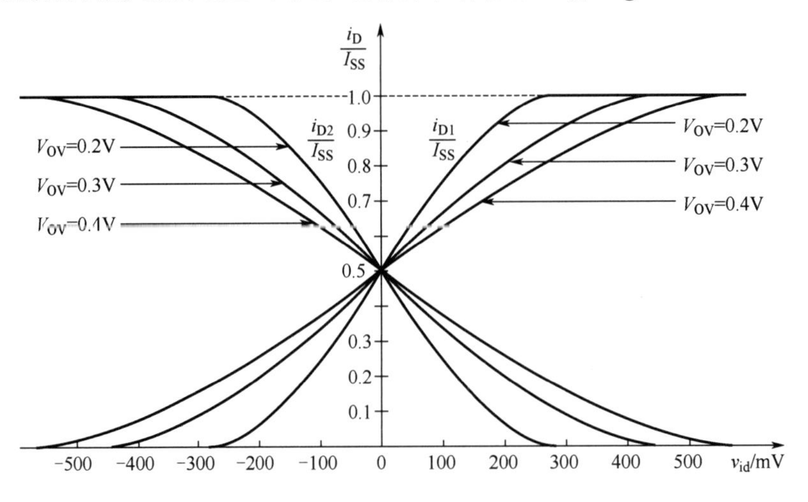

图 5.18　不同 V_{OV} 对差分放大器差模传输特性曲线的影响

5.3.3　MOS 差分放大器交流性能分析

对放大器的分析，重点还是要放在放大器参数的分析上。与单端输入放大器相同，衡量差分放大器的基本参数仍是增益、输入电阻和输出电阻；但由于差分放大器输入信号包含共模和差模两个分量，而放大器本身对这两个分量的响应不同。因此，在对差分放大器交流性能的分析中，利用叠加原理，分别对差分放大器的差模交流性能和共模交流性能进行定量分析。

电路原图如图 5.13 所示，其直流通路如图 5.14 所示。前面已经分析过直流工作点，在此不再重复。由所求得的直流工作点，可以进一步确定电路中器件的小信号参数。

1. 差模性能分析

图 5.16 给出了纯差模输入的信号连接方式，图 5.19（a）给出了

差模输入条件下差分放大器的交流通路。图中所有的直流信号源信号部分为 0，其中电压源 V_{DD} 和 $-V_{SS}$ 短路，电流源 I_{SS} 开路。5.3.2 节曾讨论过，由于差模输入时，两管将分别产生大小相等、极性相反的交流电流，因此恒流源上无交流电流通过，即恒流源内阻 R_{SS} 上的交流压降为 0，所以在交流通路中，R_{SS} 部分可视作交流短路，两管的源极成为零电位点，该点也可以称为虚地点。最终的交流通路如图 5.19（b）所示。可以看到，此时两个晶体管的外接电路左右对称，完全一模一样。同时，在 5.3.2 节也给出了 MOS 差分放大器的小信号工作条件，即$|v_{id}|<<2V_{OV}$。

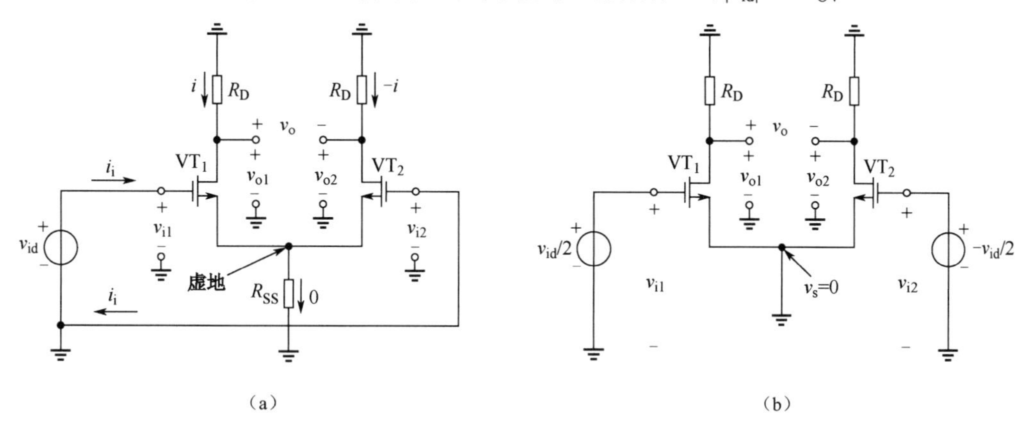

图 5.19　MOS 差分放大器的交流通路

根据交流通路，可以画出完整的交流小信号等效电路，如图 5.20（a）所示。下面根据该电路推导交流参数。

（1）差模电压增益

MOS 差分放大器差模小信号等效电路如图 5.20 所示。

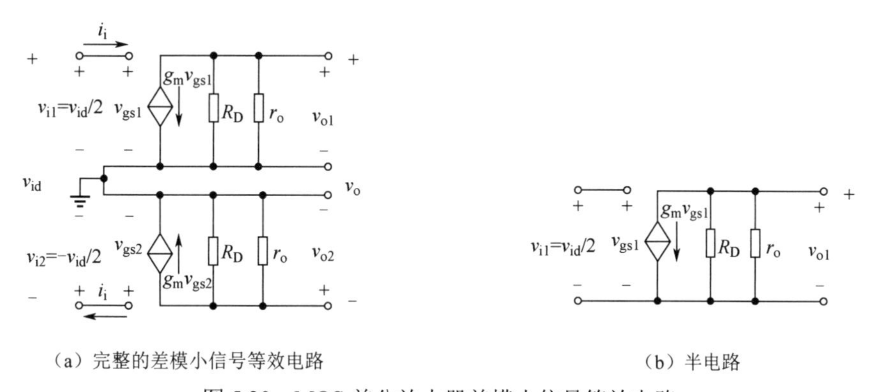

图 5.20　MOS 差分放大器差模小信号等效电路

考虑双端输出情况，差模电压增益定义为

$$A_{vd}=\frac{v_{od}}{v_{id}}=\frac{v_{o1}-v_{o2}}{v_{i1}-v_{i2}} \tag{5.70}$$

因为是差模输入，所以实际输入为 $v_{i1}=-v_{i2}=v_{id}/2$；而由图 5.20（a）可得交流输出信号分别为

$$v_{o1}=-iR_D \tag{5.71}$$

$$v_{o2}=iR_D \tag{5.72}$$

即有 $v_{o2}=-v_{o1}$，所以可得差模电压增益为

$$A_{vd}=\frac{v_{od}}{v_{id}}=\frac{v_{o1}-v_{o2}}{v_{i1}-v_{i2}}=\frac{2v_{o1}}{2v_{i1}}=\frac{v_{o1}}{v_{i1}} \tag{5.73}$$

由式(5.73)可知，整个电路双端输出的差模电压增益可以由其中一个晶体管共源电路来求解，

这种针对差分放大器的分析方法，称为半电路法。图 5.20（b）给出了以 VT_1 为核心器件的半电路。我们后面会看到结合图 5.20 的两张图，应用半电路法，可以快速求解差分放大器的相关参数。因此，我们可以得到双端输出的差模电压增益为

$$A_{vd} = -g_m(R \parallel r_o) \tag{5.74}$$

同理，应用半电路法，可以求得单端输出的差模电压增益分别为

$$A_{vd1} = \frac{v_{od1}}{v_{id}} = \frac{v_{od1}}{v_{i1} - v_{i2}} = \frac{v_{od1}}{2v_{i1}} = -\frac{1}{2} g_m(R_D \parallel r_o) \tag{5.75}$$

$$A_{vd2} = \frac{v_{od2}}{v_{id}} = \frac{-v_{od1}}{v_{i1} - v_{i2}} = \frac{-v_{od1}}{2v_{i1}} = \frac{1}{2} g_m(R_D \parallel r_o) \tag{5.76}$$

可以看到，A_{vd1} 极性为负，A_{vd2} 极性为正，说明从 VT_1 漏极输出的信号与差模输入信号极性相反，而从 VT_2 漏极输出的信号与差模输入信号极性相同，因此我们也把 VT_1 的漏极称为差分放大器的反相输出端，把 VT_2 的漏极称为差分放大器的同相输出端。在电路设计时，我们需要根据要求，选择合适的输出端进行单端输出设计。

以上讨论均未考虑带负载情况，若加上负载，则双端输出时输出端 v_{o1} 和 v_{o2} 大小相等、极性相反，因此在负载的正中间位置必是零电位点，即参考地点，所以在图 5.20（a）的等效电路中，每个 MOS 管将分得一半的负载电阻，等效分析电路如图 5.21 所示。

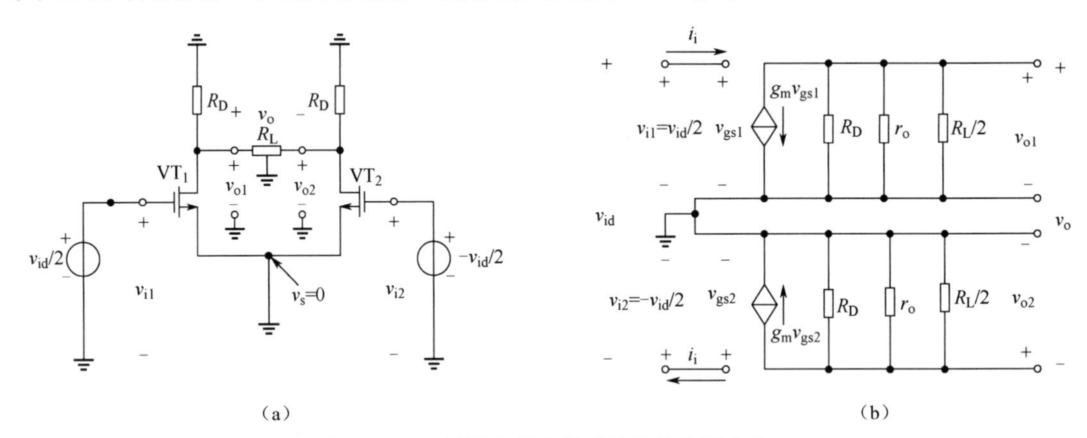

图 5.21 双端输出带负载时的等效分析电路

由此可得，当双端输出时，带负载的差模电压增益为

$$A_{vd} = \frac{v_{o1}}{v_{i1}} = -g_m\left(R_D \parallel r_o \parallel \frac{R_L}{2}\right) \tag{5.77}$$

当单端输出时，负载直接接在 MOS 管漏极和地之间，因此带负载的差模电压增益为

$$A_{vd1} = -\frac{1}{2} g_m(R_D \parallel r_o \parallel R_L) \tag{5.78}$$

$$A_{vd2} = \frac{1}{2} g_m(R_D \parallel r_o \parallel R_L) \tag{5.79}$$

（2）差模输入电阻

结合图 5.19（a）和图 5.20（a），根据定义可求得差模输入电阻为

$$R_{id} = \frac{v_{id}}{i_i} = \infty \tag{5.80}$$

（3）差模输出电阻

当双端输出时，根据输出电阻的定义，改画图 5.20（a）如图 5.22 所示，则可求得此时的输出电阻为

$$R_{od} = \frac{v_t}{i_t}\bigg|_{\substack{R_L \to \infty \\ v_{sig} \to 0}} = 2(R_D \parallel r_o) \tag{5.81}$$

当单端输出时，则采用类似的方法可求得输出电阻为

$$R_{od1} = R_{od2} = R_D \parallel r_o \tag{5.82}$$

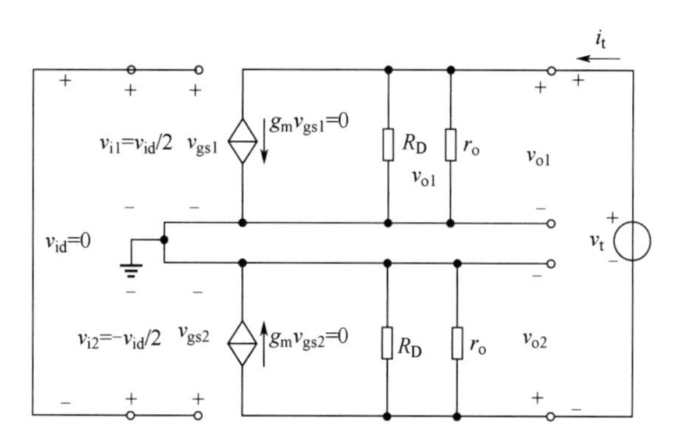

图 5.22　双端输出差模输出电阻求解图

2．共模性能分析

根据图 5.15 所示的共模输入方式画出 MOS 差分放大器共模交流通路，如图 5.23（a）所示。图中所有直流信号源为 0，共模信号在两个 MOS 管上产生大小相等、极性相同的交流电流，因此电流源内阻 R_{SS} 上会有两倍的交流电流通过。也就是说，从两个 MOS 管的源极到交流地之间的交流压降为

$$v_s = 2iR_{SS} \tag{5.83}$$

由此将电路改画为图 5.23（b）的形式，每个 MOS 管的源极电流大小为 i，要保持源极到交流地的压降不变，则每个 MOS 管的源极上需串接大小为 $2R_{SS}$ 的等效电阻。这样就把电路分成了两个相对独立的部分，也可以像分析差模输入时那样，应用半电路法进行分析。

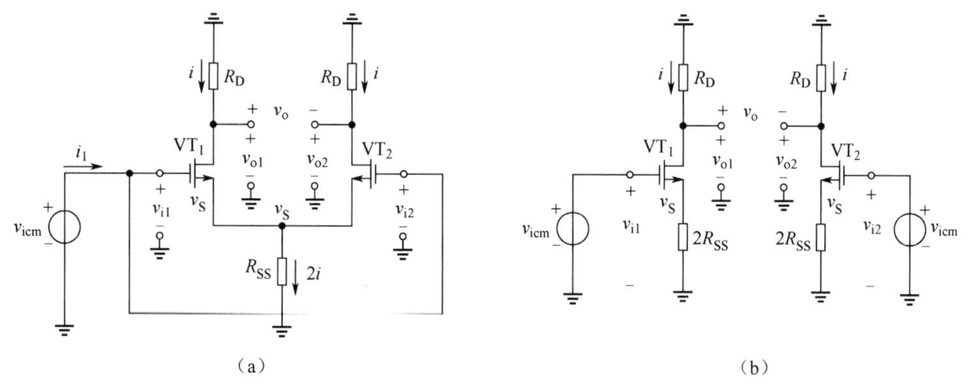

图 5.23　MOS 差分放大器共模交流通路

（1）共模电压增益

图 5.24 给出了 MOS 差分放大器交流共模小信号等效电路，为了分析方便，假设每个 MOS 管的 $r_o \to \infty$，即忽略沟道长度调制效应的影响。因为是共模输入，所以 $v_{i1}=v_{i2}=v_{icm}$，双端输出 $v_{o1}=v_{o2}$，则双端输出时共模电压增益为

$$A_{vcm} = \frac{v_{ocm}}{v_{icm}} = \frac{v_{o1} - v_{o2}}{v_{icm}} = 0 \tag{5.84}$$

式(5.84)说明，理想情况下，MOS 差分放大器能够完全抑制共模信号。

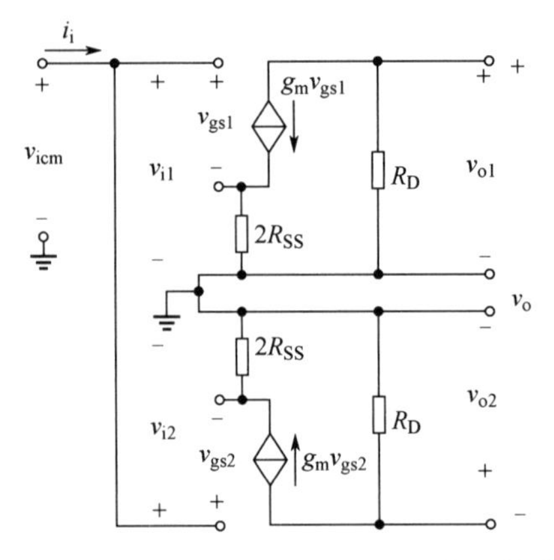

图 5.24 MOS 差分放大器交流共模小信号等效电路

当单端输出时，共模电压增益为

$$A_{vcm1}=\frac{v_{o1}}{v_{icm}}=\frac{v_{o1}}{(v_{i1}+v_{i2})/2}=\frac{v_{o1}}{v_{i1}}=-\frac{g_m R_D}{1+2g_m R_{SS}} \tag{5.85}$$

$$A_{vcm2}=\frac{v_{o2}}{v_{icm}}=\frac{v_{o2}}{(v_{i1}+v_{i2})/2}=\frac{v_{o2}}{v_{i2}}=-\frac{g_m R_D}{1+2g_m R_{SS}} \tag{5.86}$$

一般情况下，$2g_m R_{SS}\gg 1$，因此当单端输出时共模增益可近似表示为

$$A_{vcm1}=A_{vcm2}\approx -\frac{R_D}{2R_{SS}} \tag{5.87}$$

注意到 R_{SS} 为电流源等效内阻，该电阻一般非常大，会远远大于 R_D。也就是说，A_{vcm1} 和 A_{vcm2} 一般都远小于 1，说明当单端输出时虽然不能完全抑制共模信号的输出，但也大大减小其输出响应。

（2）共模输入电阻

根据图 5.24 可得共模输入电阻为

$$R_{icm}=\frac{v_{icm}}{i_i}=\infty \tag{5.88}$$

（3）共模输出电阻

根据输出电阻的定义，结合图 5.24 可得双端输出时共模输出电阻为

$$R_{ocm}\approx 2R_D \tag{5.89}$$

当单端输出时，输出电阻为

$$R_{ocm1}=R_{ocm2}\approx R_D \tag{5.90}$$

3. 共模抑制比

最后来看看衡量差分对性能的重要参数共模抑制比（CMRR），根据定义很容易得到当双端输出时共模抑制比为

$$\mathrm{CMRR}=\left|\frac{A_{vd}}{A_{vcm}}\right|\to\infty \tag{5.91}$$

此时的共模增益为 0。

当单端输出时，共模抑制比可以根据定义来计算，因为 $r_o\gg R_D$，所以其表达式为

$$\mathrm{CMRR}=\left|\frac{A_{vd1}}{A_{vcm1}}\right|=\left|\frac{A_{vd2}}{A_{vcm2}}\right|=\left|\frac{-\frac{1}{2}g_m R_D}{-R_D/2R_{SS}}\right|\approx g_m R_{SS} \tag{5.92}$$

CMRR 是一个非常大的参数，说明电路有良好的抑制共模信号的能力，而且是越大越好。

4. MOS 差分放大器小结

MOS 差分放大器的基本功能还是放大差模、抑制共模。要实现这个功能首先在电路上要保证左右对称结构，这个特征非常适用于集成电路的设计与生产，这也是该结构广泛应用于集成电路的原因。该模块本质还是一个差分放大器，对共模信号和差模信号的输入均有限制。该模块有两个输入端口，鉴于差模信号与共模信号的等效分解，双端输入与单端输入性能基本相同。该模块有两个输出端口，双端输出与单端输出性能略有不同，主要体现在增益和输出电阻上。

例 5.9　MOS 差分放大器电路如图 5.13 所示。已知 MOS 器件参数为 $k_n'(W/L)=1\text{mA/V}^2$，$V_t=1\text{V}$，$V_A\to\infty$，$R_D=8\text{k}\Omega$，$V_{DD}=V_{SS}=5\text{V}$，$I_{SS}=1\text{mA}$，R_{SS}=100kΩ，假设电路负载 $R_L=24\text{k}\Omega$。求:

（1）当双端输出时，差模电压增益和差模输出电阻。

（2）假设负载接到 VT_2 的漏极与地之间，则单端输出时差模电压增益、共模电压增益及共模抑制比。

解：由例 5.7 可得，该题中 MOS 器件的直流工作点参数为 I_D=0.5mA，$V_{GS}=2\text{V}$，$V_{DS}=3\text{V}$。因此可得 MOS 的小信号参数 $g_m=\dfrac{2I_D}{V_{GS}-V_t}=1\text{mA/V}$，$r_o=V_A/I_D\to\infty$。

（1）当双端输出时，差模电压增益为

$$A_{vd}=-g_m\left(R_D\parallel\frac{R_L}{2}\right)=-1\times(8\parallel 12)=-4.8\text{V/V}$$

差模输出电阻为　$R_{od}=2(R_D\parallel r_o)=2R_D=16\text{k}\Omega$

（2）当单端输出时，差模电压增益为

$$A_{vd2}=\frac{1}{2}g_m(R_D\parallel r_o\parallel R_L)=\frac{1}{2}g_m(R_D\parallel R_L)=3\text{V/V}$$

当单端输出时，共模电压增益为

$$A_{vcm2}=\frac{v_{o2}}{v_{icm}}=-\frac{g_m(R_D\parallel R_L)}{1+2g_mR_{SS}}\approx-0.02985\text{V/V}$$

当单端输出时，共模抑制比为

$$\text{CMRR}=\left|\frac{A_{vd2}}{A_{vcm2}}\right|\approx 100.5$$

注意，针对该题用 $\text{CMRR}\approx g_mR_{SS}=100$，可以得到极其相近的结论。因此，第二种方法常常用于工程快速估算 CMRR 参数中，从而暂时回避求解差模增益和共模增益等复杂计算。

5.3.4　BJT 差分放大器工作原理及电路分析

下面继续讨论电阻型负载 BJT 差分放大器，如图 5.25 所示。它与 MOS 差分放大器结构完全一样，只是更换了核心器件，其分析方法与 MOS 差分放大器几乎一样，只是要注意 BJT 器件与 MOS 器件的区别。

图 5.25 中包含了两个完全一样的 BJT 晶体管，它们的发射极连接在一起，并且通过一个恒流源 I_{EE} 提供偏置，该恒流源也是由 BJT 来实现的，R_{EE} 为恒流源等效内阻。每个晶体管的集电极都通过 R_C 连接到 V_{CC} 上，同样在集成电路中这两个电阻一般用有源负载来替代，我们将在 5.5 节展开介绍。无论使用哪种负载，都要注意避免使得 BJT 工作在放大区之外。另外，该电路的端口工作方式与 MOS 差分对也完全一样，都有两种输入方式和两种输出方式。

1. 直流工作点分析

图 5.26 给出了 BJT 差分放大器的直流通路。因为电路左右对称，且每个 BJT 晶体管的基极直流电压 V_B=0，结合两管必须工作在放大区，从而可以得到每个晶体管的发射极直流电压为 $V_E=-V_{BE}$。因此每个晶体管的发射极直流电流为

$$I_{\mathrm{E}}=I_{\mathrm{E1}}=I_{\mathrm{E2}}=I_{\mathrm{EE}}/2 \tag{5.93}$$

每个晶体管的集电极直流电流为

$$I_{\mathrm{C}}=I_{\mathrm{C1}}=I_{\mathrm{C2}}=\alpha I_{\mathrm{EE}}/2 \tag{5.94}$$

每个晶体管的集电极直流电压为

$$V_{\mathrm{C}}=V_{\mathrm{C1}}=V_{\mathrm{C2}}=V_{\mathrm{CC}}-(\alpha I_{\mathrm{EE}}/2)R_{\mathrm{C}} \tag{5.95}$$

若$\beta \gg 1$，即$\alpha \to 1$，则有

$$I_{\mathrm{C}}=I_{\mathrm{C1}}=I_{\mathrm{C2}}\approx I_{\mathrm{EE}}/2 \tag{5.96}$$

$$V_{\mathrm{C}}=V_{\mathrm{C1}}=V_{\mathrm{C2}}\approx V_{\mathrm{CC}}-(I_{\mathrm{EE}}/2)R_{\mathrm{C}} \tag{5.97}$$

例 5.10　BJT 差分放大器直流通路如图 5.26 所示。BJT 器件参数为 β=100，V_{BE}=0.7V，$R_{\mathrm{C}}=10\mathrm{k\Omega}$，$V_{\mathrm{CC}}=V_{\mathrm{EE}}=10\mathrm{V}$，$I_{\mathrm{EE}}=1\mathrm{mA}$，$R_{\mathrm{EE}}\to\infty$，求该电路中 $\mathrm{VT_1}$ 和 $\mathrm{VT_2}$ 的直流工作点参数。

解：由图 5.26 可得，$V_{\mathrm{B}}=V_{\mathrm{B1}}=V_{\mathrm{B2}}=0\mathrm{V}$，$V_{\mathrm{E}}=V_{\mathrm{E1}}=V_{\mathrm{E2}}=-0.7\mathrm{V}$

$I_{\mathrm{E}}=I_{\mathrm{E1}}=I_{\mathrm{E2}}=0.5\mathrm{mA}$，$I_{\mathrm{C}}=I_{\mathrm{C1}}=I_{\mathrm{C2}}=0.495\mathrm{mA}$

$V_{\mathrm{C}}=V_{\mathrm{C1}}=V_{\mathrm{C2}}=V_{\mathrm{CC}}-I_{\mathrm{C}}R_{\mathrm{C}}=5.05\mathrm{V}$，所以$V_{\mathrm{CE}}=V_{\mathrm{CE1}}=V_{\mathrm{CE2}}=V_{\mathrm{C}}-V_{\mathrm{E}}=5.75\mathrm{V}$

因此两管的直流参数为 V_{BE}=0.7V，$I_{\mathrm{C}}=0.495\mathrm{mA}$，$V_{\mathrm{CE}}=5.75\mathrm{V}$。

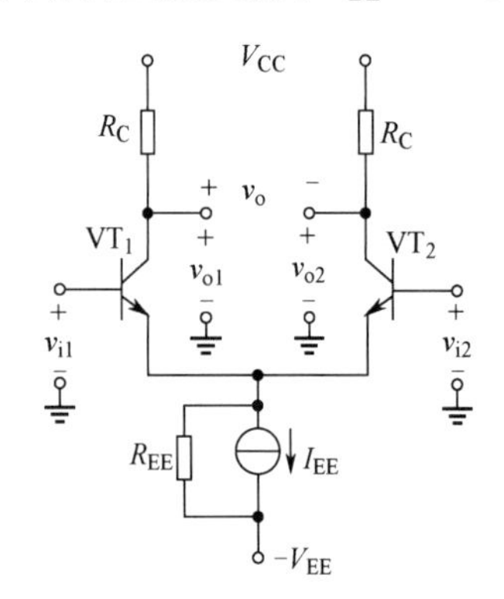

图 5.25　电阻型负载 BJT 差分放大器

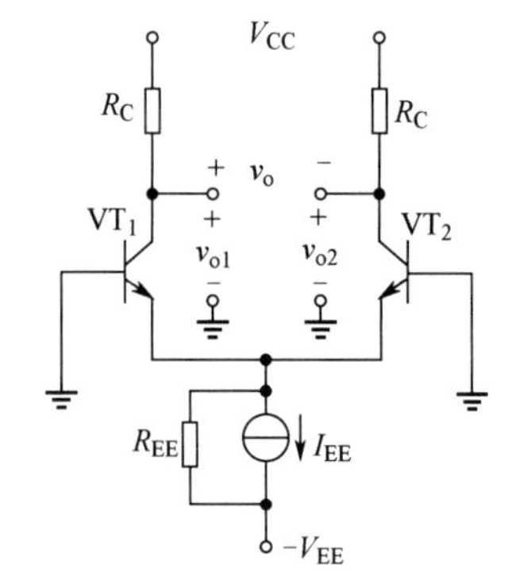

图 5.26　BJT 差分放大器的直流通路

2．交流性能的定性分析

图 5.27（a）所示为 BJT 差分放大器共模输入电路，其基本特性与 MOS 差分放大器相同。当双端输出时，对共模输入无输出响应，各电极电流由 I_{EE} 决定，BJT 器件各电极电压对应相等。注意，在分析时，一般认为 BJT 管的 β 足够大，这样能降低计算的复杂度。我们再看一下共模输入范围，主要受到电路中各个 BJT 工作状态的限制，其上限极值主要由 $\mathrm{VT_1}$ 和 $\mathrm{VT_2}$ 必须工作在放大区、不能进入饱和区决定。其表达式为

$$v_{\mathrm{icmmax}}=0.4+V_{\mathrm{CC}}-\frac{I_{\mathrm{EE}}}{2}R_{\mathrm{C}} \tag{5.98}$$

注意，这里利用了 BJT 器件在放大区工作时 $V_{\mathrm{CB}}\geqslant -0.4\mathrm{V}$ 这个条件。

下限极值主要由恒流源正常工作与否决定，假设 V_{CS} 为恒流源正常工作所需要的最小电压，则其表达式为

$$v_{\mathrm{icmmin}}=-V_{\mathrm{EE}}+V_{\mathrm{CS}}+0.7 \tag{5.99}$$

图 5.27（b）所示为 BJT 差分放大器差模输入电路，其差模输入特性也与 MOS 差分放大器相同。两管电流在 $I_{\mathrm{EE}}/2$ 基础上一增一减，各点电压在偏置基础上也有一增一减的变化。当电流 I_{EE} 全部流入一个晶体管，另一个晶体管截止时，差模输入将达到极值，可求得差模输入范围为 $-4V_{\mathrm{T}}\leqslant v_{\mathrm{ID}}\leqslant 4V_{\mathrm{T}}$，其中 V_{T} 为热电压，室温条件下约为 25mV。可见，这个范围远小于 MOS 差分对的输入范围，即 BJT 构成的差分放大器对差模信号的线性输入要求更苛刻。另外，就是很小的

差模信号就可以使得电流 I_{EE} 几乎完全通过某一个晶体管，因此差分对能够作为快速电流开关工作，其原因是在工作中两个晶体管都没有出现饱和区，而是在放大区和截止区之间切换，因此不会有电荷堆积和释放的过程，切换速度非常快。这正是高速数字逻辑电路家族基础——射极耦合逻辑（ECL）的基本原理。

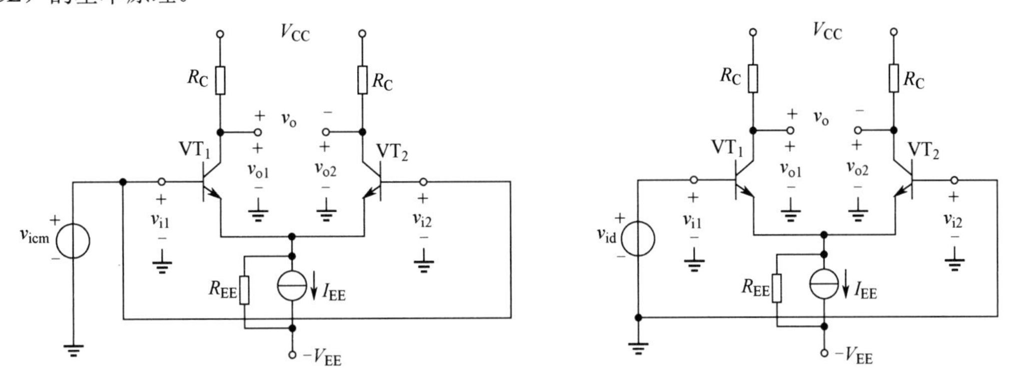

（a）BJT 差分放大器共模输入电路　　（b）BJT 差分放大器差模输入电路

图 5.27　BJT 差分放大器共模和差模输入电路

*3．BJT 差分放大器的大信号差模传输特性

我们同样来讨论一下 BJT 差分放大器的大信号差模传输特性。根据图 5.27（b）给出推导过程，假定两个晶体管完全匹配，且始终工作在放大区，同时忽略基区宽度调制效应，则两管的电流电压方程分别为

$$i_{C1} = I_S e^{v_{BE1}/V_T} \tag{5.100}$$

$$i_{C2} = I_S e^{v_{BE2}/V_T} \tag{5.101}$$

假设 $\beta \gg 1$，则对于 BJT 晶体管有 $i_C \approx i_E$，可以得到

$$I_{EE} \approx i_{C1} + i_{C2} = i_{C1}\left(1+\frac{i_{C2}}{i_{C1}}\right) = i_{C1}\left(1+e^{(v_{BE2}-v_{BE1})/V_T}\right) \tag{5.102}$$

又因为 $v_{BE1} - v_{BE2} = v_{id}$，所以由式(5.102)可以得到

$$i_{C1} = \frac{I_{EE}}{1+e^{-v_{id}/V_T}} = \frac{I_{EE}e^{v_{id}/V_T}}{1+e^{v_{id}/V_T}} = \frac{1}{2}I_{EE} + \frac{1}{2}I_{EE}\frac{e^{v_{id}/V_T}-1}{1+e^{v_{id}/V_T}}$$

其中

$$\frac{e^{v_{id}/V_T}-1}{1+e^{v_{id}/V_T}} = \frac{e^{v_{id}/2V_T}-e^{-v_{id}/2V_T}}{e^{v_{id}/2V_T}+e^{-v_{id}/2V_T}} = \mathrm{th}\left(\frac{v_{id}}{2V_T}\right)$$

式中，th(x)为双曲正切函数。所以式(5.100)和式(5.101)可改写为

$$i_{C1} = \frac{I_{EE}}{2} + \frac{I_{EE}}{2}\mathrm{th}\left(\frac{v_{id}}{2V_T}\right) \tag{5.103}$$

$$i_{C2} = \frac{I_{EE}}{2} - \frac{I_{EE}}{2}\mathrm{th}\left(\frac{v_{id}}{2V_T}\right) \tag{5.104}$$

显然，当 $v_{id} = 0$ 时，两管正好平分 I_{EE}。图 5.28 给出了 BJT 差分放大器大信号差模传输特性归一化曲线。

由式(5.103)和式(5.104)可知，i_C 和 v_{id} 之间也是非线性关系。由数学知识可知，当 $|x| < \frac{\pi}{2}$ 时，双曲正切函数的泰勒级数展开式为

$$\mathrm{th}(x) = x - \frac{x^3}{3} + \frac{2}{15}x^5 - \cdots \tag{5.105}$$

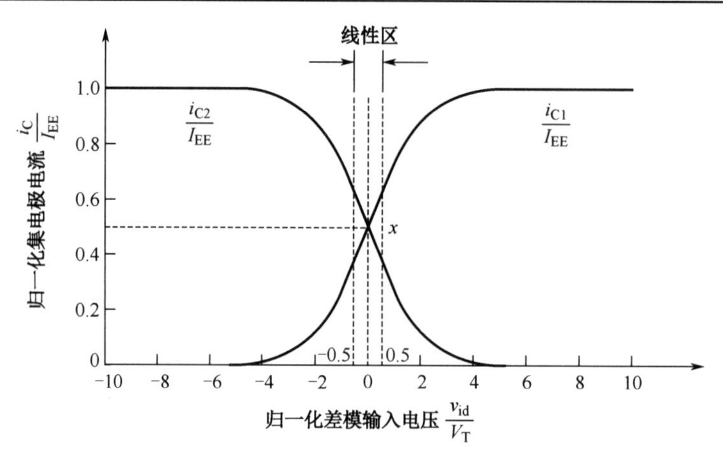

图 5.28　BJT 差分放大器大信号差模传输特性归一化曲线

工程上当限定$|x|\leqslant 0.25$时，式(5.105)中的三次方及以上高次项均可忽略不计，式(5.103)和式(5.104)可转化为线性方程，即

$$i_{C1}=\frac{I_{EE}}{2}+\frac{I_{EE}}{2}\left(\frac{v_{id}}{2V_T}\right) \tag{5.106}$$

$$i_{C2}=\frac{I_{EE}}{2}-\frac{I_{EE}}{2}\left(\frac{v_{id}}{2V_T}\right) \tag{5.107}$$

这样就能保证小信号线性工作，因此差模信号的线性输入范围为

$$|v_{id}|\leqslant V_T/2 \tag{5.108}$$

显然，它比单个晶体管的小信号输入范围要大得多，但比 MOS 差分对的小信号输入范围要小得多。

当$|v_{id}|>V_T/2$时，利用差分放大器的非线性传输特性可以实现各种非线性运算。特别是当$|v_{id}|\geqslant 4V_T$时，一管截止，I_{EE}几乎全部通过一个晶体管，曲线进入限幅区，这部分限幅区正是用于实现高速数字逻辑电路的工作区，如前面提到的 ECL 门电路。

这么小的线性输入范围显然给 BJT 差分放大器的使用带来了很大的局限性，因此要想办法扩展 BJT 差分放大器的线性输入范围。

图 5.29（a）给出了一种常用的解决方案，扩展后的 BJT 差分放大器传输特性曲线如图 5.29（b）所示。显然，这里的 R_e 越大，扩展的线性范围就越大，不过线性范围的扩展，是以牺牲 BJT 的 g_m 和放大器的增益为代价的，因此这里的 R_e 也不能过大，设计中要注意参数之间的协调和取舍。

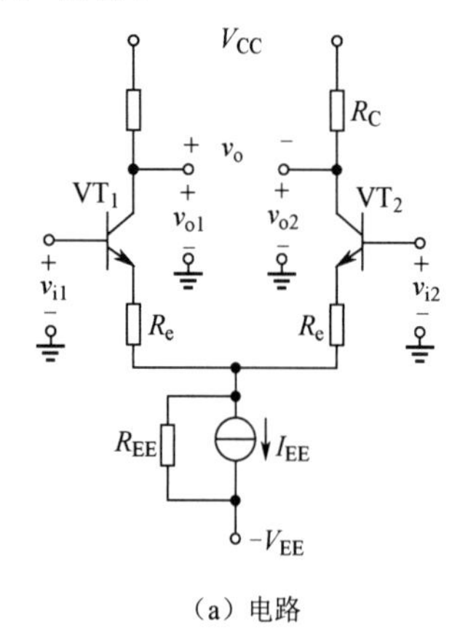

（a）电路

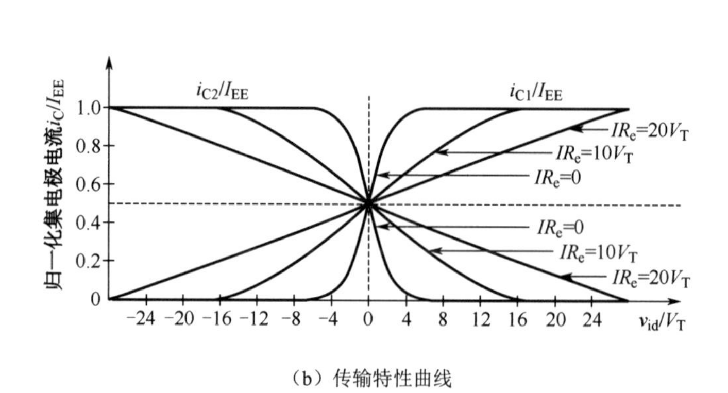

（b）传输特性曲线

图 5.29　扩展后的 BJT 差分放大器

5.3.5　BJT 差分放大器交流性能分析

与 MOS 差分放大器的分析思路一样，前面我们已经在 5.3.4 节中分析过 BJT 差分放大器的直流工作点，那么电路中晶体管的小信号参数就可以求解了。接下来我们同样来分析它的差模性能和共模性能。

1．差模性能分析

BJT 差分放大器输入电路如图 5.27(b)所示，其交流通路如图 5.30 所示。该图的获得过程与 MOS 差分放大器结构一致。首先所有的直流电源为 0，电压源短路、电流源开路，但保留内阻。由于送入两个输入端口的信号大小相等、极性相反，因此在两个晶体管上产生的交流电流也是大小相等、极性相反的，从而使得流入电流源内阻 R_{EE} 上的交流电流为 0，故该电阻上产生的交流压降也为 0，所以在两个 BJT 晶体管的发射极上的电压也为 0，即为虚地点。因此，整个交流通路最终呈现为两个相对独立的共射放大器，所以半电路法对该电路的分析同样适用。

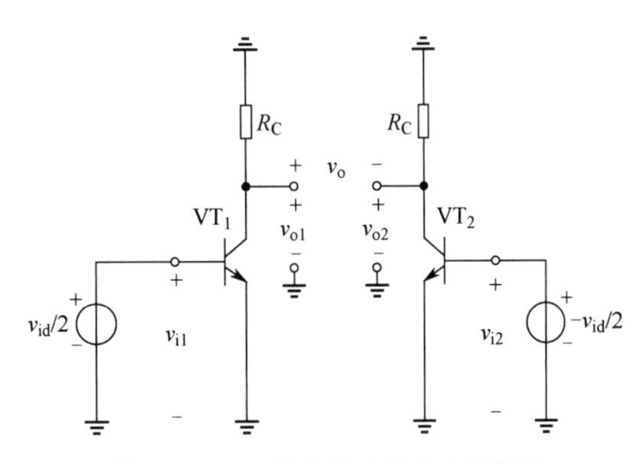

图 5.30　BJT 差分放大器的交流通路

图 5.31 给出了 BJT 差分放大器的交流小信号等效电路。下面将根据该电路来推导描述差模交流性能的交流参数。

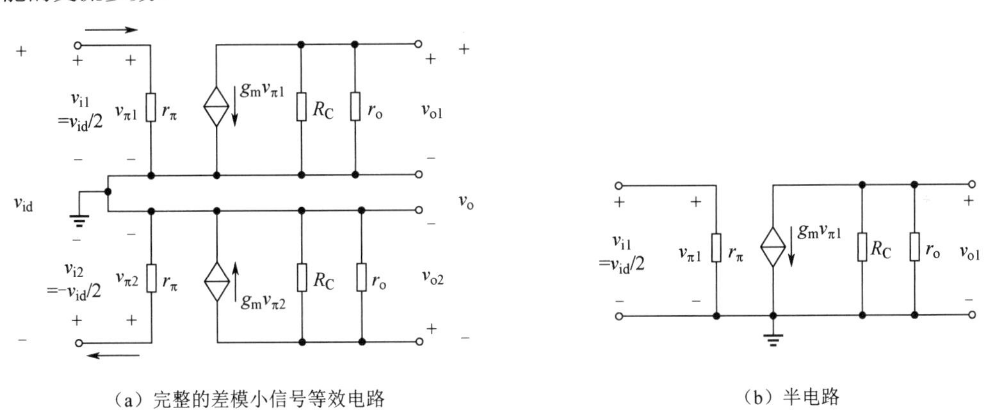

（a）完整的差模小信号等效电路　　（b）半电路

图 5.31　BJT 差分放大器差模小信号等效电路

（1）差模电压增益

由图 5.31（a）可得，当双端输出时，差模电压增益表达式为

$$A_{vd}=\frac{v_{od}}{v_{id}}=\frac{v_{o1}-v_{o2}}{v_{i1}-v_{i2}}=\frac{2v_{o1}}{2v_{i1}}=\frac{v_{o1}}{v_{i1}}=-g_m(R_C\parallel r_o) \tag{5.109}$$

当单端输出时，差模电压增益表达式为

$$A_{vd1}=\frac{v_{od1}}{v_{id}}=\frac{v_{od1}}{v_{i1}-v_{i2}}=\frac{v_{od1}}{2v_{i1}}=-\frac{1}{2}g_m(R_C\parallel r_o) \tag{5.110}$$

$$A_{vd2}=\frac{v_{od2}}{v_{id}}=\frac{-v_{od1}}{v_{i1}-v_{i2}}=\frac{-v_{od1}}{2v_{i1}}=\frac{1}{2}g_m(R_C\parallel r_o) \tag{5.111}$$

与 MOS 差分放大器一样，A_{vd1} 极性为负，A_{vd2} 极性为正，说明从 VT_1 集电极输出的信号与差模输入信号极性相反，而从 VT_2 集电极输出的信号与差模输入信号极性相同。因此，也把 VT_1 的集电极称为差分放大器的反相输出端，把 VT_2 的集电极称为差分放大器的同相输出端。在电路设

计时，同样需要选择合适的输出端进行单端输出设计。

若加上负载，则双端输出时输出端 v_{o1} 和 v_{o2} 大小相等、极性相反，因此在负载的正中间位置必是零电位点，即参考地点。所以，在图 5.31（a）所示的等效电路中，每个 BJT 将分得一半的负载电阻。由此可得，当双端输出时，带负载的差模电压增益为

$$A_{vd}=\frac{v_{o1}}{v_{i1}}=-g_m\left(R_C \parallel r_o \parallel \frac{R_L}{2}\right) \tag{5.112}$$

当单端输出时，负载直接接在 BJT 的集电极和地之间，因此带负载的差模电压增益为

$$A_{vd1}=-\frac{1}{2}g_m(R_C \parallel r_o \parallel R_L) \tag{5.113}$$

$$A_{vd2}=\frac{1}{2}g_m(R_C \parallel r_o \parallel R_L) \tag{5.114}$$

从整个分析流程来看，除了应用的模型不同，分析过程 BJT 差分放大器和 MOS 差分放大器几乎一样。由于在相似工艺及工作点条件下，BJT 的 g_m 会远大于 MOS 管的 g_m，因此 BJT 差分放大器的差模增益要比 MOS 差分放大器高得多。注意，BJT 差分放大器的差模线性输入范围比 MOS 差分放大器小得多，因此在使用时需要根据实际情况进行设计和选择。

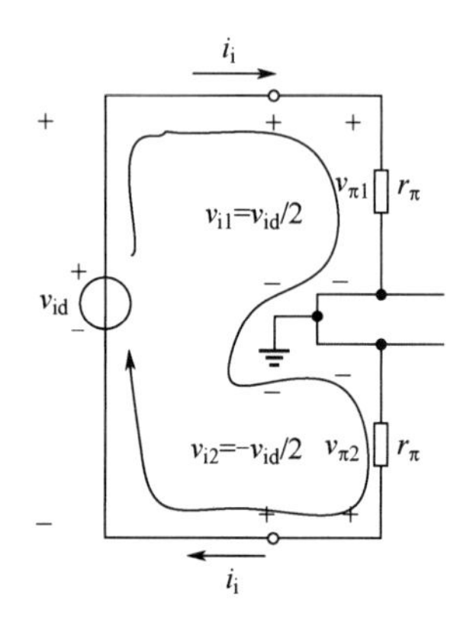

图 5.32　BJT 差分放大器差模输入电路部分

（2）差模输入电阻

图 5.32 是图 5.31（a）的输入部分，由于输入和输出部分在电路连接上是分开的，因此输入的差模信号 v_{id} 引起的输入电流 i_i，其流通路径如图 5.32 所示，即该电流从 v_{id} 信号源正端流出，先通过 VT_1 的 $r_{\pi1}$，再通过 VT_2 的 $r_{\pi2}$，最后又回到 v_{id} 信号源负端，构成一个完整回路。因此，在差模输入的条件下，差分放大器的输入电阻为

$$R_{id}=\frac{v_{id}}{i_i}=2r_\pi \tag{5.115}$$

其中，$r_\pi=r_{\pi1}=r_{\pi2}$。

与 MOS 差分放大器相比，由于 BJT 的基极电流不为 0，使得 BJT 差分放大器的输入电阻远远小于 MOS 差分放大器，这对 BJT 差分放大器的应用来说是非常不利的。因此，常常在两个晶体管的发射极上分别串上一个小电阻，利用其负反馈的作用，提高电路的输入电阻，并扩展其差模线性输入范围，但显然这是以牺牲差模增益为代价的。

（3）差模输出电阻

与 MOS 电路一样，当双端输出时，根据输出电阻的定义可以改画图 5.31（a），这部分推导读者可以参照 MOS 部分的电路自行练习。我们很容易可以得到双端输出时的输出电阻为

$$R_{od}=\left.\frac{v_t}{i_t}\right|_{\substack{R_L\to\infty \\ v_{sig}\to 0}}=2(R_C \parallel r_o) \tag{5.116}$$

当单端输出时，采用类似的方法可求得输出电阻为

$$R_{od1}=R_{od2}=R_C \parallel r_o \tag{5.117}$$

与 MOS 差分放大器相比，BJT 差分放大器的输出电阻参数与 MOS 差分放大器基本相当。

2. 共模性能分析

图 5.33 给出了 BJT 差分放大器的共模交流通路和共模小信号等效电路。从图 5.33（a）中可以看到，电流源内阻的处理方法与 MOS 差分放大器一样，每个 BJT 的发射极上各串上了等效的电阻

$2R_{EE}$。图 5.33（b）给出了对应的小信号等效电路，同样为了处理的方便，此处忽略了基区宽度调制效应，即不考虑 r_o 的影响。

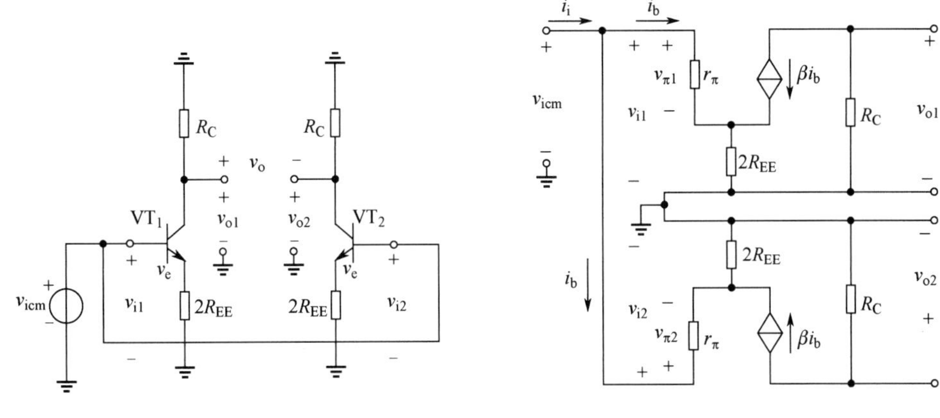

（a）共模交流通路　　　　（b）共模小信号等效电路

图 5.33　BJT 差分放大器的共模交流通路和共模小信号等效电路

（1）共模电压增益

由共模电压增益的定义可以得到，当双端输出时，由于 BJT 的集电极电压相等，因此有

$$A_{vcm}=\frac{v_{ocm}}{v_{icm}}=\frac{v_{o1}-v_{o2}}{v_{icm}}=0 \tag{5.118}$$

式(5.118)说明，在理想情况下，BJT 差分放大器能够完全抑制共模信号。

当单端输出时，从 VT_1 的集电极输出时共模电压增益为

$$A_{vcm1}=\frac{v_{o1}}{v_{icm}}=\frac{v_{o1}}{(v_{i1}+v_{i2})/2}=\frac{v_{o1}}{v_{i1}}=-\frac{\beta R_C}{r_\pi+2(1+\beta)R_{EE}}\approx-\frac{R_C}{2R_{EE}} \tag{5.119}$$

其中，$2(1+\beta)R_{EE}\gg r_\pi$，且$(1+\beta)\approx\beta$。同理可得，从 VT_2 集电极输出时共模电压增益为

$$A_{vcm2}=\frac{v_{o2}}{v_{icm}}=\frac{v_{o2}}{(v_{i1}+v_{i2})/2}=\frac{v_{o2}}{v_{i2}}=-\frac{\beta R_C}{r_\pi+2(1+\beta)R_{EE}}\approx-\frac{R_C}{2R_{EE}} \tag{5.120}$$

注意，R_{EE} 为电流源等效内阻，该电阻一般非常大，会远远大于 R_C。也就是说，A_{vcm1} 和 A_{vcm2} 一般都远小于 1，说明单端输出时虽然不能完全抑制共模信号的输出，但也大大减小其输出响应。结论与 MOS 差分放大器相同。

（2）共模输入电阻

如图 5.34 所示，当输入纯共模信号时，电路中的两边电路实际上构成并联结构。从信号源 v_{icm} 正端输出的输入电流 i_i，首先一分为二，即分解为两个大小一样的电流 i_b，分别流入两管的基极。按照图 5.34 中箭头所示方向流动后又汇总回到电源负端。因此，根据定义可知，电路的共模输入电阻为

$$R_{icm}=\frac{v_{icm}}{i_i}=\frac{v_{icm}}{2i_b}=\frac{1}{2}\frac{v_{icm}}{i_b} \tag{5.121}$$

即总的输入电阻为半电路输入电阻的一半，因此可以在其中某一个“半电路”上首先求解输入电阻。假设 VT_1 构成单管共射放大电路的输入电阻为 R_{icm1}，则由图 5.34 可得

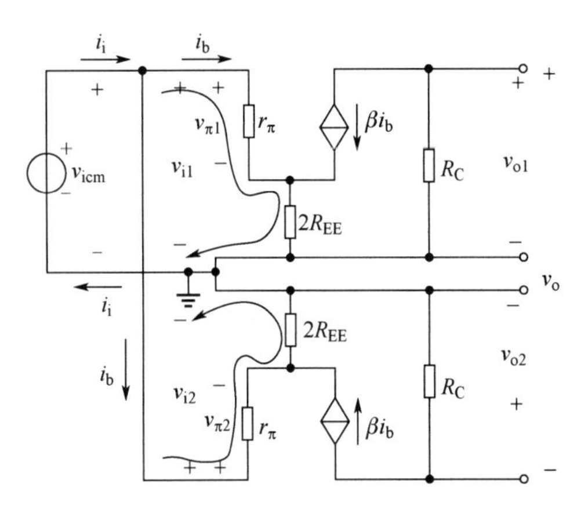

图 5.34　BJT 差分放大器的共模输入电路部分

$$R_{\text{icm1}}=\frac{v_{\text{icm}}}{i_{\text{b}}}=\frac{i_{\text{b}}r_{\pi}+(i_{\text{b}}+\beta i_{\text{b}})\times 2R_{\text{EE}}}{i_{\text{b}}}=r_{\pi}+2(1+\beta)R_{\text{EE}} \tag{5.122}$$

由式(5.121)和式(5.122)可得，BJT 差分放大器的共模输入电阻为

$$R_{\text{icm}}=\frac{1}{2}R_{\text{icm}}=\frac{1}{2}[r_{\pi}+2(1+\beta)R_{\text{EE}}] \tag{5.123}$$

与 MOS 差分放大器相比，由于 BJT 的基极电流不为 0，因此其共模输入电阻明显要小于 MOS 差分放大器，但由于其中 R_{EE} 为电流源等效内阻，这是一个非常大的电阻，再加上系数$(1+\beta)$，因此 R_{icm} 还是一个非常大的电阻，甚至可以视作开路。

（3）共模输出电阻

根据输出电阻的定义，结合图 5.33（b）可得，当双端输出时共模输出电阻为

$$R_{\text{ocm}}\approx 2R_{\text{C}} \tag{5.124}$$

当单端输出时，输出电阻为

$$R_{\text{ocm1}}=R_{\text{ocm2}}\approx R_{\text{C}} \tag{5.125}$$

3．共模抑制比

根据定义可以很容易得到，当双端输出时，共模抑制比为

$$\text{CMRR}=\left|\frac{A_{\text{vd}}}{A_{\text{vcm}}}\right|\to\infty \tag{5.126}$$

此时的共模增益为 0。

当单端输出时，共模抑制比可以根据定义来计算，因为 $r_{\text{o}}\gg R_{\text{C}}$，所以其表达式为

$$\text{CMRR}=\left|\frac{A_{\text{vd1}}}{A_{\text{vcm1}}}\right|=\left|\frac{A_{\text{vd2}}}{A_{\text{vcm2}}}\right|=\left|\frac{-\dfrac{1}{2}g_{\text{m}}R_{\text{C}}}{-R_{\text{C}}/2R_{\text{EE}}}\right|\approx g_{\text{m}}R_{\text{EE}} \tag{5.127}$$

由于在相似工艺及工作点条件下，BJT 的 g_{m} 会大得多，因此这个参数比 MOS 差分放大器的共模抑制比要大得多。

4．BJT 差分放大器小结

这里主要与 MOS 差分放大器作一个简单对比。在电路的结构、工作原理和分析方法等各方面，BJT 差分放大器与 MOS 差分放大器高度相似；在同样大小的电流偏置条件下，由于 BJT 的 g_{m} 更大，因此差模增益和共模抑制比更高；而 BJT 差分放大器的线性输入范围更小，需增加射极电阻，以牺牲增益为代价来换取性能的改善；同时 BJT 差分放大器由于器件的原因，差模输入电阻很小，可通过增加射极电阻或采用组合管的方式来解决。

例 5.11 如图 5.35 所示电路，R_{P} 滑动端处于正中间位置，设晶体管参数β=100，$V_{\text{BE}}=0.7\text{V}$，$V_{\text{A}}\to\infty$。求：（1）静态工作点；（2）差模电压增益、差模输入电阻和输出电阻；（3）共模电压增益、共模输入电阻和输出电阻。

解： 该电路为 BJT 差分放大器，两个晶体管参数相同，由于 R_{P} 滑动端处于中间位置，因此两管的发射极各串接了 50Ω 的电阻；输出由负载的连接方式可知采用了双端输出的连接方式。这里没有采用恒流源偏置，而是采用了长尾式电阻偏置结构，即电阻 R_{E} 参与设置电路的总偏置。

（1）令 $v_{\text{i1}}=v_{\text{i2}}=0$，由于差分放大器左右对称，因此负载两端电压相等。也就是说，负载上直流电流为 0，因此负载可以视作开路，得到图 5.36 所示的直流通路，假设晶体管中基极电流为 I_{B}，发射极电流为 I_{E}，则电阻 R_{E} 上的电流为 $2I_{\text{E}}$。我们按箭头所示列出 KVL 回路方程，可得

$$0-I_{\text{B}}\times 2.7\times 10^{3}-V_{\text{BE}}-I_{\text{E}}\times 50-2I_{\text{E}}\times 27\times 10^{3}=-15$$

又因为晶体管工作在放大区，所以有

$$I_E = (1+\beta)I_B$$

由以上两方程联立可得 $I_E = 0.264\text{mA}$。

所以
$$I_C = \frac{\beta}{1+\beta}I_E = 0.262\text{mA}，\ I_B = I_E - I_C = 2\mu\text{A}$$

$$V_B = -I_B \times 2.7\times10^3 = -0.0054\text{V}，\ V_E = V_B - V_{BE} = -0.7054\text{V}，\ V_C = 15 - I_C R_C = 5.568\text{V}$$

所以
$$V_{CE} = V_C - V_E = 6.2734\text{V}$$

注意，这里 I_B 的电流方向，求得的 V_B 对地电压极性为负。

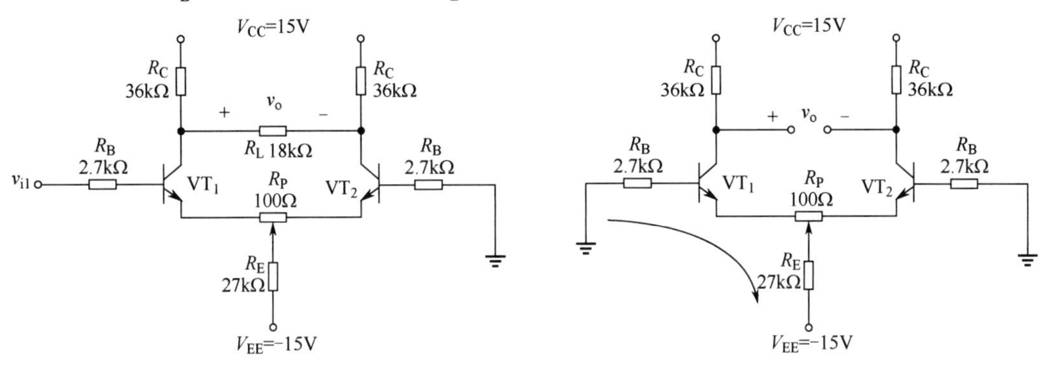

图 5.35　例 5.11 原图　　　　图 5.36　例 5.11 直流通路

（2）令 $v_{i1} = -v_{i2}$，则晶体管内产生大小相等、极性相反的一对电流，在负载两端产生的交流电压必然大小相等、极性相反，因此负载的正中位置就是参考点——零电位点，两管平分负载电阻；而流入电阻 R_E 的交流电流为 0，因此该电阻上没有交流压降，可以视作短路。图 5.37 给出了差模输入条件下的交流通路及相应的小信号等效电路。我们可以据此求解差模交流参数。

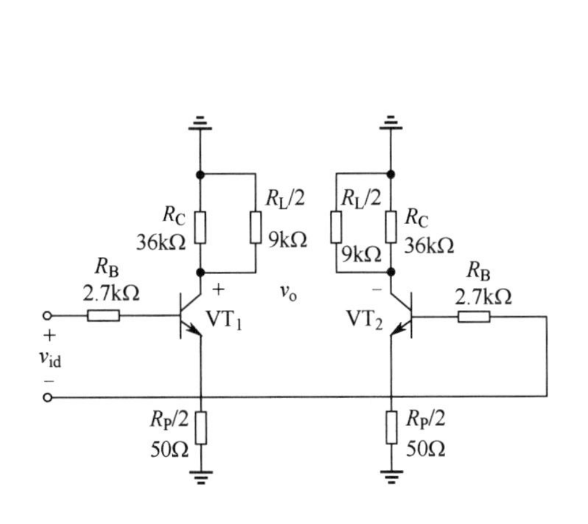

（a）例 5.11 差模交流通路

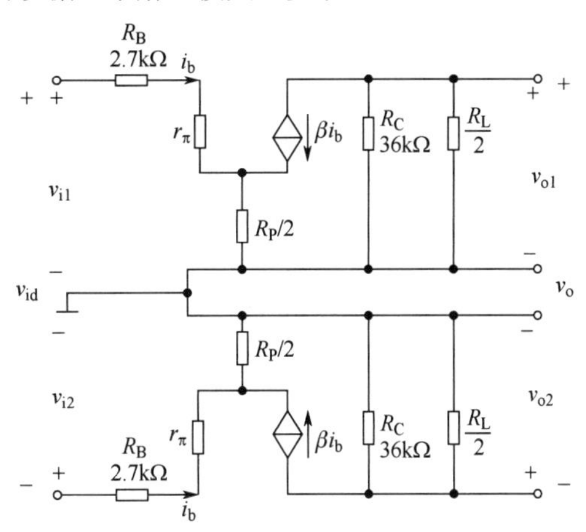

（b）例 5.11 差模小信号等效电路

图 5.37　例 5.11 差模性能分析

由直流工作点参数可以求得，小信号参数为

$$r_\pi = (1+\beta)\frac{V_T}{I_E} = 9.564\text{k}\Omega$$

因此可得该题在双端输出的条件下，差模电压增益为

$$A_{ud} = -\frac{\beta(R_C \parallel \frac{R_L}{2})}{R_B + r_\pi + (1+\beta)\frac{R_P}{2}} = -41.585\text{V/V}$$

差模输入电阻为　　$R_{id}=2[R_B+r_\pi+(1+\beta)\dfrac{R_P}{2}]=34.43\text{k}\Omega$

差模输出电阻为　　$R_{od}=2R_C=72\text{k}\Omega$

（3）令 $v_{i1}=v_{i2}$，则晶体管内产生大小相等、极性相同的一对电流，在负载两端产生的交流电压必然大小相等、极性相同，因此负载上无电流通过，可视作开路；而流入电阻 R_E 的交流电流为晶体管电流的两倍。因此，在将两管电路连接进行拆分时，每个晶体管各串上大小为 $2R_E$ 的电阻。图 5.38 给出了共模输入条件下的交流通路及相应的小信号等效电路。我们可以据此求解共模交流参数。

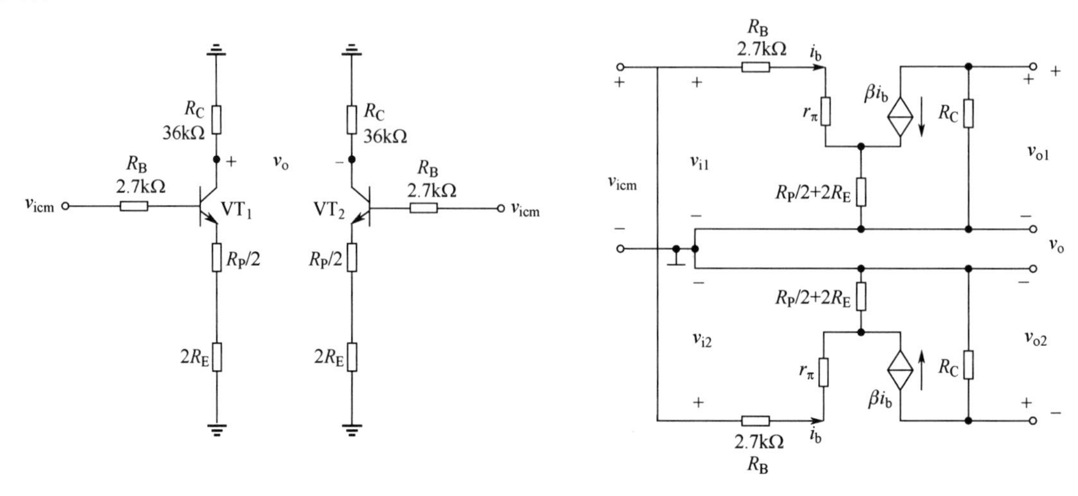

（a）例 5.11 共模交流通路　　（b）例 5.11 共模小信号等效电路

图 5.38　例 5.11 共模性能分析

显然，我们很容易得到共模输入时的共模电压增益为 $A_{vcm}=0$。

共模输入电阻为　　$R_{icm}=\dfrac{1}{2}[R_B+r_\pi+(1+\beta)(\dfrac{R_P}{2}+2R_E)]=2.736\text{M}\Omega$

共模输出电阻为　　$R_{od}=2R_C=72\text{k}\Omega$

5.4　组合放大单元电路——中间放大级设计

在第 3 章和第 4 章中，我们已经讨论过分立元件电路中单级放大器的设计，那么对集成电路中的放大器设计已有了一定的理解。下面先来看看几个需要特别注意的要点。首先，MOS 和 BJT 放大器的基本组态各有特点，但单级增益不够高，因此中间放大级一般由多级电路组合构成，一方面可以提供较高的增益；另一方面也为了解决信号传递过程中，前后级的阻抗变换需求。其次，不同的组合结构可以获得不同的电路特性，除了考虑增益、输入输出电阻，还有带宽。对于一些固定结构的组合放大器，常常被视作单级放大器，所以一些经典结构是我们讨论的主要对象。组合电路的分析和设计方法与单级电路基本相似，但连接时要注意一些特殊问题的处理。

5.4.1　多级放大器的耦合方式及对信号传输的影响

首先来讨论一下耦合方式在集成电路设计中的影响。电路中常用的耦合方式主要有两种。一种是隔直流作用的耦合方式，包括阻容耦合、变压器耦合和光电耦合等。阻容耦合多用于分立器件构成的电路，耦合电容从几十到几百微法；变压器耦合也多用于分立元件电路，还可以实现阻抗变换；而光电耦合主要利用发光元件和光敏元件，实现了两部分电路的电气隔离，从而可有效地抑制电干扰，这种方式在分立电路和集成电路中都有应用。另一种就是在集成电路放大器中被广泛使用的直接耦合方式。从表面上看，直接耦合方式处理起来非常简单，但由于电路之间直接连接，各级电路在信号传递时，特别是交直流参数的设置上，会有些意想不到的问题。

1．级间直流电平配置问题

如图 5.39 所示，以 BJT 电路为例来讨论采用直接耦合时多级放大器之间的直流电平配置问题，其结论适用于多级 MOS 放大器。如图 5.39（a）所示的多级共射放大器，如果电路中所有的射极电阻 R_E 均短路，那么前级的集电极电压 V_C 等于后级发射极电压 V_{BE}，一般 V_{BE} 都不太高，约为 0.7V，因此在输出特性曲线上前级的静态工作点就十分接近饱和区。显然，这将降低前级放大器输出的交流动态范围，因此过低的集电极直流电压是不合适的。为解决前后级电平配置，可以采用多种措施，其中一种就是在后级的发射极上接入射极电阻 R_E，以抬高后级基极直流工作电压，从而抬高前级的集电极直流工作电压，扩展交流动态范围。

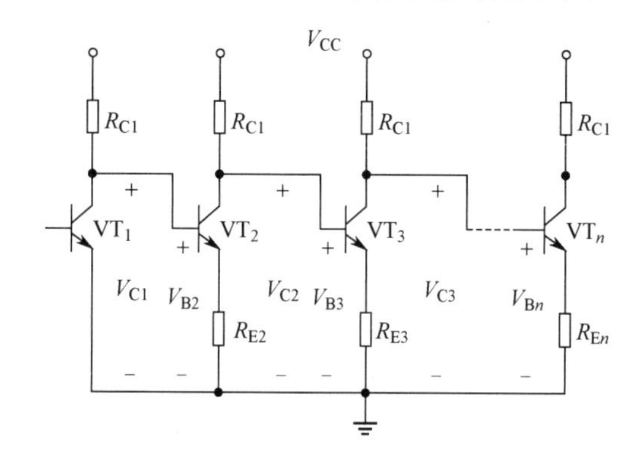

（a）多级放大器的集电极直流工作电压过低问题

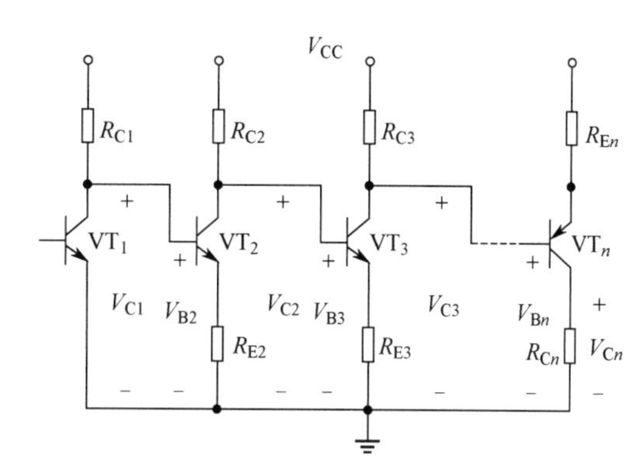

（b）多级放大器的集电极直流工作电压过高问题

图 5.39　直接耦合多级 MOS 放大器级间电平配置问题

那么问题解决了吗？并没有，很快就发现出现了新问题。来观察改进后的电路，可以得到这样的分析结果：$V_{C1}=V_{B2}$，但是 $V_{B2}< V_{C2}$；$V_{C2} = V_{B3}$，$V_{B3}< V_{C3}$……这说明越到后级集电极直流电压越来越高，也就越可能接近于 V_{CC}。也就是说，在输出特性曲线上，越往后晶体管的工作点会越接近截止区，同样这将降低后级放大器输出的交流动态范围，因此过高的集电极直流电压是不合适的。所以必须在某些级间接入电平位移电路，如图 5.39（b）中的 VT_n，即在多级级联的放大器中采用不同类型的 BJT 器件，它满足 $V_{Bn} > V_{Cn}$，因此可以将不断提高的集电极直流电压下移到较低的电压值上，同时不影响交流信号的放大传输。

另外，这里虽然用了 n 级的级联，但在后面章节中会谈到放大器的稳定性问题，n 越大，放大器稳定性越差，为了提高稳定性，往往需要采取更多的措施进行补偿，这将大大提高电路设计的复杂度及成本，因此一般不建议 n 超过 4。

2．工作点漂移问题

漂移是指当外界环境因素变化时造成的静态工作点移动。其中，因温度变化而引起的漂移简称温漂，对半导体器件尤其明显。如果假设室温时静态工作点是一个定值，那么温漂可以看作是叠加在工作点上的一种缓慢变化信号。如果采用的是阻容耦合，耦合电容对这种信号呈现的阻抗很大，信号就会被隔断，因此这种温漂的信号不会传送到后级；而采用直接耦合时，它就会和有用信号一起传送到后级，并不断被放大，相当于放大器中引入了干扰。那么它的一个解决办法就是在第一级采用低温漂的差分放大器，这里我们看到了第一级采用差分放大器的另一个好处。

3．级联后放大器交流参数分析

（1）级联系统的总电压增益

图 5.40 所示为多级级联放大器，其总电压增益根据定义为

$$A=\frac{v_o}{v_i}=\frac{v_{o1}}{v_i}\times\frac{v_{o2}}{v_{i2}}\times\frac{v_{o3}}{v_{i3}}\times\cdots\times\frac{v_o}{v_{in}} \tag{5.128}$$

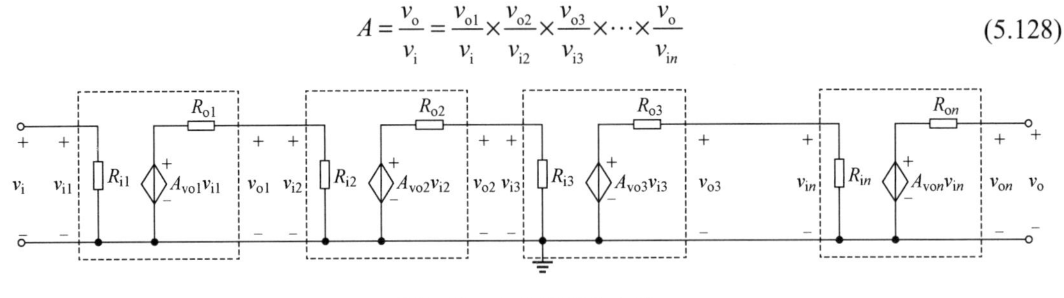

图 5.40　多级级联放大器

这里特别注意到

$$v_i=v_{i1}$$

$$v_{i2}=v_{o1}=A_{vo1}v_{i1}\frac{R_{i2}}{R_{o1}+R_{i2}}$$

$$v_{i3}=v_{o2}=A_{vo2}v_{i2}\frac{R_{i3}}{R_{o2}+R_{i3}}\cdots\cdots$$

$$v_{in}=v_{o(n-1)}=A_{vo(n-1)}v_{i(n-1)}\frac{R_{in}}{R_{o(n-1)}+R_{in}}$$

$$v_o=v_{on}$$

代入式(5.128)后整理可得

$$A_v=\frac{v_o}{v_i}=A_{v1}A_{v2}A_{v3}\cdots A_{vn}=A_{vo1}A_{vo2}A_{vo3}\cdots A_{von}\frac{R_{i2}}{R_{o1}+R_{i2}}\frac{R_{i3}}{R_{o2}+R_{i3}}\cdots\frac{R_{in}}{R_{o(n-1)}+R_{in}} \tag{5.129}$$

特别要引起注意的是，在这个过程中前后级阻抗的分压，因此计算过程中要处理好前后级阻抗之间的关系。可以得到一个非常重要的结论：后级电路的输入电阻相当于前级电路的负载电阻，而前级的输出电阻相当于后级电路的信号源内阻。

（2）级联系统的输入/输出电阻

这一点的结论非常明显，从图 5.40 中可以看出

$$R_i=R_{i1},\quad R_o=R_{on} \tag{5.130}$$

例 5.12　图 5.41 所示为一个三级级联电压放大器系统，已知第一级的输入电阻为 100kΩ，输出电阻为 10kΩ，开路电压增益为 A_{vo1}=10V/V；第二级的输入电阻为 10kΩ，输出电阻为 1kΩ，开路电压增益为 A_{vo2}=100V/V；第三级的输入电阻为 100kΩ，输出电阻为 100Ω，开路电压增益为 A_{vo3}=1V/V。（1）若最后一级的负载为 10kΩ，求电路的总电压增益；（2）若输入信号源 v_{sig}=10mV，R_{sig}=10kΩ，求最后负载上得到的输入电压值。

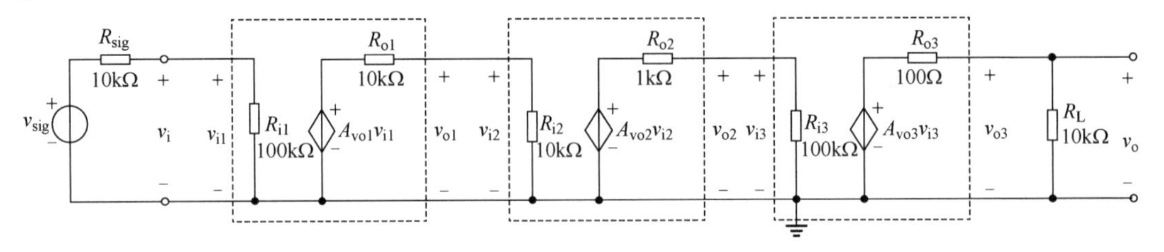

图 5.41　例 5.12 电路

解：（1）由图 5.41 可得，电路的总电压增益为

$$A_v=\frac{v_o}{v_i}=A_{v1}A_{v2}A_{v3}=A_{vo1}A_{vo2}A_{vo3}\frac{R_{i2}}{R_{o1}+R_{i2}}\frac{R_{i3}}{R_{o2}+R_{i3}}\frac{R_L}{R_{o3}+R_L}$$

$$=10\times100\times1\times\frac{10}{10+10}\times\frac{100}{1+100}\times\frac{10}{10+0.1}\approx490.15\text{V/V}$$

（2）由（1）可求得，电路的源电压增益为

$$A_{\mathrm{vs}}=\frac{v_{\mathrm{o}}}{v_{\mathrm{sig}}}=\frac{R_{\mathrm{i1}}}{R_{\mathrm{sig}}+R_{\mathrm{i1}}}A_{\mathrm{v}}=\frac{100}{10+100}\times 490.15\approx 445.59\mathrm{V/V}$$

所以

$$v_{\mathrm{o}}=A_{\mathrm{vs}}v_{\mathrm{sig}}=445.59\mathrm{V/V}=4.456\mathrm{V}$$

5.4.2　常用组合单元电路

下面简单介绍几种用于集成电路中间放大级的经典组合电路，它们的性能分析可以参照前面介绍的单级放大器和多级放大器，这里主要介绍电路结构。

1．Cascode 电路

首先来看看广泛应用了大半个世纪的经典电路——Cascode 电路，将一个共源（或共射）放大器与一个共栅（或共基）放大器级联就可以得到这个电路结构。虽然是两级放大器级联而成的，但很多情况下仍被当作单级放大器使用。

Cascode 放大器的基本思想是将共源（或共射）放大器所具有高互导的特点，与共栅（或共基）放大器所具有的电流缓冲特性和优越的高频响应结合起来。从图 5.42 所示的 Cascode 放大器可以看到，$\mathrm{VT_1}$ 为共源（CS）或共射（CE）组态，$\mathrm{VT_2}$ 为共栅（CG）或共基（CB）组态。图 5.42（a）中的 MOS 采用了不同的电路符号，是因为 $\mathrm{VT_2}$ 的源极不能与衬底相连，但在分析过程中，为了计算的方便，我们忽略了衬底效应。另外，图中 $\mathrm{VT_2}$ 的栅极或基极交流电压为 0，这里的 V_{BIAS} 为直流偏置，保证 $\mathrm{VT_1}$、$\mathrm{VT_2}$ 始终工作在饱和区或放大区。

以 MOS 管 Cascode 放大器为例来分析该电路的输出电阻 R_{o} 和开路电压增益 A_{vo}，并由此来说明该电路的优良特性。图 5.43 给出了该电路的小信号等效电路。显然，该电路的输入电阻为

$$R_{\mathrm{i}}\to\infty \tag{5.131}$$

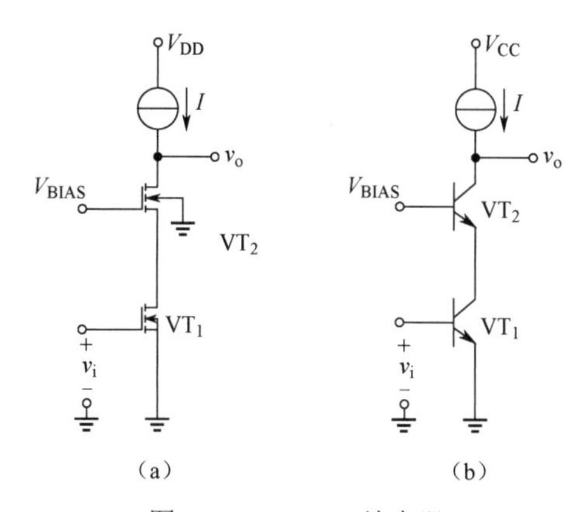

图 5.42　Cascode 放大器

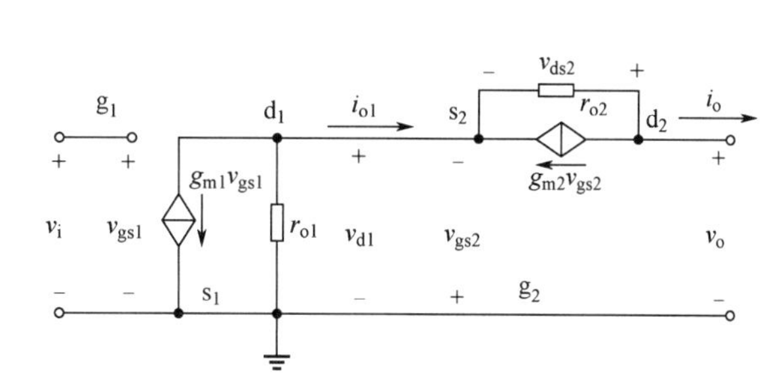

图 5.43　MOS 管 Cascode 放大器的小信号等效电路

由图 5.43 可知，由于负载开路，即 $R_{\mathrm{L}}\to\infty$，因此输出电流 i_{o} 为 0，且由 KCL 定律可知，第一级共源放大器的输出电流 i_{o1} 也为 0。因此，可得整个电路的输出电压为

$$v_{\mathrm{o}}=v_{\mathrm{d1}}+v_{\mathrm{ds2}} \tag{5.132}$$

其中，$v_{\mathrm{d1}}=-g_{\mathrm{m1}}v_{\mathrm{gs1}}r_{\mathrm{o1}}$，$v_{\mathrm{ds2}}=-g_{\mathrm{m2}}v_{\mathrm{gs2}}r_{\mathrm{o2}}$，且 $v_{\mathrm{gs1}}=v_{\mathrm{i}}$，$v_{\mathrm{d1}}=v_{\mathrm{i2}}=-v_{\mathrm{gs2}}$，因此可得电路的开路电压增益为

$$A_{\mathrm{vo}}=\left.\frac{v_{\mathrm{o}}}{v_{\mathrm{i}}}\right|_{R_{\mathrm{L}}\to\infty}=\frac{v_{\mathrm{d1}}+g_{\mathrm{m2}}v_{\mathrm{d1}}r_{\mathrm{o2}}}{v_{\mathrm{i}}}=\frac{-g_{\mathrm{m1}}v_{\mathrm{gs1}}r_{\mathrm{o1}}\left(1+g_{\mathrm{m2}}r_{\mathrm{o2}}\right)}{v_{\mathrm{gs1}}}=-g_{\mathrm{m1}}r_{\mathrm{o1}}\left(1+g_{\mathrm{m2}}r_{\mathrm{o2}}\right) \tag{5.133}$$

其中，第一级共源放大器的开路电压增益为

$$A_{\mathrm{vo1}}=\frac{v_{\mathrm{d1}}}{v_{\mathrm{i}}}=\frac{-g_{\mathrm{m1}}v_{\mathrm{gs1}}r_{\mathrm{o1}}}{v_{\mathrm{gs1}}}=-g_{\mathrm{m1}}r_{\mathrm{o1}} \tag{5.134}$$

第二级共栅放大器的开路电压增益为

$$A_{vo2}=\frac{v_o}{v_{i2}}=\frac{v_{d1}+v_{d2}}{-v_{gs2}}=\frac{-v_{gs2}+g_{m2}v_{d1}r_{o2}}{-v_{gs2}}=1+g_{m2}r_{o2} \tag{5.135}$$

显然，整个电路的开路电压增益为两级放大器单级增益之积，且大小远大于单级共源放大器。注意，相对于 BJT 器件，MOS 管的 g_m 大小是偏低的，因此单级共源放大器的开环增益并不高，而共栅放大器由于极小的输入电阻使得其源电压增益极低，根本不适用于电压放大。两者构成 Cascode 放大器结构后，显然可以显著提高放大器的放大能力。但是加上负载后总体的电压增益显然要下降，因此负载的选择对该电路的放大能力有明显影响。

下面来看看输出电阻的求解。图 5.44 根据定义给出了 MOS 管 Cascode 电路输出电阻的求解电路。由图 5.44 可知

$$v_x=\left(i_x-g_{m2}v_{gs2}\right)r_{o2}+i_x r_{o1} \tag{5.136}$$

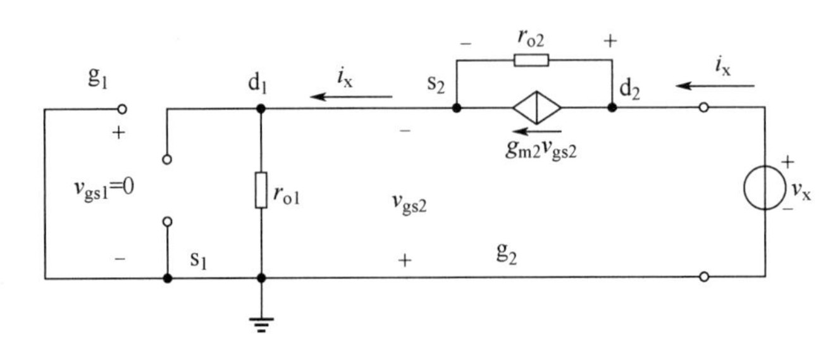

图 5.44　MOS 管 Cascode 电路输出电阻求解电路

由图 5.44 可知，$v_{gs2}=-i_x r_{o1}$，代入式(5.136)可得

$$v_x=\left(i_x+g_{m2}i_x r_{o1}\right)r_{o2}+i_x r_{o1} \tag{5.137}$$

因此可得输出电阻为

$$R_o=\left.\frac{v_x}{i_x}\right|_{\substack{R_L\to\infty\\ v_{sig}\to\infty}}=r_{o1}+r_{o2}+g_{m2}r_{o1}r_{o2} \tag{5.138}$$

由式(5.138)可知，与单级共源放大器相比，Cascode 电路的输出电阻得到了很大提高。由于后级电路往往也是由 MOS 器件构成的，即输入电阻极高，因此该电路在用作中间放大级时可视作空载工作。也就是说，具有极高的电压增益系数。另外，这种结构除了用于放大器，还被广泛应用于电流源电路的设计中，有兴趣的读者可查阅相关资料进行拓展阅读。

从上述开路电压增益的推导过程可以看到，在 R_L 比较大的时候，Cascode 放大器能够获得较大的增益，由于大部分增益是由第一级共源放大器提供的，因为米勒效应的存在，所以对于电路的频率响应而言不是件好事情。在相同偏置条件下，由于共源放大器的这个上限频率远小于共栅放大器，因此这个结构的上限频率是由共源放大器来确定的。现在利用共栅放大器输入阻抗小的特点，将它作为共源放大器的负载，这样就可以有效克服共源放大器中的米勒倍增效应，从而扩展共源放大器，乃至整个组合结构的上限频率。这部分内容将在 5.6 节中进行讨论。

同理，BJT 管 Cascode 电路也有类似的效果，具体过程不再推导。我们给出相应的结论，其开路电压增益为

$$A_{vo}=\left.\frac{v_o}{v_i}\right|_{R_L\to\infty}=-g_{m1}(r_{o1}//r_{\pi2})(1+g_{m2}r_{o2}) \tag{5.139}$$

注意，式(5.139)也是两级增益的乘积，$r_{\pi2}$ 为负载开路条件下第二级的输入电阻，也就是第一级的负载。

BJT 管 Cascode 电路的输出电阻为

$$R_o = \frac{v_x}{i_x}\bigg|_{\substack{R_L \to \infty \\ v_{sig} \to \infty}} = r_{o2} + (r_{o1} // r_{\pi 2}) + (1 + g_{m2} r_{o2}) \tag{5.140}$$

同样，利用共基放大器输入阻抗小的特点，将它作为共射放大器的负载，可以有效克服共射放大器中的米勒倍增效应，从而扩展共射放大器，即整个组合结构的上限频率。这部分内容将在 5.6 节中进行讨论。

例 5.13　电路如图 5.45 所示，假设所有 MOS 器件的参数一致，每个器件均有 g_m=1mA/V，r_o=25kΩ。（1）若电路负载 R_L=100kΩ，分别求解两个电路的电压增益；（2）若电路负载 R_L=25kΩ，分别求解两个电路的电压增益。

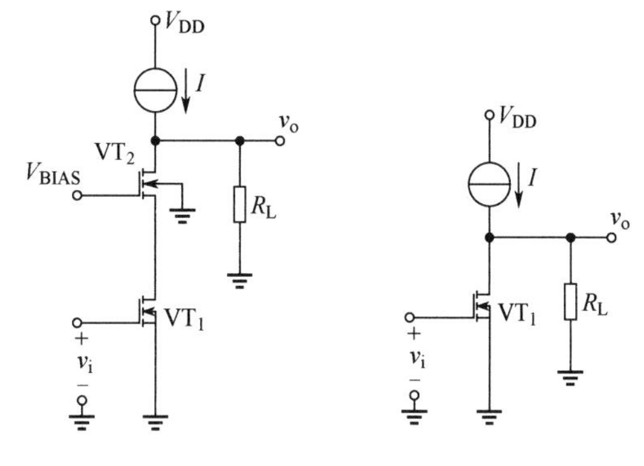

（a）Cascode 放大器　（b）共源放大器

图 5.45　例 5.13 电路

解：（1）图 5.45（a）所示为 Cascode 放大器。故其开路电压增益为

$$A_{vo} = -g_{m1} r_{o1}(1 + g_{m2} r_{o2}) = -650\text{V/V}$$

输出电阻为

$$R_o = r_{o1} + r_{o2} + g_{m2} r_{o1} r_{o2} = 675\text{k}\Omega$$

所以，当 R_L=100kΩ 时，电路的电压增益为

$$A_v = A_{vo} \frac{R_L}{R_L + R_o} = -83.87\text{V/V}$$

图 5.45（b）所示为共源放大器，R_L=100kΩ 时的电压增益为

$$A_v = -g_{m1}(r_{o1} \| R_L) = -20\text{V/V}$$

（2）R_L=25kΩ 时，电路的电压增益为

$$A_v = A_{vo} \frac{R_L}{R_L + R_o} = -23.214\text{V/V}$$

图 5.45（b）所示电路在 R_L=25kΩ 时的电压增益为

$$A_v = -g_{m1}(r_{o1} \| R_L) = -12.5\text{V/V}$$

综上可知，负载电阻越大，Cascode 放大器的增益与共源放大器的增益相差越大。

2．CD-CS、CC-CE、CD-CE 组态

CD-CS、CC-CE 和 CD-CE 放大器电路如图 5.46 所示，这些经典电路的结构有多种实现方式，其共同特点是第一级采用电压跟随结构（如 CD 结构或 CC 结构），第二级采用高增益放大器结构（如 CS 结构或 CE 结构）。电压跟随器具有输入电阻大、输出电阻小等特点，将它作为输入级构成组合电路时，可以实现几乎无损的信号传输，因此这种组合放大器的源电压增益近似等于第二级放大器的电压增益；同时利用电压跟随器输出电阻小的特点，作为第二级电路的信号源内阻，能有效扩展第二级电路，也是组合结构的上限截止频率。

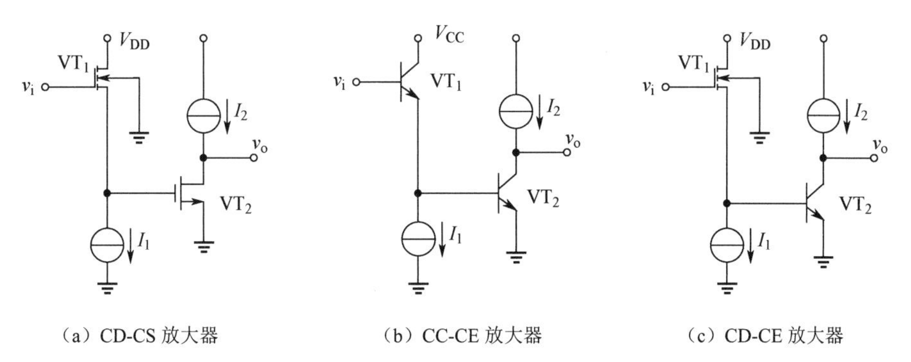

（a）CD-CS 放大器　（b）CC-CE 放大器　（c）CD-CE 放大器

图 5.46　CD-CS、CC-CE 和 CD-CE 放大器电路

图 5.46（a）中电路的电压增益将比 CS 放大器略小，但是由于第一级输出电阻小，使得它的带宽比单级 CS 放大器大得多；图 5.46（b）给出的是相对应的 BJT 电路，除了带宽比 CE 放大器大，它的输入电阻增大了$(1+\beta_1)$倍，显然它改善了放大器的输入性能，增益也会比单级 CE 放大器要大；图 5.46（c）为这类电路的 BiCMOS 形式，VT_1 使得放大器的输入电阻无穷大，同时相对于图 5.46（a）所示的 MOS 电路来说，这里的 VT_2 给放大器提供了更高的 g_m，整个结构比单级 CE 放大器具有更高的电压增益。这部分将在 5.6 节进行讨论。

例 5.14 电路如图 5.47 所示。所有 BJT 参数相同，β=100，电流源 I=1mA，负载 R_L=10kΩ，分别求图 5.48 所示电路的电压增益及输入电阻。为了计算方便，假设 $r_o\to\infty$。

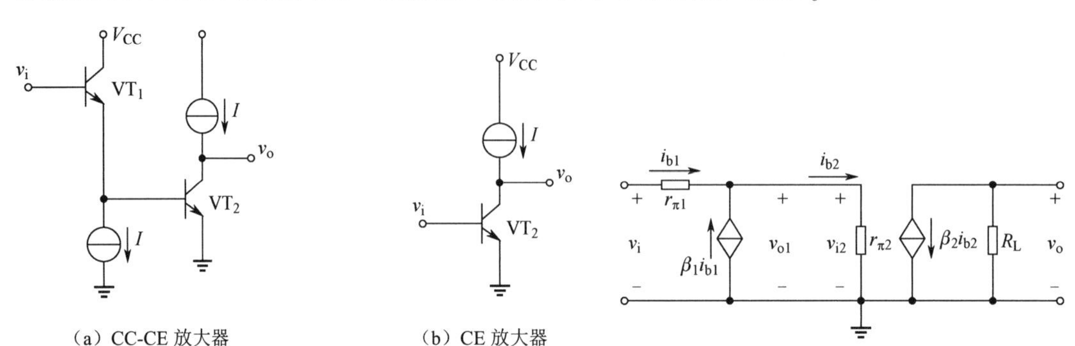

（a）CC-CE 放大器　（b）CE 放大器

图 5.47 例 5.14 电路图

图 5.48 CC-CE 放大器的小信号等效电路

解： 图 5.47（a）所示为 CC-CE 放大器。由题意可得，每个 BJT 器件偏置相同，β=100，因此有 $I_C\approx I_E=I$，$I_B\approx 0$，故 $r_{\pi1}=r_{\pi2}=\beta\dfrac{V_T}{I}=2.5\text{k}\Omega$。

图 5.48 所示为 CC-CE 放大器的小信号等效电路，由该图可得 $i_{b2}=i_{b1}+\beta i_{b1}$，$v_o=-\beta i_{b2}R_L$，$v_i=i_{b1}r_{\pi1}+i_{b2}r_{\pi2}$，因此该电路的电压增益为

$$A_v=\frac{v_o}{v_i}=-\frac{\beta(1+\beta)R_L}{r_{\pi1}+(1+\beta)r_{\pi2}}=-396.08\text{V/V}$$

其输入电阻为

$$R_i=\frac{v_i}{i_i}=\frac{i_{b1}r_{\pi1}+i_{b2}r_{\pi2}}{i_{b1}}=r_{\pi1}+(1+\beta)r_{\pi2}=255\text{k}\Omega$$

图 5.47（b）所示为 CE 放大器。同理可得 $r_\pi=2.5\text{k}\Omega$，因此其电压增益为

$$A_v=\frac{v_o}{v_i}=-\frac{\beta R_L}{r_\pi}=-400\text{V/V}$$

其输入电阻为 $R_i=r_\pi=2.5\text{k}\Omega$。

由例 5.14 的分析过程可知，CC-CE 放大器与单级共射放大器在增益系数上相差无几，但大大提高了电路的输入电阻，也就是提高了对前级电压信号的接收能力。这显然是有利于电压信号的传输与处理的。

3. CC-CB 和 CD-CG 组态

CC-CB 和 CD-CG 放大器电路如图 5.49 所示。首先介绍 BJT 的电路，如图 5.49（a）所示。从单级结构上说，CC 和 CB 这两种组态都不适合用作中间放大器，前者电压增益近似为 1，没有放大能力，后者输入电阻太低，源电压增益较低；但将它们级联在一起时，情况大不一样。

在这里可以假设两管具有相同的物理参数和小信号参数；为了简化分析，假设 $r_o\to\infty$，负载为 R_L，则图 5.49（a）的小信号等效电路如图 5.50 所示。首先由 KCL 定律可得

$$(1+\beta)i_{b1}+i_{b2}+\beta i_{b2}=0 \tag{5.141}$$

所以

$$i_{b1}=-i_{b2} \tag{5.142}$$

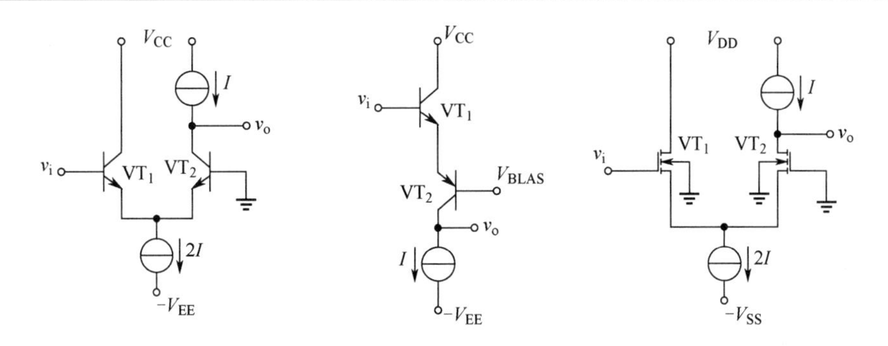

（a）CC-CB 放大器　　（b）另一种 CC-CB 放大器　　（c）CD-CG 放大器

图 5.49　CC-CB 和 CD-CG 放大器电路

又因为 $v_o = -\beta i_{b2} R_L$，$v_i = i_{b1} r_{\pi 1} + v_{i2} = i_{b1} r_{\pi 1} - i_{b2} r_{\pi 2}$

所以

$$A_v = \frac{v_o}{v_i} = \frac{-\beta i_{b2} R_L}{i_{b1} r_{\pi 1} - i_{b2} r_{\pi 2}} = \frac{\beta i_{b1} R_L}{i_{b1} r_{\pi 1} + i_{b1} r_{\pi 2}} = \frac{\beta R_L}{2 r_\pi} = \frac{1}{2} g_m R_L \tag{5.143}$$

该电路的输入电阻为

$$R_i = \frac{v_i}{i_i} = \frac{i_{b1} r_{\pi 1} - i_{b2} r_{\pi 2}}{i_{b1}} = 2 r_\pi \tag{5.144}$$

综上所述，这个组合结构的电压增益为单级共基放大器的一半，且为一个同相电路；由于 CC 级的缓冲作用，共基放大器输入电阻过小的问题得到了解决；同时 CC 放大器和 CB 放大器均不受米勒倍增效应影响，因此该结构高频时性能极其优异。

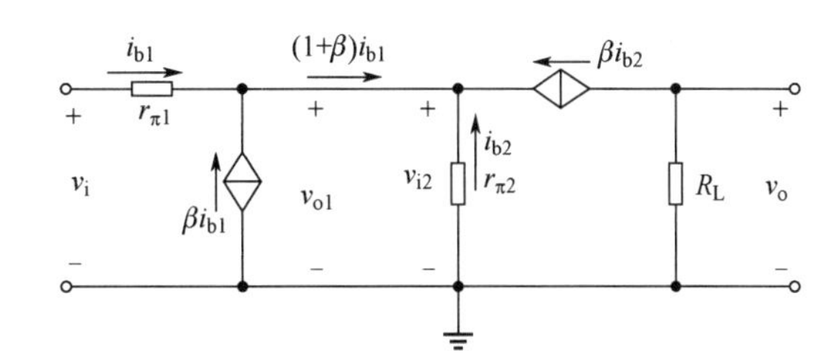

图 5.50　CC-CB 放大器的小信号等效电路

图 5.49（a）给出了集成电路中 CC-CB 放大器的实现形式，图 5.49（b）也给出了另一种有趣的形式，这里的 CB 级用一个 PNP 管来实现，尽管电路中只需要一个电流源，但需要注意的是，必须在 VT_2 的基极设一个合适的偏置；同时图 5.49（c）也给出了 MOS 管的类似结构。

5.5　有源负载放大器

本节将再次讨论以 MOS 和 BJT 为核心器件的单级放大器设计与分析，依然是最基本的 3 种组态，只不过实现环境放在了集成电路中。电阻负载型单级放大器如图 5.51 所示。在分立元件放大器设计中，前面曾经讨论过 R_D 或 R_C 的取值问题，直流通路要求这个电阻不能太大，否则器件容易偏离出饱和区或放大区，降低交流摆幅；而交流增益又要求该电阻不能太小，否则增益会偏小。当时我们是说取值时要折中，不能太大也不能太小，看上去真是一个不是办法的办法。那么有没有更好的解决方案呢？当然有，这就是本节要介绍的有源负载。

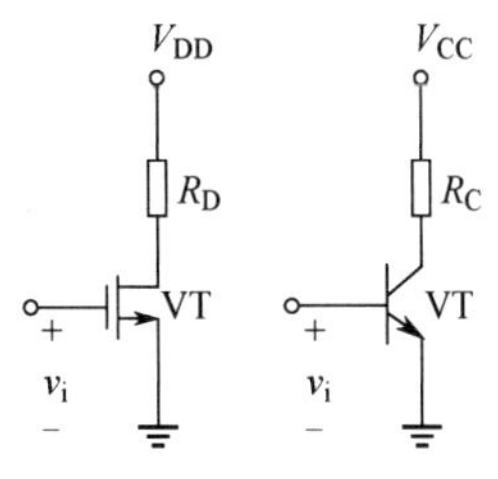

图 5.51　电阻负载型单级放大器

集成电路中要实现较大阻值的电阻，一般需要牺牲芯片面积来换取，因此在放大器设计时推荐采用替代方案——将电流源的输出晶体管用作有源负载。一般晶体管在直流状态下的等效电阻较小，在几百到几千欧姆数量级，而在交流状态下则可能有几十到几百千欧姆数量级。也就是说，有源负载具有交流电阻大、直流电阻小等特点，可以很好地解决放大器设计中，电阻选择在交直流情况下的矛盾。同时，在电路实现过程中用晶体管替代电阻可以节省芯片面积。

5.5.1 有源负载 CS 和 CE 放大器

1. 有源负载 CS 放大器

图 5.52 所示为有源负载 CS 放大器。图中有 3 个 MOS 管和 1 个恒流源，实际上恒流源也是由 MOS 管构成的。图中 VT_1 在这里用作放大管，信号从它的栅极进去，从它的漏极取出，因此这是一个共源组态；VT_2 和 VT_3 构成了一个恒流源，为 VT_1 提供偏置电流；对于 VT_1 来说，VT_2 这个位置上本来应该是电阻 R_D，现在换成了 VT_2，因此 VT_2 被称为负载管，即 VT_2 既是电流源的输出管，也是 VT_1 的有源负载。假设 VT_2、VT_3 参数一致或匹配，VT_1、VT_2、VT_3 都工作在饱和区，则可以得到 VT_2 的等效输出电阻为 $|V_{A2}|/I_2$，这个电阻就是 CS 放大器的等效负载电阻，其中 I_2 为 VT_2 的直流电流。注意，这里谈的负载指的是 VT_1 这个互导放大器的负载，而不是整个电路的外接负载。另外，需要说明的是，该电路中 VT_1 为 NEMOSFET，VT_2 和 VT_3 为 PEMOSFET，因此该电路也称为 CMOS 共源放大器。

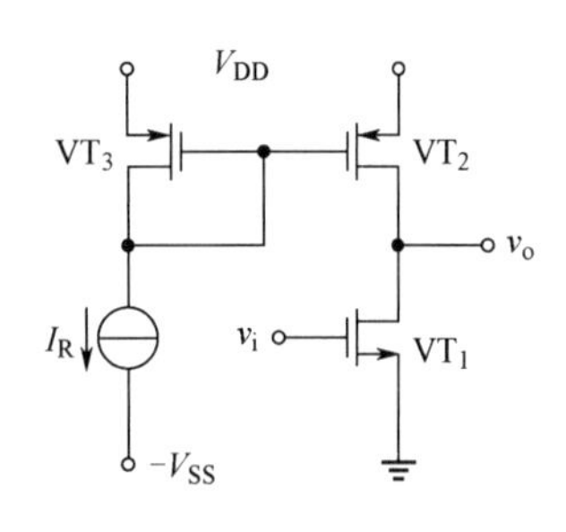

图 5.52　有源负载 CS 放大器

图 5.53 所示为有源负载 CS 放大器的交流小信号等效电路。可以看到，这里的 r_{o2} 替代了原来的 VT_2，相当于分立单元电路中的 R_D，因此很容易得到该电路的增益表达式为

$$A_v = -g_{m1}(r_{o1} \| r_{o2}) \tag{5.145}$$

式中，r_{o1} 和 r_{o2} 分别为 VT_1 和 VT_2 的等效输出电阻，其数值可达几十 kΩ 甚至更大。因此，与分立单元电路相比，该电路的电压增益会有明显提高。由图 5.53 也很容易得到该电路的输入电阻为

$$R_i \to \infty \tag{5.146}$$

输出电阻为

$$R_o = r_{o1} \| r_{o2} \tag{5.147}$$

显然，输入电阻和输出电阻都是大电阻。

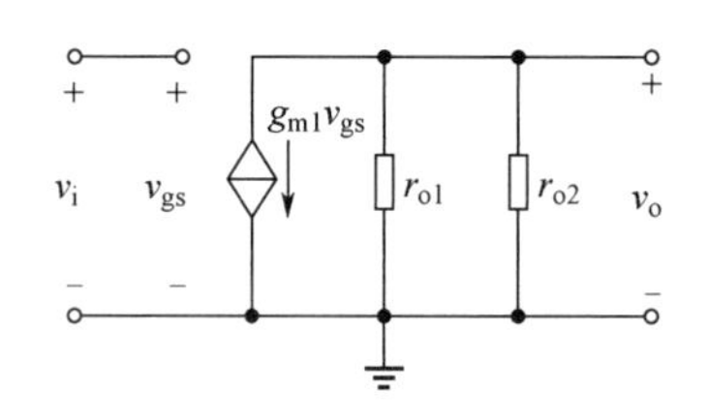

图 5.53　有源负载 CS 放大器的交流小信号等效电路

对该电路进行一个小结。首先这里采用了 CMOS 技术来实现电路设计，因此又称为 CMOS 共源放大器；其次它可以实现 15～100 倍的电压增益，它的输入电阻比较大，输出电阻也很大，这个电路不受衬底效应的影响，注意这里所有 MOS 器件的衬底都已与源极短接。该电路通常是大规模集成电路的一部分，常常利用偏置和负反馈技术来保证电路中 VT_1、VT_2、VT_3 都工作在饱和区内。

例 5.15　图 5.52 所示为有源负载 CS 放大器。恒流源 I=100μA，VT_2 的 W/L 是 VT_3 的两倍，VT_1 的跨导 g_{m1}=1.5mA/V，$V_{An}=20\text{V}$，$|V_{Ap}|=10\text{V}$，求电路的电压增益及输出电阻。

解： 其小信号等效电路如图 5.53 所示，因为 VT_2 的 W/L 是 VT_3 的两倍，所以 VT_2 的直流电流为

$$I_2=2I_3=2I=200\mu\text{A}$$

且显然 VT_1 的直流电流为　$I_1=I_2=200\mu\text{A}$

又因为 VT_1 为 NEMOSFET，VT_2 为 PEMOSFET，所以

$$r_{o1}=\frac{|V_{An}|}{I_1}=\frac{20}{200\times10^{-6}}=100\text{k}\Omega\,,\quad r_{o2}=\frac{|V_{Ap}|}{I_2}=\frac{10}{200\times10^{-6}}=50\text{k}\Omega$$

故可得该电路的输出电阻为　$R_o=r_{o1}\|r_{o2}=100\times10^3\|50\times10^3=33.33\text{k}\Omega$

该电路的电压增益为

$$A_v=-g_{m1}(r_{o1}\|r_{o2})=-1.5\times10^3\times\frac{100\times10^3\times50\times10^3}{100\times10^3+50\times10^3}=-50\text{V/V}$$

2. 有源负载 CE 放大器

对于 BJT，图 5.54 给出了同样结构的有源负载 CE 放大器及其小信号等效电路。图 5.54（a）中的 VT_1 为放大管，类型为 NPN 型；VT_2 和 VT_3 构成一个电流源，类型为 PNP 型；VT_2 作为电流源的输出管，一方面给 VT_1 提供直流偏置电流，另一方面也作为 VT_1 的有源负载，取代了原来分立电路中 R_C 的位置。有源负载 CE 放大器的小信号等效电路如图 5.54（b）所示。其交流参数表达式分别为

$$A_v = -g_{m1}(r_{o1} \parallel r_{o2}) \tag{5.148}$$

$$R_i = r_\pi \tag{5.149}$$

$$R_o = r_{o1} \parallel r_{o2} \tag{5.150}$$

增益表达式中的 r_{o2} 为 VT_2 的等效输出电阻，一般阻值在十几千欧姆到几十千欧姆，因此可以大大提高 CE 放大器的增益。又由于 BJT 本身的 g_m 比 MOS 要高得多，因此这样的 CE 放大器的增益一般可以达到几百甚至几千倍。该电路的输入电阻为 r_π，一般会在发射极上串上一个小电阻来提高输入电阻，但这必然会牺牲一部分增益；同时输出电阻同样是 $r_{o1} \parallel r_{o2}$，是一个比较大的电阻。该电路也是大规模集成电路的一部分，利用偏置和负反馈技术来保证电路中所有晶体管都工作在放大区。

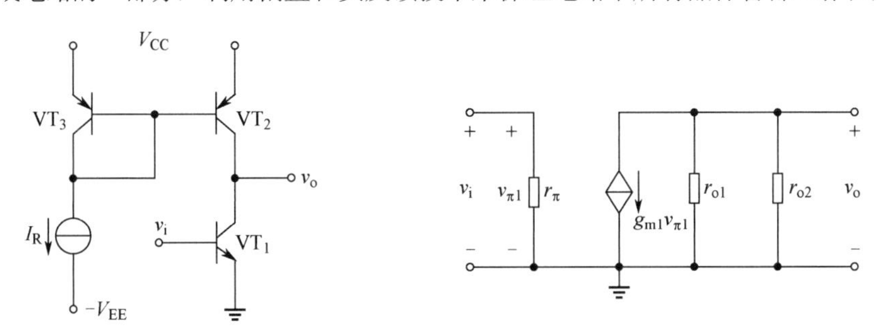

（a）有源负载 CE 放大器　　（b）有源负载 CE 放大器的小信号等效电路

图 5.54　有源负载 CE 放大器及其小信号等效电路

例 5.16　如图 5.55 所示电路，假设 VT_2 发射结的面积是 VT_3 的 5 倍，各晶体管其他参数一致，$|V_{BE}| = 0.7V$，β 均很大。（1）设计 R 值，使参考电流 $I_R = 0.1mA$；（2）若放大器的输出电阻 $R_o = 50k\Omega$，求 A_v。

解： 图 5.55 所示为有源负载 CE 放大器，其中 PNP 型的 VT_1 作为放大管，NPN 型的 VT_2 作为负载管，同时是电流源的输出管。NPN 型的 VT_2 和 VT_3 组成电流源，为 VT_1 提供直流偏置。

（1）由图 5.55 可得 $I_R = \dfrac{V_{CC} - V_{BE3}}{R} = 0.1mA$，所以 $R = 43k\Omega$。

（2）因为 VT_2 发射结的面积是 VT_3 的 5 倍，且 β 很大，所以 VT_1 的集电极电流为

$$I=5I_R=0.5mA$$

故可得 VT_1 的跨导为

$$g_m = \frac{I}{V_T} = 20mA/V$$

已知 $R_o = r_{o1} \parallel r_{o2} = 50k\Omega$，则电压增益为

$$A_v = -g_m(r_{o1} \parallel r_{o2}) = -g_m R_o = -1000V/V$$

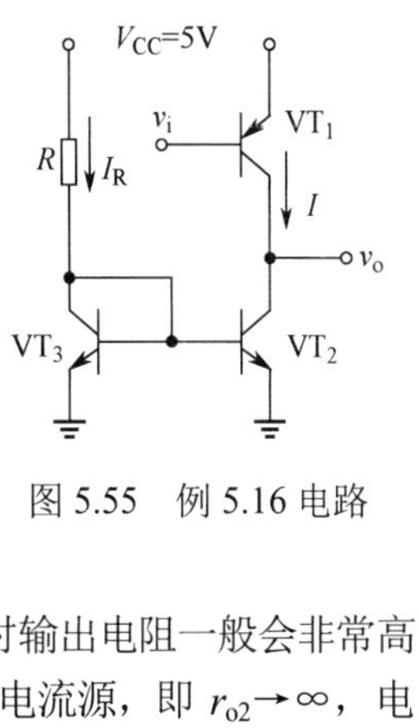

图 5.55　例 5.16 电路

在实际电路的实现中，设计者经常用改进型电流源来提供有源负载，此时输出电阻一般会非常高（具体可参见 5.2.3 节的相关内容），因此在分析时经常可以把电流源视作理想电流源，即 $r_{o2} \to \infty$，电路增益接近放大器件本身的固有增益($A_0=g_m r_o$)。另外两大类的有源负载放大器，即 CG 和 CB、CD 和 CC 的结构与之类似，这里不再进行详细推导，有兴趣的同学可以参阅其他相关资料，它们在集

成电路中的主要应用就是在 5.4 节中介绍的组合放大器。

5.5.2 有源负载差分放大器

有源负载在差分放大器上的应用，不仅可极大地提高放大器的增益，节省芯片面积，还实现了差分输出到单端输出的转变，毕竟只有一个输出端口的电路结构使用时要方便得多。

1. 有源负载 MOS 差分放大器

图 5.56 给出了有源负载 MOS 差分放大器的基本电路。图中 VT_1 和 VT_2 均为 NEMOSFET，它们组成差分放大器，其栅极分别作为差分放大器的两个输入端口；VT_3 和 VT_4 均为 PEMOSFET，它们组成恒流源结构并作为差分放大器的有源负载，VT_2 的漏极与 VT_4 的漏极相连，此处引出导线作为电路的输出端口，显然该电路只有这一个输出端口。特别需要注意的是，整个电路由恒流源 I_{SS} 提供偏置，这个恒流源也是由 MOS 管构成的。注意，此处我们并没有画出恒流源 I_{SS} 的内阻 R_{SS}。本节重点来分析一下该电路的交流参数，其分析步骤与 5.3 节中的分析思路一致。

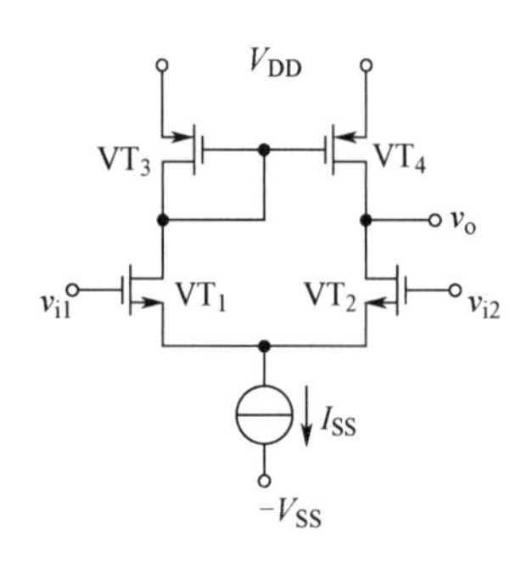

图 5.56 有源负载 MOS 差分放大器的基本电路

（1）直流分析

一般 VT_1、VT_2、VT_3 和 VT_4 器件参数匹配，首先令 $v_{i1}=v_{i2}=0$，则偏置电流 I_{SS} 会被 VT_1 和 VT_2 平分，而 VT_1 的漏极电流同时为电流源参考管 VT_3 的输入，电流源输出管 VT_4 将复制 VT_3 的电流进行输出，显然在 VT_2 与 VT_4 的漏极上两个电流相等，且方向相同，那么此时输出端口上即使接上负载，其输出电流也会为零。也就是说，直流偏置信号不会向负载传输。仔细研究就会发现，这 4 个 MOS 管偏置电流完全一样，又因为物理参数相同，所以其小信号模型参数也应该是相同的。

（2）差模性能分析

图 5.57（a）给出了有源负载 MOS 差分放大器的差模交流通路。令 $v_{i1}=-v_{i2}=v_{id}/2$，则 VT_1 和 VT_2 的栅极上送入大小相等、极性相反的一对差模信号。因此，在它们的漏极上得到的交流电流信号也应该大小相等、极性相反；恒流源内阻 R_{SS} 上的交流电流之和为 0，因此 R_{SS} 可视作交流短路；VT_1 的交流电流通过 VT_3 复制给 VT_4，那么在电路输出端上如果接上负载，负载上就会有两倍的交流电流输出。可见，即使只有一个输出端，该电路结构能与图 5.21 所示电路一样，实现了双端（差分）输出的效果，即该电路结构实现了从双端（差分）输出到单端输出的一个转变，但不影响电路功能。

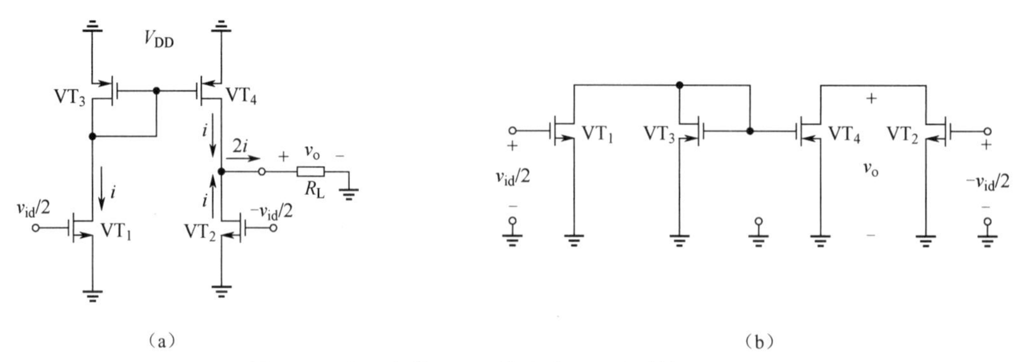

图 5.57 有源负载 MOS 差分放大器的差模交流通路

把原来左右对称的这个结构展开，重新改画成图 5.57（b）所示的交流通路。注意，为了后续的推导方便，去掉了负载电阻。为了求解交流参数，还需要把电路线性化，也就是进行小信号等效。有源负载 MOS 差分放大器的差模小信号等效电路如图 5.58 所示。

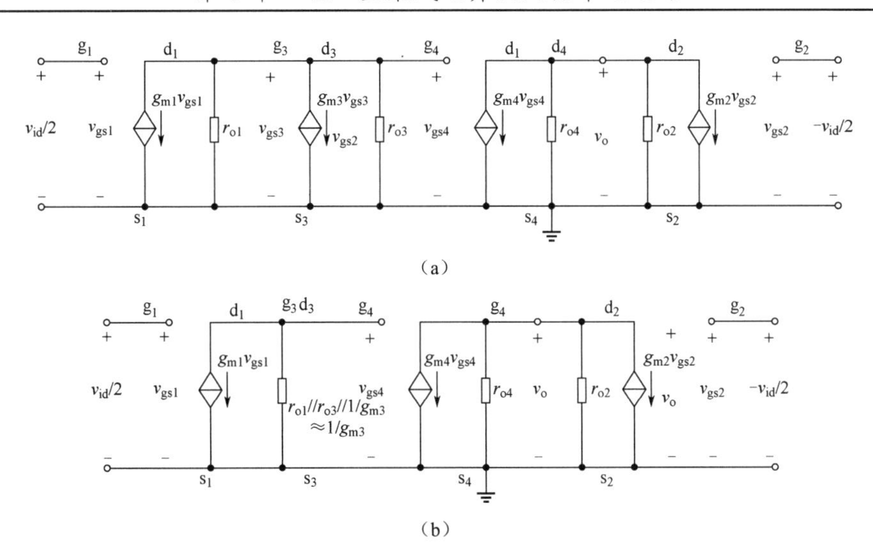

图 5.58　有源负载 MOS 差分放大器的差模小信号等效电路

对图 5.57（b）中的每个 MOS 管进行小信号模型替代后，可以得到图 5.58（a）所示电路。因为是交流分析，所以在等效替换的过程中 PMOS 和 NMOS 所用的模型是一样的。注意，图 5.57（a）中的 VT_3，因为栅极和漏极相连，v_{gs3} 正好也是受控源 $g_{m3}v_{gs3}$ 两端的电压，所以可以将其中的受控源 $g_{m3}v_{gs3}$ 转换为等效电阻 $1/g_{m3}$，从而可以得到图 5.58（b）中的等效并联电阻。又因为 r_{o1}、$r_{o3} \gg 1/g_{m3}$，所以这个并联电阻最终等效为 $1/g_{m3}$。

由图 5.58（b）可得，整个电路的输出电压为

$$v_o = -(g_{m4}v_{gs4} + g_{m2}v_{gs2})(r_{o2} \parallel r_{o4}) \tag{5.151}$$

其中，$v_{gs2} = -v_{id}/2$，$v_{gs4} \approx -g_{m1}v_{gs1}(1/g_{m3})$，且 $v_{gs1} = v_{id}/2$，所以输出电压可改写为

$$\begin{aligned} v_o &= -[g_{m4}(-g_{m1}(v_{id}/2)(1/g_{m3})) + g_{m2}(-v_{id}/2)](r_{o2} \parallel r_{o4}) \\ &= [(g_{m4}g_{m1}/g_{m3})(v_{id}/2) + g_{m2}(v_{id}/2)](r_{o2} \parallel r_{o4}) \end{aligned} \tag{5.152}$$

又因为 4 个 MOS 管参数一致，且工作点相同，所以 4 个 MOS 管的跨导也应该是相等的，器件的输出电阻也应该是相等的，即有 $g_{m1} = g_{m2} = g_{m3} = g_{m4} = g_m$，$r_{o2} = r_{o4} = r_o$，因此式(5.152)可进一步简化为

$$v_o = g_m v_{id}\frac{r_o}{2} \tag{5.153}$$

所以该电路的差模电压增益为

$$A_{vd} = \frac{v_o}{v_{id}} = g_m(r_{o2} \parallel r_{o4}) = \frac{1}{2}g_m r_o \tag{5.154}$$

注意，此时 A_{vd} 极性为正，也就是说，此时输出信号与差模输入信号极性相同。

根据定义，由图 5.58（b）很容易求得该电路的差模输出电阻为

$$R_{od} = r_{o2} \parallel r_{o4} = \frac{r_o}{2} \tag{5.155}$$

显然，该电路差模输入电阻为

$$R_{id} \to \infty \tag{5.156}$$

该电路的共模分析较复杂，请扫描右侧二维码学习参考。

最后对有源负载 MOS 差分放大器进行一个小结，该电路具备两个输入端口、一个输出端口。在 4 个 MOS 管参数一致时，其交流参数如下。

差模电压增益为
$$A_{vd} = \frac{v_o}{v_{id}} = \frac{1}{2}g_m r_o$$

共模电压增益为 $$A_{\text{vcm}} \approx -\frac{1}{2g_{\text{m}}R_{\text{SS}}}$$

共模抑制比为 $$\text{CMRR} = (g_{\text{m}}r_{\text{o}})(g_{\text{m}}R_{\text{SS}})$$

与电阻型负载MOS差分放大器相比，有源负载MOS差分放大器在放大差模信号方面，虽然是单端输出，但仍然具有前者双端输出的放大能力；同时其对共模信号的抑制能力比前者在单端输出时的效果更好，特别是共模抑制比，比前者在单端输出时要大得多，也就是说，有源负载差分放大器能更好地放大差模信号和抑制共模信号。

例 5.17 有源负载 MOS 差分放大器如图 5.56 所示。I_{SS}=0.8mA，R_{SS}=25kΩ，所有晶体管(W/L)=100，$k'_{\text{n}} = k'_{\text{p}} = 0.2\text{mA/V}^2$，$V_{\text{An}} = |V_{\text{Ap}}| = 20\text{V}$。求电路的差模电压增益、共模电压增益和共模抑制比。

解： 由已知条件可得，每个 MOS 器件的直流工作电流为$I_{\text{D}} = I_{\text{SS}}/2 = 0.4\text{mA}$，则可以求得器件跨导为$g_{\text{m}} = \sqrt{2k'(W/L)I_{\text{D}}} = 4\text{mA/V}$，器件输出电阻为$r_{\text{o}} = |V_{\text{A}}|/I_{\text{D}} = 50\text{k}\Omega$。所以可以求得

差模电压增益为 $$A_{\text{vd}} = \frac{v_{\text{o}}}{v_{\text{id}}} = \frac{1}{2}g_{\text{m}}r_{\text{o}} = 100\text{V/V}$$

共模电压增益为 $$A_{\text{vcm}} \approx -\frac{1}{2g_{\text{m}}R_{\text{SS}}} = -0.005\text{V/V}$$

共模抑制比为 $$\text{CMRR} = (g_{\text{m}}r_{\text{o}})(g_{\text{m}}R_{\text{SS}}) = 20000$$

2．有源负载 BJT 差分放大器

图 5.59（a）给出了有源负载BJT差分放大器电路结构。由图 5.59（a）可知，与有源负载MOS差分放大器的电路结构几乎一模一样，只是更换了晶体管。注意，我们同样没有画出恒流源I_{EE}的内阻R_{EE}。

（1）直流分析

一般设置VT_1、VT_2、VT_3和VT_4均参数匹配，且β足够大，在图 5.59（a）中令$v_{\text{i1}}=v_{\text{i2}}=0$，则$\text{VT}_1$、$\text{VT}_2$的集电极电流平分电流源$I_{\text{EE}}$，$\text{VT}_4$从$\text{VT}_3$复制了同样大小的电流，因此如果此时输出端口上接上负载，那么输出电流为零，即负载上没有直流信号输出。

（2）差模性能分析

图 5.59（b）给出了有源负载BJT差分放大器的差模交流通路，此时信号输入纯差模信号，即$v_{\text{i1}}=-v_{\text{i2}}= v_{\text{id}}/2$，则$\text{VT}_1$和$\text{VT}_2$的基极上送入大小相等、极性相反的一对差模信号。因此，在它们的集电极上得到的交流电流信号也应该大小相等、极性相反；恒流源内阻R_{EE}上的交流电流之和为0，R_{EE}可视作交流短路；VT_1的交流电流通过VT_3复制给VT_4，那么在电路输出端上如果接上负载，负载上就会有两倍的交流电流输出。可见，该电路结构实现了从双端（差分）输出到单端输出的一个转变。

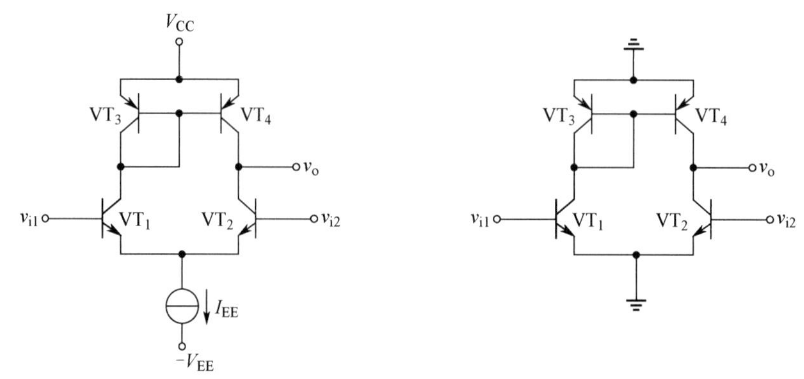

（a）有源负载 BJT 差分放大器电路结构　　（b）有源负载 BJT 差分放大器差模交流通路

图 5.59　有源负载 BJT 差分放大器电路结构及其差模交流通路

有源负载 BJT 差分放大器的差模小信号等效电路如图 5-60 所示。对图 5.59（b）中的每个 BJT 进行小信号模型替代后，可以得到图 5.60（a）所示电路，因为是交流分析，所以在等效替换的过程中 PNP 管和 NPN 管所用的模型是一样的。注意，图 5.60（a）中的 VT_3，因为基极和集电极相连，$v_{\pi3}$ 正好也是受控源 $g_{m3}v_{\pi3}$ 两端的电压，所以可以将其中的受控源 $g_{m3}v_{\pi3}$ 转换为等效电阻 $1/g_{m3}$，从而可以得到图 5.60（b）中的等效并联电阻。又因为 r_{o1}、$r_{o3} >> r_{\pi3}$、$r_{\pi4}$，且 $r_{\pi3}$、$r_{\pi4} >> 1/g_{m3}$，所以这部分的并联电阻最终约等于 $1/g_{m3}$。

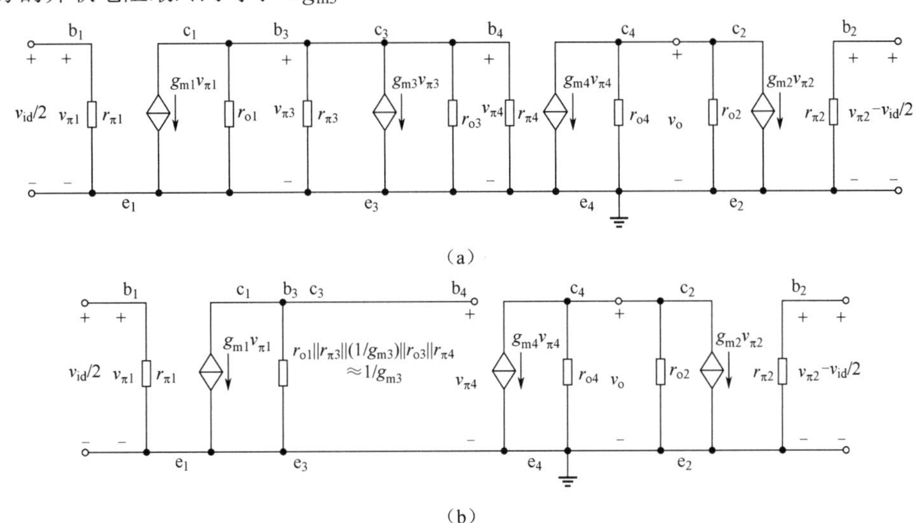

图 5.60　有源负载 BJT 差分放大器的差模小信号等效电路

由图 5.60（b）可得电路输出电压为

$$v_o = -(g_{m4}v_{\pi4} + g_{m2}v_{\pi2})(r_{o2} \parallel r_{o4}) \tag{5.157}$$

其中，$v_{\pi2} = -v_{id}/2$，$v_{\pi4} \approx -g_{m1}v_{\pi1}(1/g_{m3})$，且 $v_{\pi2} = v_{id}/2$，所以输出电压可改写为

$$\begin{aligned} v_o &= -[g_{m4}(-g_{m1}(v_{id}/2)(1/g_{m3})) + g_{m2}(-v_{id}/2)](r_{o2} \parallel r_{o4}) \\ &= [g_{m4}(g_{m1}/g_{m3})(v_{id}/2) + g_{m2}(v_{id}/2)](r_{o2} \parallel r_{o4}) \end{aligned} \tag{5.158}$$

又因为 4 个 BJT 管参数一致，且工作点相同，所以 4 个 BJT 管的跨导也应该是相等的，器件的输出电阻也应该是相等的，即有 $g_{m1} = g_{m2} = g_{m3} = g_{m4} = g_m$，$r_{o2} = r_{o4} = r_o$，因此式(5.158)可进一步简化为

$$v_o = g_m v_{id}(r_o/2) \tag{5.159}$$

所以该电路的差模电压增益为

$$A_{vd} = \frac{v_o}{v_{id}} = g_m(r_{o2} \parallel r_{o4}) = \frac{1}{2}g_m r_o \tag{5.160}$$

注意，此时 A_{vd} 极性为正，也就是说，此时输出信号与差模输入信号极性相同。式(5.160)从形式上看，与 MOS 管电路表达式完全一样。

根据定义，由图 5.60（b）很容易求得该电路的差模输出电阻为

$$R_{od} = r_{o2} \parallel r_{o4} = \frac{r_o}{2} \tag{5.161}$$

式(5.161)的形式也与 MOS 管电路表达式一样。

显然，电路中同样有 $r_{\pi1} = r_{\pi2} = r_{\pi3} = r_{\pi4} = r_\pi$，该电路差模输入电阻为

$$R_{id} = 2r_\pi \tag{5.162}$$

该电路的共模分析较复杂，请扫描右侧二维码阅读相关推导过程。

例 5.18　有源负载 BJT 差分放大器电路如图 5.61 所示。（1）说明电路中所有元器件的作用；（2）若晶体管 VT_1~VT_4 参数完全一致，VT_5

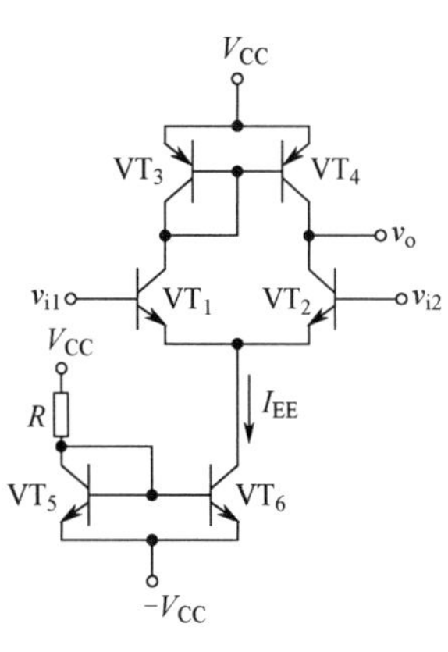

图 5.61　例 5.18 电路图

和 VT_6 参数一致，β 足够大，$|V_{BE}|=0.7V$，$|V_A|=100V$，$V_{CC}=5V$，当 $I_{EE}=250\mu A$ 时，求电阻 R 的大小；（3）计算 VT_1 和 VT_2 的 g_m 和 r_o；（4）在差模输入条件下计算整个电路的输出电阻及电压增益。

解：（1）该电路包括 6 个 BJT 和一个电阻 R，其中 VT_1 和 VT_2 组成差分放大器；VT_3 和 VT_4 组成一个镜像电流源电路，作为差分放大器的有源负载；VT_5、VT_6 和电阻 R 组成另一个电流源，为差分放大器提供直流偏置电流。

（2）由于 VT_5 和 VT_6 参数一致，β 足够大，因此当 I_{EE}=250μA 时，电阻 R 上的电流为 $I_R \approx I_{EE}$=250μA。

又因为　$$I_R=\frac{V_{CC}-V_{BF}-(-V_{CC})}{R}=\frac{9.3}{R}$$

所以　$$R=37.2k\Omega$$

（3）由题意可知，VT_1 和 VT_2 的集电极直流电流为

$$I_C=I_{C1}=I_{C2}=\frac{I_{EE}}{2}=125\mu A$$

所以其小信号参数分别为

$$g_m=\frac{I_C}{V_T}=5mA/V\text{，}\quad r_o=\frac{|V_A|}{I_C}=800k\Omega$$

（4）在差模输入条件下，电路的输出电阻为

$$R_o=\frac{1}{2}r_o=400k\Omega$$

差模电压增益为　$$A_{vd}=\frac{v_o}{v_{id}}=\frac{1}{2}g_m r_o=2000V/V$$

5.6　放大器频率响应

大家知道，用拉普拉斯变换（傅里叶变换）表示的系统函数（频率响应函数）可描述线性时不变系统输入信号与输出信号的对应关系，因此对于放大器这样的线性系统来说，其系统特性可以用其增益定义系统函数（频率响应函数）来描述。

电路系统频率响应相关概念及分析方法请扫描右侧二维码自学附录 C 再进行本节的学习。

5.6.1　放大器频率响应参数及分析方法

送入电路的信号因为携带多种信息，往往包含多个频率，放大器对每个频率点上的信号如果能进行同样的线性放大，那么信号将不失真地通过放大器。然而，事实上放大器本质上属于滤波器，它对各个频率点上的信号呈现的放大能力是不同的。也就是说，增益的频率响应函数是以频率为变量的。

图 5.62 所示为一个增益为 A 的线性放大器，表征其频域特征的频率响应函数定义为

$$A(j\omega)=\frac{V_o(j\omega)}{V_i(j\omega)}=|A(\omega)|e^{j\varphi_A(\omega)} \tag{5.163}$$

其中，幅频和相频响应可分别表示为

$$|A(\omega)|=\frac{V_o(j\omega)}{V_i(j\omega)} \tag{5.164}$$

$$\varphi_A(\omega)=\varphi(\omega) \tag{5.165}$$

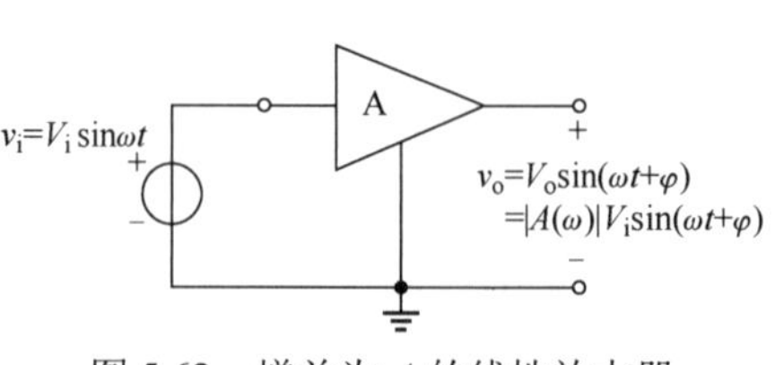

图 5.62　增益为 A 的线性放大器

可见，式(5.163)和式(5.164)均为角频率 ω 的函数。这里注意式中电量的书写方式，在频域分析中，信号量都采用大写电量、小写下标表示，另外在正弦信号的幅值表示上也采用的是这一书写方式。大家要特别注意，这里的 V_o 和 V_i 依然表征的是交流量。

1. 分立放大器频率响应的相关参数

图 5.63 给出了一般分立元件构成的放大器幅频响应图。注意，横坐标为 f，单位为 Hz，它与角频率的关系满足 $\omega=2\pi f$。下面再来看看几个关键参数。

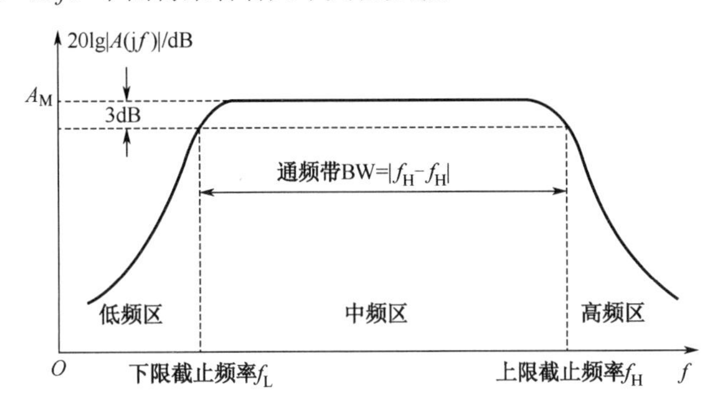

图 5.63　一般分立元件构成的放大器幅频响应图

中频增益(A_M)：幅频响应为常数段所对应的增益大小，也就是放大器能进行线性放大的增益。

上限/下限截止频率(f_H/f_L)：增益大小对应中频增益下降 3dB 时所对应的频率点。

通频带为：

$$BW=f_H-f_L \tag{5.166}$$

显然，通频带定义范围从下限截止频率到上限截止频率，在这段频率区间内放大器的幅频响应才体现出线性放大的特征，这段范围内增益大小基本保持在 A_M；而在通频带之外，放大器显然对不同频率的输入信号具有不同的放大系数。

由图 5.63 可知，这类放大器幅频响应具有带通滤波器的特性。

①低频区的频响变化主要由电路中的耦合和旁路电容引起，这类电容容值比较高，一般为几十到几百微法，因此低频时容抗高，常被视作开路；而在中高频段容抗小，常被视作交流短路。器件电容容值数量级一般为皮法，在低频时容抗极高，因此在低频分析时不加考虑。

②高频区的频响变化主要由器件电容引起，这类电容在高频段容抗下降到有限值，而耦合电容和旁路电容容抗极低，被视作交流短路。

③在中频区，耦合电容和旁路电容被视作交流短路，而器件电容的容抗非常高，被视作开路，因此分析时我们没有将电容容抗代入计算，这就是在前两章电路分析中所做的处理。

最后需要说明的是，由于分立元件电路中往往 f_H 远远大于 f_L，因此带宽往往近似等于 f_H，即

$$BW \approx f_H \tag{5.167}$$

由于对这类放大器的基本参数关注点放在带宽（BW）上，因此求解这类电路的高频响应是我们重点研究的方向，即上限截止频率 f_H 是我们重点关注的目标参数。

2. 集成运算放大器频率响应的相关参数

前几节已经介绍了很多集成电路中的单元放大电路，显然集成运算放大器一般是多级放大器级联而成的，要考虑的因素比较多，分析起来比单级放大器电路更烦琐，但在集成电路中有一个重要特征，即各级电路都采用直接耦合方式进行连接，而直接耦合放大器因没有耦合电容和旁路电容，使得对直流信号也能正常放大。也就是说，此时多级放大器的下限截止频率 f_L=0。直接耦合多级放大器典型频谱如图 5.64 所示。其主要参数如下。

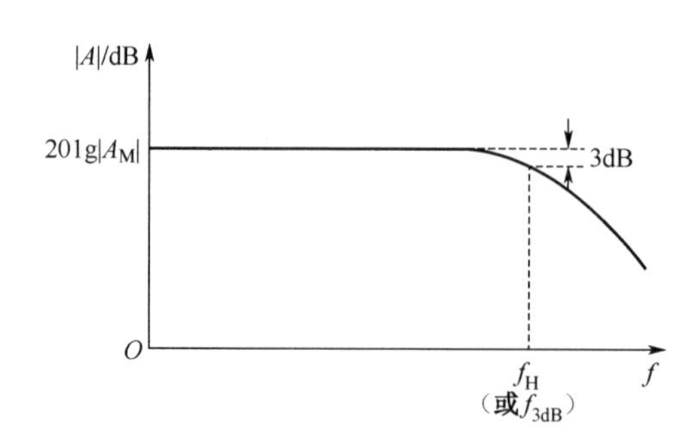

图 5.64 直接耦合多级放大器典型频谱

（1）直流增益（A_M）

幅频响应为常数段所对应的增益大小，也就是放大器能进行线性放大的增益。注意，有时候为了与分立放大器的中频增益有所区分，有些手册直接将其记为 A_0。

（2）上限截止频率（f_H）

增益大小对应直流增益下降 3dB 时所对应的频率点。

（3）带宽（BW）

$$\mathrm{BW} = f_H \tag{5.168}$$

另外，对于单极点的电压型放大器还有一个优点，就是它的增益带宽积为一个常数，其定义式为

$$\mathrm{GBW}=|A_M|\mathrm{BW} \tag{5.169}$$

在放大器设计和集成运算放大器应用中，通常根据式(5.169)所确定的常数，用增益来换取带宽。

显然，集成运算放大器的频响呈现出了低通滤波器的特性，因此我们把参数分析的关注点也放在了高频段参数——上限截止频率 f_H 的求解上，即下面主要讨论的是集成电路中多级放大器的高频响应。

3．放大器增益表达式一般形式

在考虑放大器内部器件电容之后，直接耦合放大器增益表达式的一般形式为

$$A(s) = A_M F_H(s) \tag{5.170}$$

式中，s 为复频域变量，一般 $s=\sigma+\mathrm{j}\omega$，在频率域令 $\sigma=0$，即 $s=\mathrm{j}\omega$；A_M 为中频增益，对直接耦合放大器而言，它也是直流增益，通过前面介绍的小信号分析法，在忽略所有器件内部电容条件下进行电路分析求解；$F_H(s)$为考虑器件内部电容的归一化增益函数，通常用其零极点因子来描述其表达式。

$$F_H(s)=\frac{(1+s/\omega_{z1})(1+s/\omega_{z2})\cdots(1+s/\omega_{zn})}{(1+s/\omega_{p1})(1+s/\omega_{p2})\cdots(1+s/\omega_{pm})} \tag{5.171}$$

其中，ω_{p1}，ω_{p2}，…，ω_{pm}为极点角频率；ω_{z1}，ω_{z2}，…，ω_{zn}为零点角频率，单位为 rad/s。由“信号与系统”课程学过的内容可知，对于稳定的电子系统，极点角频率一般为正数，零点角频率的取值一般可正、可负，甚至为∞，且一般 $m \geqslant n$。注意，直接耦合放大器下限可到直流，则式(5.171)决定的上限截止频率就是我们所要寻找的带宽参数。

另外，前面也提到，对于分立元件构成的放大器而言，由于 $f_H \gg f_L$，$\mathrm{BW} \approx f_H$，因此也可以用式(5.170)来描述其高频响应。

求解上限截止频率 f_H 的方法有很多，我们主要介绍最常用的几种方法。另外，必须指出的是，在很多情况下零点角频率很高，甚至为无穷大，因此零点对确定 f_H 作用很小，后续我们会把更多关注点放到极点的分析上。

4．放大器高频响应求解方法

我们对目前常用的一些高频响应(求解 f_H)分析方法进行介绍，具体应用在后面几节中举例说明。

（1）主极点法

若某放大器的增益表达式满足式(5.170)和式(5.171)，假设该放大器有 m 个极点角频率，且 $\omega_{p1} \ll \omega_{p2}$，…，$\omega_{pm}$，而零点角频率都很高，甚至为无穷大，因此零点对确定 f_H 作用很小，则称 ω_{p1} 为该放大器的主极点。换句话说，这个极点将对放大器 f_H 起到决定性作用，即有 $\omega_H \approx \omega_{p1}$，称这个放大器属于主极点响应类型。在这种情况下，$F_H(s)$函数可以近似为

$$F_{\mathrm{H}}(s) \approx \frac{1}{1+s/\omega_{\mathrm{p1}}} \tag{5.172}$$

由式(5.172)可知，此时放大器表现为一阶低通网络结构（或 STC 结构），因此该放大器对应的上限截止频率为

$$\omega_{\mathrm{H}} \approx \omega_{\mathrm{p1}} \tag{5.173}$$

注意，一般极点 ω_{p1} 要成为主极点，则它必须距离最近的零点或极点至少在 4 倍以上。

（2）相对精确计算法

若由式(5.171)确定的零极点中不存在主极点，则可令 $s=\mathrm{j}\omega$，代入式(5.171)并求其幅值平方可得

$$\left|F_{\mathrm{H}}(\mathrm{j}\omega)\right|^2 = \frac{(1+\omega^2/\omega_{\mathrm{z1}}^2)(1+\omega^2/\omega_{\mathrm{z2}}^2)\cdots(1+\omega^2/\omega_{\mathrm{z}n}^2)}{(1+\omega^2/\omega_{\mathrm{p1}}^2)(1+\omega^2/\omega_{\mathrm{p2}}^2)\cdots(1+\omega^2/\omega_{\mathrm{p}m}^2)} \tag{5.174}$$

根据定义，$\omega=\omega_{\mathrm{H}}$ 时 $\left|F_{\mathrm{H}}\right|^2=\dfrac{1}{2}$，由此可以求解准确的 ω_{H}。

实际上，解这样的方程过程非常烦琐，因此给出由式(5.174)推导的近似计算公式为

$$\omega_{\mathrm{H}} \approx 1\Big/\sqrt{\left(\frac{1}{\omega_{\mathrm{p1}}^2}+\frac{1}{\omega_{\mathrm{p2}}^2}+\cdots\right)-2\times\left(\frac{1}{\omega_{\mathrm{z1}}^2}+\frac{1}{\omega_{\mathrm{z2}}^2}+\cdots\right)} \tag{5.175}$$

（3）米勒定理和开路时间常数法

如果放大器增益函数的零点和极点可以快速求解，那么利用前面介绍的方法可以确定 f_{H}。但是，在很多情况下，特别是在集成电路中，快速手工分析确定零极点并不是一件简单的事。这种情况下，可以借助在附录 B 中介绍的米勒定理和开路时间常数法，进行具体电路的频率响应快速计算。关于这两种方法的具体应用，将在下面的章节进行详细介绍。

5.6.2　半导体器件高频小信号模型

在图 2.20（b）给出过二极管高频小信号模型，它比图 2.20（a）中的低频小信号模型多并联一个等效电容 C_{j}，这其实是 PN 结的等效结电容，其数值很小，一般在皮法级，因此在工作信号频率较低时结电容可视作开路，只有在较高频率时其阻抗才会起作用。对应 MOS 和 BJT 这两类具有放大能力的半导体器件来说，同样具有类似的高频小信号模型。

1. MOSFET 器件内部电容及高频模型参数

下面先来看一下 MOS 器件内部的等效电容，它包括两类基本电容。

①栅极电容：栅极与沟道组成一个类似平板电容器的结构，氧化层作为该电容器的电介质，单位面积电容记为 C_{ox}，包括 C_{gs}、C_{gd} 和 C_{gb}。因为要考虑的是饱和区小信号模型，而 C_{gb} 主要在器件截止时体现，所以一般只考虑 C_{gs} 和 C_{gd} 的影响，这两个电容值一般是皮法及以下数量级。

②源-衬底、漏-衬底耗尽层电容，即源区、漏区与衬底组成的 PN 结反向偏置形成的电容，记为 C_{sb} 和 C_{db}。若将源极和衬底极短接，则 C_{sb} 可以忽略不计；即使不短接，C_{sb} 也很小，而 C_{db} 也是一样的情况，因此也将其忽略不计。图 5.65 给出了工程上常用的简化版 MOS 高频小信号模型。

当场效应管工作在高频时，我们定义一个技术指标 f_{T}，称为单位增益频率，也称为单位增益带宽，f_{T} 是表征晶体管本身高频性能的参数。由于在高频情况下，场效应管的输入阻抗不再是无穷大，因此可以定义场效应管的短路电流增益，从而求得单位增益频率，如图 5.66 所示。

$$I_{\mathrm{o}} = g_{\mathrm{m}}V_{\mathrm{gs}} - sC_{\mathrm{gd}}V_{\mathrm{gs}} \tag{5.176}$$

因为 C_{gd} 很小，其上电流远小于 $g_{\mathrm{m}}V_{\mathrm{gs}}$，所以可以忽略。

所以

$$I_{\mathrm{o}} \approx g_{\mathrm{m}}V_{\mathrm{gs}} \tag{5.177}$$

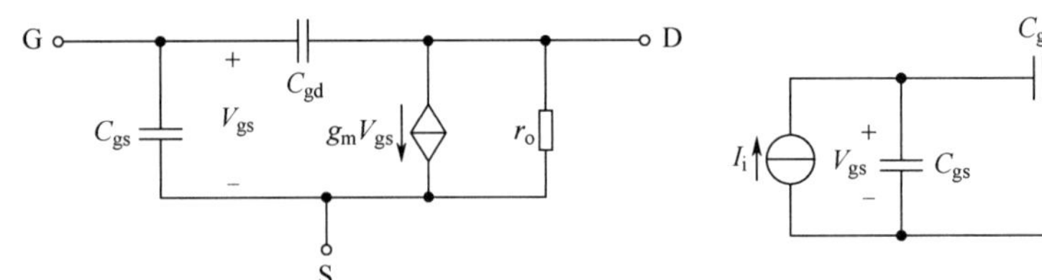

图 5.65 简化版 MOS 高频小信号模型

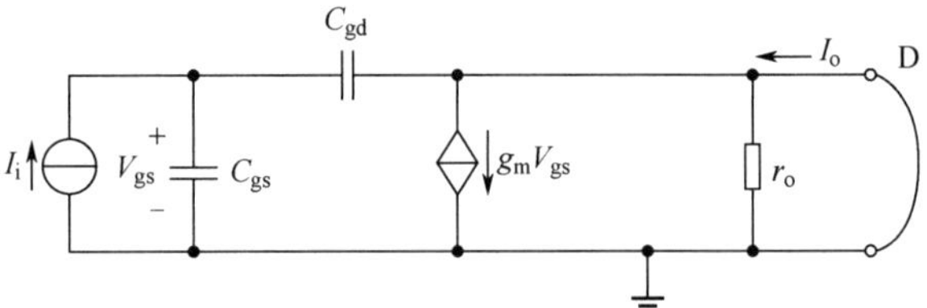

图 5.66 求 I_o/I_i 的电路

又因为

$$V_{gs}=I_i/[s(C_{gs}+C_{gd})] \tag{5.178}$$

所以

$$\frac{I_o}{I_i}=\frac{g_m}{s(C_{gs}+C_{gd})} \tag{5.179}$$

令 s=jω，定义

$$|I_o/I_i|\big|_{\omega=\omega_T}=1$$

所以

$$\omega_T=\frac{g_m}{C_{gs}+C_{gd}} \tag{5.180}$$

$$f_T=\frac{g_m}{2\pi(C_{gs}+C_{gd})} \tag{5.181}$$

f_T 的典型值一般为几吉赫兹。当 MOS 管作为放大器使用时，f_T 越高，构成的放大器频带越宽，频响性能越好。

2．BJT 器件内部电容及高频模型参数

BJT 器件内部电容包括以下 3 类。

（1）基区电荷和扩散电容 C_{de}

当晶体管工作在放大模式和饱和模式时，少子电荷存储在基区，随着电压 V_{BE} 的变化而变化。可以定义小信号扩散电容为

$$C_{de}=\frac{dQ_n}{dV_{BE}}=\tau_F g_m=\tau_F\frac{I_C}{V_T} \tag{5.182}$$

式中，τ_F 为载流子正向基极传输时间。

（2）发射结结电容 C_{je}

当发射结处在截止状态时，发射结结电容 C_{je} 可以表示为

$$C_{je}=\frac{C_{je0}}{\left(1-\dfrac{V_{BE}}{V_{oe}}\right)^m} \tag{5.183}$$

式中，C_{je0} 为 V_{BE}=0 时的电容值；V_{oe} 为 BE 结的内建电位差（典型值为 0.9V）；m 为 BE 结的变容指数（典型值为 0.5）。

当发射结处于正向工作时，通常使用一个近似的公式，即 $C_{je}\approx 2C_{je0}$。

（3）集电结结电容 C_μ

当晶体管工作在放大状态时，BC 结处于反偏状态，它的结电容可表示为

$$C_\mu=\frac{C_{\mu 0}}{\left(1+\dfrac{V_{CB}}{V_{oc}}\right)^m} \tag{5.184}$$

式中，$C_{\mu 0}$ 为 C_μ 在零电压时的值；V_{oc} 为 BC 结的内建电位差（典型值为 0.75V）；m 为它的变容指数（典型值为 0.2～0.5）。

图 5.67 所示为 BJT 的高频混合π模型。其中，C_π=C_{de}+C_{je}，C_μ 为 BC 结的耗尽区电容，C_π 的典型值为几皮法到几十皮法，C_μ 的范围为零点几皮法到几皮法。引入的一个电阻 r_x 处于基极和虚构的内部基极端子 B′之间，典型值为几欧姆到几十欧姆，它的值与基极电流大小有关，低频时可以

忽略。

晶体管手册表上通常只给定β€和 C_μ的值，而不给定 C_π的值，为了确定 C_π的值，可以利用混合π模型进行推导。推导 $\beta(s)$的表达式电路如图 5.68 所示。

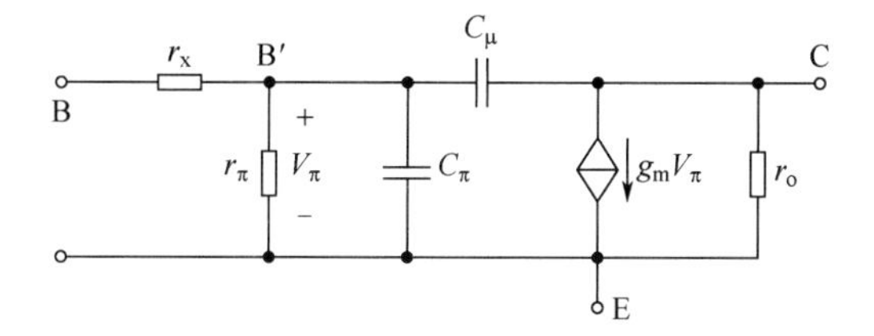

图 5.67　BJT 高频混合 π 模型

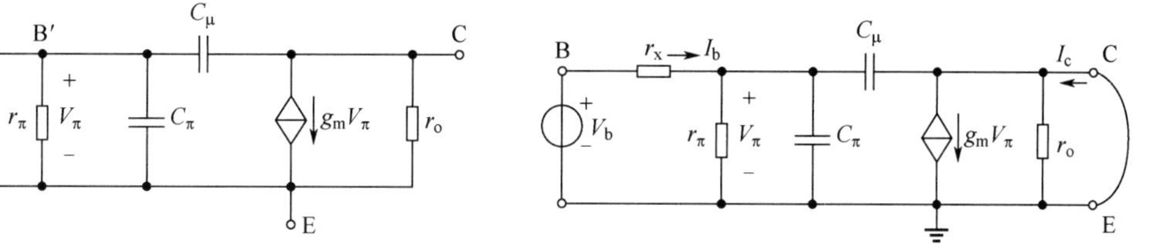

图 5.68　推导 $\beta(s)$的表达式电路

$$V_\pi = I_b\left(r_\pi \| \frac{1}{sC_\pi} \| \frac{1}{sC_\mu}\right) = \frac{I_b}{\dfrac{1}{r_\pi} + sC_\pi + sC_\mu} \tag{5.185}$$

$$\beta = \frac{I_c}{I_b} = \frac{g_m - sC_\mu}{\dfrac{1}{r_\pi} + sC_\pi + sC_\mu} \tag{5.186}$$

通常情况下，$g_m \gg \omega C_\mu$，忽略分子中 sC_μ项，则

$$\beta = \frac{g_m r_\pi}{1 + s(C_\pi + C_\mu)r_\pi} = \frac{\beta_0}{1 + s(C_\pi + C_\mu)r_\pi} \tag{5.187}$$

β_0为 s=0 时的β值，即β_0=$g_m r_\pi$。这是一个单极点函数，它的上限 3dB 频率位于$\omega = \omega_\beta$处，即

$$\omega_\beta = \frac{1}{(C_\mu + C_\pi)r_\pi} \tag{5.188}$$

$\beta(j\omega)$的波特图如图 5.69 所示。

$$\beta = \frac{\beta_0}{1 + s/\omega_\beta} \tag{5.189}$$

放大电路的单位增益带宽为

$$\omega_T = \beta_0\omega_\beta = \frac{g_m}{C_\pi + C_\mu} \tag{5.190}$$

$$f_T = \frac{\omega_T}{2\pi} = \frac{g_m}{2\pi(C_\mu + C_\pi)} \tag{5.191}$$

式中，f_T为特征频率，也称为单位增益频率，它是$|\beta|$=1 时对应的频率，是晶体管的固有参数，表征晶体管的上限频率，即$|\beta(s)\|_{f=f_T} = 1$。f_T是 I_C、V_{CE}的函数，处于一定的范围内时是常数。f_T随 I_C变化的关系曲线如图 5.70 所示。

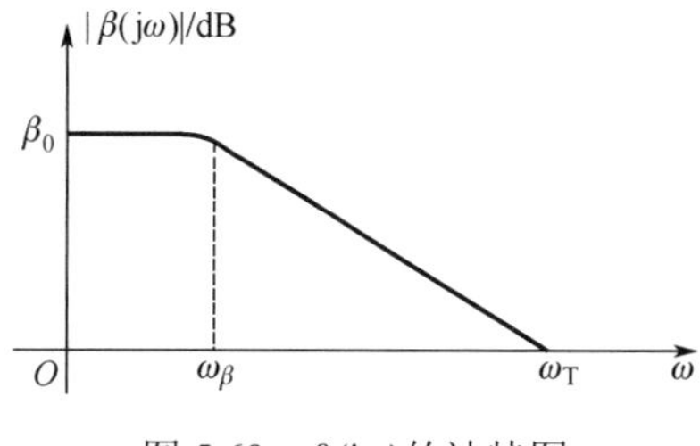

图 5.69　$\beta(j\omega)$的波特图

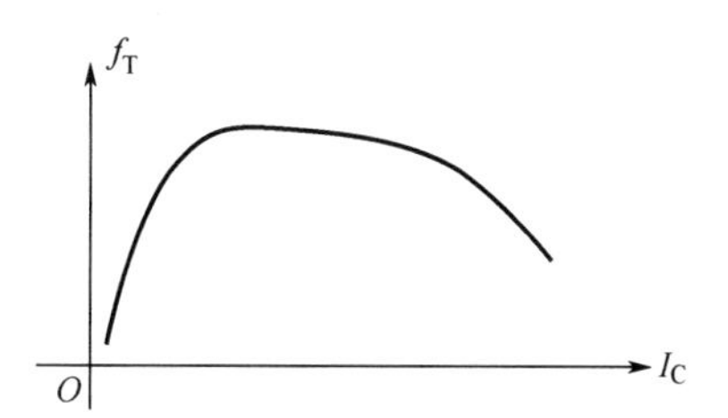

图 5.70　f_T随 I_C变化的关系曲线

f_T的典型值为 100MHz 到几十吉赫兹，视不同类型的晶体管而有所区别。

最后说明，混合π模型的准确性是受频率限制的。当工作频率 f<0.2f_T时，模型的准确度较高。

在更高频率时，必须在模型中增加其他寄生元素，这超出了本书的范围。

5.6.3 CS 和 CE 放大器高频响应分析

在本节借助附录 B 介绍的米勒定理和开路时间常数法来分析 CS 和 CE 放大器的高频响应，并求解上限截止频率。

1．用米勒定理求解共源放大器高频响应

分立元件 MOSFET 共源放大器电路如图 5.71 所示。

在分析放大器的中频段增益时，通常认为耦合电容 C_{C1}、C_{C2} 和旁路电容 C_{C3} 容量很大，对信号呈现短路关系；而 MOS 管的 C_{gs}、C_{gd} 很小，可以认为开路。这样放大器的增益与频率无关。实际上，只有在一定频率范围内，上述结论才成立，这一频率范围称为中频区。在工作频率很低时，C_{C1}、C_{C2}、C_{C3} 的作用不能忽略，该工作区称为低频区；而工作频率很高时，MOS 管内部电容的作用也不能忽略，此工作区称为高频区。

因此，实际放大器的完整频率响应特性由 3 个频段的工作特性共同构成，这 3 个频段对应于两个频率分界点 f_L 和 f_H。放大器的带宽 $BW=f_H-f_L\approx f_H$。增益带宽积 $GBW=|A_M|\cdot BW$ 是放大器的一个重要指标，通常是一个常数。若提高增益，则牺牲带宽。

共源放大器的频率响应曲线如图 5.72 所示。

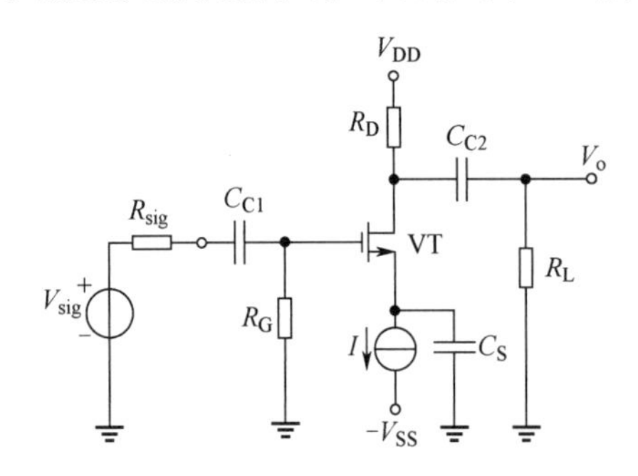

图 5.71 分立元件 MOSFET 共源放大器电路

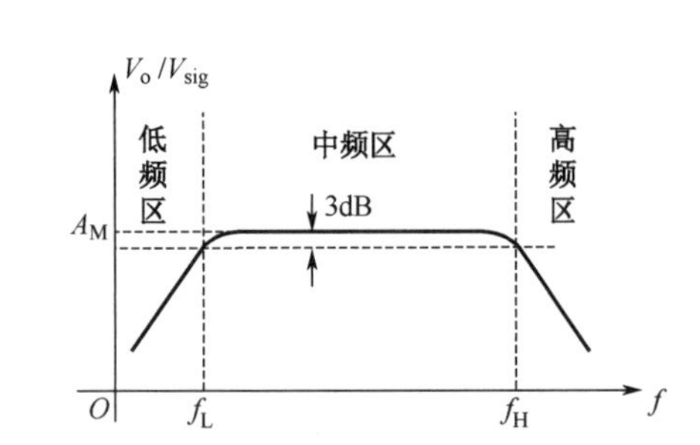

图 5.72 共源放大器的频率响应曲线

当工作频率 $f>f_H$ 时，可以用高频模式来代替 MOSFET，得到图 5.73 所示的共源放大器高频等效电路，令 $R'_L=r_o\|R_D\|R_L$。

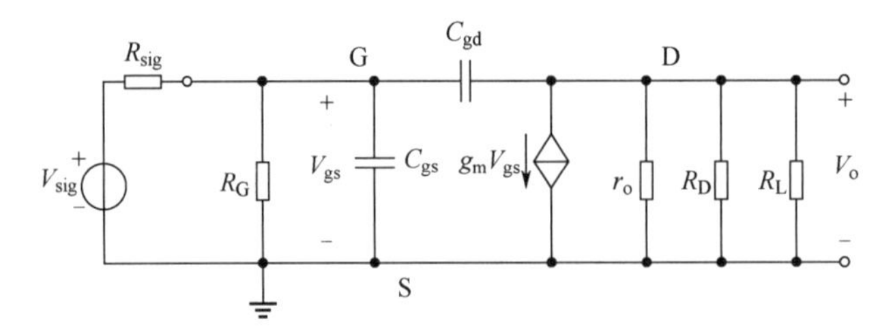

图 5.73 共源放大器高频等效电路

扩展阅读

附录 C

为了求得 f_H 的值，将 C_{gd} 用米勒等效的方法（见附录 C.5 米勒定理）折合到输入端和输出端。

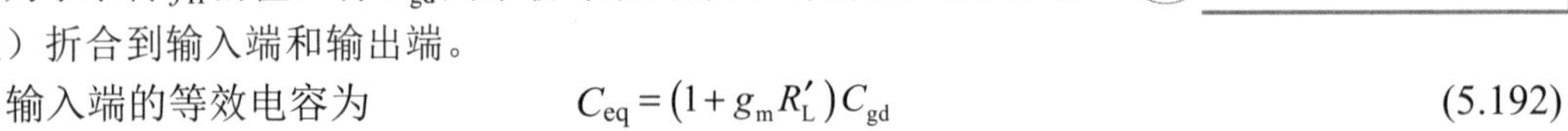

输入端的等效电容为 $$C_{eq}=\left(1+g_mR'_L\right)C_{gd} \tag{5.192}$$

输出端的等效电容为 $$C'_{eq}=\left(1+\frac{1}{g_mR'_L}\right)C_{gd} \tag{5.193}$$

由于输出端等效电容产生的极点远大于输入端电容产生的极点，因此可以忽略不计，只需考

虑输入端的频率响应即可。图 5.74 所示为米勒等效后的高频等效电路。

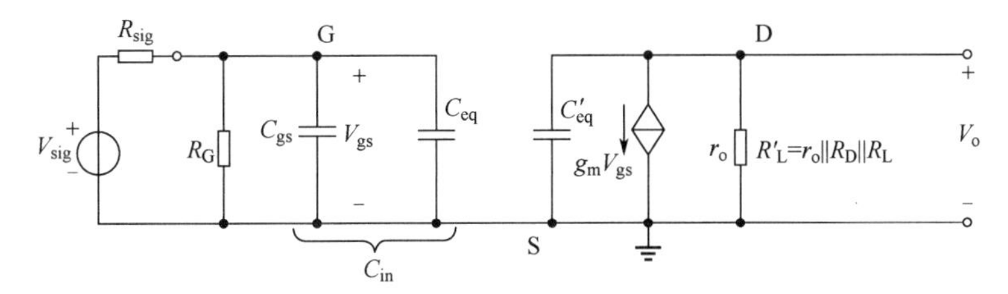

图 5.74　米勒等效后的高频等效电路

通过对一阶 RC 电路的分析，令 $C_{in}=C_{gs}+C_{eq}$，$R'_{sig}=R_{sig}||R_G$，由图 5.74 可以求出上限截止频率为

$$f_H=\frac{1}{2\pi(C_{gs}+C_{eq})\,||\,(R_{sig}\,||\,R_G)}=\frac{1}{2\pi C_{in}R'_{sig}} \tag{5.194}$$

注意到以上分析过程中，信号源与负载参数均对 f_H 有影响，故考虑中频增益为源电压增益

$$A_M=-g_mR'_L\frac{R_G}{R_{sig}+R_G} \tag{5.195}$$

最后画出共源放大器的高频响应如图 5.75 所示。

令 $\omega_H=2\pi f_H$，则

$$\frac{V_o}{V_{sig}}=\frac{A_M}{1+s/\omega_H} \tag{5.196}$$

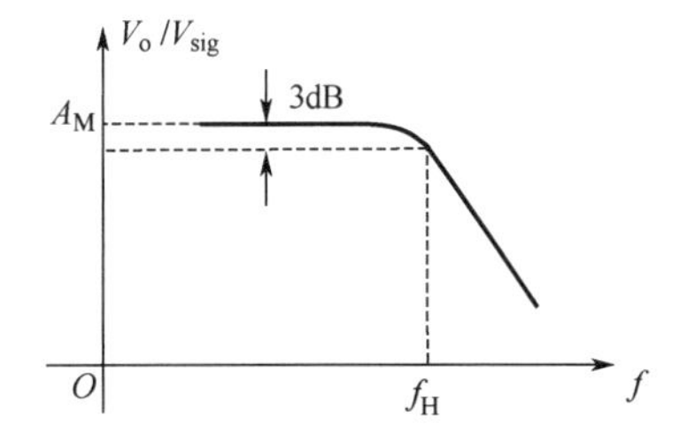

图 5.75　共源放大器的高频响应

综上所述，式(5.196)即为共源放大器在高频部分的系统函数，分析该函数可以得出如下几条结论。

①上限 3dB 频率由 R_{sig} 和 C_{in} 共同决定，R_{sig} 越大，f_H 越小。

②C_{in} 的大小主要由 C_{eq} 决定，而 C_{eq} 的大小和 $g_mR'_L$ 关系极大，其中 $(1+g_mR'_L)$ 被称为米勒倍增因子。由于这个因子使得 C_{gd} 等效到输入的电容 C_{eq} 急剧增大的现象，称为米勒倍增效应。正是由于共源放大器中存在米勒倍增效应，从而使得其 f_H 与器件的单位增益频率 f_T 相比，急剧下降，因此共源放大器相对带宽较小，称为窄带放大器。如果能减小 $g_mR'_L$，就可以提高 f_H 的值，进而拓展带宽（BW），因此增益和带宽是一对存在矛盾的参数，参数 GBW 在这里发挥了明显的作用。

例 5.19　求图 5.71 所示共源放大器的中频增益 A_M 和上限 3dB 频率 f_H。其中信号源内阻 R_{sig}=100kΩ，且 R_G=4.7MΩ，R_D=R_L=15kΩ，g_m=1mA/V，r_o=150kΩ，C_{gs}=1pF，C_{gd}=0.4pF。

解：

$$A_M=-\frac{R_G}{R_G+R_{sig}}g_mR'_L$$

其中

$$R'_L=r_o\,||\,R_D\,||\,R_L=150\,||\,15\,||\,15=7.14\text{k}\Omega$$

$$g_mR'_L=1\times7.14=7.14\text{V/V}$$

因此

$$A_M=-\frac{4.7}{4.7+0.1}\times7.14=-7\text{V/V}$$

等效电容为

$$C_{eq}=(1+g_mR'_L)C_{gd}$$
$$=(1+7.14)\times0.4\approx3.26\text{pF}$$

可以得到总输入电容为　$C_{in}=C_{gs}+C_{eq}=1+3.26=4.26\text{pF}$

上限 3dB 频率为

$$f_H=\frac{1}{2\pi C_{in}(R_{sig}\,||\,R_G)}=\frac{1}{2\pi\times4.26\times10^{-12}\times(0.1\,||\,4.7)\times10^6}=382\text{kHz}$$

2．用开路时间常数法求解共源放大器高频参数

例 5.20 如图 5.73 所示的共源放大器高频等效电路，信号源内阻为 $R_{sig}=100\text{k}\Omega$，$R_G=4.7\text{M}\Omega$，$R_D=R_L=15\text{k}\Omega$，$g_m=1\text{mA/V}$，$r_o=150\text{k}\Omega$，$C_{gs}=1\text{pF}$，$C_{gd}=0.4\text{pF}$。要求用开路时间常数法求解中频增益 A_M 和上限截止频率 f_H。

特别注意图中所有的电量表示方法都是大写电量，小写下标，说明此处采用频率域幅值表示，仍为交流信号表示，千万不要与直流信号（大写电量，大写下标）混淆。

解： 由已知条件可知，中频增益为

$$A_M=-\frac{R_G}{R_G+R_{sig}}g_m(r_o \parallel R_D \parallel R_L)=-7\text{V/V}$$

由图 5.76（a）可求解 C_{gs} 的并联等效电阻为

$$R_{gs}=R_{sig} \parallel R_G=97.92\text{k}\Omega$$

故对应的时间常数为

$$\tau_{gs}\equiv C_{gs}R_{gs}=97.92\text{ns}$$

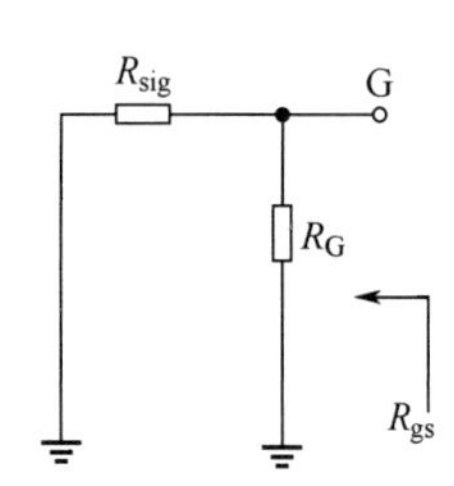

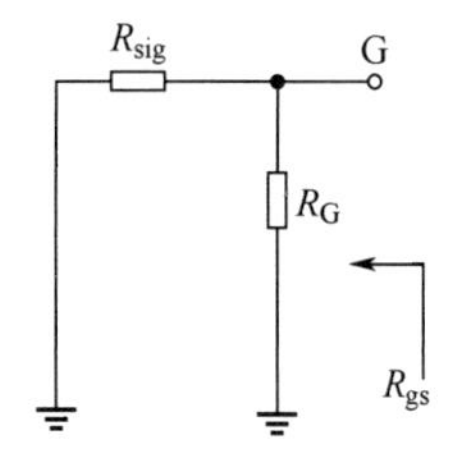

（a）求解 C_{gs} 的并联等效电阻 R_{gs}　　（b）求解 C_{gd} 的并联等效电阻 R_{gd}

图 5.76　开路时间常数法求解电容等效电阻

由图 5.76（b）可求解 C_{gd} 引入的时间常数。

在 G 点列 KCL 方程可得 $I_t=-\dfrac{V_{gs}}{R_G}-\dfrac{V_{gs}}{R_{sig}}$，所以

$$V_{gs}=-I_t(R_G \parallel R_{sig})=-I_tR'$$

在 D 点列 KCL 方程可得

$$I_t=g_mV_{gs}+\frac{V_{gs}+V_t}{R'_L}$$

故可得 C_{gd} 的并联等效电阻为

$$R_{gd}\equiv\frac{V_t}{I_t}=R'+R'_L+g_mR'_LR'=804.5\text{k}\Omega$$

故对应的时间常数为

$$\tau_{gd}\equiv C_{gd}R_{gd}=321.8\text{ns}$$

所以可求得上限截止频率为

$$f_H=\frac{1}{2\pi(\tau_{gs}+\tau_{gd})}=379.19\text{kHz}$$

由例 5.19 和例 5.20 的结果可知，利用米勒定理和开路时间常数法分别求得的上限截止频率大小非常接近，因此两种方法都可以很好地解决共源放大器高频响应分析问题。

相对于米勒定理而言，开路时间常数法对电路的化简要求较低，因此在工程中应用较广。同

时从开路时间常数法的解题过程中，可以很清楚地看到 C_{gd} 引入的时间常数比 C_{gs} 大得多，也就是说，电容 C_{gd} 对 f_H 的影响比 C_{gs} 的影响要大，这对工程设计人员来说简直太重要了。如果我们能确认是哪一个电容在 f_H 的影响因素中占主要地位，就可以通过调整该电容大小达到提高带宽的目的；如果电容容值无法调整（如例 5.20 中器件电容），就可以想办法调整该电容的外接等效电阻，如在该题中改变负载 R_L 或信号源内阻 R_{sig} 都可以达到提高带宽的目的；如果信号源内阻是固定的，那么改变负载 R_L 即可，但此时要注意，这必然影响到放大器的增益幅值。因此，要注意带宽和增益大小之间的平衡，即时刻关注参数 GBW。

3．共射放大器高频响应分析

图 5.77（a）所示为由分立元件组成的共射放大器，其频率响应曲线如图 5.77（b）所示，其响应曲线也分为 3 个频段。

（1）中频增益

在中频区将所有耦合电容和旁路电容短路，晶体管器件电容开路，可得到放大电路的增益为

$$A_M = \frac{-R_B \parallel r_\pi}{R_B \parallel r_\pi + R_{sig}} g_m (r_o \parallel R_C \parallel R_L) \tag{5.197}$$

（2）高频响应

为了得到放大器上限截止频率 f_H 值，用 BJT 高频混合π型小信号模型替代图 5.77（a）中的晶体管，得到图 5.78（a）所示的高频等效电路。如图 5.77 所示，由于 C_{C1}、C_{C2} 及 C_E 值很大，相当于短路，因此利用戴维南定理等效处理输入部分，可得图 5.78（b）中等效信号源为

$$V'_{sig} = V_{sig} \frac{R_B}{R_B + R_{sig}} \frac{r_\pi}{r_\pi + r_x + (R_{sig} \parallel R_B)} \tag{5.198}$$

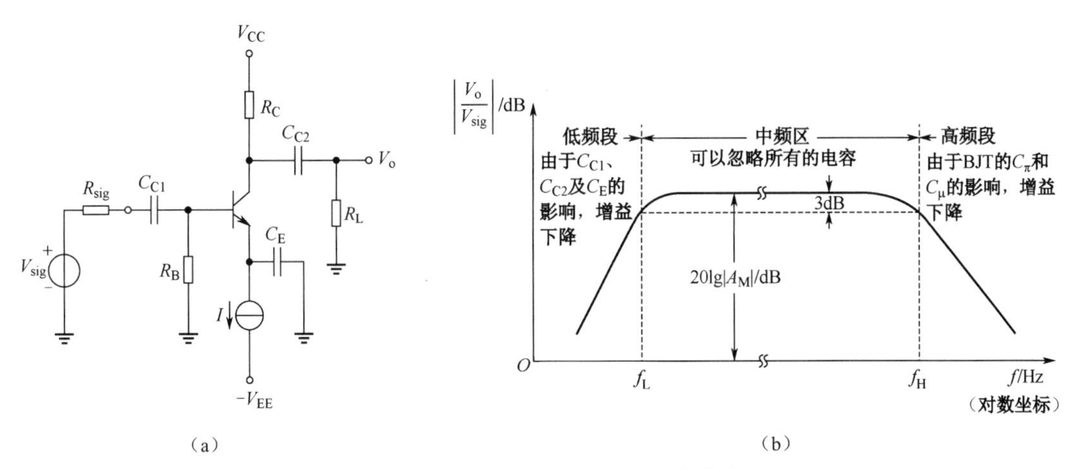

图 5.77　共射放大器及其频率响应曲线

等效信号源内阻为 $r_\pi \parallel (r_x + (R_B \parallel R_{sig}))$，利用米勒定理，令 $K = -g_m R'_L$，且忽略输出端的极点，则得到图 5.78（c）所示的简化等效电路。

输入端米勒等效电容为

$$C_{eq} = C_\mu (1 + g_m R'_L) \tag{5.199}$$

放大电路输入端总电容为

$$C_{in} = C_\pi + C_\mu (1 + g_m R'_L) \tag{5.200}$$

借用一阶 RC 电路频率响应的分析结论，由图 5.78（c）可以得到特征角频率为

$$\omega_H = \frac{1}{R'_{sig} C_{in}} \tag{5.201}$$

则共射放大器的系统函数为

$$A(s)=\frac{V_o}{V_{sig}}=\frac{A_M}{1+\dfrac{s}{\omega_H}} \tag{5.202}$$

上限截止频率为

$$f_H=\frac{\omega_H}{2\pi}=\frac{1}{2\pi C_{in}R'_{sig}} \tag{5.203}$$

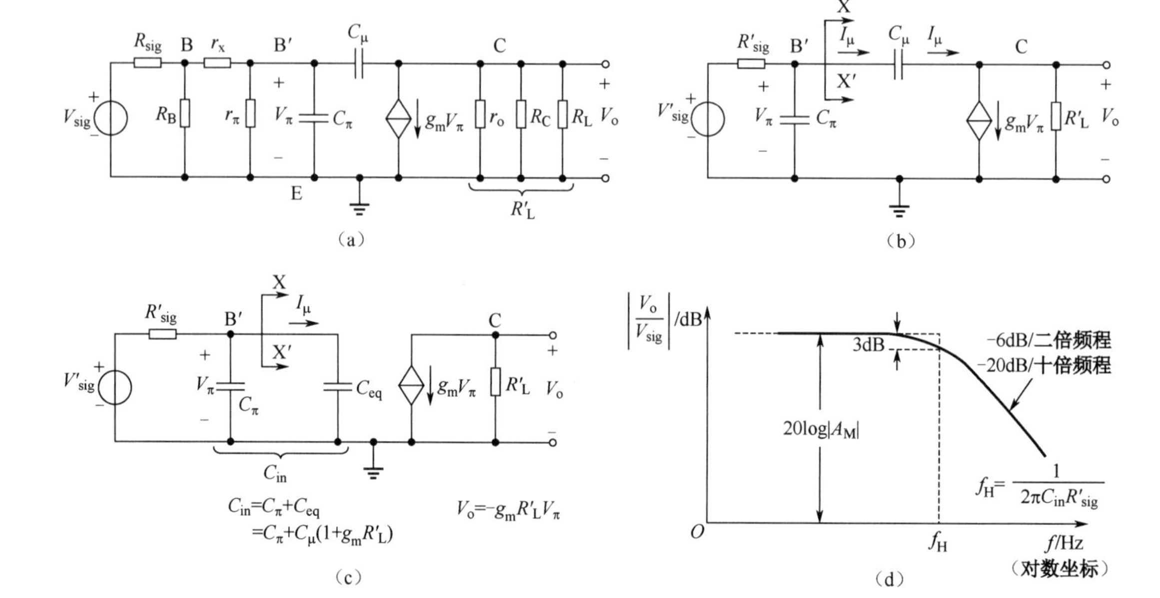

图 5.78 共射放大器高频响应分析

例 5.21 求图 5.77（a）所示的共射放大器的中频增益 A_M 和上限 3dB 频率。如图 5.78（a）所示，给定的条件为：$V_{CC}=V_{EE}=10V$，$I=1mA$，$R_B=100k\Omega$，$R_C=8k\Omega$，$R_{sig}=5k\Omega$，$R_L=5k\Omega$，$\beta_0=100$，$V_A=100V$，$C_\mu=1pF$，$f_T=800MHz$，$r_x=50\Omega$。

解： 晶体管被偏置在 $I_C=1mA$ 处，因此它的混合π型模型参数值为

$$g_m=\frac{I_C}{V_T}=\frac{1mA}{25mV}=40mA/V\ ,\quad r_\pi=\frac{\beta_0}{g_m}=\frac{100}{40mA/V}=2.5k\Omega\ ,\quad r_o=\frac{V_A}{I_C}=\frac{100V}{1mA}=100k\Omega$$

因为$C_\pi+C_\mu=\dfrac{g_m}{\omega_T}=\dfrac{40\times10^{-3}}{2\pi\times800\times10^6}=8pF$，且 $C_\mu=1pF$

所以 $C_\pi=7pF$

又因为 $r_x=50\Omega$

所以中频增益为 $A_M=-\dfrac{R_B}{R_B+R_{sig}}\dfrac{r_\pi}{r_\pi+r_x+(R_B\parallel R_{sig})}g_mR'_L$

式中，$R'_L=r_o\parallel R_C\parallel R_L=(100\parallel8\parallel5)k\Omega=3k\Omega$。

所以 $g_mR'_L=40\times3=120V/V$

$$A_M=-\frac{100}{100+5}\times\frac{2.5}{2.5+0.05+(100\parallel5)}\times120=-39V/V\text{，即 }20\lg|A_M|=32dB$$

为了确定 f_H，首先求解 C_{in} 以及等效源电阻 R'_{sig}：

$$C_{in}=C_\pi+C_\mu(1+g_mR'_L)=7+1\times(1+120)=128pF$$

$$R'_{sig}=r_\pi\parallel[r_x+(R_B\parallel R_{sig})]=2.5\parallel[0.05+(100\parallel5)]=1.65k\Omega$$

因此
$$f_H = \frac{1}{2\pi C_{in} R'_{sig}} = \frac{1}{2\pi \times 128 \times 10^{-12} \times 1.65 \times 10^3} = 754\text{kHz}$$

综上所述，共射放大器和共源放大器一样，受到米勒效应的影响，且由于同等条件下增益比共源放大器更高，从而带宽更低，因此更是一种窄带放大器。我们同样可以采用开路时间常数法来分析该电路的上限截止频率，其关于高频响应的表达式也应与式(5.202)相同。这部分留给读者自行推导，具体过程可参考例 5.20。

5.6.4 MOSFET 共栅和共漏放大器频率响应

1．场效应管共栅放大器的高频响应

从前面的讨论可以看到，由于米勒效应的存在使共源放大器的带宽减小，因此只有减少米勒效应才有可能增加带宽。下面将讨论共栅放大器，会看到共栅放大器因为不存在米勒效应而获得较宽的带宽。

图 5.79（a）所示为某共栅放大器的高频小信号等效电路，受控电流源 $g_m v_{gs}$ 跨接在输入、输出电路之间。从源极看，有一个 $g_m v_{gs}$ 电流流入；从漏极看，有一个 $g_m v_{gs}$ 电流流出，因此可等效为图 5.79（b）。根据源吸收定理，在输入回路的 $g_m v_{gs}$ 可以等效为 $1/g_m$ 电阻，如图 5.79（c）所示。电容 C_{gd} 和 C_{gs} 分别接在输入回路和输出回路，因此不存在米勒效应。

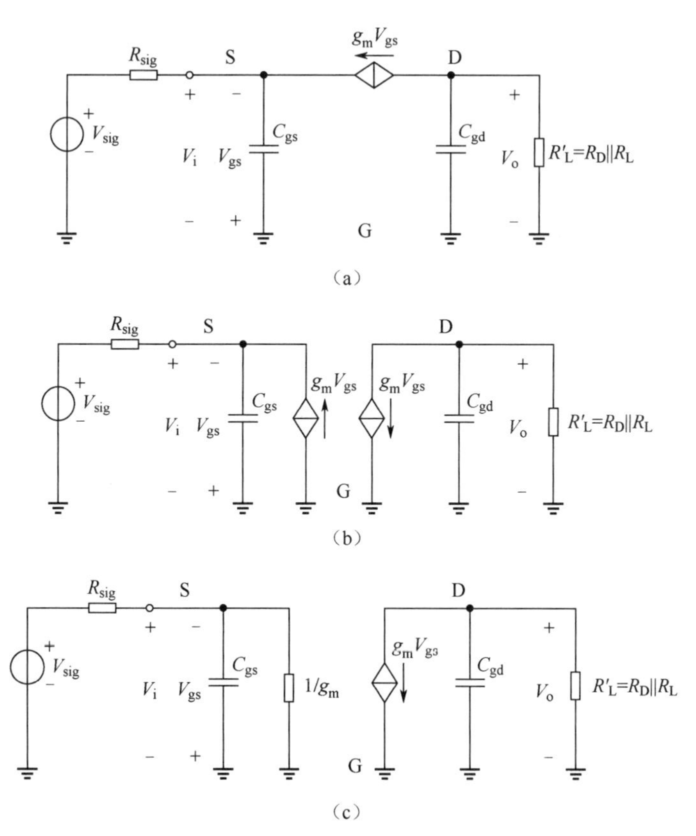

图 5.79　共栅放大器的高频小信号等效电路

由图 5.79（c）中的输入回路可以得到

$$V_i = -V_{gs} = V_{sig} \frac{\dfrac{1}{j\omega C_{gs}} \| \dfrac{1}{g_m}}{R_{sig} + \left(\dfrac{1}{j\omega C_{gs}} / \dfrac{1}{g_m}\right)} \tag{5.204}$$

$$V_{\mathrm{sig}} = -\left(1 + g_{\mathrm{m}} R_{\mathrm{sig}} + \mathrm{j}\omega R_{\mathrm{sig}} C_{\mathrm{gs}}\right) V_{\mathrm{gs}} \tag{5.205}$$

由图5.79（c）中的输出回路可以得到

$$V_{\mathrm{o}} = -g_{\mathrm{m}} V_{\mathrm{gs}} \left(\frac{1}{\mathrm{j}\omega C_{\mathrm{gd}}} \parallel R_{\mathrm{L}}'\right) = -\frac{g_{\mathrm{m}} V_{\mathrm{gs}} R_{\mathrm{L}}'}{1 + \mathrm{j}\omega C_{\mathrm{gd}} R_{\mathrm{L}}'} \tag{5.206}$$

可得共栅电路的电压增益为

$$A_{\mathrm{vs}} = \frac{v_{\mathrm{o}}}{v_{\mathrm{sig}}} = \frac{\dfrac{g_{\mathrm{m}} R_{\mathrm{L}}'}{1 + g_{\mathrm{m}} R_{\mathrm{sig}}}}{\left(1 + \mathrm{j}\omega \dfrac{R_{\mathrm{sig}} C_{\mathrm{gs}}}{1 + g_{\mathrm{m}} R_{\mathrm{sig}}}\right)\left(1 + \mathrm{j}\omega R_{\mathrm{L}}' C_{\mathrm{gd}}\right)} = \frac{A_{\mathrm{M}}}{(1 + \mathrm{j}\omega / \omega_{\mathrm{H1}})(1 + \mathrm{j}\omega / \omega_{\mathrm{H2}})} \tag{5.207}$$

由式(5.207)可以看出，共栅放大器的上限频率由 ω_{H1} 和 ω_{H2} 中较小的频率确定，由于不存在米勒效应，其上限频率很高，除非负载 R_{L} 上并接大的负载电容，其上限频率才会受到负载电路的影响。因此，共栅放大器是一种宽带放大器。

应用相同的分析方法，还可以得出BJT的对应基本组态——共基放大器也具有类似高频响应，同样不存在米勒倍增效应，因而是一种宽带放大器，此处留给读者自行推导。

2．场效应管共漏放大器的高频响应

图5.80所示为共漏放大器的高频小信号等效电路。从图5.80中可以看出，C_{gs} 跨接在输入和输出回路之间，利用米勒定理将其等效到输入端，则米勒等效电容为

$$C_{\mathrm{eq}} = (1 - A_{\mathrm{v}}) C_{\mathrm{gs}} \tag{5.208}$$

式中，A_{v} 为共漏电路的电压增益，其值小于1而接近于1，故 $C_{\mathrm{eq}} \ll C_{\mathrm{gs}}$。由此可见，由于 C_{gs} 的米勒等效电容远小于 C_{gs} 本身，因此 C_{gs} 对共漏放大器的高频响应影响很小。

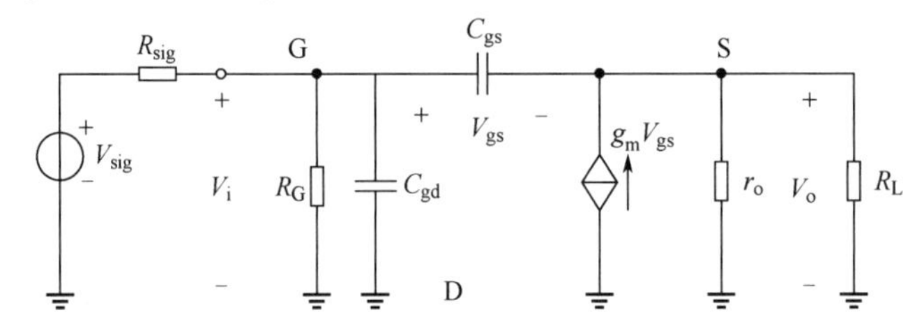

图5.80 共漏放大器的高频小信号等效电路

C_{gd} 接在共漏放大器的输入回路中，由于 C_{gd} 本身很小，因此对共漏放大器的高频影响也很小。以上分析也可采用开路时间常数加以验证，开路时间常数的介绍见附录C。

当电容 C_{gd} 作用时，可得到等效电阻 $R_{\mathrm{gd}} = R_{\mathrm{sig}} \parallel R_{\mathrm{G}}$，则有

$$\tau_{\mathrm{gd}} = (R_{\mathrm{sig}} \parallel R_{\mathrm{G}}) C_{\mathrm{gd}} \tag{5.209}$$

当电容 C_{gs} 作用时，可得到等效电阻 $R_{\mathrm{gs}} = \dfrac{R_{\mathrm{L}} \parallel r_{\mathrm{o}} + R_{\mathrm{sig}} \parallel R_{\mathrm{G}}}{1 + g_{\mathrm{m}}\left(R_{\mathrm{L}} \parallel r_{\mathrm{o}}\right)} \approx \dfrac{1}{g_{\mathrm{m}}}$，则有

$$\tau_{\mathrm{gs}} = \frac{C_{\mathrm{gs}}}{g_{\mathrm{m}}} \tag{5.210}$$

共漏放大器的上限频率为

$$\omega_{\mathrm{H}} = \frac{1}{\tau_{\mathrm{gd}} + \tau_{\mathrm{gs}}} \tag{5.211}$$

从式(5.209)～式(5.211)中可以看出，在共漏放大器中，高频等效电容及与之并联的电阻都很小，因此时间常数也很小，从而具有较高的上限频率。

综上所述，共漏放大器由于不存在米勒倍增效应，其上限频率远高于共源放大器。理论分析表明，共漏放大器的上限频率可接近于场效应管的特征频率 f_T。显然，共漏放大器也是一种宽带放大器。

应用相同的分析方法，还可以得出 BJT 的对应基本组态——共集放大器也具有类似高频响应，是一种宽带放大器，此处留给读者自行推导。

5.6.5　多级放大器和宽带放大器的频率响应

在单级放大器设计的讨论中，设计目标是希望放大器增益较高且带宽较大。在实际电路的实现中，又发现这两者往往是相互矛盾的，经常牺牲增益来换取带宽，或者反而为之。因此很少让单级放大器来完成某个系统设计，而往往采用多个单级放大器级联方式实现，不仅希望通过级联方式获得更高的增益系数，还希望通过一些特殊设计的组合电路结构来获得更加优良的高频特性。

本节将对前面介绍过的部分组合电路进行频率响应分析，来看看其与单级共源或共射放大器相比，高频特性的改善情况。

1. Cascode 放大器的频率响应

在 5.4.2 节讨论了 Cascode 结构可以明显提高开路电压增益，现在我们再讨论 Cascode 结构的频率响应。

以 MOS 管 Cascode 放大器为例来展开讨论，如图 5.81 所示。图 5.81（a）所示为 Cascode 放大器交流通路，图 5.81（b）所示为其高频小信号等效电路。下面简述用开路时间常数法求解该电路上限截止频率的过程，每一步的详细推导并不会完整给出，读者需自行推导。图中 C_{db1} 为漏极和衬底极间的等效电容，显然它与 C_{gs2} 并联，故可视作一个等效电容；C_L 包括 C_{db2} 和可能存在的负载电容，它与 C_{gd2} 显然是并联关系，故也可以视作一个等效电容，因此整个电路中有 4 个电容。

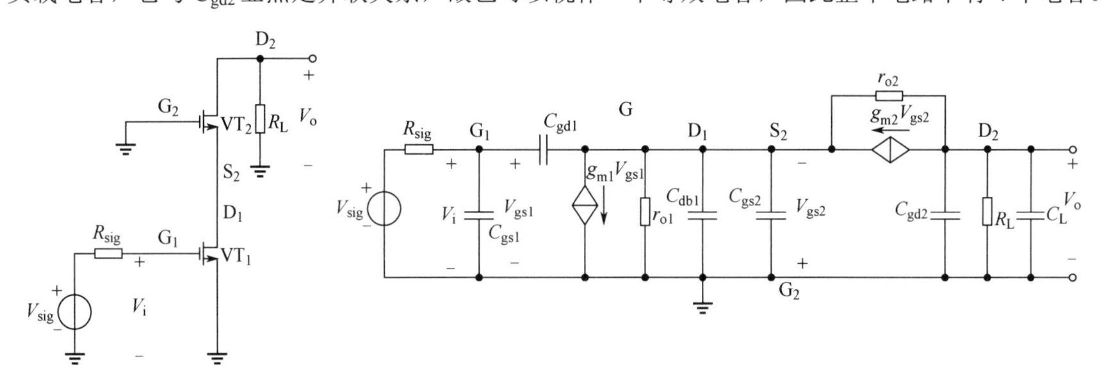

（a）Cascode 放大器交流通路　　（b）Cascode 放大器高频小信号等效电路

图 5.81　MOS 管 Cascode 放大器交流分析

对于电容 C_{gs1}，其并联等效电阻记为 R_{sig}。对于电容 C_{gd1}，其并联等效电阻记为 R_{gd1}，令所有电容开路，在 C_{gd1} 处施加外加电源，可以求得 $R_{gd1}=\left(1+g_{m1}R_{d1}\right)R_{sig}+R_{d1}$（该电阻的求解方法参见例 5.20），其中 R_{d1} 为 VT_1 漏极到地之间的总电阻，其表达式为 $R_{d1}=r_{o1}\parallel\left(\dfrac{1}{g_{m2}}+\dfrac{R_L}{1+g_{m2}r_{o2}}\right)\approx\dfrac{1}{g_{m2}}$，注意该电阻很小，因此大大降低了第一级共源放大器的米勒倍增效应。

对于电容$(C_{db1}+C_{gs2})$，其并联电阻为上面提到的 R_{d1}。对于电容(C_L+C_{gd2})，其并联电阻为 $R_L\parallel R_o$，其中 R_o 为整个电路的等效输出电阻，其表达式为 $R_o=r_{o1}+r_{o2}+g_{m2}r_{o1}r_{o2}$。

由这些参数可以求出总的时间常数为

$$\tau=C_{gs1}R_{sig}+C_{gd1}[(1+g_{m1}R_{d1})R_{sig}+R_{d1}]+(C_{db1}+C_{gs2})R_{d1}+(C_L+C_{gd2})(R_L\parallel R_o)\tag{5.212}$$

电路的上限截止频率为 $$f_H = \frac{1}{2\pi\tau}$$

由于两级级联过程中大大降低了第一级的米勒倍增因子，因此使得第一级的带宽大大增加，而第二级本身就是宽带放大器。所以，整体而言，电路的带宽将比单级共源放大器有较大扩展。BJT 管 Cascode 电路结构也有类似效果，此处不再展开。

2．CC-CE 放大器的频率响应

前面讨论过 CD-CS、CC-CE 和 CD-CE 组合结构的增益，这里以 CC-CE 结构为例，利用开路时间常数法来分析该类电路的频率响应。

图 5.82 给出了 CC-CE 放大器的交流通路及其高频小信号等效电路，为计算方便，令 r_x=0Ω，$r_o \to \infty$。可以看到，电路中有 4 个极间电容，下面给出各电容的并联等效电阻表达式如下。

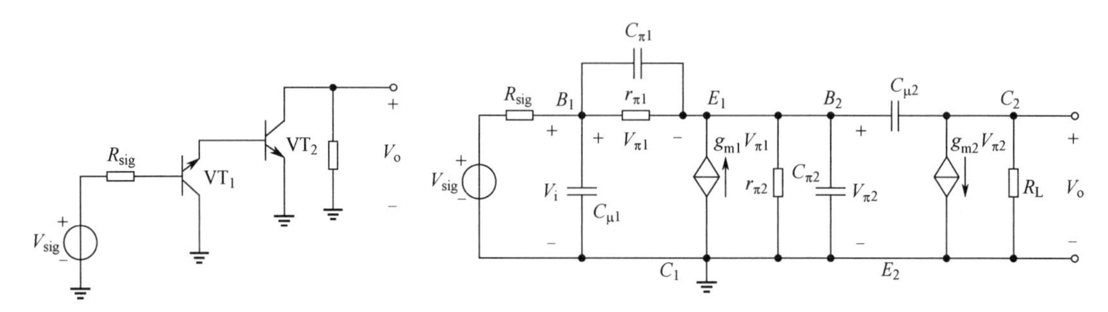

（a）CC-CE 放大器的交流通路　　（b）CC-CE 放大器高频小信号等效电路

图 5.82　CC-CE 放大器的交流通路及其高频小信号等效电路

①对于电容 $C_{\mu1}$，其并联等效电阻为 $R_{\mu1} = R_{sig} \parallel [r_{\pi1} + (1+\beta) r_{\pi2}]$，显然该电阻大小主要受到 R_{sig} 大小的影响。

②对于电容 $C_{\pi1}$，其并联等效电阻记为 $R_{\pi1}$，令所有电容开路，在 $C_{\pi1}$ 处施加外加电源，可以求得 $R_{\pi1} = \dfrac{R_{sig} + r_{\pi2}}{1 + \dfrac{R_{sig}}{r_{\pi1}} + \dfrac{r_{\pi2}}{r_{e1}}}$，注意该电阻一般很小。

③对于电容 $C_{\pi2}$，其并联电阻为 $R_{\pi2}$，其表达式为 $R_{\pi2} = r_{\pi2} \parallel \left(r_{e1} + \dfrac{R_{sig}}{1+\beta_1} \right)$。可见，这也是一个非常小的电阻。

④对于电容 $C_{\mu2}$，其并联电阻为 $R_{\mu2} = (1 + g_{m2} R_L) \left[r_{\pi2} \parallel \left(r_{e1} + \dfrac{R_{sig}}{1+\beta_1} \right) \right] + R_L$。

由这些参数可以求出总的时间常数为

$$\tau = C_{\mu1} R_{\mu1} + C_{\pi1} R_{\pi1} + C_{\mu2} R_{\mu2} + C_{\pi2} R_{\pi2} \tag{5.213}$$

电路的上限截止频率为 $$f_H = \frac{1}{2\pi\tau}$$

显然，$C_{\pi1}$ 和 $C_{\pi2}$ 对高频响应影响不大，而 $C_{\mu2}$ 受米勒效应的影响，作用最大。

在相同工作条件下，单级共射放大器的 C_μ 并联电阻为 $R_\mu = (1 + g_m R_L)(r_\pi \parallel R_{sig}) + R_L$，显然该项比 $R_{\mu2}$ 要大很多。因此，式(5.213)所示的时间常数比单级共射放大器要小得多，故 CC-CE 放大器的上限截止频率比单级共射放大器高得多。

3．CD-CG 放大器的频率响应

前面讨论过 CC-CB 和 CD-CG 组合结构的增益，这里以 CD-CG 结构为例，利用开路时间常数法来分析该类电路的频率响应。

图 5.83 给出了 CD-CG 放大器的交流通路及其高频小信号等效电路。可以看到，电路中有 4 个极间电容，下面给出各电容的并联等效电阻表达式如下。

对于电容 C_{gd1}，其并联等效电阻为 $R_{gd1}=R_{sig}$。

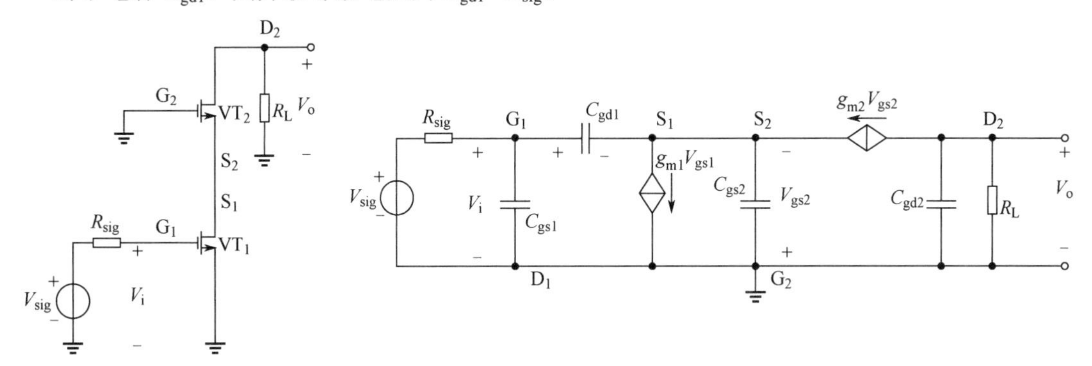

（a）CD-CG 放大器的交流通路　（b）CD-CG 放大器高频小信号等效电路

图 5.83　CD-CG 放大器的交流通路及其高频小信号等效电路

对于电容 C_{gs1}，其并联等效电阻记为 R_{gs1}，令所有电容开路，在 C_{gd1} 处施加外加电源，可以求得 $R_{gs1}=\dfrac{1+g_{m2}R_{sig}}{g_{m1}+g_{m2}}$，一般情况下 VT_1 和 VT_2 的参数相同，偏置也相同，因此有 $g_{m1}=g_{m2}=g_m$，所以可得 $R_{gs1}=\dfrac{1+g_{m2}R_{sig}}{g_{m1}+g_{m2}}=\dfrac{1}{2}\times(\dfrac{1}{g_m}+R_{sig})$。

对于电容 C_{gs2}，其并联电阻为 R_{gs2}，其表达式为 $R_{gs2}=\dfrac{1}{2g_m}$。

对于电容 C_{gd2}，其并联电阻为 $R_{gd2}=\dfrac{1}{g_m}\parallel R_L$。

由这些参数可知，4 个并联电阻阻值都很小（当然 R_{sig} 阻值也可能比较大，但不会是很大的电阻），可以求出总的时间常数为

$$\tau=C_{gs1}R_{gs1}+C_{gd1}R_{gd1}+C_{gs2}R_{gs2}+C_{gd2}R_{gd2} \tag{5.214}$$

电路的上限截止频率为

$$f_H=\frac{1}{2\pi\tau}$$

显然，4 个参数的时间常数都会非常小，在相同工作条件下，单级共源放大器的时间常数要大得多，故 CD-CG 放大器的上限截止频率比单级共源放大器高得多。

本章小结

本章主要介绍了电压型集成放大器的内部单元电路结构，主要介绍内容包括电流源、差分输入级和组合放大中间级。另外，将在第 6 章介绍最后一级——功率放大器。本章重点介绍了集成电路中的设计要点。

在集成电路中往往采用电流源电路来提供直流偏置电流，电流源电路的关键参数有输出电流和输出电阻，最基本的结构是镜像电流源电路、电流导向电路等，各种改进型电流源主要侧重电流传输比精度和输出电阻的设计。

差分放大器的基本功能为放大差模信号、抑制共模信号。差分放大器在结构上要求左右严格对称，其直流工作点左右也是对称的；其交流分析主要分为两部分，即差模交流分析和共模交流分析，其基本分析方法是半电路法，在交流通路绘制过程中对恒流源内阻和负载电阻的处理；差分放大器的基本性能参数包括双端/单端差模电压增益、差模输入电阻、双端/单端差模输出电阻、双端/

单端共模电压增益、共模输入电阻、双端/单端共模输出电阻、共模抑制比等。MOS 差分对和 BJT 差分对在结构上几乎一模一样，分析方法也基本相同，性能指标主要由各自器件参数决定。

集成放大器的中间级往往由组合放大器决定，大部分电路会采用同种类器件，小部分会采用 BiCMOS 技术，但这样会提高器件生产成本。组合放大器除提供更高的电压增益之外，往往还具有更加优良的高频特性。

有源负载技术能够进一步提高放大器增益，由于几乎所有元件都用晶体管实现，将大大提高集成电路的生产效率，并大大减小芯片面积，有利于集成电路微型化实现。

集成电路由于是多级放大器级联而成的，因此其频率响应分析极其复杂，我们总结了几种工程上常用的估算方法，设计者应根据已知条件进行选择。另外，在工程上最常用的分析方法是开路时间常数法，各种电容的等效并联电阻求解方法需要多加练习。

习　　题

5.1　试比较 MOS 和 BJT 器件在各方面的异同点，如器件结构、符号、工作原理、特性、应用等。

5.2　电路如题图 5.1 所示，设两管特性相同，VT_1 的（W/L）是 VT_2 的 5 倍，$\mu_n = 1000\text{cm}^2/\text{V}\cdot\text{s}$，$C_{ox} = 3\times10^{-8}\,\text{F/cm}^2$，$(W/L)_1$=10，$V_t$ = 2V，求 I_{D2} 的值。

5.3　在 $V_{DD} = 1.8\,\text{V}$ 和 $I_{REF} = 50\mu\text{A}$ 的条件下，要求设计如题图 5.2 所示的电流源电路，以提供额定值 $I_o = 50\,\text{mA}$ 的输出电流。若 VT_1 和 VT_2 匹配，且 $k_n'(W/L) = 2.5\text{mA/V}^2$、$V_t = 0.5\text{V}$，求 R 的值和 V_o 最小允许值。

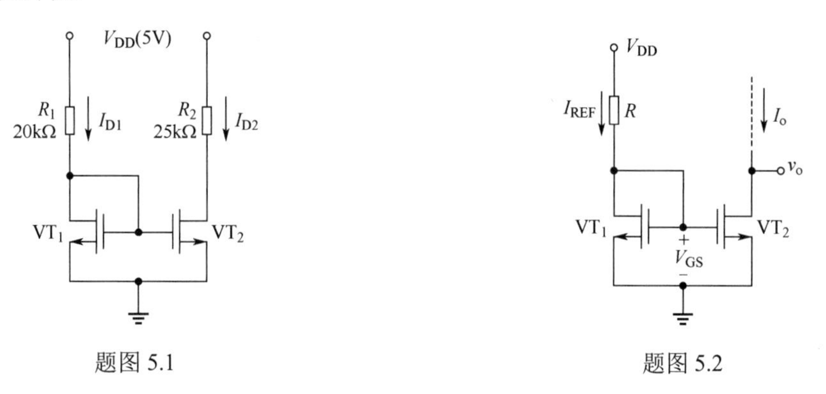

题图 5.1　　题图 5.2

5.4　电流源电路如题图 5.3 所示，设两个晶体管完全匹配，V_{BE}=0.7V，β 足够大，V_A=35V，$R_1 = 14.3\text{k}\Omega$。试求 I_o 和 r_o 的值。

5.5　电路如题图 5.4 所示，两管参数相同，$\beta = 100$，$V_{BE} = 0.7\text{V}$，求输出电流 I_o。

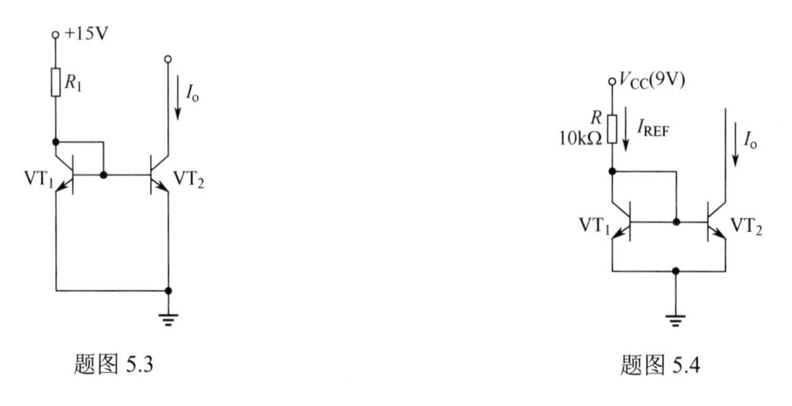

题图 5.3　　题图 5.4

5.6　一电流源电路如题图 5.5 所示，设 VT_1、VT_2 的参数相同，β=100，V_{BE} = −0.6V，$V_{CE(sat)}$ =

-0.3V。若要使 I_o=1mA，$V_{C2}\leqslant 0$，且 $R_1=R_2$，试确定电阻 R_1、R_2 的最大允许值。

5.7　如题图 5.6 所示，假设所有 BJT 均匹配，且 β 都很大，求图中标示的 4 个电流的大小。

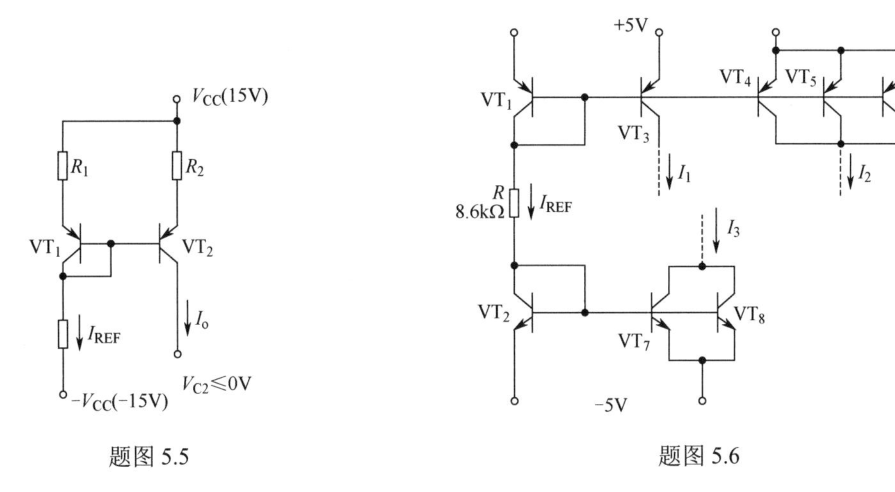

题图 5.5　　　　题图 5.6

5.8　如题图 5.7 所示，已知 $(W/L)_1=(W/L)_2=0.5(W/L)_3$，$(W/L)_4=0.25(W/L)_5$，假设所有晶体管其他参数均匹配，且都工作在饱和区，求电路中的 I_2 和 I_5 的大小。

5.9　如题图 5.8 所示，$I_5=2\text{mA}$，$V_{CC}=-V_{EE}=10\text{V}$，$|V_{BE}|=0.7\text{V}$，$\beta$ 足够大。若各管其他参数匹配，结面积关系为 $A_{E1}:A_{E3}:A_{E5}=1:2:2$，$A_{E2}:A_{E4}=2:1$，则求 R 值及图中所标的其他电流值。

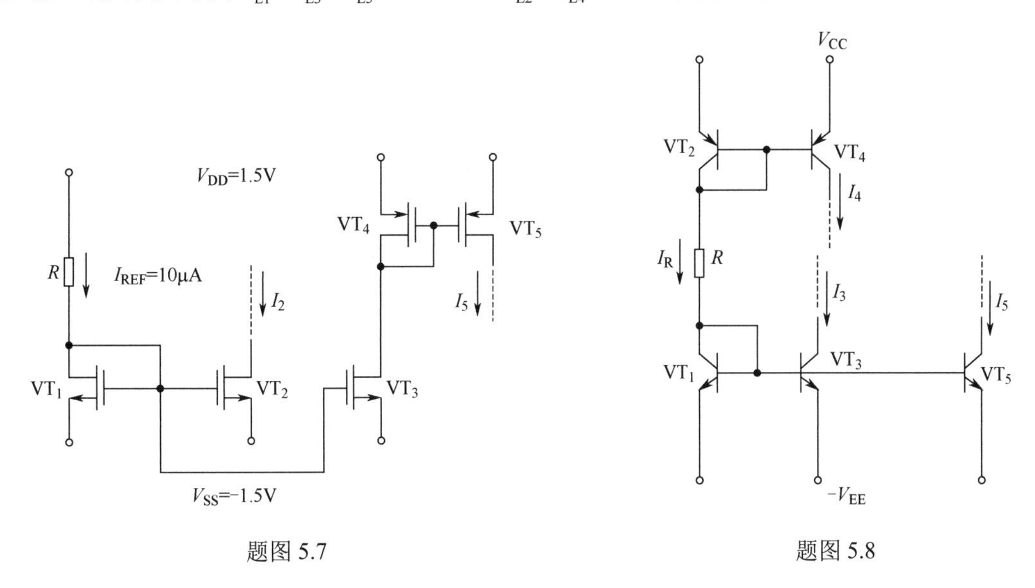

题图 5.7　　　　题图 5.8

5.10　如题图 5.9 所示电路，已知 $W/L=50$，$\mu_n C_{ox}=250\mu\text{A/V}^2$，$V_A=10\text{V}$，恒流源 I 的输出电阻为 400kΩ，$R_L=8\text{k}\Omega$，求：

（1）差分输出时的差模增益 A_d；

（2）如果 R_L 接在 VT_1 的漏极与地之间，求共模抑制比（CMRR）。

5.11　电路如题图 5.10 所示，$V_{tp}=-0.8\text{V}$，$k'_n(W/L)=3.5\text{mA/V}^2$，$|V_{Ap}|=10\text{V}$，恒流源输出电阻为 400kΩ，求：

（1）V_G、V_D 和 V_S；

（2）当 $v_o=v_{d2}-v_{d1}$ 时差模增益为 A_{vd}；

（3）单端输出时共模增益 $|A_{vcm}|$ 和 CMRR。

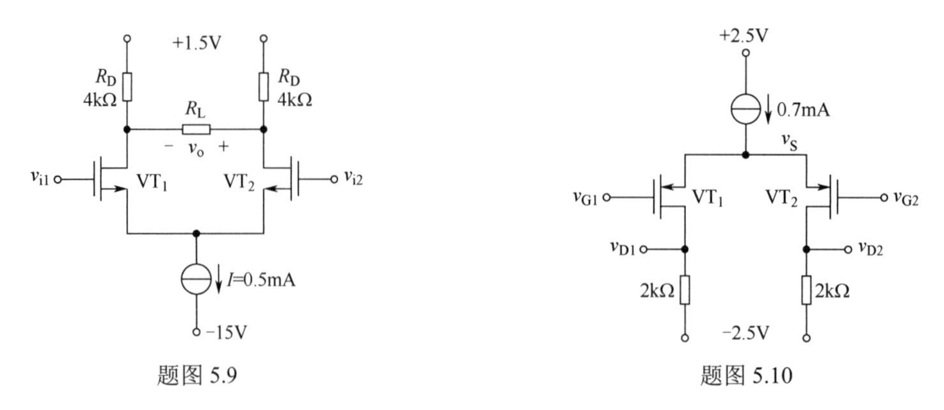

题图 5.9　　　　题图 5.10

5.12　如题图 5.11 所示，$V_{DD}=V_{SS}=3.5V$，$R_D=10k\Omega$，$I_{SS}=0.4mA$。除 W/L 值之外，所有 MOS 器件的其他参数一致，其中 $k'_n=100\mu A/V^2$，$V_t=0.6V$，$V_A\to\infty$。令 VT_3 和 VT_4 的 W/L 值大小一致，且为 VT_1 和 VT_2 中 W/L 值的两倍，若要使得 $A_{vd}=10V/V$，则求所有 MOS 管的 W/L 值，同时确定电阻 R 的值。

5.13　电路如题图 5.12 所示，NMOS 差分放大器由 $I_{SS}=0.2mA$ 的电流源提供偏置，电流源的输出电阻 $R_{SS}=100k\Omega$。放大器的漏极电阻 $R_D=10k\Omega$，$V_{DD}=V_{SS}=2.5V$。使用的晶体管的 $k'_n(W/L)=3mA/V^2$，$V_t=0.8V$，且 r_o 很大。

（1）求直流工作点电压 V_D 和 V_S。

（2）如果是单端输出，求 $|A_{vd}|$、$|A_{vcm}|$ 和 CMRR。

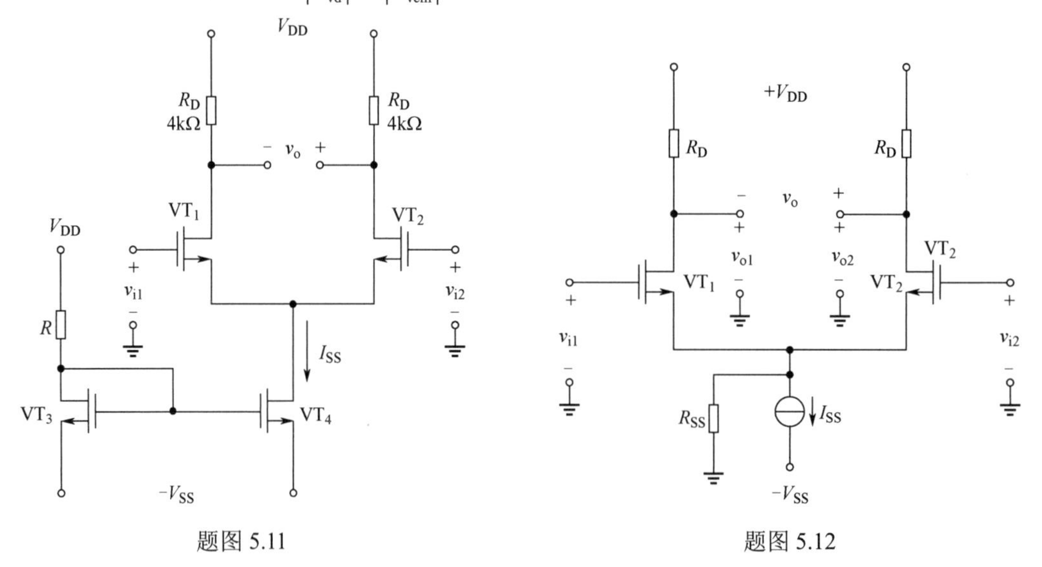

题图 5.11　　　　题图 5.12

5.14　如题图 5.13 所示，设晶体管参数 $\beta=100$，$V_{BE}=0.6V$。求：

（1）静态工作点；

（2）差模电压增益 A_d；

（3）当 v_i 为一直流电压 16mV 时，计算输入端信号的差模分量与共模分量。

5.15　差分放大电路如题图 5.14 所示，设两管的特性相同，$\beta=100$，V_{BE}=0.7V，r_o 可忽略，求：

（1）差模电压放大倍数 $A_{vd}=v_o/v_i$；

（2）差模输入电阻 R_{id} 和差模输出电阻 R_{od}；

（3）VT_1 单端输出时的差模电压放大倍数 A_{vd1}；

（4）单端输出时的共模抑制比（CMRR）。

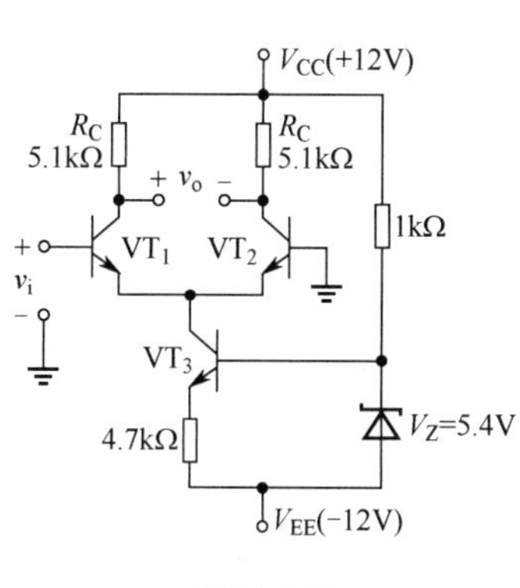

题图 5.13

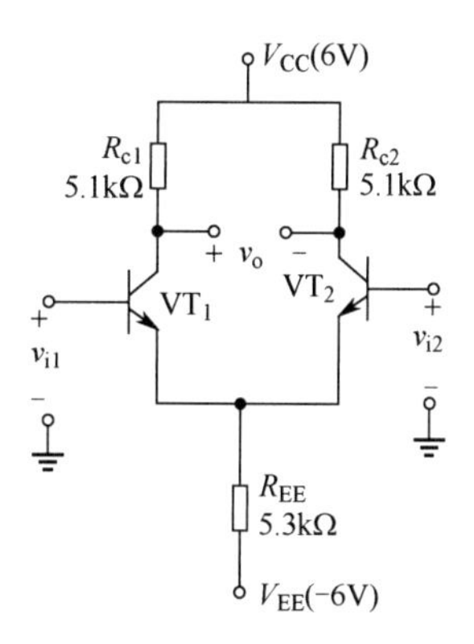

题图 5.14

5.16　如题图 5.15 所示，已知晶体管的参数相同，$\beta=100$，$V_{BE}=0.7V$，静态时 $V_o=5V$。

（1）估算 R_e 的值。

（2）求差模放大倍数 A_{vd} 的值。

（3）求共模放大倍数 A_{vcm} 的值。

5.17　在题图 5.16 所示的两级直接耦合放大电路中，$V_{BEQ1}=V_{BEQ2}=0.7V$，已知 $R_{b1}=240k\Omega$，$R_{c1}=3.9k\Omega$，$R_{c2}=500\Omega$，稳压管 VD_2 的工作电压 $V_Z=4V$，晶体管 VT_1 的 $\beta_1=45$，VT_2 的 $\beta_2=40$，$V_{CC}=24V$，试计算各级的静态工作点 I_{C1}、V_{CE1} 和 I_{C2}、V_{CE2}。

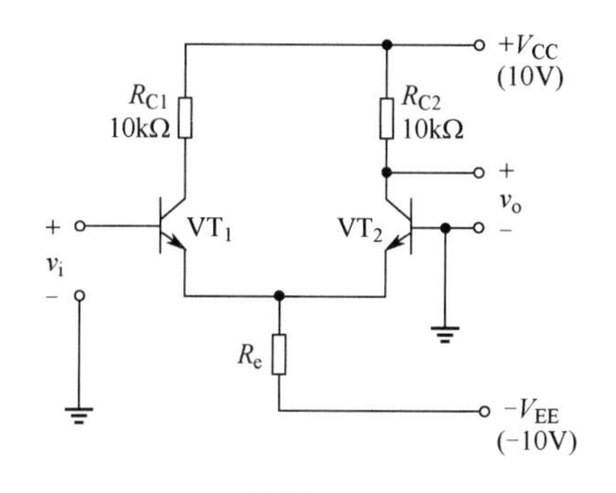

题图 5.15

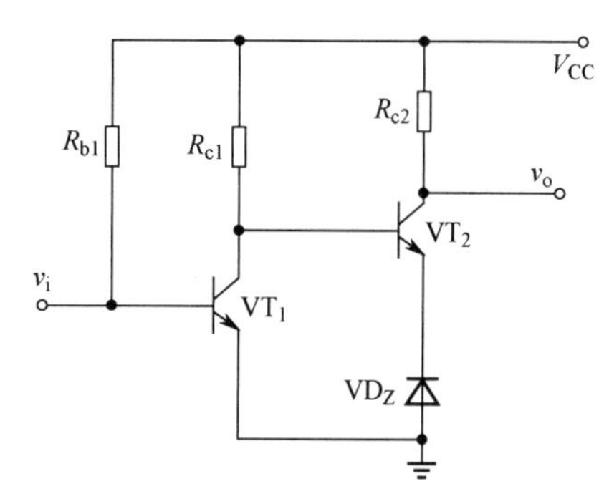

题图 5.16

5.18　两级阻容耦合放大电路如题图 5.17 所示，设旁路电容和耦合电容的容抗可忽略不计。（1）画出整个电路在中频段的小信号模型电路；（2）写出第一级放大电路的电压增益 A_{v1} 的表达式；（3）写出放大电路总的电压放大倍数 A_v 的表达式。

5.19　如题图 5.18 所示的一个三级级联电流放大器系统，已知第一级的 $R_{i1}=100k\Omega$、$A_{is1}=10A/A$，$R_{o1}=10k\Omega$；第二级的 $R_{i2}=10k\Omega$、$A_{is2}=1A/A$，$R_{o2}=100\Omega$；第三级的 $R_{i3}=1k\Omega$、$A_{is3}=100A/A$，$R_{o3}=1k\Omega$；若 $R_{sig}=10k\Omega$、$R_L=1k\Omega$。

（1）求电路的源电流增益 A_{is}。

（2）若输入信号 $i_{sig}=1mA$，求输出电流 i_o。

（3）求三级电流放大器的 R_i 和 R_o。对于第二级放大器而言，其输入电阻就是第一级放大器的什么电阻？第二级的输出电阻就是第三级放大器的什么电阻（信号源内阻/输入电阻/输出电阻/负载电阻）？

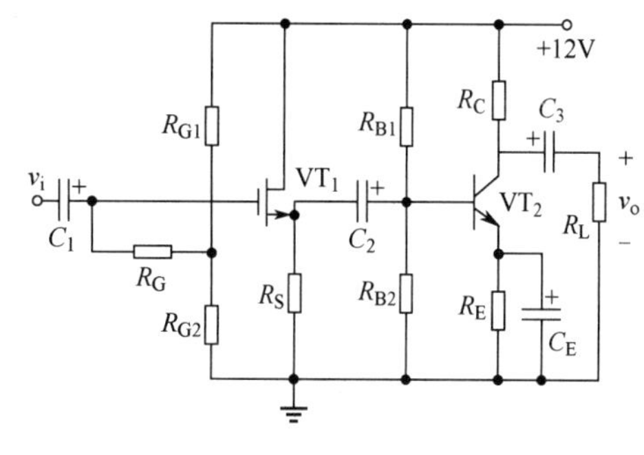

题图 5.17

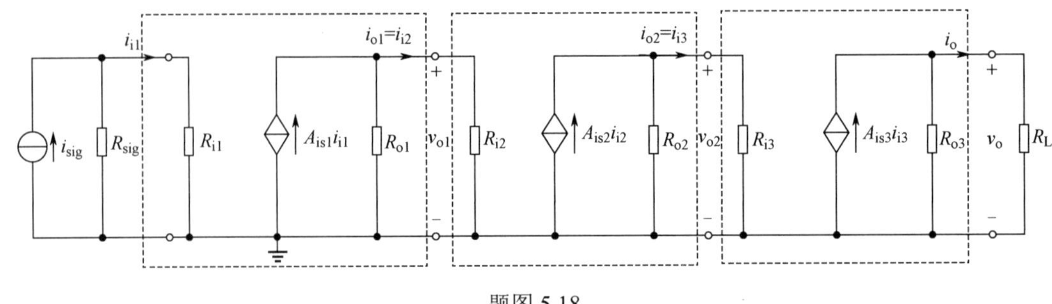

题图 5.18

5.20　电路如题图 5.19 所示。问：

（1）该电路名称是什么？

（2）直流偏置 V_{BLAS} 在电路中的作用是什么？

（3）与单级的共射放大器相比，级联对开路电压增益、输出电阻以及带宽产生何种影响（增大/不变/减小）？

5.21　题图 5.20 中给出了折叠型 Cascode 放大器的其中两种可能实现的形式。假定对于 BJT 管，$\beta = 200$，$|V_A| = 100V$；对于 MOSFET 管，$k'_n(W/L) = 2mA/V^2$，$|V_A| = 50V$，$|V_t| = 0.6V$。已知 $I = 0.5mA$，$V_{BIAS} = 2V$，$|V_{CE(sat)}| = 0.2V$。假设电流源 I 和 $2I$ 是理想的。对于每个电路，求：

（1）VT_1 的偏置电流；

（2）VT_1 和 VT_2 节点之间的电压（假定 $|V_{BE}| = 0.7V$）；

（3）每个器件的 g_m 和 r_o；

（4）v_o 的最大允许值；

（5）输入电阻；

（6）画出小信号等效电路模型。

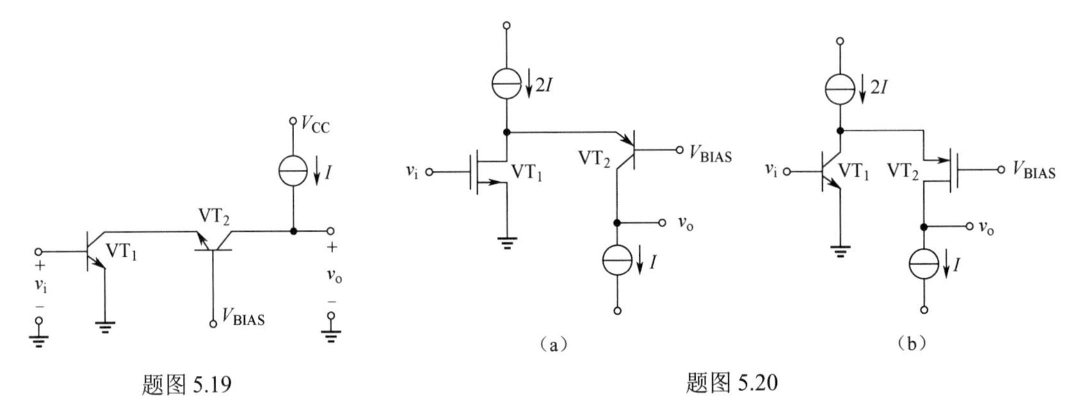

题图 5.19　　题图 5.20

5.22　某集成运算放大器的单元电路如题图 5.21 所示，设 V_{CC}、R、晶体管的 β、V_{BE} 和 V_A 均为已知，VT_1、VT_2 的特性相同。

（1）写出 I_R 和 I_{c2} 的表达式。

（2）写出 VT_2 集电极的输出电阻的表达式。

5.23　如题图 5.22 所示，已知各晶体管 $|V_{BE}| = 0.7V$，$|V_{A1}| = |V_{A2}| = 50V$，$\beta_1 = 50$，$\beta_2$ 和 β_3 很大。

（1）假设 VT_2 的集电结面积和 VT_3 相等，求 I 的值；

（2）求 A_v、R_i 和 R_o 的值。

5.24　如题图 5.23 所示，已知 $V_{tn} = |V_{tp}| = 0.6V$，$\mu_n C_{ox} = 200\mu A/V^2$，$\mu_p C_{ox} = 65\mu A/V^2$，$V_{An} = 20V$，$|V_{Ap}| = 10V$，$I_{REF} = 200\mu A$。对于 VT_1、VT_2 有 $L = 0.4\mu m$，$W = 4\mu m$，对于 VT_3 有 $L = 0.4\mu m$，$W = 8\mu m$。求 A_v、R_i 和 R_o。

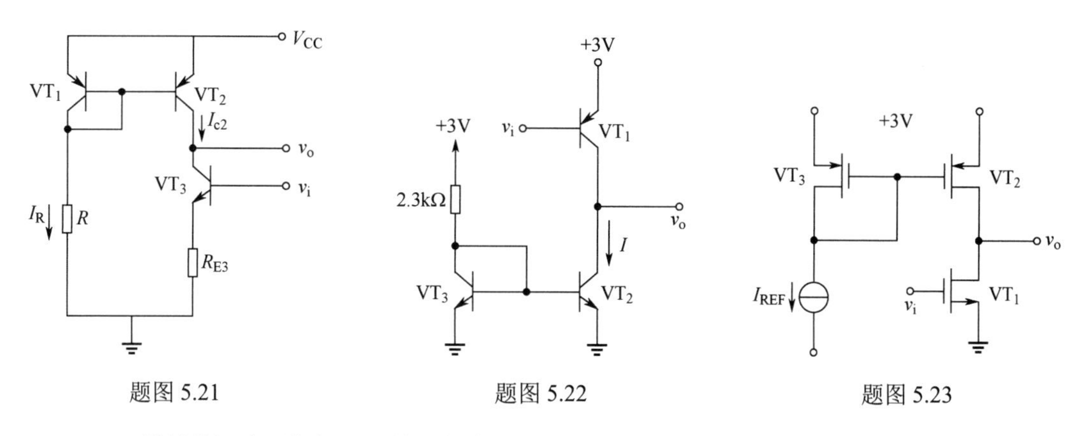

题图 5.21　　题图 5.22　　题图 5.23

5.25　（设计题）如题图 5.24 所示电路，假设 VT_2 发射结的面积是 VT_3 的 5 倍，各晶体管的 $|V_{BE}| = 0.7V$，β_2、β_3 均很大。

（1）设计 R 值，使参考电流 $I_{REF} = 0.1mA$。

（2）若放大器的输出电阻 $R_o = 50k\Omega$，求 A_v。

5.26　在题图 5.25 所示的有源负载差分放大器中，若所有晶体管的 $k'_n(W/L) = 3.2mA/V^2$，$|V_A| = 20V$，当增益为 $v_o / v_{id} = 80V/V$ 时，求偏置电流 I。

5.27　在图题 5.26 所示的有源负载差分放大器中，所有晶体管的 $k'_n(W/L) = 0.2mA/V^2$，$|V_A| = 20V$。若 V_{DD}=5V 且输入信号接近于地，当 I=100μA 时，计算 VT_1 和 VT_2 的 g_m，以及 VT_2 和 VT_4 的输出电阻、总输出电阻及电压增益。当 I=400μA 时，重新求解上述参数。

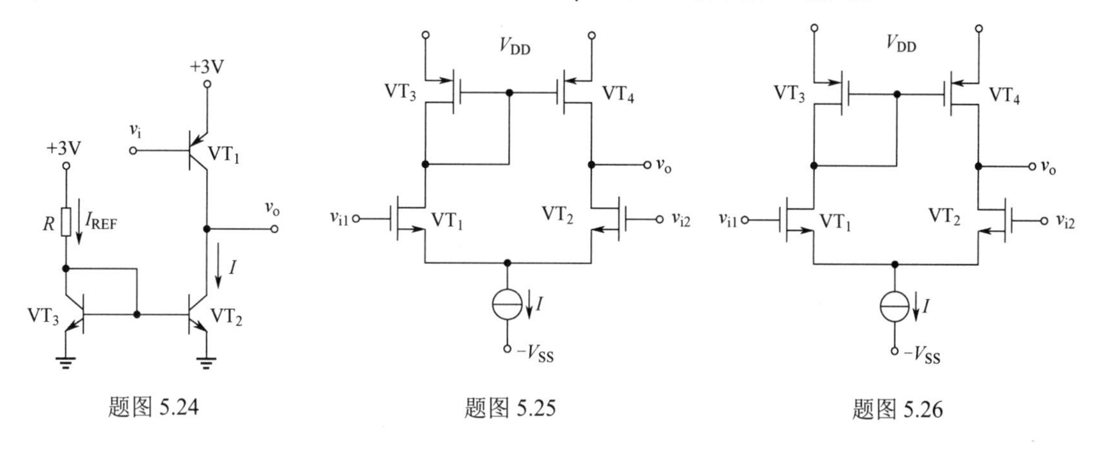

题图 5.24　　题图 5.25　　题图 5.26

5.28　在题图 5.27 所示的有源负载差分放大器中，已知 4 个晶体管的参数相同，$\beta = 100$，$V_A = 100V$，$|V_{BE}| = 0.7V$，I=2mA，$V_{CC} = -V_{EE} = 12V$，$R_L = 200k\Omega$。求差模电压增益、差模输入电阻和输出电阻。

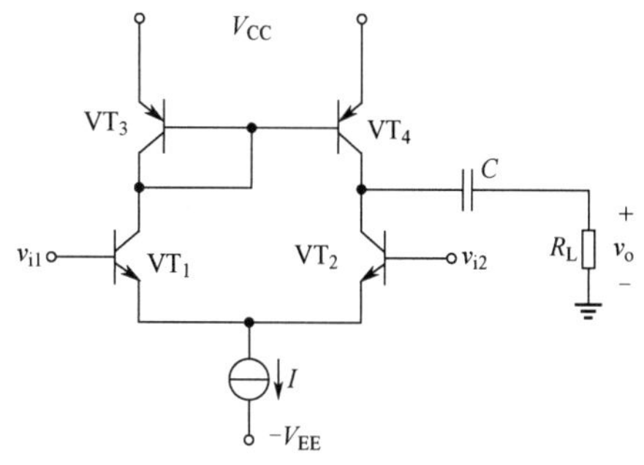

题图 5.27

5.29　电路如题图 5.28 所示，设各管的 $|V_A|$ 都很大，各晶体管的 $\beta = 100$，$|V_{BE}| = 0.7V$，场效应管 VT_1、VT_2 的 g_m 均为 2.5mS，VT_3 与 VT_4、VT_1 与 VT_2、VT_5 与 VT_6 特性分别对称，$R = 23.3k\Omega$，试求：

（1）I_{D1Q} 和 I_{D2Q}；

（2）说明 VT_3、VT_4 的作用；

（3）差模电压增益 $A_{vd} = v_o / v_i$。

5.30　题图 5.29 所示的两级 CMOS 采用统一工艺制造，导电沟道长度 L=1μm，其中 $k'_n = 2.5k'_p = 100\mu A/V^2$，

$V_{tn}=-V_{tp}=0.75\text{V}$，$V_{An}=10\text{V}$，$V_{Ap}=20\text{V}$，且所有晶体管均被设计工作在$|V_{OV}|=0.25\text{V}$。假定电路在±2.5V 电压下工作，利用$I_{REF}=100\mu\text{A}$。

（1）通过读图，指出每个元件在电路中的功能或作用（提示：电路可划分为 3 个模块）。

（2）指定合适的导电沟道宽度 W_1~W_8，使得每一级放大器的偏置电流源输出均为 100μA。

（3）求每级的单级电压增益、整个电路的总电压增益和整个电路的输出电阻。

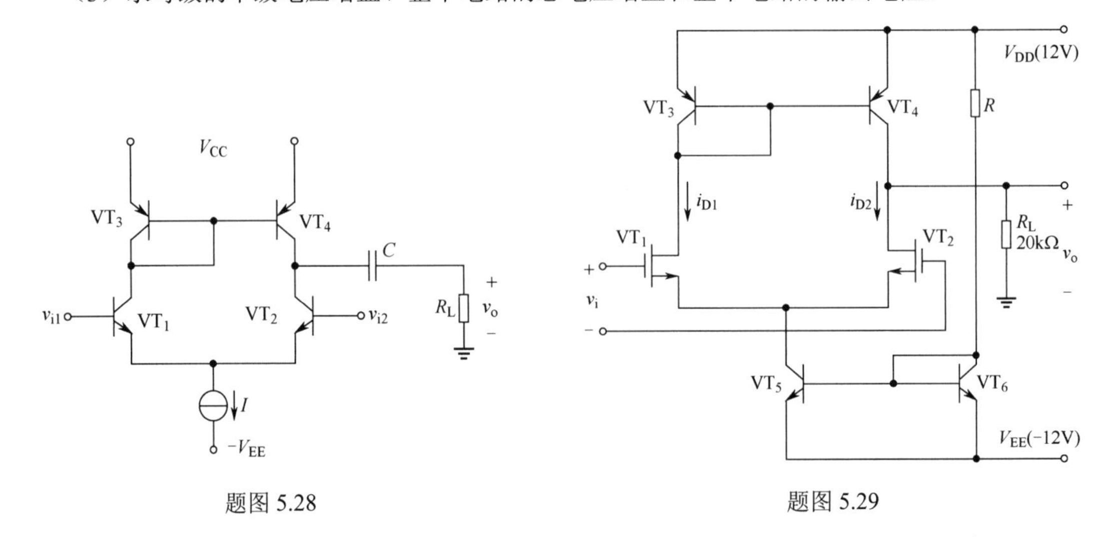

题图 5.28　　　　题图 5.29

5.31　求题图 5.30 中电路的时间常数和频率响应。

5.32　学习附录 C，画出传递函数 $H(\text{j}\omega)=\dfrac{2\times10^3\text{j}\omega}{(\text{j}\omega+10)\left(\text{j}\omega+10^2\right)}$ 的折线波特图。

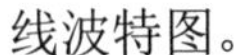

5.33　在题图 5.31 所示的三级放大电路中，A_{v1}、A_{v2} 和 A_{v3} 为各理想电压放大器的增益，它们的输入电阻为无穷大，输出电阻为零。已知$RC_1=10R_2C_2=100R_3C_3$，试画出折线波特图。

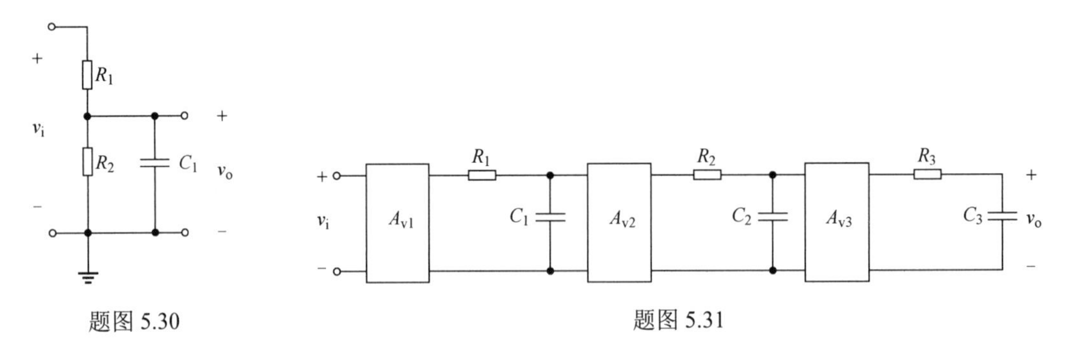

题图 5.30　　　　题图 5.31

5.34　求 MOSFET 工作在 I_D=100μA 和 V_{OV}=0.25V 时的 f_T 值。已知该 MOSFET 的 C_{gs}=20fF，C_{gd}=5fF。

5.35　一个 MOS 共源放大器的等效电路如题图 5.32 所示，分析其高频响应。在这个设计中，$R_{sig}=1\text{M}\Omega$，$R_{in}=5\text{M}\Omega$，$R'_L=100\text{k}\Omega$，$C_{gs}=0.2\text{pF}$，$C_{gd}=0.1\text{pF}$，$g_m=0.3\text{mA/V}$。试用米勒定理估算中频增益、米勒倍增因子和电路的 3dB 频率。

5.36　放大器的模型如题图 5.32 所示，已知$g_m=5\text{mA/V}$，$R_{sig}=150\text{k}\Omega$，$R_{in}=0.65\text{M}\Omega$，$R'_L=10\text{k}\Omega$，$C_{gs}=2\text{pF}$，$C_{gd}=0.5\text{pF}$。试用开路时间常数法求对应的中频电压增益、开路时间常数和 3dB 频率的估计值。

5.37　一个工作在 I_C=2mA 的晶体管，C_μ=1pF，C_π=10pF，β=150。求 f_T 和 f_β的值。

5.38　一个 BJT 工作在 I_C=0.5mA 时，f_T=5GHz，C_μ=0.1pF。计算 C_π、g_m 的值。当β=150 时，求 r_π和 f_β。

5.39　对于单位增益频率为 1GHz 和β_0=200 的 BJT，在什么频率处β的大小变为 20？f_β为多少？

5.40　共射放大器的交流通路如题图 5.33 所示。已知，电路中 I_{CQ}=1mA，器件参数为 f_T=500MHz，β=100，C_μ=0.5pF。

（1）画出放大器的高频小信号等效电路，并求其参数 C_π的值。

（2）求 C_μ等效到输入端的密勒等效电容值 C_{eq}。

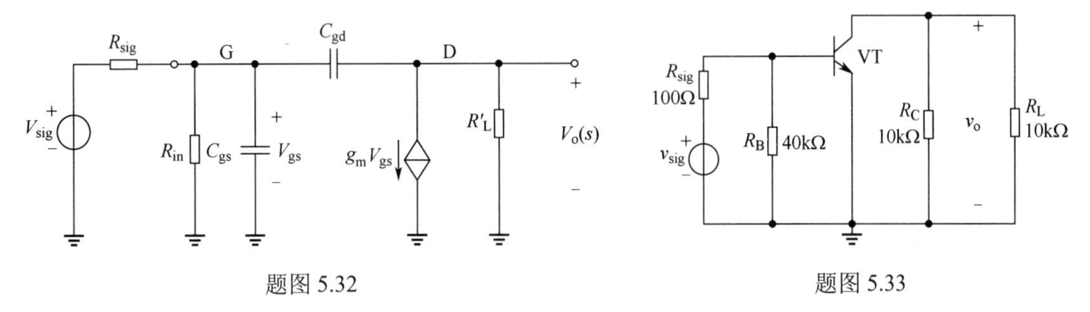

题图 5.32　　　　题图 5.33

5.41　考虑题图 5.34 所示的共射放大器，$R_{sig}=5\text{k}\Omega$，$R_1=33\text{k}\Omega$，$R_2=22\text{k}\Omega$，$R_E=3.9\text{k}\Omega$，$R_C=4.7\text{k}\Omega$，$R_L=5.6\text{k}\Omega$，$V_{CC}=5\text{V}$。当 $\beta_0=120$，$r_o=300\text{k}\Omega$ 以及 $r_x=50\Omega$ 时，发射极直流电流 $I_E\approx0.3\text{mA}$。求输入电阻 R_{in} 和中频增益 A_M。如果指定晶体管 $f_T=700\text{MHz}$，$C_\mu=1\text{pF}$，求上限 3dB 频率 f_H。

5.42　BJT 的有源负载共射放大器如题图 5.35 所示。已知各晶体管$|V_{BE}|$=0.7V，$|V_{A1}|$=$|V_{A2}|$= 50V，β_1=50，β_2 和 β_3 都很大，$C_\pi=10\text{pF}$，$C_\mu=0.5\text{pF}$。

（1）求共射放大器的输出电阻 R_o。

（2）求共射放大器的电压增益 v_o/v_i。

（3）不考虑 VT$_2$ 输出电容的影响，求 f_H 的值（利用米勒等效）。

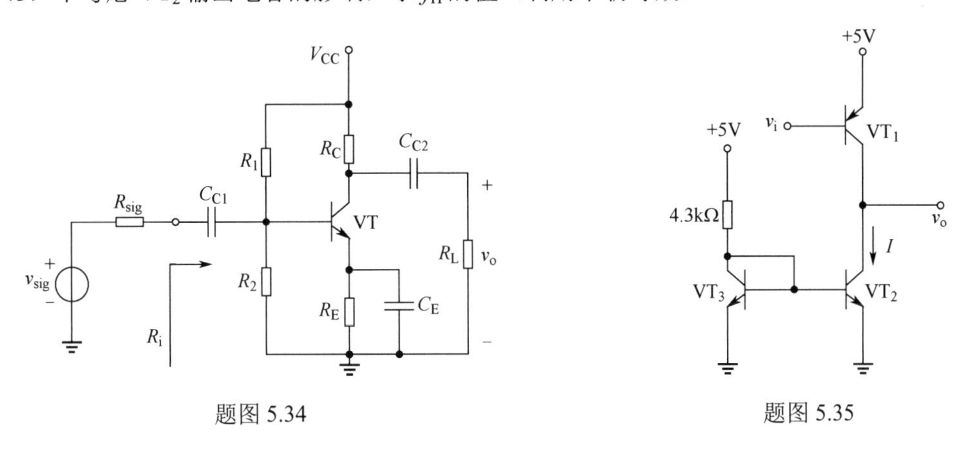

题图 5.34　　　　题图 5.35

5.43　如题图 5.36 所示，已知 $V_{tn}=|V_{tp}|=0.6\text{V}$，$\mu_nC_{ox}=200\mu\text{A/V}^2$，$\mu_pC_{ox}=65\mu\text{A/V}^2$，$V_{An}=|V_{Ap}|=10\text{V}$，$I_{REF}=100\mu\text{A}$，$R_{sig}=5\text{k}\Omega$。所有晶体管的 $L=0.4\mu\text{m}$，$W=0.8\mu\text{m}$，VT$_1$ 的 $C_{gs}=0.02\text{pF}$，$C_{gd}=0.005\text{pF}$。

（1）求中频增益 A_M。

（2）求电流源 VT$_2$ 的输出电阻。

（3）不考虑 VT$_2$ 输出电容的影响，求 f_H 的值（利用米勒等效）。

5.44　电路如题图 5.37 所示，通过下面的一个例子，比较 Cascode 放大器和共源放大器来说明

Cascode 级联的优点。

假定所有 MOS 管工作时 I_D=100μA，g_m=1.25mA/V，r_o=20kΩ，C_{gs}=20fF，C_{gd}=5fF，C_{db}=5fF，最后输出端的 C_L=10fF（包含 C_{db2}）。共源放大器的 $R_L = r_o$=20kΩ，Cascode 放大器的 R_L=20kΩ。当信号源 R_{sig} = 10 kΩ 时，试求两种放大器各自的 A_v、f_H 以及增益带宽积 f_t。

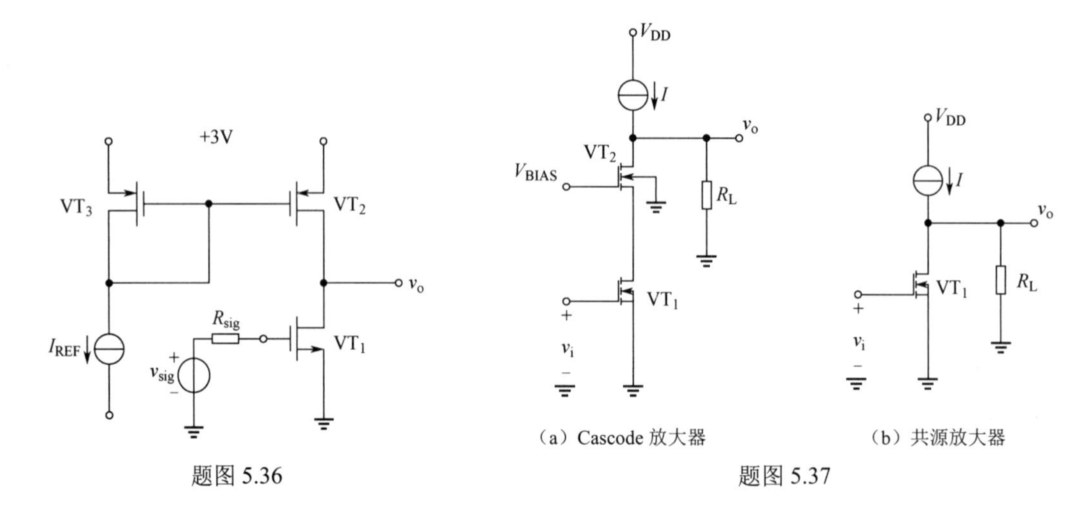

（a）Cascode 放大器　（b）共源放大器

题图 5.36　　题图 5.37

第 6 章　输出级与功率放大器

本章将重点讨论电压型运算放大器结构中最后一个模块——输出级，微弱的输入信号经过差分输入级和中间放大级的处理后，信号幅值已经非常大，且不再满足放大器进行线性放大所需要的小信号条件，为了驱动后级的电路，最后一级的主要作用就是提高输出信号的功率，因此我们把输出级部分单独提取出来进行介绍。另外，这部分采用的电路结构在独立使用时多用于高功率放大器设计，然而在运算放大器的最后一级，它所提供的输出功率没有一般独立功率放大器那么高。除提供一定的输出功率之外，它的另一个重要功能就是为整个运算放大器提供一个很低的输出电阻，这样能保证经运算放大器处理过的信号可以向后级进行良好的传递。

在 20 世纪 60 年代，电子管功率放大器占据主导地位。随着半导体工艺的逐渐成熟，越来越多的功率放大器采用半导体晶体管器件进行设计，互补对称电路得到广泛应用。

功率放大器（Power Amplifier），简称功放，是一种能够提供足够大输出信号功率，并驱动某些负载的放大器。从能量转换的角度来看，功率放大器和其他放大器没有本质区别，都是在输入信号的作用下，将直流电源的直流功率转换为输出信号功率。然而，功率放大器和其他放大器的着眼点不同：电压电流放大器是小信号放大器，利用小信号微变等效电路计算其动态指标，以获得电压电流增益为目的，主要考虑输入阻抗、输出阻抗和通频带等参数；功率放大器是大信号放大器，以获得功率增益为目的，主要考虑输出功率、效率、非线性失真和安全保护等问题。因此前几章介绍的小信号近似分析法及其等效电路模型在本章都不再适用。

本章首先介绍功率放大器的特点及分类；其次分别介绍 A 类、B 类和 AB 类 3 种模拟功率放大器，以及一种数字功率放大器（D 类）；再次在熟悉基本功率放大器的工作原理和特性的基础上，介绍功率放大器的设计方法；最后以集成音频功率放大器 LM386 为例介绍集成功率放大器。

学习目标

1. 能够说明集成电路的基本特征，能从系统角度分析集成运算放大器的组成结构。
2. 能够根据工程条件和参数，选择合适的输出结构，并确定合适的器件。
3. 能够分析和计算 B 类、AB 类输出级相关参数，并判定性能好坏。

6.1　功率放大器的特点及分类

6.1.1　功率放大器的特点

本节主要针对功率放大器设计时应关注的性能需求展开讨论。在实际的电子电路中，最后一级放大器一般都要承担驱动负载的任务。为了向负载提供足够大的信号功率，功率放大器一般要具备以下特点。

（1）能够输出较大的功率。这里所指的大功率通常是指 1W 以上的功率。为了使负载获得尽可能大的功率，负载上的电压和电流必须都是大信号，因此功率放大器电路中的半导体器件通常工作在极限状态下。为了保证晶体管能安全工作，晶体管集电极电流 I_C 应小于集电极最大允许电流 I_{CM}，晶体管集射间电压 V_{CE} 应小于集射间的击穿电压 $V_{BR(CEO)}$，晶体管的平均功率损耗 P_C 应小于允许耗散功率 P_{CM}。

（2）具有较高的功率转换效率。功率放大器是一种能量转换电路。虽然输出功率很高，但直流电源提供的功率也很高，因此转换效率是功率放大器的重要指标之一。假设 P_L 是电路送到负载上的输出功率，P_S 是直流电源提供的功率，P_C 是管耗。转换效率η定义为

$$\eta=\frac{P_{\mathrm{L}}}{P_{\mathrm{S}}}\times 100\%=\frac{P_{\mathrm{L}}}{P_{\mathrm{L}}+P_{\mathrm{C}}}\times 100\% \tag{6.1}$$

（3）具有较小的非线性失真。功率放大器在大信号作用下，可能会工作在晶体管特性曲线的非线性区域，而且输出功率越大，非线性失真越严重。可见，非线性失真和输出功率是一对矛盾。在能量传输场合，首先要考虑的是输出功率的大小，此时非线性失真问题就降为其次了。在测量系统和电声设备的应用场合中，非线性失真问题则成为主要矛盾。

非线性失真会使输出信号中产生其他频率成分，引起波形畸变。模拟电路中有一个衡量功率放大器设计好坏的重要指标，称为总谐波失真系数（THD），用输出信号的总谐波分量的均方根值与基波分量有效值的百分比来表示。谐波失真是由系统不完全线性造成的。目前一般的数字音响设备能够输出谐波失真低于0.002%的信号。

（4）功率管散热问题。功率管是电路中最容易受到损坏的器件。其主要原因是晶体管的实际耗散功率超过了额定数值。功率管的耗散功率取决于晶体管内部集电结的结温。当温度超过晶体管能够承受的最高温度时，电流急剧增大而使晶体管烧坏（硅管的温度范围为120～200℃，锗的温度范围为85℃左右）。如果要保证晶体管的结温不超过允许值，就要将产生的热量散发出去。散热效果越好，相同结温下允许的管耗越大，输出功率就越大。

6.1.2　功率放大器的分类

功率放大器种类的划分主要由功率放大器输出级的电路形式以及功率放大器管的导电方式决定。按功率放大器中功率放大器管的导电方式不同，功率放大器可分为A类、B类、AB类、C类和D类。其中，A类、B类、AB类和C类又称为模拟功率放大器，它们之间相互区分的主要依据是功率放大器管在一个信号周期内信号导通角不同。D类功率放大器中的功率放大器管工作于开关状态，因而又被称为数字功率放大器。

A类工作状态下的器件，在信号的整个周期内都是导通的，导通角θ为360°，如图6.1（a）所示。理论上，电阻负载的A类功率放大器的转换效率最高为25%[①]。其主要原因是静态工作点电流大，故管耗大，效率很低，因此A类输出级一般不在大功率电路中采用。前几章中介绍的小信号放大器一般都工作在A类状态下。

B类工作状态下的器件，只在信号的半个周期内导通，导通角θ为180°，如图6.1（b）所示。B类输出级一般采用推挽工作方式，用两个晶体管轮流导通的方法，使负载上得到完整的输出波形。由于功率放大器管导通压降的存在，当输入信号小于导通压降时，输出为零，会产生一段死区电压，从而导致输出波形产生交越失真。由于无输入信号时，晶体管的静态电流等于零，因此晶体管的管耗较小，理论上B类功率放大器的转换效率最高可达78.5%。

AB类工作状态下的器件，在信号大半个周期内是导通的，导通角θ略大于180°远小于360°，如图6.1（c）所示。一般采用两管轮流导通的推挽工作方式。与B类工作状态不同的是，当输入信号为零（静态）时，两个晶体管处于微导通状态，因此在输入信号很小时，输出信号能跟随输入信号做线性变换，克服了B类工作状态下产生的交越失真。AB类功率放大器的转换效率在A类和B类之间。

C类工作状态下的器件，只在信号的小半个周期内导通，导通角θ低于180°，如图6.1（d）所示，得到的是一串脉冲信号。C类工作状态的输出功率和转换效率是几种工作状态中最高的。高频功率放大器多工作在C类状态下。C类功率放大器的电流波形失真太大，因而不能用于低频功

---

① 如果在放大器的输入、输出级分别采用变压器进行耦合并实现阻抗匹配，那么A类功率放大器的最高转换效率理论上会达到50%。

率放大，只能采用调谐回路作为负载的谐振功率放大。由于调谐回路具有滤波能力，回路电流和电压近似于正弦波形，失真很小。C 类工作状态一般使用在射频功率放大器电路中，属于高频功率放大器，不是本书讨论的范围。

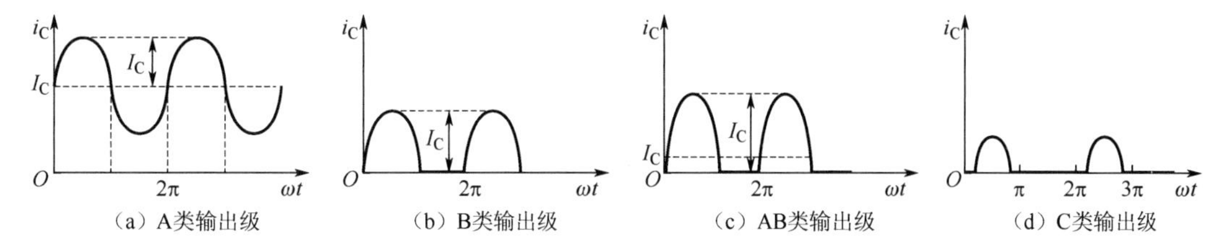

（a）A类输出级　（b）B类输出级　（c）AB类输出级　（d）C类输出级

图 6.1　晶体管集电极电流波形

由上述各类功率放大器的基本原理可知，影响上述功率放大器效率的基本因素是无信号时工作电流所形成的直流功率损耗。在无信号时，电流越大，则直流损耗越大，效率越低。为此，要提高效率则应降低工作点，使无信号输入时，也没有直流损耗。但是，信号导通角越小，波形的失真则越大，输出信号中谐波成分增加，这两个要求是互相矛盾的。如果输入波形边沿很陡峭，降低工作点后，对导通角影响很小，那么失真劣化不大而效率又可以得到提高。波形陡峭的极端状态是输入信号为矩形波，这种波形无论偏置如何变化，由于前后边沿是垂直升降的，导通状态都不会发生变化，这样就诞生了工作于脉冲放大状态的 D 类功率放大器。

在 D 类功率放大器工作过程中，功率放大器管工作于开关状态，无信号输入时无电流，而导通时没有直流损耗。事实上，由于关断时器件尚有微小漏电流，而导通时器件并没有完全短路，尚有一定的管压降，因此存在较少直流损耗，效率不能达到 100%，实际效率为 80%～95%，是实用的各类功率放大器中效率最高的。

本章主要介绍 A 类、B 类、AB 类和 D 类功率放大器输出级的电路结构、传输特性、输出功率以及转换效率等问题。这几类功率放大器的输出级被广泛地应用在音频放大器中。

6.2　A 类功率放大器

6.2.1　电路结构和传输特性

本章之前所介绍的各种电压电流放大器，其晶体管在信号的整个周期内都工作在放大状态，这类电路结构均称为 A 类结构。在各种 A 类结构中，源极和射极跟随器（CD 和 CC 放大器）具有高电流增益、低输出阻抗的特点，因此可以获得较大的功率增益和较强的驱动负载的能力，是 A 类功率放大器输出级中最常见的电路结构。

用恒流源作为偏置的 A 类功率放大器输出级电路如图 6.2 所示。图中，电阻 R 、晶体管 VT_2 和 VT_3 构成恒流源，为放大管 VT_1 提供静态电流，同时作为 VT_1 的有源负载。输入信号 v_I 加在放大管 VT_1 的基极，输出取自 VT_1 的发射极，故 VT_1 为射极跟随器结构。其输出电压 v_O 与输入电压 v_I 的关系为

$$v_O = v_I - v_{BE1} \tag{6.2}$$

v_{BE1} 的大小与射极电流 i_{E1} 和负载电流 i_O 都有关。下面忽略 v_{BE1} 相对于电流的变化，来判断输出电压 v_O 的变化范围。

当 v_I 处于正半周，且 VT_1 处于临界饱和状态时，v_O 的正向幅值最大。假设 VT_1 的饱和压降为 $V_{CE1(sat)}$，则

$$v_{Omax} = V_{CC} - V_{CE1(sat)} \tag{6.3}$$

当 v_I 处于负半周时，会面临 VT_1 截止或 VT_2 饱和的情况。当 VT_1 截止时，

$$v_{Omin} = -IR_L \tag{6.4}$$

当 VT_2 饱和时，

$$v_{\text{Omin}} = V_{\text{CE2(sat)}} - V_{\text{CC}} \tag{6.5}$$

一般情况下，由式(6.5)计算得到的 v_{Omin} 值比式(6.4)的计算值更小。因此，射极跟随器的传输特性曲线如图6.3所示。

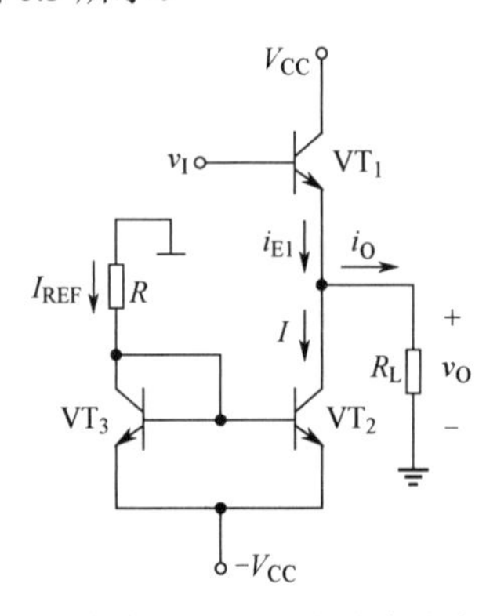

图6.2 用恒流源作为偏置的A类功率放大器输出级电路

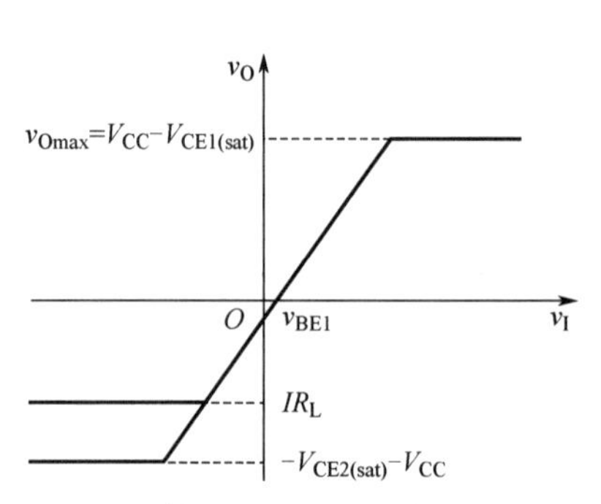

图6.3 射极跟随器的传输特性曲线

6.2.2 输出平均功率及转换效率

由图6.3可知，当输入信号为正弦信号时，若忽略晶体管的饱和压降，且设置合适的偏置电流 I，则输出电压 v_O 的取值在 $\pm V_{CC}$ 之间。图6.4所示为A类输出级电路中 v_O 和 v_{CE1} 的波形图。

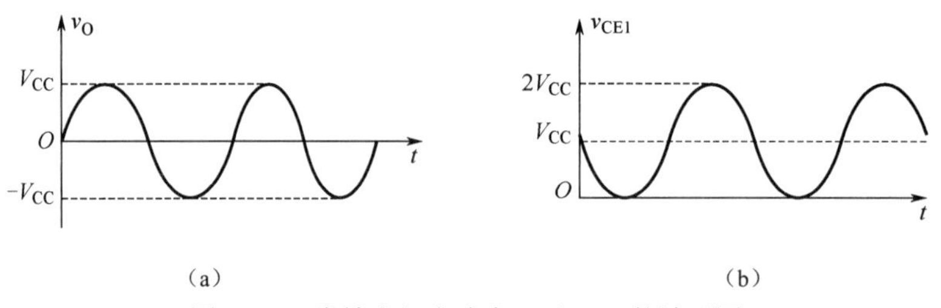

图6.4 A类输出级电路中 v_O 和 v_{CE1} 的波形图

假设偏置电流 I 允许的最大反向负载电流等于 V_{CC}/R_L，则 VT_1 的集电极电流波形和 VT_1 的瞬时功耗如图6.5所示，其中 VT_1 的瞬时功耗 $p_{C1} = v_{CE1} i_{C1}$。

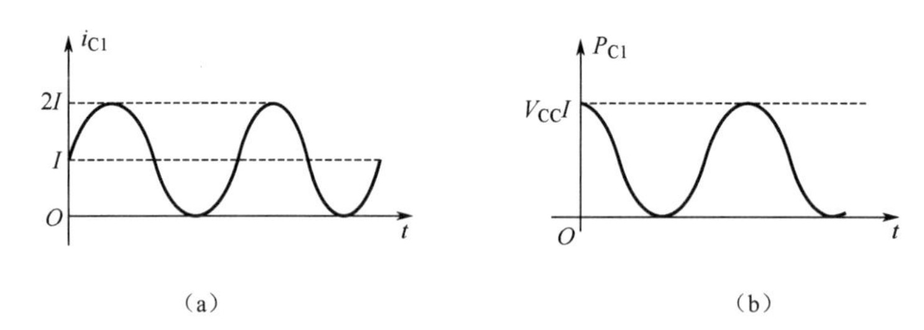

图6.5 VT_1 的集电极电流波形和 VT_1 的瞬时功耗（条件：$R_L = V_{CC}/I$）

由图6.5（b）可知，VT_1 的瞬时功耗最大为 $V_{CC}I$，即 VT_1 的静态功耗。

1. 输出平均功率

假设输出正弦波信号的峰值电压为 V_{OM}，则负载上的平均功率为

$$P_L = \left(\frac{V_{OM}}{\sqrt{2}}\right)^2 \times \frac{1}{R_L} = \frac{1}{2}\frac{V_{OM}^2}{R_L} \tag{6.6}$$

2. 晶体管的平均管耗

VT_1的功耗与负载电阻R_L的大小有关。考虑以下两种极限情况。

（1）假设$R_L \to \infty$，VT_1的电流$i_{E1} = I$。当$v_O = -V_{CC}$时，VT_1集射间的电压v_{CE1}可达到最大值，即

$$v_{CE1} \approx V_{CC} - (-V_{CC}) = 2V_{CC} \tag{6.7}$$

此时VT_1获得的最大功耗为

$$P_{C1max} = 2V_{CC}I \tag{6.8}$$

但这种情况持续时间非常短，因此设计时不用太保守。在$R_L \to \infty$的条件下，VT_1的平均管耗为$P_{C1} = V_{CC}I$。

（2）另一种极端情况是负载$R_L = 0$，即输出短路。此时，将有相当大的电流流过VT_1。如果短路时间过长，VT_1的功耗将导致结温的升高，当结温超过允许值时，VT_1将被烧毁。故在实际应用中，输出级通常采用短路保护措施。

在设计图 6.2 所示电路时，还需要考虑 VT_2 的管耗。其最大瞬时管耗也是当$v_O = V_{CC}$时$P_{C2} = 2V_{CC}I$，但其平均管耗为$P_{C2} = V_{CC}I$。

3. 功率转换效率

因为流过VT_1和VT_2的电流均是I，正负直流电源提供的总的平均功率为

$$P_S = 2V_{CC}I \tag{6.9}$$

由功率转换效率的定义可得

$$\eta = \frac{P_L}{P_S} \times 100\% = \frac{1}{2}\frac{V_{OM}^2}{R_L} / 2V_{CC}I \tag{6.10}$$

当$V_{OM} = V_{CC} = IR_L$时，负载获得最大功率P_{Lmax}，代入式(6.10)可得

$$\eta_{max} = 25\% \tag{6.11}$$

需要说明的是，在实际电路应用中，为了避免晶体管进入饱和区，实际的功率转换效率一般为 10%～20%。注意，我们在前面也给出过说明，如果在放大器的输入、输出级分别采用变压器进行耦合并实现阻抗匹配，那么 A 类功率放大器的最高转换效率理论上会达到 50%，这类电路结构实现请读者自行查阅。

6.3 B 类功率放大器

B 类输出级参数与分析

A 类功率放大器虽然失真很小，但由于工作在放大区，当输入信号为零时，负载和晶体管都要消耗直流功率，因此效率很低。B 类输出级采用的是双电源互补推挽工作方式。采用两个晶体管的发射结零偏置，由信号电压使两管轮流导通半个周期，因此静态时负载和晶体管上没有功耗，效率大大提高。由于两个晶体管各自只导通半个周期，在交替工作之后，负载上就可以得到一个完整的正弦波电压。虽然 B 类输出级的输出波形会因为晶体管导通压降的存在而产生交越失真，但这个问题可以在 6.4 节中得到解决。

6.3.1 电路结构和工作原理

B 类输出级的电路结构如图 6.6 所示，该电路又称为无输出电容（Output Capacitorless）双电源互补对称功率放大器，简称 OCL 放大器。

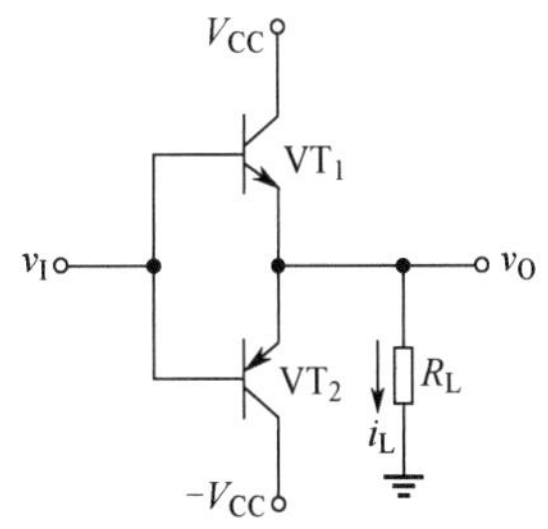

图 6.6 B 类输出级的电路结构

图中VT_1为 NPN 管，VT_2为 PNP 管，要求VT_1和VT_2的特性对称一致。当$v_I = 0V$时，由于该电路结构完全对称，因此$v_O = 0V$，VT_1和VT_2均截止，故电路中的静态工作点I_B、I_C和

V_{BE} 均为 0。

假设 $v_I = V_m \sin \omega t$ ，且晶体管的死区压降均为 0.5V。当 v_I 为正半波且大于晶体管的死区压降 0.5V 时，VT_1 导通、VT_2 截止，电路为由 VT_1 组成的射极跟随器结构，如图 6.7（a）所示。流过负载 R_L 的电流 i_L 由 VT_1 提供，$v_O \approx v_I$。

当 v_I 为负半波且小于−0.5V 时，VT_1 截止、VT_2 导通，电路为由 VT_2 组成的射极跟随器结构，如图 6.7（b）所示。流过负载 R_L 的电流 i_L 由 VT_2 提供，$v_O \approx v_I$。

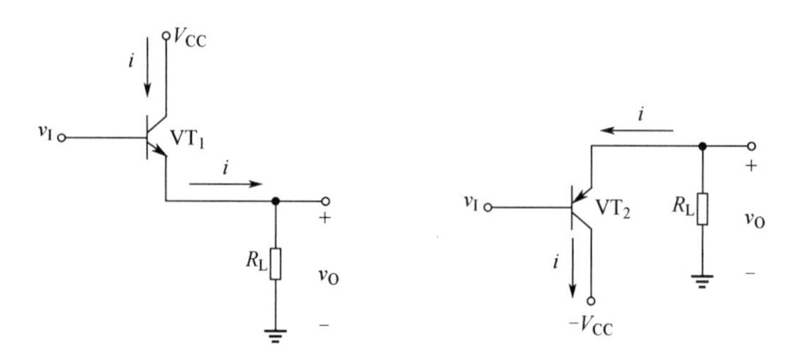

（a）v_I 正半周时 VT_1 构成的射极跟随器　　（b）v_I 负半周时 VT_2 构成的射极跟随器

图 6.7　两管轮流导通时的电路

当 $-0.5V < v_I < 0.5V$ 时，VT_1、VT_2 均截止，此时 $v_O = 0$。

由以上分析可知，在输入信号 v_I 的一个周期 T 内，VT_1、VT_2 轮流导通，电路的工作方式是推挽的。流经负载 R_L 的电流 i_L 在前后半个周期内大小相等、方向相反，输出信号 v_O 在一个周期内合成之后为一个完整的正弦波。这种电路结构中的两管可以弥补对方的不足，故称为互补对称结构。

6.3.2　传输特性

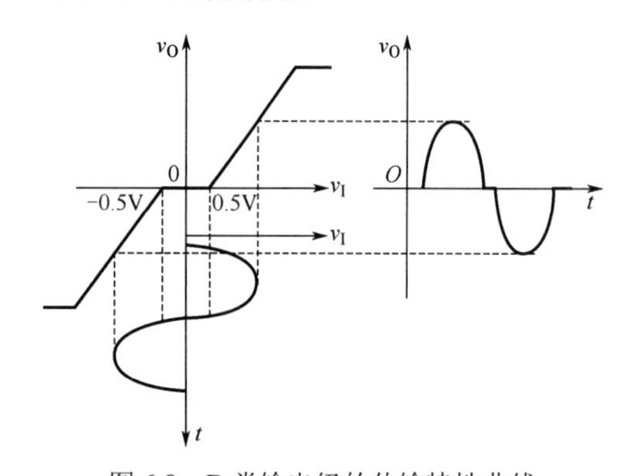

图 6.8　B 类输出级的传输特性曲线

B 类输出级的传输特性曲线如图 6.8 所示。

由图 6.8 可知，当 $-0.5V < v_I < 0.5V$ 时，VT_1、VT_2 均截止，$v_O = 0$。只有当 $v_I > 0.5V$ 或 $v_I < -0.5V$ 时，输出信号 v_O 才会随 v_I 线性变化。若输入信号 v_I 为正弦波，则输出波形 v_O 中会出现一段输出为零的死区电压，这种现象称为交越失真。该失真现象在 v_I 幅值较小的情况下尤其明显。克服交越失真的措施是在输入信号 $v_I = 0$ 时，使每个晶体管处于微导通状态。一旦加入输入信号 v_I，晶体管立刻进入线性工作区域，即 AB 类功率放大器状态。

6.3.3　输出平均功率及转换效率

1. 输出平均功率

忽略交越失真的影响，假设输出信号的幅度为 V_{OM}，当输入信号为正弦波时，电阻负载获得的平均功率为

$$P_L = v_O i_O = \frac{V_{OM}}{\sqrt{2}} \frac{I_{OM}}{\sqrt{2}} = \frac{V_{OM}}{\sqrt{2}} \frac{V_{OM}}{\sqrt{2} R_L} = \frac{1}{2} \frac{V_{OM}^2}{R_L} \tag{6.12}$$

忽略晶体管的饱和压降，输出电压近似等于电源电压 V_{CC}，因此负载获得最大平均功率为

$$P_{Lmax} = \frac{1}{2} \frac{V_{OM}^2}{R_L} \approx \frac{1}{2} \frac{V_{CC}^2}{R_L} \tag{6.13}$$

2．直流电源提供的功率以及管耗的计算

如图 6.7 所示，由于正负直流电源的供电时间各自只有半个信号周期，因此每个直流电源电压提供的电流平均值为

$$\overline{i}=\frac{1}{2\pi}\int_0^{2\pi}i\mathrm{d}\omega t\approx\frac{1}{2\pi}\int_0^{2\pi}\frac{v_\mathrm{o}}{R_\mathrm{L}}\mathrm{d}\omega t=\frac{1}{2\pi}\int_0^{\pi}\frac{V_\mathrm{OM}\sin\omega t}{R_\mathrm{L}}\mathrm{d}\omega t=\frac{V_\mathrm{OM}}{\pi R_\mathrm{L}}\tag{6.14}$$

则每个直流电源提供的平均功率相等且等于

$$P_\mathrm{S+}=P_\mathrm{S-}=V_\mathrm{CC}\overline{i}=\frac{1}{\pi}\frac{V_\mathrm{OM}}{R_\mathrm{L}}V_\mathrm{CC}\tag{6.15}$$

由式(6.15)可得，两个直流电源提供的总功率为

$$P_\mathrm{S}=P_\mathrm{S+}+P_\mathrm{S-}=\frac{2}{\pi}\frac{V_\mathrm{OM}}{R_\mathrm{L}}V_\mathrm{CC}\tag{6.16}$$

由能量守恒可得 B 类输出级的平均管耗 $P_\mathrm{C}=P_\mathrm{S}-P_\mathrm{L}$，则将式(6.12)和式(6.16)代入可得

$$P_\mathrm{C}=\frac{2}{\pi}\frac{V_\mathrm{OM}}{R_\mathrm{L}}V_\mathrm{CC}-\frac{1}{2}\frac{V_\mathrm{OM}^2}{R_\mathrm{L}}\tag{6.17}$$

式(6.17)两边对 V_OM 进行求导，并令 $\frac{\mathrm{d}P_\mathrm{C}}{\mathrm{d}V_\mathrm{cm}}=0$，可得平均管耗的最大值，以及最大值时的 V_OM 值。

$$\frac{\mathrm{d}P_\mathrm{C}}{\mathrm{d}V_\mathrm{OM}}=\frac{2}{\pi}\frac{V_\mathrm{CC}}{R_\mathrm{L}}-\frac{V_\mathrm{OM}}{R_\mathrm{L}}=0\tag{6.18}$$

由式(6.18)可得 $V_\mathrm{OM}=\frac{2V_\mathrm{CC}}{\pi}$。当 $V_\mathrm{OM}=\frac{2V_\mathrm{CC}}{\pi}$ 时，可以获得最大平均管耗为

$$P_\mathrm{Cmax}=\frac{2V_\mathrm{CC}^2}{\pi^2R_\mathrm{L}}\tag{6.19}$$

由于两管完全对称，每管的管耗为总管耗的一半，即

$$P_\mathrm{CNmax}=P_\mathrm{CPmax}=\frac{V_\mathrm{CC}^2}{\pi^2R_\mathrm{L}}\approx0.2P_\mathrm{Lmax}\tag{6.20}$$

3．转换效率

将式(6.12)和式(6.16)代入功率转换效率的定义式，可得 B 类输出级功率转换效率为

$$\eta=\frac{P_\mathrm{L}}{P_\mathrm{S}}=\frac{1}{2}\frac{V_\mathrm{OM}^2}{R_\mathrm{L}}/\frac{2}{\pi}\frac{V_\mathrm{OM}}{R_\mathrm{L}}V_\mathrm{CC}=\frac{\pi}{4}\frac{V_\mathrm{OM}}{V_\mathrm{CC}}\tag{6.21}$$

当 $V_\mathrm{OM}\approx V_\mathrm{CC}$ 时，可得 B 类输出级功率放大器电路的最大转换效率为

$$\eta=\frac{P_\mathrm{Lmax}}{P_\mathrm{S}}\times100\%=\frac{\pi}{4}\times100\%=78.5\%\tag{6.22}$$

在实际应用中，考虑交越失真和饱和压降的存在，B 类输出级转换效率一般在 60%左右。

例 6.1　在图 6.6 所示的电路中，假设输入电压 v_i 为正弦波，已知 $V_\mathrm{CC}=15\mathrm{V}$，$R_\mathrm{L}=10\Omega$，晶体管的饱和压降 $V_\mathrm{CE(sat)}=0.3\mathrm{V}$。试求：

（1）负载上可能获得的最大输出功率和转换效率；

（2）若输入电压的有效值为 5V，求负载上获得的功率、管耗、直流电源提供的功率。

解：（1）

$$P_\mathrm{Lmax}=\frac{(V_\mathrm{CC}-V_\mathrm{CE(sat)})^2}{2R_\mathrm{L}}=\frac{(15-0.3)^2}{2\times10}\approx10.8\mathrm{W}$$

$$\eta=\frac{\pi}{4}\frac{V_\mathrm{OM}}{V_\mathrm{CC}}=\frac{\pi}{4}\frac{V_\mathrm{CC}-V_\mathrm{CE(sat)}}{V_\mathrm{CC}}=\frac{\pi}{4}\frac{15-0.3}{15}=76.93\%$$

（2）因为每个管导通时电路都是射极跟随器结构，电压增益约等于 1，因此 $V_\mathrm{OM}=A_\mathrm{v}V_\mathrm{iM}\approx5\sqrt{2}\mathrm{V}$，所以

$$P_{\mathrm{L}}=\frac{1}{2}\frac{V_{\mathrm{OM}}^{2}}{R_{\mathrm{L}}}=\frac{1}{2}\frac{(5\sqrt{2})^{2}}{10}=2.5\mathrm{W}$$

$$P_{\mathrm{C1}}=P_{\mathrm{C2}}=\left(\frac{2}{\pi}\frac{V_{\mathrm{OM}}}{R_{\mathrm{L}}}V_{\mathrm{CC}}-\frac{1}{2}\frac{V_{\mathrm{OM}}^{2}}{R_{\mathrm{L}}}\right)/2=\left(\frac{2}{\pi}\times\frac{5\sqrt{2}\times15}{10}-\frac{1}{2}\frac{(5\sqrt{2})^{2}}{10}\right)/2=2.13\mathrm{W}$$

$$P_{\mathrm{S}}=P_{\mathrm{S+}}+P_{\mathrm{S-}}=\frac{2}{\pi}\frac{V_{\mathrm{OM}}}{R_{\mathrm{L}}}V_{\mathrm{CC}}=\frac{2}{\pi}\times\frac{5\sqrt{2}}{10}\times15=6.76\mathrm{W}$$

6.3.4 采用复合管的 B 类输出级

虽然集成运算放大器的输出电流一般为几十毫安，但独立功率放大器的输出级通常要求提供更高的（如几安培以上）输出电流。若功率管基极驱动电流在几毫安以下，其电流放大倍数则要在几千甚至几万倍以上了。一般来说，单个功率晶体管不能满足设计需求，因此在输出功率较大的功率放大器电路中，通常采用复合管来提高电流的放大能力。

复合管是指由两个或两个以上的晶体管按照一定方式连接，组成一个等效的晶体管。这种等效的晶体管可以全部由 BJT 组成，或者全部由 MOSFET 组成，或者由 BJT 和 MOSFET 组合而成。复合管的类型与组成该复合管的第一个晶体管类型相同，而其输出电流、饱和压降等特性由最后一个晶体管决定。复合管的几种接法如图 6.9 所示。

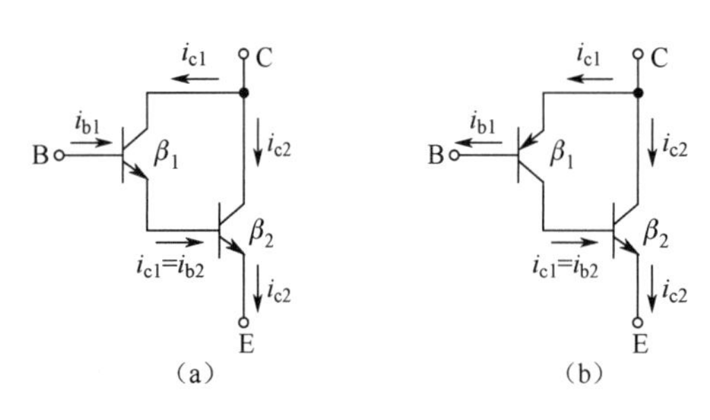

图 6.9 复合管的几种接法

在图 6.9（a）中，CC－CE 复合管可以等效为一个 NPN 管，该复合管结构又称为达林顿电路。由于 IC 设计时无法得到高质量的 PNP 管，因此可以将达林顿电路等效为一个 PNP 管，如图 6.9（b）所示。在图 6.9（a）中，假设两个 BJT 的电流放大倍数分别为 β_1 和 β_2，经过组合后的复合管的电流放大倍数 β 为

$$\beta=\frac{i_{\mathrm{c1}}+i_{\mathrm{c2}}}{i_{\mathrm{b1}}}=\frac{\beta_1 i_{\mathrm{b1}}+\beta_2 i_{\mathrm{b2}}}{i_{\mathrm{b1}}}=\frac{\beta_1 i_{\mathrm{b1}}+\beta_2(1+\beta_1)i_{\mathrm{b1}}}{i_{\mathrm{b1}}}=\beta_1+\beta_2+\beta_1\beta_2\approx\beta_1\beta_2 \tag{6.23}$$

经过组合后的复合管的基极输入电阻 r_π 为

$$r_\pi=\frac{v_\pi}{i_{\mathrm{b}}}=\frac{i_{\mathrm{b1}}r_{\pi1}+i_{\mathrm{b2}}r_{\pi2}}{i_{\mathrm{b1}}}=\frac{i_{\mathrm{b1}}r_{\pi1}+(1+\beta_1)i_{\mathrm{b1}}r_{\pi2}}{i_{\mathrm{b1}}}=r_{\pi1}+(1+\beta_1)r_{\pi2} \tag{6.24}$$

由式(6.23)和式(6.24)可知，CC－CE 复合管具有较高的电流放大倍数，且基极的输入电阻大大增加。同时，BJT 本身固有的穿透电流（I_{CEO}，BJT 基极开路时，集电极与发射极之间的反向电流）也将被放大，如图 6.10 所示。穿透电流实质是反向饱和电流，它只取决于温度和少数载流子的浓度，会随温度的上升而上升，不仅带来功率损耗，还会随温度的变化而变化。此外，前级 BJT 的穿透电流被后级进一步放大后，会导致达林顿管的热稳定性变差，这样会更进一步使穿透电流变大，进入恶性循环。为了减小穿透电流的影响，通常在两个晶体管之间并接一个泄放电阻 R，如图 6.11 所示。R 的分流作用越大，总的穿透电流越小，复合管的电流放大倍数越小。

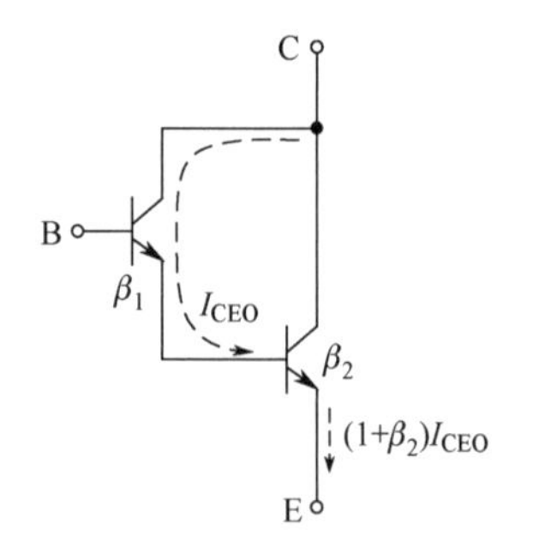

图 6.10 穿透电流

使用复合管的 B 类输出级功率放大器电路如图 6.12 所示。图中，小功率管 $\mathrm{VT_1}$ 和 $\mathrm{VT_3}$ 是不同类型的晶体管，大功率管 $\mathrm{VT_2}$ 和 $\mathrm{VT_4}$ 是相同类型的晶体管。$\mathrm{VT_1}$ 和 $\mathrm{VT_2}$ 组成的复合管相当于一个 NPN 管；$\mathrm{VT_3}$ 和 $\mathrm{VT_4}$ 组成的复合管相当于一个 PNP 管。电阻 R_1 和 R_2 是两个泄放电阻，为了减小穿透电流对输出的影响。

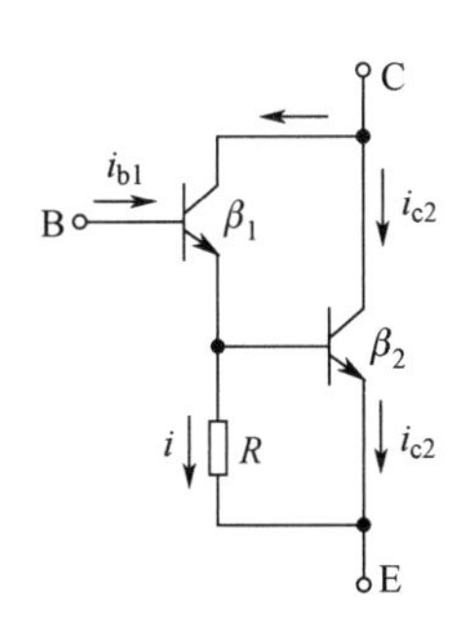

图 6.11　并接泄放电阻后的 CC-CE 复合管

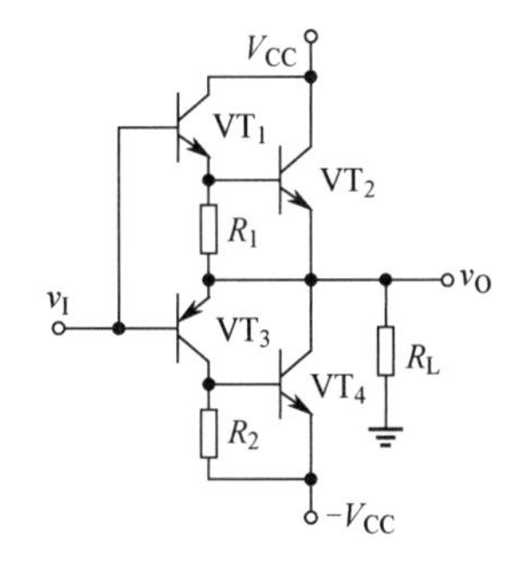

图 6.12　使用复合管的 B 类输出级功率放大器电路

6.4　AB 类功率放大器

由于输入信号要克服功率管发射结的死区电压才能开启，因此 B 类功率放大器的输出波形在正负交越时会产生非线性失真。AB 类功率放大器的设计目标就是消除 B 类输出级结构固有的交越失真，因此在 B 类功率放大器的结构中，给两个互补的功率管分别施加正向偏置，确保它们在输入为零时处于微导通状态，从而消除交越失真。

6.4.1　电路结构和工作原理

基于 BJT 的 AB 类输出级的电路结构如图 6.13 所示。图中 VT_1 为 NPN 管，VT_2 为 PNP 管，要求 VT_1 和 VT_2 的物理特性对称且参数一致。在 VT_1 和 VT_2 的发射结上加偏置电压 V_{BE}，偏置电压 V_{BE} 的大小需满足：在输入电压 v_I 为零时，VT_1 和 VT_2 刚刚开启，均处于微导通状态。只要 v_I 继续增大或减小，两管中的一管将起到电压跟随作用，另一管可视为截止状态。

分析：当 $v_I = 0$ 时，$i_1 = i_2 = I_S e^{V_{BE}/V_T}$，$i_L = 0$，$v_O = 0$。式中，$V_T$ 是热电压常数。

假设 $v_I = V_m \sin \omega t$，且处于正半周，则 VT_1 的发射结上被施加了正增量信号 v_I，在 VT_1 的集电极上产生增量电流，并叠加在直流分量之上。i_1 电流的增大势必引起 v_{BE1} 的增大，而 VT_1 和 VT_2 基极间的直流电压保持在 $2V_{BE}$，因此 VT_2 发射结的电压 v_{BE2} 势必减小，i_2 随之减小。当 v_{BE2} 小于 VT_2 的死区电压时，VT_2 截止，$i_2 = 0$，负载电流 i_L 由 VT_1 提供，负载电压 $v_O = V_{BE} + v_I - v_{BE1}$；反之，当 v_I 处于负半周时，负载电流 i_L 由 VT_2 提供，且输入电压 v_I 越负，VT_1 的电流越小。

由增强型 MOSFET 构成的 AB 类输出级电路结构如图 6.14 所示。如果 VT_1 和 VT_2 相互匹配，并且 v_I=0，那么在 VT_1 的源-栅极两侧施加 $V_{GG}/2$ 电压，则每个晶体管中的静态漏极电流为

$$i_{D1} = i_{DI} = I_{DQ} = \frac{1}{2} k_n' \frac{W}{L} \left(\frac{V_{GG}}{2} - V_t \right)^2 \tag{6.25}$$

式中，V_t 是 MOSFET 的开启电压。

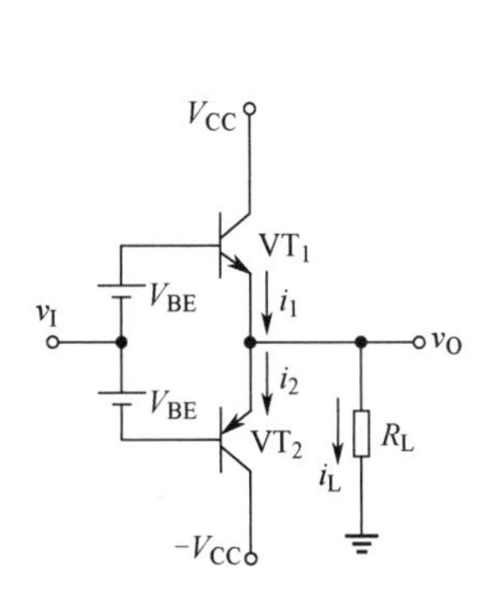

图 6.13　基于 BJT 的 AB 类输出级的电路结构

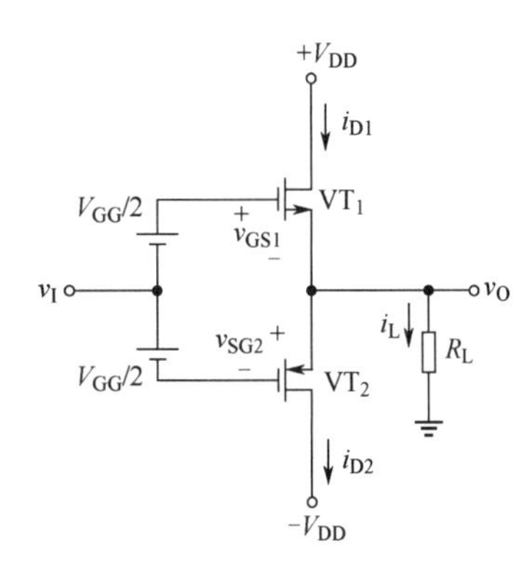

图 6.14　增强型 MOSFET 构成的 AB 类输出级的电路结构

随着v_I的增加，VT_1栅极电压将增加且v_O也增加。晶体管 VT_1 工作在源极跟随器状态，向负载R_L提供电流。由于必须增加i_{D1}来为负载供应电流，因此v_{GS1}也必须增加。假设V_{GG}保持恒定，v_{GS1}的增加则意味着v_{GS2}的减小和相应的i_{D2}的减小。随着v_I变为负值，VT_2栅极电压将减小且v_O也减小。于是，晶体管VT_2工作在源极跟随器状态，从负载吸收电流。

AB类输出级关于功率和效率的计算和B类输出级基本相同，此处不再赘述。

例 6.2　已知图 6.14 所示由 MOSFET 构成的 AB 类输出级，其电路参数为$V_{DD}=10V$和$R_L=32\Omega$。两个晶体管为匹配晶体管，参数为$k_n'(W/L)=0.40A/V^2$，$|V_t|=1V$。当$v_O=8V$时，要求静态漏极电流为负载电流的20%。试求解此时该 AB 类输出级所需要的v_I为多少，其输出功率和效率分别为多少。

解： 当$v_O=8V$时，$i_L=v_O/R_L=8/32=0.25A$

当静态时，即$v_O=0$时，应有$I_{DQ}=0.2i_L=0.05A$，则由MOSFET的转移特性，应有

$$I_{DQ}=0.05=\frac{1}{2}k_n'(\frac{W}{L})(\frac{V_{GG}}{2}-|V_t|)^2=0.2\times(\frac{V_{GG}}{2}-1)^2$$

求解上式，可得

$$\frac{V_{GG}}{2}=1.5V$$

验证：当$v_O=8V$时，若VT_2截止，则$i_{D1}=i_L=0.25A$，应有

$$v_{GS1}=\sqrt{\frac{i_{D1}}{\frac{1}{2}k_n'(\frac{W}{L})}}+|V_t|=\sqrt{\frac{0.25}{0.2}}+1=2.12V$$

此时，VT_2的源-栅电压为

$$v_{SG2}=V_{GG}-V_{GS1}=3-2.12=0.88V<|V_t|$$

上式表明VT_2确实是截止的，VT_1导通，$i_{D1}=i_L$假设成立。

对于正的v_O，输入电压应为

$$v_I=v_O+v_{GS1}-\frac{V_{GG}}{2}$$

可得

$$v_I=8+2.12-1.5=8.62V$$

负载上平均输出功率为　$P_L=V_{OM}^2/2R_L=1W$

其功率转换效率为　$\eta=\frac{\pi}{4}\frac{V_{OM}}{V_{DD}}\times 100\%=62.83\%$

6.4.2 常见的几种AB类功率放大器输出级偏置方式

1. 二极管偏置

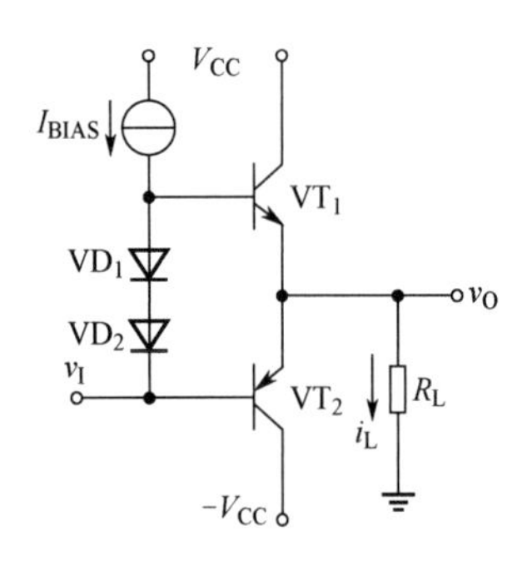

图6.15　利用二极管实现AB类输出级的偏置电路

在图6.15所示的利用二极管实现AB类输出级的偏置电路中，用二极管VD_1和VD_2代替了直流电压源V_{BE}以实现输出级的偏置功能。

要求 VT_1 和 VT_2 的特性对称一致。电流源I_{BIAS}为二极管VD_1 和 VD_2 提供静态电流，VT_1 和 VT_2 中的静态电流为$I=nI_{BIAS}$，其中n为晶体管发射结的结面积与偏置二极管的结面积之比。该电路利用电流源I_{BIAS}在两个二极管 VD_1 和 VD_2上产生正向压降，从而实现对AB类功率放大器输出级的偏置。

当$v_I=0$时，由于VT_1、VT_2的电路完全对称，两管静态电

流相等，负载 R_L 上无静态电流，$v_O=0$。假设 $v_I=V_m\sin\omega t$，由于 VD_1 和 VD_2 的交流电阻很小，可视为短路，因此 VT_1 和 VT_2 的输入信号幅度几乎相等。又由于 VT_1 和 VT_2 的发射结处于微导通状态，因此只要 v_I 大于零或小于零，VT_1 和 VT_2 轮流导通，且 $v_O=v_I$，克服了交越失真。

采用二极管对 AB 类功率放大器进行偏置，可以提高 AB 类输出级晶体管偏置电流的热稳定性。假设两管发射结的电压 V_{BE} 保持不变，由于 AB 类输出级功耗的增加会导致晶体管结温的升高；而晶体管的集电极电流将增大，反过来又引起功耗的增加，这种正反馈机制最后会导致热失控，热失控会导致 BJT 的损坏。

二极管偏置可以对此效应加以补偿。这是因为二极管和输出级晶体管紧密热接触，它们的结温与输出级晶体管升高相同的温度。在 I_{BIAS} 不变的情况下，结温的升高导致二极管正向压降减小，即 V_{BE} 减小，而 V_{BE} 的减小可以抑制晶体管的集电极电流的增大。

2. 电压倍增器偏置

另一种实现偏置的方式利用电压倍增器实现 AB 类输出级的偏置电路，如图 6.16 所示。

偏置电路由晶体管 VT_3、电阻 R_1 和 R_2 以及恒流源 I_{BIAS} 组成。若忽略 VT_3 的基极电流，流过 R_1 和 R_2 的电流 I_R 为

$$I_R=\frac{V_{BE3}}{R_2} \tag{6.26}$$

VT_1 和 VT_2 基极间的电压 V_{BB} 的大小可以由分压电路决定。

$$V_{BB}=I_R(R_1+R_2)=V_{BE3}\left(1+\frac{R_1}{R_2}\right) \tag{6.27}$$

由式(6.27)可知，在功率放大器电路设计时，只要调节电阻 R_2 和 R_1 的比值，就可以实现对 V_{BB} 的调节。在 IC 设计过程中，两个电阻的比值可以做到十分精确。

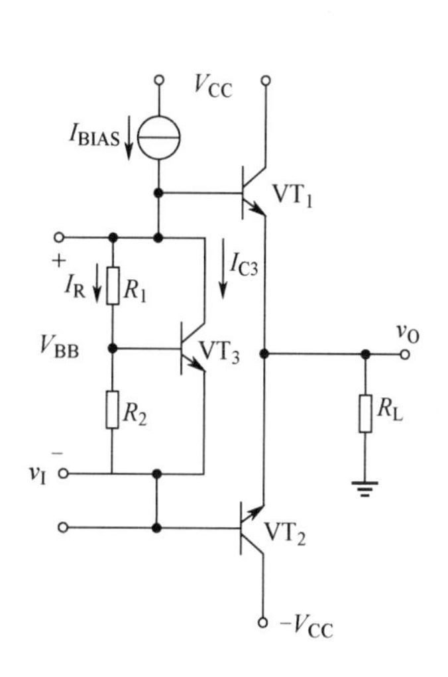

图 6.16　利用电压倍增器实现 AB 类输出级的偏置电路

*6.5　D 类功率放大器

由 6.1 节的论述可知，在 D 类功率放大器输出级中，由于晶体管作为开关工作，而不是像 A 类、B 类、AB 类输出级中那样线性工作，因此 D 类功率放大器的效率非常高，其理论最高效率可达 100%，实际效率可达 80%～95%，广泛应用于音频放大领域。

图 6.17 所示为一个 D 类功率放大器的基本组成框图。它包括一个脉冲宽度调制器、一组作为开关工作的 MOSFET 互补推挽开关放大器，以及一个低通滤波器。大部分的 D 类功率放大器采用双极性电源供电，互补 MOSFET 工作于推挽状态，均作为开关器件使用。图 6.18 给出了 D 类功率放大器完整的信号流图。一个音频小信号输入到系统中，经脉冲宽度调制器调制后生成一个 PWM 信号（调制器实现了电压增益）。PWM 信号驱动 MOSFET 互补推挽开关放大器实现功率放大，输出放大的 PWM 信号。PWM 信号再经过低通滤波器，在输出端产生放大的音频信号，驱动音频负载（一般为扬声器）。

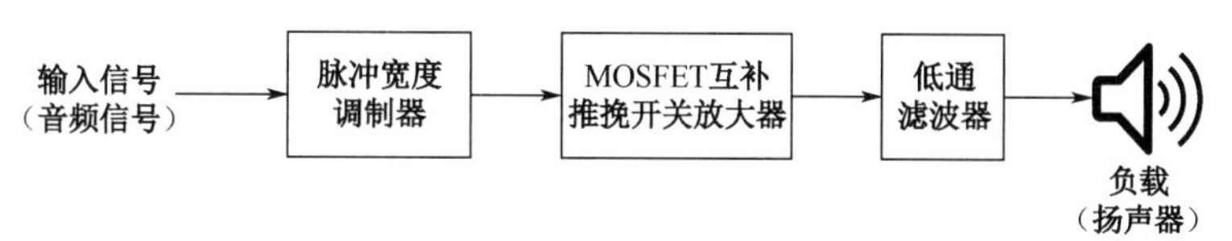

图 6.17　D 类功率放大器的基本组成框图

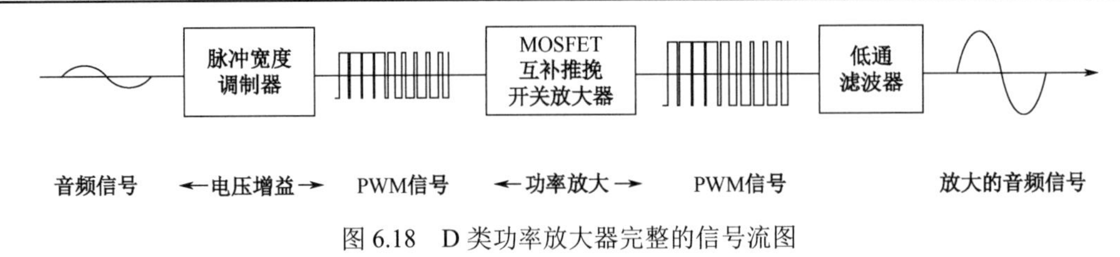

图 6.18 D 类功率放大器完整的信号流图

6.5.1 脉冲宽度调制

1. 脉冲宽度调制的原理

脉冲宽度调制（PWM）是将输入模拟信号转换为一系列脉冲的过程，脉冲宽度与输入信号的幅度成比例变化，如图 6.19（a）所示。当幅度为正时，脉冲宽度较宽；当幅度为负时，脉冲宽度较窄。若输入为 0，则输出为一个方波。

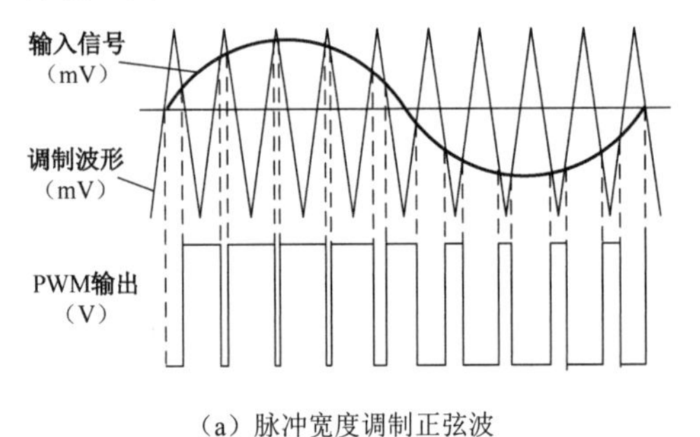

（a）脉冲宽度调制正弦波

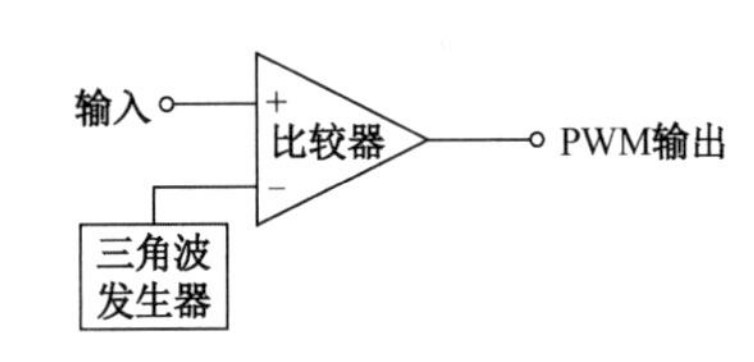

（b）脉冲宽度调制器的原理电路

图 6.19 基本的脉冲宽度调制

PWM 信号一般利用比较器电路（详见第 8 章）来产生。比较器通常由运算放大器构成，当反相输入端电压高于同相输入端电压时，运算放大器输出负饱和电平；反之，如果同相输入端电压高于反相输入端电压，运算放大器输出正饱和电平。图 6.19（b）所示为利用比较器电路生成的 PWM 信号的原理电路。其中，比较器中的运算放大器同相端接输入信号（一个周期的正弦波），反相端接入高频三角波。

比较器的输入一般都比较小（毫伏量级），比较器的输出通常为轨到轨形式，即输出的正的最大值接近于正的直流电源电压，负的最大值接近于负的直流电源电压。±12V 或±24V 是大功率电路中比较常见的输出值。

2. 频谱

频谱是频率谱密度的简称，是信号频率的分布曲线。频谱将对信号的研究从时域引入到频域，从而带来更直观的认识。在信号领域中，所有非正弦信号波形都可以由谐波频率组成。一个特定信号波形包含的所有频率成分构成该信号的频谱。在图 6.19（a）中，当三角波调制输入正弦波时，得到的频谱既包含正弦波的频率 f_{in}，也包含三角波调制信号的基波频率 f_m 及其在基波频率附近的谐波频率。这些谐波频率是由 PWM 信号的快速上升下降区间和脉冲之间的平坦区域造成的。一个 PWM 信号的简化频谱如图 6.20 所示。三角波的频率必须大大高于输入信号的最高频率，这样其最低谐波频率才会高于输入信号频率范围，从而有利于后续的低通滤波器的设计。

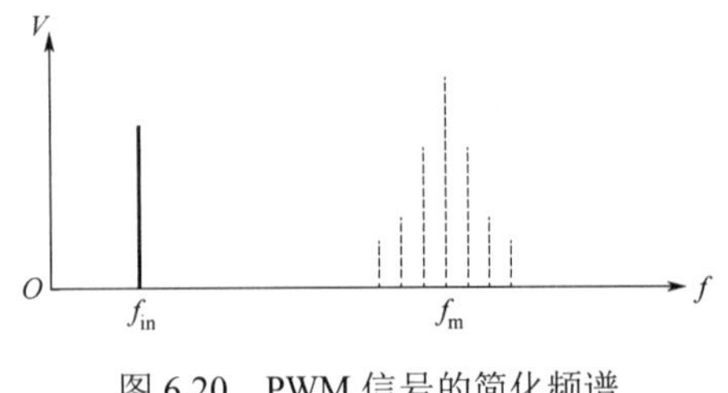

图 6.20 PWM 信号的简化频谱

6.5.2 MOSFET 互补推挽开关放大器

D 类功率放大器的输出级通常将两个功率 MOSFET 设置成共源互补组态来实现，并采用双电源供电。每个晶体管在导通和截止状态之间切换，并且当一个晶体管导通时，另一个截止，如

图 6.21 所示。当一个晶体管导通时，由于它两端的电压非常小，因此即使它上面流过很大的电流，它的功耗也很小；而当晶体管截止时，没有电流流过，因此就没有功率损耗。晶体管的功耗只发生在极短的切换时间里，因而输出级传输给负载的功率可以非常高。

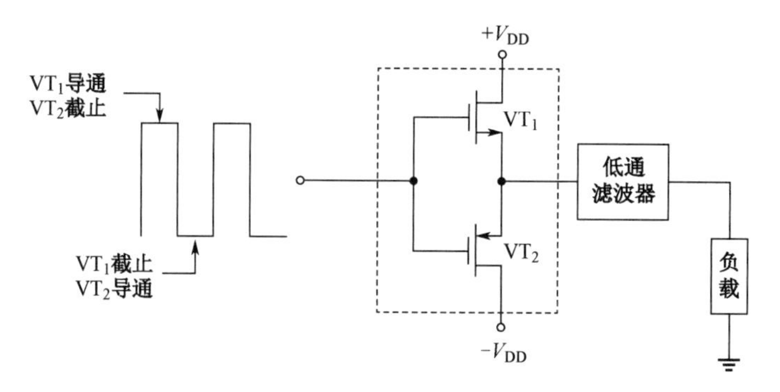

图 6.21　设置成共源互补组态的两个 MOSFET

为了进一步提高电源的利用率和输出效率，可采用 4 个 MOSFET 构成的 H 桥互补输出级，如图 6.22 所示。它由两个 N 沟道 MOSFET 及两个 P 沟道 MOSFET，以及一个反相器组成。

放大器的输入信号由 PWM 控制器的输出信号分成两路提供：一路直接接在左端输入端；另一路经反相器后接入右端输入端。两个输入端的相位总是相反的。同时，桥臂上的 4 个场效应管相当于 4 个开关，其中，P 型管在栅极为低电平时导通，高电平时断开；而 N 型管在栅极为高电平时导通，低电平时断开。如果把 MOSFFET 看作开关，那么图 6.22 可简化为如图 6.23 所示的状态。

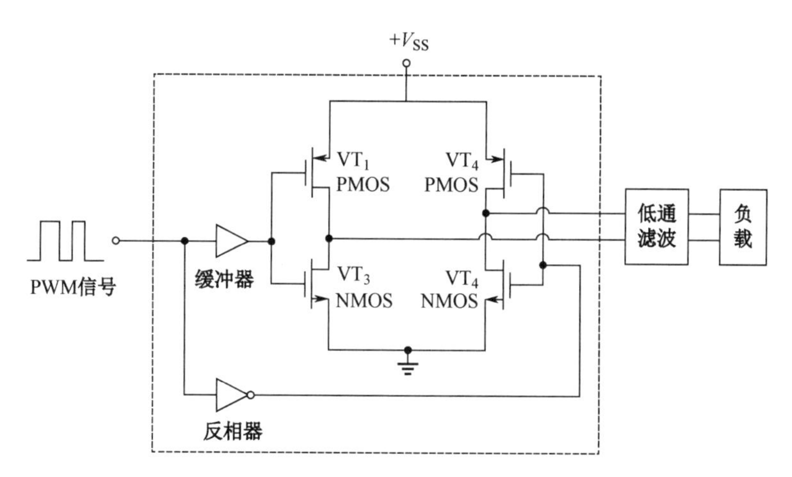

图 6.22　4 个 MOSFET 构成的 H 桥互补输出级

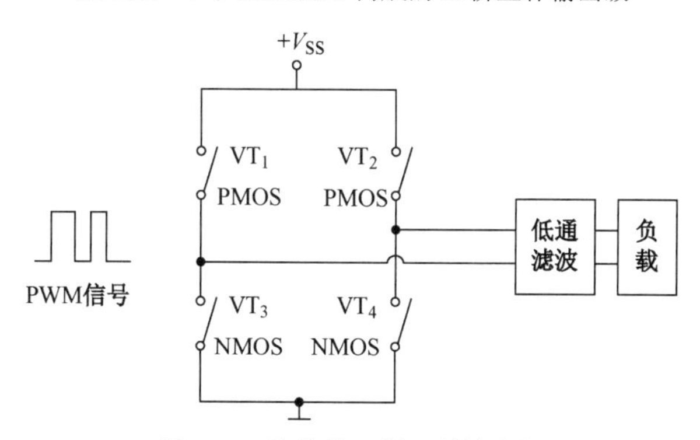

图 6.23　简化的 H 桥互补输出级

H桥互补输出级的工作原理为：当PWM信号为高电平时，VT_2、VT_3导通，VT_1、VT_4断开，电流通过VT_2、VT_3流经负载，如图6.24（a）所示；当PWM信号为低电平时，VT_1、VT_4导通，VT_2、VT_3断开，电流通过VT_1、VT_4流经负载，如图6.24（b）所示。由于负载的阻抗一般很小，因此流过负载的电流很大，实现了功率放大的目的。

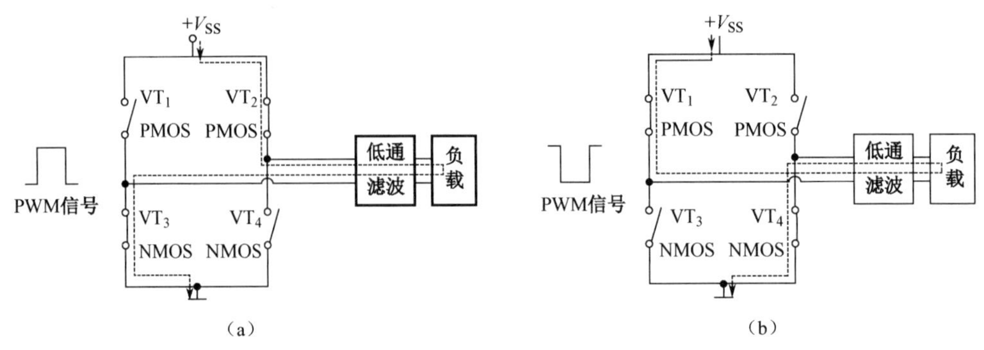

图6.24 H桥互补输出级的工作原理

6.5.3 低通滤波器

低通滤波器用于去除调制频率f_m及其谐波频率成分，从而恢复原始输入信号至输出端。低通滤波器具有仅允许通过输入信号频率的带宽（上限截止频率为f_H）。低通滤波器去除调制频率及其谐波频率成分如图6.25所示。

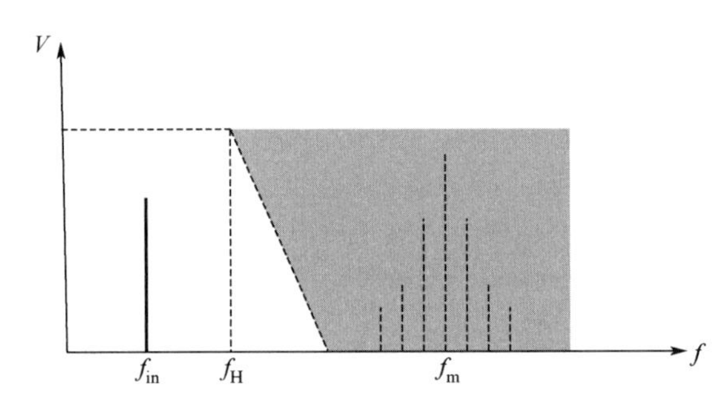

图6.25 低通滤波器去除调制频率及其谐波频率成分

6.6 功率放大器的设计

6.6.1 输出级工作方式的选择

1. A类输出级

A类输出级中晶体管在信号的一个周期内都是导通的，电路具有最佳的线性传输特性，完全不存在交越失真。A类输出级被称为声音最理想的放大器设计，它能提供非常平滑的音质，音色圆润，高音开阔透明。但是这种设计有利也有弊。A类输出级最大的缺点是输出效率太低，大量的功率被消耗在功率管上。一个25W的A类输出级功率放大器提供的输出功率至少可以供100W的AB类输出级功率放大器使用。另外，A类输出级功率放大器的重量和体积都高于AB类输出级，且散热是其最严重的问题。

2. B类输出级

当输入信号为零时，两个功率管不导通，静态功耗为零。当输入信号的绝对值大于功率管发射结的导通压降时，两个功率管将轮流导通，分别在信号的半个周期内完成对波形的线性放大；但是在输入信号的绝对值小于功率管发射结的导通压降时，两管均截止，此时输出信号为零，产生交越失真。纯 B 类输出级构成的功率放大器较少，这是因为交越失真会令声音变得粗糙。B 类输出级产生的功耗比 A 类输出级低，一般会采用较小的散热器。

3．AB 类输出级

与 A 类和 B 类输出级的功率放大器相比，AB 类的工作性能处于折中状态。AB 类功率放大器的功率管有一对偏置电压，在无输入信号作用时，两管处于微导通状态。在输入信号幅度较小时，AB 类输出级具有 A 类输出级优良的线性特性。当输入信号幅度较大时，AB 类输出级就转为 B 类输出级工作状态，以获得较高的转换效率。一个 10W 的 AB 类输出级功率放大器在聆听音乐时只需要几瓦特功率，因此通常工作在 A 类输出级工作方式。当音乐中出现瞬态强音时转换为 B 类输出级工作方式，这样可以改善音质，提高效率和减少功耗。

4．C 类输出级

C 类输出级的导通角小于 180°，通常只应用于射频电路。C 类功率放大器的电流波形失真太大，因而不能用于低频功率放大。通常用 LC 电路将 C 类输出级工作方式下的电流平滑化，或者滤除谐波，以近似得到失真较小的正弦波。单纯的以 C 类输出级工作方式工作的音频功率放大器是很少见的。

6.6.2　功率管的选择

功率放大器电路的器件往往工作在极限应用状态下，因此在功率放大器的设计过程中，应该根据晶体管所能承受的最大管耗、最大管压降和集电极允许的最大电流来选择晶体管。

1．晶体管的最大管耗 P_{CM}

直流电源提供的功率一部分转换成信号功率传递给负载；另一部分将被晶体管消耗，转换成热能。其中，晶体管消耗的功率称为晶体管的管耗。本节讨论当功率放大器的输出级工作在 B 类状态下时，最大管耗的大小和什么因素有关。由式(6.17)可知，B 类输出级中每个晶体管的管耗为

$$P_{C1}=P_{C2}=\frac{1}{\pi}\frac{V_{OM}}{R_L}V_{CC}-\frac{1}{4}\frac{V_{OM}^2}{R_L} \tag{6.28}$$

管耗是 V_{OM} 的函数，对式(6.29)两边进行求导，并令一阶求导等于零。

$$\frac{dP_{C1}}{dV_{OM}}=\frac{V_{CC}}{\pi R_L}-\frac{V_{OM}}{2R_L}=0$$

则 $\frac{V_{CC}}{\pi}-\frac{V_{OM}}{2}=0$，即

$$V_{OM}=\frac{2V_{CC}}{\pi}\approx 0.6V_{CC} \tag{6.29}$$

当 V_{OM} 和 V_{CC} 满足式(6.29)的关系时，P_{C1} 具有最大值，最大值 P_{C1M} 和 P_{C2M} 为

$$P_{C1M}=P_{C2M}=\frac{1}{\pi^2}\frac{V_{CC}^2}{R_L} \tag{6.30}$$

由于 B 类输出级的最大输出功率 $P_{Lmax}=\frac{V_{CC}^2}{2R_L}$，因此最大输出功率和最大管耗之间的关系为

$$P_{C1M}=P_{C2M}=0.2P_{Lmax} \tag{6.31}$$

由式(6.31)可知，若 B 类输出级的最大输出功率为 10W，则要求每个功率管的管耗至少为 2W。在实际应用时，为了保证功率管的安全工作，一般需要满足

$$P_{CM}>0.2P_{Lmax} \tag{6.32}$$

2. 最大管压降 $V_{(BR)CEO}$

B 类输出级的两个功率管在处于截止状态时，所承受的反向管压降最大。例如，当 VT_2 导通时，VT_1 的 v_{CE1} 最大值约为 $2V_{CC}$。为了保证晶体管不反向击穿，设计时要留有一定的裕量，要求 BJT 的反向最大管压降满足

$$\left|V_{(BR)CEO}\right| > 2V_{CC} \tag{6.33}$$

3. 集电极允许的最大电流 I_{CM}

功率管集电极上的电流即为流过负载 R_L 的电流，而负载 R_L 上的最大压降约等于 V_{CC}，故功率管集电极最大电流为

$$I_{CM} \approx \frac{V_{CC}}{R_L} \tag{6.34}$$

考虑留有一定裕量，设计时需满足

$$I_{CM} \geqslant \frac{V_{CC}}{R_L} \tag{6.35}$$

假设功率放大器电路的最大输出功率为 P_{Lmax}，功率管的集电极电流还必须满足

$$I_{CM} \geqslant \sqrt{\frac{2P_{Lmax}}{R_L}} \tag{6.36}$$

当功率管的 I_{CM} 同时满足式(6.35)和式(6.36)的条件时，可以安全工作。

功率管与小信号晶体管的主要参数比较如表 6.1 所示。

表 6.1 功率管与小信号晶体管的主要参数比较

主 要 参 数	功 率 管	小信号晶体管
V–I 特性（大电流工作）	$i_C = I_s e^{v_{BE}/2V_T}$	$i_C = I_s e^{v_{BE}/V_T}$
β 数值	很低，通常为 30～80，最低为 5	通常为 50～200
r_π 数值（大电流工作）	较小，几欧姆	几千欧姆
f_T	很低，几兆赫兹	100MHz 到几十吉赫兹
C_π，C_μ	很大，几百皮法；更大	零点几皮法到几皮法
I_{CBO}	很大，几十微安	纳安级
击穿电压 $V_{(BR)CEO}$	最高可达 500V	典型值为 50～100V
I_{Cmax}	最高可达 100A	安培级

例 6.3 B 类输出级的功率放大器电路如图 6.6 所示。假设 V_{CC}=12V，R_L=10Ω，BJT 功率管的极限参数 P_{CM}=3W、$|V_{(BR)CEO}|$=30V 和 I_{CM}=2A。求：

（1）忽略交越失真和晶体管的饱和压降，求最大输出功率 P_{Lmax}；

（2）验证功率管是否能够安全工作；

（3）求功率放大器电路在 $\eta = 0.5$ 时的输出功率 P_L。

解：（1）

$$P_{Lmax} = \frac{V_{CC}^2}{2R_L} = \frac{12^2}{2\times10} = 7.2\text{W}$$

（2）

$$P_{C1M} \approx 0.2P_{Lmax} = 0.2\times7.2\text{W} = 1.44\text{W} < P_{CM} = 3\text{W}$$

$$V_{CEM} = 2V_{CC} = 24\text{V} < \left|V_{(BR)CEO}\right| = 30\text{V}$$

$$i_{CM} = \frac{V_{CC}}{R_L} = \frac{12\text{V}}{10} = 1.2\text{A} < I_{CM} = 2\text{A}$$

所有参数均小于极限参数，BJT 功率管可以安全工作。

（3）由式（6.21）可知

$$V_{om}=\eta\times\frac{4V_{CC}}{\pi}=0.5\times\frac{4\times12V}{\pi}\approx7.64V$$

$$P_L=\frac{1}{2}\frac{V_{om}^2}{R_L}=\frac{1}{2}\times\frac{7.64^2}{10}\approx2.92W$$

*6.6.3 功率管的散热和二次击穿问题

1. 功率管的散热问题

功率放大器在给负载传递功率的同时，晶体管本身要消耗一定的功率。晶体管的功耗主要集中在集电结上，这些功耗会转换为热能并使结温升高。当结温超过晶体管所能承受的最高结温 T_{jM} 时，晶体管将遭到永久性的损坏。通常硅管的最高结温 T_{jM} 为 150～200℃，锗管的最高结温约为 90℃。因此，功率管的散热是一个非常重要的问题。

热在物体中传导时所受的阻力大小称为热阻，用 θ_{JA} 表示。假设晶体管的耗散功率为 P_D，由晶体管功率耗散引起的结温为 T_J，周围环境温度为 T_A，那么四者的关系为

$$T_J-T_A=\theta_{JA}P_D \tag{6.37}$$

由式(6.37)可知，热阻 θ_{JA} 是集电结到周围环境的热阻，它表明了集电结单位耗散功率使 BJT 环境温度升高的能力，单位为℃/W 或℃/mW。θ_{JA} 的单位为℃/W 或℃/mW。BJT 的热阻 θ_{JA} 越小，说明晶体管的散热能力越强，在相同环境温度下，允许的集电结管耗 P_{DM} 就越大。通常晶体管的型号确定后，T_J 就确定了。T_A 一般以 25℃为准。

$$\theta_{JA}=\theta_{JC}+\theta_{CA} \tag{6.38}$$

式中，θ_{JC} 为晶体管的管芯到外壳之间的热阻；θ_{CA} 为外壳到环境之间的热阻。对于一个给定的晶体管，其 θ_{JC} 是固定的，与晶体管的设计和封装有关，如 3AD6 的 θ_{JC} 为 2℃/W，而 3DG7 的 θ_{JC} 为 150℃/ W。因而大多数情况是通过减小 θ_{CA} 来减小热阻。由于功率管的管壳小，热阻大，依靠其本身直接向环境散热效果差，因此通常把晶体管绑定在散热器上，使热量从外壳散到散热器上。实验表明：散热器的散热情况与其材料、散热面积、颜色以及安装位置等有关。当散热器水平或垂直放置时，散热效果较好。若在界面涂导热性能较好的硅脂可减小热阻。

为了保证放大器在输出大功率时能够安全工作，必须给功率管安装散热器，以散发集电结所产生的热量，否则将不能充分利用功率管的输出功率。

2. 功率管的二次击穿问题

在实际应用中，会发现有时候功率管的管耗并没有超过 P_{CM} 值，且功率管不发烫，但是功率管的性能却严重下降，很多情况是由于二次击穿造成的。

产生二次击穿的原因主要是管内结面积不均匀、晶格有缺陷。当集电极电压超过 $V_{(BR)CEO}$ 时，会引起一次击穿。只要外电路限制击穿后的电流，当外加电压小于 $V_{(BR)CEO}$ 时，晶体管是会恢复正常工作的，但如果一次击穿之后不限制电流的大小，就会出现集电极电压迅速减小，而电流迅速增大的现象，这称为二次击穿。二次击穿是不可逆的，会造成晶体管永久性的损坏。

6.7 经典通用型运算放大器 μA741 内部结构及分析

至此我们已经介绍完集成运算放大器内部单元电路的组成，本节用图 6.26 所示的 μA741 运算放大器来全面分析一下运算放大器内部的电路实现。μA741 运算放大器是第二代集成运算放大器，它采用了大量的 BJT 功率管、相对少量的电阻和一个电容。该运算放大器采用双电源供电方式，通常 $V_{CC}=-V_{EE}=15V$，但是也可以工作在低电压下，如±5V 。该芯片电路规模相对较大，首先了解一下各组成部分的结构和功能。该电路主要由差分输入级、中间放大级、输出级、偏置电路以及

其他一些辅助电路组成，下面分别进行介绍。

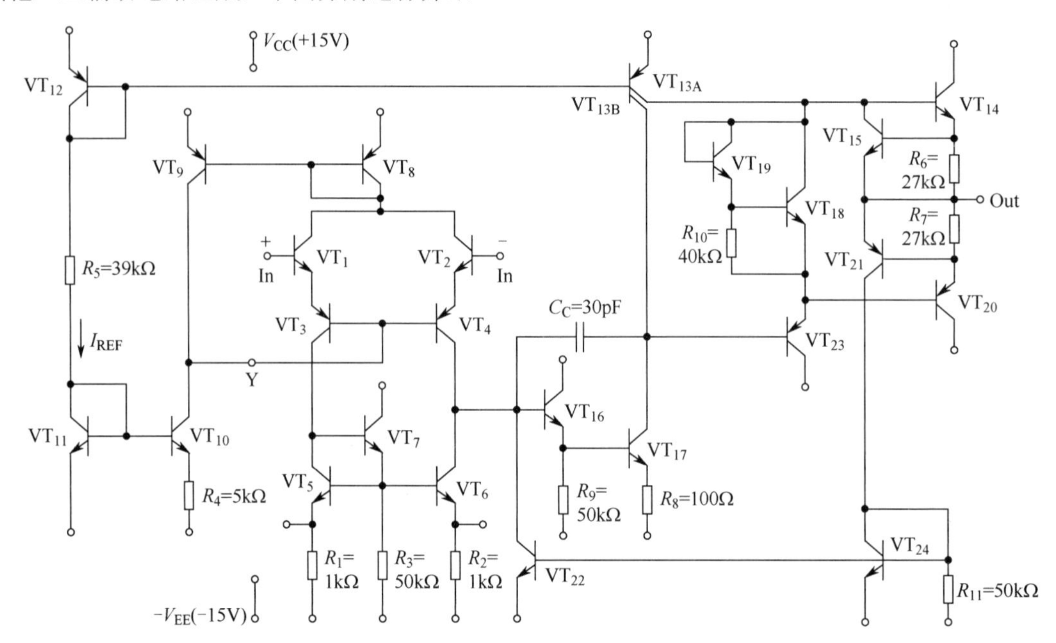

图 6.26 μA741 运算放大器内部电路

1. 偏置电路

μA741 电路的参考电流 I_{REF} 由 VT_{10}、VT_{11}、VT_{12} 和 R_5 组成的 Widlar 电流源产生，第一级放大器的偏置电流由 VT_{10} 输出，VT_8 和 VT_9 组成另一个电流源并作为第一级偏置的一部分。

参考电流 I_{REF} 还用于产生 VT_{13} 的有比例关系的两部分电流。双集电极横向 PNP 晶体管可以看作是发射结并联的双晶体管，因此 VT_{12} 和 VT_{13} 构成的是两路输出的电流源，VT_{13B} 的集电极输出电流为中间级放大器 VT_{17} 提供偏置，VT_{13A} 的集电极输出电流为运算放大器的输出级提供偏置。VT_{18} 和 VT_{19} 的偏置是为了在 VT_{14} 和 VT_{20} 的基极之间建立两个 V_{BE} 电压降。

2. 差分输入级

μA741 的差分输入级由晶体管 VT_1～VT_7 组成，其中 VT_1～VT_3 和 VT_2～VT_4 组成 CC-CB 组合放大结构，VT_1 和 VT_2 是射极跟随器，具有高输入电阻，同时将输入差模信号传输给由 VT_3 和 VT_4 组成的共基放大器。晶体管 VT_5、VT_6、VT_7 和电阻 R_1、R_2、R_3 组成输入级的有源负载，不仅可以提供高负载电阻，而且实现了双端输出到单端输出的转变。VT_4 的集电极作为第一级差分电路的输出端。

另外，VT_3 和 VT_4 采用 PNP 结构，能实现电平位移，目的是变换直流信号的电平，使得运算放大器的输出能够正负摆动；同时采用 PNP 结构的 VT_3 和 VT_4，还能保护 VT_1 和 VT_2 免遭发射结击穿，因为 NPN 晶体管的反向击穿电压为 7V 左右，而 PNP 晶体管的反向击穿电压为 50V 左右。

3. 中间放大级

中间放大级由晶体管 VT_{16}、VT_{17}、VT_{13B} 及电阻 R_8、R_9 组成，部分核心放大器采用 VT_{16} 和 VT_{17} 组成的 CC-CE 组合放大结构。VT_{16} 作为射极跟随器，使得中间级放大器具有极高的输入电阻，减小了对输入级的负载效应，避免了输入级增益的降低。VT_{17} 是射极接有 100Ω电阻的共发射极电路，它的负载由 PNP 电流源 VT_{13B} 的输出电阻和输出级（从 VT_{23} 的基极视入）的输入电阻并联而成，采用有源电阻结构可大大提高中间级的增益，还可节约芯片面积。

中间级的输出端在 VT_{17} 的集电极上，电容 C_C 接在中间级的反馈回路上，完成频率补偿，采用的是米勒补偿技术，我们在第 7 章会进行相关介绍。

4. 输出级

输出级的目标是给放大器提供一个很低的输出电阻，同时提供相当大的负载电流，而且不能给芯片造成过大的功率损耗。μA741 采用了效率较高的 AB 类输出级。

输出级包含互补晶体管 VT_{14} 和 VT_{20}、VT_{18} 和 VT_{19} 为输出晶体管 VT_{14} 和 VT_{20} 提供偏置，它们的电流由 VT_{13A} 提供，VT_{23} 是射极跟随器，作用是减小输出级对中间放大级负载效应的影响。

5. 短路保护电路

若输出端与一个直流电压短接，其中的一个晶体管将流过一个很大的电流，这个大电流足以烧毁芯片。为预防可能出现的情况，μA741 设计了短路电流保护电路，作用是当出现大电流时，限制流过输出晶体管的电流。这个电路由 R_6、R_7、VT_{15}、VT_{21}、VT_{24}、R_{11} 和 VT_{22} 组成。

由图 6.26 可知，电阻 R_6 和晶体管 VT_{15} 限制流过 VT_{14} 的短路电流。当 VT_{14} 的射极电流超过 20mA 时，R_6 上的压降会超过 540mV，该电压驱动 VT_{15} 导通，VT_{15} 的集电极将分流掉 VT_{13A} 输出的部分电流，从而减少流入 VT_{14} 基极的电流。这就使得运算放大器可以输出的最大电流限制在 20mA 以内。

限制运算放大器吸收的最大电流（流过 VT_{20} 的电流）的机理与上面相同。相关电路由 R_7、VT_{21}、VT_{24}、VT_{22} 组成，根据给定的器件，往芯片内流入的最大电流限制为 20mA。

本章小结

本章首先介绍了音频领域中常见的功率放大器的特点及分类，详述了本章论述的功率放大器与前述章节中介绍的放大器之间的区别，以及模拟功率放大器和数字功率放大器之间相互区分的主要依据，这些基础知识将帮助理解本章大部分内容。

模拟功率放大器可分为 A 类、B 类、AB 类、C 类，D 类功率放大器被称为数字功率放大器。除 C 类功率放大器之外，本章对其他功率放大器的电路结构、工作原理、转换效率等进行了较为详细的论述和推导。

在模拟功率放大器中，由于晶体管均处于线性工作状态，导致效率偏低，在 A 类、B 类、AB 类 3 类功率放大器中，A 类功率放大器效率最低，B 类功率放大器效率最高，理论最高效率为 75%。尽管 B 类功率放大器效率较高，但存在交越失真，AB 类功率放大器可较好地克服交越失真。

D 类功率放大器由于晶体管作为开关工作，因此 D 类功率放大器的效率非常高，其理论最高效率可达 100%。

在设计功率放大器的过程中，除输出级的电路结构之外，功率管的选择至关重要。本章通过对 BJT 功率管和 MOS 功率管之间的器件比较、功率管的选择依据，以及功率管的散热和二次击穿问题的讨论，给出了功率放大器的基本设计准则。

本章扩展阅读以集成音频功率放大器 LM386 为例介绍了工程实际中常用的集成功率放大器，主要内容包括 LM386 的内部结构、主要参数以及典型应用电路的分析。

音频功率放大器的特点、分类及相关分类依据，各类功率放大器的效率计算方法，以及功率管的选择依据，是本章的重点内容。

习　题

6.1　电路如题图 6.1 所示。假设 V_{CC}=10V，I=100mA，R_L=100。如果输出是峰值为 8V 的正弦波，求：

（1）负载上得到的平均功率；

（2）电源提供的平均功率；

（3）功率转换效率。

6.2　A 类输出级的电路结构如题图 6.1 所示。假设 V_{CC}=5V，R=R_L=1kΩ，VT_1、VT_2 和 VT_3 型号相同。V_{BE}=0.7V，$V_{CE(sat)}$=0.3V，β 很大。求线性工作时，输出电压的上限和下限分别是多少，相

应的输入电压为多少，如果晶体管 VT_3 的发射结面积是 VT_2 的两倍，重复求解上述问题。

6.3　在题图 6.2 所示电路中，设晶体管的 β=100，V_{BE}=0.7V，$V_{CE(sat)}$=0.5V，I_{CEO}=0A。输入信号 v_I 为正弦波。求：

（1）负载上可能得到的最大平均功率 P_{Lmax} 是多少？

（2）要得到最大输出功率，R_B 的阻值应为多大？

（3）此时电路的效率 η 多大？

6.4　如题图 6.3 所示的 B 类功率放大器，已知 V_{CC}=24V，R_L=8Ω，若忽略管压降，求电源功率 P_S、最大输出功率 P_{Lmax} 和管耗 P_{C1}，并选择功率晶体管的参数。

6.5　如题图 6.3 所示的 B 类功率放大器，已知 P_{Lmax}=9W，R_L=8Ω，若忽略管压降，求电源功率 P_S 并选择功率晶体管的参数。

6.6　电路如题图 6.3 所示，晶体管在输入信号 v_I 作用下，在一个周期内 VT_1 和 VT_2 轮流导通，电源电压 V_{CC}=20V，R_L=8Ω，试计算：

（1）在输入信号 v_I=10V（有效值）时，电路的输出平均功率、管耗、直流电源供给的功率和效率。

（2）当输入信号 v_I 的幅值为 V_{Im}=V_{CC}=20V 时，电路的输出平均功率、管耗、直流电源供给的功率和效率。

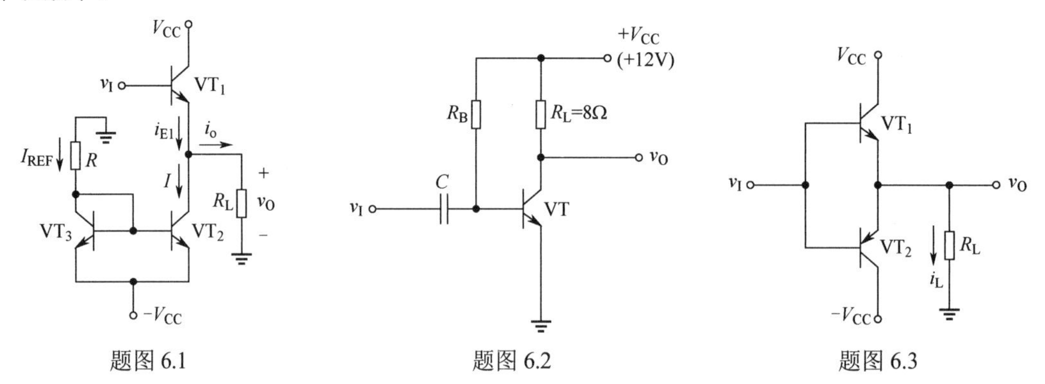

题图 6.1　　题图 6.2　　题图 6.3

6.7　如题图 6.4 所示带互补 MOSFET 的 B 类输出级电路。晶体管参数为 $V_{tn}=V_{tp}=0$，$k_n'(W/L)=0.8\text{mA/V}^2$，$R_L$=5kΩ。试求：

（1）使 VT_1 保持偏置在饱和区的最大输出电压。此种情况下的 i_L 和 v_I 值为多少？

（2）若输出信号为对称正弦波，其峰值如（1）中所求的结果，试求相应的转换效率。

6.8　电路如题图 6.5 所示，试求：

（1）运算放大器的输出 v_{O1} 与输入 v_I 之间的函数表达式；

（2）设 R_L=8Ω，当电路的输出功率 P_L=1W 时，计算输出 v_O 的幅值 v_{Om}，并计算此时输入 v_I 的幅值 V_{Im}。

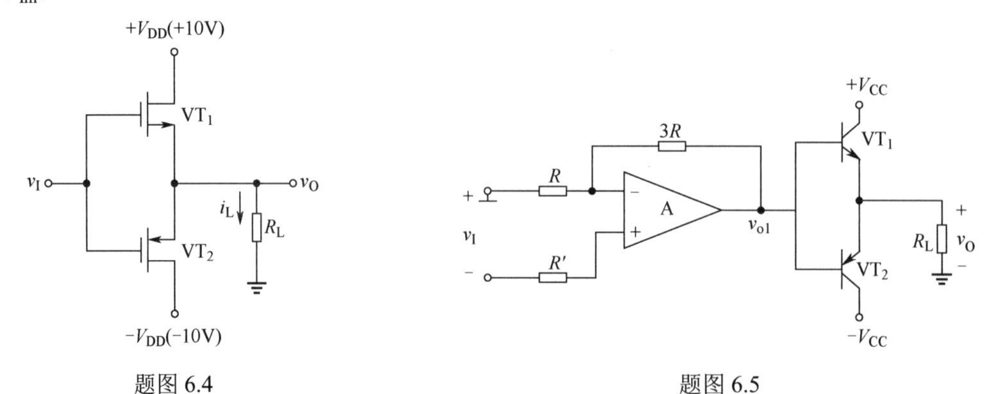

题图 6.4　　题图 6.5

6.9　在题图 6.6 所示电路中，设 VT_1、VT_2 的饱和压降 $V_{CE(sat)}=0$，$I_{CEO}=0$，VT_3 发射结导通电压为 V_{BE3}，试求：

（1）电压 V_{AB} 的表达式；

（2）最大不失真输出功率表达式；

（3）确定功率放大器管的极限参数；

（4）电路可能产生什么失真？

（5）如果要求静态时输出电压等于零，应调整哪个元件来实现？

6.10　功率放大器如题图 6.7 所示。设晶体管 $\beta_1=\beta_2=150$，电源电压 $V_{CC}=16V$，负载 $R_L=4\Omega$，BJT 饱和压降 $V_{CE(sat)}=0.3V$，试求电路最大不失真输出功率、输出功率最大时的管耗及最大管耗、功率放大电路的效率和输入信号的功率。

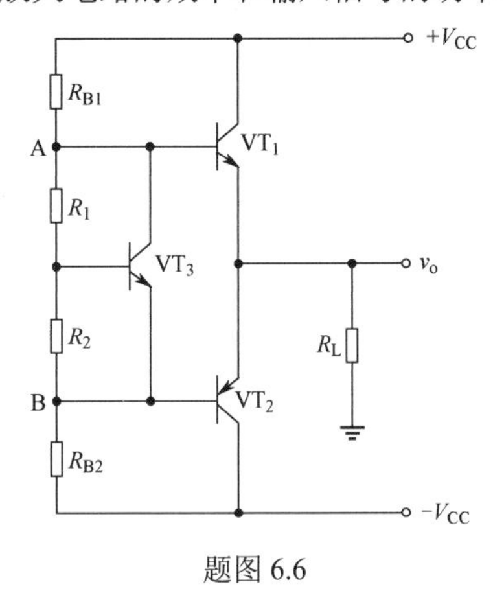

题图 6.6

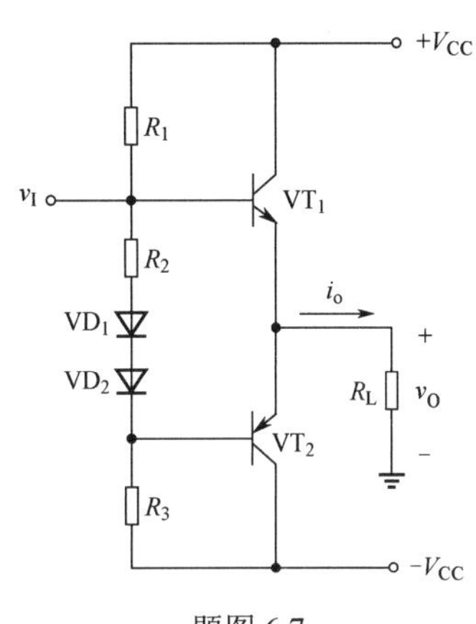

题图 6.7

6.11　互补对称电路如题图 6.8 所示，$V_{CC}=20V$，$R_L=8\Omega$，VT_1、VT_2 的饱和压降 $V_{CE(sat)}=2V$。

（1）当 VT_3 的输出信号 $V_{O3}=10V$（有效值）时，计算电路的输出功率、管耗、直流电源供给的功率和效率。

（2）计算该电路的最大不失真输出功率、效率和所需的 V_{O3} 有效值。

6.12　有一个 BJT 的热阻为 $\theta_{JA}=2℃/W$，工作的环境温度为 30℃，集射电压为 20V。长时间工作允许的最高结温为 130℃，求相应的晶体管管耗、集电极电流的最大平均值是多少。

6.13　某功率管在 25℃时的功耗为 200mW，最大结温为 150℃，求它的热阻 θ_{JA}。如果工作在 70℃的环境温度下，它的功耗应该是多少？若环境温度为 50℃，此时的管耗是 100mW，求此时的结温。

6.14　一个集成功率放大器 LM384 组成的功率放大器如题图 6.9 所示。已知电路在通带内的电压增益为 40dB，在 $R_L=8\Omega$ 时最大输出电压（峰峰值）可达 18V，当 v_I 为正弦信号时，求：

（1）最大不失真输出功率 P_{Lmax}；

（2）输出功率最大时的输入电压有效值。

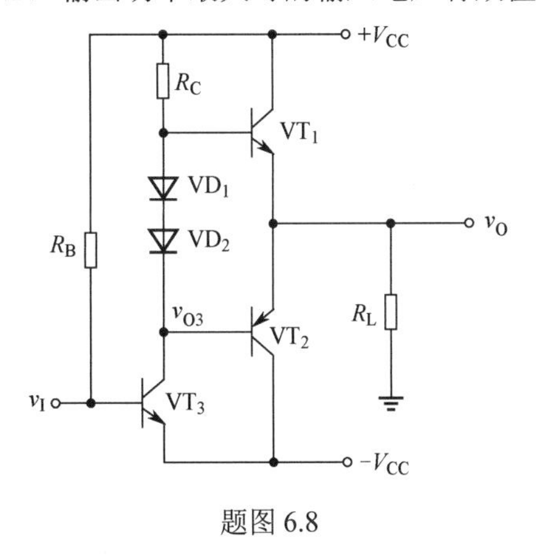

题图 6.8

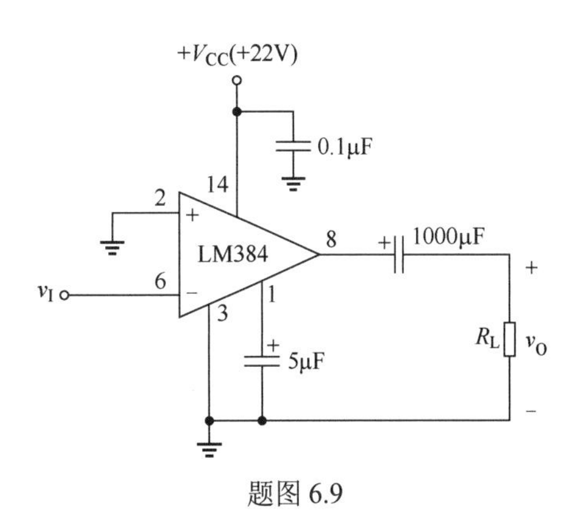

题图 6.9

第7章 负反馈放大器及其稳定性分析

在电路设计中，反馈技术可以说是无处不在。根据反馈对输入量作用的不同，可分为负反馈和正反馈两种类型。负反馈会使得系统输出与系统目标的误差减小，系统趋于稳定；正反馈会使得系统偏差不断增大，引起系统振荡。在不同的应用领域中，负反馈和正反馈各展所长，发挥不同的作用。

在放大器设计中，我们需要的是负反馈技术，这样的放大器称为负反馈放大器。

负反馈技术是在1928年美国西部电力公司的电子工程师Harold Stephen Black在寻找“用于电话中继站的稳定增益放大器的设计方法”时所发明的。负反馈放大器的基本思想是以牺牲增益为代价来换取电路其他方面的性能改善。利用负反馈可以稳定放大电路的静态工作点，降低增益灵敏度，减小非线性失真，扩展频域带宽，减小噪声干扰，改善放大器输入电阻和输出电阻性能等。

本章将系统介绍反馈的定义、分类、特性以及电路设计。

学习目标

1. 能够根据电路结构判断反馈类型。
2. 能够根据反馈对放大器性能的影响和实际设计需求，设计合适的反馈结构。
3. 能够根据深度负反馈条件，快速分析放大器的性能参数。
4. 能够根据开环增益和反馈系数间的关系，判断和分析放大器的稳定性问题。

7.1 集成运算放大器与负反馈

在前两章我们依次研究了电压型运算放大器内部的基本模块以及频率响应，下面以741器件手册为例，来看看集成运算放大器芯片在应用中可能会出现的问题。

图7.1所示为产品手册中741芯片的部分参数。首先，分析一下差模电压增益，其典型值为200V/mV，也就是20万倍。若直接给该芯片输入一个1mV的差模信号，则输出信号理论上应该有200V，而此时测试供电电压仅为±15V，从能量守恒角度来看，输出信号最大幅值不可能超过供电电压，显然这个200V的信号无法实现。换句话说，该芯片要能实现200V/mV的放大系数，其线性输入信号范围必须小于75μV，因此在常规毫伏级信号处理领域，直接使用普通运算放大器无法实现正常放大。其次，我们注意到不同测试条件下，差模电压增益是不同的，其最小值和典型值甚至还有比较大的差距，这就意味着该芯片不具有稳定的电压增益。那么我们该如何使用这样的芯片来设计电路，使其能进行我们所需要的可靠的线性放大呢？这里就要用到本章的核心讨论内容——负反馈技术。

electrical characteristics at specified free-air temperature, $V_{CC\pm}$ = ±15 V (unless otherwise noted)

PARAMETER		TEST CONDITIONS	T_A†	μA741C			μA741I, μA741M			UNIT
				MIN	TYP	MAX	MIN	TYP	MAX	
A_{VD}	Large-signal differential voltage amplification	$R_L \geq 2$ kΩ, V_O = ±10 V	25°C	20	200		50	200		V/mV
			Full range	15			25			
r_i	Input resistance		25°C	0.3	2		0.3	2		MΩ
r_o	Output resistance	V_O = 0, See Note 5	25°C		75			75		Ω
CMRR	Common-mode rejection ratio	V_{IC} = V_{ICR}min	25°C	70	90		70	90		dB
			Full range	70			70			

图7.1 产品手册中741芯片的部分参数

7.1.1　负反馈放大器[①]框图

如图 7.2 所示，虚线框中是个完整的负反馈放大器，包含基本放大器 A 和反馈网络 β 的一个闭环结构。定义输入信号为 X_i，实际送入基本放大器的净输入信号为 X_i'，基本放大器的输出信号为 X_o。注意，这里 X_i 和 X_o 既可以是电压信号，也可以是电流信号。在没有引入反馈网络的情况下 $X_i = X_i'$，是同一类信号。

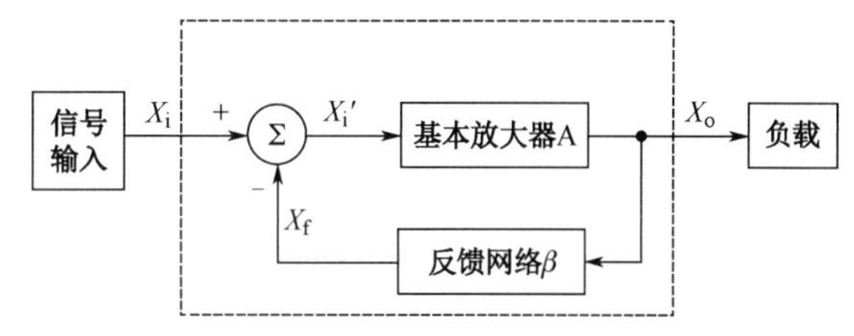

图 7.2　负反馈放大器基本结构框图

若将基本放大器输出信号的部分或全部，通过一个被称为反馈网络的电路模块进行取样，并将结果送回到输入部分，与信号源送入的外部输入信号相减，得到一个新的信号，再将其送入基本放大器放大，这个过程称为反馈。注意，由于基本放大器和反馈网络都可能是频率的函数，因此这里的信号量都采用频域向量表示，即大写电量、小写下标表示。

理想情况下，反馈放大器内部信号传输方向如图 7.2 中的箭头所示，即基本放大器中的信号进行正向传输，无反向传输；而反馈网络中信号进行反向传输，无正向传输。我们将通过反馈网络送回输入端的信号称为反馈信号，并定义为 X_f。

假设基本放大器的增益为 A，反馈网络中的增益（又称为反馈系数）为 β，Σ表示信号混合环节，则实际送入基本放大器的净输入信号 X_i'为 X_i 和 X_f 相减后的结果。

1．负反馈放大器中的基本关系式

将所有的定义及其关系式整理后，可以得到以下几个基本关系。

$$\begin{cases} X_o = AX_i' & \text{(放大)} \\ X_f = \beta X_o & \text{(反馈，取样)} \\ X_i' = X_i - X_f & \text{(混合或相减)} \end{cases} \tag{7.1}$$

式中，X_o 为输出信号；X_i 为输入信号；X_i' 为净输入信号；X_f 为反馈信号；A 为基本放大器增益；β 为反馈系数。

在图 7.2 中，基本放大器和反馈网络构成了一个闭合环路，因此我们把引入反馈后的电路结构称为闭环结构或闭环状态；把没有引入反馈的电路结构称为开环结构或开环状态。我们可以把闭环状态下的基本放大器和反馈网络合在一起看成是一个完整的放大电路，即反馈放大器，其增益称为闭环增益，记作 A_f；相应地，把基本放大器的增益 A 称为开环增益。因此，反馈放大器的输入是信号源送出的信号 X_i，输出为 X_o。由式(7.1)可以得出闭环增益关系式为

$$A_f = \frac{X_o}{X_i} = \frac{X_o}{X_i' + X_f} = \frac{X_o}{X_o / A + \beta X_o} = \frac{A}{1 + A\beta} \tag{7.2}$$

由式(7.2)可知，施加了负反馈之后的放大器，其闭环增益 A_f 与开环增益 A 相比减小了 $(1 + A\beta)$ 倍，其中 $A\beta$ 为环路增益，$1 + A\beta$ 为反馈深度。

2．其他相关概念

（1）正反馈和负反馈

在反馈放大器中，如果在 X_f 处的符号为"+"，那么送回到放大器输入部分的反馈信号起到加强原输入信号的作用，或者说使净输入信号 X_i'增大，即 $X_i' = X_i + X_f > X_i$，这样的反馈称为正反馈。

如果在 X_f 处的符号为"−"，那么送回到放大器输入部分的反馈信号起到削弱原输入信号的作

---

① 负反馈放大器是由哈罗德·史蒂芬·布莱克（Harold Stephen Black）在 1927 年 8 月 2 日前往贝尔实验室上班途中发明的。当时他正在努力寻找和研究降低电话通信中中继放大器信号失真的解决办法。布莱克在他购买的《纽约时报》的一处空白处记录下了他的灵感，即一个类似图 7.2 的框图，以及一些推导的方程。这份报纸后来被贝尔实验室收藏。

用，或者说使净输入信号 X_i'减小，即 $X_i' = X_i - X_f < X_i$，这样的反馈称为负反馈。

本章对正反馈电路的性质和应用暂不做讨论，留待后续章节。

（2）深度负反馈及自激振荡

另外，由式(7.2)可知，我们还可以根据反馈深度的不同取值，来判断反馈放大器的状态。

① $1+A\beta>1$：显然此时 $A_f < A$，说明施加了反馈之后，放大电路的整体增益减小，因此该反馈为负反馈。

② $1+A\beta<1$：此时 $A_f > A$，说明施加了反馈之后，放大器的整体增益增大，因此该反馈为正反馈。

③ $1+A\beta\gg1$：此时 $A\beta\gg1$，故式(7.2)可化简为

$$A_f \approx \frac{1}{\beta} \tag{7.3}$$

此时，称放大器处于“深度负反馈”状态，这种情况下会有很多便利之处，在后续章节会详细讨论。

④ $1+A\beta=0$：此时式(7.2)中的分母为0，$A_f\to\infty$，即放大器若有输入，输出则出现无穷大的信号，这种情况称为负反馈放大器的自激振荡。该结果表明，放大器在输入信号 X_i=0 的情况下，仍会有输出信号 X_o产生。自激振荡使得放大器无法进行正常放大，处于一种不稳定状态。

（3）直流反馈和交流反馈

在放大电路中，既有直流信号分量又有交流信号分量，故存在两种不同类型的反馈。直流通路中的反馈称为直流反馈；交流通路中的反馈称为交流反馈。交流、直流反馈的判断可以通过画出放大电路的交流通路和直流通路来进行，其中直流负反馈可以稳定放大器的静态工作点；交流负反馈可以改善放大器的交流性能。本章如果不做特别说明，默认讨论的是交流反馈。

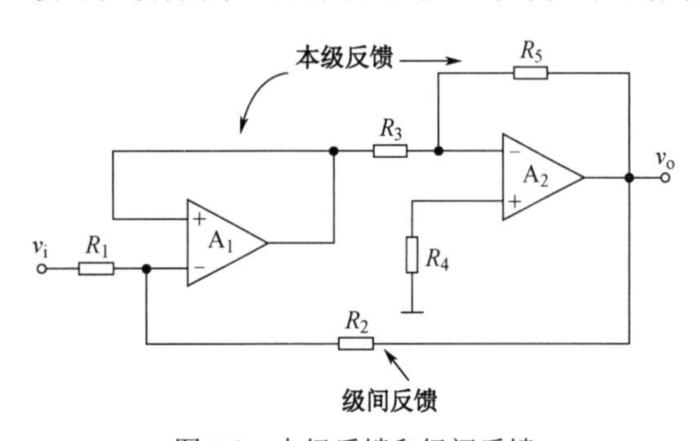

图7.3 本级反馈和级间反馈

（4）本级反馈和级间反馈

在电子线路中，负反馈放大器通常是由多级放大器组成的。本级反馈指的是反馈只存在于某一级放大器中；级间反馈指的是反馈存在于两级及以上的放大器中，如图7.3所示。其中，R_5是本级反馈元件，R_2是级间反馈元件。本章如果不做特别说明，默认讨论的是从反馈第一级输入到最后一级输出之间的级间反馈。

例 7.1 已知某负反馈放大器在中频区的反馈系数β=0.01，输入信号 V_i=10mV，开环电压增益 $A=10^4$V/V，试求该电路的闭环电压增益 A_{vf}、反馈电压 V_f和净输入电压 V_i'。

解：

$$A_f = \frac{A}{1+A\beta} = \frac{10^4}{1+10^4\times0.01} \approx 99\text{V/V}$$

$$V_f = \beta V_o = \beta A_f V_i = 0.01\times99\times10\text{mV} \approx 9.9\text{mV}$$

$$V_i' = V_i - V_f = 10\text{mV} - 9.9\text{mV} = 0.1\text{mV}$$

7.1.2 集成运算放大器与负反馈技术

在电路设计之初，工程师需要对可能用到的集成运算放大器芯片参数进行详细了解和分析，但目前市场上集成运算放大器型号种类繁多，无法对每款芯片都一一尝试。由于绝大多数电压型芯片的基本性能参数非常相似，因此在进行电路初步设计时，我们常常将实际运算放大器先用理想运算放大器模型来代替，进行原理设计，再结合一些特殊需求进行特定型号的选择，从而显著降低电路设计难度。

1. 理想运算放大器模型

表 7.1 给出了实际电压型运算放大器与理想运算放大器模型之间的参数对比。注意，实际运算放大器的带宽极小，一般为赫兹级，而理想运算放大器建模时没有考虑带宽，也就是说，在应用时把带宽看作特殊参数要求来处理。

表 7.1　实际电压型运算放大器与理想运算放大器模型之间的参数对比

	实际电压型运算放大器	理想运算放大器
差模增益 A	100dB 以上	∞
共模增益	极低	0
共模抑制比	100dB 以上	∞
输入电阻 r_i	MΩ 级及以上	∞
输出电阻 r_o	Ω 级及以下	0

图 7.4（a）所示为运算放大器的电路符号及端子说明。从图 7.4（a）中可以看出，运算放大器比一般放大器符号要多一个输入端子，用“-”标示的端子称为反相输入端，其端子信号记为 v_-；用“+”标示的端子称为同相输入端，其端子信号记为 v_+；另外运算放大器还有一个输出端子，其端子信号记为 v_o。

根据运算放大器理想化条件，图 7.4（b）给出了理想运算放大器的等效电路模型。图 7.4（c）则给出了描述运算放大器输入输出信号关系的传输特性曲线。从图 7.4（c）可以看出，曲线可分为中间的线性区和两边的非线性区两部分。其中，在线性区工作时运算放大器的输入输出信号关系为

$$v_o = A\left(v_+ - v_-\right) \tag{7.4}$$

显然，在线性区运算放大器也是一个差分放大器，理想运算放大器模型针对这个工作区进行建模。由于其极高的电压增益和有限的输出饱和电压，使得其线性输入范围极小，无法进行合理的信号放大工作。但如果在电路使用时，增加一个负反馈网络，就能得到一个神奇的电路。

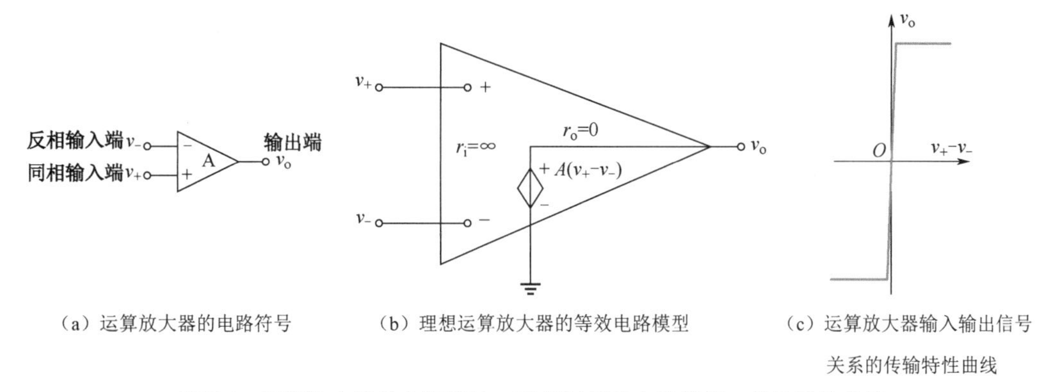

（a）运算放大器的电路符号　（b）理想运算放大器的等效电路模型　（c）运算放大器输入输出信号关系的传输特性曲线

图 7.4　运算放大器的电路符号、理想运算放大器模型、传输特性曲线

2. 带负反馈的运算放大器电路——同相组态放大器

下面来看一个经典的运算放大器应用电路——同相组态放大器，电路结构如图 7.5 所示。注意，这里暂时不考虑频率响应问题，电量书写用交流量表示。其中，运算放大器 A 为反馈框图中的基本放大器，外围电阻 R_1 和 R_2 构成反馈网络 β。可以看到，β 从输出端取出电压信号 v_o，并将其中部分电压信号 v_f 回馈到输入部分。来自外接信号源的输入信号 v_i 与其作差后，得到的净输入 v_i' 送入到运算放大器的两个输入端上，显然这是差模输入方式。

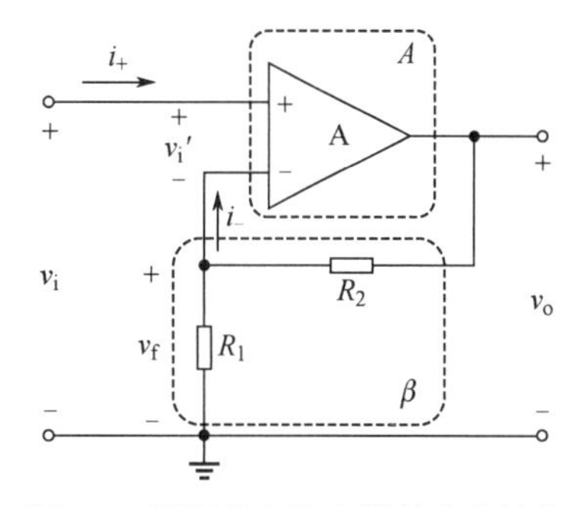

图 7.5　同相组态放大器的电路结构

下面利用理想运算放大器模型来看一下虚短和虚断条件。

首先因为理想运算放大器的差模增益 $A\to\infty$，由式(7.4)可以得到

$$v_+ - v_- = \frac{v_o}{A} \approx 0 \Rightarrow v_+ \approx v_- \quad 即 v_i' \approx 0 \tag{7.5}$$

式(7.5)称为虚短。这是因为 $A\to\infty$ 是理想化条件，所以是约等于的关系。

又因为 $r_i\to\infty$，所以运算放大器两个输入端之间可近似视作开路，那么两个输入端上的电流关系必为

$$i_+ = i_- \approx 0 \tag{7.6}$$

式(7.6)称为虚断。需要注意的是，即使 r_i 不为∞，是一个有限值，但由于净输入近似为 0，这个虚断条件显然也是成立的。也就是说，虚短和虚断在这个电路中有一就有二，同时成立，后面我们会看到这对所有满足深度负反馈的放大器都是很有用的分析工具。下面利用这两个条件来分析一下该放大器的基本参数，由此来分析采用负反馈技术进行放大器设计的优点。

（1）电压增益

首先 $A\to\infty$，则必有 $A\beta\gg 1$，显然满足深度负反馈条件，即式(7.3)成立。注意，这里的 β 是由两个线性电阻构成的，且由虚断条件可知，$i_-=0$，故可得到

$$\beta = \frac{v_f}{v_o} = \frac{R_1}{R_1 + R_2} \tag{7.7}$$

所以该电路的闭环电压增益表达式为

$$A_{vf} = \frac{v_o}{v_i} \approx \frac{v_o}{v_f} = \frac{1}{\beta} = 1 + \frac{R_2}{R_1} \tag{7.8}$$

可见，在深度负反馈条件下，运算放大器和电阻反馈网络共同构成的反馈放大器的增益由反馈网络决定，而与运算放大器增益无关。

（2）输入电阻

该放大器的输入电阻求解非常简单，由虚断条件可知，$i_+ = 0$，因此根据输入电阻的定义式可得

$$R_i = \frac{v_i}{i_i} = \frac{v_i}{i_+} \to \infty \tag{7.9}$$

（3）输出电阻

根据输出电阻定义改画电路，为了求解方便，将基本放大器内部替换成它的等效电路，如图 7.6 所示。分析可得

$$R_o = \left.\frac{v_x}{i_x}\right|_{\substack{R_L\to\infty \\ v_{sig}=0}} = R_o' \parallel R_2 = r_o \parallel R_2 = 0 \tag{7.10}$$

（4）小结

基于运算放大器为核心的同相组态放大器在引入负反馈后，具有适当的、调整方便的线性电压增益，无穷大输入电阻，零输出电阻，这显然是一个理想的电压放大器。

图 7.7 所示的传输特性曲线与图 7.4（c）相比，在引入负反馈后该电路的增益显然大大下降，相应的线性输入范围大大提升，且变化剧烈程度也可以由反馈系数来控制。

由此可知，在集成运算放大器芯片内部结构已实现的条件下，工程师只要按照需求设计好反馈网络，参照手册要求接好电源，一个电压放大器设计就能很快完成，这显然大大降低了普通使用者对电路理论的要求，且使用便利性大大提高。因此，目前带负反馈的运算放大器电路在模拟电路的应用中占了相当大的比重。

接下来我们正式进入“负反馈”技术在放大器设计中的应用研究。

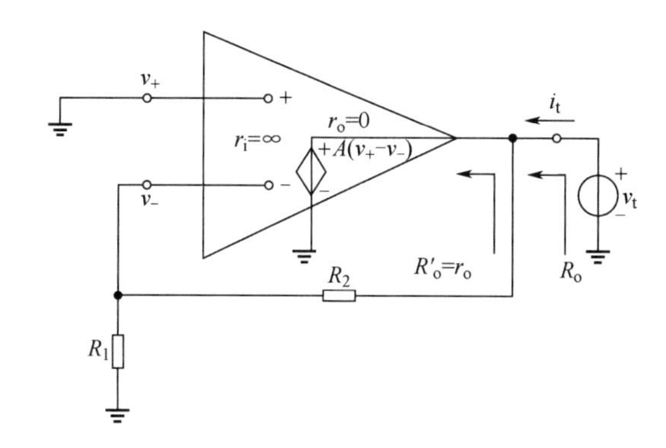

图 7.6　同相组态放大器的输出电阻

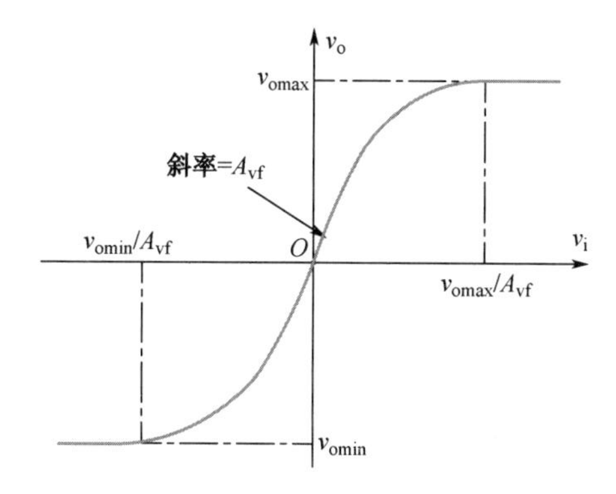

图 7.7　同相组态放大器的传输特性曲线

7.2　负反馈放大器的 4 种基本类型

既然是对放大器引入负反馈技术，那么必然会对应 4 种不同的放大器类型，其分类依据就是输入和输出信号的 4 种不同组合。

如图 7.8 所示，在负反馈放大器框图中输入部分的信号和输出部分的信号既可以是电压信号，也可以是电流信号。需要注意的是，本章之后的信号分析主要针对频域信号，故采用大写电量，小写下标的书写形式，同时为了书写方便，省略了 $X(s)$表达式中的(s)。

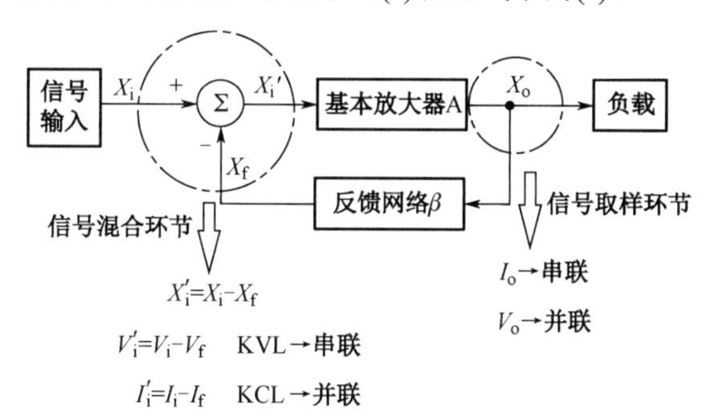

图 7.8　负反馈放大器的输入部分和输出部分的连接方式示意图

①放大器输入的信号混合环节包括 3 个信号，它们必然是同一种信号。

若是电压信号进行混合，即 3 个信号关系满足 KVL 定理，则基本放大器的输入部分和反馈网络的输出部分之间的电路连接必采用串联方式。

若是电流信号进行混合，即 3 个信号关系满足 KCL 定理，则基本放大器输入部分和反馈网络的输出部分之间的电路连接必采用并联方式。

②放大器输出部分的信号取样环节。

若取出的是电流信号，则基本放大器的输出部分和反馈网络的输入部分之间的电路连接必采用串联方式。

若取出的是电压信号，则基本放大器的输出部分和反馈网络的输入部分之间的电路连接必采用并联方式。

③X_o和 X_f之间的信号转换由反馈网络 β 实现。

因此，根据放大器输入量和输出量的不同，反馈放大器可分为 4 种基本类型：电压-串联、电流-并联、电流-串联、电压-并联。负反馈类型的命名方式由两部分组成：前半部分的电压或电流，指的是在输出部分反馈网络对输出信号的取样形式；后半部分的串联或并联，指的是在输入部分反馈网络和基本放大器的连接形式。下面分别来详细分析。

7.2.1 电压放大器的反馈：电压-串联负反馈

首先来研究针对电压放大器设计的电压-串联负反馈拓扑结构，如图 7.9 所示。注意，这里不考虑外接信号源和负载的影响，它们一般被放入基本放大器内综合考虑，在 7.5 节会举例说明。由于输入、输出信号均为电压信号，因此在输入部分，A 和 β 的连接应采用串联结构，进行电压混合，在输入部分引入的反馈类型是串联反馈；在输出部分采用并联结构，进行电压采样，因此也称在输出部分引入的反馈类型为电压反馈，合起来我们把这种反馈类型称为电压-串联反馈，最终实现的放大器是电压放大器。

1. 电压-串联负反馈对电压增益的影响

根据信号量之间的关系，可以给出相关定义式。

开环增益：
$$A_v = \frac{V_o}{V_i'} \tag{7.11}$$

反馈系数：
$$\beta_v = \frac{V_f}{V_o} \tag{7.12}$$

闭环增益：
$$A_{vf} = \frac{V_o}{V_i} = \frac{A_v}{1 + A_v\beta_v} \tag{7.13}$$

注意，这里的增益下标均带有 v，显然对于负反馈，闭环增益 A_{vf} 下降为开环增益 A_v 的 $1/(1+A_v\beta_v)$ 倍，且由反馈深度$(1+A_v\beta_v)$控制增益下降程度。

理想情况下，我们认为基本放大器中只有正向传输信号，没有反向传输信号；反馈网络中只有反向传输信号，没有正向传输信号。因此，根据电压放大器的等效电路模型，可以画出理想情况下电压-串联负反馈放大器的等效电路模型，如图 7.10 所示。

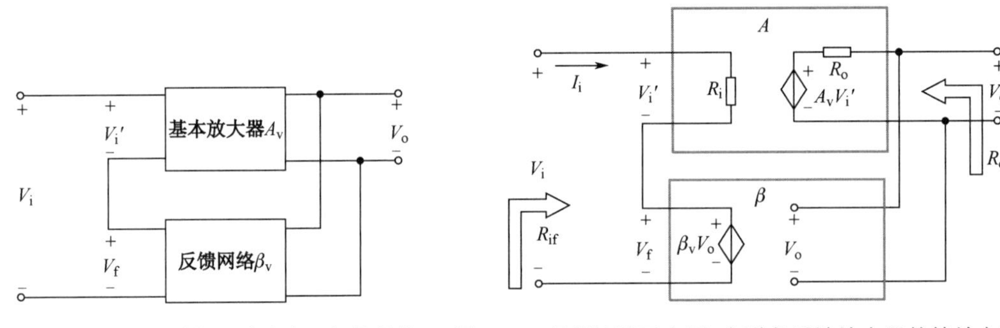

图 7.9 电压-串联负反馈放大器拓扑结构　图 7.10 理想情况下电压-串联负反馈放大器的等效电路模型

然而，在实际情况中，图 7.10 所展示的信号单向性流动是很难保证的。例如，图 7.5 所示的同相组态放大器就是一个典型的电压-串联反馈结构，其反馈网络由两个电阻构成，显然 β 不可能保证只有反向传输；但注意到开环增益 $A\to\infty$，因此可以认为反馈网络中正向传输远远小于反向传输，所以一般在进行工程估算和快速设计时，β 中正向传输的影响常常忽略不计。

2. 电压-串联负反馈对输入输出电阻的影响

根据图 7.10 来进行输入电阻的分析。根据定义，可得引入串联反馈后的输入电阻为
$$R_{if} = \frac{V_i}{I_i} \tag{7.14}$$

其中，$I_i = V_i'/R_i$，且 $V_i = V_i' + V_f = V_i' + A_v\beta_vV_i'$，可得
$$R_{if} = (1 + A_v\beta_v)R_i \tag{7.15}$$

其中，R_i 为基本放大器的输入电阻。由式(7.15)可知，引入反馈后的输入电阻明显增大，且由反馈深度$(1+A_v\beta_v)$来控制大小。观察整个分析过程，只与输入部分的结构有关，而与输出部分的结构无

关，因此可以说，只要在输入部分引入串联负反馈，就能提高电路的输入电阻。这样有利于从电压源中尽可能多地取出待处理的电压信号，可有效改善电路性能。换句话说，如果放大器采用电压激励作为输入，就应该在输入部分引入串联负反馈来提高输入电阻。

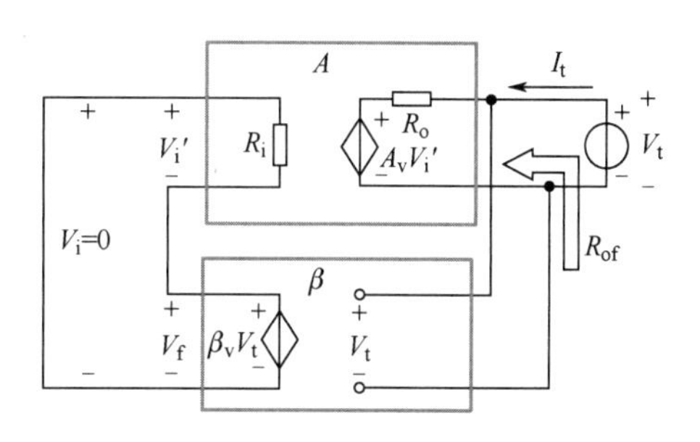

图 7.11　电压-串联负反馈放大器的输出电阻分析

下面再来看看对输出电阻的分析，首先根据输出电阻的定义改画等效电路，如图 7.11 所示。因为 $V_f=\beta_v V_t=-V_i'$，且 $I_t=(V_t-A_v V_i')/R_o$，所以引入电压反馈后的输出电阻为

$$R_{of}=\left.\frac{V_t}{I_t}\right|_{V_i=0}=\frac{V_t R_o}{V_t-A_v V_i'}=\frac{V_t R_o}{V_t+A_v\beta_v V_t}=\frac{R_o}{1+A_v\beta_v} \tag{7.16}$$

其中，R_o 为基本放大器的输出电阻。由式(7.16)可知，引入电压负反馈后的输出电阻明显变小，同样由反馈深度$(1+A_v\beta_v)$来控制大小。观察以上分析过程，同样可以得出结论，只要在输出部分引入电压负反馈，都会使得输出电阻变小，这样有利于尽可能多地向负载输出电压信号。换句话说，如果需要向后级电路输出电压信号，就应该在输出部分引入电压负反馈，以提高电路的信号输出能力。

3. 电压-串联负反馈小结

首先强调这里讨论的是负反馈。如果是正反馈，虽然拓扑结构依然成立，但电路参数关系将有较大变化。其次该拓扑结构是针对电压放大器的改进，引入反馈后，电压增益下降，输入电阻提高，输出电阻降低，基本参数都更为理想化，同时线性输入范围显然得到提升。

7.2.2　电流放大器的反馈：电流-并联负反馈

我们继续研究针对电流放大器设计的电流-并联负反馈的拓扑结构，如图 7.12 所示。这里同样不考虑信号源和负载的影响。由于输入、输出信号均为电流信号，因此在输入部分，A 和 β 的连接应采用并联结构，进行电流混合，也称在输入引入的反馈类型为并联反馈；在输出部分采用串联结构，进行电流采样，因此我们也称在输出引入的反馈类型为电流反馈，合起来就是电流-并联负反馈，最终构成的放大器是电流放大器。

1. 电流-并联负反馈对电流增益的影响

同样给出相关定义式如下。

开环增益：
$$A_i=\frac{I_o}{I_i'} \tag{7.17}$$

反馈系数：
$$\beta_i=\frac{I_f}{I_o} \tag{7.18}$$

闭环增益：
$$A_{if}=\frac{I_o}{I_i}=\frac{A_i}{1+A_i\beta_i} \tag{7.19}$$

注意，图 7.12 中指定了 I_f 和 I_o 的参考方向，前者是按照输入部分信号 KCL 方程给出的，后者是按照反馈网络的输入给出的。显然，闭环增益 A_{if} 同样下降为开环增益 A_i 的 $1/(1+A_i\beta_i)$倍，且由反馈深度$(1+A_i\beta_i)$控制增益下降程度。

考虑反馈中信号流向的单向性，我们同样可以给出电流-并联负反馈的理想等效电路模型，基本放大器采用电流放大器的等效电路模型替代，且认为反馈网络是理想电流放大器，如图 7.13 所示。

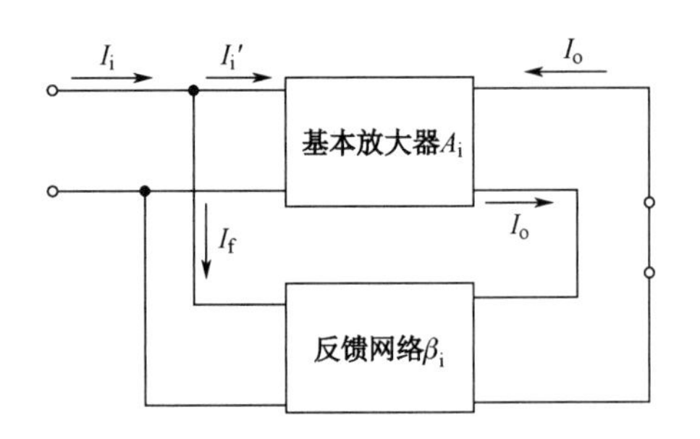

图 7.12 电流-并联负反馈放大器拓扑结构

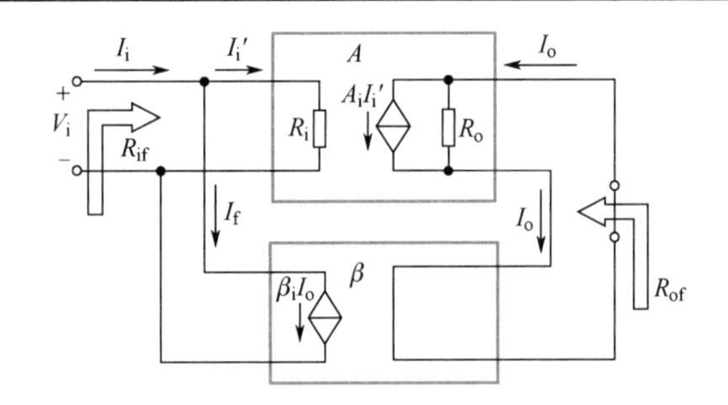

图 7.13 理想情况下电流-并联负反馈放大器的等效电路模型

2. 电流-并联负反馈对输入、输出电阻的影响

首先分析图 7.13 所示电路的输入电阻，根据定义，可得引入并联反馈后的输入电阻为

$$R_{if}=\frac{V_i}{I_i}=\frac{V_i}{I_i'+I_f} \tag{7.20}$$

其中，$V_i=I_i'R_i$，且 $I_f=\beta_iI_o=A_i\beta_iI_i'$，可得

$$R_{if}=\frac{I_i'R_i}{I_i'(1+A_i\beta_i)}=\frac{R_i}{1+A_i\beta_i} \tag{7.21}$$

其中，R_i 为基本放大器的输入电阻。由式(7.21)可知，引入并联负反馈后，输入电阻明显变小，且由反馈深度$(1+A_i\beta_i)$来控制大小。整个推导过程只与输入部分的结构有关，说明只要在输入部分引入并联反馈，就能有效降低电路的输入电阻，这样有利于从电流源中尽可能多地取出待处理的电流信号，即可以有效改善电路性能。换而言之，如果待处理信号为电流信号，那么在放大器的输入部分引入并联反馈才是更合适的选择。

电流放大器输出电阻定义式为

$$R_{of}=\left.\frac{V_t}{I_t}\right|_{I_i=0} \tag{7.22}$$

根据式(7.22)改画图 7.13，得到求解输出电阻的等效电路，如图 7.14 所示。由图可知，$I_f=\beta_iI_t=-I_i'$，且 $V_t=(I_t-A_iI_i')R_o$，根据定义可求得输出电阻为

$$R_{of}=\frac{(I_t-A_iI_i')R_o}{I_t}=\frac{(I_t+A_i\beta_iI_t)R_o}{I_t}=(1+A_i\beta_i)R_o \tag{7.23}$$

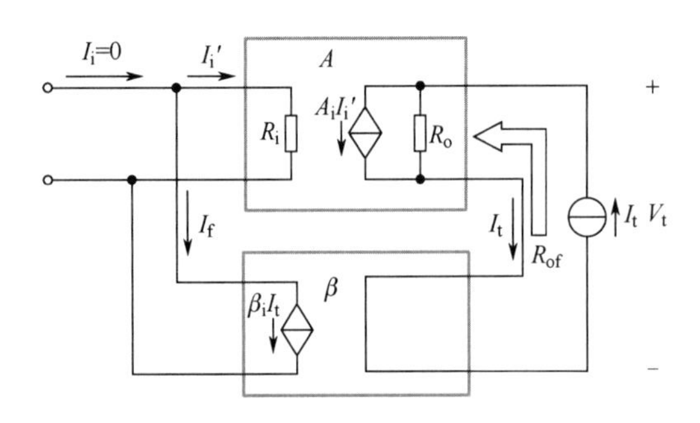

图 7.14 电流-并联负反馈放大器的输出电阻分析

其中，R_o 为基本放大器的输出电阻。由式(7.23)可知，引入电流负反馈后，输出电阻明显变大了，同样由反馈深度$(1+A_i\beta_i)$来控制大小。后面我们也会看到，只要在输出部分引入电流反馈，都会使得输出电阻变大，这样有利于尽可能多地向后级电路送出处理好的电流信号，这点显然对电流放大器设计非常有利。

3. 电流-并联负反馈小结

电流-并联负反馈拓扑结构是针对电流放大器设计的电路改进的，引入反馈后，电流增益下降，输入电阻降低，输出电阻提高，基本参数都更接近理想电流放大器。

7.2.3 互导放大器的反馈：电流-串联负反馈

图 7.15 给出了针对互导放大器设计的电流-串联负反馈拓扑结构及其理想等效电路模型，可以

看到，在输入部分进行电压混合，故采用了串联的拓扑结构；输出部分进行电流采样，故也采用了串联结构。由此可以得到，引入反馈前后放大器参数关系式，推导过程请大家自行完成。

开环增益：
$$A_g = \frac{I_o}{V_i'} \tag{7.24}$$

反馈系数：
$$\beta_r = \frac{V_f}{I_o} \tag{7.25}$$

闭环增益：
$$A_{gf} = \frac{I_o}{V_i} = \frac{A_g}{1 + A_g \beta_r} \tag{7.26}$$

输入电阻：
$$R_{if} = (1 + A_g \beta_r) R_i \tag{7.27}$$

输出电阻：
$$R_{of} = (1 + A_g \beta_r) R_o \tag{7.28}$$

由式(7.26)~式(7.28)可知，引入负反馈后，互导增益明显下降；在输入部分引入的串联反馈可以提高输入电阻；在输出部分引入的电流反馈可以提高输出电阻。显然，引入电流-串联负反馈后，整体放大器性能趋于理想互导放大器，具有高输入电阻、高输出电阻的特点。特别要注意的是，反馈引入前后，放大器增益类型都不会改变，但引入的反馈网络系数与基本放大器增益在单位上是相反的。

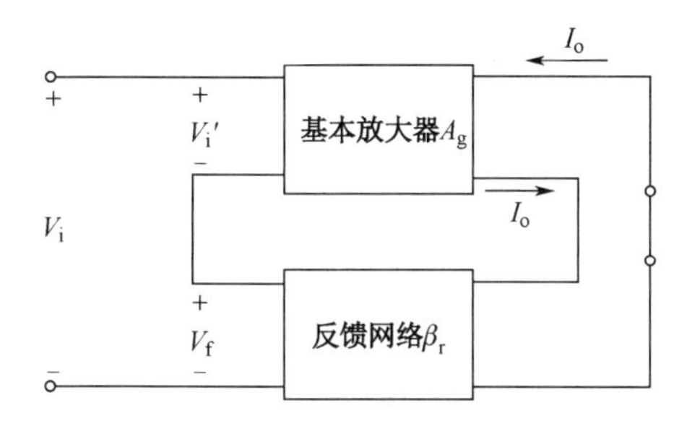

（a）电流串联负反馈放大器拓扑结构

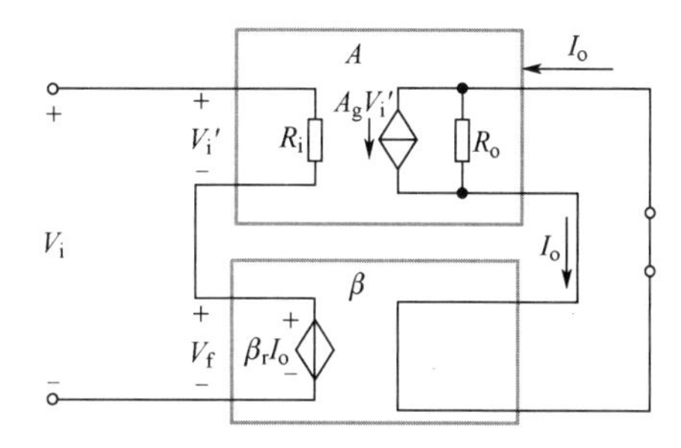

（b）理想情况下电流-串联负反馈放大器的等效电路模型

图 7.15　电流-串联负反馈放大器拓扑结构及其理想等效电路模型

7.2.4　互阻放大器的反馈：电压-并联负反馈

图 7.16 给出了针对互阻放大器设计的电压-并联负反馈拓扑结构及其理想等效电路模型。可以看到，输入部分进行电流混合，采用了并联拓扑结构；输出部分进行电压采样，同样采用了并联结构。由此给出引入负反馈前后放大器参数关系式，推导过程请大家自行完成。

开环增益：
$$A_r = \frac{V_o}{I_i'} \tag{7.29}$$

反馈系数：
$$\beta_g = \frac{I_f}{V_o} \tag{7.30}$$

闭环增益：
$$A_{rf} = \frac{V_o}{I_i} = \frac{A_r}{1 + A_r \beta_g} \tag{7.31}$$

输入电阻：
$$R_{if} = \frac{R_i}{1 + A_r \beta_g} \tag{7.32}$$

输出电阻：
$$R_{of} = \frac{R_o}{(1 + A_r \beta_g)} \tag{7.33}$$

由式(7.31)～式(7.33)可知，引入负反馈后，互阻增益明显下降；在输入部分引入的并联反馈可以降低输入电阻；在输出部分引入的电压反馈可以降低输出电阻。显然，引入电压-并联负反馈后，整体放大器性能趋于理想互阻放大器，具有低输入电阻、低输出电阻的特点。需要注意的是，在反馈引入前后，放大器增益类型都不会改变，但引入的反馈网络增益与基本放大器增益在单位上是相反的。

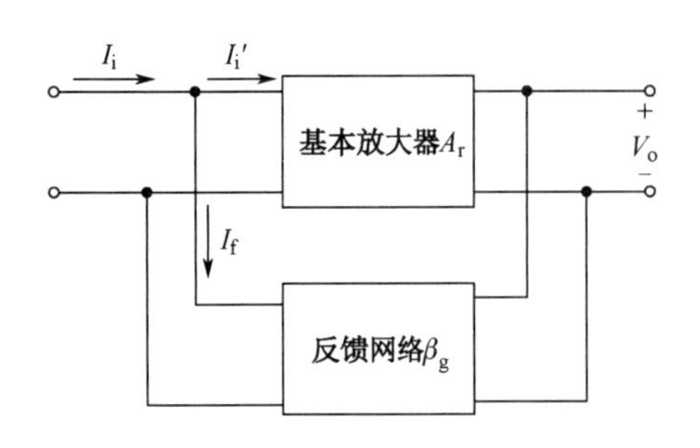

（a）电压-并联负反馈放大器拓扑结构

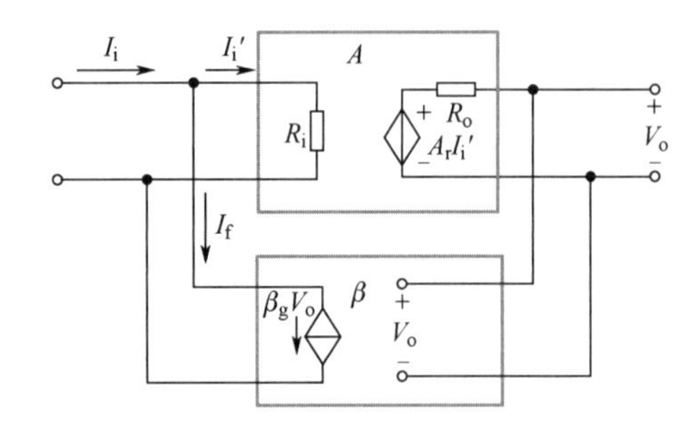

（b）理想情况下电压-并联负反馈放大器的等效电路模型

图 7.16　电压-并联负反馈拓扑结构及其理想等效电路模型

至此，4 种反馈拓扑结构已全部介绍完，请大家梳理一下相关的基本概念，参照电压串联负反馈的示例，完成习题 7.4 中的表格。

7.2.5　反馈的判断方法

在分析负反馈放大器性能之前，需要先确认反馈类型和反馈极性。

对于拓扑结构图来说，4 种反馈类型通常不难判断，然而在很多实际电路中，反馈拓扑结构的特征不是特别明显，因此需要借助一些特定的电路分析方法。

反馈极性的判断主要涉及如何区分正反馈和负反馈，基本依据是净输入到底是变大还是变小。

本节介绍如何进行相关分析和判断。

1. 有无反馈的判断

反馈判断第一步，应该是判断电路中是否存在反馈。如果不存在反馈，那么反馈类型判断等工作都没必要进行。

判断反馈是否存在的基本方法是观察放大电路，除基本放大器之外，是否存在其他连接输入回路和输出回路的元件或网络，可以提供第二条通路，且必须影响放大电路净输入信号的大小。若存在，则电路中有反馈；若不存在，则电路中无反馈。

图 7.17 所示电路就具有一定的欺骗性。电阻 R 看似连接了输入回路和输出回路，但未影响放大器的净输入信号的大小，因此该电路中没有反馈，称此电路为开环工作；反之，图 7.5 所示的电路因为存在反馈，称为闭环工作。

2. 反馈类型的判断

反馈类型的判断是指判断基本放大器和反馈网络在输入部分是并联反馈还是串联反馈，以及在输出部分是电压反馈还是电流反馈。

（1）输入反馈类型的判断

如图 7.18 所示，输入部分反馈类型的区分点是 A 和 β 在输入部分的拓扑结构。基本方法是观察电路在基本放大器的输入端上是否存在公共交点，若有[图 7.18（b）]，则为并联反馈；若没有[图 7.18（a）]，则为串联反馈。

（2）输出反馈类型的判断

如图 7.19 所示，输出部分反馈类型的区分点仍然是 A 和 β 在输出部分的拓扑连接方式。其判断方法有两种。第一种同样是观察电路在基本放大器的输出端上是否存在公共交点。若有[图 7.19（a）]，则为电压反馈；若没有[图 7.19（b）]，则为电流反馈。

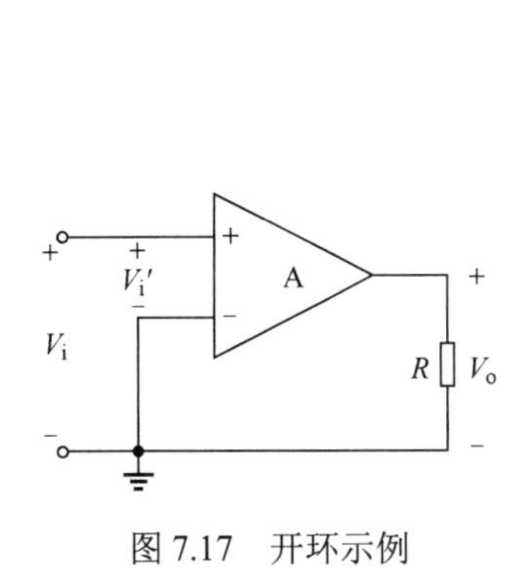

图 7.17　开环示例

(a) 串联反馈拓扑结构

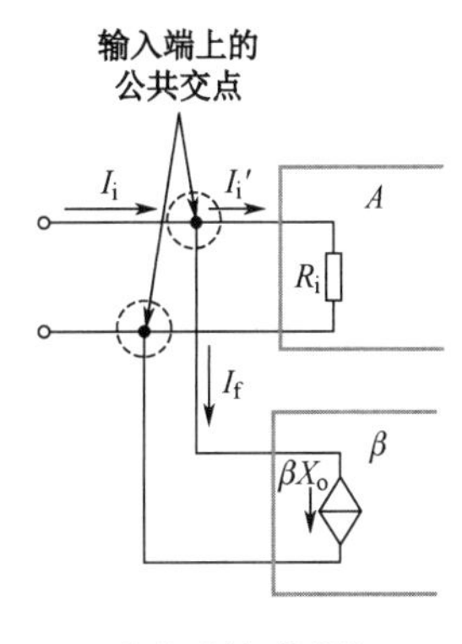

(b) 并联反馈拓扑结构

图 7.18　输入部分 A 和 β 的拓扑结构对比

第二种方法称为输出短路法，在电路结构过于复杂时使用较多。其基本步骤为：令原电路中输出端 $V_o=0$，即输出端口短路，或者负载 R_L 短路，再来观察电路，若可以等效为图 7.20 所示的形式，即 A 与 β 在输出部分没有连接，称为反馈消失，则可判断为电压反馈；但若反馈回路依然存在，电路结构如图 7.19（b）所示，即 A 与 β 在输出部分的拓扑连接不变，则为电流反馈。这里经常有初学者会产生误解，把关注点错误地放在了各种信号变化上，其实这里需要关注的是拓扑结构的变化，所以需特别留意，注意对比。

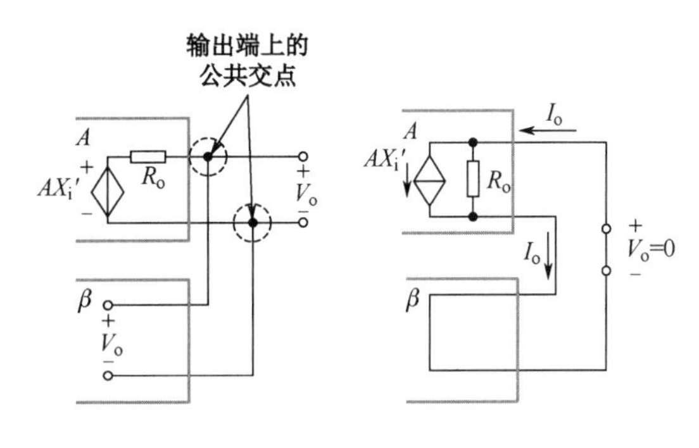

（a）电压反馈拓扑结构　　（b）电流反馈拓扑结构

图 7.19　输出部分 A 和 β 的拓扑结构对比

3．反馈极性的判断

反馈极性的判断指的是区分是正反馈还是负反馈，采用的方法称为瞬时极性法，如图 7.21 所示，基本步骤如下。

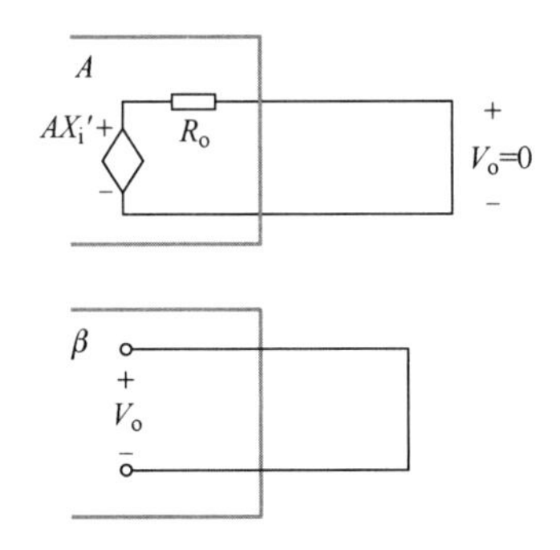

图 7.20　输出短路法：图 7.19（a）的等效电路

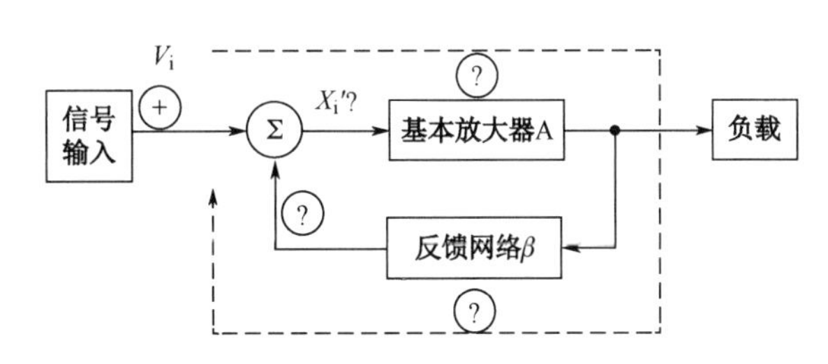

图 7.21　瞬时极性法的示意图

①假设输入端对地瞬时电压信号的极性为+，此时不论输入是电流信号还是电压信号，我们只考虑节点上对地的瞬时电压极性。

②令信号先通过基本放大器 A 向后传送到输出，再从输出部分的信号取样环节进入反馈网络，并通过反馈网络送回到输入回路，在此过程中依次判断一路上各节点对地的瞬时电压极性。

③反馈信号在输入回路与原输入信号进行信号混合，分析净输入信号是增加还是减小。若净输入信号增加了，则是正反馈；若净输入信号减少了，则是负反馈。

4．举例

综上所述，反馈分析的第一步是读图判断反馈类型和反馈极性。对于一张电路图，首先要判断的是有无反馈，如果有，找到其中关键的反馈元件，也就是跨接在电路输入回路和输出回路之间的元件（注意，在很多电路中很难一眼看出构成反馈网络的所有元器件，但关键元件一定是明确的）；其次观察 A 和 β 在输入部分和输出部分的拓扑连接方式，判断反馈类型；再次根据瞬时极性法判断反馈极性；最后要根据分析过程，找出所有对反馈过程有作用的元器件，就组成了完整的反馈网络。下面通过几个示例来熟悉一下分析和判断的方法。

例 7.2 试判断图 7.22（a）所示电路的反馈类型及反馈极性。

解： 该电路是运算放大器构成的同相组态放大器，如图 7.22 所示，电路中的基本放大器显然是集成运算放大器 A，为方便讲解，将图 7.22（a）中的运算放大器替换为图 7.22（b）所示的内部等效电路模型，分析步骤如下。

（1）判断电路中有无反馈

根据图 7.22（a）提供的输入和输出电压的位置信息，确定整个电路的输入回路与输出回路，图 7.22（b）中①虚线回路表示的是输入回路，②虚线回路表示的是输出回路。观察 A 的外围，显然电阻 R_2 跨接在输入回路和输出回路之间，因此该电路存在反馈，R_2 是反馈网络的一部分，且是反馈网络的关键元件。这里要特别说明，反馈网络由哪些元件构成，在这里还不能马上判定，要看涉及的元器件是否对反馈有作用。在后面的判断过程中可以逐一分析，再来确定。

（2）判断输入部分的反馈类型

输入回路为由图 7.22 中①标记的虚线回路，该回路包括信号输入端口、基本放大器输入端口和电阻 R_1，V_i 从运算放大器同相输入端节点 a 送入 A，关键元件电阻 R_2 从反相输入端节点 c 连接到 A，显然 A 和 R_2 在节点 a 上没有公共节点，因此可以判断输入部分引入的是串联反馈。

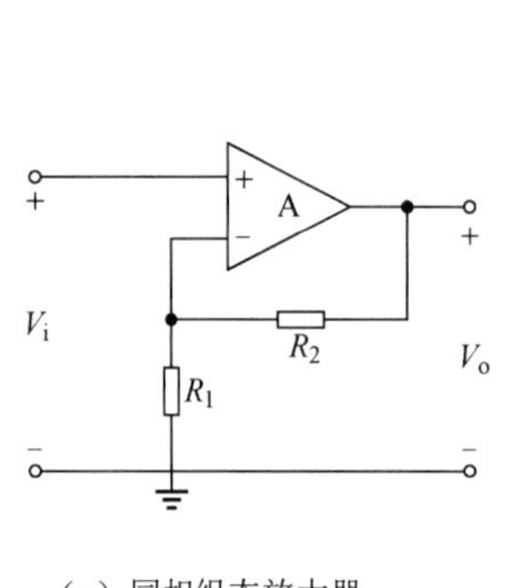

（a）同相组态放大器

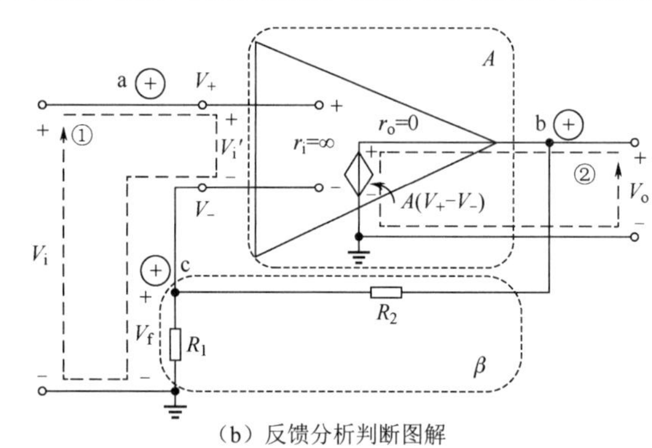

（b）反馈分析判断图解

图 7.22 例 7.2 电路图

因为基本放大器为集成运算放大器，所以其实际净输入必然有 $V_i' = V_+ - V_-$，显然 $V_+ = V_i$；又因为在输入回路中必有 KVL 方程 $V_i' = V_i - V_f$，所以 $V_- = V_f$，即电阻 R_1 两端的电压，因此电阻 R_1 起到将 V_f 送回输入回路的作用，它也是反馈网络的一部分。

（3）判断输出部分的反馈类型

输出回路为由图 7.22 中②标记的虚线回路，其中节点 b 为输出端子，此时电阻 R_2 右端显然也连接到节点 b，因此 A 和 R_2 在节点 b 上有公共端点，故为电压反馈。

同样，利用输出短路法再来分析一下，如图 7.23 所示。令 $V_o = 0$，则运算放大器输出端短路接地，原来用作反馈的电阻 R_2 显然与 R_1 并联后接地，相当于 R_2 右端从输出端子上断开，也就是反馈消失，因此可以判断输出部分引入的是电压反馈。

可见，这两种判断方法都可以得出一致的结论。

（4）判断反馈极性

如图 7.22（b）所示，首先假设输入节点 a 对地瞬时电压极性为+，由于节点 a 的信号是经同相输入端进入运算放大器 A 的，由运算放大器的输入、输出关系 $V_o=A(V_+-V_-)$可知，A 的输出节点 b 上，其对地瞬时电压极性也为+；信号经过线性电阻 R_2 不改变极性，因此在节点 c 上对地瞬时电压极性依然为+。由集成运算放大器虚断的特点可知，流入反相输入端的电流近似为 0，因此反馈电压 V_f 是输出电压 V_o 在 R_1 上的分压。

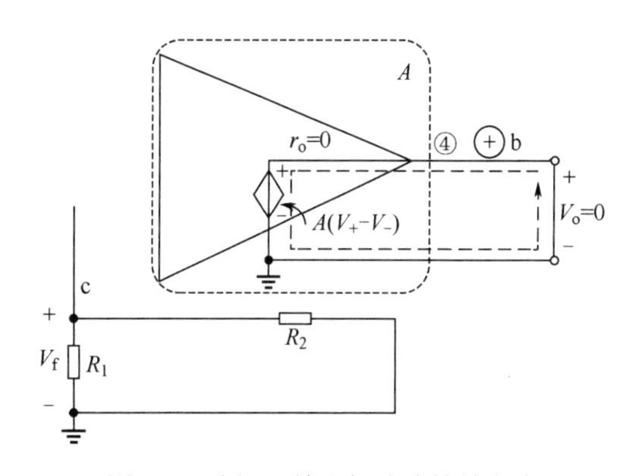

图 7.23　例 7.1 输出短路法等效电路

在输入回路①中应用 KVL，可得到 $V_i'=V_i-V_f$，等式右边的两个变量极性相同，且一般认为外电源提供的输入信号大小不变，因此 $V_i'<V_i$，也就是净输入信号变小，所以反馈极性为负反馈。注意，这里如果把节点 a 的对地极性假设为负，通过瞬时极性法得到的结论也应该是一样的。

综上所述，该电路为电压-串联负反馈，反馈网络由 R_1 和 R_2 组成。

反馈判断示例 2

例 7.3　试判断图 7.24（a）所示电路的反馈类型和反馈极性，其中三极管的 β 均足够大。

解：该电路由两级级联的三极管放大器组成。需要说明的是，若没有特别要求，这类问题的关注点将放在级联放大器的级间反馈和交流反馈。因此，我们首先把图 7.24（a）改画成图 7.24（b）所示的交流通路，后续分析将在图 7.24（b）上进行。由图可知，基本放大器 A 由 VT_1 和 VT_2 级联组成。

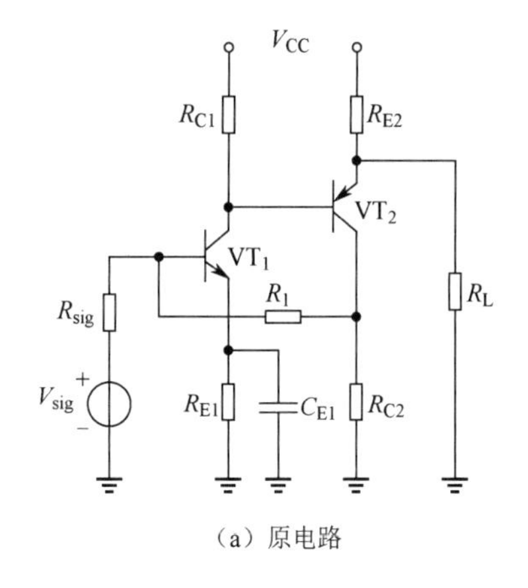

（a）原电路

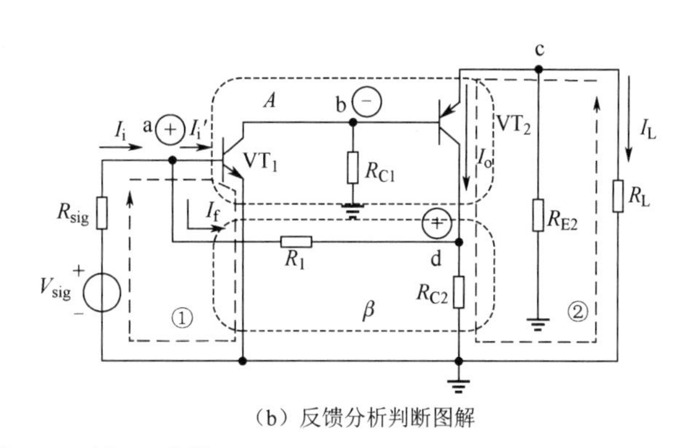

（b）反馈分析判断图解

图 7.24　例 7.3 电路

（1）判断有无反馈

根据图中信号源与负载的位置，可以确定电路的输入回路和输出回路。注意，图中信号源为戴维南形式的电压源。输入回路如图 7-24（b）中虚线①回路所示，包括信号源和 VT_1 的基极到发射极；输出回路如图 7.24（b）虚线②回路所示，包括负载、VT_2 的发射极到集电极、电阻 R_{C2}。观察 A 的输入部分和输出部分，可以发现输出级的集电极通过电阻 R_1 与 VT_1 的基极（第一级放大器的输入端）连在一起，因此该电路存在反馈，电阻 R_1 是反馈网络的一部分，也是反馈关键元件。

（2）判断输入部分的反馈类型

由图 7.24（b）可知，信号源通过输入端子 a 将信号送入基本放大器 VT_1 的基极，而电阻 R_1 的左端也连接在同一个公共节点 a 上，因此输入部分引入的反馈类型是并联反馈。

观察输入部分的信号混合，显然应该满足 KCL 定理 $I_i'=I_i-I_f$，按该表达式标出了 3 个电流信号量的参考方向。

（3）判断输出部分的反馈类型

由图 7.24（b）可知，负载连接到 VT_2 的发射极节点 c 上，然后电阻 R_1 的右端连接到 VT_2 的集电极节点 d 上。也就是说，它们的拓扑连接上没有公共节点，因此输出部分引入的是电流反馈。

同样，利用输出短路法再来分析一次。令 $V_o = 0$，即负载 R_L 短路，可以看到电阻 R_1 的右端依然连接到 VT_2 的集电极节点 d 上，拓扑连接没有变化，也就是反馈未消失，因此输出部分引入的反馈类型是电流反馈。可见，这两种判断方法可以得出一致的结论。

观察输出部分的信号取样情况。首先为了与反馈过程中的信号量有所区分，这里把负载上的输出电流定义为 I_L，反馈网络从基本放大器得到的电流即为 I_o，由于三极管 β 均足够大，因此我们认为 VT_2 的 I_e 约等于 I_c，即都等于 I_o，而 I_o 在节点 d 显然会被电阻 R_{C2} 分流，剩下的部分才作为反馈电流成为 I_f，因此电阻 R_{C2} 也是反馈网络的一部分。

（4）判断反馈极性

如图 7.24（b）所示，在这个步骤中需要应用不同组态的三极管放大器输入信号与输出信号之间的极性关系，这一点可以由对应组态电路的增益极性得出结论。

假设输入端 a 点即 VT_1 的基极，其对地瞬时电压极性为+。信号首先应通过基本放大器 A，再进入反馈网络，因此信号通过第一级放大器时，从 VT_1 的基极送入，从集电极送出，此时 VT_1 为共射放大器（反相放大器），其增益表达式中含有负号，故 VT_1 的集电极（VT_2 的基极）对地瞬时电压极性为-。通过第二级放大器时，信号从 VT_2 的基极送入，而从集电极将信号送出至反馈网络，对这部分信号传输来说，VT_2 也是共射放大器，因此 VT_2 集电极的对地瞬时电压极性为+。

此时，反馈关键元件 R_1 两端电压极性相同，因此反馈后该电阻上的电压差将会变小，即反馈信号 I_f 变小。一般我们认为信号源送入的信号大小固定，故有 $I_i' = I_i - I_f$，I_i' 变大，因此反馈极性为正反馈。

综上所述，该电路的反馈类型为电流-并联正反馈，反馈网络由 R_1 和 R_{C2} 组成。

另外，需要说明 3 个问题：首先在图 7.24（b）中画出了图 7.24（a）的交流通路，这样就减少了一些直流元器件的干扰；然后增加一条连接各接地点的直线，这样就可以比较容易地看出这个电路与反馈拓扑结构图是完全对应的，降低了误判的可能；最后要说明的是，电路中两个电阻 R_{C1} 和 R_{E2} 没有对信号反馈过程产生作用，因此不属于反馈网络的一部分，也就是说，不是所有元器件都参与了反馈过程。如果该电路引入了正反馈，那么作为放大器来说是无法实现稳定放大的。

反馈判断示例 3 和 4

例 7.4　试判断图 7.25（a）所示电路的反馈类型和反馈极性。

解：图 7.25（a）所示电路中基本放大器 A 显然是集成运算放大器，图 7.25（b）所示为反馈分析判断图解。注意，此时未代入集成运算放大器等效电路模型，读者可自行代入，将有助于确定输入回路和输出回路。

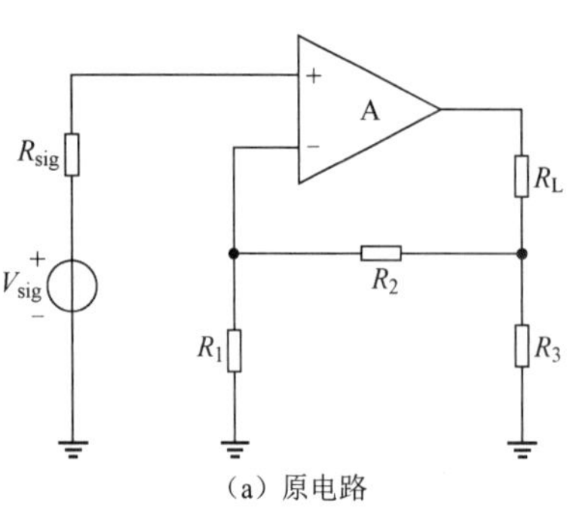

（a）原电路

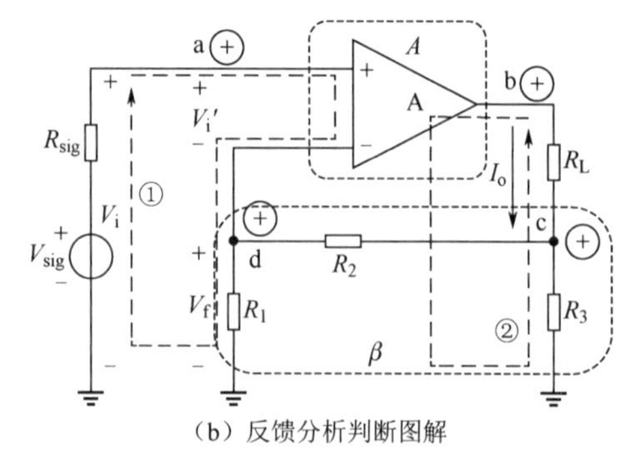

（b）反馈分析判断图解

图 7.25　例 7.4 电路

（1）判断电路中有无反馈

根据图 7.25（a）提供的输入信号源与负载的位置信息，图 7.25（b）中确定了反馈电路的输入回路与输出回路，其中虚线回路①标识了输入回路，虚线回路②标记了输出回路。观察 A 的外围，显然电阻 R_2 跨接在输入回路和输出回路之间，因此该电路存在反馈，R_2 是反馈网络的一部分，且是反馈网络的关键元件。

（2）判断输入部分反馈类型

输入回路为由图 7.25（b）中①标记的虚线回路，该回路包括信号源、基本放大器输入端口和电阻 R_1，信号源提供的输入信号 V_i 从运算放大器同相输入端节点 a 送入 A，关键元件电阻 R_2 从反相输入端节点 d 连接到 A。显然，A 和 R_2 在节点 a 上没有公共节点，因此可以判断输入部分引入的是串联反馈。

因为 A 为集成运算放大器，所以其实际净输入必然有 $V_i' = V_+ - V_-$，显然 $V_+ = V_i$；又因为在输入回路中必有 KVL 方程 $V_i' = V_i - V_f$，所以 $V_- = V_f$，即电阻 R_1 两端的电压，电阻 R_1 起到将 V_f 送回输入回路的作用，显然它也是反馈网络的一部分。

（3）判断输出部分的反馈类型

由图 7.25（b）可知，运算放大器的输出连接到负载上端节点 b，而电阻 R_2 的右端连接到负载下端节点 c，显然它们在拓扑连接上没有公共节点，因此输出部分引入的是电流反馈。

同样，我们利用输出短路法再来分析一次。令 $V_o = 0$，即负载 R_L 短路，可以看到电阻 R_2 的右端依然连接到负载下端节点 c，拓扑连接没有变化，也就是反馈未消失，因此输出部分引入的反馈类型是电流反馈。可见，这两种判断方法都可以得出一致的结论。

观察输出部分的信号取样情况。从运算放大器输出端流出的电流 I_o 经过负载，在节点 c 处由 R_2 和 R_3 分流，部分电流通过电阻 R_2 回送，再由电阻 R_1 转换为电压信号送入输入回路，与信号源提供的输入信号进行混合，显然这里的电阻 R_3 参与了节点 c 的分流，因此电阻 R_3 也是反馈网络的一部分。

（4）判断反馈极性

如图 7.25（b）所示，在这个步骤中需要应用运算放大器的输入输出关系 $V_o=A(V_+ - V_-)$，从而判断不同输入端送入的信号与输出信号之间的极性关系。

假设输入端 a 点对地瞬时电压极性为+。由于信号从同相输入端进入基本放大器 A，因此在节点 b 处瞬时电压极性也为+；经过负载 R_L，再进入反馈网络。因为电阻不改变极性，所以节点 c 处瞬时电压极性也为+；最后通过电阻 R_2 回送进输入回路，由电阻 R_1 转换为反馈电压信号 V_f 输出，因此节点 d 处瞬时电压极性也为+。

在输入回路①中应用 KVL，可得到 $V_i' = V_i - V_f$，等式右边的两个变量极性相同，且一般认为外电源提供的输入信号大小不变，因此 $V_i' < V_i$，也就是净输入信号变小，所以反馈极性为负反馈。

综上所述，该电路的反馈类型为电流-串联负反馈，反馈网络由 R_1、R_2 和 R_3 组成。

例 7.5　试判断图 7.26（a）所示电路的反馈类型和反馈极性。

解：如图 7.26（a）所示，基本放大器为运算放大器 A，图 7.26（b）所示为反馈分析判断图解。注意，我们未代入集成运算放大器等效电路模型，读者可自行代入，将有助于确定输入回路和输出回路。

（1）判断电路中有无反馈

根据图 7.26（a）提供的输入信号源与负载的位置信息（注意，这里信号源是诺顿形式的电流源），在图 7.26（b）中确定反馈电路的输入回路与输出回路，其中虚线回路①标记了输入回路，虚线回路②标记了输出回路。观察 A 的外围，显然电阻 R 跨接在输入回路和输出回路之间，因此该电路存在反馈，R 是反馈网络的一部分，也是反馈网络的关键元件。

（2）判断输入部分的反馈类型

由图 7.26（b）可知，信号源通过输入端子 a 将信号送入集成运算放大器 A 的反相输入端，而

电阻 R 的左端也连接在同一个公共节点 a 上，因此输入部分引入的反馈类型是并联反馈。

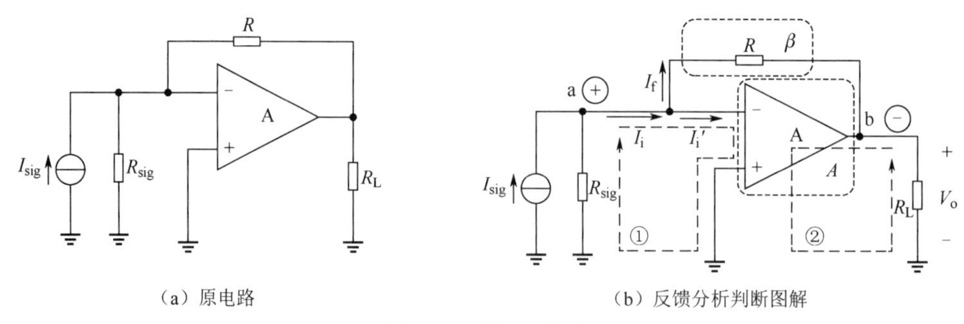

（a）原电路　　（b）反馈分析判断图解

图 7.26　例 7.5 电路

观察输入部分的信号混合，显然应该满足 KCL 定理 $I_i' = I_i - I_f$，按该式标出了 3 个电流信号量的参考方向。

（3）判断输出部分反馈类型

输出回路为由图 7.26（b）中②标记的虚线回路，其中节点 b 为输出端子，此时电阻 R 右端显然也连接到节点 b，因此 A 和 R 在节点 b 上有公共端点，故为电压反馈。

同样，利用输出短路法再来分析一下。令 $V_o = 0$，即负载 R_L 短路，则运算放大器输出端短路接地，原来用作反馈的电阻 R 显然可视为与信号源内阻 R_{sig} 并联后接地，相当于 R 右端从输出端子上断开，也就是反馈消失，因此可以判断输出部分引入的是电压反馈。可见，这两种判断方法可以得出一致的结论。

（4）判断反馈极性

如图 7.26（b）所示，首先假设输入节点 a 对地瞬时电压极性为+，由于节点 a 的信号经反相输入端进入运算放大器 A，由运算放大器的输入输出关系 $V_o=A(V_+ -V_-)$可知，在 A 的输出节点 b 上，其对地瞬时电压极性也为−。

此时，反馈网络 R 两端电压极性相反，因此引入反馈后该电阻上的电压差将会变大，即反馈信号 I_f 变大。一般认为信号源送入的信号大小固定，故有 $I_i' = I_i - I_f$，所以 I_i' 变小，因此反馈极性为负反馈。

综上所述，该电路为电压-并联负反馈，反馈网络由 R 组成。

反馈判断示例 5

例 7.6　试判断图 7.27（a）所示电路的反馈类型和反馈极性。

解： 在本例中，基本放大器 A 由两级放大器级联组成，第一级是 VT_1 和 VT_2 组成的差分放大器，第二级是 VT_3 组成的源极跟随器。

（1）判断有无反馈

如图 7.27（b）所示，差分放大电路的输入端实际上有两个，分别是 VT_1 和 VT_2 的栅极，两个栅极之间的电压差为实际送入基本放大器的净输入信号，其中虚线回路①标记了输入回路，虚线回路②标记了输出回路。观察电路，显然电阻 R_2 跨接在输入回路和输出回路之间，因此该电路存在反馈，R_2 是反馈网络的一部分，也是反馈网络的关键元件。

（2）判断输入部分的反馈类型

如图 7.27（b）所示，在输入端 a 节点上，信号源从 VT_1 的栅极送入信号，电阻 R_2 从 VT_2 的栅极送入信号，显然不是在同一个公共节点接入基本放大器，而是信号源、两个 MOS 的栅源部分和电阻 R_1 形成一个回路，因此在输入部分引入的是串联反馈。显然，电阻 R_1 也是反馈网络的一部分。

（3）判断输出部分的反馈类型

如图 7.27（b）所示，在输出部分若令负载 R_L 短路，则电阻 R_2 与 R_1 并联后接地，相当于从输出端到输入端没有反馈元件，即反馈消失，因此可以判断输出部分引入的是电压反馈。

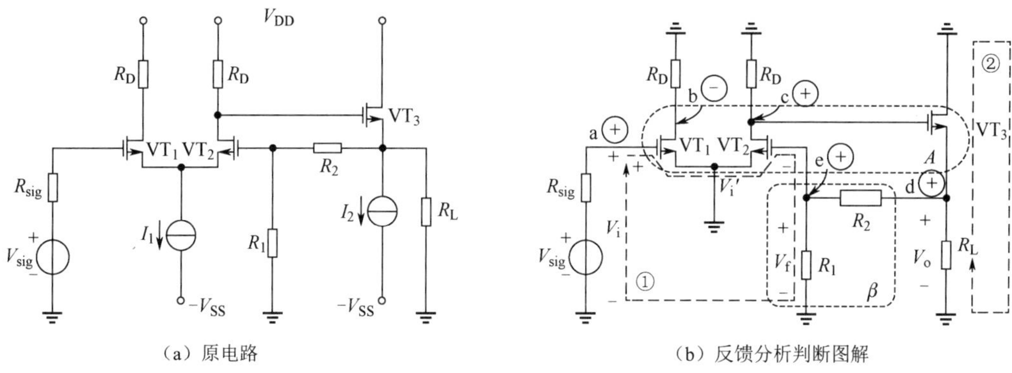

（b）反馈分析判断图解

图 7.27　例 7.6 电路

（4）判断反馈极性

如图 7.27（b）所示，假设输入端节点 a 连接的 VT_1 栅极对地瞬时电压为+，根据差分放大器单端输出时增益特点，VT_2 的漏极节点 c 为同相输出端，因此其极性也为+（注意，VT_1 的漏极节点 b 为反相输出端，极性应为-）；VT_2 的漏极节点 c 输出作为下一级 VT_3 的输入，且信号从栅极送入，从源极送出，再送入反馈网络，因此 VT_3 组态为共漏极组态，故 VT_3 漏极节点 d 上瞬时电压极性也为+；再通过 R_2，电阻不改变极性，因此 VT_2 栅极的对地瞬时电压极性也为+。

在输入回路①中应用 KVL，可得到 $V_i' = V_i - V_f$，等式右边的两个变量极性相同，且一般认为外电源提供的输入信号大小不变，因此 $V_i' < V_i$，也就是净输入信号变小，所以反馈极性为负反馈。

综上所述，该电路为电压-串联负反馈，反馈网络由 R_1 和 R_2 组成。

这道题的难点是输入端。第一级差分放大器的输入端是 VT_1 和 VT_2 的栅极，如果没有看出这一点，就很难判断输入部分的反馈类型。

7.3　负反馈技术对放大器性能的影响

负反馈技术虽然可能会引起放大器自激，从而产生振荡，但它对放大器性能的改善有很大帮助。在掌握了振荡产生的机理，并发现合适的方法来避免振荡后，负反馈技术立刻成为电路设计、自动控制和生物系统建模的基础方法之一。本节将定性分析负反馈技术对放大器性能的影响，掌握负反馈技术在放大器中的设计和实现方法。

需要说明的一点是，由于放大器在工作时首先需要直流偏置，然后才能讨论交流性能，因此负反馈技术对放大器性能的影响也分两方面：一是引入直流负反馈能够稳定静态工作点，更好地保证放大器正常工作；二是引入交流负反馈能够改善放大器的交流性能。直流负反馈在直流通路中分析，交流负反馈在交流通路中分析。具体内容在下面将一一展开。

7.3.1　稳定静态工作点

在放大电路中引入直流负反馈后，可以稳定放大电路的静态工作点，如图 7.28 所示的用于三极管直流偏置的分压式偏置电路就是一个很好的示例。这种电路之所以能够有效稳定静态工作点，关键就在于反馈元件 R_E 对 I_C 的自动调节作用。

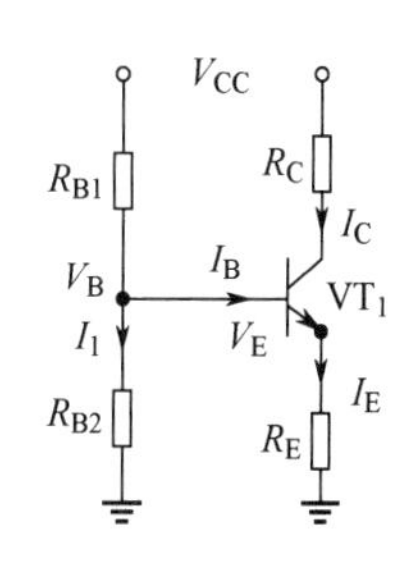

图 7.28　用于三极管直流偏置的分压式偏置电路

我们来看一下它对静态工作点的作用过程：I_C 增大→ I_E 增大→ V_E 增大→V_{BE} 减小→I_C 减小，即 I_C 增大时趋势被遏制，工作点趋于稳定；反之，I_C 减小时也会有类似自动调节过程。

要增强这种自动调节作用，必须满足两个条件：①保证 V_B 的稳定性，这点只要使得 $I_1 \gg I_B$ 即可，此时 V_B 的大小只由 V_{CC}、R_{B1} 和 R_{B2}

的分压电路决定；②选取合适的 R_E 电阻值，R_E 不能太小，否则 V_E 不能有效控制 V_{BE} 的大小，R_E 也不能太大，否则 V_{CE} 会使 BJT 进入饱和区。

可见，在放大器的设计过程中，引入适当的直流负反馈对静态工作点设置有很大帮助。

7.3.2 降低增益灵敏度

理想情况下，希望放大器在信号输入范围内的增益大小是一个常数，即希望电路的输出稳定，不受电路参数的变化、电源电压波动以及负载电阻等因素的影响，然而实际运算放大器很难满足这个要求。负反馈技术恰恰能解决这个问题，其本质就是有效降低放大器的增益灵敏度（Gain Sensitivity）。

所谓增益灵敏度，是指闭环增益 A_f 对开环增益 A 的变化的敏感程度，其定义式为

$$S_{A_f}^{A}=\frac{\Delta A_f}{A_f}\bigg/\frac{\Delta A}{A} \tag{7.34}$$

式中，ΔA_f 和 ΔA 分别为 A_f 和 A 的变化量。已知 A、A_f 和 β 三者之间的关系为

$$A_f=\frac{A}{1+A\beta} \tag{7.35}$$

若 ΔA 为较小值，且 β 为常数时，则可对式(7.35)两边求微分，可得

$$\mathrm{d}A_f=\frac{\mathrm{d}A}{(1+A\beta)^2} \tag{7.36}$$

将式(7.36)除以式(7.35)可得

$$\frac{\mathrm{d}A_f}{A_f}=\frac{1}{1+A\beta}\frac{\mathrm{d}A}{A} \tag{7.37}$$

即

$$S_{A_f}^{A}=\frac{\Delta A_f}{A_f}\bigg/\frac{\Delta A}{A}=\frac{1}{1+A\beta} \tag{7.38}$$

式(7.38)表明，A_f 的相对变化量比 A 的相对变化量减小为 $1/(1+A\beta)$，即放大器被施加了交流负反馈后增益灵敏度明显降低了，也就相当于增益的稳定性提高了，其中 $(1+A\beta)$ 又称为灵敏度衰减因子。在实际电路中，电源电压的波动、环境温度的变化、器件老化都可能引起放大电路增益的变化，施加了交流负反馈后的电路可以减小这种变化。然而 A_f 的稳定性是以牺牲增益为代价的，即 $A_f=\dfrac{1}{1+A\beta}A$，因此增益的大小和增益稳定性之间要有所取舍。在深度负反馈条件下，由于 $|1+A\beta|\gg 1$，因此 $A_f\approx\dfrac{1}{\beta}$。此时，若反馈网络是纯电阻性网络，则可以获得较高的闭环增益稳定性。

例 7.7 某放大器的闭环增益 A_f=100，开环增益 A=10^6，其反馈系数 β 为多少？若由于制造误差导致 A 减小为 10^4，反馈系数不变，则相应的闭环增益为多少？A_f 的相对变化率为多少？

解：因为 $A_f=\dfrac{A}{1+A\beta}$，所以 $100=\dfrac{10^6}{1+10^6\times\beta}$，$\beta=0.01$。

当 $A=10^4$ 时，$A_{f2}=\dfrac{A}{1+A\beta}=\dfrac{10^4}{1+10^4\times 0.01}=99.01$。

A 的相对变化率为 $\dfrac{A_1-A_2}{A_1}=99\%$。

A_f 的相对变化率为 $\dfrac{A_{f1}-A_{f2}}{A_{f1}}=0.99\%$。

可见，当 A 发生变化时，A_f 的变化率要小得多。

7.3.3　扩展放大器的带宽

大多数电压型集成运算放大器的高频响应具有单极点系统的特性。负反馈对单极点放大器带宽的扩展如图 7.29 所示，图中的曲线①给出某典型集成运算放大器的开环增益。由图 7.29 可知，其开环增益A_M(也称为直流增益)高达 100dB，其上限截止频率f_H只有 10Hz，其增益下降率为-20dB/十倍频。显然，这是个单极点系统，则其开环增益表达式为

$$A(s)=\frac{A_M}{1+s/\omega_H} \tag{7.39}$$

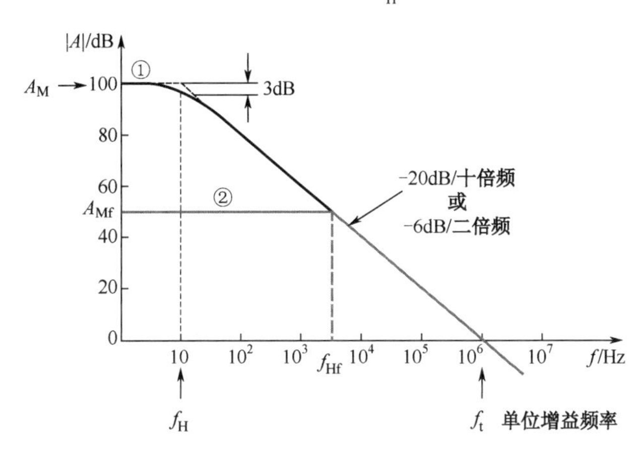

图 7.29　负反馈对单极点放大器带宽的扩展

假设引入一个负反馈，且反馈网络 β 为纯电阻网络，即 β 与频率无关，则反馈放大器闭环增益表达式为

$$A_f(s)=\frac{A}{1+A\beta}=\frac{\dfrac{A_M}{1+s/\omega_H}}{1+\dfrac{A_M}{1+s/\omega_H}\beta}=\frac{A_M}{1+s/\omega_H+A_M\beta}=\frac{\dfrac{A_M}{1+A_M\beta}}{1+\dfrac{s}{\omega_H(1+A_M\beta)}} \tag{7.40}$$

由式(7.40)可知，负反馈放大器的闭环直流增益为

$$A_{Mf}=\frac{A_M}{1+A_M\beta} \tag{7.41}$$

上限截止角频率为

$$\omega_{Hf}=\omega_H(1+A_M\beta) \tag{7.42}$$

比较图 7.29 中的曲线①和②即可发现引入反馈后，闭环放大器依然为一个单极点系统，但闭环增益下降为原来开环增益的 $1/(1+A_M\beta)$，上限截止频率增加为原来的$(1+A_M\beta)$倍，因为开环带宽 $BW=f_H$，所以引入反馈后放大器带宽为

$$BW_f=(1+A_M\beta)BW=(1+A_M\beta)f_H \tag{7.43}$$

显然增益下降多少，带宽就扩展多少，因此对于这类单极点系统来说，增益带宽积（GBW）是一个重要的常数参数，其大小近似等于单位增益频率 f_t。注意，实际中除了单极点系统，f_t和 GBW 还是有些差异的。特别是在多极点系统中，增益带宽积就不再维持为定值，但随着反馈的加深，多极点系统的增益同样会下降，上限截止频率同样会有一定扩展。

同理可以证明，若负反馈放大器的低频响应在低频段只有一个拐点，则下限角频率 $\omega_{Lf}=\dfrac{\omega_L}{1+A_M\beta}$。若放大电路在高频段或低频段有多个极点，且反馈网络为非纯电阻网络，这样问题的分析就会复杂得多，但是施加反馈前后带宽以及增益的变化趋势是相反的，即负反馈可以扩展放大器的带宽。

7.3.4 减小非线性失真

由于作为放大器核心器件的半导体器件（MOS 和 BJT 等）具有明显的非线性特征，因此由它们组成的基本放大器传输特性也是非线性的。如果输入信号超出放大器的线性输入范围，那么输出将达到输出饱和电压，也就产生了非线性失真。

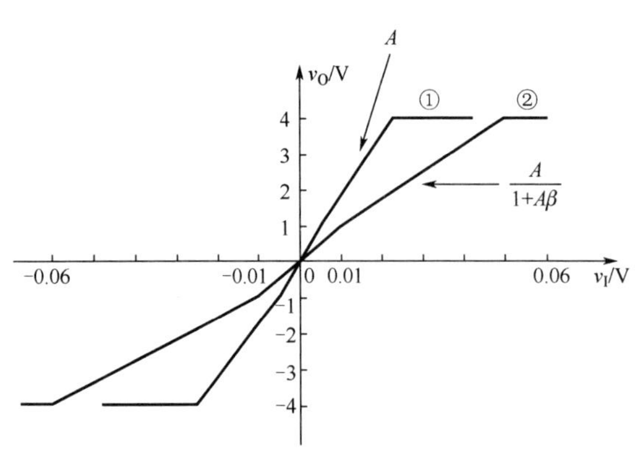

图 7.30 施加负反馈前后的传输特性曲线

如图 7.30 所示，施加负反馈前的电路传输特性曲线为①，施加负反馈之后为②。施加负反馈后电路增益变小，即传输特性曲线斜率变小，此处闭环传输特性曲线趋于平缓，线性输入范围明显拓宽，减小了非线性失真发生的概率。需要说明的是，负反馈只能减小反馈环内产生的非线性失真，如果输入信号本身存在失真，负反馈也就无能为力了。

7.3.5 负反馈对放大器噪声的影响

负反馈对含噪声源放大器的影响如图 7.31 所示。图 7.31（a）给出了一个含噪声源的级联放大器。图中 V_{n1} 是原输入信号中混入的噪声，V_{n2} 和 V_{n3} 分别是放大器 A_1 和 A_2 引入的噪声，则在开环状态下，可以得到输出信号为

$$V_o = A_1A_2V_i + A_1A_2V_{n1} + A_2V_{n2} + V_{n3} \tag{7.44}$$

由式(7.44)可知，除了输入信号被放大，V_{n1} 和 V_{n2} 也被放大了，当然输出中还含有 V_{n3}，显然这样的输出被严重干扰。

引入信噪比（Signal Noise Ratio，SNR）概念来衡量级联放大器系统的输出中各噪声信号的影响，可得

$$\begin{aligned} \text{SNR}_{a1} &= \frac{V_i}{V_{n1}} \\ \text{SNR}_{a2} &= A_1\frac{V_i}{V_{n2}} \\ \text{SNR}_{a3} &= A_1A_2\frac{V_i}{V_{n3}} \end{aligned} \tag{7.45}$$

如图 7.31（b）所示，对这个放大器引入一个反馈系数为 β 的负反馈，通过推导，可得输出信号表达式为

$$V_o = \frac{A_1A_2}{1+A_1A_2\beta}V_i + \frac{A_1A_2}{1+A_1A_2\beta}V_{n1} + \frac{A_2}{1+A_1A_2\beta}V_{n2} + \frac{1}{1+A_1A_2\beta}V_{n3} \tag{7.46}$$

由式(7.44)和式(7.46)可知，对于 V_i 和 V_{n1} 而言，反馈后增益下降，但增益变化始终是一致的，因此引入负反馈并不能改善噪声对信号的影响。然而对于 V_{n2} 和 V_{n3} 来说，引入反馈后噪声增益也明显下降，同时这些噪声对信号 V_i 的影响下降了。然而，从信噪比的角度来看负反馈没有起到任何作用，其信噪比为

$$\begin{aligned} \text{SNR}_{b1} &= \frac{V_i}{V_{n1}} \\ \text{SNR}_{b2} &= A_1\frac{V_i}{V_{n2}} \\ \text{SNR}_{b3} &= A_1A_2\frac{V_i}{V_{n3}} \end{aligned} \tag{7.47}$$

若希望负反馈能改善电路的信噪比，常用的方案还需要对图 7.31（b）所示的结构增加一个无噪声前置放大器[图 7.31（c）]，可得输出信号表达式为

$$V_o = \frac{A_0A_1A_2}{1+A_0A_1A_2\beta}V_i + \frac{A_0A_1A_2}{1+A_0A_1A_2\beta}V_{n1} + \frac{A_2}{1+A_0A_1A_2\beta}V_{n2} + \frac{1}{1+A_0A_1A_2\beta}V_{n3} \tag{7.48}$$

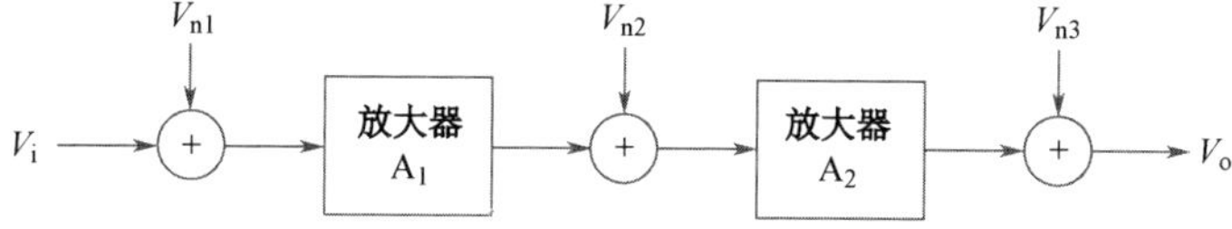

（a）含噪声源的级联放大器

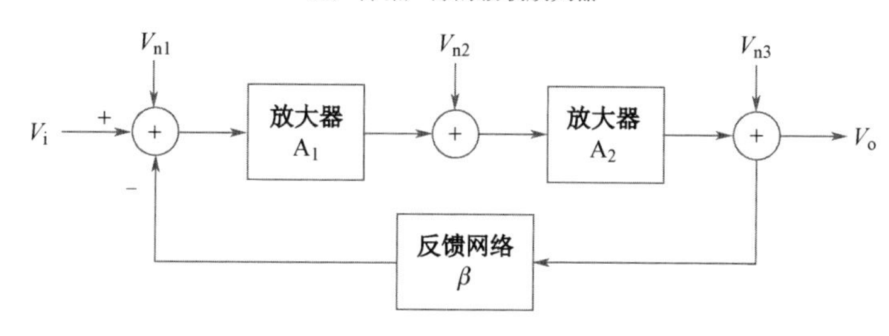

（b）引入反馈后的级联放大器

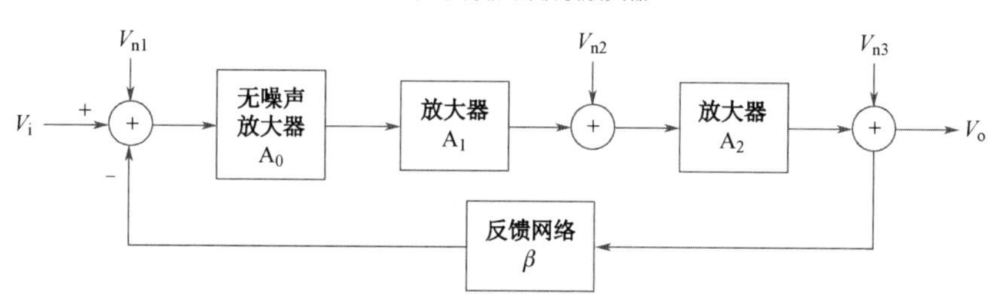

（c）引入无噪声前置放大器的反馈级联放大器

图 7.31　负反馈对含噪声源放大器的影响

此时信噪比为

$$\begin{aligned} \text{SNR}_{c1} &= \frac{V_i}{V_{n1}} \\ \text{SNR}_{c2} &= A_0A_1\frac{V_i}{V_{n2}} \\ \text{SNR}_{c3} &= A_0A_1A_2\frac{V_i}{V_{n3}} \end{aligned} \tag{7.49}$$

由式(7.47)和式(7.49)比较可知，必须结合负反馈技术和前置放大器才能降低在闭环内出现的噪声干扰（如 V_{n2} 和 V_{n3}），提高信噪比。若噪声出现在闭环外（如 V_{n1}），则反馈技术对其无法改善。

7.3.6　对放大器输入、输出电阻的影响

在 7.2 节已经证明，负反馈技术能改善放大器输入、输出电阻的性能，使之趋于理想化，在此直接给出结论，在不同的工程条件或需求下，也可以根据输入、输出电阻要求对反馈类型做出相应的选择。

输入部分的反馈方式会影响放大电路的输入电阻，其中串联负反馈会增大输入电阻，并联负反馈会减小输入电阻；输出部分的反馈方式则影响输出电阻，电压负反馈减小输出电阻，电流负反馈增大输出电阻。

从反馈放大器的基本框图可以看出，在输出部分，输出电阻的减小必然使得输出电压稳定，从而稳定电压增益和互阻增益；输出电阻的增大必然使得输出电流稳定，从而稳定电流增益和互导

增益。

7.4　深度负反馈放大器的分析与近似计算

由于在模拟电路系统中广泛应用集成运算放大器等高增益模块，因此在电路设计中很容易满足深度负反馈条件，从而可以大大简化电路的设计与分析难度。本节将重点讨论如何应用深度负反馈条件进行电路分析和放大器参数的近似计算。

7.4.1　深度负反馈条件下放大器分析特点

在7.1节中，已经提到过当$1+A\beta \gg 1$时，负反馈放大器工作在深度负反馈状态，其中$1+A\beta \gg 1$，即$A\beta \gg 1$，被称为深度负反馈条件。此时，放大器的闭环增益近似为

$$A_{\mathrm{f}}=\frac{A}{1+A\beta}\approx\frac{1}{\beta} \tag{7.50}$$

由于很多时候我们常采用纯阻性反馈网络，因此反馈系数的求解比求解增益要容易得多。

又因为$A_{\mathrm{f}}=\dfrac{X_{\mathrm{o}}}{X_{\mathrm{i}}}$，$\dfrac{X_{\mathrm{o}}}{X_{\mathrm{f}}}=\dfrac{1}{\beta}$，所以有

$$X_{\mathrm{i}}\approx X_{\mathrm{f}} \tag{7.51}$$

即净输入信号$X_{\mathrm{i}}'\approx 0$。

当输入部分为串联负反馈时，输入信号为电压信号，则有

$$V_{\mathrm{i}}\approx V_{\mathrm{f}}\quad\Rightarrow V_{\mathrm{i}}'\approx 0 \tag{7.52}$$

此时，对于基本放大器A的输入部分来说，输入端与反馈网络输出端之间的电压差始终近似为0，就像用导线短接了一样，但实际并没有被短接，因此称为虚短。

当输入部分为并流反馈时，输入信号为电流信号，则有

$$I_{\mathrm{i}}\approx I_{\mathrm{f}}\quad\Rightarrow I_{\mathrm{i}}'\approx 0 \tag{7.53}$$

此时，对于基本放大器A的输入部分来说，流入基本放大器的净输入电流始终近似为0，就像基本放大器的输入端被开路了一样，但实际内部并没有开路，因此称为虚断。

由放大器建模可知，不管是哪种输入反馈类型，只要虚短成立，由$V_{\mathrm{i}}=I_{\mathrm{i}}R_{\mathrm{i}}$可知，虚断也一定成立，反之亦然。因此，可以得出结论，只要放大器处于深度负反馈工作状态，在其输入部分，虚短和虚断同时成立。另外，需要特别强调的是，净输入信号只是近似为0，而不是真的为0。如果真的完全没有净输入信号，那么放大器也不会有输出信号。

另外，对于满足深度负反馈条件的放大器，因为$A\beta$非常高，求解输入、输出电阻的具体数值非常困难，也不是很必要，所以一般根据负反馈类型，指出其变化趋势即可，显然理想情况下，电阻大小会趋向∞或0。深度负反馈条件下放大器输入、输出电阻特性如表7.2所示。

表7.2　深度负反馈条件下放大器输入、输出电阻特性

参数	拓扑结构	反馈前后关系式	变化趋势	理想参数
输入电阻	串联反馈	$R_{\mathrm{if}}=(1+A\beta)R_{\mathrm{i}}$	变大	∞
	并联反馈	$R_{\mathrm{if}}=R_{\mathrm{i}}/(1+A\beta)$	变小	0
输出电阻	电压反馈	$R_{\mathrm{of}}=R_{\mathrm{o}}/(1+A\beta)$	变小	0
	电流反馈	$R_{\mathrm{of}}=(1+A\beta)R_{\mathrm{o}}$	变大	∞

7.4.2　深度负反馈条件下的近似计算

负反馈放大器的电路形式多种多样，由于包含了反馈网络，因此会给电路的计算带来一定的困难。如果按照前几章介绍的，通过画小信号等效电路模型的方法去一一求解，得出输出信号与输入信号的比值关系，将会使求解变得非常复杂。本节将介绍深度负反馈条件下近似计算法，虽然难

以得到精确的数值，但是方法简单，而且绝大多数应用电路都能满足深度负反馈条件，故所得结果具有相当高的实用价值，因此这种计算方法在工程中被广泛采纳和应用。

深度负反馈条件下的电路性能参数近似计算步骤如下。

①观察电路，判断反馈类型及反馈极性，确定对应的放大器类型。

②判断放大器是否满足深度负反馈条件。

③在增益求解分析时，若反馈类型与增益类型一致，则电路的增益 $A_f \approx 1/\beta$，否则需根据虚断和虚短等条件进行信号量转换。

④根据反馈类型，确定输入、输出电阻的变化趋势。

例 7.8　负反馈放大器如图 7.32 所示。假设运算放大器 A 为理想运算放大器，$R_1 = 10\text{k}\Omega$，$R_2 = 20\text{k}\Omega$，求该放大电路电压增益 A_{vf}。

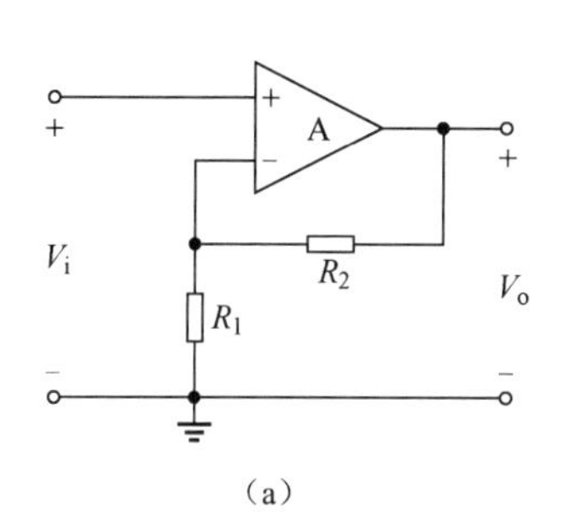

（a）

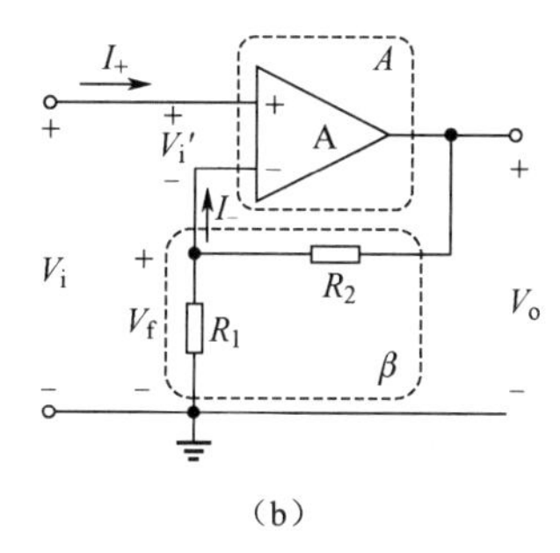

（b）

图 7.32　例 7.8 电路图

解：这是一个常见的电路，由于理想运算放大器的开环增益为无穷大，因此由它组成的电路一般都满足深度负反馈条件。这里我们就应用深度负反馈条件来分析其性能参数。

由例 7.2 可知，该电路为电压−串联负反馈放大器，反馈网络由 R_1 和 R_2 组成。这里要求电路的电压增益，故反馈类型与增益类型一致，则在深度负反馈条件下其电压增益为

$$A_{vf} = \frac{V_o}{V_i} \approx \frac{1}{\beta}$$

由虚断可得，反相输入端电流 $I_- \approx 0$，因此

$$\beta = \frac{V_f}{V_o} = \frac{R_1}{R_1 + R_2}$$

所以

$$A_{vf} \approx 1 + \frac{R_2}{R_1} = 1 + \frac{20\text{k}\Omega}{10\text{k}\Omega} = 3\text{V/V}$$

需要注意的是，如果反馈系数和求解增益的量纲不同，就不能直接通过倒数求解，而要利用信号量之间的关系进行具体分析。

例 7.9　多级放大器电路如图 7.33 所示，求该电路电压增益 A_{vf}。

解：基本放大器由三级 MOS 放大器级联而成，故增益极高，因此它组成的反馈电路能满足深度负反馈条件，在输入部分虚短和虚断同时成立。

如图 7.33（b）所示的交流通路，利用 7.2.5 节介绍的判断方法可知该电路的反馈类型为电流−串联负反馈，反馈网络由电阻 R_1、R_2 和 R_3 组成，则对应的放大器类型为互导放大器，而题目要求的电压增益 A_{vf}，因此反馈类型与增益类型不一致，故需要进行信号量转换。

电压增益定义为 $A_{vf} = \dfrac{V_o}{V_i}$，下面借助反馈网络输出信号 I_o 和反馈信号 V_f 作为中间变量，去寻找 V_o 和 V_i 的关系。

在输入部分，实际的净输入信号为 VT_1 栅极和源极之间的电压 V_{gs}，根据深度负反馈的虚短 $V_{gs} \approx 0$，所以 $V_i \approx V_f$。

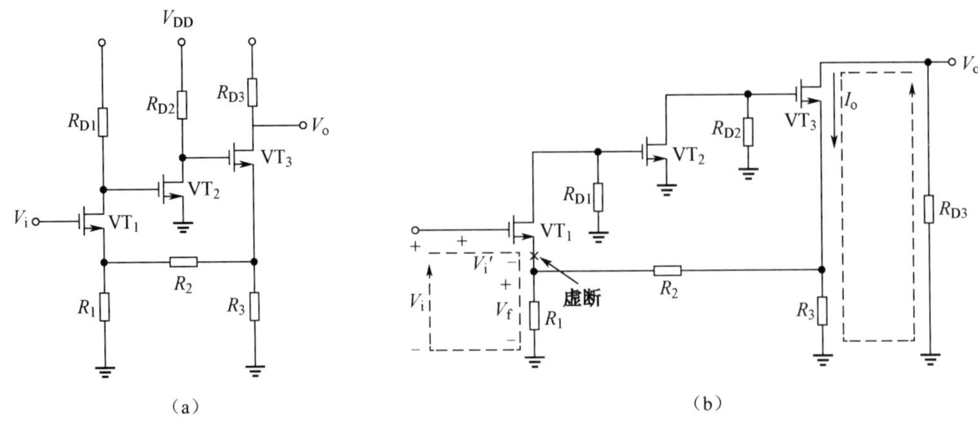

图 7.33　例 7.9 电路图

在输出部分，可以看到输出信号 V_o 为 VT_3 漏极对地的交流电压，且对 VT_3 而言有 $I_{d3}=I_{s3}=I_o$，所以有

$$V_o \approx -I_o R_{D3}$$

又由 $V_{gs}\approx 0$ 可知，VT_1 源极上电流极小，故可认为此处虚断，即图 7.33（b）中标注×的位置。因此，反馈网络先将输出电流 I_o 引入，由 R_2 和 R_3 分流后，部分电流由 R_2 引回输入部分，并在 R_1 上将电流转换为反馈电压信号 V_f 输出。因此可得

$$V_f \approx I_o \frac{R_3}{R_1+R_2+R_3} R_1$$

将前面推导得到的 V_f 和 V_o 代入得

$$A_{vf} = \frac{V_o}{V_i} \approx \frac{-I_o R_{D3}}{V_f} = -\frac{R_{D3}(R_1+R_2+R_3)}{R_1 R_3}$$

另外，从反馈类型来说，该电路是一个互导放大器，因此其互导增益为

$$A_{gf} = \frac{I_o}{V_i} \approx \frac{1}{\beta_r} = \frac{I_o}{V_f} = \frac{R_1+R_2+R_3}{R_1 R_3}$$

由增益之间的转换公式可得

$$A_{vf} = \frac{V_o}{V_i} = \frac{-I_o R_{D3}}{V_i} \approx -\frac{-R_{D3}}{\beta_r} = -A_{gf} R_{D3} = -\frac{R_{D3}(R_1+R_2+R_3)}{R_1 R_3}$$

可见，两种思路求解结果一致，只是信号转换过程不同而已。

例 7.10　多级放大器电路如图 7.34（a）所示，已知 $R_{sig}=10\text{k}\Omega$，$R_{B1}=100\text{k}\Omega$，$R_{B2}=15\text{k}\Omega$，$R_{C1}=10\text{k}\Omega$，$R_{E1}=870\Omega$，$R_{C2}=8\text{k}\Omega$，$R_{E2}=3.4\text{k}\Omega$，$R_L=1\text{k}\Omega$，$R=10\text{k}\Omega$，求该电路源电压增益 A_{vfs}。

解： 该电路为两级三极管级联放大器，增益极高，因此由它组成的电路能够满足深度负反馈条件。由图 7.34（b）分析可知，该电路为电流-并联负反馈放大器，反馈元件为 R 和 R_{E2}，对应的放大器类型为电流放大器。这里输入部分为并联负反馈，由深度负反馈可知，虚短和虚断同时成立，因此输入端近似为虚地，故电压增益近似无穷大，所以这里要求的是源电压增益。

该电路闭环源电压增益的表达式为 $A_{vfs}=\dfrac{V_o}{V_{sig}}$，而由反馈类型可知对应增益类型应为电流增益，即 $A_{if}=\dfrac{I_o}{I_i}\approx\dfrac{1}{\beta_i}$，因此来看看它们之间的信号量转换过程。

由虚断可知，$I_i'\approx 0$，故 $I_i\approx I_f$。输出电压 V_o 和例 7.9 相似，$V_o=-I_o(R_{C2}\,\|\,R_L)$。

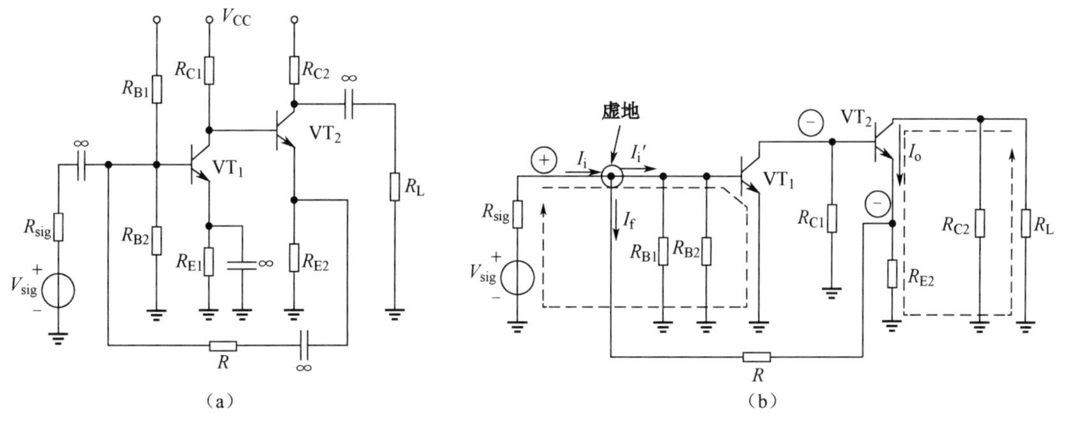

图 7.34　例 7.10 电路图

由虚短可得，输入端 VT_1 的基极为虚地点，因此反馈电流由反馈网络 R 和 R_{E2} 两电阻分流得到

$$I_f = -I_o \frac{R_{E2}}{R_{E2}+R}$$

所以

$$\beta_i = \frac{I_f}{I_o} = -\frac{R_{E2}}{R_{E2}+R}$$

同样，由虚地点可得

$$V_{sig} = I_i R_{sig}$$

所以

$$A_{vfs} = \frac{V_o}{V_{sig}} = \frac{V_o}{I_i R_{sig}} \approx \frac{-I_o\left(R_{C2} \parallel R_L\right)}{I_f R_{sig}} = \frac{-\left(R_{C2} \parallel R_L\right)}{\beta_i R_{sig}} = \frac{\left(R_{E2}+R\right)\left(R_{C2} \parallel R_L\right)}{R_{E2} R_{sig}}$$

$$= \frac{(8\text{k}\Omega \parallel 1\text{k}\Omega)\times(3.4\text{k}\Omega+10\text{k}\Omega)}{3.4\text{k}\Omega\times10\text{k}\Omega} = 0.35\text{V/V}$$

由该结论可知，整个放大器对电压信号并没有放大，因此电流-并联负反馈形式显然是不适合用电压放大器设计的，这与前面的结论相互印证。

深度负反馈条件下放大器分析及示例 3

例 7.11　由差分放大器和集成运算放大器构成的反馈放大器如图 7.35（a）所示。

（1）当 V_i=0 时，V_{C1}=V_{C2}=？假设 V_{BE}=0.7V，β_1、β_2 和 β_3 均很大。

（2）要使级间反馈为电压-串联负反馈，则 C_1 和 C_2 分别应接到运算放大器的哪个输入端？

（3）引入电压-串联负反馈后，闭环电压放大器的增益 A_{vf} 为多少？假设 A 为理想运算放大器。

（4）若要引入电流-并联负反馈，则 C_1 和 C_2 分别应接到运算放大器的哪个位置？R_8 应如何连接？此时闭环电流增益 A_{if} 为多少？

解： 图 7.35（a）所示电路实际上是由两级放大器组成的：第一级是 VT_1 和 VT_2 组成的差分放大电路，其中 VT_3 为差分放大电路提供偏置电流；第二级则是集成运算放大器。因此，基本放大器的输入端分别为 VT_1 和 VT_2 的基极，净输入信号 V_i' 为两个基极之间的电压差。输出端为集成运算放大器的输出端。这里的反馈网络是 R_2 和 R_8，反馈类型是电压-串联反馈。由于运算放大器的输入端并没有明确标出，因此要保证引入负反馈，问题（2）的解答是关键。

（1）这里实质上是求解电路的静态工作点。由 R_5、R_6、R_7 和 VT_3 组成的偏置电路给 VT_1、VT_2 差分对管提供静态电流。其中，VT_3 基极端的戴维南等效电路的参数 V_{BB} 和 R_{BB} 的求解方法如下

$$V_{BB} = [V_{CC}-(-V_{CC})]\frac{R_6}{R_5+R_6}+(-V_{CC}) = [15-(-15)]\frac{6.2\text{k}\Omega}{20\text{k}\Omega+6.2\text{k}\Omega}+(-15) \approx -7.9\text{V}$$

$$R_{BB} = R_5 \parallel R_6 = 20\text{k}\Omega \parallel 6.2\text{k}\Omega = 4.733\text{k}\Omega$$

在 VT_3 发射结回路中列 KVL 方程，可得

$$V_{BB}-I_{B3}R_{BB}-V_{BE}-I_{E3}R_7-(-V_{CC})=0$$

因为β_3很大，所以$I_{E3}\gg I_{B3}$，即忽略I_{B3}。

故
$$I_{E3}\approx 1.255\text{mA}$$

因此
$$I_{C1}=I_{C2}\approx I_{E1}=I_{E2}=\frac{1}{2}I_{E3}=0.627\text{mA}$$

所以
$$V_{C1}=V_{C2}=V_{CC}-I_{C1}R_3=15-0.627\text{mA}\times 2\text{k}\Omega\approx 13.75\text{V}$$

（2）如图7.35（b）所示，已知该电路反馈类型为电压-串联反馈，那么要保证引入的是负反馈。假设输入端对地瞬时电压极性为+，则电阻R_2上端对地瞬时电压极性必然要与V_i相同，即极性也为+，因此运算放大器的输出端瞬时极性也必须为+。由第一级差分放大器的电路特征可知，C_1对地极性为-，C_2对地极性为+，因此当C_1接集成运算放大器A的反相输入端-，C_2接集成运算放大器A的同相输入端+时，运算放大器的输出端电压V_o的对地极性为+。

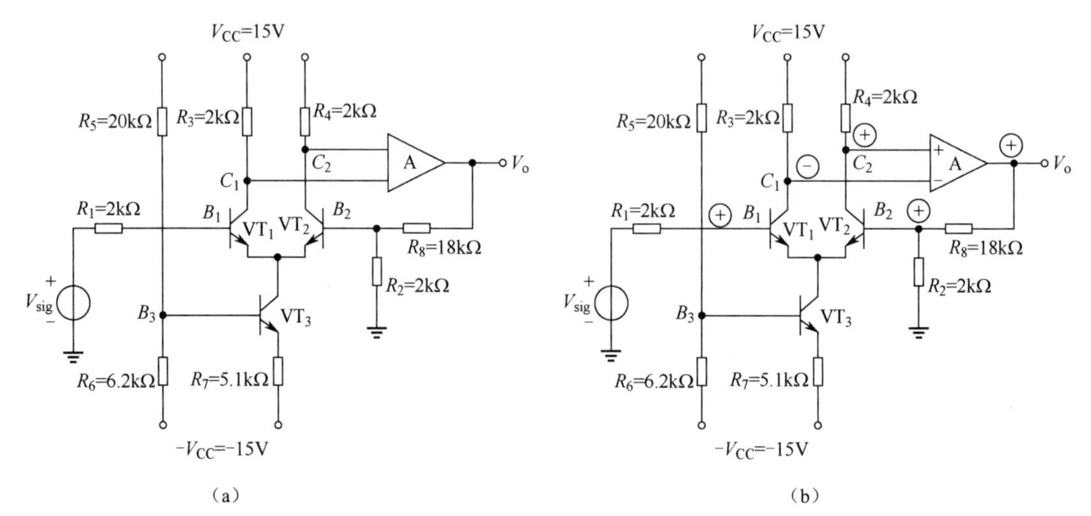

图7.35 例7.11电路图

（3）由深度负反馈的虚短性质，$V_i\approx V_f$，且V_f为V_o在电阻R_2上的分压，故

$$A_{vf}\approx\frac{V_o}{V_f}=\frac{R_2+R_8}{R_2}=\frac{2\text{k}\Omega+18\text{k}\Omega}{2\text{k}\Omega}=10\text{V/V}$$

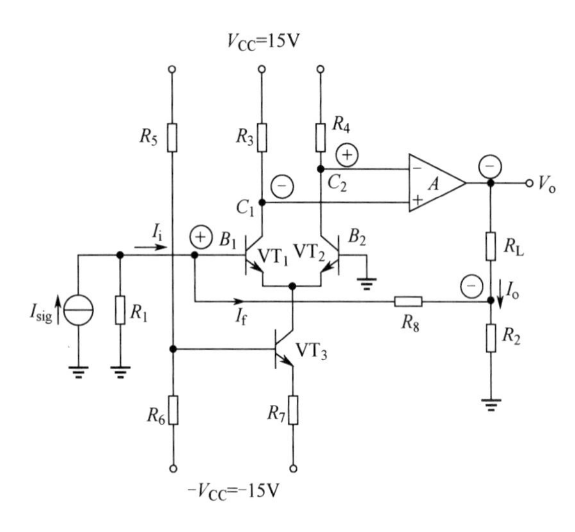

图7.36 电流-并联负反馈的连接方式

（4）若要引入电流-并联负反馈，连接方式如图7.36所示。因为输入部分要求是并联反馈，所以反馈网络必然要和信号源一起在公共节点接入基本放大器，所以将R_2和R_8组成的反馈网络与VT_2的基极以及集成运算放大器的输出端断开，故R_8的一端接VT_1基极，并将信号源用诺顿电路进行等效。R_2和R_8的交点与负载R_L的一端相连，R_L的另一端与运算放大器输出端相连。此时，若令R_L=0，则反馈网络仍然存在，反馈不会消失，因此输出部分变为电流反馈。

若要实现负反馈，则要注意集成运算放大器两个输入端的接法。假设输入端对地瞬时电压极性为+，则R_8连接负载一侧的端口极性必须为-才能保证负反馈，进而运算放大器输出端的瞬时电压极性也必须为-。又因为C_1对地极性为-，

C_2对地极性为+，所以只有当 C_1 接运算放大器 A 的同相输入端+，C_2 接运算放大器 A 的反相输入端−时，运算放大器的输出端对地瞬时电压极性才为−。

又因为虚短和虚断同时成立，即输入端此时为虚地，所以 I_f 是输出电流在 R_8 上的分流，故可得

$$I_f = -\frac{R_2}{R_2 + R_2} I_o$$

根据虚断的性质，$I_f \approx I_i$，则闭环电流增益为

$$A_{if} = \frac{I_o}{I_i} \approx \frac{I_o}{I_f} = -\frac{R_2 + R_8}{R_2} = -\frac{2k\Omega + 18k\Omega}{2k\Omega} = -10\text{A/A}$$

例 7.12　估算图 7.37 所示电路的电压增益 A_{vf}、输入电阻 R_{if} 和输出电阻 R_{of}。

解： 图 7.37 所示电路为同相放大器，则反馈类型为电压−串联负反馈，反馈网络由 R_1 和 R_f 组成。

该放大器的电压增益为

$$A_{vf} = \frac{V_o}{V_i} \approx \frac{V_o}{V_f} = \frac{R_1 + R_f}{R_1} = \frac{1+10}{1} = 11\text{V/V}$$

由于该电路满足深度负反馈，且输入部分是串联结构，因此 $R_{if}' \to \infty$，而 R_2 是反馈环外的电阻，因此反馈放大器的输入电阻为

$$R_{if} = R_2 \parallel R_{if} \approx R_2 = 1k\Omega$$

该反馈放大器在输出部分是并联结构，故反馈放大器的输出电阻 $R_{of} \to 0$。

例 7.13　图 7.38 所示的电路满足深度负反馈条件，求反馈放大器的源电压增益 A_{vfs}、输入电阻 R_{if} 和输出电阻 R_{of}。

解： 图 7.38 所示电路为共射−共集两级组合放大器，一般满足深度负反馈条件，反馈类型为电压−并联负反馈，反馈网络由电阻 R_f 组成。

根据虚断可得 $I_f \approx I_i$。该反馈放大器的源电压增益为

$$A_{vfs} = \frac{V_o}{V_{sig}} = \frac{-I_f R_f}{I_i R_{sig}} = -\frac{R_f}{R_{sig}}$$

由于该放大器是电压−并联负反馈放大器，满足深度负反馈条件下，放大器的输入电阻 $R_{if} \to 0$，输出电阻 $R_{of} \to 0$。

与例 7.10 一样，因为输入引入的是并联反馈，所以其电压增益应为无穷大。

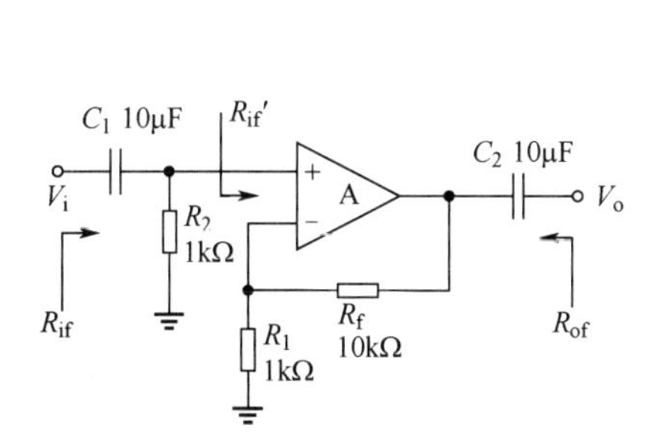

图 7.37　例 7.12 电路图

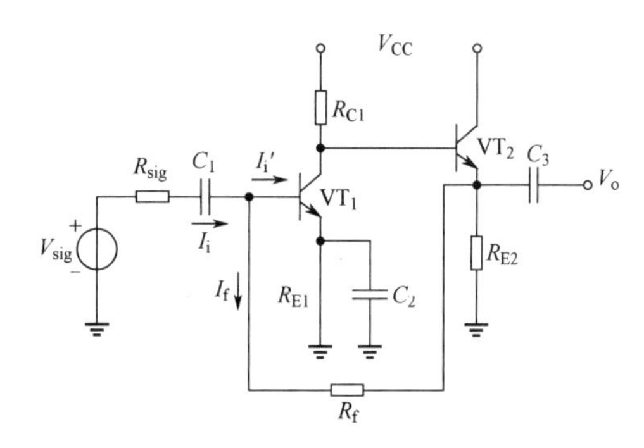

图 7.38　例 7.13 的电路图

7.4.3 负反馈放大器的设计

由以上分析可知，负反馈对放大器性能方面的影响，主要由反馈深度$(1+A\beta)$决定，因此可以通过控制反馈深度的大小来控制负反馈的强弱。然而反馈深度并非越深越好，当反馈深度$(1+A\beta)$的值被无限增大时，在多极点的放大电路中由于引入相移会产生自激现象，造成放大电路的不稳定，并丧失放大能力，这点将在 7.5 节进行介绍。另外，不同的反馈类型对放大器的影响也是不同的，因此在设计放大器时，应根据实际需求和设计目标，引入合适的负反馈。

1．反馈类型的选择

若需稳定静态工作点，则在直流通路中设计相应的直流负反馈；若需改善交流性能，则在交流通路中设计相应的交流负反馈。

根据待处理的信号源类型进行输入部分负反馈类型的选择。如果信号源为内阻较小的电压源，那么在输入部分应该引入串联负反馈；如果信号源为内阻较大的电流源，那么在输入部分应该引入并联负反馈。

根据负载电路对输出信号量类型的要求，进行输出部分反馈类型的选择。如果要求稳定输出电压信号，那么在输出部分应该引入电压负反馈；如果要求稳定输出电流信号，那么在输出部分应该引入电流负反馈。

如果已知原放大器类型，那么应该引入相应的负反馈类型，注意，负反馈的引入是为了改善放大器的性能，而不是改变放大器的功能。

如果需要改善输入或输出电阻性能，那么参照表7.2选择合适的反馈类型。

2．反馈网络的确定

通常情况下，反馈网络是由电阻和电容元件组成的。在电路设计时，必须选择合适的电阻值，以减小反馈网络对基本放大电路输入和输出的负载效应。当反馈类型不同时，对反馈网络中电阻值的取值要求也是不同的。例如，输入部分采用串联反馈时，反馈网络的输出端阻抗必须小，才能忽略反馈网络对基本放大器输入部分的负载效应；当输入部分采用并联反馈时，反馈网络的输出端阻抗必须大，才能忽略负载效应。同理，在输出部分采用电流反馈时，反馈网络的输入阻抗必须小，才能忽略反馈网络对基本放大器输出部分的负载效应；采用电压反馈时，反馈网络的输入阻抗必须大，才能忽略负载效应。

7.5　负反馈放大器的稳定性分析

7.5.1　负反馈放大器产生自激振荡的条件

1．负反馈放大器中自激振荡的产生

到目前为止，前面所有讨论过的放大器都被认为是能够稳定工作的。在此前提下，交流负反馈除降低放大器的增益外，还可以改善放大器其他方面的很多性能。从理论上来说，反馈深度越深，性能改善的效果越好；但遗憾的是，在实际电路中，如果引入的负反馈深度过深，反而会使放大器产生附加相移，使得放大器出现自激振荡而不能稳定工作。

之前讨论的放大器都被限定工作在中频区，此时电路中电抗性元件的影响可以忽略不计。然而，A 和 β 都是频率的函数，它们的幅值和相位会随频率的变化而变化，那么闭环增益表达式为

$$A_{\mathrm{f}}(\mathrm{j}\omega)=\frac{A(\mathrm{j}\omega)}{1+A(\mathrm{j}\omega)\beta(\mathrm{j}\omega)} \tag{7.54}$$

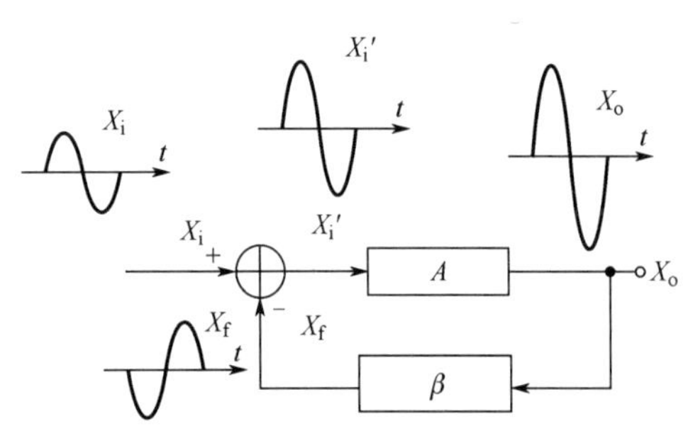

图7.39　频率变化使得负反馈变为正反馈

因此，随着频率增加到了高频区，电路中各种电抗性元件的作用就显现出来了，A 和 β 分别引入的附加相移 $\Delta\varphi_{\mathrm{A}}$ 和 $\Delta\varphi_{\beta}$ 使得 X_{f} 和 X_{i} 不再同相。若在某些频段上，总的附加相移出现 $|\Delta\varphi_{\mathrm{A}}+\Delta\varphi_{\beta}|\geqslant180^{\circ}$ 时，如图7.39所示，中频区的负反馈就变成高频区的正反馈，放大器将失去放大能力。

特别是在某个特殊的频率点上还有可能出现 $1+A\beta=0$ 的情况，此时意味着环路增益为

$$A(\mathrm{j}\omega)\beta(\mathrm{j}\omega)=-1 \tag{7.55}$$

则 $A_{\mathrm{f}}(\mathrm{j}\omega)\to\infty$，同时由式(7.55)、$A$ 和 β 的定义还可

以推得 $X_f = X_i'$，也就是说，此时即使输入端信号为零，输出端也会产生非零输出，这种现象称为放大器的自激振荡。

2．自激振荡产生的条件

如前所述，负反馈放大器自激振荡产生的条件为式(7.55)，定义为

$$L(\mathrm{j}\omega) = A(\mathrm{j}\omega)\beta(\mathrm{j}\omega) = L(\omega)\angle\varphi(\omega) \tag{7.56}$$

将式(7.56)写成模及相角形式，则有

$$L(\omega) = \left|A(\mathrm{j}\omega)\beta(\mathrm{j}\omega)\right| = 1 \tag{7.57}$$

$$\varphi(\omega) = \varphi_{\mathrm{A}} + \varphi_{\beta} = (2n+1)\pi \tag{7.58}$$

式(7.57)称为产生自激振荡的幅值条件，式(7.58)称为产生自激振荡的相位条件，其中 n=0，±1，±2,…。为了突出附加相移的作用，式(7.58)也可以写成附加相移条件，即

$$\Delta\varphi_{\mathrm{A}} + \Delta\varphi_{\beta} = \pm\pi \tag{7.59}$$

若同时满足幅值条件和相位条件，放大器将产生自激振荡，此时闭环增益将为无穷大，放大器失去正常放大能力。

7.5.2　负反馈放大器稳定性的分析

大多数情况下，要引入线性纯阻性反馈网络，即 β 与频率无关，因此附加相移仅来自基本放大器 A。

由 5.6 节的频率响应可知，很多放大器，特别是集成运算放大器，可以等效为单极点低通网络。由它的相频曲线上可知，STC 低通网络能够引入的最大相移接近 90° 且小于 90°，因此单极点系统肯定是稳定的，不会出现高频自激振荡现象。

双极点系统引入反馈后，能够引入的最大相移接近 180° 且不到 180°，因此它也是稳定的，不会出现高频自激振荡现象。

然而，三极点系统的最大相移接近 270°，里面包含了 180° 这个特殊点，因而存在频率点 f_C，满足自激振荡的附加相移条件式(7.59)，因此只要再满足幅值条件式(7.57)，这个系统就有可能自激。也就是说，若一个放大器包含 3 个及以上极点，该放大器引入反馈后，就有可能出现自激现象。

可见，放大器级联级数越多，在引入负反馈时，就越容易满足放大器自激振荡相位条件；且反馈深度越深，越容易满足自激振荡的幅值条件，产生自激振荡的可能性就越大。

同时，需要说明的是，放大器的自激振荡是由其自身条件决定的，与输入信号无关。因此，只要破坏振幅条件或相位条件中的任何一个，放大器都不会产生自激，故放大器不自激条件为

当 $\varphi(\omega) = \pm\pi$ 时，　$L(\omega) < 1$ 或 $L(\omega) < 0\text{dB}$　(7.60)

或当 $L(\omega) = 1$ 或 0dB 时，　$|\varphi(\omega)| < \pi$　(7.61)

7.5.3　负反馈放大器稳定性的判断

由以上讨论可知，引入反馈后，由放大器环路增益的频率特性可以判断放大器此时是否产生自激振荡，或者是否能够稳定工作。用来分析的工具是环路增益的幅频曲线和相频曲线，但由于环路增益曲线与实际电路结构密切相关，因此也将介绍利用放大器开环增益幅频曲线判断放大器稳定性的示例。

1．基于环路增益的判断方法

两个负反馈放大器的频率特性如图 7.40 所示，设满足幅值条件式(7.57)的频率为 f_0，即 $L(f_0)$=1 或 0dB，称为幅值交界频率；满足相位条件式(7.58)的频率为 f_{180}，即 $|\varphi(f_{180})| = 180°$，称为相位交界频率。

由图 7.40（a）可知，该放大器应该是直接耦合放大器，$f_{180} < f_0$，且 $L(f_{180}) > L(f_0)$，即不满足式(7.60)，且 $|\varphi(f_0)| > |\varphi(f_{180})| = \pi$，也不满足式(7.61)，因此可以得出结论，图 7.27（a）所示负反

馈放大器必然不稳定。

由图 7.40（b）可知，该放大器同样是直接耦合放大器，但 $f_{180} > f_0$，且 $L(f_{180}) < L(f_0)$，显然满足式(7.60)；又由于 $|\varphi(f_0)| < |\varphi(f_{180})| = \pi$，显然也满足式(7.61)，因此图 7.40（b）所示负反馈放大器显然是稳定的，不会产生自激振荡。

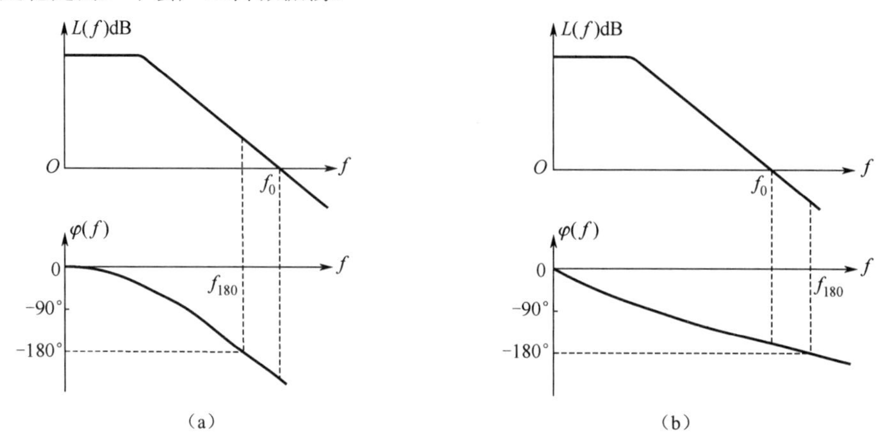

图 7.40　两个负反馈放大器的频率特性

因此，基于环路增益的反馈放大器稳定性判断方法如下。

①如果频率从零变化到无穷大，环路增益的最大相移绝对值都没有超过 180°，那么电路必然是稳定的。

②如果频率从零变化到无穷大，环路增益的最大相移绝对值超过 180°，但 $f_{180} > f_0$，那么电路必然也是稳定的。

③如果频率从零变化到无穷大，环路增益的最大相移绝对值超过 180°，但 $f_{180} < f_0$，那么电路必然会产生自激振荡。

2. 基于稳定裕量的判断方法

虽然由上文的结论可知，只要 $f_{180} > f_0$，放大器就是稳定的，但是在实际应用中，模拟电路的性能常常会受到很多因素的影响，即使满足了 $f_{180} > f_0$，两者数值比较接近时，电路也非常容易产生自激振荡。因此，在电路设计时，往往会多留出一部分裕量，使得放大器远离可能自激振荡的条件。

衡量远离程度的参数就是这里要介绍的稳定裕量，包括增益裕量和相位裕量。两者有一个达到要求，另一个会自动满足要求。

如图 7.41 所示，我们给出增益裕量和相位裕量的定义如下。

增益裕量：
$$\gamma_g = 0 - L(f_{180}) \tag{7.62}$$

相位裕量：
$$\gamma_\varphi = 180° - |\varphi(f_0)| \tag{7.63}$$

显然，对于稳定的负反馈放大器来说，$\gamma_g > 0$，$\gamma_\varphi > 0$，且裕量越大，电路越稳定。

给出工程上通用的判断准则：如果从环路增益的频率特性曲线图上看出 $\gamma_g \geqslant 10\text{dB}$，或者 $\gamma_\varphi \geqslant 45°$，就可认为放大器是稳定的。

3. 基于开环增益波特图的判断方法

在实际应用中，只有完成反馈设计后才能得到环路增益的频率特性，如果不合适就需要重新设计，显然这样太费时费力。大部分放大器，特别是集成运算放大器，都会由生产厂商在数据手册中给出开环增益频率响应曲线，即开环增益波特图。集成运算放大器内部常采用差分输入级、中间放大级和功率输出级这样的三级级联结构，虽然其内部结构细分的话远不止 3 个极点，但其系统函数的前 3 个极点 f_{H1}、f_{H2}、f_{H3} 一般与其他零极点相距甚远，因此图 7.42 所示的折线波特图是这类运算放大器的一个典型示例。另外，这 3 个极点之间一般满足以下关系：f_{H2}>10 f_{H1}，f_{H3}≥10 f_{H2}，因此在高频区，增益随频率的增长分 3 段不同斜率衰减，分别是−20dB/十倍频程、−40dB/十倍频程和

−60dB/十倍频程。

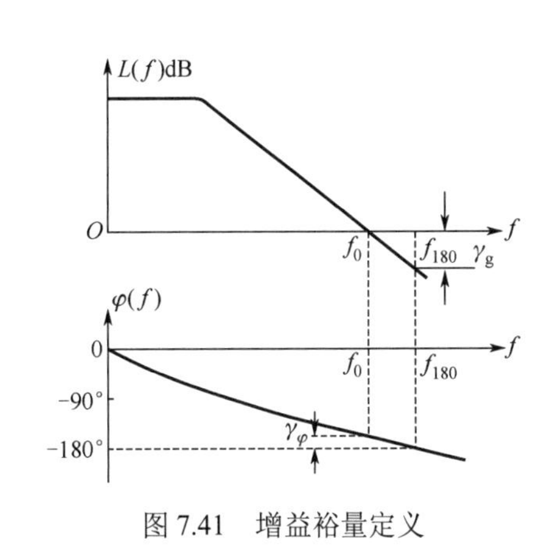

图 7.41　增益裕量定义

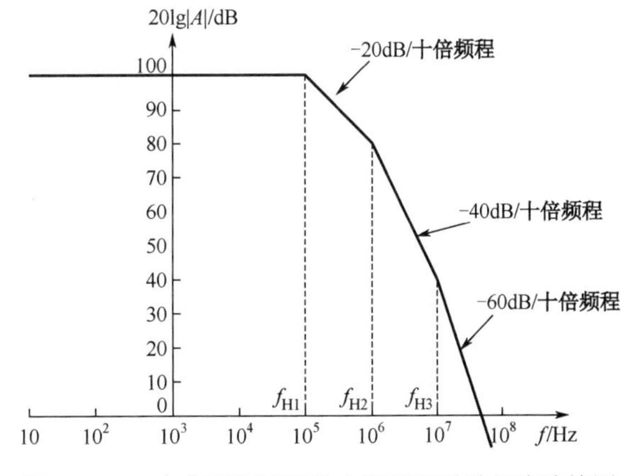

图 7.42　一个典型的运算放大器开环增益折线波特图

假设反馈网络为纯阻性网络，则其反馈系数就是一个常数，其引起的相移$\Delta\varphi_\beta=0°$，因此由自激振荡的幅值条件式(7.57)可得

$$20\lg|A| = 20\lg\frac{1}{\beta} \tag{7.64}$$

由式(7.64)可知，如果在开环增益曲线坐标上作一条高度为 20lg(1/β)的水平线，它与波特图的交点所对应的频率就是幅值交界频率 f_0；而只要在对应的相频曲线上找到 $\varphi(f_0)$，由式(7.63)即可求得相位裕量γ_φ，由其大小即可判断在β一定的条件下放大器是否稳定。只要上下移动这条水平线，就意味着反馈系数在不断调整，那么这条水平线在开环增益波特图上任意移动时，所得到的反馈放大器是否都是稳定的呢？下面来分析一个具体示例——三极点放大器的幅频响应和相频响应折线波特图。

如图 7.43 所示，假设 3 个极点之间的间距较大，分别为 10^5Hz、10^6Hz 和 10^7Hz。可以看到，第一个极点频率对应的附加相移为−45°，若水平线 20lg(1/β)与其相交，则该频率点对应的相位裕量为$\gamma_{\varphi1}$=135°；第二个极点频率对应的附加相移为−135°，若水平线 20lg(1/β)与其相交，则该频率点对应的相位裕量为$\gamma_{\varphi1}$=45°；第三个极点频率对应的附加相移为−225°，若水平线 20lg(1/β)与其相交，则该频率点对应的相位裕量为$\gamma_{\varphi1}$=−45°。

由于稳定系统对相位裕量的要求是至少要大于 45°，因此可以得出结论，只要水平线 20lg(1/β)与开环增益的交点在第一个极点和第二个极点之间，或者说，在斜率为−20dB/十倍频程的下降段内，相位裕量就必定大于或等于 45°，此时反馈放大器就是稳定的。

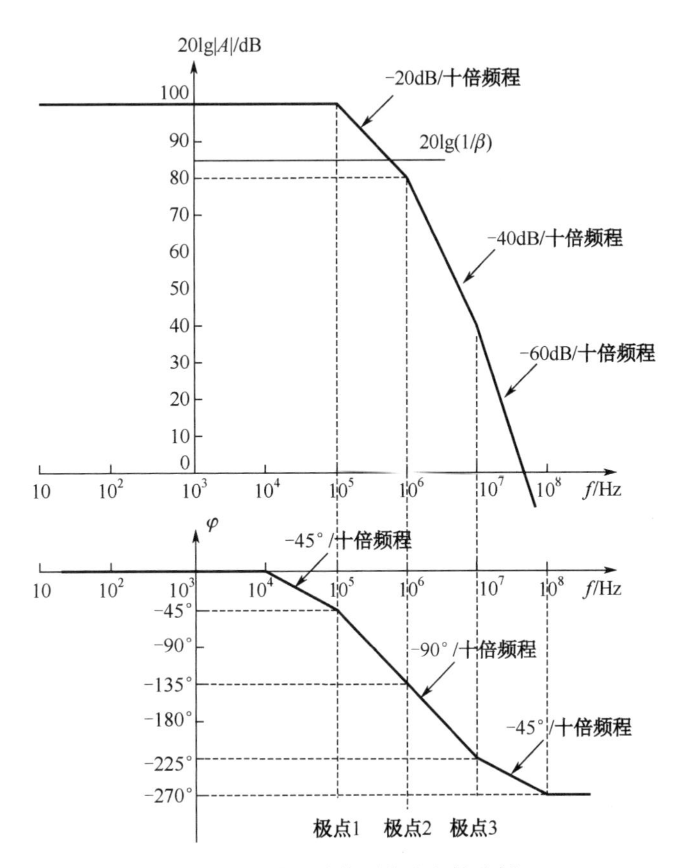

图 7.43　基于波特图的稳定性分析

另外，需要说明的是，水平线 $20\lg(1/\beta)$高度越低，说明反馈深度越深。从图 7.43 中也可以看出，此时放大器越不稳定，越容易产生自激振荡。

综上所述，在实际应用中，第三种方法显然应用最广，但这种方法是由前两种方法推导而来的，因此读者在学习时应依次学习，深刻理解概念，掌握判断方法。

*7.5.4 负反馈放大器自激振荡的消除方法

通过以上讨论可知，大部分放大器都会工作在深度负反馈状态，而反馈深度越深，放大器就越容易自激振荡。如果一个反馈放大器内产生了自激振荡，只要采用适当的方法，改变放大器环路增益的频率特性，破坏自激振荡的条件，自激振荡即可消除。一般采用的方法是频率补偿，也称为相位补偿，即在电路中适当引入电容元件或阻容结构，以改变放大器的频率特性。这类方法又分为滞后补偿和超前补偿。

1. 滞后补偿

所谓滞后补偿，指的是这种方法使得放大器相位滞后。根据工作原理不同，分为简单电容补偿、RC 滞后补偿和米勒补偿 3 种。

（1）简单电容补偿

简单电容补偿就是将一个补偿电容并接到电路中时间常数最大（第一个极点频率）的节点上，从而使得其时间常数更大，开环增益的第一个极点频率进一步降低。通常的设置方法是使增益频率从第一个极点开始始终以−20dB/十倍频程的斜率下降，到达第二个极点时增益刚好下降为 0dB。如图 7.44（a）所示，虚线表示补偿前开环增益频率响应，实线表示补偿后开环增益频率响应，放大器的上限截止频率下降到 f'_{H1}，而 f_{H2} 处的附加相移为−135°，其相位裕量为 45°，因此放大器只要是正常放大，就始终可以稳定工作。这种方法的缺点也很明显，即放大器带宽大大下降。

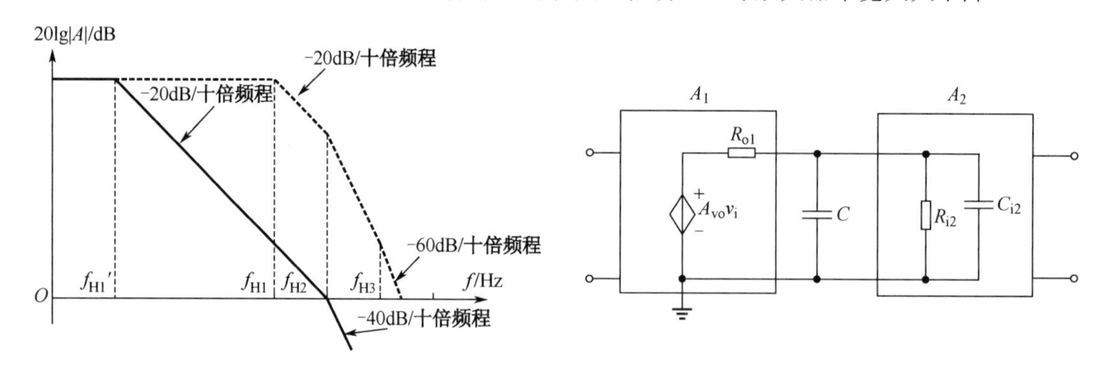

（a）简单电容滞后补偿前后开环增益的幅频特性　　（b）简单电容滞后补偿等效电路

图 7.44　简单电容滞后补偿前后开环增益的幅频特性

如图 7.44（b）所示，假设某放大器第二级电路等效输入电容对应的时间常数最大，则在第二级输入端加补偿电容 C，R_{o1} 为第一级输出电阻，R_{i2} 和 C_{i2} 为第二级输入电阻和输入电容。由开路时间常数法可得补偿前该节点对应频率为

$$f_{H1}=\frac{1}{2\pi(R_{o1}\parallel R_{i2})C_{i2}} \tag{7.65}$$

补偿后，该节点频率为

$$f'_{H1}=\frac{1}{2\pi(R_{o1}\parallel R_{i2})(C_{i2}+C)} \tag{7.66}$$

（2）RC 滞后补偿

简单电容补偿的缺点是带宽下降太多，RC 滞后补偿不仅可消除自激振荡，还可以适当补偿带宽的损失。具体实现如图 7.45（b）所示，通常选择 $R \ll R_{o1}\parallel R_{i2}$，$C \gg C_{i2}$，因而得到如图 7.45（c）

所示的简化电路，其中$V'_{o1}=V_{o2}\dfrac{R_{i2}}{R_{o1}+R_{i2}}$，$R'_{o1}=R_{o1}\,\|\,R_{i2}$。因此可得

$$\frac{V_{i2}}{V'_{o1}}=\frac{R+\dfrac{1}{j\omega C}}{R'_{o1}+R+\dfrac{1}{j\omega C}}=\frac{1+j\omega RC}{1+j\omega(R'_{o1}+R)C}=\frac{1+j\dfrac{f}{f_{H2}}}{1+j\dfrac{f}{f''_{H1}}} \tag{7.67}$$

其中，取$f_{H2}=\dfrac{1}{2\pi RC}$，即 RC 取值引入一个零点，将补偿前的第二个极点抵消掉，同时使得第一个极点为$f''_{H1}=\dfrac{1}{2\pi(R'_{o1}+R)C}$。

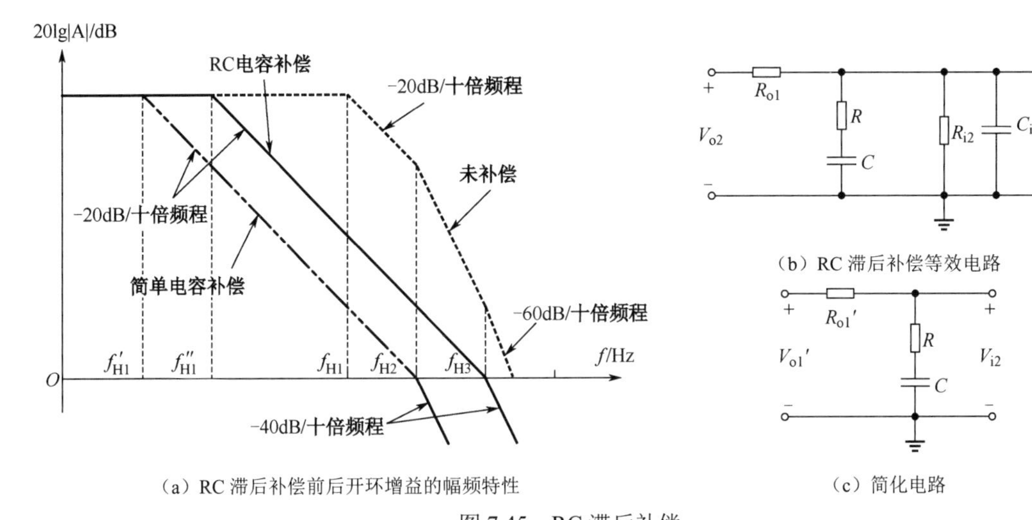

（a）RC 滞后补偿前后开环增益的幅频特性

（b）RC 滞后补偿等效电路

（c）简化电路

图 7.45　RC 滞后补偿

由图 7.45（a）可知，RC 滞后补偿的带宽要比简单电容补偿宽，且它同样在正常放大时只有两个极点，因此电路稳定，不会自激振荡。

（3）米勒补偿

前两种补偿方法显然都需要大电容参与，这在集成电路中是无法实现的，因此可以利用米勒效应，将小电容跨接在电路的输入端和输出端之间，利用米勒倍增效应来换取等效的大电容。

米勒补偿电路如图 7.46（a）所示，在共源放大器的反馈回路中施加了补偿电容 C_f。该级放大器的小信号等效电路如图 7.46（b）所示。图中 I_S 和 R_S 并联电路是前一级电路的诺顿等效形式，C_1 是前一级电路的等效输出电容，并且包含了 MOS 的内部电容 C_{gs} 和 C_{gd} 的米勒等效电容，R_2 和 C_L 是漏极对地的等效电阻和电容。

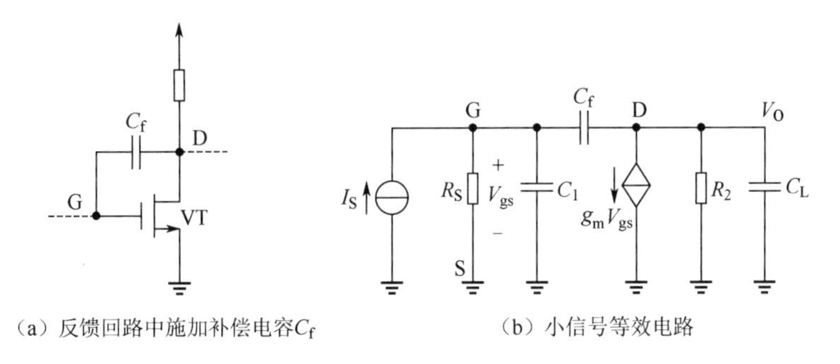

（a）反馈回路中施加补偿电容C_f

（b）小信号等效电路

图 7.46　米勒补偿电路

在施加反馈电容 C_f 之前，电路中有两个极点频率 f_{p1} 和 f_{p2}。

$$f_{\mathrm{p1}}=\frac{1}{2\pi R_{\mathrm{S}}C_1},\quad f_{\mathrm{p2}}=\frac{1}{2\pi R_2 C_{\mathrm{L}}} \tag{7.68}$$

施加反馈电容 C_{f}之后，经过推导之后可得

$$f'_{\mathrm{p1}}\approx\frac{1}{2\pi g_{\mathrm{m}}R_{\mathrm{S}}R_2 C_{\mathrm{f}}},\quad f'_{\mathrm{p2}}\approx\frac{1}{2\pi}\frac{g_{\mathrm{m}}C_{\mathrm{f}}}{C_1 C_{\mathrm{L}}+C_{\mathrm{f}}(C_1+C_2)} \tag{7.69}$$

当 C_{f} 增大时，f'_{p1} 减小，f'_{p2} 增大，使它们之间的间隔即−20dB/十倍频程的斜线段变长。这种补偿方法又称为极点分离技术，它可以提高负反馈放大电路的稳定性。

2. 超前补偿

由以上分析可知，滞后补偿技术通过降低第一个极点频率来满足相位裕量的要求，但它是以牺牲带宽为代价的。如果经补偿后的电路既要满足相位裕量，又不能减小带宽，就要采用超前补偿技术。超前补偿技术的特点是在产生第二个极点频率的附近引入一个超前相位的零点，以抵消该极点带来的滞后相移，从而获得相位裕量的要求。

采用超前补偿技术的运算放大器电路如图 7.47 所示。这是一个同相放大器，C_{f}是施加在运算放大器反馈网络中的补偿电容。反馈网络中的反馈系数 β 为

$$\beta(\mathrm{j}\omega)=\frac{V_{\mathrm{f}}(\mathrm{j}\omega)}{V_{\mathrm{o}}(\mathrm{j}\omega)}=\frac{R_2}{R_2+\dfrac{R_{\mathrm{f}}}{1+\mathrm{j}\omega R_{\mathrm{f}}C_{\mathrm{f}}}}=\frac{R_2}{R_2+R_{\mathrm{f}}}\frac{1+\mathrm{j}\omega/\omega_{\mathrm{z}}}{1+\mathrm{j}\omega/\omega_{\mathrm{p}}} \tag{7.70}$$

式中，$\omega_{\mathrm{z}}=1/R_{\mathrm{f}}C_{\mathrm{f}}$；$\omega_{\mathrm{p}}=1/(R_{\mathrm{f}}\parallel R_2)C_{\mathrm{f}}$。

由式(7.70)可知，反馈网络有一个零点 ω_{z} 和一个极点 ω_{p}，且 $\omega_{\mathrm{z}}<\omega_{\mathrm{p}}$。假设集成运算放大器是无零三极系统，3 个极点角频率分别为 ω_{p1}、ω_{p2} 和 ω_{p3}。选择合适的补偿电容 C_{f}，使 $\omega_{\mathrm{z}}=\omega_{\mathrm{p2}}$。这样在不影响第一个极点角频率的前提下，增长了−20dB/十倍频程的线段长度，增大了 β 的变化范围，提高了放大电路的稳定性。超前补偿前后的环路增益 $L(\omega)$的幅频特性折线波特图如图 7.48 所示。

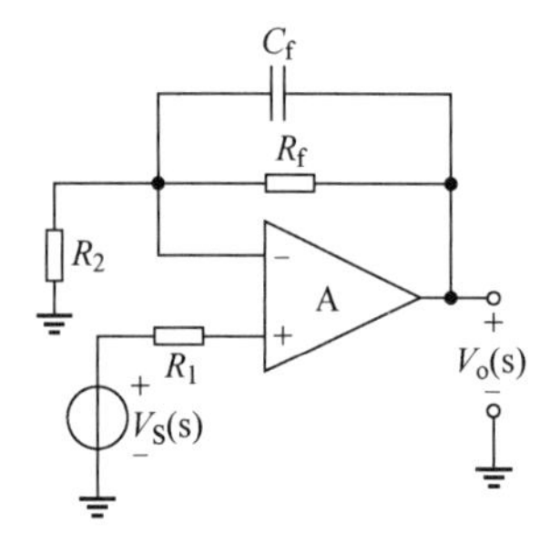

图 7.47 采用超前补偿技术的运算放大器电路

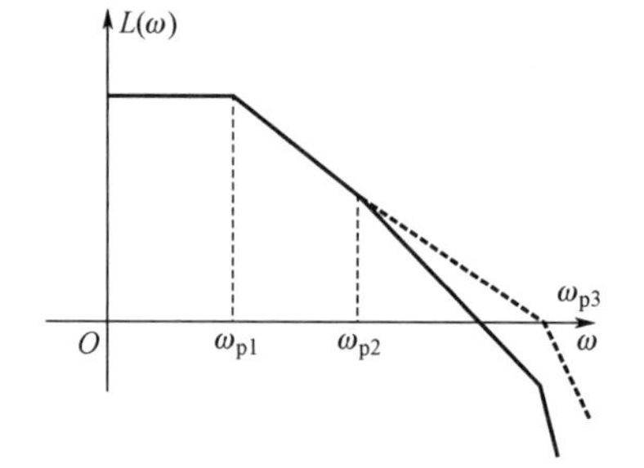

图 7.48 超前补偿前后的环路增益 $L(\omega)$的幅频特性折线波特图

本章小结

本章主要介绍负反馈技术在放大器设计中的应用，主要内容包括：反馈的基本概念、分类、判断方法，反馈对放大器性能的影响，深度负反馈条件下的放大器性能分析，实际负反馈放大器的分析计算，以及负反馈放大器稳定性分析。

负反馈放大器的基本框图是本章讨论的基础，无论是 4 类反馈类型放大器的建模及判断，还是反馈对放大器性能的影响与计算，都是围绕这个框图来进行的，因此需要在学习过程中与各种反馈电路不断对比分析。

负反馈技术给放大器设计带来了诸多好处，直流负反馈能够稳定静态工作点，交流负反馈能降低增益灵敏度，减小非线性失真，提高信噪比，扩展放大器带宽，改善输入、输出电阻性能等。因此，在放大器设计时，要全面考虑放大器设计要求，选择合适的反馈类型。

绝大多数放大器都能满足深度负反馈条件，因此为快速工程估算提供了便利。

然而反馈深度越深，意味着放大器越容易自激振荡。因此，在放大器设计过程中，要充分考虑放大器自激振荡条件，利用相位补偿技术，破坏自激振荡条件，使得放大器能够稳定工作。

习　题

7.1　一个电压-串联负反馈放大器，在闭环工作时，输入信号为 50mV，输出信号为 2V。在开环工作时，输入信号为 50mV，输出信号为 4V，试求电路的反馈深度和反馈系数。

7.2　已知某反馈放大器的开路电压增益 A_v=1000V/V，反馈系数 β=0.5。若输出电压 V_o=2V，求输入电压 V_i、净输入电压 V_i'和反馈电压 V_f。

7.3　某反馈放大器的组成框图如题图 7.1 所示。试写出电路的总闭环增益 A_f 的表达式。

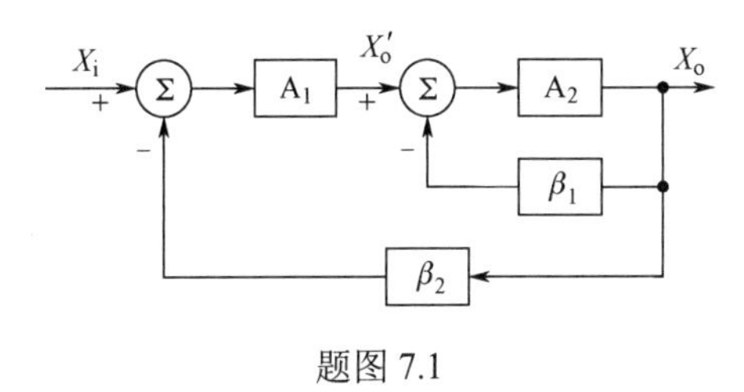

题图 7.1

7.4　参照电压-串联反馈类型，分析其他 3 种反馈拓扑结构，完成题表 7.1，注意增益单位、电路参数及其下标。

题表 7.1　4 种反馈拓扑结构相关参数分析表

反馈类型	放大器类型	输入信号 X_i	净输入信号 X_i'	反馈信号 X_f	输出信号 X_o	开环增益 A /V/V	闭环增益 A_f /V/V	反馈系数 β	输入电阻 R_{if}	输出电阻 R_{of}
电压串联	电压	V_i	V_i'	V_f	V_o	$A_v=V_o/V_i'$	$A_{vf}=V_o/V_i$	$\beta_v=V_f/V_o$	$(1+A_v\beta_v)R_i$	$R_o/(1+A_v\beta_v)$
电流并联										
电流串联										
电压并联										

7.5　试判断题图 7.2 所示电路中反馈放大器的反馈极性、反馈元件和反馈类型。

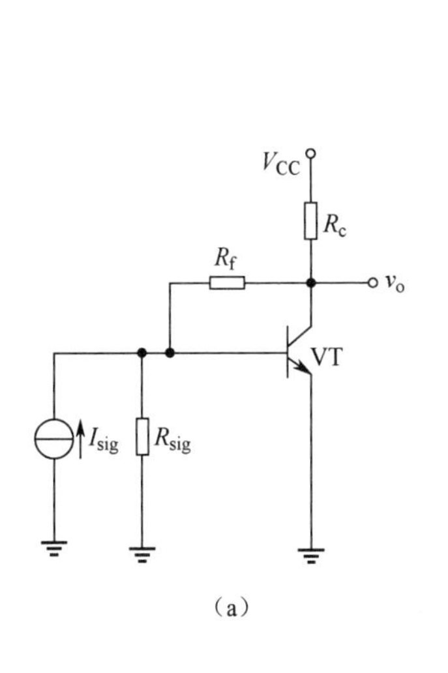

(a)

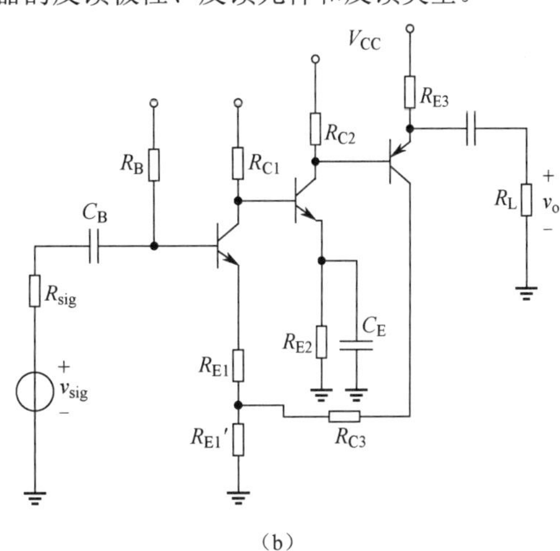

(b)

题图 7.2

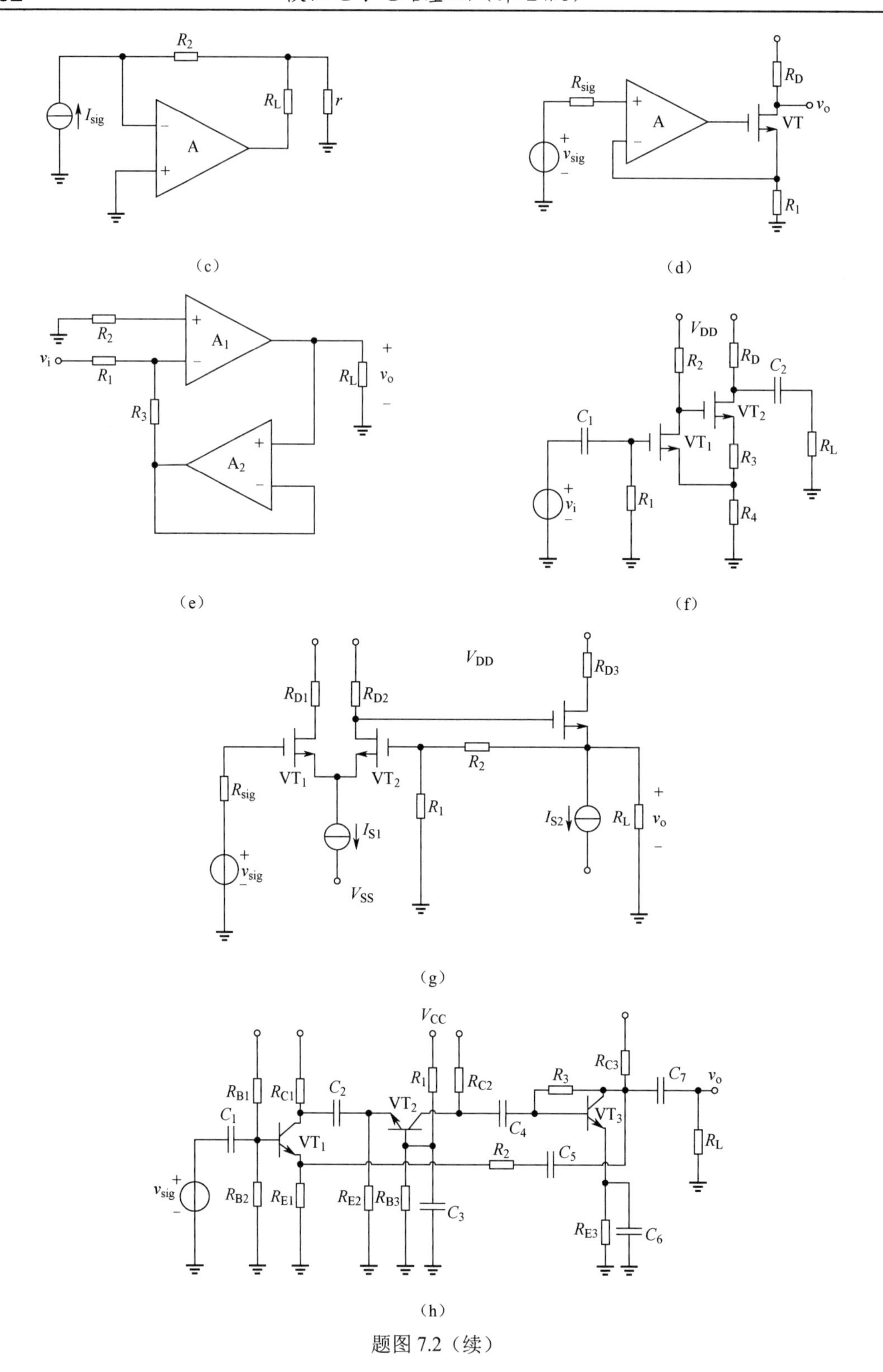

题图 7.2（续）

7.6 判断题图 7.3 所示反馈放大器的反馈类型和反馈极性。

7.7 某负反馈放大器的闭环增益 $A_f=100$，开环增益 $A=10^5$，其反馈系数 β 为多少？若由于制造误差导致 A 减小为 10^3，则相应的闭环增益为多少？与减小 100 倍的 A 相对应的 A_f 的相对变化数值为多少？

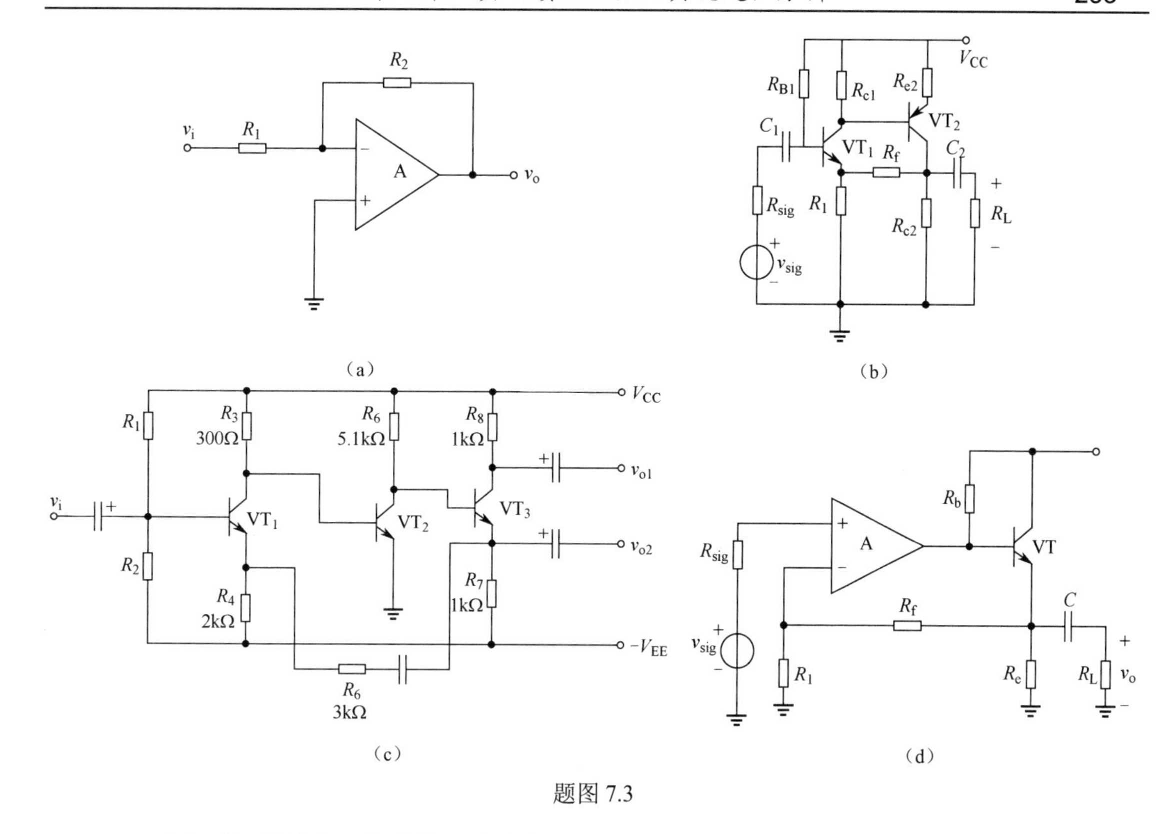

题图 7.3

7.8　由集成运算放大器构成的反馈放大器如题图 7.4 所示。

（1）假设集成运算放大器的输入电阻为无穷大，输出电阻为零。求反馈系数 β 的大小。

（2）如果开环增益 $A=10^4$，求当闭环电压增益 $A_f=10$ 时的 R_2/R_1。

（3）求反馈深度分贝大小。

（4）若 $v_i=1V$，求 v_o、v_f 和 v_i' 的大小。

（5）若 A 下降了 20%，相应的 A_f 下降了多少？

7.9　在题图 7.5 所示的电路中，按以下要求连接两级反馈放大器。

（1）具有稳定的源电流增益。

（2）具有较高的输入阻抗和较低的输出阻抗。

（3）具有较低的输入阻抗和稳定的输出电压。

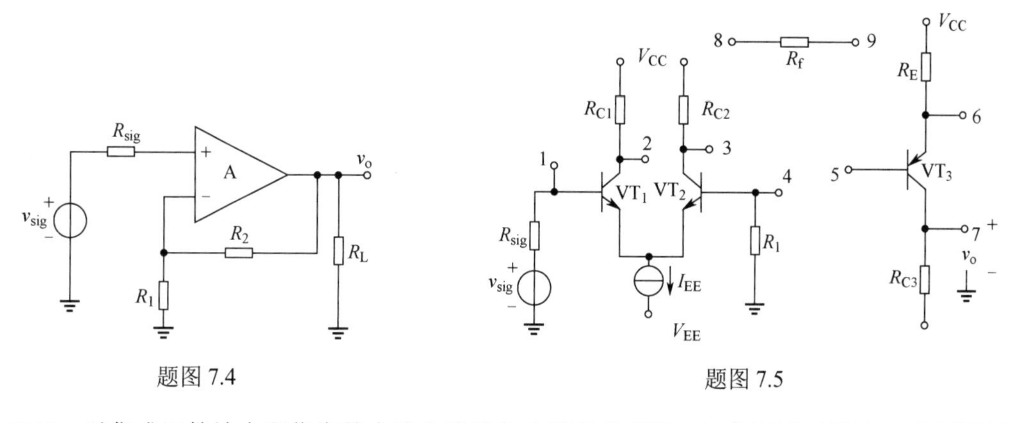

题图 7.4　　　　题图 7.5

7.10　以集成运算放大器作为基本放大器引入合适的负反馈，以实现以下目的。要求设计具体的负反馈放大电路。

（1）实现电压-电流的转换电路。

（2）实现电流-电压的转换电路。

（3）实现具有高输入阻抗、能稳定电压增益的放大电路。

（4）实现具有低输入阻抗、能稳定输出电流的放大电路。

7.11　在题图 7.6 所示的反馈电路中，集成运算放大器都具有理想的特性。

（1）判断电路中的反馈是正反馈还是负反馈，并说明是哪种反馈类型。

（2）说明这种反馈类型对电路的输入、输出电阻有什么影响（增大或减小），并求出 R_{if} 和 R_{of}。

（3）写出电路闭环放大倍数的表达式。

7.12　反馈放大器如题图 7.7 所示，已知 BJT 参数为：g_m=77mS，β=100，A_v=500，R_{E1}=51Ω，R_f=1.2kΩ，R_B=10kΩ。在满足深度负反馈的条件下，求 A_{vf}。

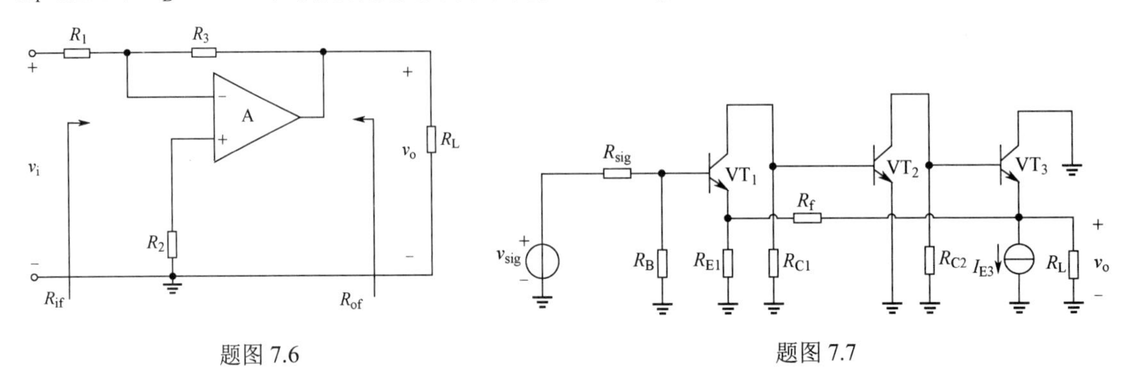

题图 7.6　　　　题图 7.7

7.13　题图 7.8 所示为深度负反馈放大器。

（1）判断其反馈类型及反馈极性。

（2）写出电压增益 $A_{vf}=\dfrac{v_o}{v_i}$ 的表达式。

7.14　题图 7.9 所示为反馈放大器。

（1）判断反馈极性和反馈类型。

（2）假设反馈放大器满足深度负反馈条件，估算闭环增益、输入阻抗 R_{if} 和输出阻抗 R_{of}。

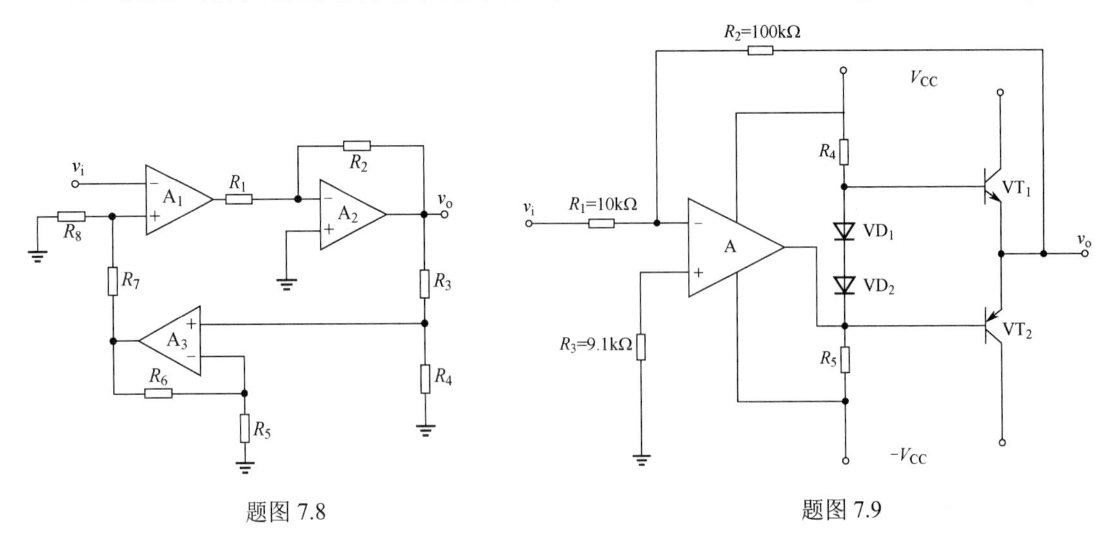

题图 7.8　　　　题图 7.9

7.15　电路如题图 7.10 所示。问：

（1）采用 v_{o1} 输出时，该电路属于哪种反馈类型与反馈极性的反馈放大器？

（2）采用 v_{o2} 输出时，该电路属于哪种反馈类型与反馈极性的反馈放大器？

（3）假设满足深度负反馈条件，试求第 2 种情况下的电压增益 $A_{vf}=v_{o2}/v_i$。

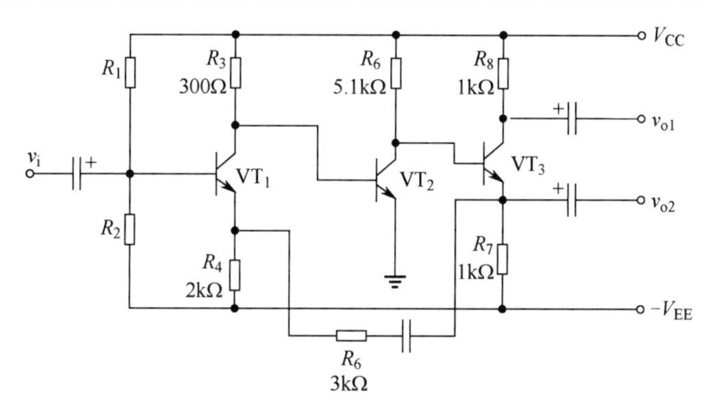

题图 7.10

7.16　反馈放大电路如题图 7.11 所示。

（1）指明级间反馈元件，并判别反馈类型。

（2）若电路满足深度负反馈的条件，求电压增益 $A_{vf}=v_o/v_i$ 的表达式。

（3）若信号源内阻很大，反馈是否合理？简单说明理由。若不合理，输出不变的情况下，如何修改反馈电路？请在图中标出修改的情况。

7.17　反馈放大电路如题图 7.12 所示。

（1）指明级间反馈元件，并判别反馈类型和极性。

（2）若电路满足深度负反馈的条件，$R_{sig} \ll R_{B1}$，求其电压放大倍数 $A_{vf}=v_o/v_i$ 的表达式。

（3）若要求放大电路有稳定的输出电压，如何改接 R_f？请在电路图中画出改接后的反馈路径，并说明反馈类型。

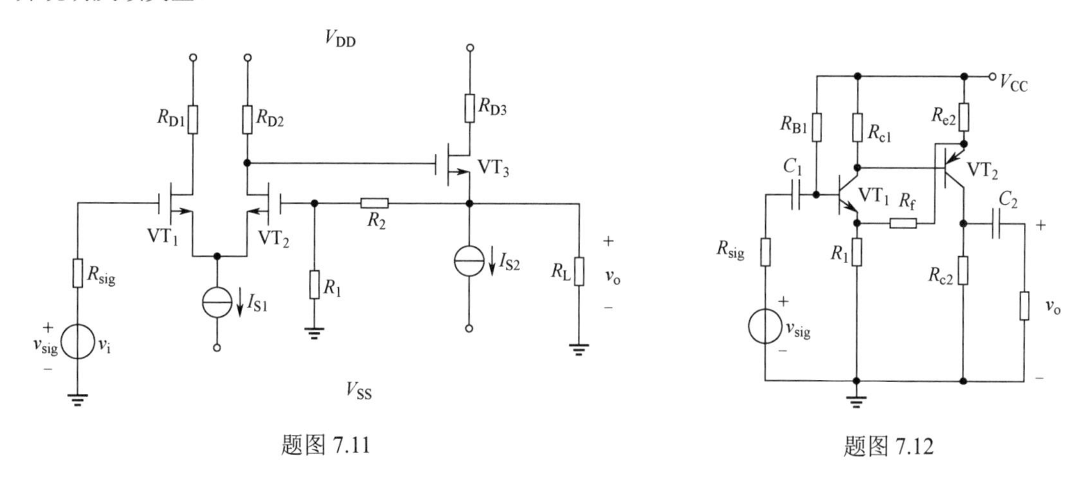

题图 7.11　　　　题图 7.12

7.18　考虑某反馈放大器，开环增益 $A(s)=\dfrac{1000}{(1+s/10^3)(1+s/10^4)^2}$。若反馈系数与 β 无关，确定相移为 180° 时的频率，并确定 β 值，使 β 为该值时系统开始自激振荡。

7.19　已知一负反馈放大器的 β=0.001，开环增益为

$$A(f)=\frac{10^5}{\left(1+\mathrm{j}\dfrac{f}{10^3}\right)\left(1+\mathrm{j}\dfrac{f}{10^4}\right)\left(1+\mathrm{j}\dfrac{f}{10^5}\right)}$$

（1）画出渐近波特图。

（2）判断电路是否产生自激振荡，如果不自激，求相位裕度。

7.20　一个反馈放大器在 β=0.1 的幅频特性曲线如题图 7.13 所示。

（1）写出基本放大器开环增益 A 的幅频特性表达式。

（2）求基本放大器的开环增益$|A|$以及闭环增益$|A_f|$。

（3）已知 $A\beta$ 在 $f<10^4$Hz 时为正数，当电路按负反馈连接时，若不加补偿环节是否会产生自激现象？原因是什么？

7.21　题图 7.14 中信号源内阻很小，电容 C 对信号均可视作短路。试问反馈电路是否合理（单级或两级）？为什么？

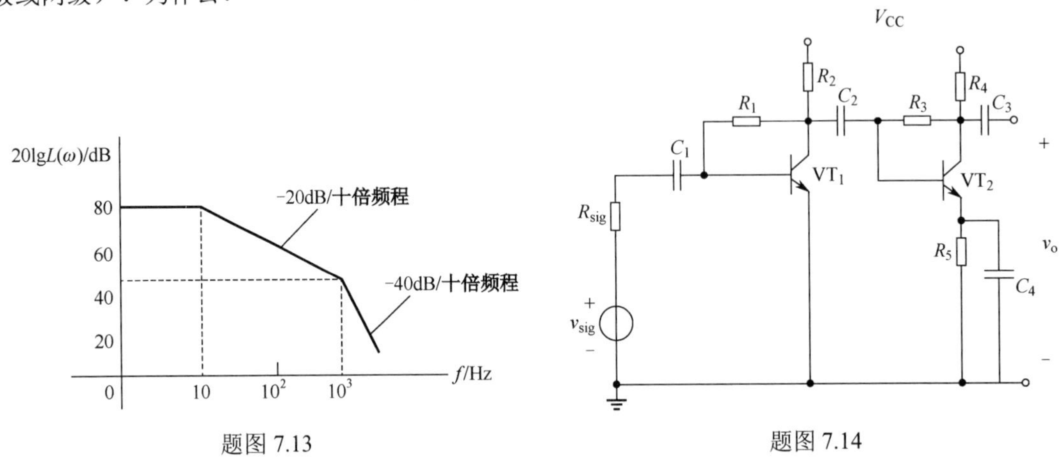

题图 7.13　　　　题图 7.14

7.22　要求设计增益为 100、增益相对变化率为±1%的放大器。可选用的放大级增益为 1000，增益相对变化率为±30%。在设计中运用多个放大级级联，并在每级施加适当的负反馈。当然，在达到设计要求的前提下，应使用尽可能少的放大级。

7.23　要求通过在一个两级放大器两端连接反馈回路设计一个反馈放大器。放大器第一级是一个具有很高的 3dB 上限频率的直流耦合的小信号放大器，第二级是中频增益为 10V/V 的功率输出级，其上限频率为 8kHz、下限频率为 80Hz。反馈放大器要求具有 100V/V 的中频增益和 40kHz 的 3dB 上限频率，则小信号放大器的增益为多少？反馈网络 β 的系数为多少？反馈放大器的 3dB 下限频率为多少？

7.24　要求设计一个减弱电源纹波的功率放大器，如题图 7.15 所示。其输出级增益为 0.9V/V，并存在±1V 的输出信号纹波。要求放大器的闭环增益为 10V/V。若需要将输出纹波降低到±100mV，则其前置低纹波放大级的增益应为多少？若要求降低到±10mV 是多少？降低到±1mV 又是多少？对于每种情况，确定其反馈系数 β 的数值。

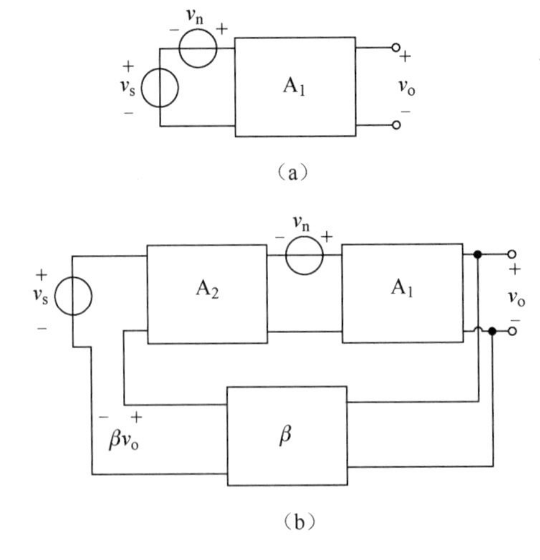

题图 7.15

第 8 章　集成运算放大器的典型应用

运算放大器（Operational Amplifier，OP-AMP），简称运放，因为早期主要用于完成数学运算而得名，其内部结构非常复杂，是目前最流行、技术实现最成熟、种类繁多的一类模拟集成电路。虽然运算放大器的内部含有很多电阻、电容和半导体器件，但分析时可被看作单一器件。

本章首先介绍集成运算放大器的主要参数；然后通过一些典型运算放大器及其典型应用，来特别讨论关于器件选型方面的问题。

学习目标

1．能够看懂芯片数据手册，根据需要选择合适的芯片。
2．能够对已知结构的运算放大器应用电路进行性能参数分析和改进。
3．能够根据工程要求，合理设计运算放大器应用电路。

8.1　集成运算放大器性能指标

在第 7 章曾经介绍过理想集成运算放大器的条件，这些条件其实来源于实际运算放大器参数的抽象，这里讨论一下在工程实践中的主要性能指标。这些性能指标一般在芯片数据手册（Data Sheet）中都可以查到，因此在选择芯片时应好好研读相应的数据手册。

8.1.1　输入/输出特性指标

1．失调参数

失调参数包括输入失调电压、输入偏置电流和输入失调电流，这些参数在第 5 章差分放大器中曾经有过介绍。由于集成运算放大器的第一级就是差分放大器，因此这些参数也是集成运算放大器的重要参数，其产生原因主要还是内部电路结构不对称，使得运算放大器在输入为零的时候输出不为零。

（1）输入失调电压

所谓失调电压（Input Offset Voltage），是指在运算放大器输入为零时输出电压不为零，此时等效到输入的直流电压信号。失调电压对输出的影响和失调电压的运算放大器建模如图 8.1（a）和（b）所示。在数据手册中，输入失调电压的符号为 V_{IO} 或 V_{OS}，一般通用运算放大器的典型参数为几毫伏，好一点的在 100μV 以下，特别好的甚至可达到 1μV 以下。当然指标越好，意味着价格越高，应根据实际需要选择合适的器件。若在输入为零时运算放大器输出为 V_O，其差模增益为 A_{vd}，则输入失调电压定义为

$$V_{IO} = V_O / A_{vd} \tag{8.1}$$

在实验室中，可以通过图 8.1（c）所示的电路来测量通用型运算放大器的失调电压。注意，失调电压的影响主要体现在输出的直流量上，因此要特别注意直流调零问题，一般 20 世纪设计的传统运算放大器芯片会留有调零端子，用来外接调零电阻。图 8.2 给出了一种外接调零电阻示意图。但现代工艺条件下设计的新型芯片，由于采用内部调零机制，因此没有预留调零端子，大大减轻了工程设计人员的设计负担。但由于市面上还有不少传统芯片在流通使用，因此使用前需仔细阅读芯片数据手册，其中会有标准电路供参考。

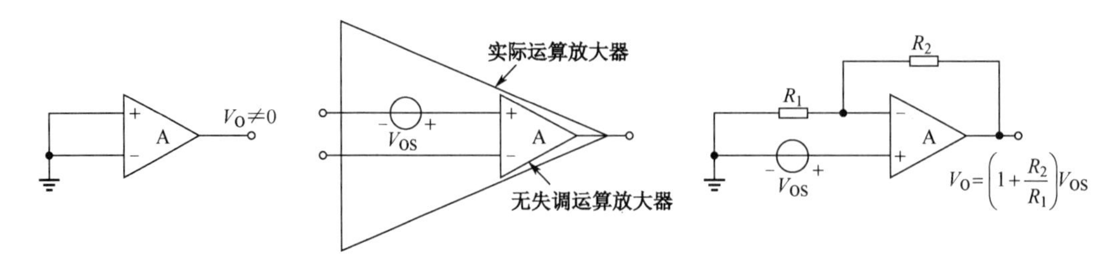

（a）失调电压对输出的影响　（b）失调电压的运算放大器建模　（c）失调电压的测试电路

图 8.1　输入失调电压定义、建模及其测试电路

（2）输入偏置电流和输入失调电流

输入偏置电流（Input Bias Current）的符号为 I_B，输入失调电流（Input Offset Current）的符号为 I_{IO} 或 I_{OS}，这两个参数在 MOS 管构成的集成芯片中数值非常小，一般在几十 fA 数量级（f 为 10^{-15}），但是在 BJT 管的芯片中最高可达 100 μA 数量级，因此如果使用基于 BJT 工艺的运算放大器芯片，需要格外关注这两个参数。

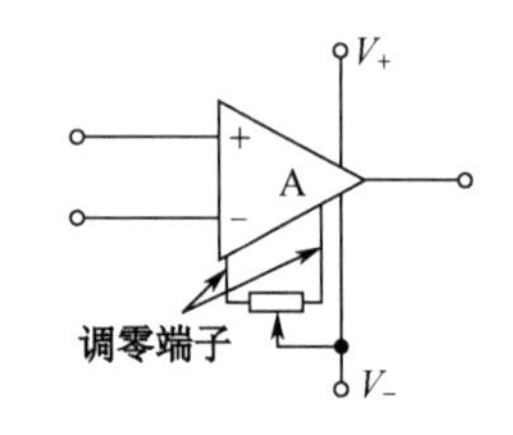

图 8.2　外接调零电阻示意图

失调电流建模及减小其影响的方法如图 8.3 所示。如图 8.3（a）所示，若运算放大器两个输入端的输入偏置电流分别为 I_{B1} 和 I_{B2}，则输入偏置电流定义为

$$I_B = \frac{I_{B1}+I_{B2}}{2} \tag{8.2}$$

输入失调电流定义为

$$I_{IO} = |I_{B1}-I_{B2}| \tag{8.3}$$

除影响输出信号的直流量之外，输入偏置电流还会在电流检测时影响检测精度。要改善这两个参数对输出信号的影响，可引入平衡电阻，如图 8.3（b）所示。其基本思想就是使得第一级差分放大器的直流通路保持一致，当然，目前主要推荐的还是选择这些参数较低的芯片。

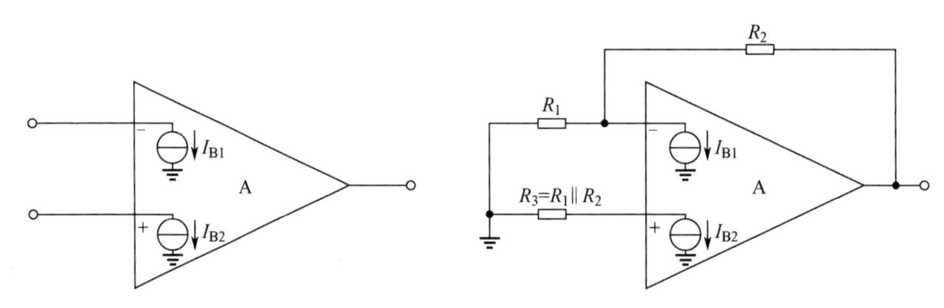

（a）失调电流的运算放大器建模　（b）引入平衡电阻减小失调电流对输出的影响

图 8.3　失调电流建模及减小其影响的方法

总之，在选择器件时，这 3 个失调参数越低，芯片性能越好。

2. 输入差模/共模电压范围

输入差模电压范围，也可翻译成差分输入范围（Differential Input Voltage），符号为 v_{ID}，它在数据手册中一般给出的是一个最大绝对值。如果输入差模信号电压超过这个范围，那么很可能造成器件内部的损坏。虽然现在的集成电路芯片中会有保护电路的加入，但使用时尽量不要超过该数值。

输入共模电压范围（Common-mode Input Voltage Range），也称为输入电压范围（Input Voltage Range），它是保证运算放大器正常工作的最大输入电压范围，一旦任何一个输入端信号电压超过此范围，都会引起内部器件工作离开线性放大区，即不能正常放大，但不一定会引起器件损坏。一般其数值会比供电电源电压范围低 1V 到几伏。但目前有一种输入轨到轨（Rail-to-rail Input）技术，会使得该范围的数值与电源范围非常接近，甚至只差 0.1V 左右，一般在低功耗芯片中比较多见。

3. 输入/输出电阻

在理想运算放大器模型中，输入电阻为∞，输出电阻为 0，这是有事实依据的。一般手册中给出的输入电阻（Input Resistance）符号为 r_i，其取值从几百千欧姆到几兆欧姆，甚至有的芯片高达吉欧姆数量级；而输出电阻（Output Resistance）符号为 r_o，其取值从零点几欧姆到几十欧姆，与理想模型条件非常吻合。

4. 输出电压范围

一般器件手册会给出多种表示，有的给出正向最大输出电压（High-level Output Voltage）和负向最小输出电压（Low-level Output Voltage），有的给出最大输出峰值电压（Maximum Peak Voltage Swing），有的给出最大峰峰值输出电压摆幅（Maximum Peak-to-peak Output-voltage Swing），不管哪种方式，一般运算放大器的输出电压范围要比供电电源电压略小 1V 到几伏，供电如果是±15V，输出电压最大值估计为±14V 或±13V 或±12V，皆有可能。比较好的芯片会采用输出轨到轨技术，其输出电压范围可与供电电压只有几十毫伏的差距。

5. 输出电流限制

除了输出电压受限，运算放大器的输出电流还有一个确定的最大值，通用型运算放大器一般有几十毫安。因此，在电路设计时必须确保在任何条件下，运算放大器的输出电流都不能超过最大电流值。这个电流包括反馈电路中的电流和提供给负载电阻的电流。如果电路需要更大的电流，那么对应于最大允许输出电流，运算放大器的输出电压也会达到饱和。

8.1.2 交流特性指标

1. 开环电压增益

开环电压增益，准确地说，应该是开环差模电压增益（Open-Loop Gain），符号为 A_{vo} 或 A_{vd}，其数值一般在 100dB 及以上，数据手册电气参数表或幅频测试图中都会给出该参数。该参数数值非常高，因此理想模型建模时认为它为无穷大。一般运算放大器在用作放大器时是不会开环工作的，因此在实际使用中人们很少关心这项参数，而更多地去关心单位增益频率或增益带宽积。

2. 增益带宽积 GBW、单位增益频率 f_t

小信号（V_{pp} 在 1V 以下的信号）条件下，运算放大器的带宽和增益乘积是一个定值，称为增益带宽积（Gain Bandwidth Product），符号为 GBW 或 GBP。它表征了运算放大器的小信号带宽，这个数值一般在几兆到几十兆赫兹，因此在理想模型建模时我们说带宽无穷大。在负反馈设计中，我们曾经看到利用增益带宽积来进行闭环放大器的设计，在运算放大器的工作频率处于-20dB/十倍频程这一段下降线上时，可以利用 GBW 为定值这一条件，控制增益和带宽之间的关系，由该参数推导闭环时的小信号带宽。

典型通用运算放大器的开环增益如图 8.4 所示。图 8.4 中还给出了一个参数——单位增益频率 f_t，它指的是运算放大器开环增益下降到 1 时的频率。它反映了运算放大器能够放大的最大信号频率，因此是衡量运算放大器带宽的一个主要指标。一般 GBW 和 f_t 数值不完全相等，但差不太多，快速估算时可近似认为相等。

图 8.4 中还给出了开环增益的上限截止频率 f_b，有时也称为 3dB 频率或 3dB 带宽。可见，开环时运算放大器增益非常高，但是上限截止频率非常小，从另一个角度说明运算放大器实际应用时不适合开环工作。另外，需要说明的是，我们常在运算放大器接成闭环进行线性放大时讨论闭环放大器的 3dB 带宽，这时闭环放大器仍近似为一个单极点网络，其 3dB 频率也就是其上限截止频率。

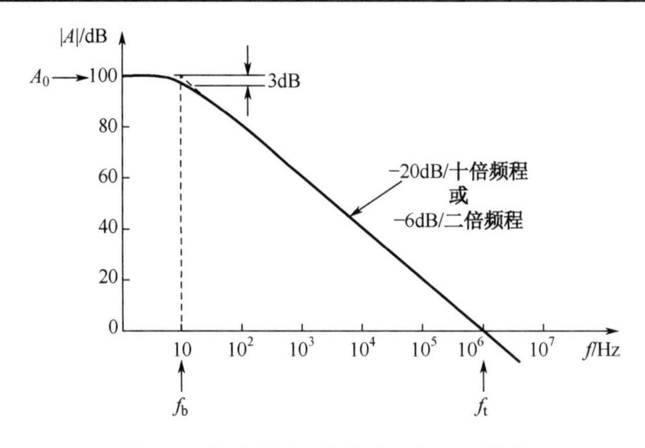

图 8.4　典型通用运算放大器的开环增益

3．摆率

摆率（Slew Rate），也称为压摆率，是指放大器输出电压的最大变化速度，其符号为 SR。其定义式为

$$SR = \left.\frac{\mathrm{d}v_{\mathrm{o}}}{\mathrm{d}t}\right|_{\max} \tag{8.4}$$

其单位通常有 V/s、V/ms 和 V/μs 三种，它反映的是一个运算放大器在速度方面的指标。当输出信号的变化速度高于摆率时，运算放大器无法追踪信号变化，输出波形将会变形；而当信号变化的快慢与频率有关时，SR 显然与信号工作频率有关。

4．全功率带宽 f_M

假设运算放大器输出信号为$v_{\mathrm{o}} = V_{\mathrm{op}}\sin(2\pi f_{\mathrm{t}})$，则其输出信号的变化率为

$$\frac{\mathrm{d}v_{\mathrm{o}}}{\mathrm{d}t} = 2\pi f V_{\mathrm{op}}\cos(2\pi f_{\mathrm{t}}) \tag{8.5}$$

则其最大变化率，即摆率为

$$SR = \left.\frac{\mathrm{d}v_{\mathrm{o}}}{\mathrm{d}t}\right|_{\max} = 2\pi f_{\mathrm{M}} V_{\mathrm{op}} \tag{8.6}$$

故定义全功率带宽为

$$f_{\mathrm{M}} = \frac{SR}{2\pi V_{\mathrm{op}}} \tag{8.7}$$

该参数也被称为运算放大器的大信号带宽，在大信号工作条件下对输出幅度和频率均有限制。可见，这是比 3dB 带宽更为苛刻的一个限制频率，主要的限制因素就是运算放大器的摆率。

例 8.1　使用 GBW=2MHz，SR=1V/μs 以及输出电压最大值 $V_{\mathrm{op}} = 10\mathrm{V}$ 的运算放大器来设计标称增益为 10 的同相放大器。假设输入是峰值幅度为 $V_{\mathrm{i}} = 0.5\mathrm{V}$ 的正弦波，则在输出发生失真之前最大信号频率为多少？

解：因为 GBW=2MHz，所以该同相放大器的 3dB 带宽 f_{3dB}=200kHz。

$V_{\mathrm{i}} = 0.5\mathrm{V}$，因此输出信号峰值幅度为 $V_{\mathrm{o}} = V_{\mathrm{i}} \times 10 = 5\mathrm{V} < V_{\mathrm{op}} = 10\mathrm{V}$ 。

所以全功率带宽 $f_{\mathrm{M}} = \frac{SR}{2\pi V_{\mathrm{o}}}$=31.83kHz < f_{3dB}=200kHz，故在输出发生失真前最大频率为 31.83 kHz。

5．建立时间

建立时间（Setting Time），符号为 t_S，是表征运算放大器高速特性的重要参数。它指的是当运

算放大器输入一个阶跃信号时，输出达到指定误差范围内（一般为 0.1%或 0.01%）为止的时间，其数值从几纳秒到几毫秒。显然这个参数与 SR 有关，一般 SR 越大，建立时间越小。

6. 总谐波失真系数+噪声

总谐波失真系数+噪声（Total Harmonic Distortion plus Noise，THD+N）是衡量输入/输出波形差异的参数。我们常用纯净的正弦波作为输入，但输出信号中往往含有高次谐波和电路噪声，因此采用 THD+N 来全面估计放大器对输入信号的失真度，即

$$\mathrm{THD}=\frac{\sqrt{\sum_{i=2}^{\infty}v_{\mathrm{iRMS}}^{2}+v_{\mathrm{n\_RMS}}^{2}}}{v_{\mathrm{1RMS}}} \tag{8.8}$$

一般会用百分数来表征该参数，显然该参数越小越好。

8.1.3　其他参数

1. 共模抑制比

共模抑制比（Common-Mode Rejection Ratio，CMRR），有些数据手册也记为 K_{CMR}，它被定义为差模电压增益与共模电压增益之比，理想情况为无穷大，所以实际值一般非常高。一般器件手册中给出的 CMRR 是一个直流参数，但实际上 CMRR 受频率影响，随频率的增大而减小。

2. 电源电压抑制比

电源电压抑制比（Power Supply Rejection Ratio，PSRR）指的是供电电源出现波动ΔV_{S}时，会引起输出信号的波动ΔV_{OUT}，则定义电源电压抑制比为

$$\mathrm{PSRR(dB)}=20\lg\left(\frac{\Delta V_{\mathrm{S}}A_{\mathrm{n}}}{\Delta V_{\mathrm{OUT}}}\right)=20\lg\left(\frac{\Delta V_{\mathrm{S}}}{\Delta V_{\mathrm{IO}}}\right) \tag{8.9}$$

式中，A_{n}为当前闭环放大器噪声增益，$\Delta V_{\mathrm{OUT}}=A_{\mathrm{n}}\Delta V_{\mathrm{IO}}$。一般 PSRR 参数越大越好，越大说明输出信号受电源波动的影响越小。

3. 热阻

热阻 θ_{JA}（Thermal resistance）是导热体阻止热量散失程度的描述，以 1W 发热源在导热路径两端形成的温度差表示，单位为℃/W。常用的有以下两种参数。

① θ_{JA}被定义为从芯片的 PN 结到周围环境的温差与芯片耗散功率之比。

② θ_{JC}被定义为从芯片的 PN 结到外壳的温差与芯片耗散功率之比。

θ_{JA}与 θ_{JC}有关，且在芯片耗散功耗相同的情况下，θ_{JA}越大的芯片，PN 结的结温越高。当结温超过了最高结温限制时，芯片很容易烧毁。

除此之外，还有电源电流参数，它是指运算放大器在没有负载情况下的静态电流，它体现了运算放大器的功耗，在运算放大器中常以牺牲功耗为代价换取低的噪声和高的速度。因此，在低功耗电路中使用运算放大器，这个参数将是一个很重要的考量指标。

运算放大器噪声包括电压噪声和电流噪声。现代运算放大器的电流噪声非常小，通常可以忽略不计；而电压噪声功率谱密度与频率有关，器件手册中一般会给出。

8.2　集成运算放大器常见的线性应用电路

运算放大器的名称就来自其功能，可以进行各种数学运算，其中结合负反馈技术，我们可以使得运算放大器工作在其线性工作区，从而实现可控的各种数学运算。本节将介绍几类典型应用。

8.2.1 运算放大器线性应用的基本组态电路及其组合应用

几乎所有运算放大器线性应用电路的拓扑结构都是基于两种基本组态电路及其组合实现的，它们是基于负反馈技术的反相组态放大器和同相组态放大器。在第 7 章已经反复研究过同相组态放大器。因此，本节将从放大器性能参数分析和设计的角度，对这两种基本组态电路及其组合应用电路——加减法电路进行全面介绍。

1. 反相组态放大器

要分析一个电路，首先要学会读图，分析电路结构。在图 8.5（a）中使用的元器件只有一个运算放大器和两个电阻。通过对运算放大器引入负反馈技术，外接电阻，降低电路增益，扩展线性输入范围，使得输出信号在合理的范围之内。

另外，还有一个小技巧可以帮助快速判断运算放大器应用电路的反馈极性，即如果在运算放大器的反相输入端和输出端之间引入另一条支路与运算放大器本身构成闭环结构，就能保证运算放大器引入了负反馈，从而使得运算放大器工作在线性放大状态。

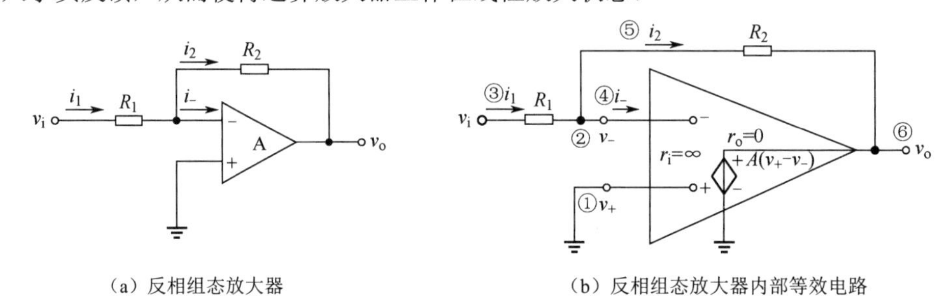

（a）反相组态放大器　　（b）反相组态放大器内部等效电路

图 8.5 反相组态放大器及其内部等效电路

（1）电压增益

如图 8.5（b）所示，由 7.2.5 节内容可判断引入了电压-并联负反馈。由于是以集成运算放大器为核心的放大器，因此必然满足深度负反馈条件，虚短与虚断必定成立，我们将以此为桥梁，去寻找 v_o 和 v_i 之间的关系。

①由图 8.5 可知，同相输入端接地，即有

$$v_+ = 0 \tag{8.10}$$

②由虚短条件可得

$$v_- = 0 \tag{8.11}$$

因此，我们将此时的反相输入端称为虚地点。

③由式(8.11)可得，输入信号 v_i 引起的输入电流 i_1 大小由电阻 R_1 确定，即

$$i_1 = \frac{v_i - v_-}{R_1} = \frac{v_i}{R_1} \tag{8.12}$$

④根据虚断条件，可以知道此时流入反相输入端的电流几乎为零，即有

$$i_- \approx 0 \tag{8.13}$$

⑤由 KCL 定理可得，电流 i_1 几乎全部流入电阻 R_2，故

$$i_1 = i_2 = \frac{0 - v_o}{R_2} \tag{8.14}$$

⑥由式(8.12)和式(8.14)可得，v_o 与 v_i 之间的关系式为

$$v_o = -\frac{R_2}{R_1} v_i \tag{8.15}$$

所以根据电压增益的定义，可得该电路的电压增益为

$$A_v = \frac{v_o}{v_i} = -\frac{R_2}{R_1} \tag{8.16}$$

从这个表达式就可以看到，反相组态放大器（反相比例电路）的名称由来及其电路功能；从频域表示上来说，输入/输出信号之间相位相反。

需要注意的是，该电路的反馈类型对应的不是电压放大器，因此求电压增益时利用了深度负反馈条件，进行了信号量的转换。

（2）输入电阻

根据放大器输入电阻的定义可以求解出反相组态放大器的输入电阻为

$$R_i = \frac{v_i}{i_i} = R_1 \tag{8.17}$$

这里主要利用了反相输入端为虚地点这一条件。同时，需要注意的是，按照反馈类型来分析，应有 $R_{if} \to 0$，而这个电阻 R_1 不在反馈环内，因此输入电阻应为两者之和。可见，利用虚地点可快速分析输入电阻参数。

（3）输出电阻

根据输出电阻的定义式，图 8.6 给出了反相组态放大器输出电阻的求解电路。注意，电路结构没有变化，且运算放大器为理想运算放大器，因此虚短和虚断同时成立，且反相输入端仍然为虚地点。图 8.6 中标出的等效电阻 R'_o 取自受控电压源两端，由于此时输入信号差值为 0，因此该受控源电压大小也为 0，故可将其视作短路。也就是说

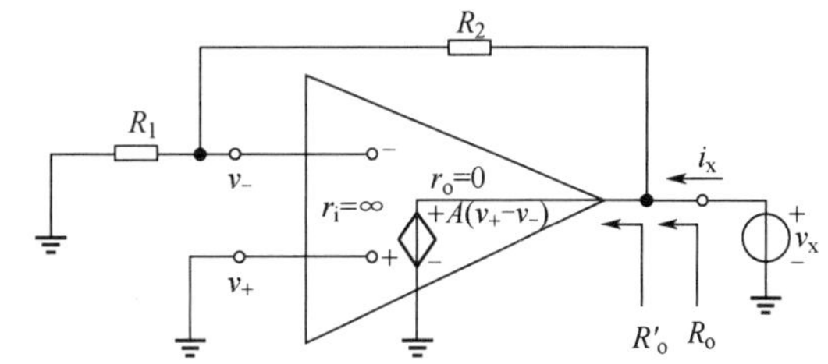

图 8.6　反相组态放大器输出电阻的求解电路

$$R'_o = 0 \tag{8.18}$$

所以反相放大器的输出电阻为

$$R_o = \left.\frac{v_x}{i_x}\right|_{\substack{R_L \to \infty \\ v_{sig}=0}} = R'_o \parallel R_2 = 0 \tag{8.19}$$

例 8.2　要设计一个如图 8.5（a）所示的反相组态放大器，要求电压增益为−10V/V，外围电阻最小为 10kΩ，问 R_1 和 R_2 的取值分别为多少？

解：由式(8.16)可知，$A_v = \frac{v_o}{v_i} = -\frac{R_2}{R_1} = -10$，所以依题意取 R_1=10kΩ，则 R_2=100kΩ。

从该题的电阻取值，可以看到运算放大器外围电阻的取值一般在千欧数量级。

2．同相组态放大器

由图 8.7 可知，同相组态放大器的电路结构与反相组态放大器非常相似，唯一的区别就是整个放大器的信号输入端，从运算放大器反相输入端上的 R_1 一侧直接移到了同相输入端上。运算放大器的外围电阻 R_1 和 R_2 的连接位置没有变化，特别是 R_2 连接到反相输入端和输出端之间，与运算放大器一起构成了闭环结构，引入了负反馈，所以此时运算放大器也必然工作在线性放大状态。

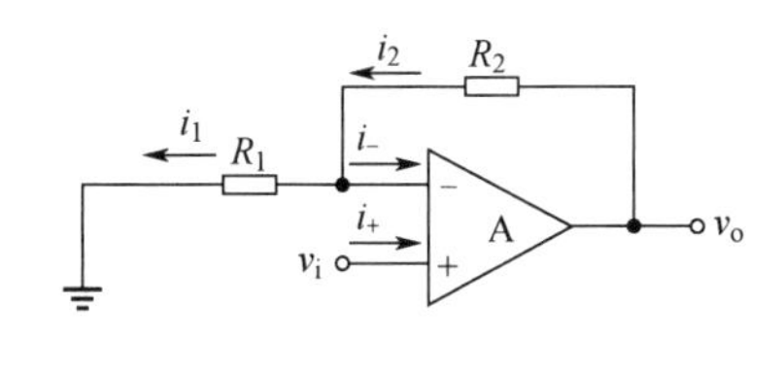

（a）同相组态放大器

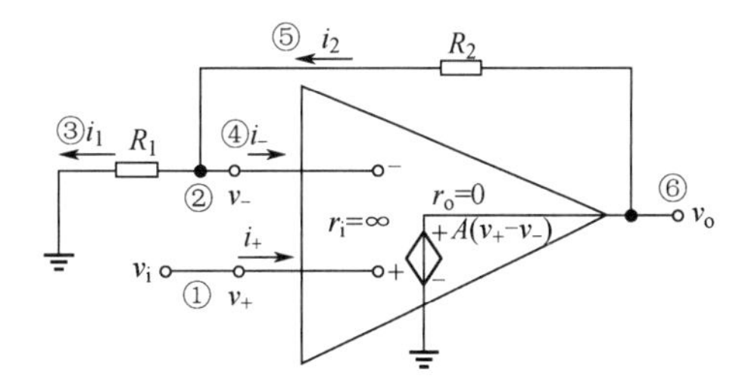

（b）同相组态放大器内部等效电路

图 8.7　同相组态放大器及其内部等效电路

（1）电压增益

利用理想运算放大器的虚短和虚断条件，来分析一下同相组态放大器的电压增益。

①由图8.7可得

$$v_+ = v_i \tag{8.20}$$

②由虚短条件，可以得到

$$v_+ = v_- = v_i \tag{8.21}$$

③故在电阻R_1上产生的电流大小为

$$i_1 = v_i / R_1 \tag{8.22}$$

④由虚断条件可知，流入反相输入端的电流几乎为零，即有

$$i_- \approx 0 \tag{8.23}$$

⑤由KCL定理可得，电流i_1几乎全部来自电阻R_2，故

$$i_1 = i_2 = \frac{v_o - v_i}{R_2} \tag{8.24}$$

⑥由式(8.22)和式(8.24)可得，v_o与v_i之间的关系式为

$$v_o = (1 + \frac{R_2}{R_1}) v_i \tag{8.25}$$

所以根据电压增益的定义，可得该电路的电压增益为

$$A_v = \frac{v_o}{v_i} = 1 + \frac{R_2}{R_1} \tag{8.26}$$

由这个表达式可知，该电路的名称由来及电路功能，该电路的输入/输出信号相位相同。

（2）输入电阻

由图8.7可知，输入信号从同相端进入运算放大器，又因为虚断条件，$i_+ \approx 0$，所以由输入电阻的定义可得

$$R_i = \frac{v_i}{i_i} \to \infty \tag{8.27}$$

（3）输出电阻

如果根据输出电阻的定义改画图8.7（b），就会得到与图8.6一模一样的求解电路，因此我们可以得到同相组态放大器的输出电阻也是约等于0的结论。

比较运算放大器两种基本组态电路的相关参数，可以得到以下结论。

① 两者都能对输入信号进行放大，但反相组态电路还能对信号进行衰减，这一点是同相组态电路无法实现的（同相比例最小增益为1）。

② 两个电路输出信号相位不同，反相组态电路的输出信号与输入信号相位相反，同相组态电路的输出信号与输入信号相位相同。

③ 从输入/输出电阻来看，同相组态电路更接近理想电压放大器，输入电阻无穷大，输出电阻为0；反相组态电路的输入电阻为R_1，一般为保证有合适的放大增益，R_1不会取得很大。

（4）同相组态电路的特例——电压跟随器

在实际工程应用中，常常会遇到高阻信号源给低阻负载传送信号的情况，这样的电阻关系会损失信号幅度，降低信号传输的可靠性。在这种情况下，我们往往会在信号源和负载之间插入一级名为“跟随器”的电路模块，进行阻抗变换。当输入、输出信号都为电压信号时，该类模块就称为电压跟随器，它的设计基本要求包括：$A_v \to 1$，$R_i \to \infty$，$R_o \to 0$。前面介绍过的共漏极放大器和共集电极放大器也能实现类似功能。

图8.8给出了由运算放大器构成的电压跟随器。它其实是同相组态电路的变形结构，这里去掉电阻R_1，同时令R_2=0。运算放大器的反相输入端和输出端之间通过导线相连，负反馈未消失，因

此运算放大器必定能够工作在线性放大状态。由图 8.8 可知

$$v_o = v_- = v_+ = v_i \tag{8.28}$$

所以，电路显然满足电压跟随器的设计要求，该电路可用在电子系统的输入部分、中间部分和输出部分，实现前后级的阻抗变换。

例 8.3　推导图 8.9 所示电路的电压增益表达式。

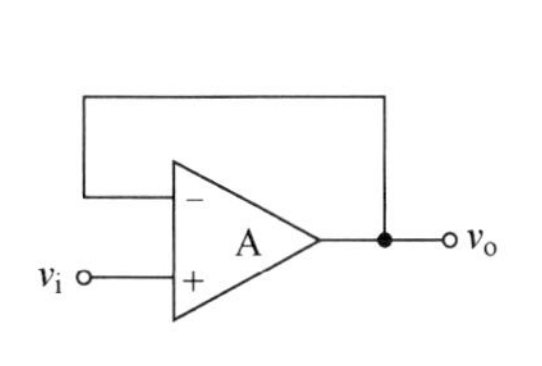

图 8.8　电压跟随器

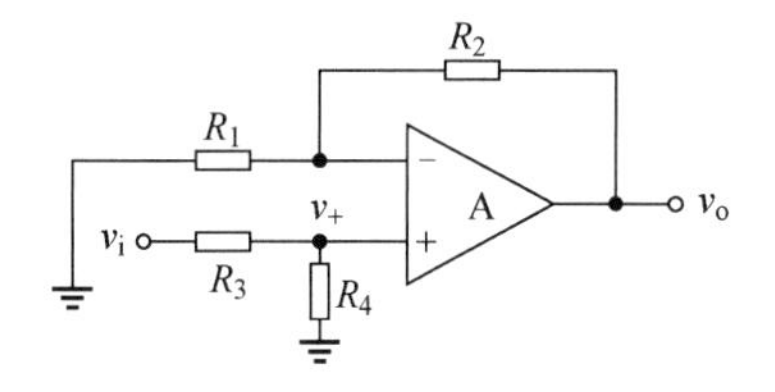

图 8.9　例 8.3 电路图

解： 由图 8.9 可知，该电路与同相组态电路的唯一差别在于：输入信号 v_i 要先通过一个由 R_3 和 R_4 组成的分压网络，再进入运算放大器。因此，可以将该电路看作两个电路的串联，我们在电路里称为电路级联。首先 v_i 通过第一个电路模块——分压网络，从输入分出信号 v_+，再送入同相组态放大电路，也就是说，这里的 v_+ 才是图 8.7（b）中的 v_i。因此可以推导出

$$v_+ = v_i \frac{R_4}{R_3 + R_4}, \quad v_o = (1 + \frac{R_2}{R_1})v_+ = (1 + \frac{R_2}{R_1})\frac{R_4}{R_3 + R_4}v_i$$

所以

$$A_v = \frac{v_o}{v_i} = (1 + \frac{R_2}{R_1})\frac{R_4}{R_3 + R_4}$$

3．基于基本组态电路的加减法电路

两类运算放大器基本组态电路是很多线性电路的基础，通过这两类电路可以组成多种应用电路，下面主要介绍基于它们的典型应用——加减法电路。因为输入信号不止一个，所以我们的分析重点将放到多个输入信号和输出信号之间的关系式上。

（1）反相求和电路

反相求和电路如图 8.10 所示，该电路在基本反相组态放大器的基础上增加了两个输入信号支路，负反馈结构没有改变。根据虚短和虚断条件，由 KCL 可得，3 个输入信号在各自支路上产生的电流之和等于反馈支路 R_4 上的电流，即

$$i_1 + i_2 + i_3 = i_4 \tag{8.29}$$

且反相输入端同样是虚地点，因此由式(8.29)可推导出输出信号 v_o 与 3 个输入信号之间的关系为

$$\frac{v_{i1}}{R_1} + \frac{v_{i2}}{R_2} + \frac{v_{i3}}{R_3} = -\frac{v_o}{R_4} \tag{8.30}$$

所以

$$v_o = -(\frac{R_4}{R_1}v_{i1} + \frac{R_4}{R_2}v_{i2} + \frac{R_4}{R_3}v_{i3}) \tag{8.31}$$

由式(8.31)可知反相求和电路名称的由来。另外，随着输入信号数量的变化，只需要改变输入支路的个数，每个输入信号的放大增益可以单独设计。

（2）同相求和电路

同相求和电路来源于同相组态电路，已知同相组态电路的输入和输出的关系如式(8.25)所示。因此由图 8.11 可得

$$v_o = (1 + R_4 / R_5)v_+ \tag{8.32}$$

而 v_+ 可根据叠加原理，从输入电阻网络分析而得

$$v_+ = \frac{R_2 \parallel R_3}{R_1 + R_2 \parallel R_3}v_{i1} + \frac{R_1 \parallel R_3}{R_2 + R_1 \parallel R_3}v_{i2} + \frac{R_1 \parallel R_2}{R_3 + R_1 \parallel R_2}v_{i3} \tag{8.33}$$

所以 $$v_o = v_{o1} + v_{o2} + v_{o3} = (1+\frac{R_4}{R_5})(\frac{R_2 \parallel R_3}{R_1 + R_2 \parallel R_3}v_{i1} + \frac{R_1 \parallel R_3}{R_2 + R_1 \parallel R_3}v_{i2} + \frac{R_1 \parallel R_2}{R_3 + R_1 \parallel R_2}v_{i3}) \tag{8.34}$$

与反相求和电路相似，随着输入信号数量的变化，只要改变输入支路的个数即可实现，每个输入信号的放大增益可以单独设计。

（3）减法电路

图 8.12 所示电路有两个输入信号，分别通过电阻接到反相输入端和同相输入端，因此该电路实际上可以看作是同相组态和反相组态的叠加。由叠加原理可知，令 v_{i2}=0，v_{i1} 单独作用时输出电压为

$$v_{o1} = -(R_2 / R_1)v_{i1} \tag{8.35}$$

令 v_{i1}=0，v_{i2} 单独作用时输出电压为

$$v_{o2} = \frac{R_4}{R_3 + R_4}(1+\frac{R_2}{R_1})v_{i2} \tag{8.36}$$

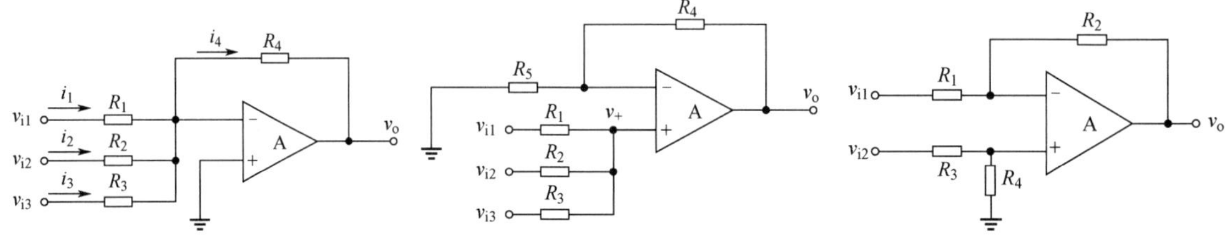

图 8.10 反相求和电路　　图 8.11 同相求和电路　　图 8.12 减法电路

注意，同相输入端比基本同相组态多了一个电阻分压网络，则该电路输出信号的表达式为

$$v_o = v_{o1} + v_{o2} = (1+\frac{R_2}{R_1})\frac{R_4}{R_3 + R_4}v_{i2} - \frac{R_2}{R_1}v_{i1} \tag{8.37}$$

从式(8.37)可以看到，被减数和减数的权值系数不一定一样，因此该电路可以实现带加权系数的减法运算功能。若希望实现像差分放大器那样的求差电路，则可令式(8.37)中两个输入信号的权值相等，即可满足设计要求。通过数学计算可以得到，差分减法设计中电阻取值需要满足的条件为

$$\frac{R_4}{R_3} = \frac{R_2}{R_1} \tag{8.38}$$

在实际工程应用中，为了取值方便，一般取 $R_1 = R_3$，$R_2 = R_4$，最终得到求差电路的输出信号表达式为

$$v_o = \frac{R_2}{R_1}(v_{i2} - v_{i1}) \tag{8.39}$$

由此我们得到了一个由单运算放大器构成的差分放大电路结构。

另外，我们再来看一下满足式(8.38)条件下减法电路的输入电阻。根据虚短，该电路的 v_-=v_+，因此可以求得输入电阻为

$$R_i = \frac{v_{i2} - v_{i1}}{i_i} = R_1 + R_3 = 2R_1 \tag{8.40}$$

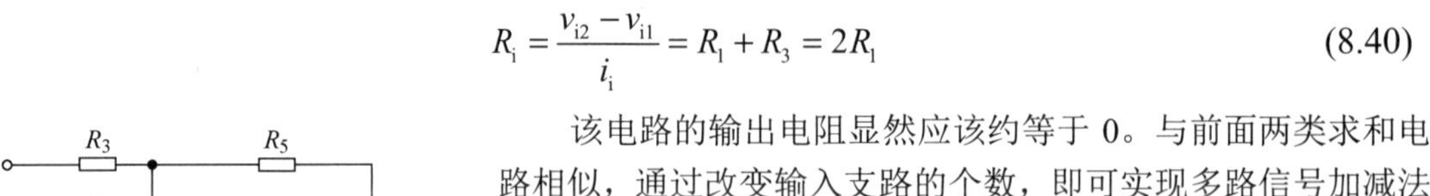

图 8.13 例 8.4 电路图

该电路的输出电阻显然应该约等于 0。与前面两类求和电路相似，通过改变输入支路的个数，即可实现多路信号加减法的加权运算，每个输入信号的放大增益可以单独设计。

例 8.4 分析如图 8.13 所示电路的输出信号表达式，若要求实现运算 $v_o = 5v_{i1} - 6v_{i2} - 4v_{i3}$，最小电阻阻值为 10kΩ，则电路中各电阻取值为多少？注意，取值时应使得电阻尽可能小。

解：利用叠加原理，可以分别求解每个输入信号单独作用

时的输出响应，然后求和即可得到输出信号。

令 $v_{i2}=v_{i3}=0$，v_{i1} 单独作用时输出响应为

$$v_{o1}=\left(1+\frac{R_5}{R_2 \parallel R_3}\right)\frac{R_4}{R_1+R_4}v_{i1}$$

令 $v_{i1}=v_{i3}=0$，v_{i2} 单独作用时输出响应为

$$v_{o2}=-\frac{R_5}{R_2}v_{i2}$$

令 $v_{i1}=v_{i2}=0$，v_{i3} 单独作用时输出响应为

$$v_{o3}=-\frac{R_5}{R_3}v_{i3}$$

所以可求得如图 8.13 所示电路的输出信号表达式为

$$v_o=(1+\frac{R_5}{R_2 \parallel R_3})\frac{R_4}{R_1+R_4}v_{i1}-\frac{R_5}{R_2}v_{i2}-\frac{R_5}{R_3}v_{i3}$$

根据题意，可令

$$(1+\frac{R_5}{R_2 \parallel R_3})\frac{R_4}{R_1+R_4}=5 \tag{8.41}$$

$$\frac{R_5}{R_2}=6 \tag{8.42}$$

$$\frac{R_5}{R_3}=4 \tag{8.43}$$

比较式(8.42)和式(8.43)，取 $R_2=10\text{k}\Omega$，可得 $R_5=60\ \text{k}\Omega$，$R_3=15\ \text{k}\Omega$。

将其代入式(8.41)，可求得 $6R_4=5R_1$。

再令 $R_4=10\text{k}\Omega$，可得 $R_1=12\ \text{k}\Omega$。

综上可得 $R_1=12\ \text{k}\Omega$，$R_2=R_4=10\text{k}\Omega$，$R_3=15\ \text{k}\Omega$，$R_5=60\ \text{k}\Omega$。

8.2.2　积分电路和微分电路

本节介绍两个用于数学运算的电路——积分电路和微分电路。从数学的角度而言，积分本质上是求和过程，微分则是确定函数瞬时变化率的过程，它们是信号处理过程中重要的处理单元。在自动控制系统中，它们也常被用来作为调节手段。下面分别来介绍。

1. 反相积分器

图 8.14 给出了反相积分器的基本电路。从图 8.14 中可以看出，电路与基本反相组态结构相似，只是把反馈支路上的电阻换成了电容。由于从输出端到反相输入端的反馈环路依然存在，因此电路中的运算放大器肯定工作在线性放大状态，故分析方法与反相组态电路相同，利用虚短和虚断条件，从电流关系出发，寻找 v_i 和 v_o 之间的关系。

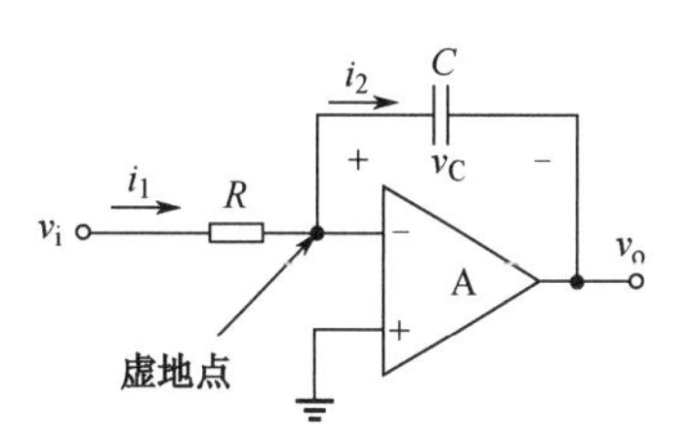

图 8.14　反相积分器的基本电路

由图 8.14 可知

$$i_1(t)=i_2(t)=v_i(t)/R$$

假设电容的初始电压 $v_C(0)=v_C$，则电容上电压为

$$v_C(t)=V_C+\frac{1}{C}\int_0^t i_1(t)\mathrm{d}t$$

因为

$$v_C(t)=v_- - v_o(t)=-v_o(t)$$

所以
$$v_o(t)=-\frac{1}{RC}\int_0^t v_i(t)\mathrm{d}t-V_C \tag{8.44}$$

从式(8.44)可以看到，输入信号 v_i 与输出信号 v_o 之间为积分关系，且其中的负号说明输入和输出间相位相反，因此该电路实现了反相积分运算功能。

现在我们提一个问题，如果输入信号中有直流分量，会发生什么情况？大家知道，电容对直流信号应该是开路的，或者说容抗无穷大，因此理想积分电路对直流信号应该有无穷大的放大增益；同样也知道运算放大器的输出信号是受限的，因此即使这个直流信号非常微弱，但随着电路运行时间的延长，运算放大器的输出信号将会达到饱和，也就是电路将失去积分功能。我们不能预知输入信号的特征，因此只能修改电路，以满足实际应用要求。

在实际应用中，更常采用的是图8.15所示的电路结构——米勒积分器，通过在电容两端并联一个较大的电阻来解决直流信号可能带来的饱和问题。高频时电容的容抗较小，电阻阻值大，因此电阻的影响可以忽略不计，电路实现积分功能；低频时电阻为电容器提供放电通路，减小积分器的直流增益，保证积分功能的实现。

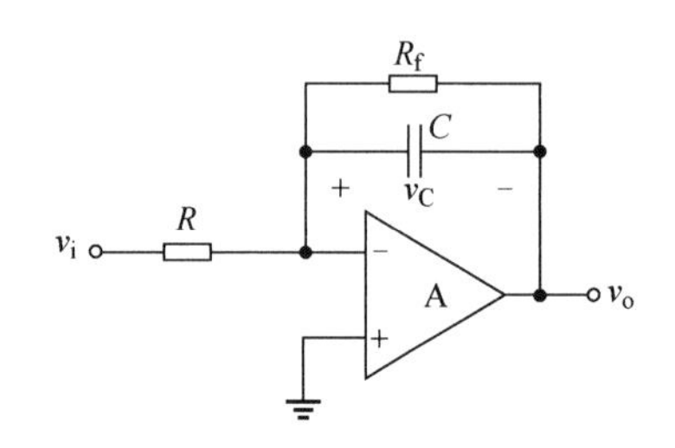

图8.15 米勒积分器

例8.5 如图8.16（a）所示电路，其输入信号波形如图8.16（b）所示。在 $t=0$ 时，电容上的初始电压为0，运算放大器的电源为±10V，试画出输出电压 v_o 的波形。

解： 由图8.16（a）可知，$v_o(t)=-\frac{1}{RC}\int_0^t v_i(t)\mathrm{d}t$，当 $t=0$ 时，$v_o(t)=0$。

当 $0<t\leqslant 20\mu s$ 时，$v_o(t)=-\frac{v_i}{RC}t\Big|_0^t=-\frac{v_i}{RC}t$，且 $v_o(20\mu s)=-\frac{10\times 20\times 10^{-6}}{10\times 10^3\times 5\times 10^{-9}}=-4V$。

当 $20<t\leqslant 40\mu s$ 时，$v_o(t)=v_o(20\mu s)-\frac{v_i}{RC}t\Big|_{20}^t=-4-\frac{v_i}{RC}(t-20)$，

且 $v_o(40\mu s)=-4-\frac{(-10)\times(40-20)\times 10^{-6}}{10\times 10^3\times 5\times 10^{-9}}=0V$。

当 $40<t\leqslant 60\mu s$ 时，$v_o(t)=v_o(40\mu s)-\frac{v_i}{RC}t\Big|_{40}^t=-\frac{v_i}{RC}(t-40)$，

且 $v_o(60\mu s)=-\frac{10\times(60-40)\times 10^{-6}}{10\times 10^3\times 5\times 10^{-9}}=-4V$。

当 $60<t\leqslant 80\mu s$ 时，$v_o(t)=v_o(60\mu s)-\frac{v_i}{RC}t\Big|_{60}^t=-4-\frac{v_i}{RC}(t-60)$，

且 $v_o(80\mu s)=-4-\frac{(-10)\times(80-60)\times 10^{-6}}{10\times 10^3\times 5\times 10^{-9}}=0V$。

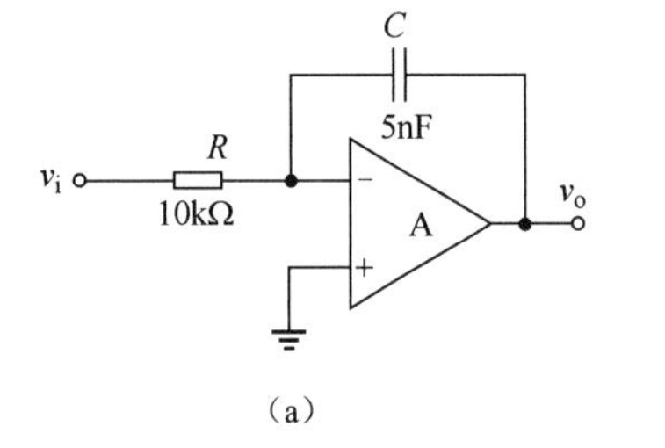

（a）

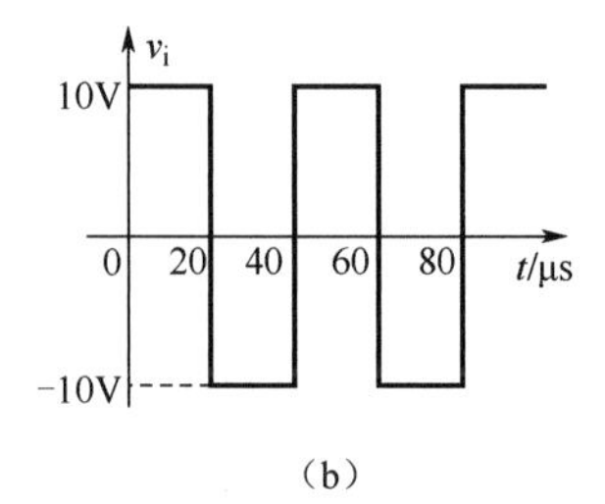

（b）

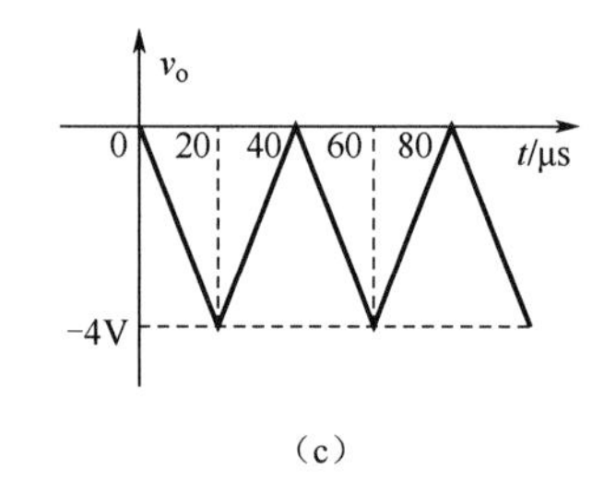

（c）

图8.16 例8.5电路及输入/输出波形图

故可以得到图8.16（c）所示的输出波形图。由图8.16（c）可知，对于均值为0的双极性方波，可以用积分电路将其转换为三角波，因此积分电路也具有信号整形功能。由于核心放大器件是运算

放大器，该电路的带宽受到限制，因此整个电路的工作频率不会太高，一般会在 100kHz 以下；同时受到运算放大器输出电压值有限的限制。R、C 不能过大，否则在一定积分时间内输出电压将很小；但 R、C 也不能过小，否则在积分时间内会达到输出饱和。

2．微分器

图 8.17 给出了反相微分器。它的结构和积分器相似，只是把电阻和电容的位置进行了调换，通过电流作为桥梁，可以很快得出输入和输出信号之间的关系式为

$$v_o = -RC\frac{dv_i}{dt} \tag{8.45}$$

可以看到，微分器的输出是输入信号变化率的函数，那么显然微分器会因为输入信号的每次跳变，而在输出产生一个尖峰信号，但这种输入的跳变很有可能是来自电路内外的噪声或干扰，因此在实际应用中通常避免使用微分器。在实际应用中，为减少输入信号中可能出现的冲激信号对运算放大器输入级晶体管造成的干扰，常在电容器前串联一个小电阻，但这种改动又会使得该电路成为非理想的微分器。必要时，除了可作微分运算，微分器还可以实现波形转换，如将三角波转换为矩形波。

例 8.6　在自动控制系统中，常采用图 8.18 所示的 PID（Proportional Integral Differential，比例-积分-微分）调节器，试推导该电路输入与输出的关系式。

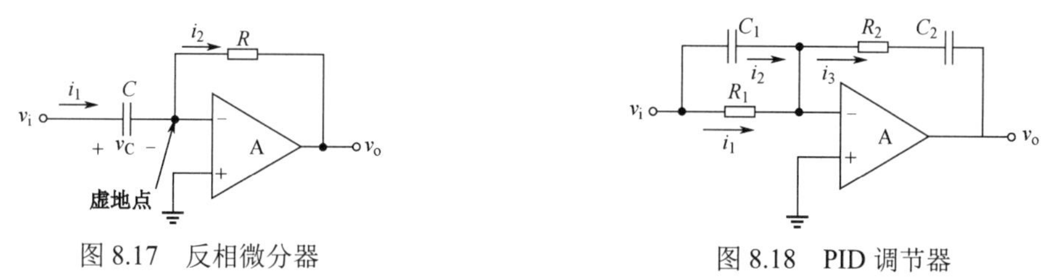

图 8.17　反相微分器　　　　图 8.18　PID 调节器

解： 由虚短和虚断可得

$$v_+ = v_- = 0,\quad i_3 = i_1 + i_2$$

其中，$i_1 = \dfrac{v_i}{R_1}$，$i_2 = C_1\dfrac{dv_i}{dt}$，又因为 $v_o = -(v_{R2} + v_{C2})$，且

$$v_{R2} = i_3 R_2 = \frac{R_2}{R_1}v_i + R_2C_1\frac{dv_i}{dt},$$

$$v_{C2} = \frac{1}{C_2}\int i_3 dt = \frac{1}{R_1C_2}\int v_i dt + \frac{C_1}{C_2}v_i$$

所以 $v_o = -(\dfrac{R_2}{R_1}v_i + R_2C_1\dfrac{dv_i}{dt} + \dfrac{1}{R_1C_2}\int v_i dt + \dfrac{C_1}{C_2}v_i) = -(\dfrac{R_2}{R_1} + \dfrac{C_1}{C_2})v_i - \dfrac{1}{R_1C_2}\int v_i dt - R_2C_1\dfrac{dv_i}{dt}$

由上式可知，输入与输出的关系中分别含有比例、积分、微分运算，因此称为 PID 调节器。我们可以根据控制的需要，合理设计参数，实现相应调节结果部分或全部输出。

8.2.3　仪用运算放大器

从现场传感器送出的待处理信号往往非常微弱，而且伴随各种环境干扰。例如，在 2016 年 2 月 11 日美国国家科学基金会宣布首次探测到来自外太空的引力波信号，由传感器输出的波动最多只有 10^{-21} 数量级，同时伴随各种干扰。因此，对这类微弱信号的处理除了要进行适当的放大，以满足后续处理的要求，还需要同时滤除干扰信号。在本节给大家介绍一种被广泛应用的微弱信号放大器——仪用运算放大器。

1．电路结构

仪用运算放大器，也称为仪表放大器，在附录 D 中介绍了这类芯片的器件手册，它具有极高

的共模抑制比、高输入阻抗、低噪声、低线性误差、低失调漂移、增益设置灵活和使用方便等特点，主要用于各类仪器设备的放大环节；同时由图 8.19 可知，整个放大器内部包括 3 个运算放大器模块，因此该电路有时也被称为三运算放大器电路。从电路结构可以看到，整个放大器实际上是两级放大器级联，第一级由并行的两个输入模块构成，可以看到这部分采用了对称设计，运算放大器 A_1、A_2 的外围电阻连接几乎是一模一样的，同时两个运算放大器都引入了负反馈，保证其必定能工作在线性区；A_3 与其外围电阻构成第二级单运算放大器差分电路。

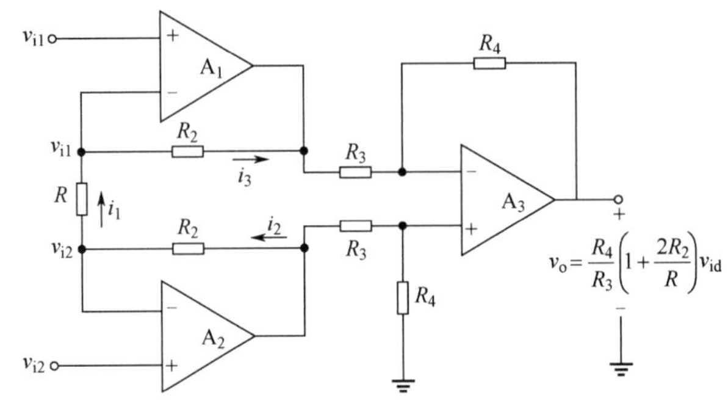

图 8.19 仪用运算放大器

2．定性分析

仪用运算放大器电路对共模信号有很强的抑制作用。对于放大器的两个输入端而言，所接收到的环境干扰几乎是一样的，因此可将干扰信号视作端口接收的共模信号，对应的 A_1、A_2 由于处于线性工作状态，虚短和虚断条件同时成立，因此在电阻 R 两端分别得到信号 v_{i1} 和 v_{i2}。

如果是纯共模输入，那么 $v_{i1} = v_{i2}$，因此可以确定此时电阻 R 上无电流通过，所以两个 R_2 电阻上也不会有电流通过。因此 A_1 和 A_2 的输出也分别为 $v_{o1} = v_{i1}$，$v_{o2} = v_{i2}$，故第一级放大器没有将共模干扰放大，而第二级放大器为差分减法放大器。理想情况下，会除去共模信号，因此在电路最后的输出信号中将不会出现共模干扰分量。

该电路对差模信号有很高的放大增益，且对差模信号而言，输入电阻为∞，输出电阻为 0，即该电路满足理想电压放大器条件。因此，仪用运算放大器本质上也是一类差分放大器。

3．电路参数推导

由虚短和虚断条件可得，电阻 R 两端信号分别为 v_{i1} 和 v_{i2}，如图 8.19 所示，且图中标出的 3 个电流 i_1、i_2、i_3 相等。可以根据图中标注的电流方向列出方程

$$\frac{v_{i2}-v_{i1}}{R}=\frac{v_{o2}-v_{i2}}{R_2}=\frac{v_{i1}-v_{o1}}{R_2} \tag{8.46}$$

由式(8.46)可得，第一级放大器的输入和输出关系表达式为

$$v_{o2}-v_{o1}=\left(1+\frac{2R_2}{R}\right)(v_{i2}-v_{i1}) \tag{8.47}$$

可以看出，第一级放大器虽然没有放大共模信号，但是它放大了差模信号。

第二级放大器为单运算放大器差分放大器，其输入和输出关系表达式为

$$v_o=\frac{R_4}{R_3}(v_{o2}-v_{o1}) \tag{8.48}$$

所以最终得到整个电路差模输入和输出之间的表达式为

$$v_o=\frac{R_4}{R_3}\left(1+\frac{2R_2}{R}\right)(v_{i2}-v_{i1}) \tag{8.49}$$

由式(8.49)可得，电路的差模增益为

$$A_{vd}=\frac{v_o}{v_{i2}-v_{i1}}=\frac{R_4}{R_3}\left(1+\frac{2R_2}{R}\right) \tag{8.50}$$

可见，仪用运算放大器差模增益由两级放大增益构成，因此差模增益非常高。

另外，需要补充说明一点，在集成电路芯片中，会把整个电路除电阻 R 的部分全都集成到芯片内部，而留出两个引脚外接电阻 R，用于调节增益大小，因此这个电阻 R 就是在附录 D 的芯片的器件手册中介绍的 R_G。

最后对仪用运算放大器做一个小结，可以看到它有近乎理想的电压放大器性能，差模增益非常高，输入电阻为∞，输出电阻为 0。在此，要特别强调一点，仪用运算放大器是微弱信号放大器，因此它一般会用在多级放大器的第一级，不仅提供较大的放大系数，还可去除共模干扰，减轻后级电路对噪声干扰处理的负担。

例 8.7　考虑图 8.19 所示的仪用放大器，假设它的共模输入电压为 3V（直流），差模输入信号为 80mV 峰值的正弦波。假设 R=1kΩ，R_2=50kΩ，R_3= R_4=10kΩ。求该电路中每个节点的电压。

解： 由题意可知，$v_{icm}=3\text{V}$，$v_{id}=0.08\sin\omega t\text{V}$，因此可得

$$v_{i1}=v_{icm}+\frac{v_{id}}{2}=3+0.04\sin\omega t\text{V}，\quad v_{i2}=v_{icm}-\frac{v_{id}}{2}=3-0.04\sin\omega t\text{V}$$

运算放大器 A_1 的反相输入端电压为　$v_{-1}=v_{i1}=3+0.04\sin\omega t\text{V}$

运算放大器 A_2 的反相输入端电压为　$v_{-2}=v_{i2}=3-0.04\sin\omega t\text{V}$

则电阻 R 上的电流为　$i_1=\dfrac{v_{i2}-v_{i1}}{R}=-0.08\sin\omega t\text{mA}$

运算放大器 A_1 的输出电压为　$v_{o1}=v_{-1}-i_1R_2=3+4.04\sin\omega t\text{V}$

运算放大器 A_2 的输出电压为　$v_{o2}=v_{-2}+i_1R_2=3-4.04\sin\omega t\text{V}$

运算放大器 A_3 的同相输入端和反相输入端电压为 $v_{-3}=v_{+3}=v_{o2}\dfrac{R_4}{R_3+R_4}=1.5-2.02\sin\omega t\text{V}$

最后运算放大器 A_3 的输出电压为　$v_o=\dfrac{R_4}{R_3}(v_{o2}-v_{o1})=-8.08\sin\omega t\text{V}$

例 8.8　设计一个如图 8.19 所示的仪用放大器电路，要求其差模电压增益 A_{vd}=100，所采用电阻的最小阻值为 10kΩ，请给出一种设计方案，确定 R、R_2、R_3 和 R_4 的大小。

解： 由式(8.50)可得 $\dfrac{R_4}{R_3}(1+\dfrac{2R_2}{R})=100$，要求最小电阻为 10kΩ，且 100=20×5，则一种可行方案为：$R=20\text{k}\Omega$，$R_2=190\text{k}\Omega$，$R_3=10\text{k}\Omega$，$R_4=50\text{k}\Omega$。

8.2.4　精密整流电路

在第 2 章曾经介绍过用在直流电源设计中的整流电路，可不论是半波整流还是全波整流，得到的输出波形与输入波形都不能完全重合，一般输出信号的峰值会比输入信号低 $V_{D(on)}$~2 $V_{D(on)}$。当电源的输入、输出信号都比较大，且远大于 $V_{D(on)}$时，这一点点信号失真往往被忽略不计；但当输入信号在 5V 以下时，$V_{D(on)}$的影响就不能被忽略了。我们来看一下基于运算放大器和二极管器件的精密整流电路设计。

1. 半波精密整流电路

首先介绍半波精密整流电路，如图 8.20（a）所示。

我们来分析一下图 8.20（a），当输入信号 v_i>0 时，注意到信号通过电阻 R_1，然后从节点 B 进入运算放大器，因此节点 A 的信号应该小于 0；而节点 B 为虚地点，电压可近似看作 0，因此可以判断二极管 VD_1 导通，VD_2 截止；暂不考虑二极管导通的管压降，用短导线将 VD_1 替代，用开路模型将 VD_2 替代，即得到图 8.20（b）；同理分析可得图 8.20（c）。图 8.20（d）和图 8.20（e）分别给出了该电路的输入输出波形和传输特性。可以看到，该电路实现了半波精密整流功能，而且通过控制 R_2/R_1 的大小，还可以控制整流后输出电压的幅值。

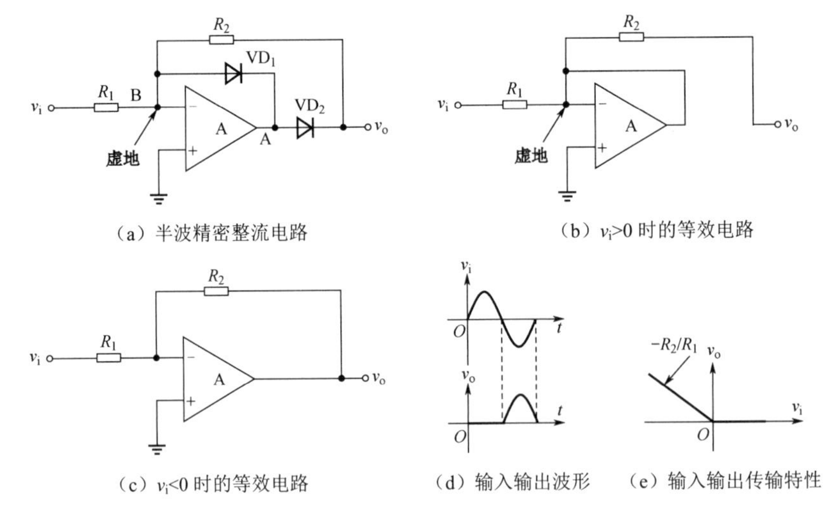

（a）半波精密整流电路 （b）$v_i>0$ 时的等效电路

（c）$v_i<0$ 时的等效电路 （d）输入输出波形 （e）输入输出传输特性

图 8.20 半波精密整流电路

另外，解释一下精密的含义。要使二极管导通，就要使得二极管正向偏置电压大于二极管的 $V_{D(on)}$，一般 $V_{D(on)} \approx 0.7V$；而运算放大器的开环差模增益至少也在 10^5 以上，此时运算放大器的实际输入电压才 7μV。由此可见，只需要提供微小的电压输入，就可以使得电路实现精密整流。

图 8.21 给出了半波精密整流的另一种形式，分析思路与图 8.20 类似。

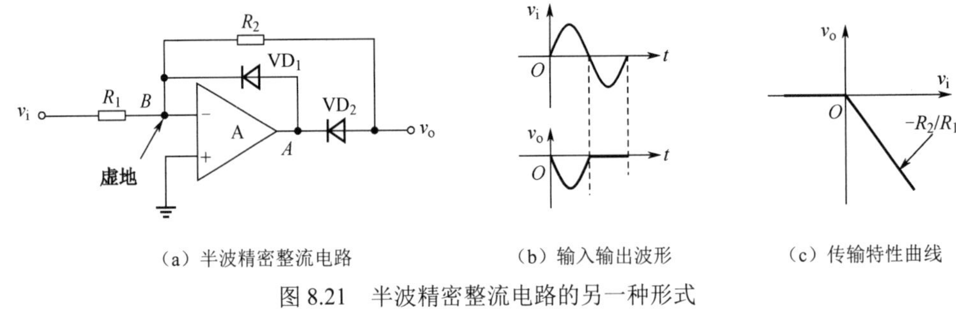

（a）半波精密整流电路 （b）输入输出波形 （c）传输特性曲线

图 8.21 半波精密整流电路的另一种形式

2．全波精密整流电路

图 8.22 给出了全波精密整流电路。它是在图 8.21（a）的基础上增加了一级反相加法器。由图 8.22（a）可知

$$v_{o1} = \begin{cases} -2v_i, & v_i > 0 \\ 0, & v_i \leqslant 0 \end{cases} \tag{8.51}$$

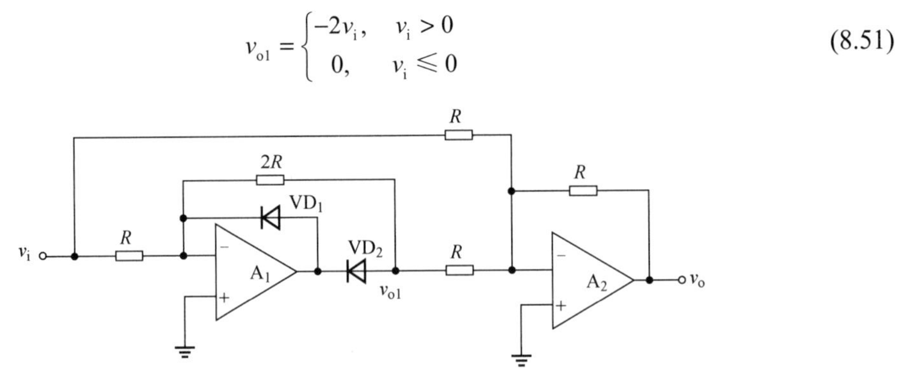

图 8.22 全波精密整流电路

A_2 的输出为

$$v_o = -(v_i + v_{o1}) \tag{8.52}$$

则整个电路的输入和输出关系式为

$$v_o = \begin{cases} v_i, & v_i > 0 \\ -v_i, & v_i \leqslant 0 \end{cases}，即 v_o = |v_i| \tag{8.53}$$

由式(8.53)可以得到图 8.23 所示的输入输出波形及传输特性曲线，因此该电路也被称为绝对值电路。

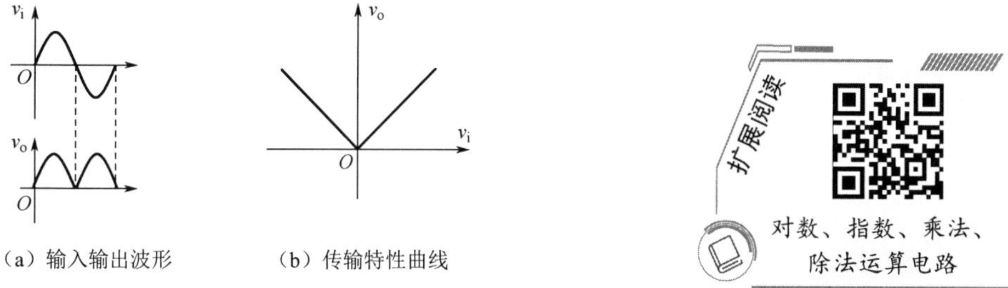

（a）输入输出波形　（b）传输特性曲线

图 8.23　全波精密整流电路的输入输出波形及传输特性曲线

8.3　有源滤波器

滤波器的基本功能是让特定频率输入信号通过或不通过，即对信号传输具有选择性。实际上，前面介绍的放大器都属于滤波器，如集成运算放大器大多是低通滤波器。

无源滤波器一般由 R、L、C 器件构成，信号在通过这样的滤波器传输过程中是有损耗的；而有源滤波器一般包含无源 RC 网络和有源放大器，前者用于频率选择，后者提供电压增益，使得信号通过滤波器时不会衰减。有源放大器可以选择晶体管放大器，也可以选择集成运算放大器构成的线性放大器。如果有源滤波器中采用运算放大器作为有源器件，那么其高输入电阻能防止过度增加信号源负载，低输出电阻又能防止滤波器被所驱动的负载影响；同时有源滤波器可在很宽的频率范围内调整而不改变所期望的响应。按照输出电压随输入电压频率变化的方式分类，有源滤波器分为低通滤波器、高通滤波器、带通滤波器、带阻滤波器和全通滤波器。其理想幅频响应曲线如图 8.24 所示。

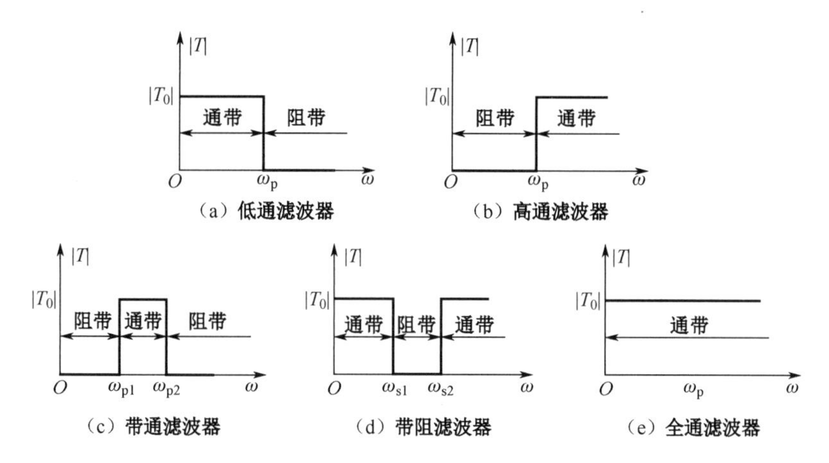

（a）低通滤波器　（b）高通滤波器

（c）带通滤波器　（d）带阻滤波器　（e）全通滤波器

图 8.24　各类滤波器的理想幅频响应曲线

有源滤波器对于现代电子系统非常重要，一般数据采集系统将其作为抗混叠滤波器放在 ADC 之前使用，或者作为反成像滤波器放在 DAC 之后使用，以获取带宽限制信号；各类测试仪器也依靠有源滤波器进行精确的信号测量。有源滤波器适用于低于 1Hz、高至 10MHz 范围内的截止频率，而适用于此范围的无源滤波器设计必须具备非常大的组件值和组件尺寸。

8.3.1　基本滤波器频响及参数

实际滤波器的幅频曲线过渡并不像图 8.24 所示 n 那样理想，在设计滤波器时，会根据所设计滤波器的性能要求来规范滤波器的传输函数。

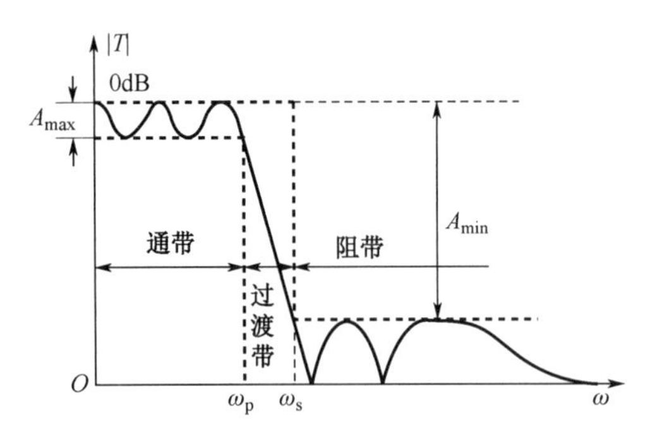

图 8.25 实际低通滤波器的传输特性曲线

图 8.25 给出了一个实际低通滤波器的传输特性曲线。由图 8.25 可知，低通滤波器幅频响应分为通带、阻带和过渡带三部分。其中，ω_p 为通带边界频率，ω_s 为阻带边界频率，它们之间的差值越小，滤波器就越接近理想滤波器，此时过渡带越窄，滤波器下降段曲线下降斜率越大。实际低通滤波器不可能实现通带范围内的增益绝对稳定，因此在设计规范中有一个通带纹波参数，其最大值用 A_{max} 来表示，其典型值为 0.05～3dB。同样，实际当中阻带不能实现完全的零输出，设计规范中要求阻带内信号与通带信号相比至少要衰减 A_{min}(dB)，其典型值为 20~100dB。

综上所述，在给出低通滤波器设计要求时需要包含 4 个基本参数：通带边界频率 ω_p、阻带边界频率 ω_s、通带内最大纹波参数 A_{max} 和阻带内衰减最小参数 A_{min}。其他类型滤波器也都有类似的设计规范要求。下面具体来看看各种类型滤波器的实际情况。

1. 低通滤波器频率响应

图 8.26（a）给出了低通滤波器归一化幅频响应图。滤波器的通带（BW）是滤波器允许通过的频率范围，在这个区域内信号的损耗最小。通常截止频率 f_c 定义为通带的终端，通常指响应自通带下降了 3dB，这也是前面常常提到的上限截止频率 f_H。通带后增益随频率增大逐渐下降的区域称为过渡区或过渡带，信号基本不能通过的区域为阻带。过渡区和阻带之间没有精确的分界点。大多数基本低通滤波器是一个单极点网络，即一阶滤波器结构，超过 f_c 后增益以−20dB/十倍频程的速度衰减。

由于实际滤波响应取决于极点的数量，也就是滤波器的阶数。为了使滤波器具有更陡的过渡区，在单极点滤波器上增加阶数是必要的。通过极点的引入，滤波器的下降速度可以达到−40dB/十倍频程、−60dB/十倍频程，甚至更高，如图 8.26（a）中虚线所示。通常滤波器使用的极点数越多，滤波器响应的过渡区将越陡。

2. 高通滤波器频率响应

如图 8.26（b）所示，高通滤波器的频率响应与低通滤波器情况相反，它极大地衰减了频率低于 f_c 的信号，并让频率高于 f_c 的信号通过，截止频率 f_c 依然定义在通带增益下降 3dB 处，也就是以前提到过的下限截止频率 f_L，而通带（BW）是大于截止频率的所有频率。同样，滤波器使用的极点数越多，滤波器响应的过渡区将越陡，如图 8.26（b）中虚线所示。

3. 带通滤波器频率响应

如图 8.26（c）所示，带通滤波器允许位于上下限频率 f_{c1} 和 f_{c2} 之间的频率信号通过，阻止指定通带之外的其他信号通过，其中带宽（BW）定义为

$$BW=\left|f_{c2}-f_{c1}\right| \tag{8.54}$$

截止频率 f_{c1} 和 f_{c2} 同样定义为响应曲线降到它最大值的 0.707 倍，也即 3dB 时的频率点。通带中心的频率称为中心频率 f_0，它定义为

$$f_0=\sqrt{f_1 f_2} \tag{8.55}$$

引入品质因数 Q 来衡量带通滤波器的选择性，Q 定义为

$$Q=\frac{f_0}{BW} \tag{8.56}$$

对于给定 f_0 来说，Q 越高，BW 越小，即选择性越好。带通滤波器有时分为 $Q>10$ 的窄带和

$Q<10$ 的宽带。Q 也可以用滤波器的阻尼系数来表示

$$\mathrm{DF}=\frac{1}{Q} \tag{8.57}$$

4．带阻滤波器频率响应

带阻滤波器也称为陷波滤波器、频带抑制滤波器等，其一般响应曲线如图 8.26（d）所示。注意，带宽是两个截止频率点之间的频率，与带通滤波器情况一样，可以认为带阻滤波器原理和带通滤波器相反，其他参数定义均相同，只是某段带宽内的频率被拒绝，而在该带宽之外的频率均通过。

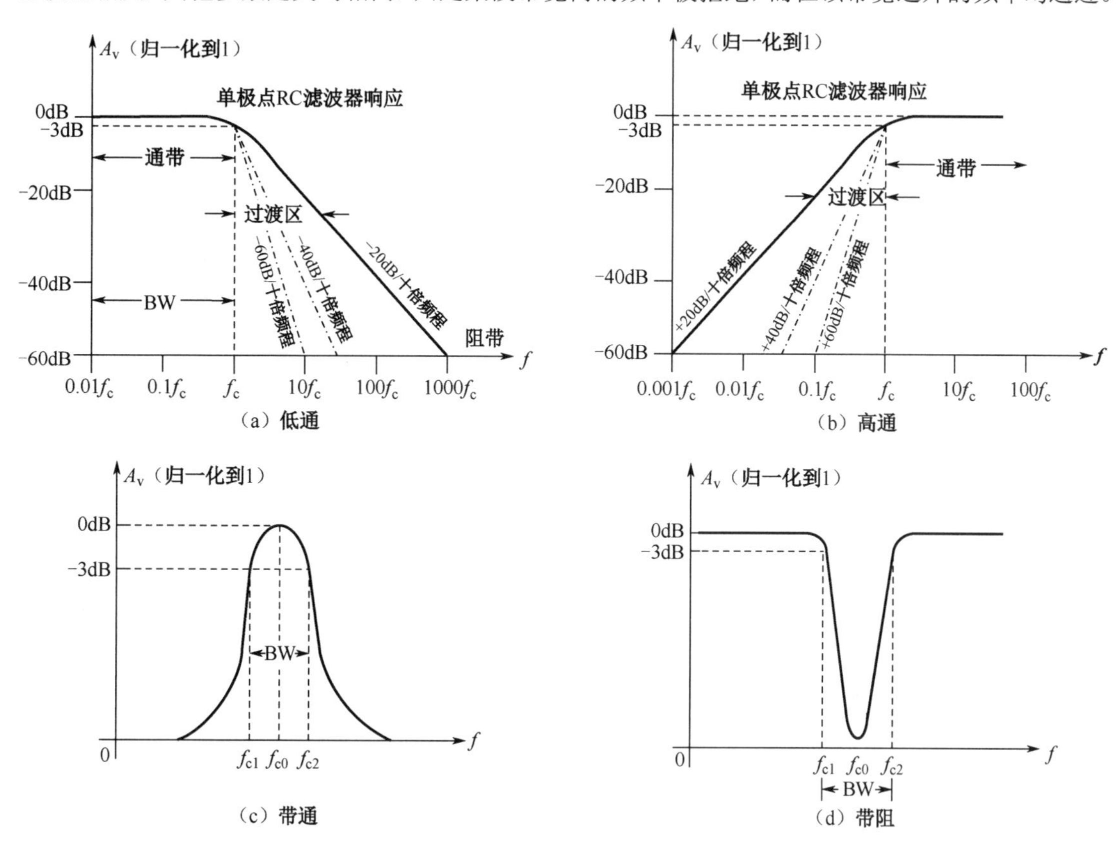

图 8.26 实际滤波器频率响应

5．全通滤波器

前面对全通滤波器介绍较少，全通滤波器在全部频率范围内增益是常量，但全通滤波器引入了相移，相移与频率成线性关系。在频率范围低端，相移为 0°；在频率范围高端，相移为-180°。全通滤波器通常用输入、输出信号之间的相移等于-90°时的频率或四分之一波长来描述。它的一个常见系统应用就是在立体声系统中的有源音响。

在后续的数字信号处理课程中，大家会了解到，每种滤波器可以通过电路元件值定制而具有巴特沃思、切比雪夫或贝塞尔特性，每种特性都是用响应曲线的形状来识别的，每种特性在特定的应用中具有各自的优势。这里主要介绍电路实现，至于每种滤波器特性的数学解释并不涉及。

6．滤波器其他参数说明

图 8.27 给出了低通滤波器的 3 个特性响应曲线，同样可以设计具有其中任何一种特性的高通、带通和带阻滤波器。其中巴特沃思特性在通带内提供最平坦响应，下降速度为-20dB/十倍频程，相位响应非线性；切比雪夫特性在通带内是有波动的，而且这种波动的程度由极点数量决定，它可提供大于-20dB/十倍频程的下降速度，即它的衰减更快，产生的线性相移比巴特沃思少；贝塞尔响应

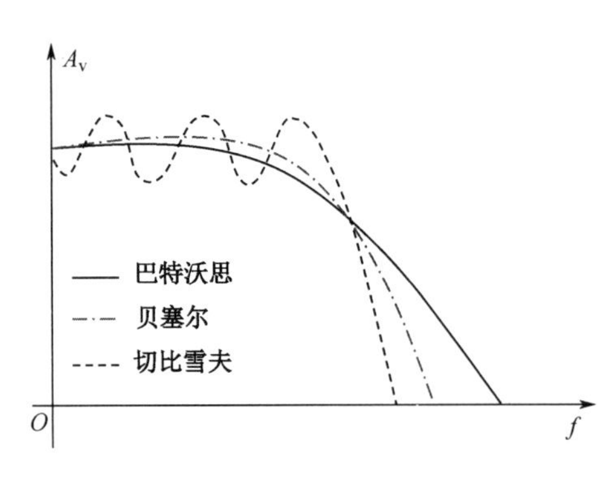

图 8.27　低通滤波器特性响应曲线

则呈现线性相位特性。由于巴特沃思特性在通带内最平坦，因此它应用最为广泛。

通常为了获得三阶及以上的滤波器，采用多个一阶或二阶滤波器级联组成。在设计的时候可以根据需要进行选择，同时一阶滤波器和二阶滤波器，也就是单极点滤波器和二极点滤波器是最基本的单元结构。

例 8.9　语音信号的频率范围为 300Hz～3.4kHz，设计一个带通滤波器用于信号提取，则相关频率参数应该如何选择？

解： 根据已知条件，可知 $f_{c1}=300\text{Hz}$，$f_{c2}=3.4\text{kHz}$，所以该滤波器带宽为

$$\text{BW}=|f_{c2}-f_{c1}|=3.1\text{kHz}$$

滤波器中心频率为
$$f_0=\sqrt{f_1 f_2}=1.01\text{kHz}$$

滤波器的品质因数为
$$Q=\frac{f_0}{\text{BW}}\approx 0.33$$

8.3.2　有源滤波器电路实现

1．一阶有源低通和高通滤波器电路

图 8.28 给出了一阶有源低通滤波器电路。该电路的传递函数为

$$A_v(s)=\frac{V_o(s)}{V_i(s)}=\left(1+\frac{R_2}{R_1}\right)\left(\frac{1}{1+sRC}\right) \tag{8.58}$$

令 $\omega_C=\dfrac{1}{RC}$，称为特征角频率；$A_0=\left(1+\dfrac{R_2}{R_1}\right)$为通带增益，则

$$A_v(s)=\frac{A_0}{1+s/\omega_C} \tag{8.59}$$

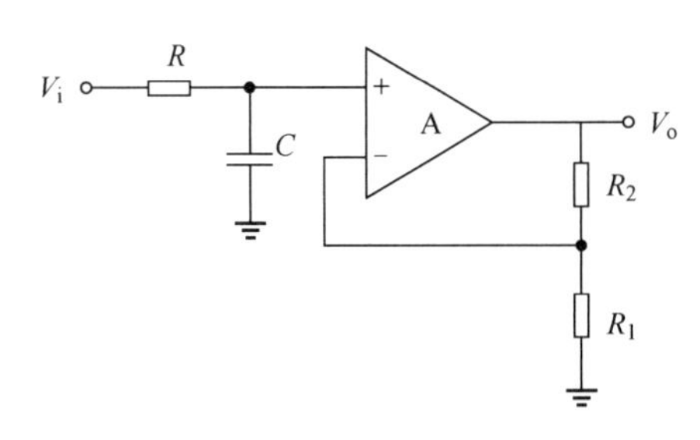

图 8.28　一阶有源低通滤波器电路

令 $s=j\omega$，则归一化电路的频率响应为

$$\frac{A(j\omega)}{A_0}=\frac{1}{1+j\omega/\omega_C} \tag{8.60}$$

当 $\omega=\omega_C$ 时，幅频响应为−3dB，相频响应为−45°。阻带衰减速度为−20dB/十倍频程。

图 8.29 给出了一阶有源高通滤波器电路及频率响应。与低通结构相比，高通滤波器结构中电容与电阻的位置互换，其他参数与低通相同，即

$$A_v(s)=\frac{V_o(s)}{V_i(s)}=\left(1+\frac{R_2}{R_1}\right)\left(\frac{sRC}{1+sRC}\right) \tag{8.61}$$

同理，可得对应参数为

$$f_C=1/2\pi RC \tag{8.62}$$

$$A_0=1+R_2/R_1 \tag{8.63}$$

理想情况下，高通滤波器应该让所有频率大于 f_c 的信号都通过，但由于运算放大器本身就是一个低通滤波器，因此这个电路实际上是一个具有很大带宽的带通滤波器。由于在大多数应用中，运算放大器的 f_H 远远大于 f_c，因此这种高频限制可以忽略。

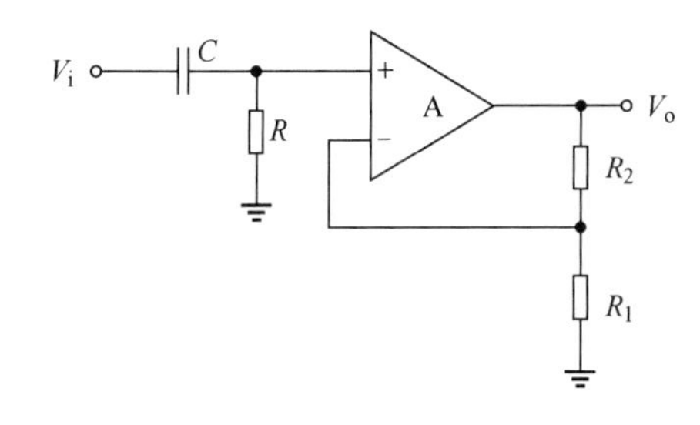

(a) 一阶有源高通滤波器电路

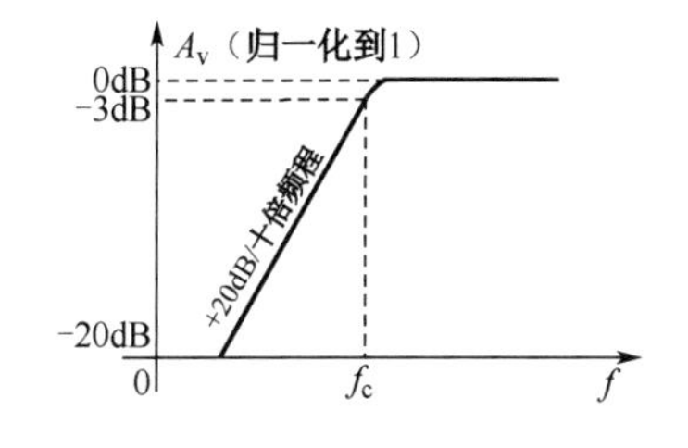

(b) 一阶有源高通滤波器频率响应

图 8.29　一阶有源高通滤波器电路及频率响应

一阶有源滤波器的优点是负载的变化不会影响滤波器的性能；缺点是阻带衰减太慢，频率选择性差，一般用于对滤波要求不太高的场合。

2. 二阶有源低通和高通滤波器电路

二阶有源滤波器有很多种实现结构，Sallen-Key 结构是其中最常见的一种，通常也称为 VCVS（Voltage-Controlled Voltage Source）滤波器，如图 8.30 所示。注意，其中有两个低通网络，分别由 R_A、C_A 和 R_B、C_B 构成。假设是巴特沃思响应，则大于截止频率时下降速度为−40dB/十倍频程，它的一个独特的特性是这里的电容 C_A 将提供反馈，在接近通带边缘附近可以调节响应。其传输函数推导暂且略去，其截止频率表达式为

$$f_c = \frac{1}{2\pi\sqrt{R_A R_B C_A C_B}} \tag{8.64}$$

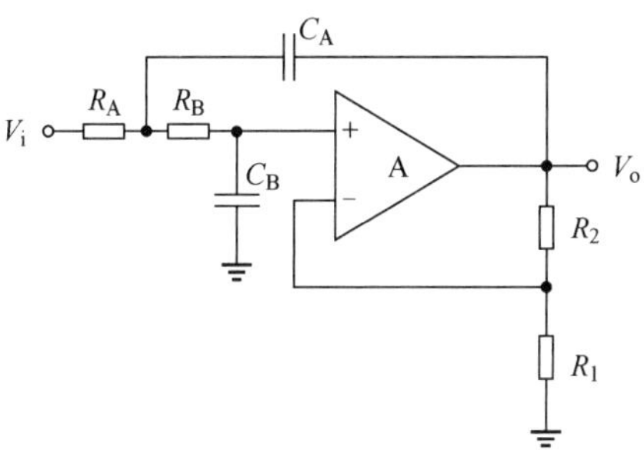

图 8.30　二阶有源低通滤波器（Sallen-Key 结构）电路

一般为了简化设计，令 $R_A = R_B = R$，$C_A = C_B = C$，则截止频率表达式变为

$$f_c = \frac{1}{2\pi RC} \tag{8.65}$$

在此条件下，可以得到其传输函数的表达式为

$$A_v(s) = \frac{V_o(s)}{V_i(s)} = \frac{1 + R_2/R_1}{1 + (2 - R_1/R_2)sRC + (sRC)^2} \tag{8.66}$$

令

$$\omega_C = \frac{1}{RC}, \quad A_0 = 1 + \frac{R_2}{R_1} \tag{8.67}$$

$$Q = \frac{1}{2 - R_1/R_2} = \frac{1}{3 - A_0} \tag{8.68}$$

则

$$A_v(s) = \frac{A_0\omega_C^2}{S^2 + \frac{\omega_C}{Q}s + \omega_C^2} \tag{8.69}$$

随着 Q 值的变化，二阶有源低通滤波器的频率响应也会发生变化，如图 8.31 所示。可见，随着 Q 值的变化，或者说随着阻尼系数的变化，曲线将出现尖峰，这是由于电容 C 引入正反馈的

结果。通带内增益变化最平坦的 Q 值为 $1/\sqrt{2}=0.707$。此时，R_1/R_2=0.586，$A_0=1.586$。在阻带中，当 ω 大于 ω_C 时，增益将以-40dB/十倍频程的斜率衰减。因此，为了获得更高的下降速度，可以通过级联来实现高阶滤波器结构。图 8.32 给出了一个三阶有源低通滤波器电路，即三极点低通滤波器实现形式，通过级联一个二阶有源低通的 Sallen-Key 滤波器和一个一阶有源低通滤波器来实现，其下降速度为-60dB/十倍频程。

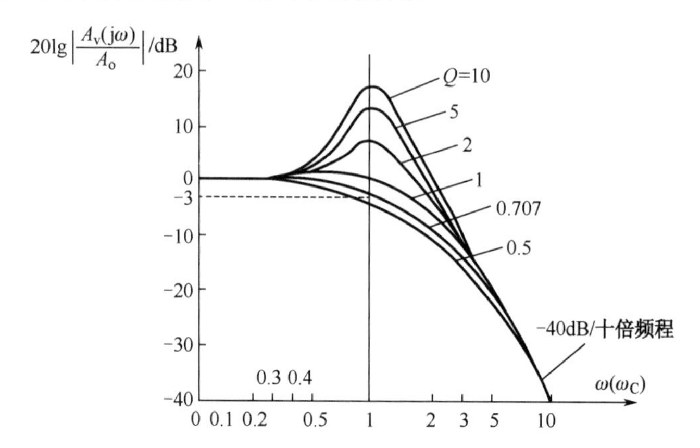

图 8.31 二阶有源低通滤波器(Sallen-Key 结构)频率响应

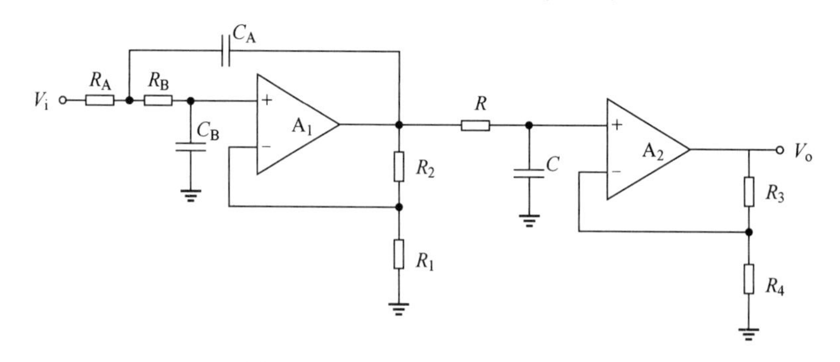

图 8.32 三阶有源低通滤波器电路

与一阶有源高通滤波器电路相似，将图 8.32 中 R_A、C_A、R_B、C_B 等电阻电容位置交换，即构成基于 Sallen-Key 结构的二阶有源高通滤波器，通过选择合适的 R_1 和 R_2，响应特性可以优化。同样与高阶低通滤波器相似，可以通过级联一阶和二阶高通滤波器来实现三阶及以上的高通滤波器结构。

*3. 有源带通和带阻滤波器电路

第一种实现有源带通滤波器的电路结构就是将一个高通滤波器和一个低通滤波器级联，注意，级联时不论顺序如何都是带通设计，元件取值必须使得高通滤波器的截止频率 f_{c1} 小于低通滤波器的截止频率 f_{c2}。

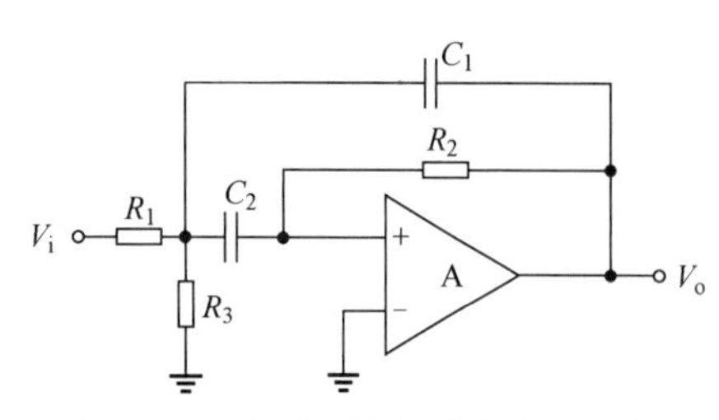

图 8.33 多重反馈带通滤波器电路

第二种多为重反馈带通结构，如图 8.33 所示。其中，R_1、C_1 提供低通响应，R_2、C_2 提供高通响应，最大增益 A_0 在中心频率处产生。一般 Q 值小于 10 的宽带滤波器属于这种结构。其中心频率的表达式为

$$f_0=\frac{1}{2\pi\sqrt{(R_1\parallel R_3)R_2C_1C_2}} \tag{8.70}$$

为了电路实现的方便，令 $C_1=C_2=C$，则中心频率表达式改为

$$f_0 = \frac{1}{2\pi C}\sqrt{\frac{R_1 + R_3}{R_1 R_2 R_3}} \tag{8.71}$$

电路实现时先给电容器选择一个合适的值以便于计算，然后根据期望的 f_0、BW 和 A_0 来计算这里的 3 个电阻值，注意，$Q = \frac{f_0}{\text{BW}}$。

省略推导过程，给出电阻的计算公式为

$$R_1 = \frac{Q}{2\pi f_0 C A_0} \tag{8.72}$$

$$R_2 = \frac{Q}{\pi f_0 C} \tag{8.73}$$

$$R_3 = \frac{Q}{2\pi f_0 C(2Q^2 - A_0)} \tag{8.74}$$

从式(8.72)和式(8.73)可以推出 Q 的表达式，从而可以确定

$$A_0 = \frac{R_2}{2R_1} \tag{8.75}$$

为了让 R_3 为正值，则有 $A_0 < 2Q^2$，显然使得增益受到了限制。

第三种为状态可变带通滤波器结构，也称为通用型有源滤波器，如图 8.34 所示。它由一个求和放大器和两个积分器级联构成二阶滤波器。尽管该结构主要用作带通滤波，但它也可用作低通和高通输出，中心频率由两个积分器中的 RC 网络确定。当用作带通时，通常把积分器的截止频率设置为相等，这样就设置了通带的中心频率。当输入端频率低于 f_c 时，输入信号通过求和放大器和积分器，并反馈 180° 的相位。因此对所有低于 f_c 的频率，反馈信号和输入信号抵消。随着积分器的低通响应下降，反馈信号减小，因此允许输入信号通过带通输出。当频率高于 f_c 时，低通响应逐渐消失，因此阻止信号通过积分器。所以带通输出在 f_c 时达到峰值。这种类型的滤波器可以得到直至 100 的稳定 Q 值。Q 值由反馈电阻 R_5 和 R_6 决定。

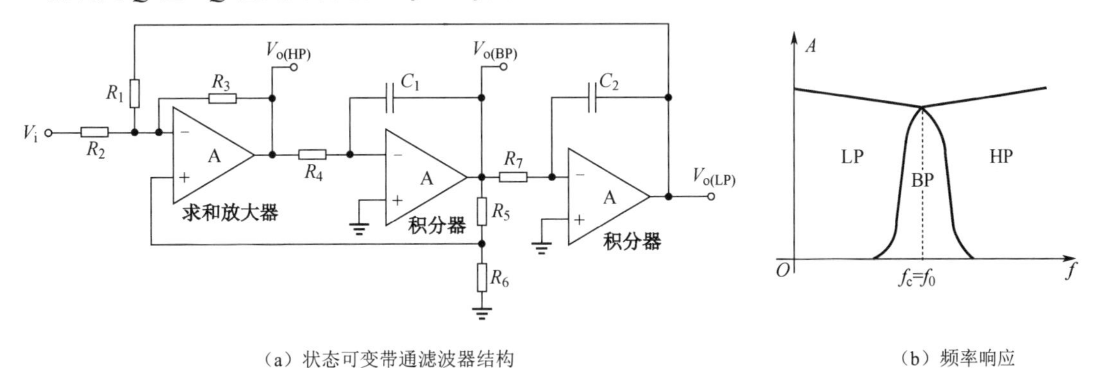

（a）状态可变带通滤波器结构　　（b）频率响应

图 8.34　状态可变带通滤波器结构及频率响应

最后来看看两种有源带阻滤波器的电路实现。第一种是多重反馈带阻滤波器，电路如图 8.35（a）所示。需要注意的是，这种结构与带通滤波器结构相似，设计也是相似的。

第二种是状态可变带阻滤波器，电路如图 8.35（b）所示。用前面介绍的状态可变滤波器输出的低通和高通响应进行求和，就可以产生带阻响应。

最后要说明的是，大家应尽量熟悉各种滤波器结构，特别是最基本的一阶、二阶低通或高通滤波器结构，有很多较复杂的滤波器结构，如这里讲的状态可变滤波器结构已经有了相应的集成芯片可供选择，因此它的设计难度会大大降低，同时不少芯片生产厂家，如德州仪器(TI)公司，都开放了在线或离线有源滤波设计软件，为设计者，特别是初学者，提供了极大的方便。

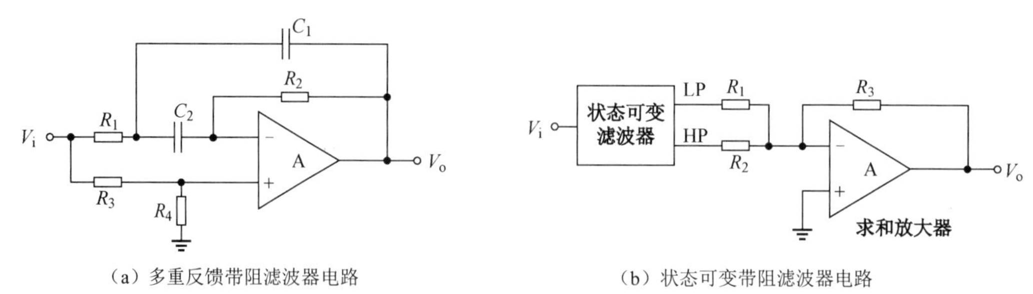

（a）多重反馈带阻滤波器电路　　（b）状态可变带阻滤波器电路

图 8.35　有源带阻滤波器电路

例 8.10　设计一个有源低通滤波器，要求：f_c=1kHz，通带内增益变化最平坦，且在 f=20kHz 时幅度衰减大于 30dB。

解： 根据题意，频率从 1kHz 到 20kHz，幅度衰减大于 30dB，若采用一阶有源低通滤波器，则其最大幅度衰减量为$20\lg(20/1)=26\text{dB}$，显然无法满足要求；若采用二阶有源低通滤波器，则其最大幅度衰减量为$40\lg(20/1)=52\text{dB}$，可满足题目要求，故采用如图 8.36 所示电路。

要求通带内增益变化最平坦，Q 值为 0.707，此时 R_1/R_2=0.586 。可取 R_2=10kΩ，则 R_1=5.86kΩ。

又因为 $f_c=1/(2\pi RC)=1\text{kHz}$，所以 RC =159.155μs。从电路平衡的角度来说，应满足 $2R=R_1 \parallel R_2$，故可得 $R=3.695\text{k}\Omega$，所以 $C=43.073\text{nF}$。

注意，该题的计算过程都属于理论计算，没有考虑实际电阻和电容的标称值，在电路实现过程中应根据实际情况和条件对电阻和电容的条件进行微调。

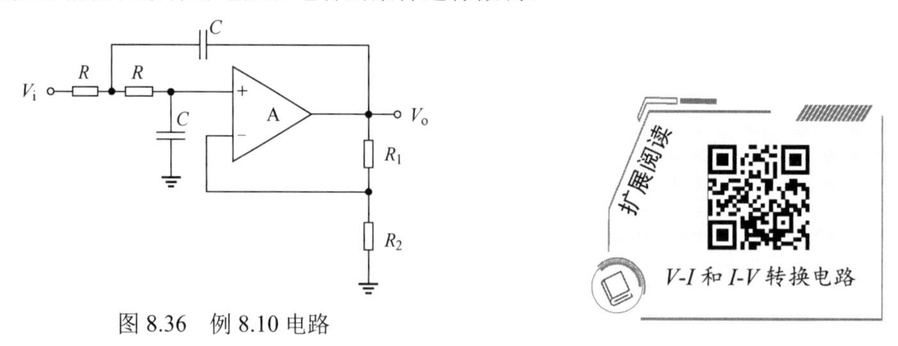

图 8.36　例 8.10 电路

8.4　基于运算放大器的电压比较器

基于运算放大器的电压比较器是在开环或正反馈条件下，对运算放大器的两个输入电压大小进行比较，比较的结果在运算放大器的输出端将以正负饱和电平的形式出现，比较特性描述如下。

$$v_o=\begin{cases} v_{omax}, & v_+ > v_- \\ v_{omin}, & v_+ < v_- \end{cases} \tag{8.76}$$

式(8.76)显然可以由集成运算放大器的输入和输出关系得出，其中 v_+为运算放大器的同相输入端电压，v_-为运算放大器的反相输入端电压，v_{omax}为运算放大器输出的最高电压值，v_{omin}为运算放大器输出的最低电压值。此时，运算放大器工作在非线性区，也就是说，$v_o=A(v_+-v_-)$不再成立，即虚短不成立；但是由运算放大器高输入电阻引起的虚断依然是成立的，故此时仍有$i_+=i_-=0$成立。

根据运算放大器的工作条件不同，我们来介绍两类电压比较器的应用——单门限比较器和迟滞比较器。

集成运算放大器非线性应用：单门限比较器

8.4.1　基于运算放大器的单门限电压比较器

图 8.37 所示为基于运算放大器的单门限电压比较器，没有使用任何外接电阻。输入电压 v_i 加在运算放大器的同相输入端，v_{REF} 是参考电压，加在运算放大器的反相输入端，此时运算放大器处

于开环状态，具有很高的开环电压增益，传输特性曲线的线性部分斜率很大，可近似认为 $v_i = v_{REF}$ 是输出产生跳变的关键点。

由式(8.76)可知，当 $v_i > v_{REF}$，即 $v_+ > v_-$时，$v_o = v_{omax}$，运算放大器的输出进入正饱和状态；当 $v_i < v_{REF}$，即 $v_+ < v_-$ 时，$v_o = v_{omin}$，运算放大器的输出进入负饱和状态。该单门限电压比较器的传输特性曲线如图 8.38（a）中实线所示，也被称为同相比较器。当运算放大器的输出电压 v_o 从高电平跳变到低电平，或者由低电平跳变到高电平时，对应的输入电压 v_i 值被称为门限电压 V_T。显然图 8.37 中电路的门限电压 $V_T = v_{REF}$，且只有一个门限电压，故称为单门限电压比较器。

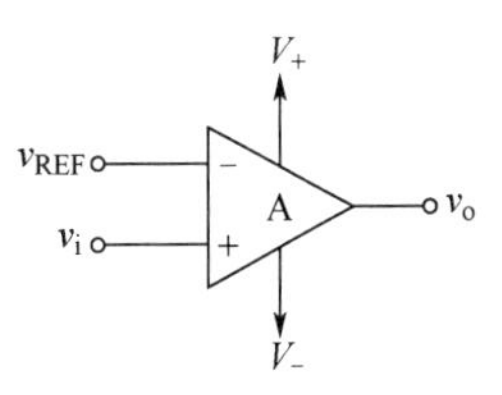

图 8.37　基于运放的单门限电压比较器

如果要获得图 8.38（a）中虚线所示的传输特性曲线，只需要 v_i 和 v_{REF} 的位置对调即可实现。此时，该电路也被称为反相比较器。此时，若令参考电压 $v_{REF} = 0$，则电路的输入输出波形如图 8.38（b）所示，这种比较器称为过零比较器。

对于图 8.37 所示电路，若施加幅值为 V_{OM} 的正弦波作为输入信号，设参考电压 v_{REF} 为直流正电压，且 $v_{REF} < V_{OM}$。当输入电压 $v_i > v_{REF}$ 时，输出正饱和电平 v_{omax}；当输入电压 $v_i < v_{REF}$ 时，输出负饱和电平 v_{omin}；当 $v_i = v_{REF}$ 时，输出电压高、低电平发生跳变，信号波形由正弦波变换为矩形波，如图 8.38（c）所示。可见，通过改变 v_{REF} 的大小，即可调整矩形波的占空比，当 $v_{REF} = 0$ 时，输出波形占空比为 50%，即为方波输出。

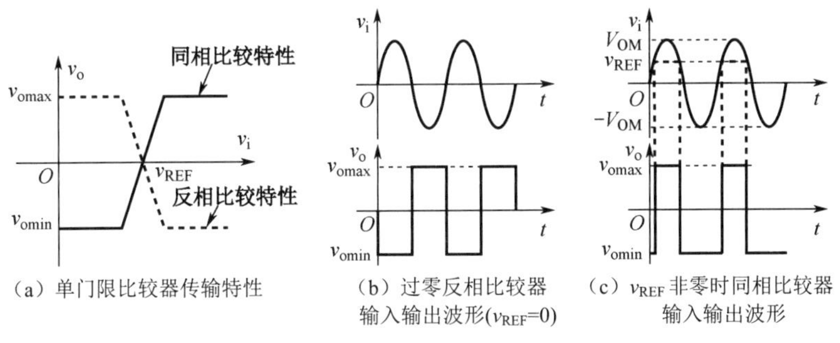

（a）单门限比较器传输特性　（b）过零反相比较器输入输出波形(v_{REF}=0)　（c）v_{REF} 非零时同相比较器输入输出波形

图 8.38　单门限比较器传输特性及波形示例

单门限电压比较器的优点是电路简单，灵敏度高；缺点是抗干扰能力差。在信号处理过程中，电子系统中往往伴随各种干扰和噪声，会使得信号在传输过程中发生波形畸变，当发生畸变的信号通过单门限比较器时，输出信号可能会引入多次无效翻转，这样的输出结果将对后续电路造成极大的影响，如图 8.39 所示。在对信号灵敏度要求高的场合，这种干扰反而是研究目标，是需要让其输出的；但很多情况下，电子系统对波形传输中携带的误差或干扰是有容忍限度的，只要在误差范围内，不希望这样的干扰判断信号输出。

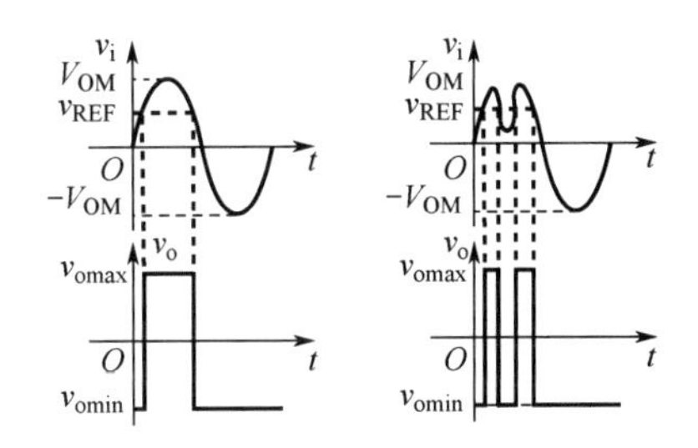

（a）正常波形输出　（b）带干扰波形输出

图 8.39　单门限比较器输出干扰

8.4.2　基于运算放大器的迟滞比较器

为解决 8.5.1 节中基于运算放大器的单门限电压比较器在某些应用场合中灵敏度过高的问题，工程师们设计了迟滞比较器。迟滞比较器电路结构的一大特点是将电压比较器的输出电压通过反馈网络送回到集成运算放大器的同相端，构成正反馈网络，从而构成一个具有迟滞回环传输特性的比较器。

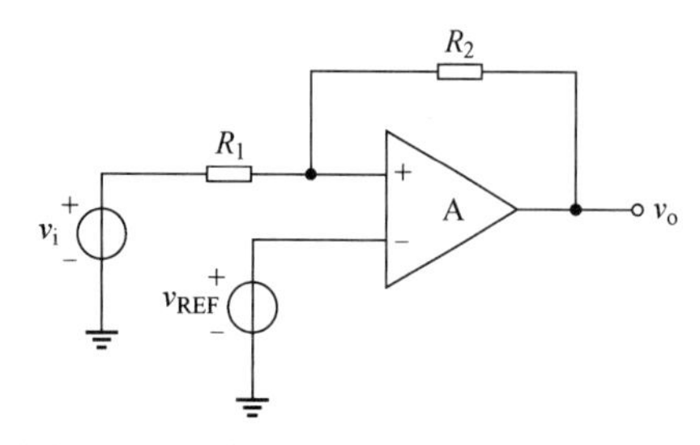

图 8.40　具有同相传输特性的迟滞比较器

具有同相输入特性的迟滞比较器如图 8.40 所示。图中 v_i 为输入信号，v_{REF} 为参考电压。我们依然由式(8.76)来确定比较器的输入和输出关系。与单门限电压比较器类似，确定迟滞比较器的门限是一个关键问题。

由叠加原理可知，图 8.40 所示电路的同相输入端电压为

$$v_+ = v_i \frac{R_2}{R_1 + R_2} + v_o \frac{R_1}{R_1 + R_2} \tag{8.77}$$

而参考电压接在了反相端，因此有

$$v_- = v_{REF} \tag{8.78}$$

大家知道，集成运算放大器输出电压发生跳变的条件是同相输入端和反相输入端的电压信号大小关系发生了变化，而当两者电压相等，即 $v_-=v_+$时，则是发生跳变的临界状态，此时对应的输入电压值即为我们要求的门限，故有

$$v_i \frac{R_2}{R_1 + R_2} + v_o \frac{R_1}{R_1 + R_2} = v_{REF} \tag{8.79}$$

整理式(8.79)可得

$$v_i = \frac{R_1 + R_2}{R_2} v_{REF} - \frac{R_1}{R_2} v_o \tag{8.80}$$

由于输出电压 v_o 存在两个输出值 v_{omin} 和 v_{omax}，因此门限值也会有两个，定义如下。

$$V_{TH} = \frac{R_1 + R_2}{R_2} v_{REF} - \frac{R_1}{R_2} v_{omin} \tag{8.81}$$

$$V_{TL} = \frac{R_1 + R_2}{R_2} v_{REF} - \frac{R_1}{R_2} v_{omax} \tag{8.82}$$

在迟滞比较器中，由于有两个会引起跳变的输入电压门限值，因此对初学者来说理解上可能存在一些难度。下面分析迟滞比较器的工作过程。

首先假设 v_i 的初始值为负无穷，且开始向正无穷的方向增大。由式(8.77)可知，此时 $v_+=-\infty$，而 v_-为有限值，因此可得 v_o 的初始值应为 v_{omin}，此时对应的门限值显然应如式(8.81)所示，即 $V_T=V_{TH}$，那么随着 v_i 向$+\infty$逐渐增大，当 v_i 增大到等于 V_{TH} 时，即有 $v_-=v_+$。v_i 继续向$+\infty$增大，则 v_o 立刻由 v_{omin} 跳变到 v_{omax}。此后在 v_i 继续增大直到正无穷的过程中，同相输入端的电压永远不可能再比反相输入端的电压低了，因此 v_o 就会一直保持输出 v_{omax}。

同理，可以推出 v_i 的初始值为$+\infty$，且向负无穷方向逐渐减小的过程中，发生跳变时的门限值为 $V_T=V_{TL}$，输出电压的初始值为 v_{omax}，当 v_i 减小到等于 V_{TL} 时，输出电压由 v_{omax} 跳变到 v_{omin}。

以上过程可以通过同相迟滞比较器的传输特性曲线来描述，如图 8.41 所示。该曲线也被称为迟滞回线，但实际为两根线在统一坐标系内叠加而成，并未构成闭环，因此作图时应清楚标识箭头，以说明变化情况。另外，将 V_{TH} 称为上门限电压，V_{TL} 称为下门限电压，它们都是在不同初始条件下输出发生跳变时对应的输入信号值。

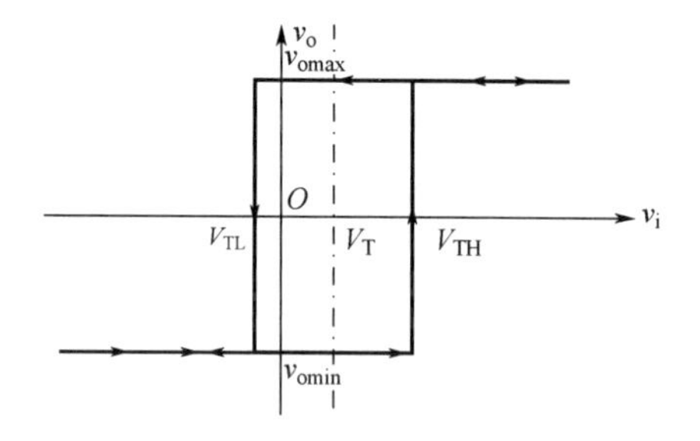

图 8.41　同相迟滞比较器的传输特性曲线

将上、下门限电压的差值定义为迟滞宽度 ΔV，即

$$\Delta V = V_{TH} - V_{TL} \tag{8.83}$$

该参数实际上代表了迟滞比较器对信号中噪声的容错空间，若噪声幅度在 ΔV 范围内，则在比较判断时会被忽略不计，延迟判断输出，降低误判的可能；若噪声幅度超过 ΔV，即使是延迟判断输出，则仍会

出现输出跳变的情况。由图 8.41 可知，比较器真正的判断门限为上、下门限的均值，即

$$V_{\mathrm{T}}=\frac{V_{\mathrm{TH}}+V_{\mathrm{TL}}}{2} \tag{8.84}$$

也就是说，以 V_{T} 为中心，$\pm(\Delta V/2)$的范围内误差均会被忽略不计。

若将 v_{REF} 和 v_{i} 的位置对调，则可以得到具有反相传输特性的迟滞比较器，如图 8.42（a）所示。其传输特性曲线如图 8.42（b）所示，其上下门限电压分别为

$$V_{\mathrm{TH}}=\frac{R_2}{R_1+R_2}v_{\mathrm{REF}}+\frac{R_1}{R_1+R_2}v_{\mathrm{omax}} \tag{8.85}$$

$$V_{\mathrm{TL}}=\frac{R_2}{R_1+R_2}v_{\mathrm{REF}}+\frac{R_1}{R_1+R_2}v_{\mathrm{omin}} \tag{8.86}$$

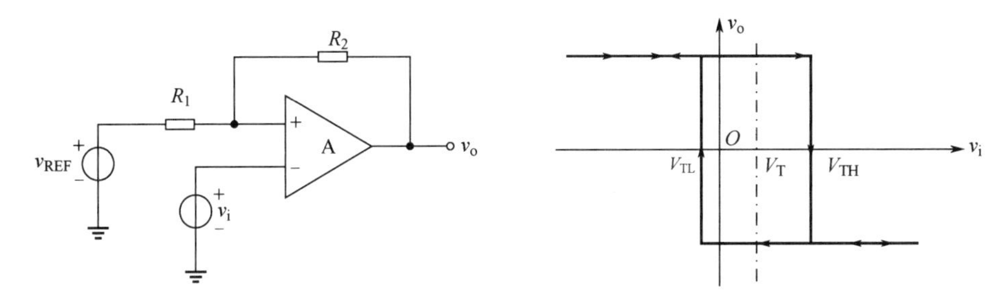

（a）具有反相传输特性的迟滞比较器　　（b）具有反相传输特性的迟滞回线

图 8.42　具有反相传输特性的迟滞比较器及其传输特性曲线

推导过程与具有同相传输特性的迟滞比较器相似，此处不再赘述。

当对单门限比较器和迟滞比较器对同一信号进行处理的情况做一个对比时（图 8.43），其中单门限电压比较器如图 8.37 所示，迟滞比较器如图 8.40 所示。由图 8.43 可知，单门限比较器的门限电压为 V_{T}，只要输入变化时碰到门限，比较器都会相应做出输出调整，因此输出波形中带有明显不合理的毛刺，即有误判的情况；而迟滞比较器有两个门限电压 V_{TL} 和 V_{TH}，当 $v_{\mathrm{i}}>V_{\mathrm{TH}}$ 时，输出为高电平 v_{omax}，这种输出状态一直持续到当 $v_{\mathrm{i}}<V_{\mathrm{TL}}$ 时才发生翻转，变为低电平 v_{omin}。反之，当输出为低电平 v_{omin} 时，这种输出状态会一直持续到 $v_{\mathrm{i}}>V_{\mathrm{TH}}$ 时才发生翻转，变为高电平 v_{omax}。虽然输入波形 v_{i} 在两个门限电压附近存在干扰，但是经过迟滞比较器之后，在输出端可以得到纯净的脉冲信号，这说明迟滞比较器对带有干扰的输入信号能起到边沿整形的作用。

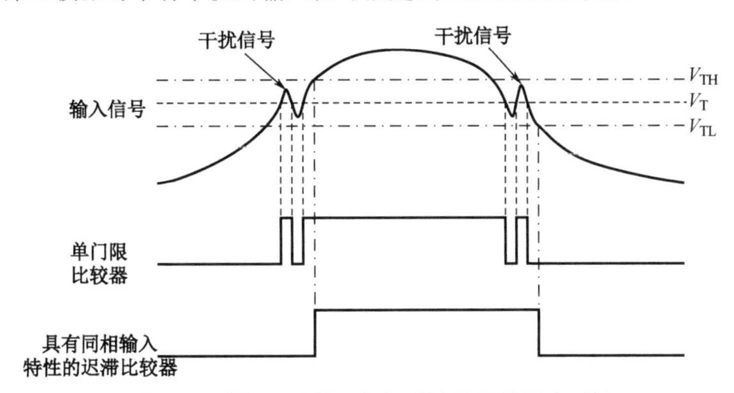

图 8.43　单门限比较器与迟滞比较器的输出对比

例 8.11　电路如图 8.44 所示，已知运算放大器的最大输出电压为±14V。

（1）试求出迟滞宽度 ΔV，并画出迟滞曲线，并求实际门限值。

（2）当 $v_{\mathrm{i}}=5\sin\omega t\mathrm{V}$ 时，画出 $v_{\mathrm{o}}(t)$的波形示意图。

解：（1）由图 8.44 可知，该电路为迟滞比较器，可得

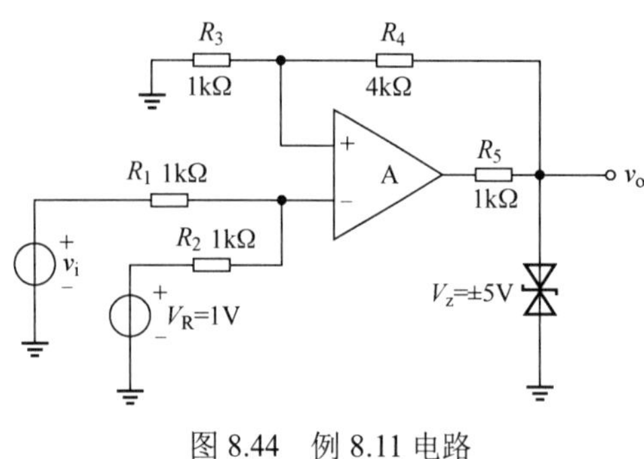

图 8.44　例 8.11 电路

$$v_+ = v_o \frac{1\times10^3}{1\times10^3+4\times10^3} = \frac{1}{5}v_o$$

$$v_- = \frac{1\times10^3}{1\times10^3+1\times10^3}v_i + \frac{1\times10^3}{1\times10^3+1\times10^3}V_R = \frac{1}{2}v_i + \frac{1}{2}V_R$$

令 $v_+ = v_-$，则可得　$\frac{2}{5}v_o = v_i + V_R$

又由图 8.44 可知，$v_{omax} = 5V$，$v_{omin} = -5V$，可求得 $V_{TH} = 1V$，$V_{TL} = -3V$。

所以实际门限值应为 $V_T = (V_{TH} + V_{TL})/2 = -1V$，迟滞曲线如图 8.45（a）所示。

（2）当 $v_i = 5\sin\omega t$V 时，$v_o(t)$的波形示意图如图 8.45（b）所示。

对该题需要说明几个问题，首先输出高、低电平可以采用稳压管对来指定，因为运算放大器的输出饱和电平不一定对后级电路合适，如果还需要电阻网络分压，可能会影响整个电路的稳定性；其次通过这道题也可以看到输入信号和辅助参考电压都通过电阻输入到反相输入端，在条件有限时，这种输入方式也是可以考虑的；最后这里的电阻 R_5 是输出端限流电阻，因为这里运算放大器的饱和电平是比较高的，可用于保护运算放大器，以期其输出电流不会高于运算放大器输出的最高限流。

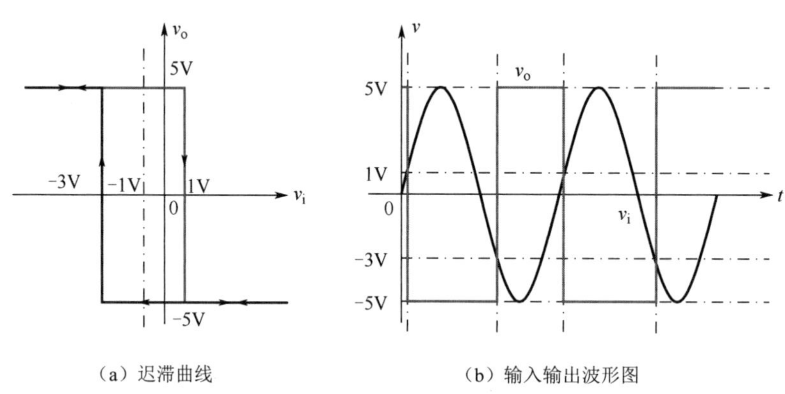

（a）迟滞曲线　　（b）输入输出波形图

图 8.45　例 8.11 结果图

*8.4.3　基于窗口比较器的波形转换电路

窗口比较器主要用于判断输入电压是否处于两个指定电压之间。假设两个指定电压分别是上门限电压 V_{TH} 和下门限电压 V_{TL}。若输入电压 v_I 位于两个门限电压之间，窗口比较器的输出为某种状态，若低于下门限电压或高于上门限电压，输出为另一种状态。窗口比较器的应用十分广泛。例如，用窗口比较器作为蓄电池电压监测或充电控制器。假设蓄电池的电压在 11.5～ 14.5V 范围内为正常。当蓄电池电压小于 11.5V 时为过放电，必须充电，此时继电器吸合，接通充电电路。当蓄电池电压大于 14.5V 时为过充电，必须放电，此时继电器吸合，断开充电电路，这样就实现了自动控制的过程。在脉冲电路中，可以利用窗口比较器作为脉冲信号源。例如，在概率密度分析仪中，利用它给出的 ΔV 信号实现概率密度随 ΔV 的变化而变化；还可以利用窗口比较器的上门限电压控制降温设备，下门限电压控制升温设备，这样就能达到自动控温的目的。

由集成运算放大器组成的窗口比较器，其中一种结构如图 8.46（a）所示。该电路的设计中要求二极管的正向导通压降和外接基准电压 V_{TH} 及 V_{TL} 三者之间必须满足以下关系。

$$V_{TH} - V_{TL} > 2V_{VD(on)} \tag{8.87}$$

且当 $v_i \geqslant V_{TH}$ 时，必有 $v_i > V_{TL}$，故 VD_1 截止，VD_2 导通。此时，$v_+ = v_i - V_{VD(on)}$，$v_- = V_{TH}$，即 $v_- < v_+$，故输出电压为高电平，$v_o = v_{omax}$。

当 $v_i \leq V_{TL}$ 时，必有 $v_i < V_{TH}$，故 VD_1 导通，VD_2 截止。此时，$v_+ = V_{TL}$，$v_- = v_i + V_{VD(on)}$，即 $v_- < v_+$，故输出电压为高电平，$v_o = v_{omax}$。

当 $V_{TL} < v_i < V_{TH}$ 时，VD_1、VD_2 均导通。此时，$v_+ = v_i - V_{VD(on)}$，$v_- = v_i + V_{VD(on)}$，即 $v_- > v_+$，故输出电压为低电平，$v_o = v_{omin}$。

该窗口比较器的传输特性曲线如图 8.46（b）所示。

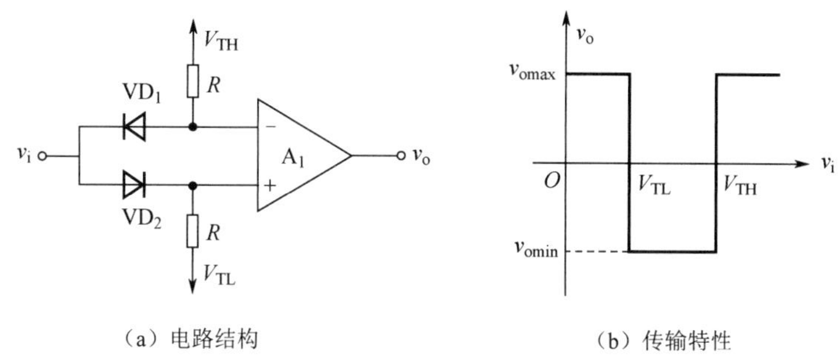

（a）电路结构　　（b）传输特性

图 8.46　窗口比较器及其传输特性

由两个运算放大器构成的窗口比较器如图 8.47（a）所示。在电路连接时，集成运算放大器的输出端千万不能并联。这是由于两个运算放大器的输出电压不同，若直接相连，则会形成类似电源短路的效应，产生很大的电流，致使运算放大器内部烧坏。为了避免这种情况出现，通常在两个运算放大器的输出端接二极管。

当 $v_i > V_{TH}$ 时，A_1 输出端为低电平，A_2 输出端为高电平。VD_1 导通，VD_2 截止，输出端电压由 A_1 的输出决定，故 v_o 为低电平。

当 $v_i < V_{TL}$ 时，A_1 输出端为高电平，A_2 输出端为低电平。VD_1 截止，VD_2 导通，输出端电压由 A_2 的输出决定，故 v_o 为低电平。

当 $V_{TL} < v_i < V_{TH}$ 时，A_1 输出端为高电平，A_2 输出端为高电平。VD_1 截止，VD_2 截止，输出端电压被电阻 R 上拉到高电平，故 v_o 为高电平。

该窗口比较器的传输特性曲线如图 8.47（b）所示。

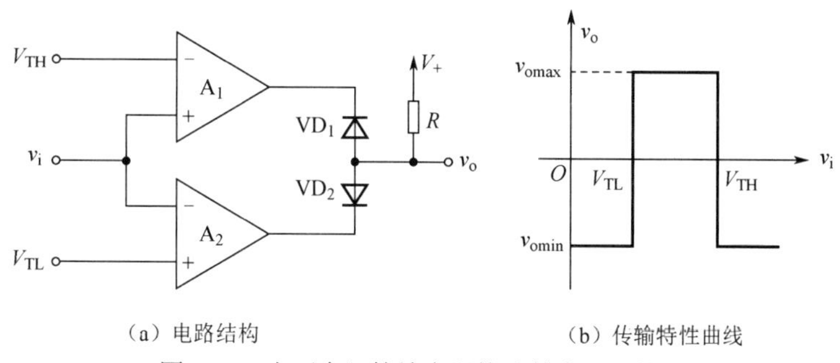

（a）电路结构　　（b）传输特性曲线

图 8.47　由两个运算放大器构成的窗口比较器

最后需要说明的是，由于受运算放大器摆率的限制，在高速模拟和数字系统中，一般不会直接用运算放大器作为比较器，而是采用专用集成电压比较器来实现，其电路符号如图 8.48 所示。其最重要的特点就是响应速度快，传输延迟小。常用的芯片有 LM311、LM339 等，其内部结构前两个部分与集成运算放大器很相似，只是在输出部分未采用功率放大器结构，而是采用了 OC 门结构，类似图 8.47（a）需要外接上拉电阻到正电源以保证可靠输出，具体情况请查阅相关数据手册。

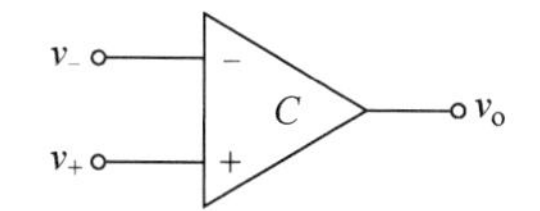

图 8.48　集成电压比较器电路符号

本章小结

本章首先介绍了集成运算放大器性能指标、各类典型运算放大器的数据手册及应用，主要目的是引导读者在实践过程中合理进行器件选型。数据手册是器件的使用说明书，一般由各生产厂商提供，因此对同一参数可能有多种符号表示，或者对同一类问题由不同指标来衡量，因此在使用时要多加分析。一般在数据手册中除说明各类参数指标之外，还会给出典型电路设计、典型应用设计，甚至有推荐 PCB 版图，在使用芯片前一定要仔细阅读，能够大大降低器件选型和电路设计的难度。在附录 D 中给出了常用类型的运算放大器数据手册解读示例，请仔细研读。

另外，本章详细介绍了常见集成运算放大器应用电路，包括线性应用电路、有源滤波器、信号变换电路和电压比较器等。我们的学习目标首先是了解这些电路的结构特征、工作原理及分析方法；然后是掌握一定条件下的电路设计。当然，运算放大器的应用电路远不止这里介绍的几种基本电路，但由这些基本电路可以衍生出很多其他的应用电路。

习　题

8.1　在某压力测量系统中，传感器后需要接一个电压型放大器做预处理，已知传感器的内阻是千欧级的，噪声明显。请问：选取运算放大器时应考虑哪些参数指标？若工作环境温度较高，则应该考虑什么参数指标？

8.2　现已知高阻运算放大器芯片 CA3140 的部分主要指标如题表 8.1 所示。

题表 8.1

项目	单位	参数
输入失调电压 V_{os}	μV	5000
输入失调电压温度漂移	μV/℃	8

（1）计算该芯片在 25℃时，温度引起的失调电压 V_e。

（2）计算出输入失调电压 V_{os} 与温度引起的失调电压 V_e 的比值。

（3）输入失调电压 V_{os} 可以在工作范围的中心温度处通过调零消除，计算芯片工作在 25℃，输入信号为 V_i=10mV、100mV、500mV 时的相对误差（失调电压/输入信号）。

8.3　集成运算放大器 LM324 的 S_R=0.5V/μs，当工作信号频率为 10kHz 时，输出电压最大不失真幅度为多少？

8.4　使用 GBW = 2MHz，S_R = 1V/μs 以及 V_{op} = 10V 的运算放大器来设计标称增益为 10 的同相放大器。假设输入是峰值幅度为 V_i 的正弦波。

（1）如果 V_i= 0.25V，那么在输出发生失真之前最大频率为多少？

（2）如果 f = 20kHz，那么在输出发生失真之前 V_i 的最大值为多少？

（3）如果 V_i= 50mV，那么有用的工作频率范围为多少？

（4）如果 f = 5kHz，那么有用的输入电压范围为多少？

8.5　理想运算放大器构成的电路如题图 8.1 所示，试求 v_o 的表达式。

8.6　电路如题图 8.2 所示，假设运算放大器是理想的，试求输出电压 v_o 的值。

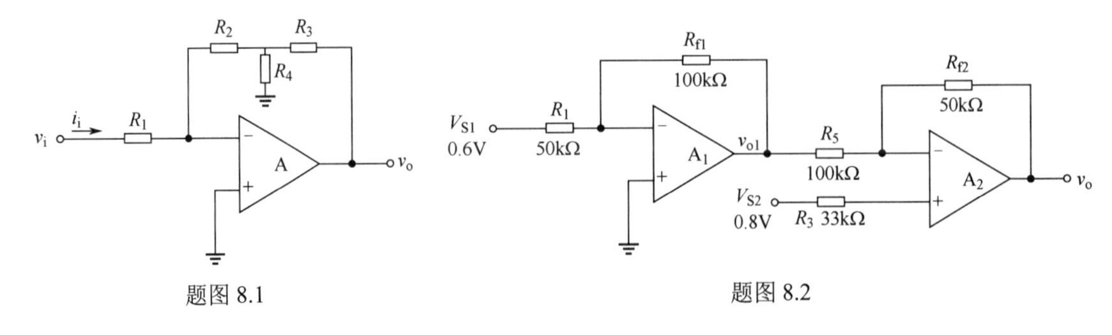

题图 8.1　　　　题图 8.2

8.7　求出题图 8.3 所示电路在理想情况下 v_i 与 v_o 的函数关系式。

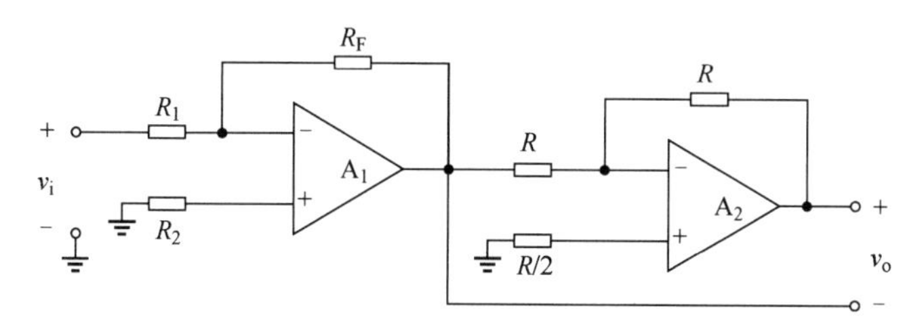

题图 8.3

8.8　设计题图 8.4 所示电路成为一个差分放大器，要求输入电阻为 20kΩ，增益为 10，确定 4 个电阻取值。

8.9　设计题图 8.5 所示电路，实现 $v_o = v_{i1} + 2v_{i2} - 3v_{i3} - 4v_{i4}$。

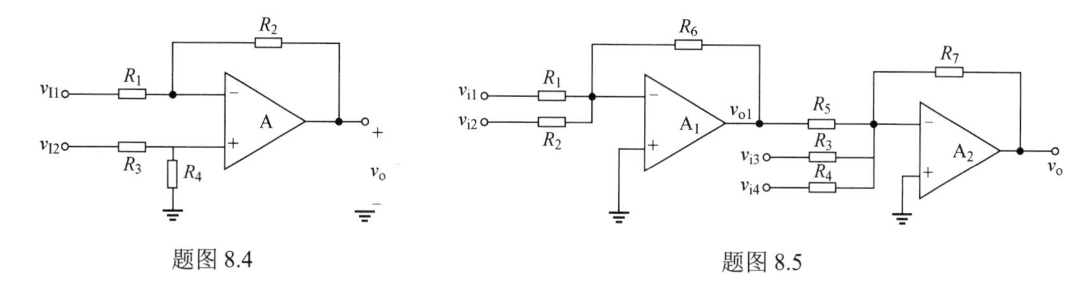

题图 8.4　　题图 8.5

8.10　试分别写出题图 8.6 所示各电路的输入电压与输出电压的关系表达式。

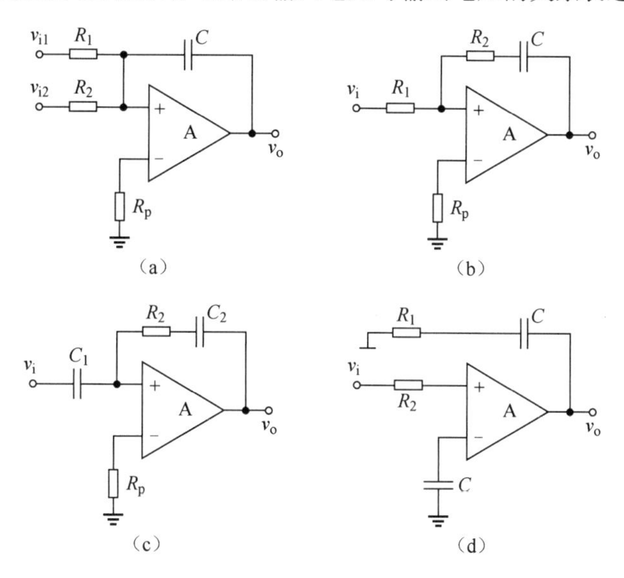

题图 8.6

8.11　电路如题图 8.7 所示，R_1=10Ω，R_2=20Ω，C=1μF，v_i=0.1V，运算放大器的电源电压为±15V，$v_C(0)$=0。试求：

（1）接通电源电压后，输出电压 v_o 由 0V 上升到 10V 所需的时间是多少？

（2）当 t=2s 时，输出电压约为多少？

8.12　电路如题图 8.8 所示，求输出电压 v_o 与输入电压 v_i 之间运算关系的表达式。

8.13　在题图 8.9（a）所示电路中，写出 v_o 的表达式；设 v_{i1}、v_{i2} 的波形如题图 8.9（b）所示，R_1、R_2、R_3、R_{F1}=100kΩ，C=0.01mF，试画出 v_o 的波形。在图上标出 t=1s 和 t=2s 时 v_o 的值，设 t=0s

时电容上的电压为零。

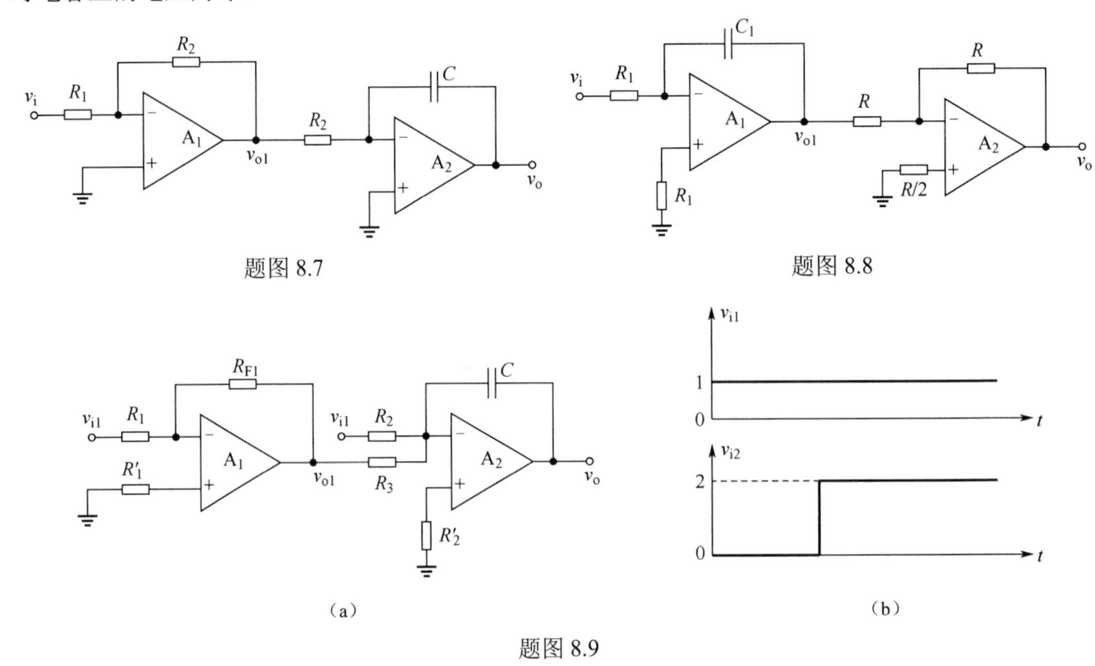

题图 8.7

题图 8.8

题图 8.9

8.14 电路如题图 8.10（a）所示，输入电压 v_i 的波形为题图 8.10（b）所示的方波，周期 $T = 4\text{s}$，幅值为 $\pm 2\text{V}$；运算放大器的最大输出电压幅值为 $\pm 10\text{V}$；$R=1\text{M}\Omega$；$C=1\mu\text{F}$；$t = 0$ 时的 $v_C(0) = 0$。要求：

（1）根据给定的参数，列出 $t = 1 \sim 3\,\text{s}$ 内输出电压 v_o 的表达式；

（2）计算 $t = 1$、2、3s 时 v_o 的值；

（3）画出输出电压 v_o 的波形。

8.15 电路如题图8.11所示，稳压管 VD_{z1}、VD_{z2} 的稳定电压 $V_{z1} = V_{z2} = 8\text{V}$，正向压降忽略不计，$R_1 = 100\text{k}\Omega$，$C = 10\mu\text{F}$，$E_1 = E_2 = 4\text{V}$，$V_C(0) = 0$。当 $t = 0$ 时，开关S合到“1”；当 $t = 3\,\text{s}$ 时，S立即转合到“2”。要求：

（1）说明 VD_{z1}、VD_{z2} 在电路中所起的作用。

（2）画出 v_o 的波形（标出幅值和波形转折的时间）。

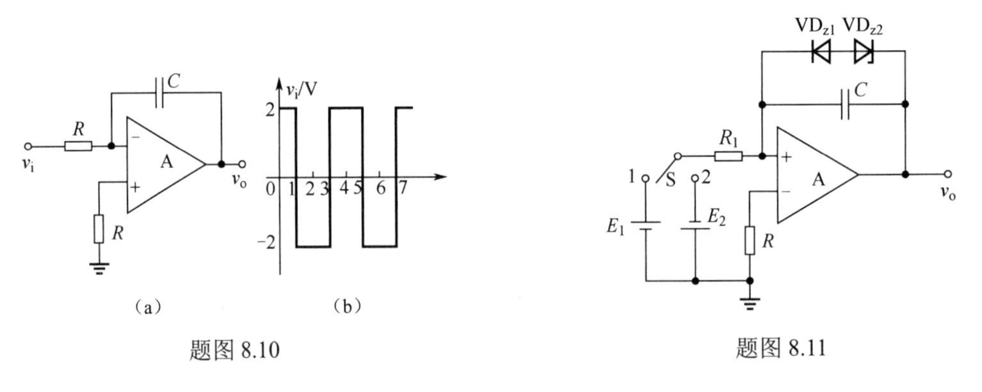

题图 8.10

题图 8.11

8.16 电路如题图 8.12 所示。

（1）写出输出电压 v_o 与输入电压 v_i 之间关系的表达式；

（2）由关系式说明是哪种运算电路。

8.17 设 VD 为理想二极管，求出题图 8.13 所示电路在理想情况下 v_o 与 v_i 的函数关系式。

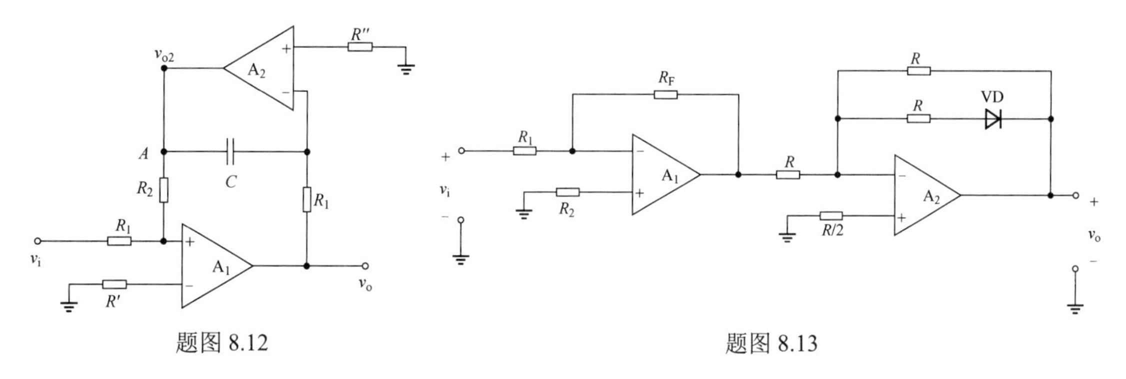

题图 8.12　　　　题图 8.13

8.18　分别推导题图 8.14 所示电路的增益表达式，并说明它们是哪种类型的滤波器。

8.19　已知电路如题图 8.15 所示，且 $R_1=10\text{k}\Omega$，设计一个 f_h=10kHz，$|A_m|$=10 的有源滤波器，计算出 R_2 和 C_2 的值。

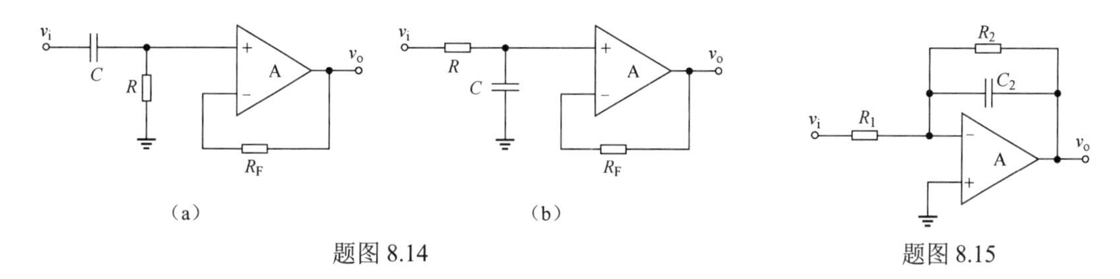

题图 8.14　　　　题图 8.15

8.20　已知电路如题图 8.16 所示，且 R_{in}=100kΩ，设计一个 f_L=100kHz、带通增益为 1V/V 的有源滤波器，并计算出 R_1、R_2、C_1 的值。

8.21　已知二阶滤波器电路如题图 8.17。

（1）图中二阶滤波器是哪种滤波器？

（2）图中 C_1 电容引入的是正反馈还是负反馈？并解释原因。

（3）$R_1=R_2$，$C_1=C_2$，截止频率为 200Hz，求 R_1 和 C_1（电容不大于 1μF）。

8.22　已知二阶滤波器电路如题图 8.18 所示。

（1）此二阶滤波器是哪种滤波器？

（2）$R_1=R_2$=2kΩ，$C_1=C_2$=0.5μF，求滤波器的截止频率。

（3）写出滤波器频率响应 $A_v(s)$的表达式。

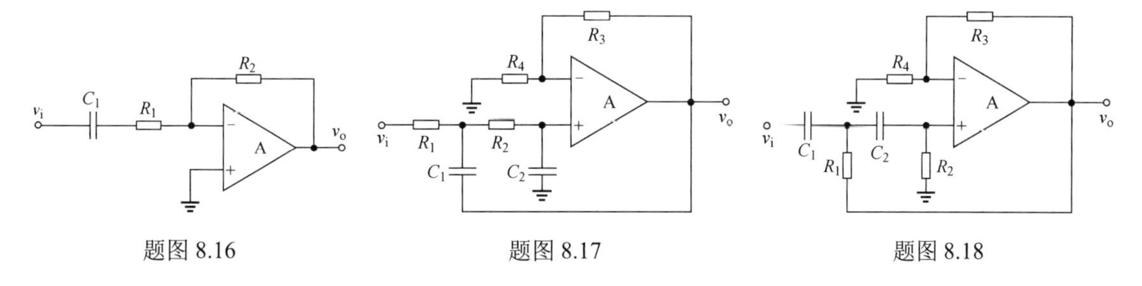

题图 8.16　　　　题图 8.17　　　　题图 8.18

8.23　带通滤波器的截止频率分别为 3.0kHz 和 3.9kHz，求滤波器的带宽和 Q 值。

8.24　如题图 8.19 所示，两个滤波器的截止频率分别为 200Hz 或 300Hz，由两个滤波器组合成一个 100Hz 的带通滤波器，画出组合电路，并写出每个滤波器的截止频率。

8.25　题图 8.20 所示为二阶带阻滤波器。

（1）$R_1=R_2$=1kΩ，C=0.5μF，求出带阻滤波器的中心频率。

（2）设带阻滤波器的截止频率上下限分别为 f_1 和 f_2，画出滤波器的幅频响应曲线。

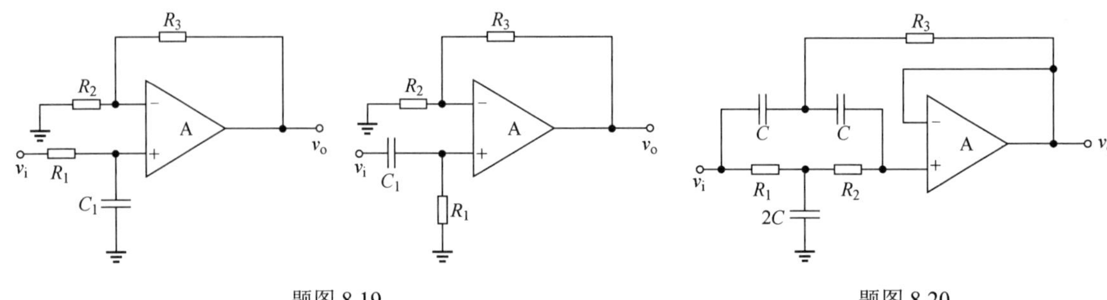

题图 8.19　　　　　　题图 8.20

8.26　由集成运算放大器构成的电路如题图 8.21 所示。已知 V_{REF}=2V，求上下限电压 V_{HL}、V_{TL} 以及迟滞宽度 ΔV。

8.27　电压比较器电路如题图 8.22 所示。已知双向稳压管 VD_z 的反向击穿电压 V_z=＋9V，运算放大器的最大输出电压为＋14V，试画出比较特性（v_o-v_i 的关系曲线）。

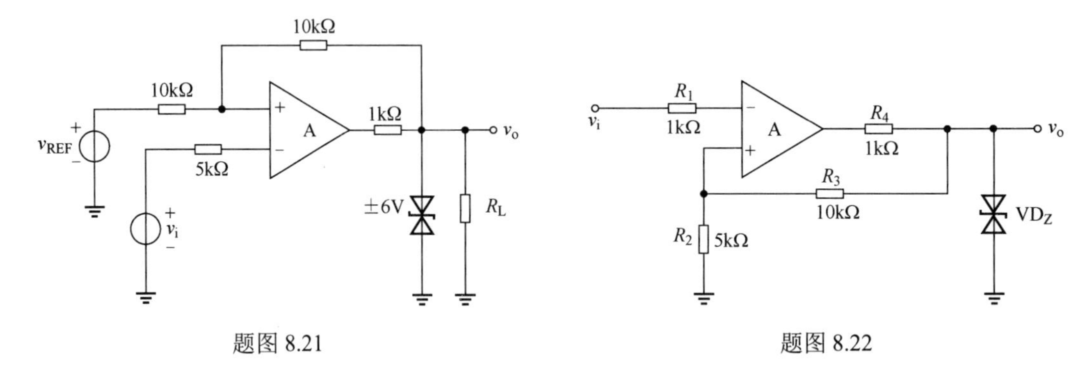

题图 8.21　　　　　　题图 8.22

8.28　电路如题图 8.23 所示，A_1、A_2、A_3 均为理想集成运算放大器，其最大输出电压为±12V。

（1）集成运算放大器 A_1、A_2、A_3 各组成哪种基本应用电路？

（2）集成运算放大器 A_1、A_2、A_3 各工作在线性区还是非线性区？

（3）若输入信号 $v_i = 10\sin\omega t$ V，画出相应的 v_{o1}、v_{o2} 和 v_{o3} 的波形，并在图中标出有关电压的幅值。

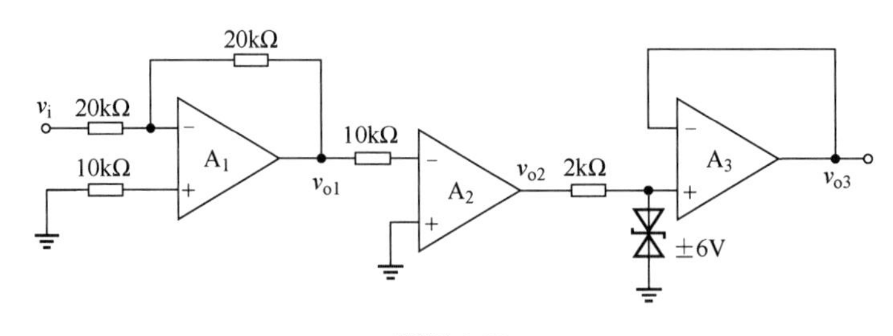

题图 8.23

8.29　在题图 8.24（a）所示的单门限比较器电路中，假设集成运算放大器为理想运算放大器，参考电压 V_{REF}=−3V，稳压管的反向击穿电压 V_Z=±5V，电阻 $R_1 = 20\text{k}\Omega$，$R_2 = 30\text{k}\Omega$。

（1）试求比较器的门限电平，并画出电路的传输特性。

（2）若输入电压 v_i 是图题 8.24（b）所示幅度为±4V 的三角波，试画出比较器相应的输出电压 v_o 的波形。

8.30　在题图 8.25 所示的迟滞比较器电路中，已知 $R_1 = 68\text{k}\Omega$，$R_2 = 100\text{k}\Omega$，$R_F = 200\text{k}\Omega$，$R = 2\text{k}\Omega$，稳压管的 $V_Z = \pm 6\text{V}$，参考电压 $V_{REF} = 8\text{V}$，试估算其两个门限电平 V_{T+} 和 V_{T-}，以及门限宽度 ΔV_T 的值，并画出迟滞比较器的传输特性曲线。

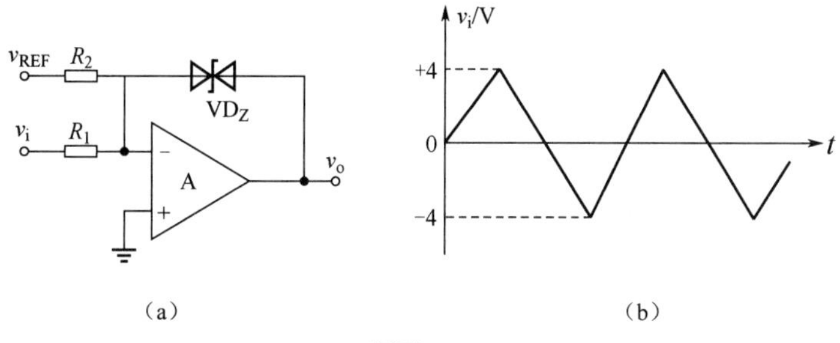

题图 8.24

8.31　设计具有同相传输特性的双稳态电路，设 $v_{omax}=-v_{omin}=10V$，$V_{TH}=-V_{TL}=5V$。假如 v_i 是均值为 0、幅度为 10V 的三角波，周期是 1ms，画出输出信号 v_o 的波形。求 v_i 和 v_o 过零点之间的时间间隔。

8.32　若将正弦信号 $v_i = V_m 10\sin\omega t$ 加到题图 8.26 所示电路中，并设 $V_A = +10\ V$，$V_B = -10V$，集成运算放大器 A_1、A_2 的最大输出电压 $V_{OM}=\pm 12V$，二极管的正向导通电压 $V_{VD(on)} = 0.7V$，试画出对应的输出电压波形，并说明该电路是哪种电路。

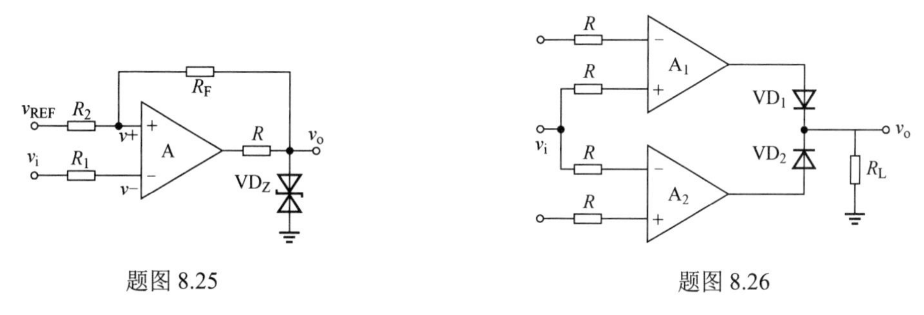

题图 8.25　　　　题图 8.26

8.33　试分别求出题图 8.27 所示电路的电压传输特性。

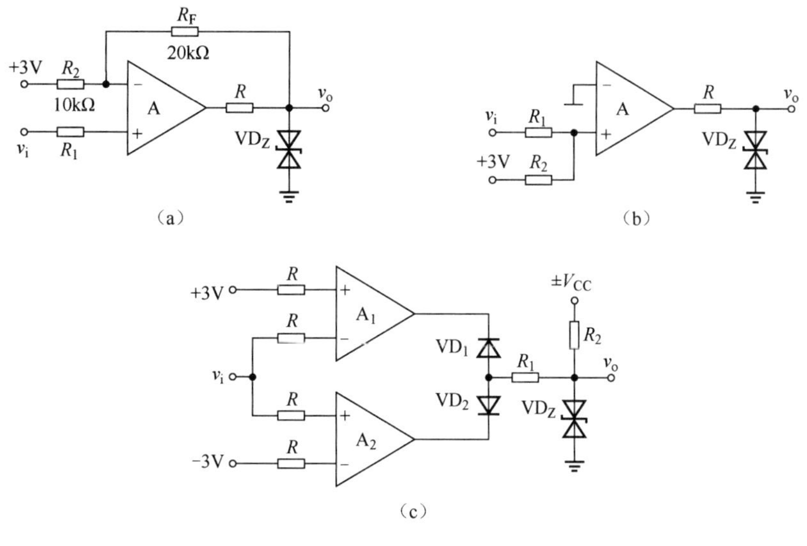

题图 8.27

第 9 章 标准信号发生器

在设计电子系统时，经常会使用一些标准的波形信号，如正弦波、方波、脉冲波和锯齿波等。这些波形信号在实际的电子电路中可以作为测试信号或控制信号使用。

在这些标准信号中，正弦波是使用最普遍的标准信号。正弦波的产生机理主要由放大器和选频网络组成的正反馈环实现。由于该电路利用谐振现象产生正弦波，因此称为线性振荡器。

除了正弦波，方波、脉冲波和锯齿波由于包含丰富的谐波成分，其产生电路通常称为多谐振荡器。多谐振荡器主要包括双稳态多谐振荡器、非稳态多谐振荡器和单稳态多谐振荡器 3 种。

本章将介绍正弦波和非正弦波两类波形振荡器的电路组成、工作原理和实际应用。其中，在正弦波振荡器中，以采用集成运算放大器的线性振荡器为主；在非正弦波振荡器中，以基于电压比较器的双稳态多谐振荡器为主。同时，重点讨论中低频段信号的产生电路，而高频信号产生电路则不属于本书讨论的范畴。

学习目标

1．能够根据已有条件和要求，合理设计正弦波信号发生器。

2．能够根据已有条件和要求，合理设计方波（矩形波）和三角波（锯齿波）信号发生器。

3．能够根据要求，选择合适的集成函数信号发生器芯片。

正弦波振荡器的基本原理

9.1 正弦波振荡器

9.1.1 工作原理和电路结构

正弦波是使用最普遍的标准信号，其产生方法不止一种，本节主要介绍利用谐振现象产生正弦波的方法，也称为线性振荡器，该方法主要利用放大器和 RC 选频网络组成正反馈环实现。

图 9.1 给出了正弦波振荡器的原理框图。假设 A 是基本放大器的开环增益，β 是反馈网络的反馈系数，X_i、X_i'、X_f 和 X_o 分别为输入信号、净输入信号、反馈信号和输出信号。

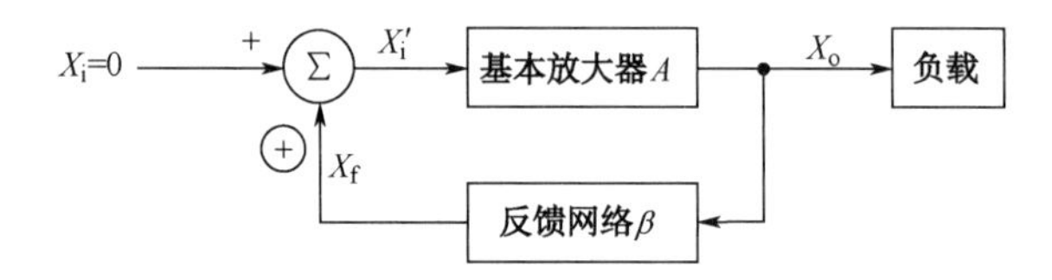

图 9.1 正弦波振荡器的原理框图

首先，注意该框图与负反馈结构框图的区别，在反馈信号 X_f 进入基本放大器的输入部分时，极性符号为“+”，因此 $X_i' = X_i + X_f$，即反馈量使净输入信号 X_i' 增大，因而该电路引入了正反馈结构。

其次，在用作信号发生器时，该类电路应该没有输入端，即 $X_i = 0$。然而作为一个有信号输出的电路，肯定是有输入的，那么这类电路的输入信号从哪儿来？其实来自通电后电路中产生的电噪声，这些电噪声幅值极小，但是包含了丰富的频率分量。起初这些极小的噪声在进入基本放大器 A 后，得到了放大的信号 X_o，然后通过正反馈网络回到输入环节，增强了净输入 X_i'，从而使得输出 X_o 越来越大，显然此时反馈信号 $X_f > X_i'$，即有

$$L(\omega) = |A\beta| = \left|\frac{X_f}{X_i'}\right| > 1 \tag{9.1}$$

式(9.1)称为正弦波振荡的起振条件。注意，此处环路增益应保证略大于 1，因为如果过大，将

使得输出信号在来不及控制的情况下，迅速达到饱和。

显然整个过程中除基本放大器之外，必须包括正反馈环节，电路才有可能开始振荡进而产生输出。然而信号发生器要输出频率单一的正弦波信号，而电噪声信号谱中包含丰富的频率分量，因此电路设计环节还需要设计一个选频网络选出合适的频率信号进行输出。

回到图 9.1，如果电路进入持续稳定的振荡状态，电路将输出一个幅值稳定的单频率正弦波，由于没有外接输入信号，因此应有

$$X_i' = X_i + X_f = X_f \tag{9.2}$$

又因为

$$X_o = AX_i' = AX_f = A\beta X_o \tag{9.3}$$

所以有

$$L(j\omega_0) = \left|A(j\omega_0)\beta(j\omega_0)\right| = 1 \tag{9.4}$$

式(9.4)称为能实现持续振荡的平衡条件。此时，电路处于谐振状态，谐振频率 ω_0 就是输出正弦波的频率。

由式(9.4)还可以给出正弦波振荡电路的幅值平衡条件为

$$L(\omega) = 1 \tag{9.5}$$

相位平衡条件为

$$\varphi(\omega) = \varphi_A + \varphi_\beta = \pm 2n\pi(n = 0,1,2,\cdots)$$

或

$$\varphi(\omega) = \Delta\varphi_A + \Delta\varphi_\beta = 0或2\pi \tag{9.6}$$

需要指出的是，谐振频率 ω_0 是在相位条件中确定的，因此通过分析整个电路的相移是否满足式(9.6)，可以初步判断电路是否有可能产生振荡。显然为了实现稳定的振荡信号输出，环路增益必须由一开始略大于 1 使之起振，而后下降并稳定在 1。换句话说，该电路中需要包含一个非线性稳幅环节，当输出幅度达到设计要求的值后，使得环路增益下降，但同时稳定在振荡平衡条件上，维持等幅振荡。

综上所述，为了实现标准正弦波信号的输出，需要设计一个包含放大、正反馈、信号频率选择以及稳定输出信号幅值 4 个功能的电路。

（1）基本放大器

基本放大器对振荡器输入端所加的输入信号予以放大。基本放大器把直流电源的能量转换为交流信号能量，补充振荡过程中消耗的能量，以获得持续等幅的正弦波。基本放大器可由集成运算放大器实现，由于集成运算放大器的开环增益很大，远远超过了维持振荡所需的大小，因此需引入负反馈将放大器的增益调整到合适的大小，故负反馈一般都看作是基本放大器的一部分。

（2）正反馈网络

保证向振荡器输入端提供的反馈信号 X_f 与净输入信号 X_i' 是同相位的，只有施加正反馈才能使振荡维持下去。

（3）选频网络

只允许某一特定频率为 f_0 的信号通过，使振荡器产生单一频率的输出。它可以设置在基本放大器中，也可以设置在反馈网络中。正弦波振荡电路的振荡频率取决于选频网络的参数。根据振荡器选频网络的类型不同，可以分为 RC 振荡器、LC 振荡器和石英晶体振荡器。

（4）稳幅环节

当输出信号的幅值增大到一定程度时，为避免振幅继续增大进入限幅区域，必须引入非线性稳幅环节，使环路增益 $A\beta$ 从满足起振条件 $|A\beta|>1$ 变为满足振幅平衡条件 $|A\beta|=1$。

9.1.2　文氏电桥正弦波振荡器

文氏电桥正弦波振荡器是结构最简单的经典振荡电路之一，是基于运算放大器设计的电路，因此能产生的信号频率在千赫兹数量级。图 9.2（a）所示为文氏电桥正弦波振荡电路的基本原理图，

注意，这里暂时没有考虑非线性稳幅环节。

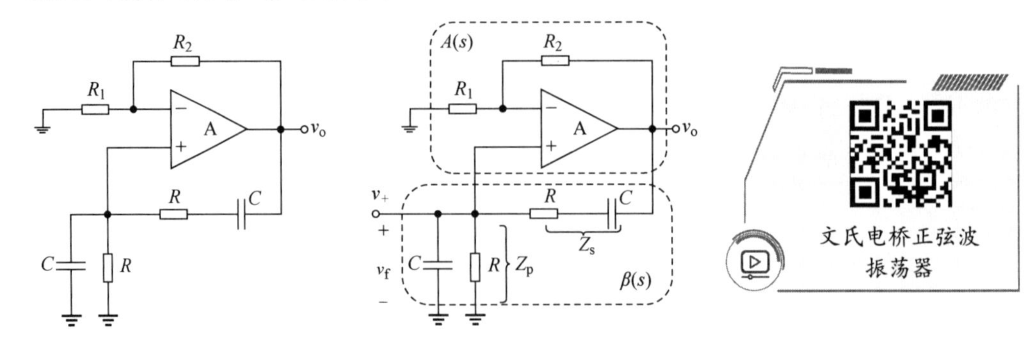

（a）文氏电桥正弦波振荡电路的基本原理图　（b）电路分析图

图 9.2　文氏电桥正弦波振荡器

对照图 9.1，图 9.2（b）给出了分析思路。首先假设电路已经进入持续振荡状态，电路中没有设计输入端，这里的 v_+是一个测试端口。该电路又称为 RC 串并联正弦波振荡器，名称来源就是图 9.2（b）下方的 RC 串并联谐振网络 $\beta(s)$，它为电路引入了正反馈。图 9.2（b）上方为基本放大器 A，它是一个同相放大器，因此基本放大器的增益为 $A(s)=1+R_2/R_1$。

再来分析一下正反馈网络，将 RC 串联部分的等效阻抗记为 Z_s，RC 并联部分的阻抗记为 Z_p，这个网络的输出电压记为 v_f，则正反馈网络系数为

$$\beta(s)=\frac{v_f}{v_o}=\frac{Z_p(s)}{Z_p(s)+Z_s(s)} \tag{9.7}$$

代入具体元件，可得

$$\beta(s)=\frac{R\,||\,(1/sC)}{R+(1/sC)+R\,||\,(1/sC)}=\frac{1}{3+sRC+(1/sRC)} \tag{9.8}$$

令 $s=\mathrm{j}\omega$，可得正反馈网络的频域表达式为

$$\beta(\mathrm{j}\omega)=\frac{1}{3+\mathrm{j}\left(\omega RC-\dfrac{1}{\omega RC}\right)} \tag{9.9}$$

由式(9.9)写出其幅频和相频表达式为

$$\beta(\omega)=\frac{1}{\sqrt{3^2+\left(\dfrac{\omega}{\omega_0}-\dfrac{\omega_0}{\omega}\right)^2}} \tag{9.10}$$

$$\varphi_\beta(\omega)=-\arctan\frac{\left(\dfrac{\omega}{\omega_0}-\dfrac{\omega_0}{\omega}\right)}{3} \tag{9.11}$$

其中谐振角频率为

$$\omega_0=1/RC \tag{9.12}$$

由式(9.10)和式(9.11)可画出正反馈网络的波特图，如图 9.3 所示。可见，该反馈网络可视作一个带通滤波器，其中心频率为 ω_0，此时对应的幅频响应大小为 1/3，引入相移大小为 0°。显然该反馈网络还承担了选频的作用，ω_0 即为该电路设计选中的振荡角频率，输出信号频率为

$$f_0=\frac{\omega_0}{2\pi}=\frac{1}{2\pi RC} \tag{9.13}$$

因此可得环路增益表达式为

$$L(\mathrm{j}\omega)=\frac{1+R_2/R_1}{3+\mathrm{j}\left(\omega RC-\dfrac{1}{\omega RC}\right)} \tag{9.14}$$

令 $L(\mathrm{j}\omega)=1$，可得持续振荡时幅值平衡条件为

$$L(\omega_0)=(1+R_2/R_1)/3=1 \tag{9.15}$$

相位平衡条件为

$$\varphi(\omega_0)=\varphi_A+\varphi_\beta=0^\circ \tag{9.16}$$

由式(9.6)可知，要满足相位平衡条件，A 和 β 引入的总相移应为 0° 或 360°，因为 A 为同相放大器，所以引入的相移 φ_A 为 0°，则由相位条件由 β 引入的相移也应为 0°，才可满足式(9.6)。前面提到过相位平衡条件决定了电路的振荡频率，这里的推导就是一个例证。同时，由式(9.13)可知，只要调节 RC 串并联网络中 R 和 C 的值，就可以方便地设定电路的振荡频率。

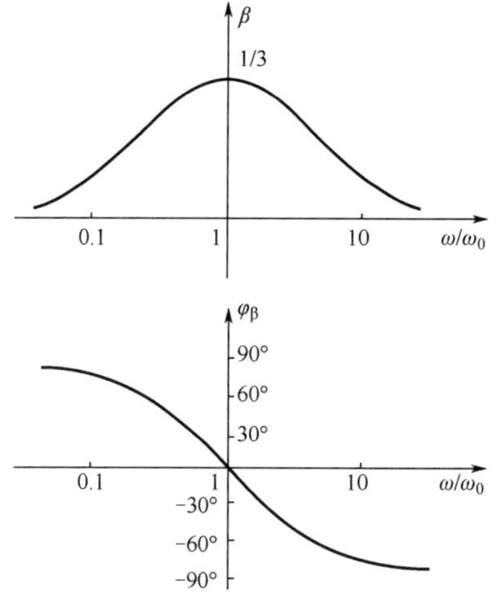

图 9.3　$\beta(s)$的幅频和相频响应波特图

9.1.3　文氏电桥正弦波振荡器中的非线性稳幅环节

9.1.2 节的推导过程基于电路已经进入持续振荡状态，本节来分析电路从起振到持续振荡的稳幅措施。由正弦波振荡器工作原理可知，这个非线性稳幅环节需使得环路增益 $A\beta$ 从起振时满足式(9.1)回到持续振荡时满足式(9.4)。由于负反馈技术对放大器来说具有稳定输出的作用，因此对于文氏电桥电路，我们可利用其基本放大器上的负反馈回路进行非线性稳幅设计，即要求式(9.15)能够从略大于 1 回到 1，也即要求 R_2/R_1 能够从略大于 2 回到 2。下面介绍两种电路的实现方案。

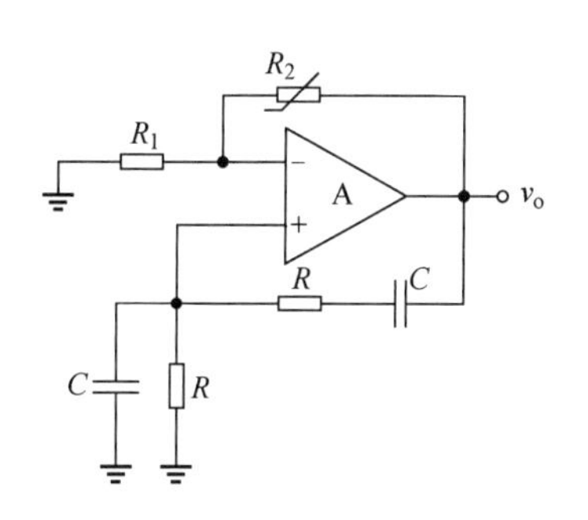

图 9.4　利用热敏电阻进行稳幅的文氏电桥正弦波振荡器

方案一：如果将图 9.2 负反馈支路中的电阻 R_2 换成具有负温度系数的热敏电阻（图 9.4），不但可以使振荡电路更容易起振，而且可以改善振荡波形。其工作过程分析如下：在电路上电初期，电路温度较低，电阻 R_2 的阻值较高，满足起振条件式(9.1)；电路运行一段时间后，电路温度必然上升，R_2 也将相应下降，从而使得环路增益下降，直至达到平衡条件(9.4)。同理，我们也可以保留 R_2 为普通电阻，将 R_1 替换成热敏电阻，只不过此时要换成正温度系数的热敏电阻，原理相似，不再赘述。

方案二：图 9.5（a）给出了实验室中常用测试方案的电路实现。该电路利用半导体器件的非线性伏安特性来实现稳幅，如图 9.5（b）所示。其工作过程如下：在电阻 R_2 两端并联上两个方向放置相反的二极管 VD_1 和 VD_2，显然这两个二极管不可能同时导通，即 VD_1 和 VD_2 轮流在导通和截止之间切换。若二极管正向导通时的等效电阻为 r_d，则在电路上电初期，电路中所有电流均非常小，因此二极管等效电阻 r_{d1} 阻值较高，如图 9.5（b）中的 Q_1，反馈支路部分等效电阻较大，从而满足起振条件式(9.1)。电路运行一段时间后，电路中电流上升，二极管等效电阻阻值也将相应下降到 r_{d2}，反馈支路部分等效电阻变小，从而使得环路增益下降，达到平衡条件。这里把 R_1 换成滑阻，是为了在实际中可以调节电路参数，使之满足工作条件。

例 9.1　文氏电桥正弦波振荡器电路如图 9.6 所示。（1）在图中指出运算放大器的同相输入端和反相输入端。（2）若要求输出正弦波信号频率为 1591.55Hz，则 R 和 C 如何取值？（3）已知 $R_2=20\ \text{k}\Omega$，为满足起振条件，R_1 应如何取值？（4）已知 $R_2=20\ \text{k}\Omega$，若 R_1 分别取 $1\text{k}\Omega$ 和 $100\ \text{k}\Omega$，

电路输出情况如何？（5）为实现自动稳幅，可选用热敏电阻，若 R_2 为热敏电阻，则其温度系数应为正还是负？

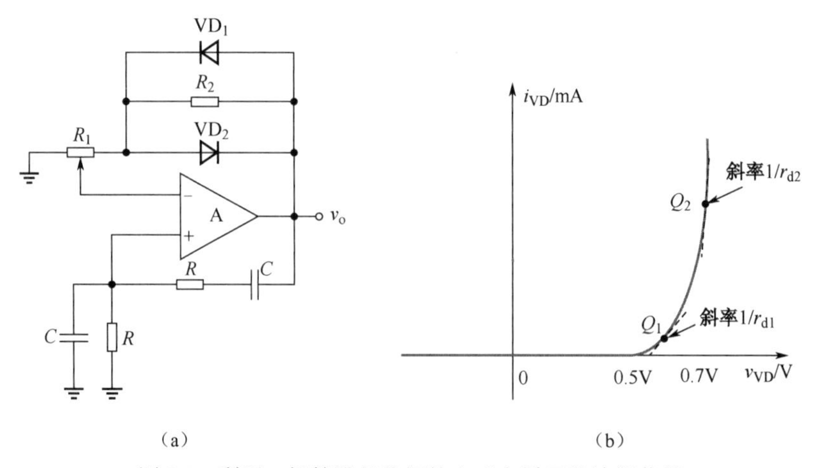

图 9.5　利用二极管进行稳幅的文氏电桥正弦波振荡器

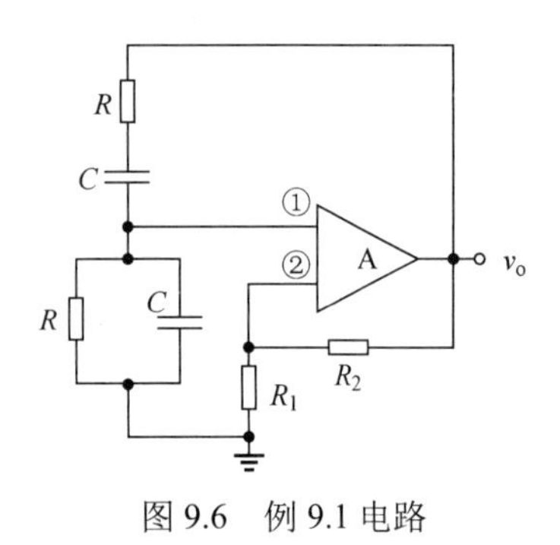

图 9.6　例 9.1 电路

解： 图 9.6 与图 9.2 实际上是同一个电路，只是这里画出了以运算放大器为核心的四臂电桥电路结构，即文氏电桥名称的由来。

（1）因为文氏电桥正弦波振荡器以 RC 串并联网络作为正反馈网络，以同相组态放大器为基本放大器，因此可知图中①为运算放大器同相输入端“+”，②为运算放大器反相输入端“−”。

（2）若要求输出信号频率为 1591.55Hz，则由式(9.13)可得 RC=10，因此可取 R=10kΩ，C=0.01μF。

（3）由式(9.14)可知，要满足起振条件需有 $(1+R_2/R_1)/3>1$，可得 $R_1<10\,\text{k}\Omega$，注意是略小于的关系，不能过小。

（4）若 R_2 固定为 20 kΩ，R_1 取 1kΩ，则 $(1+R_2/R_1)/3\gg 1$，起振过强，负反馈无法使环路增益回到 1，输出将会迅速达到饱和，也就是说，输出类似矩形波的信号，原因是出现了截顶失真。

若 R_2 固定为 20 kΩ，R_1 取 100kΩ，则 $(1+R_2/R_1)/3\ll 1$，不满足起振条件，电路无法振荡，则电路无信号输出。

（5）为实现自动稳幅，需要使得环路增益 $L(\omega_0)=(1+R_2/R_1)/3$ 由略大于 1 回到等于 1。若 R_1 固定，则 R_2 需由大变小，因此选择负温度系数的热敏电阻。

9.1.4　RC 移相式振荡器

介绍了文氏电桥正弦波振荡器后，下面再来看 RC 移相式正弦波振荡器。其电路结构如图 9.7（a）所示。图 9.7（b）给出了对照图 9.1 的分析图。该电路的基本放大器由一个以运算放大器为核心的反相放大器构成，因此基本放大器 A 的相移为 φ_A=180°。反馈网络由一个三阶 RC 移相网络构成。由图 9.7（b）和式(9.6)可知，反馈网络 $\beta(s)$ 也必须引入 180° 的相移，才能在某个特定的振荡频率上，使得回路的总相移 $\varphi_A+\varphi_\beta$ 达到 360°。需要注意的是，由于在特定频率上能够产生 180° 相移的移相网络的最低阶数是三阶，因此采用三阶 RC 移相网络。

当电路进入持续振荡状态时，在振荡频率上，反相放大器增益 $A(s)$ 的幅值大小应等于 RC 移相网络幅值的倒数。然而，为了保证起振，在电路上电初始时增益 $A(s)$ 的幅值需要设置成比满足环路增益为 1 的值略大。起振之后，输出信号幅度逐渐增大直至受到非线性稳幅环节的控制。

RC 移相式振荡器具有结构简单的特点，但是它的选频效果较差，频率调节不方便，而且输出信号的幅度不稳定，输出波形较差，其输出信号频率范围与文氏电桥正弦波振荡器类似。

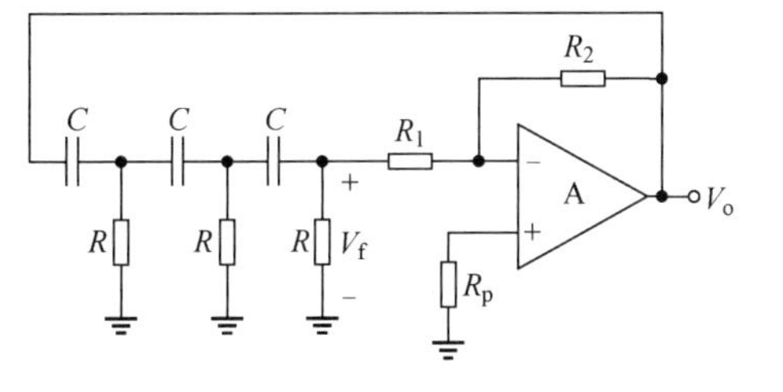

(a) RC 移相式振荡器电路

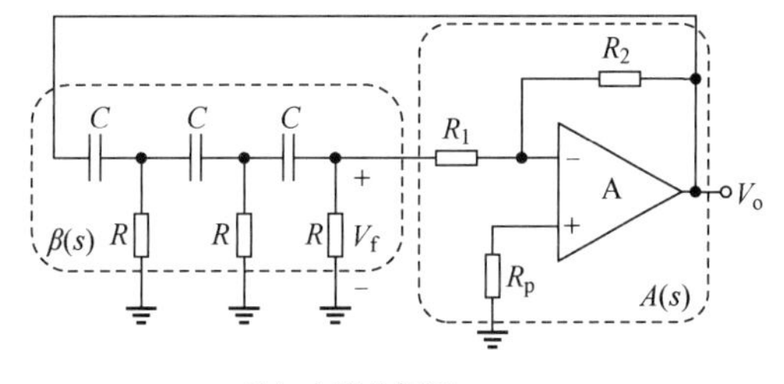

(b) 电路分析图

图 9.7　RC 移相式振荡器

9.1.5　其他类型的正弦波振荡器

在正弦波振荡器的选频网络中，除 RC 振荡器之外，还有 LC 振荡器、石英晶体振荡器等。这几种振荡电路中，以石英晶体振荡器的频率最稳定，LC 振荡器次之，RC 振荡器最差。尽管 RC 振荡器的工作频率较低，频率稳定度也不高，但其电路简单，频率变化范围较大，因而在低频电子线路中应用广泛。而在通信、广播、电视等高频应用领域，通常选用 LC 振荡器和石英晶体振荡器。

考虑到本书内容主要涉及中低频电子电路，因而对于正弦波振荡器中的选频网络，主要采用 RC 振荡器实现。对于 LC 振荡器和石英晶体振荡器，读者可自行阅读通信电子电路或高频电子电路相关书籍或文献进行自学。

9.2　非正弦波振荡器

多谐振荡器

除正弦波之外，方波和三角波等也是常用的标准信号，它们主要通过多谐振荡器产生。

多谐振荡器一般分为 3 种：双稳态、单稳态和非稳态。这里介绍的电路是基于双稳态的多谐振荡器。所谓双稳态，是指电路有两个稳态，与如图 9.8 所示的小球一样，在峰顶只是暂态，稍有外力作用，则必将落入左边或右边的波谷，并且可以稳定在波谷。如果想从一个波谷过渡到另一个波谷，就一定需要外力协助。同理，对于电路而言，通电后电路输出会随机进入并稳定在一种状态，只有当新的输入条件到来时，才会从一个状态跳变到另一个状态。显然前面介绍的迟滞比较器有点类似这种双稳态结构，因此它也是多谐振荡器中的重要组成模块。

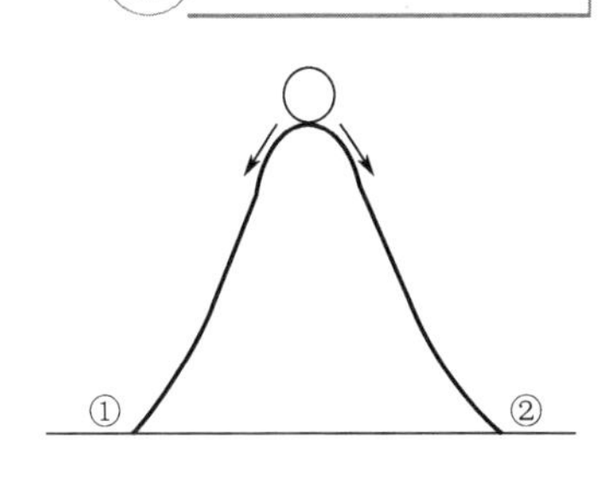

图 9.8　双稳态示意图

9.2.1　方波发生器

图 9.9 给出了方波发生器电路。分析电路结构可知，集成运算放大器 A、R_1、R_2、R_3 和 VD_Z 构成迟滞比较器。其中 R_1 和 R_2 构成正反馈网络；R_3 为限流电阻，限制运算放大器输出电流大小，以保护运算放大器正常工作；稳压对管 VD_Z 用来对输出电压幅值进行限制，也就是说，输出 v_o 只有 $\pm V_Z$ 这两种饱和电平取值。那么在通电瞬间，随机电噪声进入运算放大器，电路中的正反馈环节 R_1 和 R_2 将使得输出电压 v_o 很快随机达到 $+V_Z$ 或 $-V_Z$，因此，v_o 通过电阻 R 对电容 C 进行充放电，从而改变运算放大器输入端电压 v_+ 和 v_- 的大小关系，进而实现电路输出改变，出现周期性翻转，即输出方波信号。

1. 方波发生器的工作过程

如图 9.10 所示，我们来分析输出信号 v_o 高低电平的转换过程。

假设电路已进入持续振荡状态，且在某个时刻输出 v_o 为高电平 $+V_Z$，则此时必有 $v_+ > v_-$，由图 9.8 和虚断条件可得，运算放大器同相输入端电压表达式为

$$v_+ = V_Z \frac{R_1}{R_1 + R_2} = \beta V_Z \tag{9.17}$$

其中正反馈网络反馈系数为

$$\beta = \frac{R_1}{R_1 + R_2} \tag{9.18}$$

则 v_o 会通过 R 对电容 C 进行充电。电容电压 v_c，也就是 v_- 开始上升，直至 v_- 略高于 βV_Z，即通过充电使得 $v_- > v_+$，则输出 v_o 由高电平 $+V_Z$ 跳转至低电平 $-V_Z$；此时运算放大器同相输入端电压表示为

$$v_+ = -V_Z \frac{R_1}{R_1 + R_2} = -\beta V_Z \tag{9.19}$$

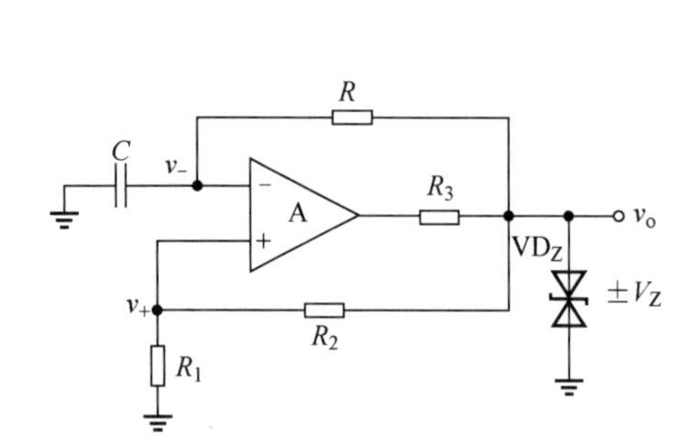

图 9.9　方波发生器电路

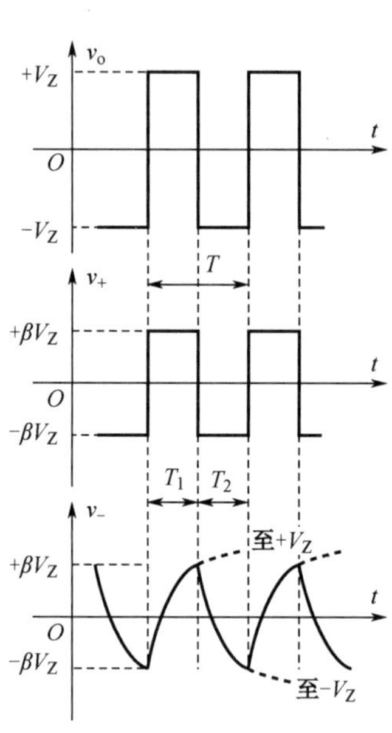

图 9.10　方波发生器的波形关系图

电容 C 又开始通过电阻 R 向输出端放电，故电容电压 v_c，也就是 v_- 开始下降，直至 v_- 略低于 $-\beta V_Z$，则输出 v_o 由低电平 $-V_Z$ 又跳转至高电平 $+V_Z$，则重新回到第一种状态。可见，电路的输出只有 $\pm V_Z$ 这两种稳态，同相输入端也只有 $\pm(-\beta V_Z)$ 这两种状态；而由于该电路结构的特殊性，通过输出的变化使得运算放大器反相输入端信号 v_- 出现连续变化振荡过程，从而改变运算放大器两个输入端的大小关系交替变化，进而实现方波信号的生成。

2．方波发生器的参数设计

如图 9.11 所示，要描述一个矩形波信号需要至少 3 个参数，分别是幅值、周期及占空比。其中占空比定义为

$$D = \frac{T_H}{T_H + T_L} \times 100\% = \frac{T_H}{T} \times 100\% \tag{9.20}$$

观察图 9.10 所示的 3 个电压波形推导方波发生器电路的相关参数。假设记反相输入端电压为 $v_- = v_c = -\beta V_Z$ 时为起点 0 时刻，则在接下来的时间段 T_1 内，电容上电压向 $+V_Z$ 方向充电，由三要素法可得电容上电压随时间变化的表达式为

$$v_c(t) = v_c(\infty) + (v_c(0^+) - v_c(\infty))e^{-t/\tau} = V_Z[1 - (1+\beta)e^{-t/RC}] \tag{9.21}$$

其中，可认为 $v_c(0^+) = -\beta V_Z$，$v_c(\infty) = +V_Z$，时间常数 $\tau = RC$。

又因为在 $t = T_1$ 时，$v_c(T_1) = +\beta V_Z$，所以可得 T_1 的表达式为

$$T_1 = RC\ln\frac{1+\beta}{1-\beta} = RC\ln(1+\frac{2R_1}{R_2}) \tag{9.22}$$

因为只有一个 RC 充放电电路，所以可得 T_2 的表达式应该与 T_1 相同，也就是输出电压 v_o 为一个占空比为 50%的方波。故这个方波信号的周期 T 的表达式为

$$T = 2RC\ln\frac{1+\beta}{1-\beta} = 2RC\ln(1+\frac{2R_1}{R_2}) \tag{9.23}$$

3. 矩形波发生器

根据式(9.22)和式(9.23)的推导过程，我们可修改图 9.9 所示电路，进行矩形波发生器的设计，修改后电路如图 9.12 所示。

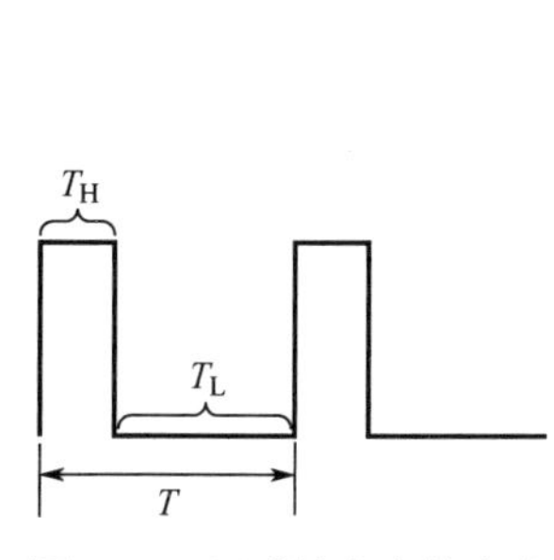

图 9.11　矩形波占空比定义

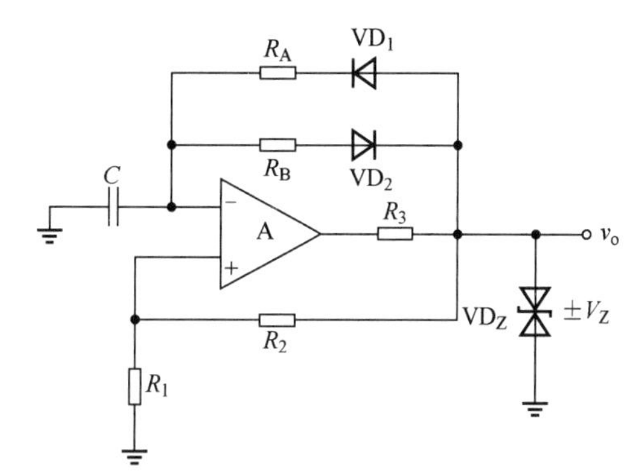

图 9.12　矩形波发生器电路

将 RC 充放电支路分开，本质上是通过选择不同的 R 值，使得充放电的时间常数不同，从而获得输出信号中不同的高低电平持续时间，进而改变占空比。

由图 9.12 可得，该电路高电平持续时间为

$$T_H = R_A C\ln(1+\frac{2R_1}{R_2}) \tag{9.24}$$

低电平持续时间为

$$T_L = R_B C\ln(1+\frac{2R_1}{R_2}) \tag{9.25}$$

所以矩形波输出信号周期为

$$T = T_H + T_L = (R_A + R_B)C\ln(1+\frac{2R_1}{R_2}) \tag{9.26}$$

由输出波形幅值、周期以及占空比等参数的要求，结合式(9.24)～式(9.26)，可以选择合适的元器件参数进行电路设计与实现。

例 9.2　矩形波发生器电路如图 9.12 所示，设 VD_Z 的击穿电压 V_Z=10V，$R_1 = R_2$=10kΩ，$R_A = 3R_B$=30kΩ，C=0.01μF，求输出信号频率。

解： 电路输出矩形波，其输出信号 v_o 取值分别为 10V 和−10V（图 9.13）。

由式(9.17)可得，运算放大器同相端表达式为

$$V_+ = V_Z\frac{R_1}{R_1+R_2} = \frac{1}{2}V_Z = \pm 5\text{V}$$

若 v_o 输出高电平为 10V，则 VD_1 导通，VD_2 截止，此时 v_+=5V，取电容电压 v_c =−5V 时为起点 0 时刻，则在接下来的时间段 T_1 内，

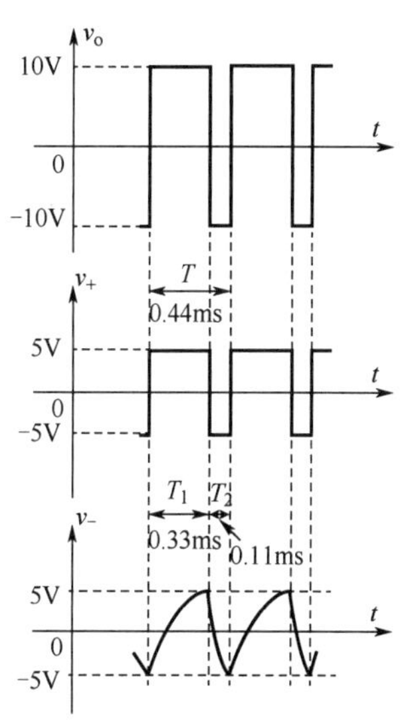

图 9.13　例 9.2 波形图

$v_c(0^+) = -5V$，$v_c(\infty) = 10V$，时间常数 $\tau = R_A C = 0.3ms$。

由三要素法可得，电容上电压随时间变化的表达式为

$$\begin{aligned} v_c(t) &= v_c(\infty) + (v_c(0^+) - v_c(\infty))e^{-t/\tau} \\ &= 10 - 15e^{-t/0.3} \end{aligned}$$

又因为在 $t = T_1$ 时，$v_c(T_1) = 5V$，所以可得 $T_1 = 0.33ms$。

若 v_o 输出低电平为$-10V$，则 VD_1 截止，VD_2 导通，此时 $v_+ = -5V$，取电容电压 $v_c = 5V$ 时为起点 0 时刻，则在接下来的时间段 T_2 内，$v_c(0^+) = 5V$，$v_c(\infty) = -10V$，时间常数 $\tau = R_B C = 0.1ms$。

由三要素法可得，电容上电压随时间变化的表达式为

$$v_c(t) = v_c(\infty) + (v_c(0^+) - v_c(\infty))e^{-t/\tau} = -10 + 15e^{-t/0.1}$$

又因为在 $t = T_2$ 时，$v_c(T_1) = -5V$，所以可得 $T_2 = 0.11ms$。

另外，我们不推荐死记公式，但也可以通过式(9.24)和式(9.25)直接求解这两段时间值。

所以，输出矩形波信号周期为 $T = T_1 + T_2 = 0.44ms$，输出频率为 $f_0 = 1/T = 2.73kHz$。

9.2.2 锯齿波振荡器

锯齿波是最基本的测试信号之一，被广泛地应用于各种显示屏和示波器中。一类常见的锯齿波信号发生器电路如图 9.14 所示，它由一个同相输入的迟滞比较器和一个充放电时间常数不等的反相积分器组成。集成运算放大器 A_2 的输出端与 A_1 的同相端通过电阻 R_1 连接在一起，因此积分器的输出信号 v_o 可以看作是迟滞比较器的输入信号。

与 9.2.1 节中的矩形波振荡器一样，这个电路是不需要输入信号源的，直接通过振荡产生锯齿波信号，并由在电路图中未画出的直流电源提供电能。初始信号来自电源接通一瞬间的电噪声。

1. 电路参数分析

由于稳压对管 VD_Z 的作用，这里第一级比较器输出 v_{o1} 只有$\pm V_Z$ 两个可选值，而二极管 VD_1 和 VD_2 由于放置方向不同，因此它们不会同时导通。也就是说，第一级输出 v_{o1} 是矩形波，第二级积分电路将 v_{o1} 转换为锯齿波后又送回第一级作为输入，以改变第一级两个输入端之间的大小关系，从而产生持续锯齿波振荡输出。

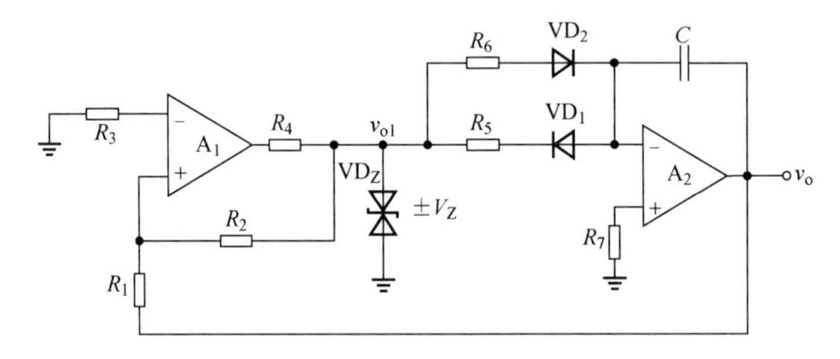

图 9.14 锯齿波信号发生器电路

首先计算迟滞比较器的参数——其上下门限。对第一级迟滞比较器而言，$v_{-1} = 0$，而由虚断条件可得，同相输入端表达式为

$$v_{+1} = v_o - \frac{v_o - v_{o1}}{R_1 + R_2} R_1 \tag{9.27}$$

注意，v_o 就是第一级的输入，故比较器的门限电压被定义在 v_o 上。令 $v_{+1} = v_{-1} = 0$，可以得到

$$v_o = -\frac{R_1}{R_2} v_{o1} \tag{9.28}$$

又因为 v_{o1} 只有$\pm V_Z$ 两个可选值，所以第一级的门限电压取值为

$$V_{TL} = -\frac{R_1}{R_2}V_Z,\quad V_{TH} = \frac{R_1}{R_2}V_Z \tag{9.29}$$

图 9.15 给出了输出电压 v_o 与第一级输出 v_{o1} 之间的波形变换关系。下面来看看如何求解波形参数。

假设在某一特定时刻，$v_{o1} = +V_Z$，又因反相积分器中必有 $v_{+2} = v_{-2} = 0$，则可知此时 VD_1 截止，VD_2 导通，在 T_1 时间段内，v_o 由 V_{TH} 向 V_{TL} 方向积分输出，且由下降距离关系可得

$$-\frac{1}{R_6C}\int_0^{T_1} V_Z \mathrm{d}t = V_{TL} - V_{TH} = -2\frac{R_1}{R_2}V_Z$$

注意，积分器是反相的，可求得 T_1 的表达式为

$$T_1 = \frac{2R_1R_6C}{R_2} \tag{9.30}$$

同理可得 T_2 的表达式为

$$T_2 = \frac{2R_1R_5C}{R_2} \tag{9.31}$$

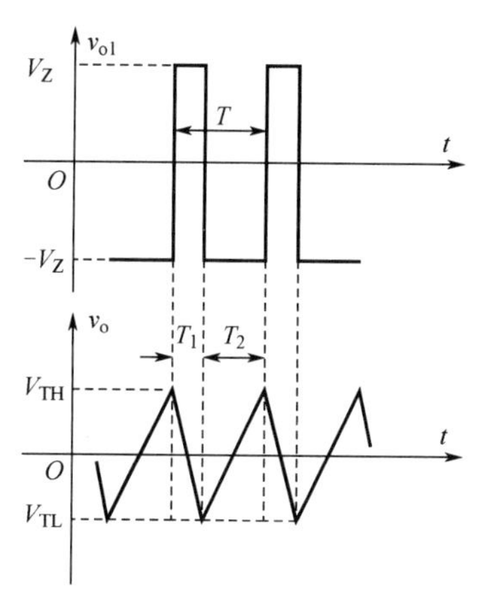

图 9.15　锯齿波发生器波形示意图

则锯齿波信号周期为

$$T = T_1 + T_2 = \frac{2R_1C}{R_2}(R_6 + R_5) \tag{9.32}$$

综上所述，这里依然是借助积分器中电容 C 进行充放电处理，只是因为 VD_1 和 VD_2 不同时段导通而选择了不同电阻参与充放电，在 v_o 波形上即出现不同的积分斜率。显然根据这里的周期表达式以及输出幅值的要求，可以反过来设计电路中的元器件参数。

2．三角波发生器

若图 9.14 中 R_5 和 R_6 只保留一个支路，或者令 $R_5 = R_6$，则其电容充放电路径相同，输出信号变为三角波，即式(9.30)和式(9.31)相等，故电路也被称为三角波发生器。周期表达式为

$$T = \frac{4R_1CR_5}{R_2} \tag{9.33}$$

例 9.3　电路如图 9.16 所示，已知 $V_Z = 10\text{V}$，$R_1 = 10\text{k}\Omega$，$C = 0.01\mu\text{F}$，求电阻 R_5 和 R_2 的值，使得电路输出频率为 1kHz、幅度峰峰值为 10V 的三角波信号。

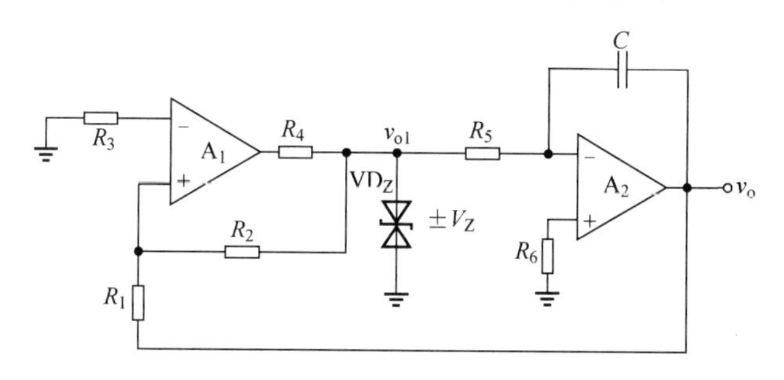

图 9.16　例 9.3 电路

解： 根据波形输出要求频率为 1kHz 和式(9.33)可得

$$\frac{1}{f} = \frac{4\times 10\text{k}\Omega\times 0.01\mu\text{F}\times R_5}{R_2} \Rightarrow \frac{R_5}{R_2} = \frac{5}{2}$$

要求输出幅度峰峰值为 10V，由图 9.13 可知，必有 $V_{TH}-V_{TL}=10\text{V}$。

又已知 $V_Z=10\text{V}$，则输出信号 v_o 有±10V 两个取值。由式(9.28)和式(9.29)可得

$$V_{TL}=-\frac{R_1}{R_2}V_Z=-10\frac{R_1}{R_2}，\quad V_{TH}=\frac{R_1}{R_2}V_Z=10\frac{R_1}{R_2}$$

将上式和 $R_1=10\text{k}\Omega$ 代入 $V_{TH}-V_{TL}=10\text{V}$，可得 $R_2=20\text{k}\Omega$，进而可得 $R_5=50\text{k}\Omega$。

本章小结

本章首先介绍了电子系统中常见的标准波形信号、波形信号产生电路的基本概念，以及常用波形振荡电路的主要分类。

在正弦波振荡器中，以采用集成运算放大器和RC选频网络的线性振荡器为主进行介绍，包括文氏电桥正弦波振荡器和RC移相式振荡器。在非正弦波振荡器中，以基于电压比较器的双稳态多谐振荡器为主进行介绍，包括将正弦波转换为矩形波或方波的转换电路，矩形波振荡器、锯齿波振荡器，以及可输出多种波形的、由555定时器构成的多谐振荡器。

本章最后以Maxim公司MAX038集成芯片为例，介绍了集成函数信号发生器的内部结构、工作原理和典型应用。

文氏电桥正弦波振荡器，基于电压比较器的矩形波振荡器、锯齿波振荡器的电路结构、工作原理，以及电路相关参数计算，是本章的重点内容。

习　题

9.1　电路如题图9.1所示，稳压管 VD_Z 起稳幅作用，其稳定电压 $V_Z=\pm6\text{V}$。试估算：

（1）输出电压不失真情况下的有效值；

（2）振荡频率。

9.2　电路如题图9.2所示，试求解：

（1）R_W 的下限值；

（2）振荡频率的调节范围。

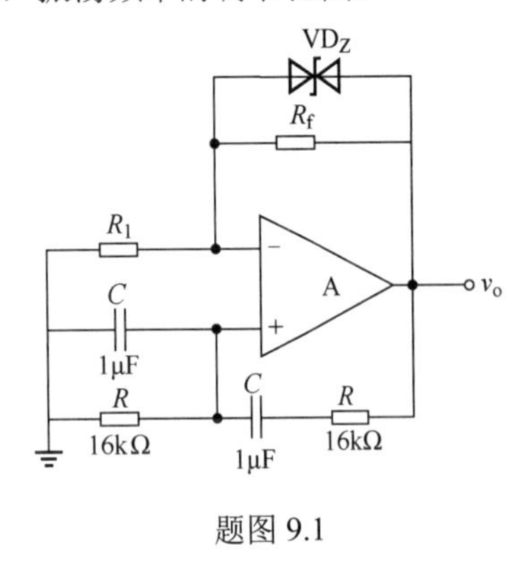

题图9.1

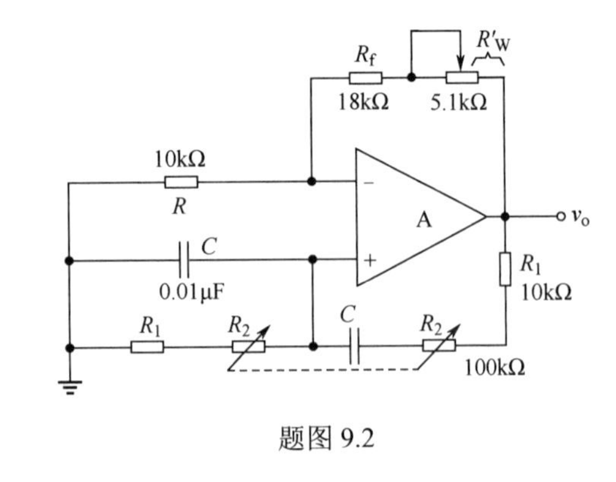

题图9.2

9.3　题图9.3所示电路为正交正弦波振荡电路，它可产生频率相同的正弦信号和余弦信号。已知稳压管的稳定电压 $V_Z=\pm6\text{V}$，$R_1=R_2=R_3=R_4=R_5=R$，$C_1=C_2=C$。

（1）试分析电路为什么能够满足产生正弦波振荡的条件。

（2）求出电路的振荡频率。

（3）画出 v_{o1} 和 v_{o2} 的波形图，要求表示出它们的相位关系，并分别求出它们的峰值。

9.4　电路如题图 9.4 所示，调节电位器 R_P 使电路刚好开始振荡，则

（1）节点 P 到地之间的电阻为多少？

（2）VD_1 和 VD_2 在电路中的作用是什么？

（3）电路的振荡频率为多少？

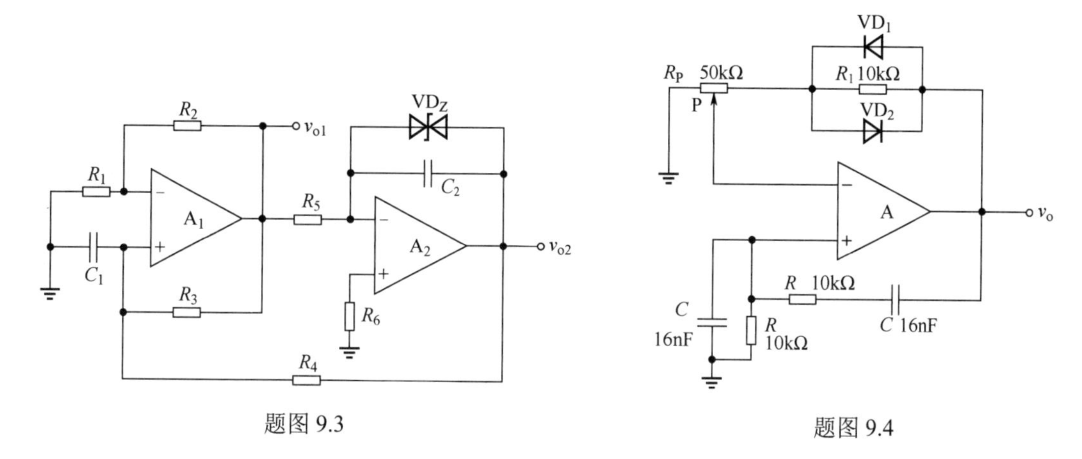

题图 9.3　　　　题图 9.4

9.5　判断题图 9.5 所示各电路是否可能产生正弦波振荡，简述理由。设题图 9.5（b）中 C_4 容量远大于其他 3 个电容的容量。

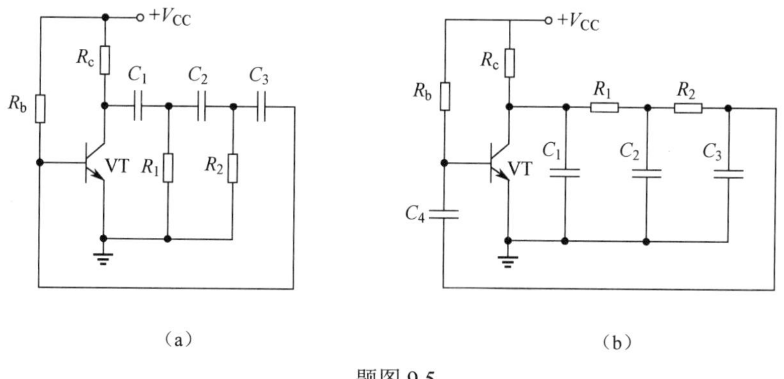

题图 9.5

9.6　电路如题图 9.5 所示，试问：

（1）若去掉两个电路中的 R_2 和 C_3，则两个电路是否可能产生正弦波振荡？为什么？

（2）若在两个电路中再加一级 RC 电路，则两个电路是否可能产生正弦波振荡？为什么？

9.7　电路如题图 9.6 所示。

（1）为使电路产生正弦波振荡，标出集成运算放大器的“＋”和“－”，并说明电路是哪种正弦波振荡电路。

（2）若 R_1 短路，则电路将产生什么现象？

（3）若 R_1 开路，则电路将产生什么现象？

（4）若 R_F 短路，则电路将产生什么现象？

（5）若 R_F 开路，则电路将产生什么现象？

9.8　题图 9.7 所示为 RC 文氏电桥正弦波振荡电路。

（1）已知 $R_2 = 4\text{k}\Omega$，为满足起振条件，R_1 应如何取值？

（2）若 $R = 10\text{k}\Omega$，$C = 0.2\mu\text{F}$，则输出正弦波频率 f 为多少？

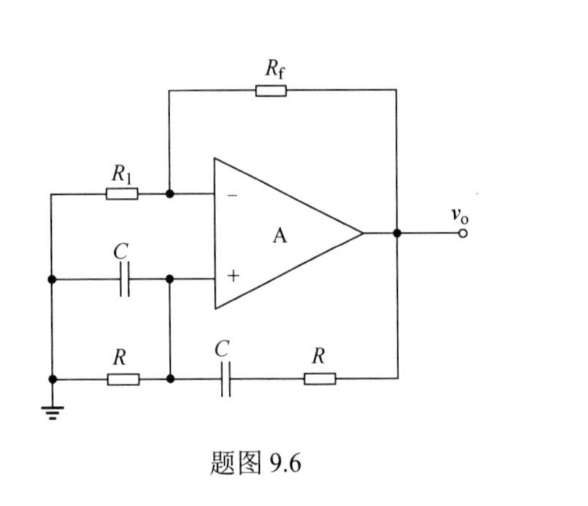

题图 9.6

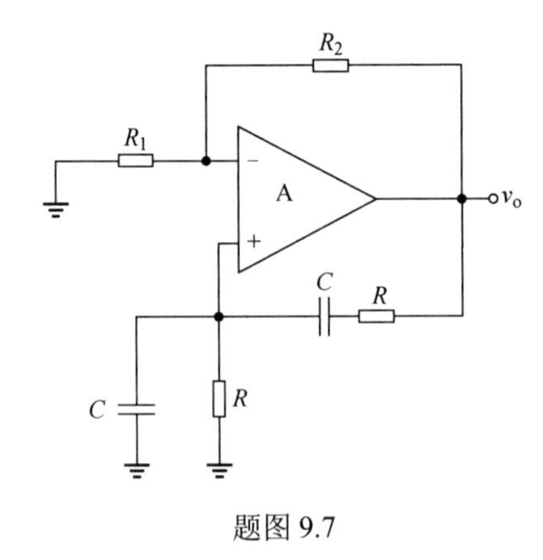

题图 9.7

9.9 题图 9.8 所示为三角波振荡器，请说明其工作原理，并证明三角波的频率为 $f=\dfrac{R_1+R_2}{4R_3R_4C}$。

9.10 题图 9.9 所示电路为三角波产生电路。求：

（1）其振荡频率 ω_0；

（2）画出 v_{o1} 和 v_{o2} 的波形（标明参数）；

（3）若要改变三角波的幅度和频率，应如何修改电路？

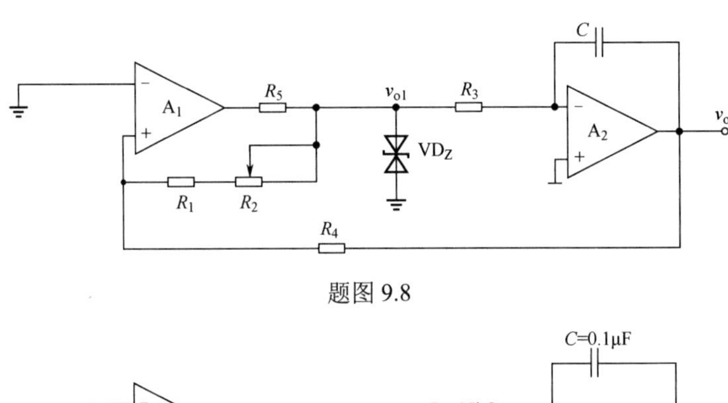

题图 9.8

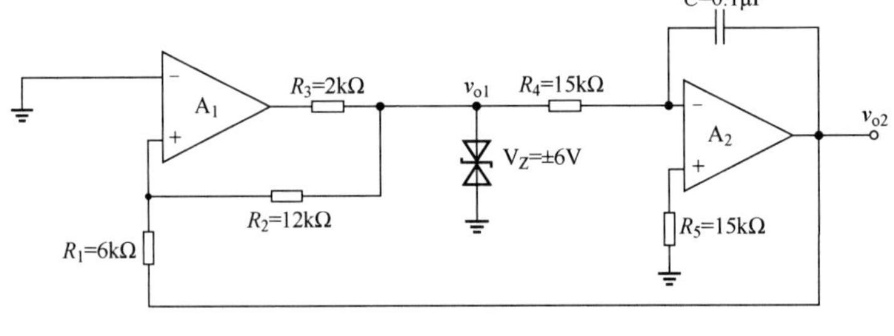

题图 9.9

9.11 题图 9.10 所示为矩形波振荡器。图中 $R_2=R_3=10\text{k}\Omega$，$R_1=10\text{k}\Omega$，$R_5=20\text{k}\Omega$，C=100nF，稳压管的 $V_Z=10\text{V}$。求生成的矩形波的周期 T 和占空比 D。

9.12 用集成定时器 555 所构成的施密特触发器电路及输入波形 v_i 如题图 9.11 所示，试画出对应的输出波形 v_o。

9.13 由集成定时器 555 构成的电路如题图 9.12 所示。要求：

（1）写出构成电路的名称；

（2）画出电路中 v_C、v_o 的波形（标明各波形电压幅度、v_o 波形周期）。

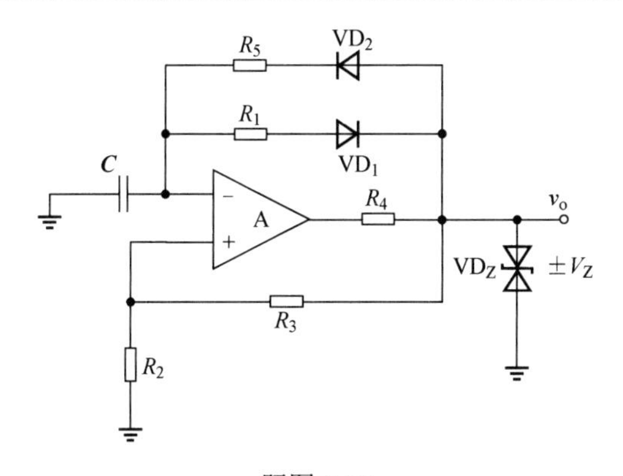

题图 9.10

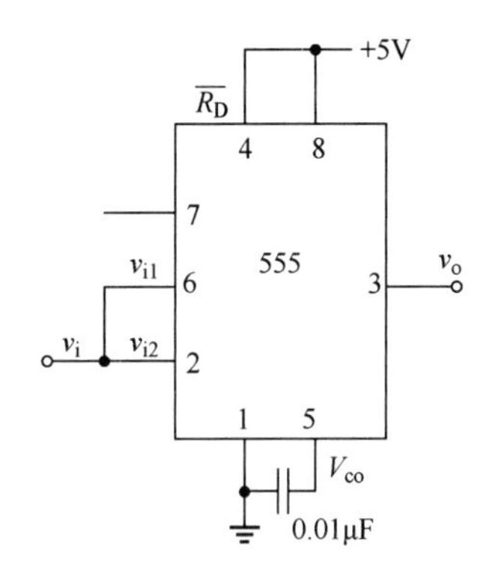

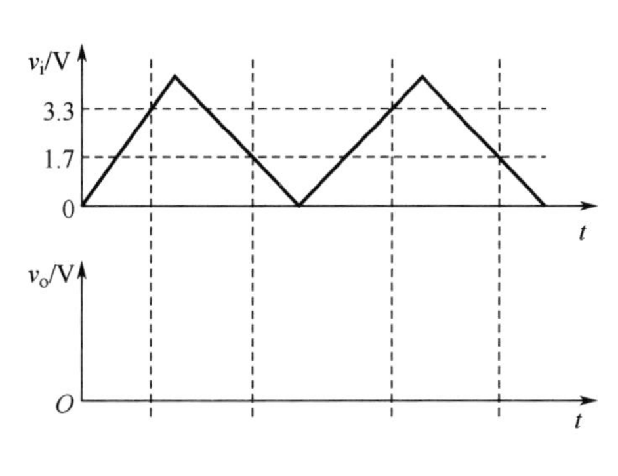

题图 9.11

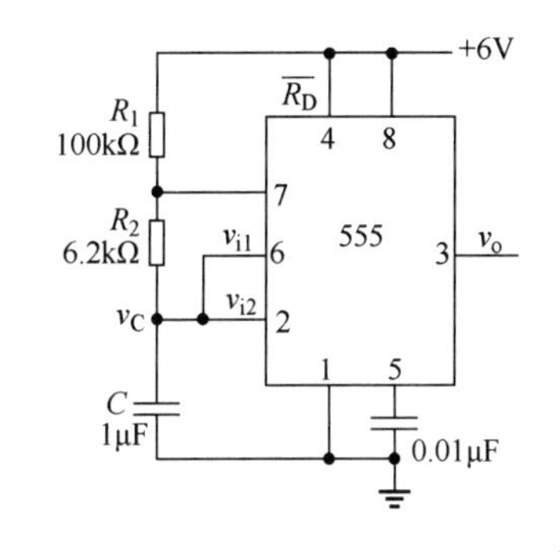

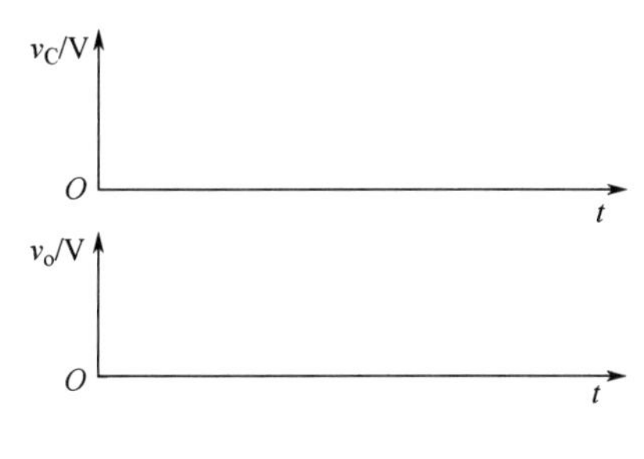

题图 9.12

第 10 章　直流稳压电源和集成稳压器

信号处理和信号产生的实质是能量交换。它是将直流电源的电能转换为信号能量，直流电源是一切信号处理电路稳定工作的基本条件。大多数直流电源为直流电压源，对它的基本要求是能够输出稳定的直流电压和足够的功率。

直流稳压电源通过电子电路将电网的交流电能转换为直流电能，并且维持稳定的直流输出电压，绝大多数电子设备都采用直流稳压电源。

本章首先介绍直流稳压电源的基本概念和主要性能指标；然后介绍直流稳压电源中的重要组成部分，以及滤波器和稳压器，其中，在稳压器部分，将介绍工程实际中最常用的两种类型的稳压器（串联型线性稳压器和开关型稳压器）的工作原理及其集成电路；最后借助实例对直流稳压电源的设计和分析过程进行较为详细的介绍。

学习目标

1．能够分析直流稳压电源结构与关键模块。

2．能够根据已有条件和要求，分析与设计串联型线性稳压电源。

3．能够根据要求，合理使用三端稳压器进行电源设计。

10.1　直流稳压电源概述

10.1.1　直流稳压电源的组成

在电子电路中，通常都需要电压稳定的直流电源供电。小功率直流稳压电源的组成如图 10.1 所示，它是由电源变压器、整流器、滤波器、稳压器四部分组成的。这 4 个部分各自的作用如下。

①电源变压器部分将交流电网提供的交流电压变换到电子电路所需要的交流电压。同时可起到直流电源与电网的隔离作用。

②整流器部分将变压器变换后的交流电压转变为单向脉动电压（脉动直流），该部分内容详见 2.4.4 节。

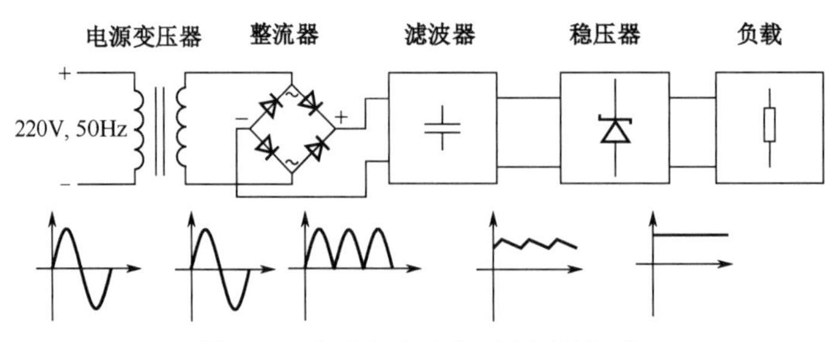

图 10.1　小功率直流稳压电源的组成

③滤波器部分对整流器输出的脉动直流电压进行平滑处理，使之成为一个含纹波成分很小的直流电压。

④稳压器部分将滤波输出的直流电压进行调节，维持输出电压的基本稳定。由于滤波后输出的直流电压受温度、负载、电网电压波动等因素的影响很大，因此必须要设置稳压器环节。

10.1.2　直流稳压电源的技术指标

直流稳压电源的技术指标可以分为两大类：一类是特性指标，反映直流稳压电源的固有特性；

另一类是质量指标，反映直流稳压电源的优劣。

1．特性指标

①输入电压（V_i）及变化范围。

②输出电压（V_o）及调节范围。

③额定输出电流（I_o）及过流保护电流。

2．质量指标

①稳压系数 S_r 定义为

$$S_r = \left.\frac{\Delta V_o / V_o}{\Delta V_i / V_i}\right|_{\substack{\Delta I_o=0\\ \Delta T=0}} \tag{10.1}$$

工程上常用电压调整率 S_v 表征稳压电路的稳压性能，即

$$S_v = \left.\frac{\Delta V_o / V_o}{\Delta V_i} \times 100\%\right|_{\substack{\Delta I_o=0\\ \Delta T=0}} \tag{10.2}$$

②输出电阻 R_o 定义为

$$R_o = \left.\frac{\Delta V_o}{\Delta I_o}\right|_{\substack{\Delta V_i=0\\ \Delta T=0}} \tag{10.3}$$

③温度系数 S_t 定义为

$$S_t = \left.\frac{\Delta V_o}{\Delta T}\right|_{\substack{\Delta V_i=0\\ \Delta I_o=0}} \tag{10.4}$$

④纹波系数 K_r 定义为

$$K_r = \frac{V_r}{|V_o|} \tag{10.5}$$

式中，V_r 为输出电压中交流分量的有效值。

$$V_r = \frac{1}{T}\sqrt{\int_0^T v_r^2 \mathrm{d}t} \tag{10.6}$$

10.2　滤波器

整流电路的输出电压包含直流分量和交流分量。其交流分量在零到最大值之间变化，无法进行稳压，因此必须加入滤波电路来平滑输出电压，一般应用低通滤波电路来实现滤波的功能。

利用储能元件存储和释放能量的作用，电感和电容都可以组成滤波电路。若电容滤波、电感滤波都不能满足要求，还可采用多个元件组成的复式滤波电路，如图 10.2 所示。图中 v_D 为整流器输出电压。由于图 10.2（b）、（c）所示电路形似希腊字母Π，故称为Π型滤波电路。复式滤波电路的工作原理不在本书讨论范围。不同的滤波电路具有不同的特点和应用场合，各种滤波电路在负载为纯阻性时的性能比较如表 10.1 所示。其中，V_2 为变压器副边输出电压有效值。

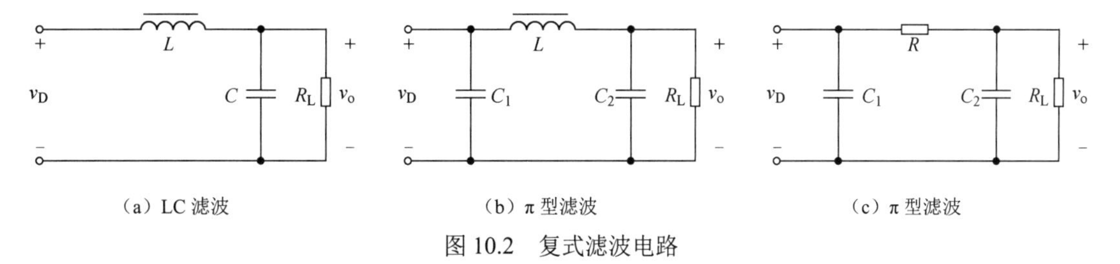

（a）LC 滤波　（b）π 型滤波　（c）π 型滤波

图 10.2　复式滤波电路

表 10.1　各种滤波电路在负载为纯阻性时的性能比较

类型＼性能	V_O 与 V_2 之间的关系	适用场合	整流管的冲击电流
电容滤波	$V_O \approx 1.2V_2$	小电流	大
电感滤波	$V_O \approx 0.9V_2$	大电流	小
LC 滤波	$V_O \approx 0.9V_2$	大、小电流	小
π 型滤波	$V_O \approx 1.2V_2$	小电流	大

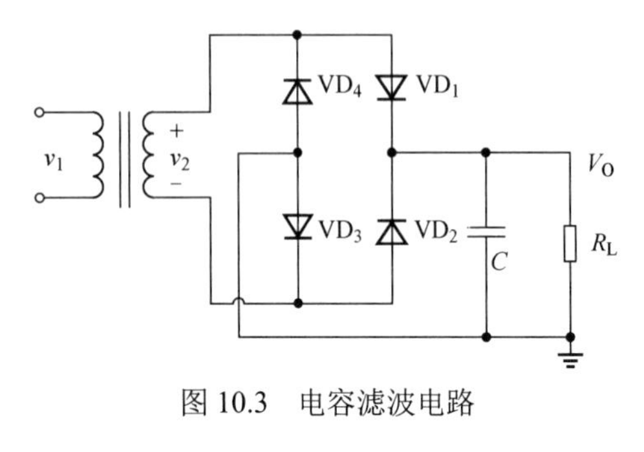

图 10.3　电容滤波电路

目前，在负载电流较小且变化范围不大的场合中应用最多的滤波电路是电容构成的 RC 滤波电路，如图 10.3 所示。从理论上讲，滤波电容越大，放电过程越慢，输出电压越平滑，平均值也越高。但实际上，电容的容量越大，不但体积越大，而且会使整流二极管流过的冲击电流更大。因此，对于图 10.3 所示的全波整流电路，通常滤波电容 C 的容量应满足

$$R_L C > (3\sim5)\frac{T}{2} \tag{10.7}$$

式中，T 为电网交流电压的周期。一般选择几十至几千微法的电解电容。考虑到电网电压的波动范围为±10%，则电容的耐压值应大于$1.1\sqrt{2}V_2$，且应该按照电容的正、负极性将其接入电路。

10.3　稳压器

由 10.1.1 节的介绍可知，稳压器可以将不稳定的直流电压转换成稳定的直流电压。用分立元件构成的稳压电路，虽然具有输出功率大、适应性较广的优点，但因体积大、焊点多、可靠性差而使其应用范围受到较大限制。近些年来，集成稳压器已得到广泛应用，其中在小功率直流稳压电源中，三端集成稳压器的应用最为普遍。集成稳压器一般可分为线性集成稳压器和开关型集成稳压器两类。在线性集成稳压器中，又以串联型线性稳压器为典型代表。

串联型线性稳压器以稳压管稳压电路为基础，利用晶体管的电流放大作用，增大负载电流。同时，在电路中引入电压负反馈使输出电压稳定，并可通过改变反馈网络的参数使输出电压可调。

1．串联型线性稳压器的工作原理

串联型线性稳压器的基本工作原理可以用图 10.4 加以说明。

如图 10.4 所示，可知 $V_O = V_I - V_R$。当 V_I 增加时，若 R 受控制而增加，使 V_R 增加，则可在一定程度上抵消因 V_I 增加对输出电压的影响；同时，当负载电流 I_L 增加时，若 R 受控制而减小，使 V_R 减小，则可在一定程度上抵消因 I_L 增加对输出电压所造成的影响。

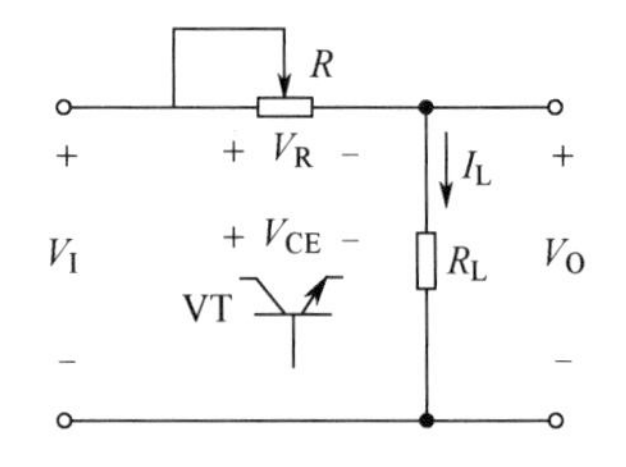

图 10.4　串联型线性稳压器的基本工作原理

在实际电路中，可变电阻 R 可用一个晶体三极管 VT 来替代，VT 的管压降 V_{CE} 相当于 V_R，通过控制 VT 的基极电位，实现对其 V_{CE}，即 V_R 的控制。此外，根据第 7 章介绍的负反馈放大器的特点，若想输出电压更稳定，还需引入电压负反馈，从而构成串联型电路结构。

根据上述串联型线性稳压器的基本工作原理，典型的串联型稳压器电路结构如图 10.5 所示，它由调整管、基准电压电路、取样电路、比较放大电路 4 个部分组成。此外，为使电路安全工作，

还常在电路中增加保护电路。该电路结构的一种具体实现电路如图 10.6 所示。图中 VT 为调整管，稳压管 VD_Z 和限流电阻 R 构成基准电压电路，固定电阻 R_1、R_3 和可变电阻 R_2 共同组成取样电路，与集成运算放大器 A 一起构成负反馈放大电路。

下面对图 10.6 所示电路的稳压原理进行讨论。

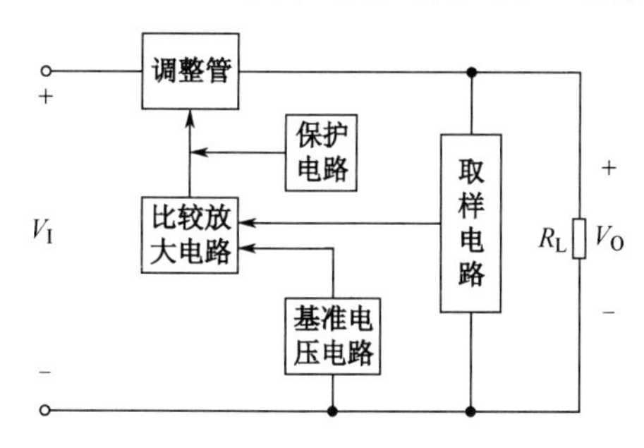

图 10.5　典型的串联型线性稳压器电路结构

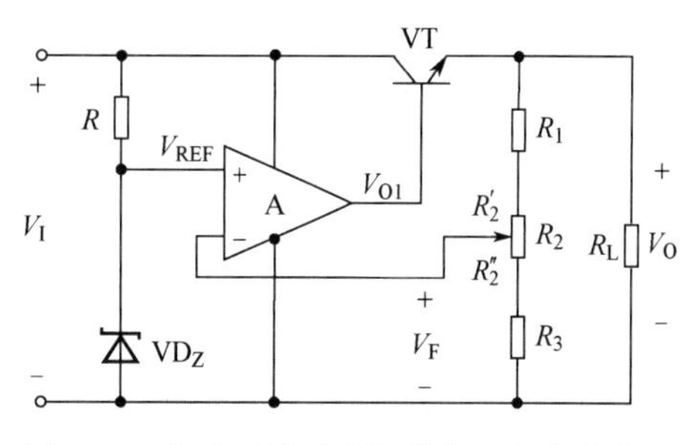

图 10.6　串联型线性稳压器的一种实际电路

若外界条件变化引起 V_O 发生变化，如假设输入电压 V_I 增加，必然会使输出电压 V_O 有所增加，输出电压经过取样电路取出一部分信号 V_F 与基准源电压 V_{REF} 比较，获得变小的误差信号 ΔV，ΔV 经放大后输出减小了的 V_{O1}，进而 V_E（V_O）减小，管压降 V_{CE} 增加，从而抵消输入电压增加的影响。显然若 V_O 增加，则该电路也能相应调节输出。

$$V_I\uparrow \rightarrow V_O\uparrow \rightarrow V_F\uparrow \rightarrow V_{O1}\downarrow \rightarrow V_O\downarrow \rightarrow V_{CE}\uparrow$$

由图 10.6 可知，根据运算放大器的特性，应有

$$V_F \approx V_{REF} \tag{10.8}$$

这里要注意 R 和 VD_Z 构成了一种提供基准稳压源 V_{REF} 的电路，为后续处理提供基准电压，结合后面具有高输入电阻的运算放大器，该基准源信号相对稳定。

忽略调整管 VT 的开启电压，由深度负反馈条件可求得，该串联型线性稳压器的输出电压为

$$V_O \approx V_{O1}=(1+\frac{R_2'+R_1}{R_2''+R_3})V_{REF} \tag{10.9}$$

由式(10.9)可知，通过调节可变电阻 R_2 的值可以改变输出电压的大小，使之在可控范围内。

2．三端集成线性稳压器

随着集成电路技术的发展，串联型线性稳压器结构已被集成到芯片之中，三端集成线性稳压器就是基于此原理的一种只有 3 个引出端的单片集成电路。其中，输出电压固定的是三端固定稳压器，输出电压可调的为三端可调稳压器。

输出正电压的三端稳压器有 W7800 系列产品，输出负电压的有 W7900 系列，每个系列共有 7 种电压规格：5V、6V、9V、12V、15V、18V 和 24V。主要有 3 种电流规格：0.1A、0.5A 和 1.5A，产品型号后两位表示输出电压的大小。

（1）三端固定稳压器

三端固定稳压器的内部电路原理图与图 10.6 相类似，但由于输出电压固定，因此电阻 R_2 可采用固定电阻。

采用型号为 W78M15 的三端固定稳压器的典型应用电路如图 10.7 所示。图中 V_I 为整流后的输出电压，C_1 和 C_2 为滤波电容，C_3 为纹波抑制电容。为保证 W78M15 正常工作，需满足 $V_I - V_O>3V$，即 $V_I>18V$。

稳压器的静态电流 I_Q=10mA，输出电流 I_O=0.5A，则滤波电路的等效负载电阻为

$$R_L' = \frac{V_I}{I_O+I_Q} = \frac{18}{0.5+0.01} = 35\Omega \tag{10.10}$$

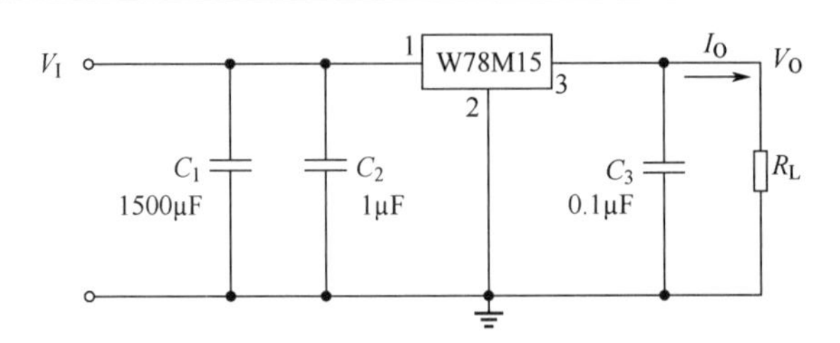

图 10.7 W78M15 的典型应用电路

滤波电容的取值为

$$C_1 = (3\sim5)\frac{T}{2}\frac{1}{R'_L} = 857\sim1400\mu F \tag{10.11}$$

（2）三端可调稳压器

三端可调稳压器的内部电路原理图如图 10.8 所示。图中 V_{REF} 为基准电压，其值一般为 1.25V，要求非常稳定。I_{adj} 为 50μA，可忽略，则 $I_1=I_2$，故

$$V_O \approx V_{REF}\left(1+\frac{R_2}{R_1}\right) \tag{10.12}$$

由于 R_2 为可变电阻，因此由式（10.12）可知，输出电压 V_O 的值可通过 R_2 的值进行调节。

型号为 W117 的三端可调稳压器的实际应用电路如图 10.9 所示。

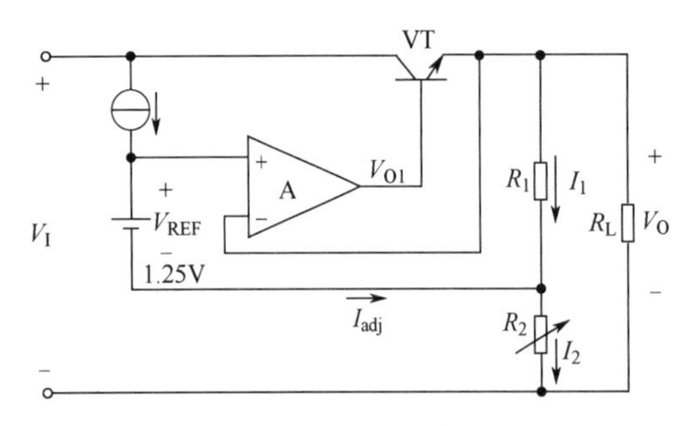

图 10.8 三端可调稳压器的内部电路原理图

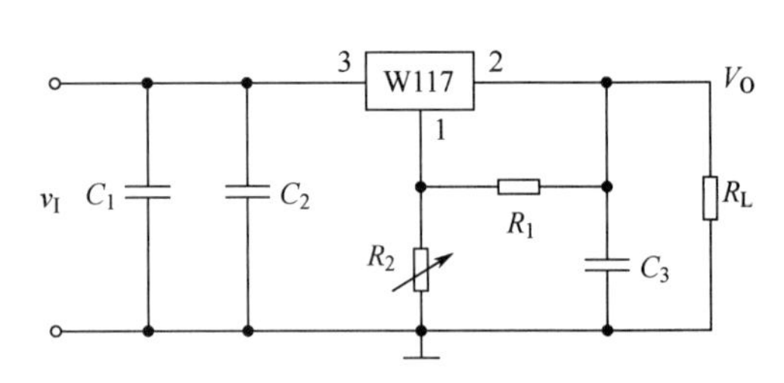

图 10.9 W117 的实际应用电路

10.4 直流稳压电源设计

本节借助一个较为简单的工程实例对直流稳压电源的设计和分析过程进行介绍。

例 10.1 设计一个连续可调直流稳压电源，满足下述要求。

（1）输出电压可调：$V_o = 3 \sim 9V$。

（2）输出最大电流：$I_{omax} = 800mA$。

（3）稳压系数：$S_r \leqslant 0.003$。

（4）输出电压变化量：$\Delta V_o \leqslant 15mV$。

1．设计思路

设计直流稳压电源，需遵循图 10.1 所示的直流稳压电源的基本结构。

①电网供电电压为交流 220V（有效值）/50Hz，要获得低压直流输出，首先必须采用电源变压器将电网电压降低获得所需要的交流电压。

②降压后的交流电压，通过整流器变成单向直流电，但其幅度变化非常大。

③脉动大的直流电压需经过滤波器变成平滑、脉动小的直流电，即滤除交流成分，保留其直流成分。

④经滤波后的直流电压，再通过稳压器稳压，便可得到基本不受外界影响的稳定直流电压输出，供给负载。

2．参数分析与器件选型

（1）稳压器选型

设计方案要求输出电压可调，同时输出电压范围不大（$V_o = 3 \sim 9\text{V}$），输出电流较小（$I_{omax} = 800\text{mA}$），因而可选择三端可调式集成稳压器。常见的可调式集成稳压器主要有 CW317、CW337、LM317、LM337 等。

其中，LM317 的特性参数如下。

①$V_o = 1.2 \sim 37\text{V}$，满足$V_o = 3 \sim 9\text{V}$的输出电压调整范围要求。

②$I_{omax} = 1.5\text{A}$，满足$I_{omax} = 800\text{mA}$的输出最大电流要求。

③线性调整率Reg_{line}的典型值为 0.02%（$3\text{V} \leqslant V_i - V_o \leqslant 40\text{V}$），根据线性调整率的定义为

$$\text{Reg}_{line} = \frac{V_{omax} - V_{omin}}{V_o} \approx \frac{\Delta V_o}{V_o} \tag{10.13}$$

式中，V_{omax}和V_{omin}分别为由输入电压波动导致的最大输出电压和最小输出电压。由稳压系数的定义[式(10.1)]可知，稳压系数与线性调整率之间满足

$$S_r = \frac{\Delta V_o / V_o}{\Delta V_i / V_i} \approx \frac{1}{\Delta V_i / V_i}\text{Reg}_{line} \tag{10.14}$$

若设电网供电的电压波动为 10%，则 LM317 的稳压系数为

$$S_r = \frac{\text{Reg}_{line}}{10\%} = \frac{0.02\%}{10\%} = 0.002 \tag{10.15}$$

满足稳压系数$S_r \leqslant 0.003$的要求。

④假设电网供电的电压波动为 10%，根据式(10.14)、式(10.15)，应有

$$\Delta V_{omax} = S_r \frac{\Delta V_i}{V} V_{omax} \approx 0.002 \times 10\% \times 9 = 1.8\text{mV} < 15\text{mV}$$

满足$\Delta V_o \leqslant 15\text{mV}$的设计要求。

综上可知，三端可调集成稳压器 LM317 满足设计要求。

（2）稳压器电路参数设计

根据 LM317 的数据手册，可得 LM317 的典型应用电路（带保护电路）如图 10.10 所示。其输出电压的表达式为

$$V_{out} = 1.25 \times \left(1 + \frac{R_2}{R_1}\right) + I_{Adj}R_2 \approx 1.25 \times \left(1 + \frac{R_2}{R_1}\right) \tag{10.16}$$

将设计要求中的输出电压范围（$V_o = 3 \sim 9\text{V}$），以及典型应用电路中的$R_1 = 240\Omega$代入式(10.16)，可得$R_2 = 336\Omega \sim 1.49\text{k}\Omega$，实际中可选用固定电阻和电位器的组合构成$R_2$，使其满足调节范围要求。同时，为得到额定的输出电流，设计中可考虑在 LM317 上安装散热片进行散热。此外，由于滤波电路中采用了大容量的有极性电容，而大容量电解电容有一定的分布电感，易引起自激振荡，形成高频干扰，因此 LM317 的输入、输出端可考虑并入瓷介质小容量电容用来抵消电感效应，抑制高频干扰。根据 LM317 数据手册中的说明，调整端电容C_{Adj}容量可选用$10\mu\text{F}$。

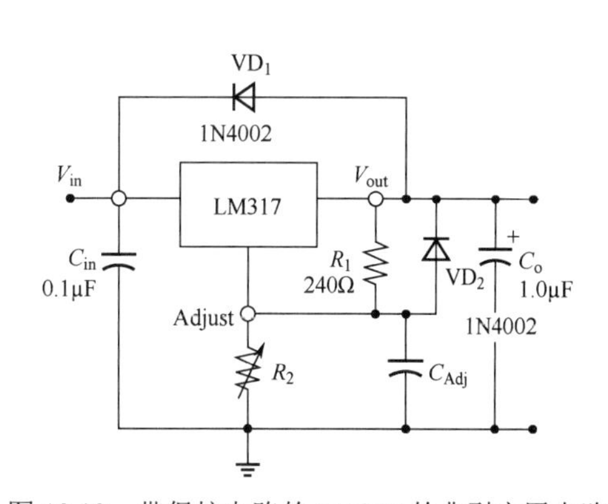

图 10.10　带保护电路的 LM317 的典型应用电路

（3）变压器

根据设计要求，可借助变压器的次级输出功率P_2来选用变压器，考虑到稳压器 LM317 输入电

压 V_i 的范围为

$$V_{omax}+(V_i-V_o)_{min}\leqslant V_i\leqslant V_{omin}+(V_i-V_o)_{max} \tag{10.17}$$

将设计要求（V_o 范围）以及 LM317 的参数（V_i-V_o 范围）代入式(10.17)，可有

$$12\text{V}=9\text{V}+3\text{V}\leqslant V_i\leqslant 3\text{V}+40\text{V}=43\text{V}$$

考虑到选用单相桥式整流方式可使变压器的利用率较高，同时，输出电流不大，可选用电容滤波器，则根据表 10.1，变压器次级线圈电压 V_2 与稳压器输入电压 V_i 的关系为

$$V_2=\frac{V_i}{1.2}\geqslant\frac{V_{imin}}{1.2}=\frac{12}{1.2}=10\text{V}$$

由于 $I_{omax}=800\text{mA}$，变压器次级线圈电流 $I_2\geqslant I_{omax}=800\text{mA}$，因此变压器次级线圈输出功率 P_2 应满足

$$P_2=V_2I_2\geqslant 10\text{V}\times 0.8\text{A}=8\text{W}$$

变压器的效率一般取 $\eta=70\%$，则变压器的初级功率为

$$P_1=\frac{P_2}{\eta}\geqslant\frac{8}{0.7}\approx 11.4\text{W}$$

考虑到要留有一定的裕量，因而最终可选用输出电压为 12V、功率为 20W 的变压器。

（4）整流器

桥式整流器的特点是输出电压高，纹波电压较小，晶体管所承受的最大反向电压较低，同时因电源变压器在正、负半周内都有电流供给负载，电源变压器得到了充分利用，效率较高。同时，考虑到集成单相桥式整流器的应用已非常普遍，因此设计过程中拟选用集成单相桥式整流器 W08M。W08M 可承受的最大反向电压的有效值为 560V，最大平均整流电流为 1.5A，满足设计要求。

（5）滤波器

根据表 10.1，考虑到要实现的直流稳压电源输出电流较小，可选用电容滤波。由于负载不确定，无法利用式(10.7)确定滤波电容的容量值。此时可根据负载电流进行确定。

滤波电容的输出电流与其容量值之间关系的经验数据如下。

①输出电流在 2A 附近时，容量值可取 $4000\mu\text{F}$。

②输出电流在 1A 附近时，容量值可取 $2000\mu\text{F}$。

③输出电流为 0.1~0.5A 时，容量值可取 $500\mu\text{F}$。

④输出电流在 100mA 以下时，容量值为 $200\sim 500\mu\text{F}$。

根据设计要求，输出最大电流 $I_{omax}=800\text{mA}$，根据上述经验数据，可选用 2000μF 的电解电容。

3. 确定设计结果

综合上述分析与选型结果，得到如图 10.11 所示的、满足设计要求的直流稳压电源电路。

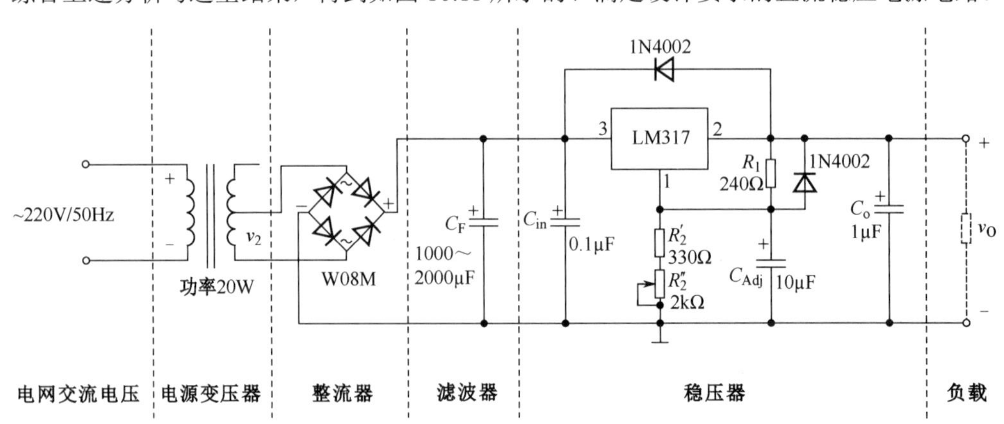

图 10.11　直流稳压电源电路

4．仿真验证

设计完成后，应首先借助仿真工具（如 Tina、Multisim）完成电路的仿真验证。在仿真环境中，选取恰当器件模型搭建电路，并利用仿真环境中的测试工具完成电路性能测试，评估设计的电路是否满足设计要求。若发现设计要求无法满足，则应调整局部器件参数或重新进行方案设计，再重新在仿真工具中搭建电路进行测试，直至通过仿真验证。

本章小结

本章首先介绍了直流稳压电源的基本概念、组成结构和主要技术指标，以及与本书其他章节，尤其是第 2 章中相关内容的联系。直流稳压电源主要包括变压器、整流器、滤波器和稳压器，本章对滤波器和稳压器进行了较为详细的论述。

在稳压器部分，本章介绍了工程实际中最常用的两种类型的稳压器（串联型线性稳压器和开关型稳压器）的工作原理及其集成电路。

本章最后通过一个工程实例，对直流稳压电源的设计过程，包括方案设计、参数计算以及器件选型等过程，进行了较为详细的论述。

直流稳压电源的组成结构、主要技术指标、滤波器选型与计算，以及串联型线性稳压器的工作原理、应用电路分析及集成线性稳压器的选型和实际应用，是本章的重点内容。

习　题

10.1　在题图 10.1 所示的电路中，已知交流电源频率 $f = 50\text{Hz}$，负载电阻 $R_L=120\Omega$，交流输出电压 $V_O=30\text{V}$。

（1）求直流负载电流 I_O。

（2）求二极管的整流电流 $I_{F(AV)}$和最大峰值反向电压（PIV）。

（3）选择滤波电容的容量。

10.2　题图 10.2 所示为串联型稳压电路。已知 $R_1= R_2=R_w=200\Omega$，稳压管的 $V_Z=6\text{V}$。

（1）分析电路的工作原理。

（2）计算输出电压的调节范围。

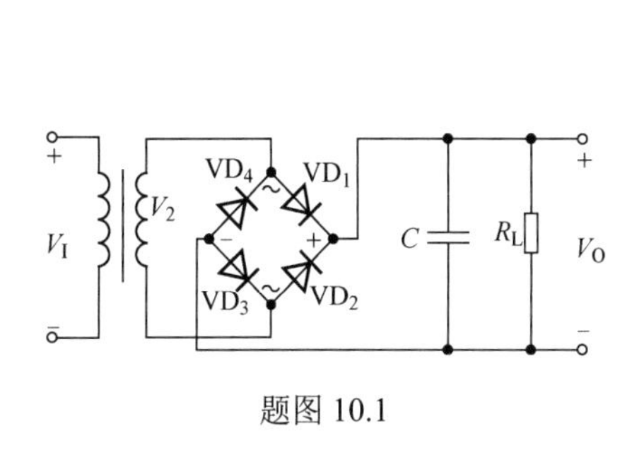

题图 10.1

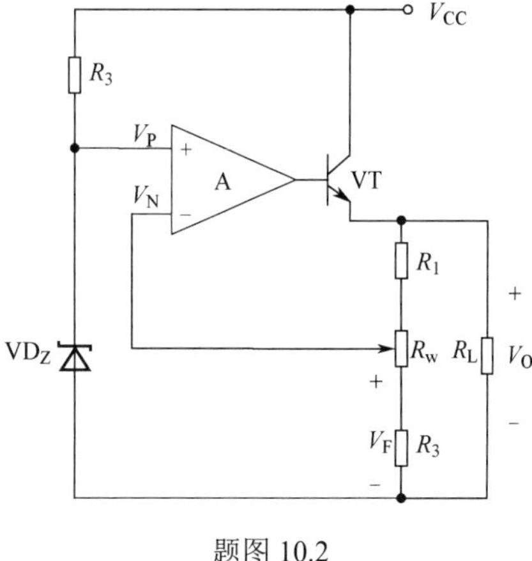

题图 10.2

10.3　在题图 10.3 所示电路中，稳压管 $V_Z=5\text{V}$，$R_1= R_3=200\Omega$。

（1）要求 R_w 滑动端在最下端时 $V_O=15\text{V}$，请问 R_w 的阻值为多少？

（2）在（1）选定的 R_w 情况下，当 R_w 滑动端在最上端时 V_O 为多少？

10.4　串联型稳压电路如题图 10.4 所示。已知稳压管 $V_Z=6\text{V}$，$R_1=200\Omega$，$R_p=100\Omega$，$R_2=200\Omega$，

负载 R_L=20Ω。

（1）标出运算放大器 A 的同相输入端和反相输入端。

（2）试求输出电压 V_O 的调整范围。

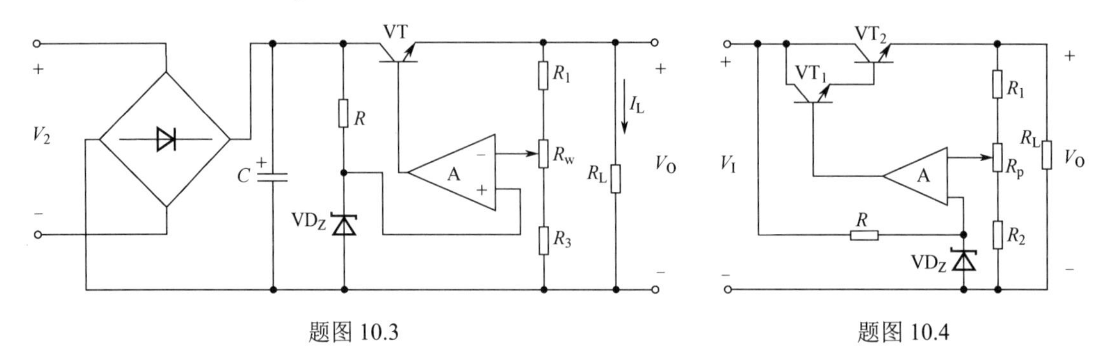

题图 10.3　　　　题图 10.4

10.5　电路如题图 10.5 所示。已知 V_Z=4V，R_1=R_2=3kΩ，电位器 R_p=10kΩ。

（1）输出电压 V_O 的最大值、最小值各为多少？

（2）要求输出电压 V_O 可在 6～12V 范围内调节，则 R_1、R_2、R_p 之间应满足什么条件？

10.6　稳压电路如题图 10.6 所示。稳压管 VD_Z 的稳压值 V_Z=6V。

（1）该电路能否稳压？为什么？如果不能稳压，应怎样改正（不增减电路元器件）？

（2）正常稳压时，V_O 的变化范围是多少？

（3）电路中的 VT_2 和 R_3 起什么作用？

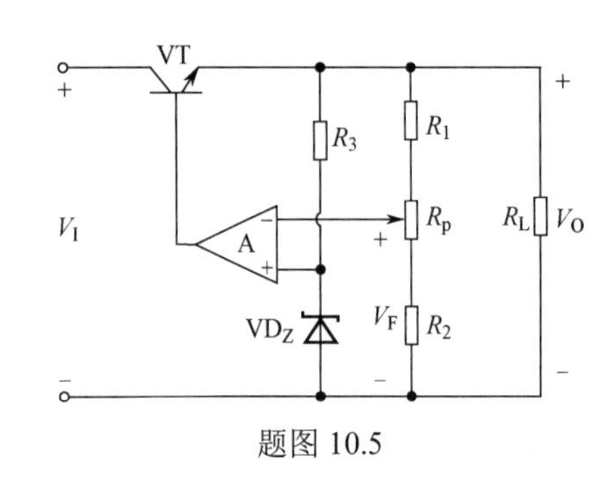

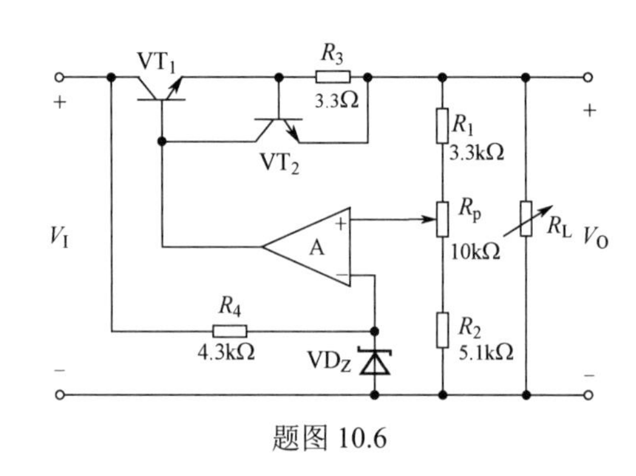

题图 10.5　　　　题图 10.6

10.7　试分别求出题图 10.7 所示各电路输出电压 V_O 的表达式。

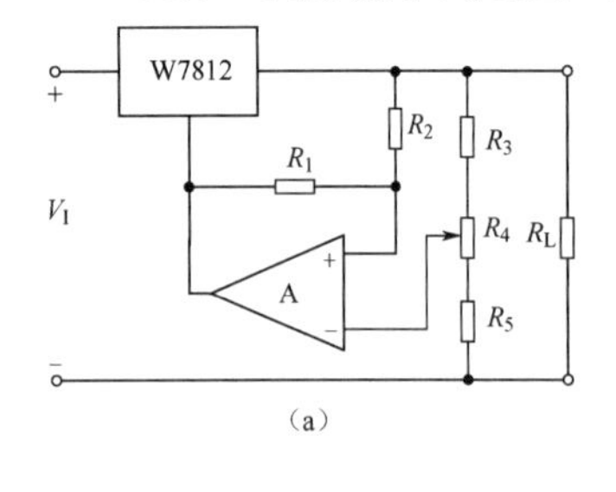

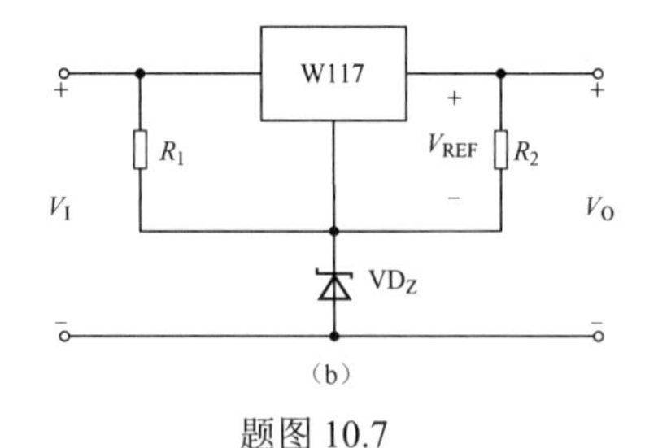

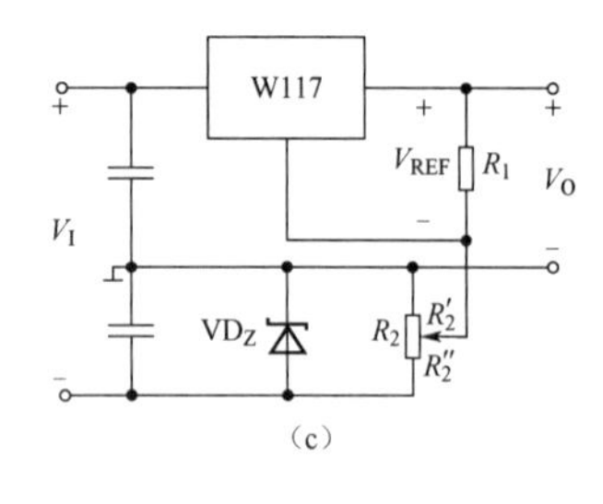

题图 10.7

10.8　电路如题图 10.8 所示，电位器的滑动端位于图中所示位置。试求：

（1）当开关 S 切换到节点 a 时，写出 V_O 的函数表达式；

（2）当开关 S 切换到节点 b 时，写出 V_O 的函数表达式。

10.9　串联型开关式稳压电源原理图如题图 10.9 所示。已知：输入电压 V_I 是整流滤波后的直流电压，矩形波发生器 v_B 使三极管工作在开关状态，其频率为 f，每个周期内为高电平的时间是 T_{on}，T_{on} 随取样电路的输出 v_C 自动调节大小；VT 的饱和管压降和穿透电流均可忽略不计，电感 L

上的直流压降可忽略不计。

（1）二极管 VD 的主要功能是什么？它在何时导通？

（2）v_C 与 V_O 之间、T_{on} 与 v_C 之间有什么关系？

（3）调整管 VT 的管耗什么时候最大？

（4）为了使输出电压的纹波电压小，L 和 C 应如何取值？

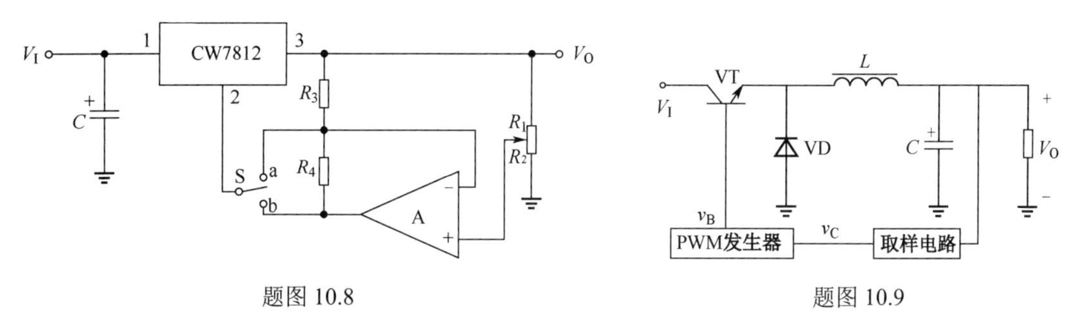

题图 10.8　　　　题图 10.9

10.10　串联开关型稳压电路如题图 10.10 所示。如果采样电压大于基准电压，试定性画出 v_A、v_t、v_B、v_E、v_O 的波形。

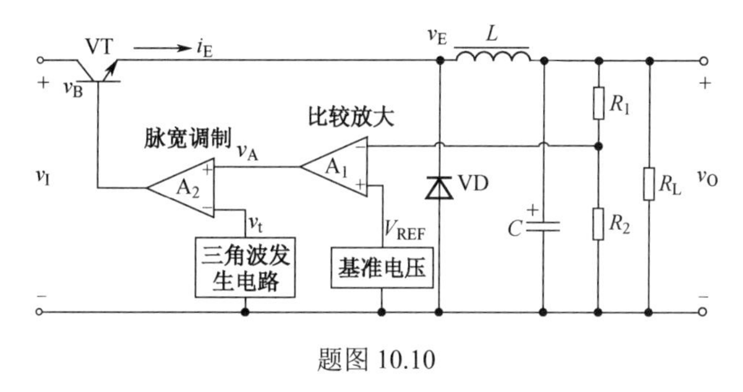

题图 10.10

10.11　试设计一台直流稳压电源，其输入为 220V/50 Hz 交流电源，输出直流电压为 12 V，最大输出电流为 500mA，试采用桥式整流电路和三端集成稳压器构成，并加有电容滤波电路（设三端稳压器的压差为 5V），要求：

（1）画出电路图。

（2）确定电源变压器的变比，整流二极管、滤波电容器的参数，三端稳压器的型号。

参 考 文 献

[1] 胡飞跃．模拟电子电路基础[M]．北京：电子工业出版社，2013.
[2] Adel S. Sedra, Kenneth C. Smith．微电子电路[M]．5 版．周玲玲等．北京：电子工业出版社，2010.
[3] 赛尔吉欧•佛朗歌．模拟电路设计：分立与集成[M]．雷鑑铭，余国义，邹志革等．北京：机械工业出版社，2017.
[4] 弗洛伊德，布奇拉．模拟电子技术基础：系统方法[M]．朱杰，蒋乐天．北京：机械工业出版社，2015.
[5] 劳五一，劳佳．模拟电子技术[M]．北京：清华大学出版社，2015.
[6] Anant Agarwal Jeffrey H.Lang．模拟和数字电子电路基础[M]．于歆杰，朱桂萍，刘秀成．北京：清华大学出版社，2008.
[7] Donald A. Neamen．Microelectronics Circuit Analysis and Design(Third Edition)——半导体器件及其基本应用[M]．王宏宝等．北京：清华大学出版社，2009.
[8] Donald A. Neamen．Microelectronics Circuit Analysis and Design(Third Edition)——模拟电子技术[M]．北京：清华大学出版社，2007.
[9] 王成华，王友仁，胡志忠等．电子线路基础[M]．北京：清华大学出版社，2008.
[10] 谢嘉奎等．电子线路（线性部分）[M]．4 版．北京：高等教育出版社，1999.
[11] 华成英．模拟电子技术基本教程[M]．北京：清华大学出版社，2013.
[12] 童诗白，华成英．模拟电子技术基础[M]．4 版．北京：高等教育出版社，2006.
[13] 康华光，电子技术基础模拟部分[M]．5 版．北京：高等教育出版社，2006.
[14] 黄丽亚，杨恒新，袁丰等．模拟电子技术基础[M]．3 版．北京：机械工业出版社，2016.
[15] 孙肖子．模拟电子电路及技术基础[M]．2 版．陕西：西安电子科技大学，2008.
[16] 王志功，沈永朝．电路与电子线路基础（电子线路部分）[M]．北京：高等教育出版社，2013.
[17] Bruce Carter, Ron Mancini．运算放大器权威指南[M]．3 版．姚剑清．北京：人民邮电出版社，2010.
[18] 杨建国．你好，放大器（初识篇）[M]．北京：科学出版社，2018.
[19] Robert L. Boylestad, Louis Nashelsky．模拟电子技术[M]．李立华等．北京：电子工业出版社，2008.
[20] 杨艳，傅强．模拟电子设计导论[M]．北京：电子工业出版社，2016.